ビジュアル
科学大事典
the sciencebook
新装版

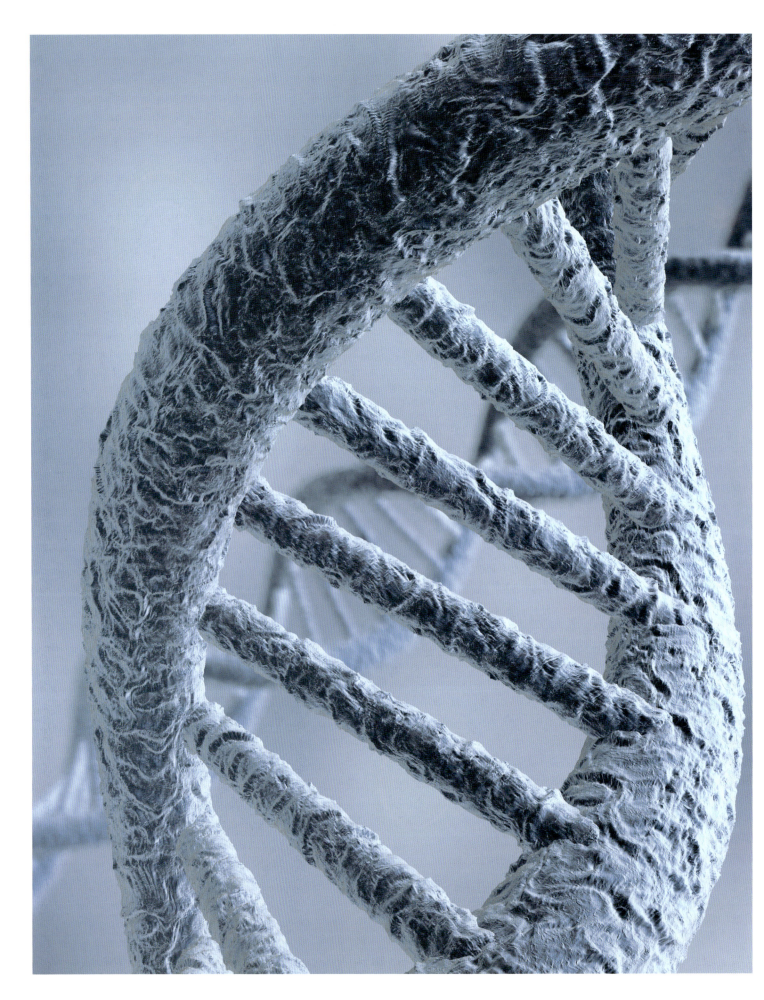

ビジュアル
科学大事典

the sciencebook

新装版

NATIONAL GEOGRAPHIC

NATIONAL GEOGRAPHIC
the sciencebook

Original English Edition Published by the National Geographic Partners, LLC

John M. Fahey, Jr.	President and Chief Executive Officer
Gilbert M. Grosvenor	Chairman of the Board
Tim T. Kelly	Executive President, Global Media Group
John Q. Griffin	President, Publishing
Nina D. Hoffman	Executive Vice President; President, Book Publishing Group

Prepared by the Book Division

Kevin Mulroy	Senior Vice President and Publisher
Leah Bendavid-Val	Director of Photography Publishing and Illustrations
Marianne R. Koszorus	Director of Design
Barbara Brownell Grogan	Executive Editor
Elizabeth Newhouse	Director of Travel Publishing
Carl Mehler	Director of Maps

Staff for this book

Judith Klein	Project Editor
Jennifer A. Thornton	Managing Editor
R. Gary Colbert	Production Director

Copyright © 2016 Japanese Edition National Geographic Partners, LLC. All rights reserved.
Copyright © 2008 Peter Delius Verlag GmbH & Co. KG, Berlin

All rights reserved. Reproduction of the whole or any part of the contents without written permission from the publisher is prohibited.

ISBN 978-4-86313-369-3

Printed in Malaysia

Staff at Peter Delius Verlag

Authors
Dr. Matthias Delbrück (Physics, Technology), Dr. Gudrun Hoffmann (Biology), Ute Kleinelümern (Earth, Biology), Martin Kliche (Chemistry), Dr. Hans W. Kothe (Biology), Dr. Martin Krause (Chemistry, Technology), Michael Müller (Universe, Technology), Uta von Debschitz (Construction), Boris Schachtschneider (Construction), Gian-Michele Tomassone (Mathematics)

Contributing Authors:
Publication Services, Inc., Champaign, U.S.A.

Translation
Julia Esrom, U. Erich Friese, Patricia Linderman, Paula Trucks-Pape

Editorial Consultants
Isobel Fleur Dumont, Dietmar Falk, Dr. Barbara Welzel

Editorial Staff
Silke Körber (Editor-in-chief)
Tanja Berkemeyer (Project Management)

Project Editors
Gigi Adair, Duncan Ballantyne-Way, John Barbrook, Tanja Berkemeyer, Uta von Debschitz, Michele Greer, Diana Leca, Natalie Lewis, Julia Niehaus, Hanna von Suchodoletz, Gian-Michele Tomassone, Marissa van Uden

Picture Research
Bettina Moll, Tilo Lothar Rölleke, Sven Schulte, Jacek Slaski, Gian-Michele Tomassone, Uta von Debschitz, Anton von Veltheim

Design
Dirk Brauns (Director of Design)
Angela Aumann, Andreas Bachmann, Markus Binner, Torsten Falke, Burga Fillery, Armin Knoll

Illustrations
Dirk Brauns, Andreas Bachmann, Burga Fillery, Uwe Gloy, Cybermedia India, Anna Krenz, Michael Römer

3D-Illustrations
Barry Croucher (The Evolution), www.the-art agency.co.uk
Mick Posen (The Human Body), www.the-art agency.co.uk

The publishers would like to express their gratitude to akg-images, corbis, Delius Producing, ESA, Flickr, fotolia, gettyimages, istockphoto, NASA, National Geographic, picture-alliance, Shutterstock, wikipedia commons, Biologie Buch/Linder Verlag, CNES/Ill. D.Ducros, David Fisher Architects, Earth Science Picture of the Day/Jens Hackmann, GeoForschungsZentrum Potsdam, Mark Tegmark and the Sloan Digital Sky Survey (SDSS), Max-Planck-Institut für Kernphysik, National Oceanic and Atmospheric Administration, Naturkundemuseum Berlin, Naturstudiendesign, Seismological Society of America, United Nations Environment Programme/GRID-Arendal. For detailed credits and picture captions please visit the website www.TheKnowledgePage.com

FRONT COVER credits (left to right): 1, Jeffery Collingwood/Shutterstock; 2, Douglas Henderson;3; Harold F. Pierce/NASA; 4, YKh/Shutterstock; 5, Shutterstock; 6, spe/Shutterstock; 7,NASA; 8, Jan Martin Will/Shutterstock; 9, ErickN/Shutterstock; 10, Mark Thiessen, NGP; 11, Celso Diniz/Shutterstock; 12, Sebastian Kaulitzki/iStockphoto.com; 13, O. Louis Mazzatenta; 14, Grune Schonheit/Fotolia; 15, Karim Hesham/iStockphoto.com; 16, Franck Steinberg/Fotolia; 17, Mark Harmel/Getty Images; 18, Karim Hesham/iStockphoto.com; 19, Mikael Damkier; 20, Tebenkova Svetlana/Shutterstock; 21, javarman/Shutterstock; 22, JoLin/Shutterstock; 23, iStockphoto.com; 24, Tebenkova Svetlana/Shutterstock; 25,JoLin/Shutterstock; 26, Melissa Dockstader/Shutterstock; 27, S. Ragets/Shutterstock;

BACK COVER: 1, sinopictures/Readfoto; 2, Eduard Andras/Shutterstock; 3, EML/Shutterstock; 4, din/Shutterstock; 5, Popovici Ioan/Shutterstock; 6, NASA/JPL-Caltech/Univ. of Arizona; 7, Paul Maguire/Shutterstock; 8, Cornel Achirei/Shutterstock; 9, Ilja Masik/Shutterstock; 10, Bryan Busovicki/Shutterstock; 11, David H. Seymour/Shutterstock; 12, din/Shutterstock; 13, Avesun/Shutterstock; 14, imantsu/Shutterstock; 15, Patrick Breig/Shutterstock; 16, Specta/Shutterstock; 17, Maciek Baran/Shutterstock; 18, Lester Lefkowitz/Getty Images; 19, juliengrondin/Shutterstock; 20, Pchemyan Georgiy/Shutterstock; 21, Sebastian Kaulitzki/Shutterstock; 22, Michele Trasi/Shutterstock; 23, Doug Stevens/Shutterstock; 24, Thomas Mounsey/Shutterstock;

"I"in title, Ben Greer/iStockphoto.com.

本書のページ構成

本書は科学の広範な分野をカバーしています。下の凡例に示したように、それぞれのページをどう読めばよいのか、ひと目でわかるようにレイアウトされています。どのページを開いても、テーマは何か、トピックは何かがすぐに理解できます。

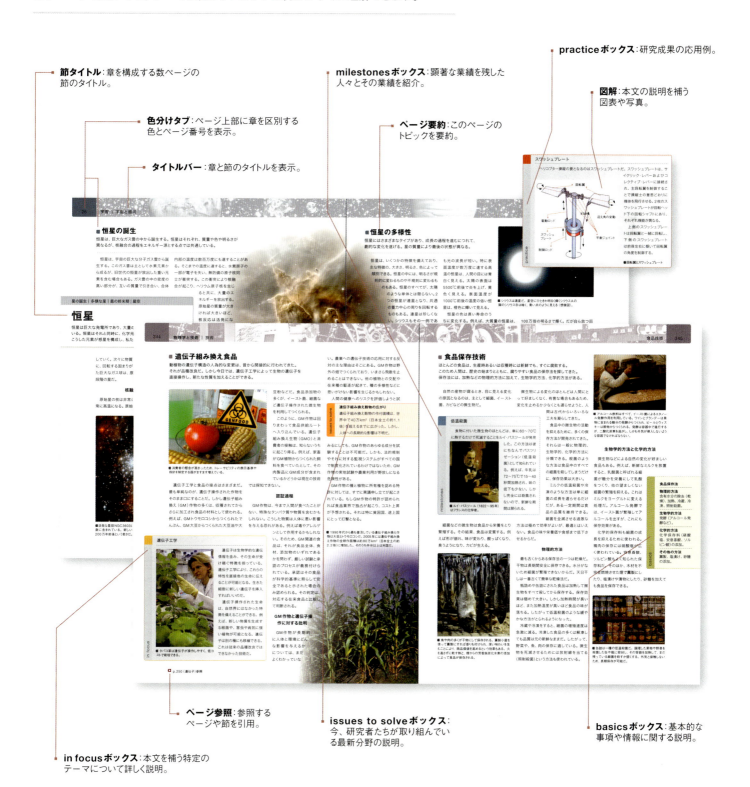

- **節タイトル**：章を構成する数ページの節のタイトル。
- **色分けタブ**：ページ上部に章を区別する色とページ番号を表示。
- **タイトルバー**：章と節のタイトルを表示。
- **milestonesボックス**：顕著な業績を残した人々とその業績を紹介。
- **ページ要約**：このページのトピックを要約。
- **practiceボックス**：研究成果の応用例。
- **図解**：本文の説明を補う図表や写真。
- **in focusボックス**：本文を補う特定のテーマについて詳しく説明。
- **ページ参照**：参照するページや節を引用。
- **issues to solveボックス**：今、研究者たちが取り組んでいる最新分野の説明。
- **basicsボックス**：基本的な事項や情報に関する説明。

■ソンブレロ銀河は渦巻銀河であるが、横方向から見ているため、渦の形がはっきりとは見えない(p.24)。

■16世紀の科学者ガリレオ・ガリレイは、望遠鏡を改良して天体観測に用いた(p.18)。

■明るく輝く紅炎は、コロナの内側にできる。この糸状の領域は太陽の構成物質でできている(p.35)。

12　　　　はじめに

宇宙

16　　**宇宙と銀河**
18　　天文学
20　　宇宙
24　　銀河
26　　恒星

30　　**太陽系**
32　　太陽系
34　　太陽
38　　地球型惑星
42　　小惑星と彗星
44　　巨大ガス惑星など
48　　宇宙探査

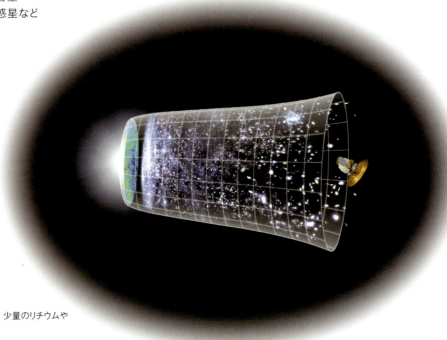
■宇宙のごく初期の物質は、水素、ヘリウムと、少量のリチウムやベリリウムだった(p.22)。

■ 北アイルランドのジャイアンツ・コーズウェーは玄武岩の石柱でできている（p.59）。

■ 地球表面のうち、北半球の約60％と南半球の80％以上を海洋が占めている（p.96）。

■ 熱帯地方の暴風雨は、低地と沿岸地帯に深刻な被害を及ぼすことがある（p.117）。

地球

52	**起源と地質**
54	地球の起源
56	地球の構造
60	岩石
64	プレートテクトニクス
68	地震
72	火山
76	山
80	生態系
88	変化する地球
92	世界地図
94	**水**
96	海洋
104	河川
106	湖
108	氷河
110	**大気**
112	大気
114	気象
118	気候システム
124	気候変動
128	**環境保護**
130	産業化の影響
134	環境

■ 地球の大気の変化と季節の循環には、非常に多くの要因が関係している（p.56）。

■ランの種類は極めて多く、顕花植物の中でも最大の部類に入る（p.189）。

■アカメアマガエルは両生類の仲間としては、草木に登るのが得意なほうだ（p.203）。

■親から子へと何世代にもわたって遺伝子が伝えられるため、親族はお互いに似ている（p.250）。

生物学

138	**進化**
140	進化年表
146	生命の起源
148	細胞
156	化石
158	地質年代
166	進化の要因
168	生物の分類
170	**微生物**
172	細菌
174	ウイルス
176	原生生物
178	**植物と真菌**
180	形態と生理機能
184	種子を持たない植物
188	種子植物
192	真菌
194	**動物**
196	無脊椎動物
202	脊椎動物
206	ほ乳類
218	**人間**
220	人体の構造と機能
226	生殖と発生
230	解剖学的構造
236	代謝とホルモン
240	神経系
242	感覚器
246	免疫系
248	**遺伝と遺伝形質**
250	遺伝
254	遺伝子が引き起こす病気
256	遺伝子工学
258	**動物行動学**
260	動物行動学
262	行動パターン
268	**生態学**
270	個体における生態学
272	個体群
274	共生の種類
276	生態系
278	物質の循環
280	人間が環境に与える影響

■人間の脳は頭蓋骨によって保護されている（p.220）。

■石油や天然ガスなどの炭化水素は、世界中で大規模な発電用に使われている (p.296)。

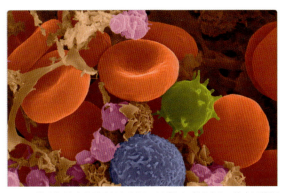
■ヘモグロビンは赤血球中にあるタンパク質で、鉄を含み、体中に酸素を運ぶ役割を担っている (p.300)。

■DNA解析は、まず血液などの体液や組織サンプルの細胞からDNAを抽出する (p.303)。

化学

- 282 **無機化学**
- 284 　物質
- 288 　化学反応
- 290 　化学者の仕事

- 294 **有機化学と生化学**
- 296 　炭素化合物
- 302 　バイオテクノロジー
- 304 　日々の問題
- 308 　経済と環境

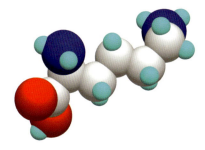
■炭素化合物の構造。炭素は地球上で13番目に多い元素である (p.296)。

■これまでにない強い接着力を持ち、環境負荷の小さい接着剤が、毎年のように開発されている (p.308)。

■静水に生じた波を観察すると、水自体は動かずに振動しているのがわかる (p.317)。

■フライト・シミュレーターは当初、飛行機のパイロットや宇宙飛行士の訓練用に開発された (p.380)。

■でこぼこ道を進めるように設計されたロボットは、昆虫をモデルにすることが多い (p.384)。

物理学と技術

310 **物理学**	338 **技術**
312 エネルギー	340 食品技術
314 力学	346 エネルギー技術
316 振動と波動	354 輸送技術
318 音響学	368 建設技術
320 熱力学	374 製造技術
322 電磁気学	378 コンピューター技術
324 光学	384 知的機械とネットワーク
326 量子力学	392 情報通信技術
328 素粒子	
330 相対性理論	
332 宇宙生成の謎に挑む万物の理論	
334 カオスの理論と実際への応用例	
336 物理学の新たな課題	

■ロレモは、これまで開発された自動車として最も環境に優しい部類に入る (p.357)。

■ 演算法則は、どの小学校のカリキュラムにも必ず含まれる基本知識だ（p.411）。

■ 神経の形成過程は、コンピューターの数学モデルを使って説明することができる（p.421）。

■ トランプやルーレットのようなゲームが元になって、確率論が生まれた（p.417）。

数学

- 404　**数学**
- 406　数学の歴史
- 410　古典数学
- 412　解析幾何学
- 414　微積分学
- 416　統計と確率
- 418　純粋数学と応用数学
- 420　新しい数学

- 422　**索引**

■ そろばんは昔からある計算器だ（p.411）。

■ 代数方程式のグラフ化により、美しい曲面が現れることがある（p.418）。

ようこそ、素晴らしい科学の世界へ

マーシャル・ブレイン ［米HowStuffWorks.com創立者］

科学とはいったい何だろうか。「科学の定義は何なの」といきなり問われたら、あなたはどう答えるだろうか。私はそのことについてはかなり思いをめぐらせているほうだ。私はHowStuffWorks.com（どうなってるのドットコム）というウェブサイトを立ち上げた張本人だ。このサイトでは科学が話題の中心だ。私は多くの人にインタビューするが、逆に科学について尋ねられることが多い。小学校の児童たち相手にも活動している。彼らが科学について良い第一印象を抱いてほしいからだ。だから私の頭の中には私なりの科学の定義

■科学者は好奇心旺盛な人たちだ。この物質世界をあらゆる面から研究して、その原理を理解し、新たな物質をつくりだす。

がある。「科学は、人間が成し遂げた最大の成果だ。そして、この宇宙の道理をすべて解き明かそうとしている人類そのものが科学なのだ」。すっきりした定義だと我ながら気に入っている。科学に限界という言葉はない。科学は宇宙にあるものすべてを徹底的に分解して「よし、わかった」と言いたいのだ。科学は、どこから今の宇宙が生まれたのかを明かすだろうし、新たな宇宙がどうやって生まれるのかを発見するだろう。

だが、本当にそう言い切っていいのだろうか。ちょっと確かめてみよう。だれでもするのは、辞書を引くことだ。もちろんインターネット時代だからオンラインの辞書だ。「観察、実験を通して得られる物理的、物質的世界の体系的知識」とある。何だか感じが違う。人間のわくわくする活動が退屈極まりないものに聞こえる。（科学はよく退屈だと思われがちだ。これが私にはどうしても理解できないのだが）。この定義は、形式的な定義としては間違いではないとしても、本当の科学の姿をとらえていない。科学は素晴らしい知識の宝庫なのだ。地球に生まれた人類の、究極の目標と言っても過言ではない。

飛行機の中で科学を発見する

科学は実際にどれほど素晴らしいのだろうか。科学は今や私たちをすっかり包み込み、自然に溶け込んでいる。そのことに誰も気がつかないほどだ。私は飛行機の中でこの文章を書いている。機長によれば私たちは高度1万mの上空を時速900kmで飛行している。窓の外に目をやると太陽がはるか眼下の雲を照らしている。飛行機そのものは、とくに珍しくもない。しかし、飛行機の中は、すでに科学の驚異でいっぱいなのだ。ちょっと私の座席の周りを見回してみよう。

まず、私は正気だ。それは当然のように思えるが、実はすごいことだ。厚さ数cmの窓の外は零下50℃、風速250m、気圧が地上の3割以下という世界なのだから。このアルミ製の機体が私を包んで守ってくれなければ、私はとうに酸欠で気を失い、凍死し、風で粉々になって

ようこそ、素晴らしい科学の世界へ

■飛行機の離着陸では科学の粋を見ることができる。何世紀にもわたる研究成果が、これほどの重量物を空中に浮かせたのだ。

いるに違いない。ところが、私はぬくぬくとして酸欠にもならず、悠々と氷の入ったソーダ水を飲んでいる。コップはプラスチックだ。どうしてこんなことが可能なのか。科学が可能にしてくれたのだ。

アルミは誰がつくったのか。それは科学のおかげだ。機内の快適な気圧と温度。窓やコップのプラスチック。地上で凍らせた氷。アルミのソーダ缶。いずれも科学が可能にしたものだ。

ここで最も大切な機内の空気の話をしよう。機内の空気が失われれば、乗客はたちまち死んでしまう。この空気はどうやって保たれているのか。飛行機は、大きなアルミの圧力容器のようなものだ。上空の空気は0.3気圧程度だが、人体は0.7気圧かそれ以上でないと正常に保たれない。ネパールのシェルパ族には、高度1万mでも1時間耐える者がいるそうだが、普通の人は0.7気圧以上が必要だ。だから、0.3気圧の外気を取り入れて、それを加圧しなければならない。

どうやって空気の圧力を高めようか。自転車の空気入れでは間に合わない。そこで気がつくのは、飛行機のターボファン・エンジンの中には必ず圧縮器があり、必要な圧縮空気をつくっていることだ。エンジンの中でつくられた圧縮空気は燃料と混合され、燃焼することによって推力を発生し、飛行機はマッハ0.8で飛行を続けられる。その詳細はこの本で知ることができる。ところで、この圧縮器からは必要以上に圧縮空気が出てくる。その余分をすこしもらって機内に取り込んでいるのだ。

エンジンも科学の驚異そのものだ。エンジンをつくり上げている合金、潤滑油、ベアリング、回転翼、軸、構造。これらはみな科学によって磨きをかけられてきたものばかりだ。だからこそ何年間も続けて飛べる信頼性があるのだ。さらにエンジンがあらゆる異常事態に確実に対処できるのも科学のなせる技だ。猛烈な雷雨に突っ込んで大量の雨を吸い込んでも、ちゃんと処理できる。雹（ひょう）も、砂

マーシャル・ブレイン（Marshall Brain）
1961年米カリフォルニア州サンタモニカ生まれ。同ノースカロライナ州立大学でコンピュータ・サイエンス修士号取得。1998年に趣味で、世の中の物事の仕組みを解説するサイトHowStuffWorks.comを開設。現在は作家兼コンサルタント。多数の著作のほか、ナショナル ジオグラフィック チャンネルなどのテレビ番組にも多数出演している。

嵐も、鳥の群れも、対策済みだ。

予期せぬ不調によりエンジンが止まったら、どうか。それでも問題ない。冗長性という科学があるからだ。もし1基のエンジンが止まっても、残りのエンジンがその分をカバーできるようになっている。圧縮空気も推力もとにかく確保できる。

エンジンが全部止まったらどうか。それは確率という科学からは、事実上起こりえないと言いたいのだが、でも起こるとしよう。もし全部のエンジンが止まったら、たくさんの問題がいっぺんに起こる。エンジンは推力と機内の空気に加えて、操縦室内のすべての航空電子装置に電力を供給している。それに機体を操縦する油圧も。科学はこれらすべての問題をすばやく解決しなければならない。

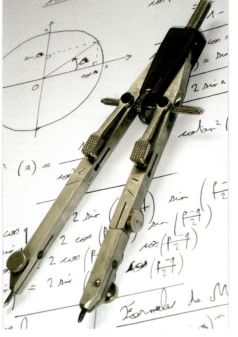
■研究し、創意に満ちた発明をし、綿密に計画を立て、結果を制御する。科学はこのように進行していく。

どうなるかというと、非常用のバッテリーが備わっていて電力を航空電子装置に供給する。非常用の電気油圧ポンプもあるので操縦士はこれで機体を操縦し、着陸装置も下ろすことができる。目的の飛行場には着陸できないだろうが、操縦士が無事に機体を着陸させる可能性はきわめて大きい。エンジンが止まった飛行機がどんな状態になるか関心があれば、インターネットで「ギムリー・グライダー」を検索されたい。

機内の気圧についてはどうか。エンジンからの空気が途絶えたら気圧が低下し、200人の乗客、それに肝心の操縦室の人たちがたちまち気を失ってしまう。実際には、操縦士たちには操縦室専用の酸素供給装置がある。そして、驚くべき事態が背後の客室で展開される。そもそも200人もの人々に瞬時に酸素を供給することなど科学をもってしてもできるのだろうか。それができるのだ。専用のセンサーが圧力低下を感知すると直ちに、乗客の頭上の天井パネルがいっせいに開き、プラスチック製のマスクが下がってくる。そして何十本もの小型酸素発生器が点火され、その中の化学反応と熱によって十分な量の酸素が発生する。乗客はマスクを着けるだけでいい。

私は何百回となく飛行機を利用しているが、マスクが落ちてきたのはたった一度だ。そのとき私はコミューター機でニューヨークに向かっていた。高度1万mで飛行中、副操縦士側の窓が割れて、またたく間に機内の気圧が低下した。客席の上からマスクが自動的に落ちてきた。驚いたことに乗客たちは一言も発せず冷静に行動し、パニックは起こらなかった。皆どうすべきかを知っており、落ち着いてマスクを着けたのだ。機長は飛行機を一気に高度1500mまで降下させ、それから乗客に何が起きたかを説明した。結局異常事態にもならず目的のニューヨーク・ラガーディア空港まで飛び、着陸したのは予定時刻だった。この冷静さが科学の素晴らしさでなくてなんであろうか。窒息死することもなく、当たり前のように乗客は飛行機と空港を後にした。その上、夕食時の格好の話題までお土産にして。

科学は人々の力を束ねる

科学のもう1つの素晴らしい側面は、人々の力を束ねることだ。飛行機1機を飛ばすのに、どれだけ大勢の人々がさまざまなアイデアを注いでいるかを思い浮かべてみよう。まず機体用のアルミ材、エンジンの合金（金属工学）、窓やイスに使う合成樹脂（有機化学）をつくる人たち。次にこれらの材料を使って飛行可能な機体形状（航

空力学)、効率的なエンジン形状(流体力学、熱力学)を設計する人たち。部品を集めて機体を組み立てる人たち(製造工学)、電子系統を設計しプログラミングする人たち(コンピューター科学)、燃料や油を作る人たち(石油化学)など、まだまだ挙げ足りない。

　なぜ人間はこのようなことをするのだろうか。言い換えると、科学はどこから生まれてくるのだろうか。科学そのものを知るにはどうすればよいのか。なぜ関心がわくのだろうか。あなたは、なぜこの本を手に取ったのだろうか。この本の中で、科学が実に驚くべき姿をみせている。最新の科学は、次のように語りかけてくる。

宇宙と生命の始まり

　それは137億年の昔。突然、宇宙の始まりを告げる大爆発(ビッグバン)があった。爆発が収まるとおびただしい量の水素ガスで満たされた空間が生じた。水素原子は内部に重力(科学はこの力をまだ解明していない)と呼ぶ引力を秘めていた。ばらばらだった水素ガスはこの力で集まって巨大な星々になった。この星々はとてつもなく大きいため中心部では重力によって強大な圧力が生じ、核融合が始まった。

　水素原子は融合を繰り返し次第に重い原子に変わっていった。そして融合反応が終わると星は爆発を起こし、さらに多くの重い原子が生まれた。これらの原子は拡散した。こうして飛び散ったかけらが集まって雲をなし、再び重力で引き寄せられ、私たちの太陽系、そして地球という惑星が生まれた。

　地球には、水、炭素、窒素、その他の鉱物と、十分な化学物質が存在したため無数の化学反応が自然に起こり始めた。そして太陽というエネルギー源があった。それも水が凍りもせず蒸発もせずに液体でいられるちょうどよい距離に。月も潮汐を起こすのに手ごろだった。

　原子、分子はらせん状につながった。これは自己複製をすることのできる形だった。この複製の反応こそ生命の本質なのだ。単純な細胞が、変異と選択という過程を経てより複雑な細胞に変わり、そして多細胞になり、ついに植物と動物が生まれた。動物も変異と選択を繰り返し、ある日、この地球上に知能と呼ぶものを持った種が誕生した。人類の登場である。

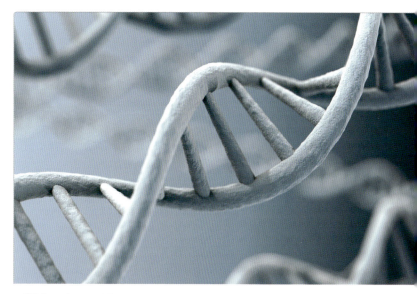

■科学者は、すべての生物のDNAに封じ込められた生物学的情報を解読し、地球上の生命の理解へ大きな一歩を踏み出した。

　人類が知能を得たことで言語が生まれ、学習、論理、愛情、そして何と好奇心までが生まれた。この好奇心こそが科学を生んだのだ。物事がどうなっているのかを理解したいという欲求だ。そして数え切れない人々と長い年月によって科学が丹念に積み重ねられてきた結果として、私がたまたまいるこの空飛ぶアルミの筒が存在するといっていい。

　このように広い視点から科学をとらえると、読者とこうしてやりとりをしていること自体がまさに驚嘆すべきことに思われる。読者が手にしている紙も、インクも、私が呼吸している圧縮空気も、今キーをたたいているパソコンも、読者の脳の神経細胞で起きている化学反応も、その化学物質を生み出した星の爆発も。どれも奇跡だと感じられる。そのすべてが科学の領域だ。

　本書を読めば、科学の範囲の広さに感嘆することだろう。科学の素晴らしさは途方もなく、信じがたく、計り知れないほどだ。ぜひそれを味わってほしい。

宇宙と銀河	16
天文学	18
宇宙	20
銀河	24
恒星	26
太陽系	30
太陽系	32
太陽	34
地球型惑星	38
小惑星と彗星	42
巨大ガス惑星など	44
宇宙探査	48

宇宙

宇宙と銀河

　夜空の星を見上げて、宇宙は果てしなく広がっているに違いないと考える人が多いだろう。実際、無数の星や銀河がこの広大な宇宙のあちらこちらに点在し、お互いに途方もなく離れている。

　今日の科学者は、宇宙の謎を解明するために、最先端の望遠鏡で宇宙からの放射を観測している。これらの機器を利用してデータを集め、分析し、解釈したうえで、宇宙の起源や成り立ちを説明する仮説や物理モデルを構築するのだ。

　現在広く認められている仮説によると、想像を超える、すさまじい大爆発（ビッグバン）が宇宙の起源だという。137億年前に生まれた宇宙は、当初の高熱の状態から次第に冷えて、ガスとたくさんの固まりを生じ、さらに無数の星と銀河へと進化した。

■ 天文学の歴史

天体を観測することによって、正確な暦の作成や航海術に基づく計算ができるようになった。現代物理学の誕生と天文学の進歩により、宇宙の事象を証明できる説明モデルがはじめて考案された。

歴史 | 分野 | 観測機器

天文学

昔から、星が輝く広大な天空は、人間の想像力を刺激し続けてきた。数千年の間に地理学や数学、物理学の研究が進むにつれ、天文学は未知の新たな領域を探索する力を蓄えていった。今も、現代の最新技術が新たな宇宙探査の扉を開き、さらなる発見をもたらしている。新たな発見は新たな謎を生み、それが天文学を進歩させる。

古代のエジプト、バビロニア、中国、中米の人々は、紀元前3000年以前にすでに天体の事象を体系的に観測していた。それによって暦をつくり、日食と月食の時期を予測した。また星の運行から、神々が人間に課した運命を突き止め、理解しようと試みた。時代が下ると、バビロニア人の知識を継承

■16世紀の科学者ガリレオ・ガリレイは、天体観測用に望遠鏡を改良した。

した古代ギリシア人が天体観測の技術を磨き、宇宙の動きを解明しようとした。

古代ギリシア人はすでに地球が球体だという知識を持ち、太陽と月までの距離や、太陽と月の大きさを測定する技術もあった。しかし、宇宙の中心は太陽だとする地動説が広く受け入れられるようにはならなかった。宇宙の中心は地球だとする天動説が根強く残っていたのだ。そのため、星は周転円と呼ばれる小さな円を描いて運行しているのだと考えられた。円運動をしながら地球上空の軌道を回っていると考えたのだ。西暦150年ころ、プトレマイオスはこうした周転円説をまとめて天文学書『アルマゲスト』を編纂した。

近代天文学への道のり

15世紀には、それまで以上に正確に惑星軌道を測定できるようになり、周転円の誤りが明らかになった。そのため16世紀に入ると、ニコラウス・コペルニクスが提唱した、宇宙の中心は太陽だとする地動説が浸透しはじめた。その後、ティコ・ブラーエがさらに測定を重ね、その測定値を使ってヨハネス・ケプラーが惑星軌道を計算し直した。それによりケプラーは、惑星が太陽の周りの楕円軌道を運行していることを証明する。このころ、発明されて間もない望遠鏡での観測が進んだ結果、地動説はさらに広く浸透した。

17世紀に入ると、アイザック・ニュートンが近代物理学の理論的な基礎を築く。ニュートンの万有引力の法則は、ケプラーが計算した楕円軌道が科学的にも正しいことを証明した。こうした研究の進展によって、光の速度や太陽までの距離、地球の半径をはじめとする幅広い研究が進んだ。

19世紀には、ヨゼフ・フォン・フラウンホーファーが太陽光線のスペクトルの中からスペクトル線を発見する。この発見を足がかりに、グスタフ・ロベルト・キルヒホフとロベルト・ヴィルヘルム・ブンゼンがスペクトル分析を確立する。それによりようやく、惑星や天体の化学的・物理的特性が分析できるようになった。

20世紀に入ると、ハンス・アルブレヒト・ベーテとカール・フリードリヒ・フォン・ヴァイツゼッカーが、恒星のエネルギー源が核融合であることを解明する。それにより、宇宙の構造と進化に関する物理理論（p.22）の詳細が明らかになった。

アストロラーベ

アストロラーベはかつて、天文学者にとって最も重要な道具だった。天体の位置を測定し、天体の位置を2次元で示すのに使われた。たいていの場合、回転盤、度数目盛り、指針、指方基がはめ込まれた、真ちゅう製の器具だった。

■18世紀のペルシア製アストロラーベ。かぎ爪は、いちばん明るい星を示す。

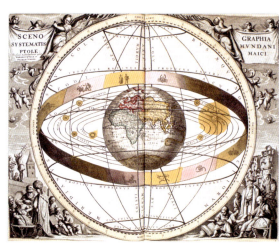

■2世紀にクラウディウス・プトレマイオスが発表した地球中心の宇宙モデルは、1543年にニコラウス・コペルニクスが太陽中心のモデルを発表するまで、科学者たちに支持されていた。

今日の天文学

現代の天文学を支えているのは、数々のハイテク測定器、精巧な観測手法、物理モデル、数理シミュレーションなどである。宇宙開発の進展も、天文学の進歩に大きく貢献している。

今でも、天文学の基礎となっているのは、天体が発する光の観測だ。当初、天文学者の観測は可視光に限られていた。しかし今日では、現代の科学技術を活用して、粒子放射と、電波、赤外線、紫外線、X線、ガンマ線など幅広いスペクトルの光線を観測できる。また、現代天文学の理論には、数学や物理学などのほかの自然科学分野が密接に関連している。

■チリにある4つのドームからなるベリー・ラージ・テレスコープ（VLT）は、鮮明な宇宙深奥部画像を撮影できる。

宇宙望遠鏡

宇宙望遠鏡は必要な電力を自力で発電し、自らの位置を制御し、搭載する観測機器によって自動的に観測を実施する。また、高性能の広角カメラや分光器を搭載して、放射線を分析し、放射強度を測定することもある。強い放射線の観測には特別な望遠鏡が必要で、X線望遠鏡には、放射線が斜め方向に当たるようにミラーを設置している。

■ハッブル宇宙望遠鏡は、地上600kmの軌道に乗っている。

天文学のさまざまな分野

天文学の伝統的な分野に、天文測定学と天体力学がある。これらは、天体の位置や軌道を測定し、計算するものだ。天体物理学は、個々の天体の構造と進化を中心に、各天体の磁場の強度や温度、密度や組成物などの性質を分析する。宇宙論は、宇宙全体の構造と進化を研究する。

天文観測機器

天文観測機器にはさまざまな種類がある。巨大な電波望遠鏡は、宇宙からの電波信号をとらえ、可視光線よりも鮮明な画像を映し出すことができる。隕石など太陽系のほかの天体を観測するには、レーダー望遠鏡を使う。また、大気による影響を補正する特殊なレンズを装着した高性能の望遠鏡によって、天体からの可視光を観測し、成果を上げている。

宇宙からの放射の大半は、地球の大気に遮られる。だが、気球や飛行機、ロケットの利用が、高空での観測に新たな可能性を開いた。宇宙開発が進み、観測用の機器や望遠鏡を宇宙まで運べるようになった。これらを利用すれば、地球の大気に影響されずに、天体の磁場や、天体が放射する粒子や放射線を測定できる。また、その場所は、地球の周回軌道に限定されない。太陽を周回する軌道や、ほかの惑星の周回軌道や、太陽系外からの観測も考えられる。

■米ニューメキシコ州にある超大型干渉電波望遠鏡群（VLA）は、パラボラ・アンテナ27台からなる電波望遠鏡だ。各アンテナの直径は約25mある。

■ 宇宙の構造

宇宙の中で、物質は均等に分布しているわけではない。それどころか、重力の影響を受けて、さまざまな構造をつくる。こうした多様な構造を持つ物質と物質の間に横たわる宇宙空間は、想像を絶する広がりを見せる。

宇宙の構造 ｜ 宇宙探索 ｜ ビッグバン ｜ ダークマター ｜ ダークエネルギー

宇宙

宇宙全体の構造や起源、進化の過程に関して私たちが手にすることのできる情報は、ごくわずかしかない。だが、遠いかなたの天体が放出する放射を測定し、物理法則に関する知識と組み合わせることで、科学者は宇宙のモデルを組み立てることができる。得られた宇宙モデルの正当性は、どこまで観測データと一致するかで評価される。

夜空を見上げると、無数の星が見える。宇宙のガスから物質の固まりが生まれ、さらに星へと成長する。太陽は星の1つであり、無数の星々が集まって、渦巻構造の銀河系（天の川銀河）を形成している。そして、多くの銀河が集まり、局部銀河群と呼ばれる銀河集団を構成している。

こうした銀河群や、より大きな銀河団と呼ばれる銀河の集合体は、さらに巨大な集合体である超銀河団を構成していることが多い。超銀河団と超銀河団の間には、空漠とした宇宙空間が広がる。超銀河団全体の表面はでこぼこしている。

超銀河団が分布する領域は、せっけんの泡のような構造をつくっている。泡と泡が交差する壁状の領域に超銀河団が分布し、その間に空っぽの空間が広がっている。

隣り合う星同士は、通常数100光年離れている。大きな銀河の直径は約10万光年におよび、局部銀河群ともなると直径は約1000万光年にもなると推定される。超銀河団の直径は数億光年におよぶこともある。こうした超銀河団はひものような形状をもち、空っぽの宇宙空間のあちこちに点在し、最大のものは直径が10億光年以上にもなる。

宇宙モデル

宇宙空間で距離を測定する場合は、天体間の距離が非常に離れているため、直接測定する方法が使えない (p.21)。一定の仮定を置いて、天体観測の結果とデータを解析し、妥当な数値を推定するしかない。現在、妥当な宇宙モデルとして大半の科学者に受け入れられているのが、ビッグバン・モデルだ (p.22)。このモデルは、宇宙が極めて密度の高い原始状態から進化してきたこ

■ 天文学者と宇宙物理学者の研究領域は密接な関連があり、共に宇宙の構造の解明に取り組んでいる。

とを示している。主な間接測定法として、遠ざかりつつある観測対象が放つ光の赤方偏移を利用する方法がある。こうしたモデルと観測結果から、宇宙の大きさについての仮説が立てられている。

■ 科学者たちは、アインシュタインの一般相対性理論を用いて、宇宙の進化を説明するモデルを構築する。

▶ p.330-331（相対性理論）参照

光年

光は、真空状態で1秒間に29万9792km進む。このデータに基づいて、非常に遠い距離の推測値が得られる。単純に、一定の時間内に光が進む距離を導き出すのだ。宇宙のスケールではこの単位が便利なため、よく使われる。1光年は光が1年間に進む距離と定義される。これは、およそ9兆5000億kmに相当する。太陽の次に地球に近い恒星はプロキシマケンタウリ星で、距離は約4光年だ。いちばん近い銀河までは、200万光年の距離がある。

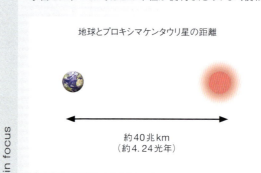

地球とプロキシマケンタウリ星の距離

約40兆km
（約4.24光年）

■ 太陽の次に地球に最も近い天体は、プロキシマケンタウリ星だ。

■ 宇宙探索

宇宙の謎を解明するためには、探索が必要となる。天文学者はさまざまな方法を用いて、星や銀河を隔てる長大な距離を測り、はるかかなたの天体が示す不思議なふるまいを解明しようとする。

観測対象である2つの天体が同じ強度（光度）で光を放射しているならば、近い天体の方が明るく見える。恒星の実際の光度がすでに明らかになっていれば、恒星がどのくらい遠くにあるかを算出するのに、観測した光度を利用することができる。

必ずしも実際の光度がわかっていなくても、天文学者は特別な恒星、いわゆる「標準光源」について、その光度を特定し、この標準光源を利用して地球からの距離を推定する。例えば、セファイド型変光星などの標準光源は明るい巨大な恒星で、周期的に明滅する。これらの変光星の変光周期は星の大きさと光度によって異なり、周期的に明滅するおかげで銀河の距離について有効な情報が得られる。連星系のなかで極めて明るい超新星として爆発する白色矮星も、標準光源として使われることがある。そうした標準光源の光度は、はるか遠方の銀河までの距離を推定するのにも使われる。

赤方偏移

星が発する光を分光計で分析すると、太陽光が虹色に見えるように、スペクトルの7色に分けられる。しかし、恒星のガス層の化学元素が特定の波長の光を吸収し、スペクトルに暗黒の吸収線を生じさせる。ほぼすべての銀河は、長い波長（赤）に偏移した吸収線を示す。赤方偏移の度合いは、遠く離れた銀河ほど大きい。この赤方偏移は、宇宙が膨張していることが原因である。

宇宙空間そのものが膨張するにつれ、光の波長が引き伸ばされる。光が宇宙を遠くまで進めばそれだけ、波長は長くなる。そのため、ある銀河の赤方偏移が観測できれば、その銀河までの距離が推定できる。これは、ハッブルの法則として知られている。赤方偏移の解釈が正しく、宇宙の膨張率が可能な限り正確に算出されれば、距離の推定値も正確になる。

赤方偏移の原因として、別の可能性も考えられる。例えば、宇宙空間のどの銀河も私たちから遠ざかりつつある場合だ。しかし、この場合、一般論として赤方偏移を説明するには不十分だ。ほかの銀河が私たちの銀河から遠ざかっているのであって互いに遠ざかっているのではない。したがって、私たちの銀河は特別であるという意味合いがあるからだ。もう1つの可能性として、光が長い距離を進むうちにエネルギーを失い、赤方偏移が進むという考え方もある。だが今のところ、赤方偏移の説明として受け入れられていない。

ハッブル定数

エドウィン・パウエル・ハッブル（1889〜1953年）は、1920年代に、観測された赤方偏移と銀河間の距離の関係を発見した。これはハッブル定数として知られている。現代の観測技術により、1メガパーセク（約326万光年）当たり秒速71kmの値が得られている。遠くの銀河ほど速く遠ざかっている。

■ エドウィン・パウエル・ハッブルは、銀河の赤方偏移と宇宙の膨張を結び付けた。

宇宙の膨張

膨張する宇宙における銀河のふるまいは、発酵するパン生地の中のレーズンのようなものだ。パン生地は銀河間の宇宙空間に相当し、レーズン同士は等速で遠ざかる。

■ ある恒星が周囲より明るく見えるのは、観測者からの距離が近いか、ほかの星よりも放射が強いからだ。2つの恒星の絶対明度がわかれば、両者の間の距離が推定できる。

■ 宇宙は膨張しているため、観測対象の天体はすべて地球から遠ざかっている。地球からの距離が伸びると、光の波長が伸びて赤方偏移が生じる。図の光源（3）は右（2）方向に遠ざかっている。すると左（1、赤方偏移）の周波数が低くなり、右（4、青方偏移）の周波数が高くなる。

▶ p.26-29（恒星）参照

■ ビッグバン理論

現在、ほとんどの宇宙学者が、宇宙の起源の現実的なモデルとして、ビッグバン理論を認めている。このモデルは、宇宙が超高温・超高密度の状態から進化した可能性が強いことを示している。

宇宙の最初の瞬間に、実際に何が起こったのか、確かなことは誰にもわからない。私たちが望遠鏡で観測できる広大な宇宙はかつて、極めて密度が高く、数mmほどの大きさしかなかったとされる。宇宙は光の放射と物質で満たされ、放射は常に物質に変わり、物質は放射に変わっていた。

宇宙の膨張

宇宙は急激に膨張したが、爆発はしなかった。爆発力を吸収する空間はなかった。宇宙空間そのものがひたすら膨張したのだ。
宇宙が膨張すればするほど、宇宙の温度は下がった、放射のエネルギーは小さくなった。物質は徐々に、原子の成分となる陽子と中性子と電子になった。ビッグバンの10秒後、陽子と中性子が結合して最初の原子核をつくった。放射のエネルギーは弱くなり、もはや粒子を分割する力はなくなった。さらに温度が下がると、こうした原子核は電子を捕獲して、ビッグバンから数十万年後に最初の原子をつくり出す。荷電粒子のせいで曇っていた宇宙は、粒子が減って透明になりはじめた。漂っていたのはごくわずかな荷電粒子だけとなり、光は障害物にぶつかることなく通り抜けるようになった。

今日では、あらゆる方向から宇宙背景放射が来ていることが測定されている。これは、宇宙の初期段階に放出された放射が残ったものだ。いったん放射の圧力が下がると、重力が主な力となり、ビッグバンから約100万年後に、巨大な物質の固まりが形成された。その後、最初の銀河や天体がつくられた。ビッグバン理論は、宇宙原理だけでなく、場の量子論とアインシュタインの一般相対性理論の両方に立脚している。

場の量子論が試みるのは、素粒子と力に関する説明だ。一方、アインシュタインの一般相対性理論が試みるのは、3次元空間と時間の流れを密接に結びつけた数学モデルを使い、時空のゆがみを用いて重力を説明することだ。時空は物質によってゆがみ、そのゆがみが今度は物質の動きを決定する。

宇宙原理は、局所的には物質が存在する場所と何もない場所があるものの、大局的に見ると、物質は宇宙全体に均等に分布しているという仮説である。こうした仮説を総合すると、数学的に宇宙は膨張しているという結論に達する。

> **basics**
> **宇宙の年齢**
> ビッグバン理論によると、宇宙は137億年前に高密度の状態で誕生した。

■物質は宇宙全体に薄く広く分布していたが、次第に集まって独自の構造を形成した。

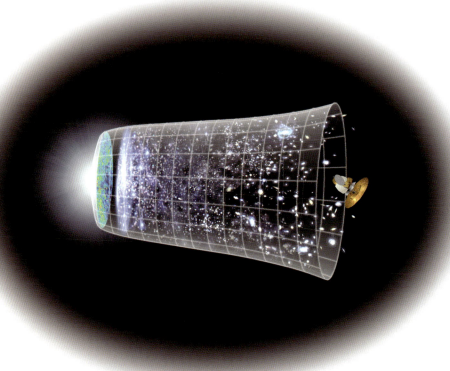

■宇宙のごく初期の物質は、水素やヘリウム、少量のリチウムやベリリウムだった。やがて、恒星の中で進む核反応によって、重い化学元素が形成された。

▶ p.330-331（相対性理論）参照

■ダークマターとダークエネルギー

天体観測により、目に見えない物質の存在が示唆されており、それが及ぼす重力の作用がその存在を裏付けている。また宇宙の膨張を加速させる特殊なエネルギーの存在が議論されているが、まだ何もわかっていない。

　星と星の間の空間には、想像を超える量の物質が存在するらしい。この物質（ダークマター）は、光を放射したり、反射したり、吸収することがない。その総量は、通常の見える物質よりもはるかに多い。

　数多くの天文観測において、見える物質に対してダークマターが重力を及ぼしていることから、その存在が明らかになった。例えば、銀河は予測されていたような回転をしているわけではないことが確かめられた。目に見える天体やガス雲の運動から推定された銀河の質量は、銀河の中心から遠く離れるほど天体の運行速度が遅くなることを示している。ところが、渦巻銀河の中心から離れた天体も運行速度が一定であることがわかっている。こうした矛盾は、いわゆるダークマターが巨大なリング状の構造をしており、光を発する物質の10倍の質量を有すると考えることで説明がつく。

　別にダークマターの存在を示唆するのは、重力レンズの現象だ。例えば銀河団などの大きな質量は、そのはるか後ろにあるほかの銀河が発する光を、ちょうど拡大レンズのように曲げる。銀河団の質量は光の屈折度によって推定できる。屈折の結果から得られた質量は、天体やガス雲だけで説明されるよりも、ずっと大きいのだ。

新たな宇宙の構造

　ダークマターはビッグバン理論においても重要な役割を果たす。均一な背景放射（p.22）の存在が示唆するのは、誕生して間もない宇宙では、通常の物質も同じように均一に分布していたということだ。この状態から銀河にまで成長するには、ずっと密度の濃い物質が必要だったと考えられる。その役割を演じたのがダークマターだったのかもしれない。しかし、ダークマターがどの程度で十分な密度に達するかは今のところ不明だ。ダークマターの正体はまだ明らかになっていないが、暗黒の天体や未知の素粒子が含まれるかもしれない。

ダークエネルギー

　宇宙の膨張速度を明らかにするために、天文学者は超新星の光度や赤方偏移（p.21）を測定してきた。驚くべきことに、こうした研究やウィルキンソン・マイクロ波異方性探査衛星（WMAP）からの観測データによると、宇宙の膨張速度は加速している。そのメカニズムは不明だが、いわゆるダークエネルギーが加速の要因であるという説が有力である。実際、こうした理論上の概念は、一般相対性理論（p.331）を用いた計算とも一致する。科学者のなかには、ダークエネルギーがもう1つの自然の力、つまり宇宙の基本構成要素だと考える人もいる。

宇宙の遠い未来

　宇宙の膨張は加速していると考えられている。だとしたら、いずれ恒星はその生涯を終え、その惑星は陽子崩壊によって壊れる。いわゆるホーキング放射によって、ブラックホールさえも蒸発する。その後には、限りなく希薄になった粒子のガスしか残らない。想像を絶するほど粒子同士が離れ、お互いに力を及ぼすこともない。もはや時間も意味を失う。

■宇宙の未来については、現在の宇宙に関する知識や法則をベースにしてさまざまな仮説を立てることができる。

宇宙の運命

永遠に膨張するにせよ、いずれ崩壊するにせよ、宇宙の運命は物質とエネルギーの総量で決まる。

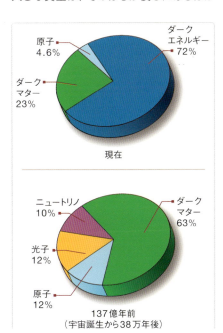

■宇宙の構成要素は、WMAP探査衛星のデータから導き出された。

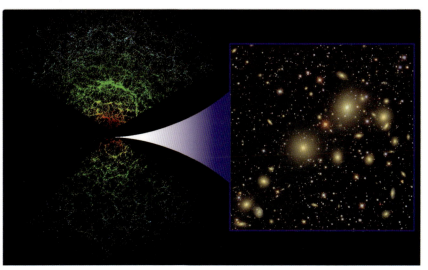

■銀河の光度の探査データは、広大な宇宙全域の物質の分布を示す3次元モデルによって総合的に解析される。

■ 渦巻と楕円

銀河の形状は、さまざまである。渦巻銀河、楕円銀河など銀河系の種類によって、その構造と大きさ、要素はそれぞれ大きく異なる。

渦巻銀河 | 楕円銀河 | 天の川

銀河

星が単体で存在することはめったにない。
ほとんどの場合、回転する巨大な銀河の一部である。
星の質量は私たちが想像できないほど大きく、
星と星の間の距離は驚くほど離れている。
私たちの天の川銀河に最も近い銀河でさえ、
そこから地球に光が届くまでに250万年かかる。

銀河は、約1000億個の星とガスやちりでできている巨大な集団であり、全体が回転している。銀河の形は楕円のものもあり、渦巻や不規則な形のものもある。銀河は、それを構成する要素同士の重力によって、まとまっている。この重力の働きにより、恒星や星間物質は銀河核を中心に回転している。太陽も、天の川銀河（p.25）と呼ばれるこうした銀河の一部だ。

ハッブル宇宙望遠鏡の観測によると、130億年前の銀河は、複雑なものや大規模なものが、ほとんどない。このことは銀河が次第に合体し、構造が進化してきたことをうかがわせる。

一般に複数の銀河は、銀河団あるいはそれより小さな銀河群という集合体をつくっている。銀河の渦巻は、銀河円盤部の星が集まってつくられる。これは、音波の働きでできる空気の圧縮に似た現象である。

物質はこの渦巻領域に集中し、その星間ガスの中で、比較的多数の新たな星が誕生している。それにより、腕の部分は周囲よりもはるかに明るく輝いている。

渦巻銀河は銀河核を中心に回転する。渦巻腕の部分にある星は、ずっとそこにとどまるのではなく、腕の内側へと流れ込んでいくのでもない。実際には、個々の星が渦巻腕の部分に加わり、やがてそこから出て行く。

銀河の相互作用

銀河が互いにすれ違うと、互いの重力によって形が変わることがある。その際、個々の星の軌道がゆがんだり、まれに合体したりする。

このように銀河が互いに作用した場合、たいてい小さい銀河が大きい銀河に吸収されるが、同程度の大きさの銀河が合体すると、2つの核が残る。

星間物質

星と星の間の宇宙空間には、ガスとちりの微細な粒子が分布している。その中には、初期の宇宙から残っている構成要素のほかに、活発に活動する星や爆発する星が放出する物質も含まれる。ガスは主に水素とヘリウムから成るため、近隣の星からの放射がガスを熱すると、ガス自体が光を放つようになる。一方、ちりは主に黒鉛からなる星雲だ。ちりが星の光に照らされると、光を反射する星雲は明るく浮かび上がって見える。対照的に、背景の星の光を吸収する星雲は、暗黒の雲のように見える。

■アンテナ銀河は、2つの銀河が衝突し合体しつつある銀河の典型例だ。

> #### 銀河の種類
>
> 楕円銀河は明確な構造がわずかしかないか、もしくはまったくない。その一方で渦巻銀河には、核を中心に回転する2本以上の渦巻腕がある。渦巻銀河はさらに、中心を貫く棒があるものとないものに分類される。レンズ状銀河には、渦巻銀河と同じように核があるが、渦巻腕はない。不規則銀河の数は少なく、それぞれ独自の形状をしている。
>
>
>
> ■エドウィン・ハッブルによる分類は、銀河を中央の棒や腕、形状などの特徴で分ける。

> #### 銀河と星雲
>
> 銀河はかつて星雲と混同され、長い間、その構成が不明だった。1923年になって、アンドロメダ星雲（銀河）が実は天の川のような集団であることをエドウィン・ハッブルが明らかにした。

■ソンブレロ銀河のような渦巻銀河は、側面から見ているため、その渦巻状の腕がよく見えない。だが、中心部のふくらみ（バルジ）と平たい円盤状のちりがよく見える。

天の川銀河

太陽系も天の川銀河の一部である。太陽系は天の川銀河の渦巻中にあって、数十億の恒星とともに、銀河核の周りを回っている。

私たちが住む星の集団は、天の川銀河（銀河系）と呼ばれる。天気がよく視界の開けた日に、夜空を見上げると、きらきら輝く光の帯が夜空を横切っているのが見える。そのとき、私たちが目にしているのは天の川銀河の円盤部だ。この光の帯は天の川と呼ばれるが、太陽を含む天の川銀河全体を指すときにも使われる。私たちは天の川銀河を外側から見ることはできないが、天の川銀河内の恒星間の距離をかなり正確に測定することができる。

■地球から見ると、銀河の円盤部は天の川と呼ばれる光の帯が空にかかっているように見える。

天の川銀河の構造

銀河中に存在する不透明な暗黒星雲によって、恒星の光が隠されるため、天の川銀河の詳細な構造は長く不明だった。それが明らかになったのは、20世紀に入って、可視光に加えて赤外線や電波を利用した天体観測ができるようになってからだった。その結果、天の川銀河は比較的大きな渦巻銀河であることが判明した。

私たちの太陽系は、銀河系のはずれに近い渦巻腕の1本の中にある。銀河の外層部は銀河系ハローと呼ばれ、広域に点在する太古の恒星の集合体、いわゆる球状星団が分布している。

恒星は成分や年齢、分布位置などによって分類される。ごく若い恒星は、渦巻腕の対称形領域の近くに分布し、重い元素を比較的高い濃度で含んでいる。これらの元素は、高齢の恒星が核融合によって内部から放出したものだ。高齢の恒星はエネルギーが弱くなるにつれ、こうした物質を宇宙に放出するようになる。そして放出された物質はやがて、まとまっていき、次の世代の恒星を誕生させる。

中年の恒星は、銀河の円盤部付近で見つかる。球状星団内の年齢の高い恒星は、重い元素の含有率が低い。これは、銀河系の物質が合体したときにすでに使ってしまったためかもしれない。

天の川銀河の中心部を探すには、いて座の方角を見なければいけない。中心部は分厚い星間物質で覆われているので、可視光では見ることができない。しかし、電波や赤外線、X線を用いた観測で、銀河核の構造を調べることができる。

銀河系の中心部の恒星は、外側よりも密集している。中心部の狭い空間に、太陽およそ300万個分の質量が集中している。銀河の中心に存在するのは、超高密度の物質、いわゆるブラックホールではないかと考えられている。

局部銀河群

天の川銀河は、相互の重力に引き寄せられた30以上の銀河の集団に属している。この局部銀河群と呼ばれる銀河群のなかでも、天の川銀河とアンドロメダ銀河は最大級で、これらの距離は約250万光年も離れている。どちらの銀河も、大小のマゼラン雲をはじめとする小型の銀河に囲まれている。大マゼラン雲は約15万光年、小マゼラン雲は18万光年と、どちらも比較的天の川銀河に近い。

■小マゼラン雲は、天の川銀河近くの局部銀河群を構成している不規則銀河だ。

天の川銀河

私たちの銀河は約10万光年の直径があり、およそ1000億から4000億の恒星から成る。太陽は銀河の中心部から約2万7000光年の位置にあり、中心の周りを秒速約200kmで周回している。1回の公転に2億4000万年かかる。

■天の川銀河は渦巻銀河に分類され、中心部にバルジと呼ばれるふくらみと、数本の渦巻腕がある。この渦巻腕は、数十億の恒星と、星間ガス、ちりから成る。恒星の1つが太陽で、その太陽と惑星で私たちの太陽系が成り立っている。太陽系は、天の川銀河のはずれにある1本の腕に位置している。

■ 恒星の誕生

恒星は、巨大なガス雲の中から誕生する。恒星はそれぞれ、質量や色や明るさが異なるが、核融合の過程をエネルギー源とする点では共通している。

恒星は、宇宙の巨大な分子ガス雲から誕生する。このガス雲は主として水素元素から成るが、旧世代の恒星が放出した重い元素を含む場合もある。ガス雲の中の密度の高い部分が、互いの質量で引き合い、合体

星の誕生｜多様な星｜星の終末期｜星空

恒星

恒星は巨大な発電所であり、大量のエネルギーを放出し続けている。恒星はそれと同時に、化学元素を合成し、放出する。こうした元素が惑星を構成し、私たちの体を構成している。

していく。次々に物質を引き寄せていくうちに、回転する固まりができる。こうしてできた巨大なガス球は、原始星と呼ばれる初期段階の星だ。

核融合

原始星の核は非常に圧力が高いため、非常に高温になる。原始星の質量によっては、内部の温度は数百万度にも達することがある。そこまでの温度に達すると、水素原子の一部が電子を失い、無防備の原子核同士が衝突する。この衝突により核融合が起こり、ヘリウム原子核を生じると共に、大量のエネルギーを放出する。原始星の質量が大きければ大きいほど、核反応は活発になり、最終的に生まれたての星として輝き始める。

主系列星

核融合の過程が始まると、恒星は定常状態に落ち着く。核反応による内部の圧力は、星自体の重力に対抗できるほど高くなり、外向きの圧力と内向きの重力がつり合う。恒星の成長過程で比較的おだやかなこの時期は、主系列星と呼ばれる。太陽も現在、この過程にある。主系列星の時代は、恒星内の核の水素燃料を使い果たすまで続く。

■カリーナ星雲は、200万光年から300万光年にもおよぶ巨大な暗黒星雲だ。この星雲内の数多くの領域で、新たに星が形成されている。

■活発な星団NGC3603には、非常に若い恒星が無数に含まれている。新しい星の多くは、まだ生まれて200万年前後という若さだ。

恒星の質量とエネルギーの大きさ

恒星の寿命は、主としてその質量によって決まる。質量が大きいほど、恒星の寿命は短くなる。大質量の恒星は大量の核燃料を含むが、星の中核部の圧力が高くなるため、燃料の消費が速く、短時間で核燃料を使い果たしてしまう。内部の圧力が高まると、中核部の温度が上がり1秒当たりの核融合反応が増えるからだ。そうしてエネルギー放出量が飛躍的に増え、恒星は明るさを増す。太陽の10倍の質量がある恒星は、太陽と同じ質量の恒星の1000倍の燃料を消費する。そのため、1億年ほどしか光を放出しない。質量の小さい恒星は貯蔵したエネルギーを小出しに使うので、光を放出する期間が太陽よりも数千倍長い。

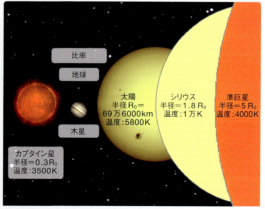

■恒星の比較

恒星の多様性

恒星にはさまざまなタイプがあり、成長の過程を進むにつれて、劇的な変化を遂げる。星の質量により最後の状態が異なる。

恒星は、いくつかの特徴を備えており、主な特徴の、大きさ、明るさ、色によって類別できる。恒星の中には、明るさが規則的に変わるものや不規則に変わるものもある。恒星のすべてが、太陽のような単体とは限らない。2つの恒星が連星となり、共通の重力中心の周りを回転するものもある。連星は珍しくない。シリウスもその一例である。さらに、3つ以上の恒星から成る多重星もある。

恒星は集団で発生したり成長したりすることが多く、星団を形成することもある。そうした星団は、数十や数百、あるいは数千もの恒星から成る。星団の質量が一定水準以下の場合、お互いを引き付ける力が弱いため、星団を構成する恒星はやがて離ればなれになる。

色の意味

溶鉱炉の鉄が赤色もしくは白色に輝いて見えるのと同じように、恒星の色は表面温度で決まる。表面温度に応じて、波長の異なるさまざまな色で輝く。

温度の高い恒星は、温度の低い恒星よりも光の波長が短い。特に表面温度が数万度に達する高温の恒星は、人間の目には青白く見える。太陽の表面は5500℃前後で炎を上げ、黄色く見える。表面温度が1000℃前後の温度の低い恒星は、橙色に輝いて見える。

恒星の色は長い寿命のうちに変化する。例えば、大質量の恒星は、始めは高温のため、青みがかった色で輝いているが、やがて寿命が尽きるころになると赤い色に変わる。

小質量星と大質量星

恒星の大半は、比較的低温で暗い。こうした恒星は赤色矮星と呼ばれ、太陽のわずか8〜50％の質量しかない。水素燃料を小出しに使い、赤い色で輝く。小質量の天体は、炎を上げるほど高温にはならず、いわゆる赤褐色の矮星になる。こうした暗い天体が放射するのは主に遠赤外線だ。

恒星の質量が最大限どのくらいまで可能なのかは、はっきりしていない。太陽の100倍以上の質量がある恒星は、おそらくごくわずかしかないだろう。こうした大質量の恒星は極めて不安定で、短命であり、太陽の100万倍の明るさで輝く。だが自ら放つ巨大なガス雲の奥に隠れているため、私たちの目には見えない。

■シリウスは連星だ。星空にひときわ明るく輝くシリウスAの隣のシリウスBは暗く、青い点のように見える（想像図）。

赤色巨星と白色矮星

太陽の数倍までの質量の恒星は、いわゆる白色矮星となって一生を終える。

ある時点で、恒星の核にある水素はすべて使い尽くされ、ヘリウムに変わる。そして自らの重力に耐えられず、恒星は崩壊し始める。恒星の質量が押しつぶされるにつれ、温度が上昇し、中心核の周辺に残っていた水素が核融合を始める。再びエネルギーを放出し、それにより外層部が膨張する。大量の熱を放出すると、表面温度が下がり色も変わって「赤色巨星」になる。中心核の温度が高くなると、核内のヘリウムが融合し炭素などの元素を生成する。恒星は脈動を始め、外層部が宇宙空間に放出される。

恒星の核は白色矮星となって残り、膨張しつつある外層部は惑星状星雲を形成する。およそ50億年後には太陽も、こうした結末を迎えることになる。

■1等星シリウスのそばにある白色矮星（左下）の写真。

■こと座のNGC6720は、よく知られた環状星雲だ。太陽程度の恒星が燃え尽きた後に形成されたと考えられる。白色矮星の周りを環状の星雲が周回している。地球から約2300光年。

■ 終末期の恒星

終末期に入った恒星が最終的にどうなるかは、主にその質量で決まる。
星が蓄えていた最後のエネルギーが爆発的に放出され、
超新星爆発のような劇的な光景を見せることがある。

恒星がその生涯の終末期を迎え、中心核の水素がすべて消費されてヘリウムを生成すると、中心核は収縮して温度を上げ始める。恒星の外層部もまた、核融合を始める。

> **basics**
>
> **終末期の恒星** 核融合により、マグネシウムや鉄のような重化学元素を生成する。
>
> **大質量星** 最後に爆発して超新星になる。
>
> **恒星の死後** 恒星の質量に応じ、白色矮星、中性子星、ブラックホールが残る。白色矮星は近隣の恒星から物質を奪うと、爆発して超新星になる。
>
> **超新星** 超新星の放射は数光年離れた惑星の生物にも深刻な影響を及ぼす。

その結果、恒星は大幅に膨張し、赤色巨星として知られる状態になる。恒星の近くを運行している惑星は、その恒星にのみ込まれてしまう。

恒星が赤くなるのは、恒星のエネルギーが広い表面積に分配され、表面の温度が下がるためだ。赤色巨星の中心核は、ゆうに1億℃という驚くべき高温に達する。

一方、赤色巨星の中心核のヘリウムは、燃焼して炭素と酸素を生成する。恒星はガス状の外殻を吹き飛ばして惑星状星雲を形成し、炭素と酸素の中心核はそのまま残って白色矮星になる。ただし、白色矮星はもう熱を放射しないため、やがて崩壊して超高密度の固まりになる。

大質量星の運命

太陽より約10倍以上重い恒星は高密度で高温になるため、重元素の核融合が起こる。炭素やネオン、酸素やケイ素が核融合を起こすのだ。鉄よりも重い元素の合成過程は、エネルギーを放出せずに吸収するため、大質量星の最終的な崩壊が早まる。

大質量星のエネルギー源が最終的に枯渇すると、大質量星は崩壊して爆発を起こし巨大な超新星になる。数日間、超新星は、それが属する銀河全体よりも明るく輝く。超新星に残っている中心核内では、構成原子に極めて高い圧力がかかるため電子と陽子は中性子に変わる。そうした中性子星は質量が太陽程度ながら直径20km前後と、非常に高密度である。わずかティースプーン1杯の物質が、小型自動車約10億台の質量を持つほどである。中性子星は高速で自転し、いわゆるパルサー電波を放出する。例えば、かに星雲のパルサーは、1秒間に約30回という高速で回転している。

中性子星が太陽の3倍から15倍の質量の場合、自らの重力を支えきれずに、さらに激しい重力崩壊を起こして中心へ向かって収縮し、ついにブラックホールになる。それは、物質も光も脱出できないほど強力な引力を持つ、ゆがんだ空間になる。

■ かに星雲は、超新星爆発の残骸だ。1054年、おうし座に出現したこの超新星の輝きについて記録を残したのは、中国や日本の歴史書だ。

■ 太陽のような恒星が寿命を終えるとき、ガス状の外殻を脱ぎ捨て、驚くほど複雑な形状を生むことが多い。

> **in focus**
>
> ### 連星の降着円盤
>
> 降着円盤はガスやちりでできている。密接した連星の場合、赤色巨星が発するガスを白色矮星が少しずつ引き寄せ、その周りに降着円盤を形成することがある。白色矮星が引き寄せたガスが増え過ぎると、自らの重みに押しつぶされ、超新星爆発を起こして砕け散る。最終的に超新星爆発を起こす前に、降着円盤の周縁部が水素爆弾の爆発に似た新星爆発を起こすこともある。
>
>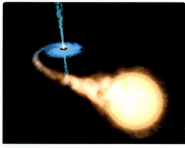
>
> ■ 大質量星の周りの降着円盤は、大量に放出できるエネルギーを蓄えている。

▶ p.22〈ビッグバン理論〉参照

■ 星空

市街地では、恒星が放つ光は照明よりも暗く、見にくい。だが、都会を離れて夜空を見上げれば、誰でも満天に光り輝く星々を目にすることができる。

恒星の名称

ひときわ明るい恒星にはそれぞれ名称があり、その多くがアラビア語を起源とする。やがてその名をギリシア文字で表記するようになり、ほとんどの場合、明るさの順にギリシア文字のアルファベットが割り振られた。同時にラテン語の星座名も加えられた。ローマ字とローマ数字も恒星の名称に使われた。

■おうし座の中でいちばん明るいのが、アルファ・タウリ星、もしくはアルデバラン星（アラビア語で「後に続くもの」の意）だ。

日中でも空にはたくさんの星が出ている。だが実際には、ほかのどの星よりも明るい太陽しか見えない。夜空に見える恒星や惑星は、太陽を1年で1周する地球の公転軌道の位置によって変化する。

■この写真を見ると、恒星が天の極を中心に回転しているように見えることがよくわかる。

人間は長年、夜空に見える星の配置を把握しようと努めてきた。数千年前には、世界各地の人々が明るい星の間を想像上の線で結び、神々や神話の登場人物の姿になぞらえていた。そのため、それぞれの文化に固有な星座が生み出された。現在は、国際天文学連合（IAU）が88の星座を基準として定めている。季節や場所によって、さまざまな星座を見ることができる。

天の極

天の極は、地軸の延長線上にある天球上の点だ。地球は地軸を中心に自転しているので、星も天の極を中心に回転しているように見える。地球の両極では、そうした天球面の星が地平線と並行に回転しているように見える。そのほかの場所では、星は太陽や月と同じように、地平線から昇り地平線に沈むように見える。

恒星と惑星

恒星にはそれぞれの光度があり、地球からの距離もまちまちなので、目で見る恒星の明るさにはばらつきがある。光源が忙しく明滅しているため、震えたり火花を散らしたりしているように見える恒星も少なくない。夜空で惑星と恒星を見分けるのは簡単だ。惑星は全く光を発していないか、もしくはほとんど光を発していない。恒星が輝いて見えるのは、シュリーレンという、地球の大気の光学的不均一性が原因だ。これは、気温の違いによって生じる。

恒星は遠く離れているので、基本的に私たちには光の点にしか見えない。つまり、私たちの目には夜空で輝いているように見える恒星の位置は、大気の乱流によってゆがむ可能性があるということだ。惑星は恒星よりはるかに地球に近いので、夜空に浮かぶ円盤のように見える。したがって、明るさのばらつきは、シュリーレンの影響を受けずに、円盤全体に均等に分布している。惑星の中でもとくに金星、火星、木星は明るく、見つけやすい。

■17世紀のこの星図は、北半球と南半球の星座を示している。星座はギリシア神話やローマ神話の登場人物や動物の姿になぞらえている。

見える星
肉眼で見える恒星は、天の川銀河の中にある。

シリウス
夜空でいちばん明るく見える恒星である。おおいぬ座に属し、地球から8.6光年で、質量は太陽の2倍強。白色矮星をともなっている。

▶ p.18-19（天文学）参照

宇宙と銀河	16
天文学	18
宇宙	20
銀河	24
恒星	26

太陽系	**30**
太陽系	32
太陽	34
地球型惑星	38
小惑星と彗星	42
巨大ガス惑星など	44
宇宙探査	48

宇宙

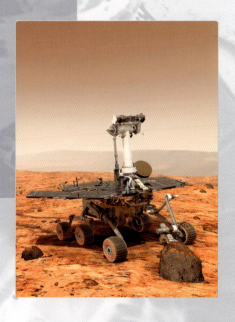

太陽系

　最近になって宇宙探査が飛躍的に進展し、地球やその近隣の惑星、宇宙全体に対する私たちの見方は一変した。宇宙探査機のおかげで、太陽の重力とエネルギーが支配する太陽系の隅々まで探査できる時代を迎えた。

　太陽の重力によって、惑星などの天体は太陽系内に引きとどめられ、それぞれ固有の軌道を周回する。太陽は極寒の宇宙に光と熱のエネルギーを放出し、太陽系内の天体に供給する。しかし、太陽系の大半の領域の環境は厳しく、人を寄せ付けない。これほど生命の生存に適しており、多様な生物が繁栄している惑星は地球だけのようだ。ただし、火星などほかの天体にも少なくとも微生物が生息している可能性はある。

　太古の昔、太陽と、太陽系の惑星は、ガスとちりの雲から誕生した。このガスとちりは、別の星がつくり出したものだ。この生成過程はとくに珍しいものではない。太陽系の近隣の星でも惑星が見つかっている。そうした惑星に、生命体が存在する証拠が見つかるかもしれない。探査は、まだ始まったばかりだ。

■ 原始惑星の円盤

宇宙のある部分では、若い惑星がちりの円盤に囲まれているのが観測された。そこで起きていることは、太陽系が生成されたときと共通点があると考えられている。惑星誕生の謎は次第に解明されている。

原始惑星円盤｜惑星｜軌道

太陽系

地球をはじめとする数多くの天体が、メリーゴーラウンドのように太陽の周りを回っている。これらの天体は、地球などほとんどの惑星が回る円軌道から、彗星のように大きく引き伸ばされた楕円軌道まで、それぞれ独自の軌道を回っている。

太陽系は太陽に支配されている。太陽の重力によって、惑星やそのほかの天体は、太陽の周りのほぼ円に近い軌道を周回している。太陽系は、ガスとちりの巨大な雲から誕生した。雲はそれ自身の重量によって凝集し、その中心に恒星が形成される。それが太陽（p.34）となり、残りの雲は、太陽の周りを周回し続けた。すると遠心力の作用で、雲が円盤状に押しつぶされ、そこから太陽以外の天体が生まれた。

こうした原始惑星円盤は、若い恒星の周りで観測されてはいるものの、基本的に現在は存在しないため、惑星が形成される正確なプロセスはまだ明らかになっていない。ちりはときには恒星に吸収されたり、恒星自体の放射や近隣の恒星の放射によって宇宙に吹き飛ばされる。

惑星の誕生

ちりの円盤の粒子は寄せ集まり、しだいに固まりになると考えられている。ちりが引き寄せ合って固まり、惑星の大きさまで成長する。若い惑星が地球の数倍の大きさになると、重力がガスを引き寄せ、その結果、最終的に木星や土星、天王星、海王星によく似た巨大なガスの惑星になる（p.44-45）。中心部の恒星が発する明るい光をさえぎると、ちりの円盤を観測することができる。このように、円盤中の隙間やゆがみを目で見ることができる。こうしたちりはやがて、惑星が形成される過程で取り除かれていくと考えられている。

■ 太陽系に細かく分布するちりに太陽光が反射した淡い光の帯は、黄道光として知られている。

微細なちりは現在も、太陽系の至る所に細かく分布している。その大半は惑星軌道面の太陽の周りに広がっている。そうしたちりに反射した光は地球からも、とりわけ赤道近くで観測することができる。太陽を中心に黄道に沿って広がるこの黄道光は、太陽の反対側に見えることから「対日照」とも呼ばれる。黄道光がよく見えるのは、人工の光が少なく透明度の高い空で、日の出直前か日没直後が最適だ。

惑星の定義とは

2006年8月24日、国際天文学連合（IAU）は「惑星」の定義を見直し、以下の条件を定めた。1）惑星は恒星の周りをめぐる軌道にあり、恒星でも衛星でもない。2）自己重力の作用で球形である。3）その軌道の周辺からほかの天体を「一掃」している。冥王星（p.46）などの「準惑星」は、第1と第2の条件しか満たさない。第1の条件しか満たしていない天体は、小惑星や彗星などである。

■ 惑星である地球とその衛星の月、それに準惑星である冥王星の3つの大きさの比較。クワオアーとセドナは、準惑星に分類される。

■ 惑星などの天体は、原始惑星円盤から誕生する。

太陽系

■ 天体の軌道

太陽系の中に含まれる天体にはさまざまな形状があり、その大きさ、形や軌道によって分類される。

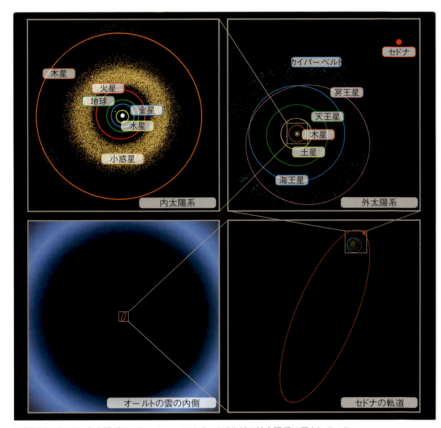

■ 太陽系の広がり：内太陽系は、カイパー・ベルト（p.46）などの外太陽系に囲まれている。海王星以遠の天体であるセドナ（p.46）は、カイパーベルトの最外縁部の天体の典型だ。

生命居住可能領域

地球は、寒すぎず熱すぎず、暖かいと感じる「ちょうどいい」距離で太陽の周りを回っている。さらにちょうどいい気圧のおかげで、水が氷や水蒸気だけでなく液体の状態でも存在する。こうした前提条件が整ってはじめて私たちになじみのある生命体が発生する。「生命居住可能領域」は水が液体の状態を保てる、恒星から一定の距離の空間領域を指す。

■ 太陽からちょうどいい距離にあるおかげで、地球は生命の存在に適している。

basics

太陽系
46億年前、太陽の周りを回る巨大なガスとちりの雲から誕生した。

地球
中心の太陽から約1億5000kmの軌道を1年で1周する。太陽とほぼ同時に生まれた。

太陽系を構成するのは、太陽（p.34）と、その周りの軌道をめぐる惑星などの天体である。これら天体は、多少の差はあっても同じ面をほぼ円を描いて運行している。ただし水星はやや長円の軌道をめぐっている。太陽系全体を遠くから眺めると、境界が明瞭ないくつかの領域に分かれることがわかる。

太陽系の領域

小型の惑星である、水星（p.38）、金星（p.38）、地球と火星（p.41）は、太陽に近い内側の軌道を運行している。こうした惑星は主として岩石から成り、地球に似ているため地球型惑星と呼ばれる。地球を除き、これらの惑星はいずれも、生物が暮らすのに適した環境ではない。ただし火星は、地球と同様の生命体が暮らせる環境に近い。

外側の軌道をめぐる惑星は、木星（p.44）、土星（p.44）、天王星（p.45）と海王星（p.45）だ。これらの惑星は、地球型惑星よりもはるかに大きく、主に水素とヘリウムの気体から成る。そのため、これらの惑星は巨大ガス惑星と呼ばれることもある。こうした2つの惑星グループを分けるように、火星の軌道と木星の軌道の間には小惑星帯（p.42）がある。ここには、岩の固まり（小惑星）が無数に存在する。小惑星で、100kmを超えるものは少ない。

準惑星の冥王星（p.46）やいくつかの小型の天体は、海王星の軌道の外側に位置するカイパーベルトを回っている。さらに一部の彗星（p.43）もこのカイパーベルトを起源とする。そうした彗星が太陽系の内側を通るときに、その長い尾が観測される。

オールトの雲（p.43）は、カイパーベルトよりも外側に位置すると考えられている。オールトの雲は殻のように太陽系を包み込み、境界を形成している。この雲は、広大な領域に分布し、氷の小天体で構成される。この領域には彗星の多くが集まっており、ときおり太陽系内側へ進路を変える。

■ 太陽、惑星、準惑星の大きさの比較。惑星間の距離は実際にはもっと離れている。実際のスケールでは描けない。

■ 太陽の構造

太陽のエネルギーは、水素の核融合反応によって発生する。
その中心から表面まで層状の構造をしており、タマネギの皮の重なりに似ている。
太陽表面のガス層である彩層は、日食時に見ることができる。

太陽は、その内部に高温プラズマの形で大量の電離ガスを蓄えている。プラズマの大半は水素（73％）で、ついでヘリウム（25％）、そして微量の酸素、窒素、炭素やマグネシウム、鉄などの重い元素から成る。これらのガスの原子は、太陽の中心部が超高温であるため、はげしくぶつかり合う。それにより、原子核と電子が分離する。

太陽はほぼ完全な球体であり、赤道部分は27日6時間で自転する。その質量は、太陽系の総質量の約99.9％を占める。これは地球の質量のおよそ33万3000倍である。太陽の直径は地球の109倍に相当する。

太陽の重層構造

太陽は、自分自身の重力によって、その巨大な形を保っている。そのため中心核には約2500億気圧という巨大な圧力がかかり、温度はおよそ1500万℃に達する。このように温度が高いと、水素原子核が高速で運動し、電気斥力に打ち勝って核融合を起こす。

太陽の中心核で起こる核融合反応によって毎秒430万トンの質量がエネルギーに変換される。これによって放出される大量のエネルギーを、私たちは最終的に地上で受け取る。中心核の厚さは太陽半径の約20％である。

太陽の中心核は、放射層として知られる分厚い層に覆われている。放射層の厚さは、太陽半径の50％を占める。中心核からの放射エネルギーは数百万年かけてこの層のプラズマ粒子の間を通り抜け、最終的に放射層を抜け出して外側の対流層にたどり着く。対流層の厚さは太陽半径の30％を占める。放射エネルギーはこの対流層で高温プラズマの対流に乗って太陽の表面へと運ばれるため、太陽の表面は泡立っているように見える。

対流層はさらに、光球に覆われている。この層は厚さがせいぜい数百kmで、温度もおよそ5500℃とずっと低い。光球の密度は低く、地球の海面上の大気の約1％しかない。光球は私たちが地上から見ることのできる光を発している。そのためこの層は、固い表面ではないものの、太陽の表面と見なされることが多い。

光球の外側の層は、彩層と呼ばれる。数千kmの厚さのガス層である。光球が発する光の方が、赤くちらちら輝く彩層の光よりも強いため、彩層の光は日食中の数秒間しか見ることができない。彩層の温度は1万℃に達するが、粒子密度は大幅に減少する。

光球は、光輪のようなコロナに覆われている。コロナは太陽半径の10倍以上の距離まで広がり、日食の最中には肉眼で見ることができる。この層の物質は極めて希薄なため、徐々に惑星間空間に拡散していく。コロナの温度は、およそ200万℃に達する。温度がこれほど上昇する原因は解明されていないが、おそらく太陽の磁場（p.35）が熱源だ。コロナからは、電離した粒子が太陽風（p.35）として常時放出されている。

太陽の構造 | 磁場 | 宇宙の気象 | 太陽の研究

太陽

太陽は、熱と光を地球に注ぐ巨大な発電機であり、
私たちの生命を支えている、太陽系の中心星だ。
太陽から常に飛んでくる粒子放射は地球の大気に
美しいオーロラ（北極光や南極光）を生み出す一方で、
電子機器や人工衛星や宇宙飛行士に損傷を与えることがある。
太陽は約46億年前に生まれ、さらに63億年後まで輝き続ける。

太陽という発電機

ほかの恒星と同様、太陽も主として陽子・陽子連鎖反応のプロセスでエネルギーをつくりだしている。水素原子核は、プラスの電気を帯びた陽子だ。これらの陽子が融合する際、陽子は中性子に転換し、2つの粒子を持つ原子核ができる。これがほかの陽子と結合すると、3個の粒子から成る原子核になる。最終的にこの原子核は、2個の陽子と2個の中性子のヘリウム原子核となる。その過程で、極めて強いエネルギーのガンマ線を放出する。

■日食で月が太陽を覆ったとき、ふだんは見えない太陽のガス層が見えてくる。コロナが光球から広がっている。

■太陽エネルギーは、中心核の核融合反応によってつくられる。
私たちの目に見える太陽光は、表面の光球から放出されるエネルギーだ。

■ 磁場と太陽風

太陽の影響は、惑星の存在しない、はるか遠くの宇宙空間まで及ぶ。
太陽の複雑な磁場は周期的に変化し、その周期は数年間続く。
こうした変化は、黒点の形成などさまざまな現象と密接に関連している。

■明るく輝く紅炎は、コロナの内側にできる。磁力線に沿って立ちのぼった糸状の領域は太陽の構成物質でできている。

太陽の高温プラズマ（ガス）は、荷電粒子から成る。太陽の自転速度は北半球や南半球よりも赤道付近のほうが速く、自転によって高温プラズマが中心部から表面に押し上げられ、電流が生じる。それにより磁場が生じ、すると今度は磁場の影響で対流が変化し、電流に影響するという、複雑な相互作用が起こる。こうした相互プロセスにより、太陽の磁場は徐々に形を変える。ときには地球の磁場と同じように、極と極を結ぶ形になることもある。

また別のときには、太陽の自転速度が場所によって違うため、磁場がどんどんねじれていき、その影響で表面の複数の領域で磁場の層が無数に重なることがある。磁力線は、黒点と呼ばれる領域から発生し、ほかの黒点に吸い込まれる。新たに生じた磁場が押し上げられてくるプラズマを妨げ、中心部から表面に運ばれてくるエネルギーが少なくなり、温度が約4000℃と普通より低い点がところどころに生じる。そのため、黒点は周囲に比べて暗く見える。

一部のプラズマは、磁力線に沿って押し上げられ、線のような形になる。この巨大な隆起は太陽の構成物質から成り、およそ数時間から数カ月にわたって続くこともある。暗い宇宙を背景にして観察すると、巨大な紅炎（プロミネンス）が表層から立ち上がり、弧を描いて表層に戻るのが見える。これは皆既日食の際に詳しく観察されるが、近紫外線フィルターを使うと、平常時にも観察できる。

黒点周期

黒点の総数は、太陽磁場が変化する周期によって決まる。黒点の極小期には、磁力線は直線を描き、目に見える黒点はほとんどない。

約11年周期で磁力線がねじれるにつれ、黒点が増えて極大期に達し、太陽の磁場が両極で逆転し、ねじれがなくなる。それまでの磁北極が今度は磁南極になり、磁南極は磁北極になる。こうして、磁極が2回反転するまでに2回の黒点周期があり、およそ22年かかる。前回の極大期が2000～2001年なので、次回は2011～2012年が極大期になると予想される。

太陽風

太陽の薄い外層コロナ（p.34）は、宇宙のかなたまで及ぶ。コロナは非常に高温であり、太陽の物質が太陽風として常に放出されている。この風は主に陽子、電子、ヘリウム原子核から成り、地球と太陽の間で見られる。太陽風の風速はしばしば秒速400kmに達し、ときにはその倍に達することもある。太陽風はそれ自体で磁場をつくり、太陽と地球の磁場の形にひずみを生じさせる。

■黒点は強い磁場によって生じる。周囲よりも温度の低い領域であるため、黒く見える。

> **太陽の成分**
> 太陽の組成割合は、100万個の水素原子核に対して9万8000個のヘリウム核や炭素、酸素、鉄など数百個の重化学元素の核というもの。太陽の質量のおよそ72%を水素が、およそ26%をヘリウムが占める。
>
> **太陽風**
> 太陽は太陽風という水素やヘリウムの高温プラズマを吹き出し、1秒当たり、約百万トンの質量を失っている。

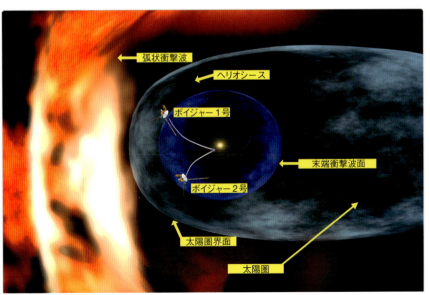

■太陽圏は、宇宙空間の泡のような領域だ。そこでは、太陽風の圧力によって星間物質が一掃されている。

▶ p.57（地磁気）参照

■ 宇宙の気象

太陽は、光や熱を周辺環境に放出するだけではない。
太陽の放射は、数多くの宇宙現象や地球磁場に影響を及ぼし、
ときには磁気嵐を起こすなど有害な影響を与えている。

太陽系は、太陽の磁場と放射に取り囲まれている。太陽の放射には主に可視光、赤外線、紫外線放射、電波、X線や太陽風（p.35）の荷電粒子が含まれる。そのエネルギーの大部分は可視光と赤外線で、紫外線を合わせて、ほとんどすべてを占める。

地球の大気は防御機能を備えており、太陽の放射をさえぎる能力が比較的高い。荷電粒子は、地球の磁場によって方向を変えられる。地球の気象条件と同じように、こうした宇宙を支配する条件を宇宙気象と呼ぶ。宇宙気象は太陽の活動によって変わり、一時的に害を及ぼすこともある。よく知られている活動周期は、黒点の周期と同様の11年と22年で、磁気活動の周期に一致する。

気まぐれな太陽

ときとして、太陽はその物質を爆発的に宇宙に吹き飛ばし、表面の狭い領域で短期間激しく炎を噴き上げることがある。こうした短期間で放出されるエネルギーは、1秒間に太陽が放出するエネルギーの総量に匹敵する。このとき、太陽はさらに高エネルギーの電子と陽子も放出する。今では、こうした現象についても、ようやく部分的に予測できるようになった。過去の観測結果から、太陽の放射の強さと爆発的な放射の頻度は、定期的に繰り返す黒点周期の変動に対応することが確かめられている。

地球磁場への影響

惑星の磁場と太陽風の領域を分ける境界を磁気圏境界と呼ぶ。地球の磁場の境界面は地球半径の10倍程度まで広がっている。

太陽から放射される荷電粒子と地球上空の大気によって、地球の磁場に環状の放射線領域がつくられる。この放射線領域には、赤道上空のバンアレン放射帯と赤道環電流が含まれる。南北両極上空100kmに流れる荷電粒子による電流が大気の分子を刺激して発光させ、極光（オーロラ）の現象を生じる。これらの電流の勢いが強い場合、やがて磁気嵐に発達することもある。

磁気嵐

粒子放射が激しくなると、地球磁場によって起こされる電流も強くなる。地球磁場は地磁気と重なり合い、送電線や変圧器に電磁誘導電流を生じさせる。安全対策のために、各地の送電線や電話線は、手動で動作を停止させることもある。太陽の放射が増え、大気中の荷電粒子が増えると、地上の無線通信や衛星通信、航空無線に混乱をもたらす恐れがある。

磁気嵐はまた、衛星の電子機器にダメージを及ぼす恐れもある。さらに、高層の大気が熱せられて膨張し、地上近くを飛ぶ人工衛星の速度を落とさせ、軌道を変えてしまうことも考えられる。放射線被曝による危険性は、高空を飛行する航空機のほうが若干高い。また、渡り鳥や伝書バトの方向感覚を失わせることもある。

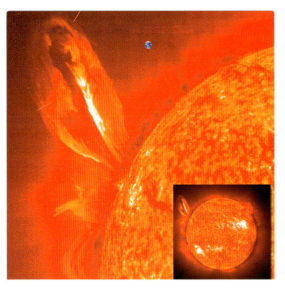

■太陽は、その比較的狭い局所領域から激しく炎を噴き上げ、膨大な質量を噴出する。比較のため、地球を上に並べて示す。

■太陽活動の活発な時期には、極上空の電流が空気分子を輝かせ、オーロラとなる。

太陽活動の周期

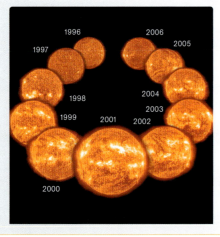

太陽活動は、11年の黒点周期に密接に関連している。黒点は磁場が局所的に強くなったことにより生じ、放射を極めて大量に放出して、激しくフレアを噴き上げる。そのため黒点の増加は、太陽活動が活発になり、宇宙気象が乱れる兆候と見なされる。

宇宙気象の予測は、宇宙飛行士にとって重要な意味がある。太陽活動が突然激しくなると、宇宙飛行士は深刻な危険にさらされる。もし太陽活動が激しくなると、宇宙飛行士は宇宙ステーションの防護エリアにあるシェルターに避難する必要がある。

■太陽の活動は、その周期的な磁場活動によって引き起こされる11年の黒点周期に密接に関連している。

▶ p.112-113（大気）参照

■ 太陽の研究

太陽に関する数多くの現象については、それを地球上から観測し、研究することが可能だ。ただし、発達中の太陽の磁場とフレアの詳細な研究には、宇宙探査機や人工衛星の活用が必要となる。

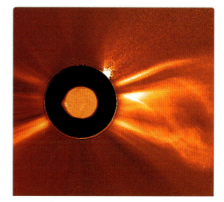

■コロナグラフで太陽の明るい部分を遮光すれば、コロナの噴出を観測できる。

古代の文化においても、1年中太陽の観測と研究が続けられ、日食などの重要な事象や異常な事象を記録に残している。1600年ころに望遠鏡が発明されると新たな局面が開け、体系的に太陽表面を観測できるようになった。ただし、太陽を直接のぞくと、目に深刻なダメージを受けたり失明したりする恐れがあるため、太陽表面の観測には特殊な装置を使う必要がある。

19世紀に入ると太陽の研究は飛躍的に進み、太陽光のスペクトルに黒い線があること が発見された。1814年、ヨーゼフ・フォン・フラウンホーファーがこうした線の体系的な研究を始め、後にこの線にはフラウンホーファー線と名付けられた。太陽の外層のガスの成分は、こうした線から特定できる。

20世紀前半に、水素の核融合が発見されると、太陽は核エネルギーの源と見なされた。やがて太陽電波やX線も発見され、20世紀後半に入り、最初の太陽震動が測定される。それにより、太陽の内部構造について多くの情報が得られた。太陽から放射されるニュートリノを測定するために、地下に巨大な検出装置も建造された。ニュートリ ノは電荷を持たず、固体物質を透過する独特な性質を備えており、太陽がエネルギーを発生する際に放出される。

人工衛星と宇宙探査機

太陽は、軌道上のいくつもの人工衛星に搭載された機器によって観測されている。人工衛星はとくに、地球の大気にさえぎられる紫外線やX線などの太陽放射を観測するのに役立っている。

高温と強烈な放射エネルギーのため、宇宙探査機を太陽に近付けるのは技術的に難しい。1970年代、ヘリオス1号と2号が太陽の楕円軌道に向けて打ち上げられ、地球までの距離の3分の1以上の距離まで接近することに成功した。ついで宇宙探査機ユリシーズが、1990年から太陽の両極を周回する太陽軌道を飛行している。それにより、太陽の磁場を網羅した画像がはじめて得られた。1995年からは、欧米共同開発の太陽・太陽圏観測衛星（SOHO） が太陽と地球を結ぶ軌道を周回している。SOHOの軌道は、地球と同時に太陽を周回する第1ラグランジュポイント（L1）を通過する。さらに1998年には、SOHOの補佐のためにTRACE（トレース）と呼ばれる第2の太陽観測衛星を米NASAが打ち上げた。SOHOとTRACEは共に、磁場の発達やプラズマ構造、質量噴出を探査している。いずれも、太陽フレアを予測する上で重要な要素である。

NASAが打ち上げた2機の宇宙探査機STEREOは、2006年から太陽軌道を周回している。1機は地球の前方を、もう1機は後方を飛行する。それにより、太陽や太陽風内の変化を立体的に計測できる。

■SOHOをはじめとする宇宙探査機は、太陽の観測データを記録するために、最新のハイテク計測機器を搭載している。

> **太陽エネルギー**
>
> 太陽のエネルギー源は、20世紀になって明らかになった。それまでは、石炭でできていると考えられていた。また、自らの重力で圧迫されたエネルギーを引き出すとも考えられた。

分光法

分光器は、波長によって光を分析する計器だ。その機能はガラスのプリズムとよく似ているが、はるかに詳細に分析することができる。この方法で計測した太陽スペクトルの大半には、黒い線が見える。この線ができるのは、光球から放出されたさまざまなガスが一定の波長の光を吸収するためだ。この吸収線のおかげで、太陽の化学組成を分析することができる。同じように恒星も分析可能だ。

■遠くの天体の光球や大気に含まれるガスの化学組成に応じて、黒い吸収線が光のスペクトルのあちこちに現れる。

■ 水星と金星

水星と金星は比較的太陽に近いため、どちらも焼け付くように暑い。
またどちらも、衛星を持たない。だがそれ以外はまるで違う。
水星とは対照的に、金星には濃い二酸化炭素の大気がある。
金星の地上にかかる気圧は地球の約90倍に達する。

■水星の表面には、無数の隕石孔や巨大な尾根と、火山活動に起因すると考えられる台地がある。

水星｜金星｜月｜地球と月｜火星

地球型惑星

太陽に近い惑星である水星、金星、地球、火星は、
表層面やガス外層ではっきり見分けがつく。
地球を除くいずれの惑星も、生命を維持できる環境ではない。
地球は月という大きな衛星を持つことで際立っている。
地球の衛星としては、月がかなり大きいため、
地球と月は二重惑星系と見なされることもある。

水星は、太陽系の中でいちばん内側に位置する、いちばん小さな惑星だ。水星の表面には巨大ながけや、ごつごつした地形が、数百kmにわたって広がっている。こうした地形は、地殻内の圧縮応力の作用によってつくられた。これらができたのは、水星が冷えて収縮していた時期だ。

水星の表面温度は430℃に上昇したりマイナス170℃に下がったりする。こうした気温の高低差は、水星の大気が希薄なことから生じる。

水星と太陽の距離が非常に近いことが探査を困難にしてきた。宇宙探査機は太陽からの強い放射と引力に耐えなければならないからだ。1970年代に入り、マリナー10号が水星を通過しながら探査した。現在は、米NASAが宇宙探査機メッセンジャーの打ち上げを準備しており、2011年に水星の周回軌道に乗る。欧州と日本は共同で、2013年に探索機ベピコロンボを打ち上げる予定だ。

金星は、太陽から2番目に近い、地球とほぼ同じ大きさの惑星だ。金星は、主として硫酸の霧から成る濃いクリーム色の雲に覆われ、太陽からの放射を70％以上反射するため、明るく輝いて見える。それに比べると、地球はわずか40％ほどしか反射しない。金星の自転周期は地球の117日と非常に長いが、濃い大気により、昼夜の温度差は小さい。

金星の大気は、二酸化炭素と窒素、さらには微量の二酸化硫黄と水などの物質でできている。金星には、すべての地球型惑星の中でいちばん濃い大気がある。金星の地上にかかる気圧は、水深900mの水圧に相当する約90気圧になる。地表温度は460℃に達する。

金星の地表は岩だらけの砂漠に似ていて、巨大な台地やくぼ地、平原や火山、クレーターがある。惑星探査機の中には、金星から科学データを持ち帰ったものもある。2006年からは、欧州宇宙機関のビーナス・エクスプレスが金星探査を続けている。

■金星は夜空に明るく輝くことから、宵の明星あるいは明けの明星とも呼ばれる。その直径は地球の95％で、質量も81％と近い。

水星のバラの花型軌道

水星の軌道は、円でも楕円でもない。花弁のような軌道を描く。この軌道のずれはわずかだが、無視はできない。軌道がずれる惑星はほかにもあるが、ずれはもっと小さい。こうした軌道のずれは、ニュートンの重力理論では説明できない。だが、アルバート・アインシュタインの一般相対性理論で十分に説明がつく。

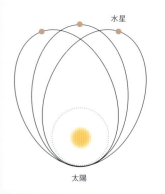

■水星は太陽面を通過した後、元の出発点には戻らない。バラの花のような軌道を描いて次々と軌道を変えていくためだ。

in focus

地球型惑星

■ 月

地球から見て、月ほど近い距離にある天体はない。
月はこれまで徹底的に探査されているが、まだ解明されていない謎も残っている。

たくさんのクレーターの痕跡が残る月の表面は、およそ40億年前の地球の姿を想像させる。その当時、新しく誕生したばかりの地球は小惑星群（p.42）の嵐にさらされた。それ以降、地表のクレーターは風と水に浸食され、地殻変動で埋もれた。地球とは対照的に、月の表面は低地ができたときからほとんど変わらずに残っている。

月の海とクレーター

月について十分な解明が進むまで、暗く見える低地は海だと考えられていた。「静かの海」には、1969年に人類初の訪問者が足跡を残した（p.48）。今ではそうした月の「海」が、衝突クレーターや、くぼ地に流れ込んだ溶岩流が固まったものであることがわかっている。

月には生物を保護する効果のある大気が存在しないため、大小さまざまな隕石の衝突を防ぐことができない。隕石が衝突すると、月面の岩が粉々に砕け、レゴリスと呼ばれる小石や砂の層ができる。明るく見える月の高地は、かつては大陸だと考えられ、「大地」と呼ばれていた。地質学的にそうした高地は低地よりも古く、低地以上に数多くのクレーターに覆われている。こうしたクレーターの大半は、月の初期段階に隕石の衝突でできたものだ。クレーターには、宇宙飛行士や哲学者、さらには研究者の名が付けられている。月には大気の層がないため、月面の温度は温度差が極めて大きい。太陽からの放射熱が降り注ぐと、およそ130℃に上昇し、月の夜になるとおよそマイナス160℃まで落ち込むという極端な温度差を生じさせる。

氷の存在

月は、いちばん近くにあって水の惑星と呼ばれる地球と比較すると、極めて乾燥している。にもかかわらず、月探査機は月の極地域に氷があったと考えられる痕跡を発見した。例えば、衝突した彗星が運んできた氷が極地域のクレーターの底深くに眠っている可能性がある。クレーターの底ならば、太陽の放射熱が届かないため、蒸発することや漏れることがなく、今も残っているはずだ。そうした氷は、将来の宇宙ステーションや月面への人類移住のための貴重な資源となるかもしれない。

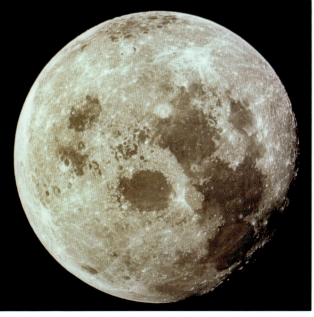

■月の裏側（左）は地球からは見えない。月面探査機が月に到達し、ようやく私たちに姿を現した。
月の裏側は、月の表側（右）とはまるで違う姿をしている。裏側は大半が高地で、クレーターの数も表側より多い。

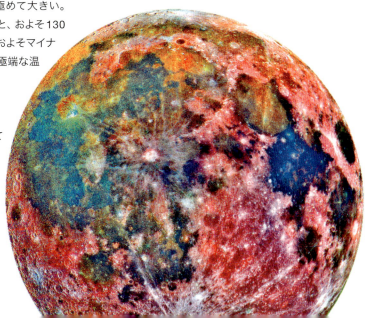

■この着色合成した写真は、月面のさまざまな土壌組成を示す。赤い部分はほとんどが月の高地で、青からオレンジがかった部分は、その昔に火山性溶岩が流れ込んだ海を示す。濃い青色の海の地域には、オレンジの地域よりもチタンが多い。

▶ p.99（潮夕、海岸、波）参照

■ 地球と月

地球に小さな惑星が衝突して月が誕生して以来、地球と月は共生してきた。
月の誕生以来、地球と月の動きは密接に絡み合っている。
互いに影響を及ぼし、さまざまな現象をつくり出した。

月の直径は地球の約4分の1である。ほかの惑星の衛星は、この比率が小さい。そのため、地球と月は二重惑星系と見なされることがある。一般的な惑星の衛星よりも、の比重に近い事実も、この説を支持する。

月食と日食

地球の影が月の上を通過するとき、月は暗くなる。一方、月の影が地球に差したとき、太陽が暗くなる。どちらの場合も、太陽と月と地球が一直線上に並ぶ。ただし、月軌道は地球軌道に対して傾いているので、新月や満月のたびに食が起こるわけではない。

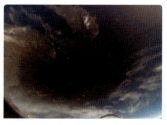
■地球に月の影が落ちている。月の影は地球より小さいので、一部の地域でしか皆既日食は観測できない。

月光と地球光

太陽の光が当たっている月面は、その光

■月の「暗い」面には、地球が反射した光が差している。

月が地球に及ぼす影響は大きい。ただし、月の引力は大気を保てないほど弱い。

月の起源

月の起源として、巨大衝突説が有力である。

basics

月の見え方 地平線の近くの月は、空高くにあるときより大きく見える。これは目の錯覚だ。

月の周期 満月から満月まで29.5日かかる。

月軌道 地球の周りの月軌道は、太陽の周りの地球軌道に比べて5度傾いている。

る。コンピューターによるシミュレーションと月の石の分析から、45億年ほど前の地球に、地球より小さな、火星程度の原始惑星が衝突したと考えられている。このときの衝突でできた岩のかけらで地球の周りに環ができ、それがやがて丸い固まりになって月を形成した。月の比重が地球の海洋の地殻

を地球に反射させる。そのため地球から見える月の面積は、太陽の光の当たり方で決まる。月は地球を周回しつつ、約1カ月をかけて位相を変える。新月のときには月の暗い部分が地球の方を向く。満月のときには太陽光が当たった月面の半分が見え、太陽光を地球に反射させる。なお、月の暗い部分も真っ暗ではない。地球光（地球の雲に反射した太陽光）が差しているからだ。こうした暗灰色の地球光を測定することで、地球を覆う雲の変化や地球の大気の状態を知ることができる。

自転と公転の同期

月は常に地球に同じ面を見せている。つまり、1回自転するのにかかる時間と1回地球を周回するのにかかる時間が等しいということだ。このように自転と公転の周期が同期している影響で、潮汐周期が生じる。

月の初期段階の自転速度は速かったが、地球の潮の満ち引きで生じた摩擦力によって地球との位置関係が固定した。地球と月の関係に潮の満ち引きが及ぼしたもう1つの影響は、地球の潮汐力が月をわずかに振り回していることだ。それにより、月の周回速度はわずかずつ速くなり、軌道は広がっている。つまり月は、毎年3.8cmずつ地球から遠ざかっているのだ。

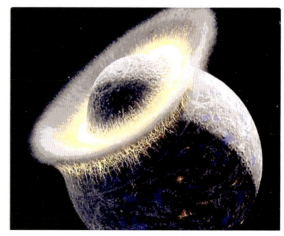
■地球と小さな惑星の衝突により、月が誕生した。最初、月は熱い液体状だったが、やがて冷えて固まった。

火星

火星は地球の半分の大きさしかなく、希薄な大気に覆われている。太陽系のすべての惑星の中で、火星の表面の条件は地球に最も近い。そのため長年、研究対象として大きな関心を呼んできた。

太陽から火星までの距離は、太陽から地球までの距離の1.5倍ある。地表が酸化鉄を大量に含む赤茶けた色のため、赤い惑星

■火星の衝撃クレーターは研究者に、火星の歴史の手がかりとなる地層の深部を垣間見せる。

のアルゴン、酸素、一酸化炭素、水蒸気から成る。大気の接地圧は、4〜9mbarとばらつきがあり希薄だ。対照的に、地球の海面気圧は1013 mbarもある。火星では与圧服（宇宙服）と酸素供給がないと、人間は生きていけない。

薄い大気はわずかな熱しか蓄えておけないため、気温は大きく上下する。赤道上でマイナス80℃から20℃と極端な温度差がある。

表面

火星表面に残る、流線型の島のある渓谷は水流があったことを示しており、かつて火星の大気はもっと濃かったに違いない。火星の地下に液体の水が存在する可能性はあるものの、今では氷や水蒸気の形でしか残っていない。欧州の宇宙探査機マーズ・エクスプレスのレーダー観測により、南極の地底深くに氷が見つかっている。

火星の表面は岩だらけの砂漠に似ている。南半球が巨大な衝撃クレーターのある高地であるのに比べて、北半球は溶岩流によって平らにならされた平原が広がっている。火山のオリンパス山は、太陽系の中で標高がいちばん高く、低地面から26kmもあり、エベレスト山の3倍にもなる。マリネリス峡谷は、火星表面に走る巨大な海溝系の一部だ。これは4000km以上にわたって伸び、所によっては7kmもの深さがある。火星の最高地点と最低地点の標高差は31kmで、地球の20kmの1.5倍に達する。火星の表面積は地球の全大陸の面積に匹敵する。

■太陽系最大のマリネリス峡谷は、地球のグランド・キャニオンの約9倍の長さと4倍の深さがある。

とも呼ばれる。火星が1回自転するには24.6時間かかる。火星には2個の衛星があり、直径はフォボスが27km、ダイモスが15kmである。

大気

火星の大気は、95％の二酸化炭素と3％の窒素、少量

basics

大きさ
火星の直径は6794kmで地球の53％に相当する。

距離
火星と太陽の距離は2億2800万km。

公転周期
火星が太陽を回る周期は687日。

in focus

火星の生命体と水

火星探査機バイキングが1970年代に集めた生化学データは、火星に微生物がいる可能性を示唆している。メタンの存在も、生命体の存在を示唆する。メタンは地質中の化学変化でできたのかもしれないし、微生物の代謝によるのかもしれない。火星からの隕石も微生物の痕跡を示す。

■火星に生命が存在した証拠については、今も研究者の間で議論が続いている。

■火星の大地が赤いのは、高濃度の酸化鉄が原因だ。表面からは、大量の硫黄とシリカ（二酸化ケイ素）も見つかっている。

▷ p.51（太陽系の探査）参照

小惑星

小惑星はいびつな巨大な岩であり、たいていの場合、直径100km未満だ。いずれも、やや楕円ぎみの軌道を描いて太陽を周回している。ごく一部の小惑星が軌道を外れて太陽系の中をさまよう。

大半の小惑星は、小惑星帯と呼ばれる太陽系の領域内で見つかる。火星と木星の間にある小惑星帯には、さまざまな大きさの天体が環状に集まり太陽を周回している。こ

小惑星｜彗星

小惑星と彗星

小惑星と彗星は、おそらく太陽系ができた時代の名残だと考えられている。そのため、太陽系が生成された過程の手がかりとなることから、科学的関心を引いている。ほとんどの小惑星は火星と木星の間の小惑星帯に存在している。40万個以上の小惑星が観測され、未発見のものが数十万個以上あると推測される。その大部分が直径100km以下だ。

のうち、およそ200個の小惑星は、直径が100km以上ある。小惑星は太陽系形成期の残がいであって、以前に考えられていたような、惑星の破片ではない。

木星の重力が妨げとなり、小惑星帯の小惑星が固まりを作って惑星になることはできない。ときには小惑星の軌道が衝突や重力によって乱れ、宇宙空間に飛ばされたり、惑星やその衛星と衝突したりする。小惑星で反射した太陽光を分光器によって分析すると、小惑星の表面の化学組成がわかる。またときには、地上に隕石として落下した小惑星のかけらを分析することもある。宇宙探査機での探査もなされてきた (p.43)。

小惑星のおよそ75％は、炭素（黒鉛）を含み表面が黒い。残りの小惑星は、ケイ酸塩もしくは鉄とニッケルを含み表面が明るい。

地球への接近

ときには小惑星が地球に接近したり、両者の軌道が交差したりする。一部は、月の軌道を通過する。こうした小惑星を地球近傍小惑星と呼んでいる。日本の小惑星探査機「はやぶさ」が2005年に接近したイトカワも、こうした地球近傍小惑星である。

巨大な小惑星が地球に衝突すると壊滅的な状況を招く恐れがあるので、小惑星は世界各地で組織的に監視されている。イトカワの大きさは約500m×300mであるが、直径1km程度の小惑星は100万年に1回の割合で地球に衝突しているとされる。今は小惑星や彗星が脅威となっているが、これらが最初期の地球の生命発達に不可欠な水や化学成分をもたらした可能性もある。

小惑星は擬似惑星と呼ばれることもある。小惑星帯で初めて小惑星として発見された天体は、1801年にイタリアの天文学者ジュゼッペ・ピアッツィが発見したケレスだ。ケレスは直径が933kmある最大の小惑星として知られていたが、今では冥王星と同じように準惑星に分類されている。

■ 月の数多くの衝突クレーターは、このような小惑星が衝突した痕跡だ。

衝撃リスクの評価

小惑星や隕石が衝突する確率が高く、予想される被害が大きいほど、衝撃のリスクは高いと評価される。被害の度合いは、天体の速度と組成（氷や金属が含まれるか、多孔質岩か硬質岩か、など）によって決まる。100mの岩石が衝突した場合には、その地域全体が壊滅状態になり、直径数kmの場合には地球規模の環境破壊につながる。

■ トリノ・スケールは、天体が衝突した際に予想される被害を表す尺度だ。

■ 地球にはこれまで何度も小惑星がぶつかってきた。6500万年前の巨大衝突は、恐竜の絶滅の原因になったと考えられている。

■ 彗星

彗星は基本的に、ちりと氷の固まりだ。その姿は太陽系初期から、小惑星以上に変わっていない。そのため、太陽系の起源に関する貴重な情報をもたらす。燃え尽きずに地球に落下して隕石となるものもある。

彗星は、太陽に近付くと、ようやく見えるようになる天体だ。一部の彗星は太陽をめぐる周期が比較的短いので、海王星軌道より外側のカイパーベルトが起源だと考えられている。一方、200年以上の周期を持つ彗星は、かろうじて太陽の重力が届く範囲まで太陽系を取り巻いているオールトの雲が起源だと考えられている。こうした彗星は宇宙空間のはるか遠くにあるため、1回の公転に3000万年もかかることがある。

彗星の目覚め

彗星の核はたいてい直径数kmしかなく、氷と岩とちりと凍ったガスでできている。彗星が内太陽系を通り抜けるうちに太陽に熱せられ、揮発性成分が逃げ出し、原子や分子の状態のガスやちりが勢いよく放射される。彗星の核の周りには、それを包む霧のような、コマと呼ばれる成分が形成される。帯電した粒子をともなう太陽風と太陽光の圧力がコマを太陽から遠い方へと吹き飛ばし、彗星の「尾」を作る。これは、帯電した微粒子のプラズマあるいは、弓のように曲がったちりの尾となって伸びる。

彗星の最期

太陽の周りの軌道を周回するたびに、彗星はコマから物質を失い、やがて崩壊する。一部の彗星は太陽に近付きすぎて、太陽の熱によって蒸発したり、太陽に突っ込んだりして、その最期を迎える。

■ヘール・ボップ彗星は、1年半にわたって肉眼で見えた。そのため20世紀で最も見応えのある彗星となった。1997年4月1日に太陽に最も近い点を通過した。

■衝突探査機ディープ・インパクトは、2005年にテンペル第1彗星と衝突し、彗星の成分に関するデータを収集した。

隕石

一瞬のうちに空を横切って光る流星の実体は、宇宙から飛来したちりや岩や金属が地球の大気圏内で燃え上がったものだ。これらの起源は、惑星や小惑星、あるいは彗星などだとされている。

落下する固まりが大きいと完全に燃え尽きず、隕石として地表に落下することもある。毎年、地球が彗星の軌道を横切る際に、彗星から脱落した物質が地球の大気圏に突入して、隕石雨を生じる。

小惑星と彗星の探査

すでに小惑星と彗星の探査が数多く実施されている。1986年、ハレー艦隊と呼ばれた探査機群がハレー彗星に次々に向かった。ガリレオ(米NASA)は木星に向かう途中、1991年と1993年に2個の小惑星を通り過ぎた。スターダスト(同)は2004年にワイルド2彗星に接近し、ちりの粒子を収集して地球に持ち帰った。今も、ほかの彗星に探査機が向かっている。

■これまで数多くの宇宙探査機により、小惑星や彗星の探査が行われてきた。

■ 木星と土星

太陽系最大級の惑星である木星と土星が私たちに身近になったのは、複数の宇宙探査機がこれらの近くまで行くようになった1970年代以降のことだ。美しい色彩のガス外層や、さまざまな多数の衛星、複雑な環（リング）から成っている。

巨大惑星の木星と土星は、水素とヘリウムのガス外層に覆われているため、巨大ガス惑星と呼ばれている。太陽に近い岩だらけの惑星とは違い、こうした木星型惑星にで回転しているため、強力な磁場が生まれる。それにより大気に乱気流や暴風が発生する。その中には、簡単な望遠鏡でも見えるほど大きなものもある。

木星は、約62個の衛星を従えている。最も大きい4個は、1610年にガリレオが発見した。ガニメデは太陽系最大の衛星であり、内部磁場を持っている。イオは、太陽系の中で最も火山活動が活発

■17世紀以降、巨大なサイクロンを思わせる渦が木星の大気に見られるようになった。大赤斑と呼ばれるこの渦は、地球を2個以上のみ込めるほどの大きさだ。

木星｜土星｜天王星｜海王星｜冥王星｜太陽系外の惑星

巨大ガス惑星など

太陽系外縁部を支配しているのは、木星、土星、天王星、海王星の4個の巨大なガス惑星である。その4惑星に、準惑星の冥王星やほかの無数の小型の天体が連なる。太陽以外の恒星にも惑星が存在することが確認されている。遠い将来、銀河望遠鏡が地球に似た惑星や別の生命体を別の銀河中に発見するかもしれない。

個体表面はなく、中心部に近づくにつれて高圧になる大気の層からできている。中心に近いガス層は高圧のため液化していると考えられる。ただし中心核は、岩石や金属でできている可能性がある。

木星は、太陽系のほかの惑星をすべて合わせたより2.5倍も大きい。木星大気の高い圧力によって、水素が金属の性質を持つように変わり、導電性がある。その自転周期は10時間と高速

な天体だ。エウロパの氷の下には海があると信じられている。ほかの衛星はおそらく、近くに飛来した小惑星（p.42）が木星にとら

■土星の環は、土星のかつての衛星が衝突により砕け散ったのが起源だという説が最も有力だ。

えられたものだと見られる。

およそ60個あると推定されている土星の衛星のなかでは、タイタンが最大の衛星で濃い大気がある。イアペトゥスは、鮮やかなツートンカラーが際だっている。

土星の環はいくつもの隙間で隔てられており、最大の隙間はカッシーニの間隙だ。この環は宇宙に数十万kmも広がり、氷やちりや岩でできている。太陽系のあらゆるガス惑星は環を持つが、土星の環がいちばん人目を引く。驚くべきことに、土星は太陽系の中で水よりも密度が小さい唯一の惑星だ。

カッシーニ・ホイヘンス・ミッション

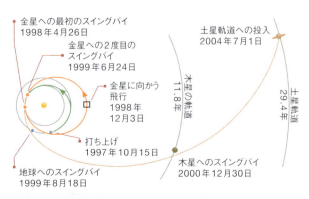

■カッシーニとホイヘンスは、およそ7年をかけて土星に到達した。惑星の重力を利用して加速し、方向を転換するために、地球と金星を何度か周回した。

ホイヘンスを搭載したカッシーニ（米国と欧州が共同開発）は、1997年に打ち上げられた。5.6トンの重量のある探査機は、これまで建造された中で最大のものだ。4回のスイングバイ（p.51）を繰り返し、2004年に土星軌道に乗った。そこでホイヘンスは切り離され、土星の衛星タイタンに向かった。3週間後、熱シールドに覆われたホイヘンスはタイタンに着陸した。

巨大ガス惑星など　45

■ 天王星と海王星

天王星と海王星の2惑星は、太陽系の惑星の中でも巨大だ。
海王星は太陽から非常に遠いため、肉眼では見えない。

天王星のほうが海王星よりも若干大きいが、どちらも地球の約4倍の大きさがある。木星や土星に似ているガス外層は、主に水素とヘリウムでできている。天王星と海王星がアやメタンから成る液状のマントル層が取り囲んでいる。天王星と海王星の組成は木星と土星とは異なることがわかってきたため、巨大氷惑星（天王星型惑星）とも呼ぶ。

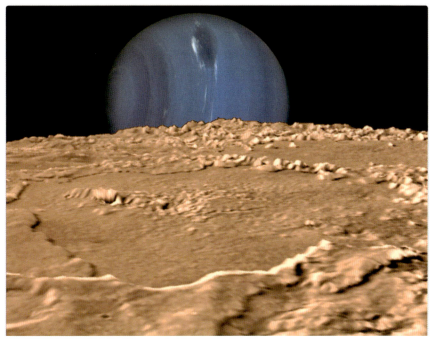
■海王星最大の衛星トリトンから見た海王星。トリトン表面に見られる台地は、「低温火山」の噴出物を示す。

が青緑色に見えるのは、メタンによるものだ。どちらの惑星も中心核は岩石でできている。こうした惑星の大気の奥深くは高い気圧がかかり、中心核の周りを水やアンモニアやメタンから成る液状のマントル層が取り囲んでいる。

どちらの惑星も太陽からはるかに離れているため、太陽エネルギーはほとんど届かない。だが海王星の大気圏には、強い気流とサイクロンのような暴風が吹き荒れ、楕円形の模様として見えている。この模様（大暗斑）は、海王星の大気表面にいくつか見つけることができる。天王星は自転軸が傾いているため、まるで横倒しになっているように見える。この傾きは、ほかの天体との衝突によるものだと考えられている。

環と衛星

どちらの惑星も、土星の環ほどはっきりは見えないものの暗い環をいくつか持つ。海王星の環は極めて細かいちりと、珍しいリング・アークと呼ばれる部分から成る。

天王星は約27個の衛星に取り囲まれている。うち5個の大きな衛星は、氷と岩でできている。衛星の1つミランダは直径が470kmしかないが、表面が独特で、岩石の破片に縁取られた台地や20kmもの深い谷がある。天王星の小型の衛星は、いずれも小惑星（p.42）が天王星にとらえられたものだと考えられている。

海王星には、少なくとも13個の衛星がある。直径2700kmのトリトンは、飛びぬけて大きい。トリトンは、わずかしか差さない太陽の光の大半を表面の氷が反射するため、マイナス240℃にしかならない。

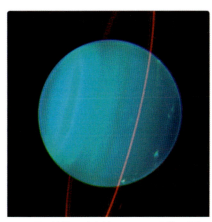
■天王星の地軸は、大きく傾いている。通常の惑星で赤道に相当する部分に両極が位置している。

■海王星の大暗斑の中では、高気圧性の暴風が吹き荒れている。大暗斑は18.3時間で海王星を一周する。

海王星の発見

海王星は、理論計算によって発見された最初の惑星だ。1781年に天王星が発見されると、予測されていた軌道と測定値の間にずれがあることが判明した。それはほかの惑星からの引力の作用によるものだと見なされた。ジョン・クーチ・アダムズとユルバン・ジャン・ジョゼフ・ルベリエがそれぞれ計算して海王星の存在を予測した。

■ヨハン・ゴットフリート・ガレは、1846年に予測位置の近くで海王星を発見した。

太陽までの距離　天王星は28億7200万km、海王星は44億9500万km。太陽から海王星まで光が届くのに約4時間かかる。

公転周期　天王星は84.0年、海王星は164.8年。

自転周期　天王星は17.2時間、海王星は16.1時間。

冥王星

冥王星は、1930年に天体写真を精査する過程で発見された。だが、1992年以降、冥王星の軌道領域で次々に天体が見つかった。そのため今は、海王星軌道の外側に位置する氷結天体群の1つにすぎないと考えられている。冥王星は5個の衛星を持つ。

■冥王星とその衛星カロンは、両者の間に位置する重力中心の周りを回転する。

basics

冥王星の直径
2370km
(地球の18%)

冥王星と太陽の距離
44億3700万〜73億7600万km
(地球と太陽の距離の29.6〜39.4倍)

冥王星の公転周期
247年8カ月

冥王星の自転周期
153時間18分
(6日と9時間)

月の直径の3分の2しかない冥王星は、2006年8月24日までは太陽から最も遠い惑星(太陽系第9の惑星)として知られていた。この日、国際天文学連合(IAU)が「惑星」(p.32)の定義を見直し、惑星は発達過程で自らの軌道を一掃することを条件に加えた。冥王星はこの条件を満たさないため、現在は準惑星と定義されている。つまり、冥王星は、海王星軌道の外側の円盤状の領域であるいわゆるカイパーベルトに位置し、太陽を周回する数多くの天体の1つにすぎない。そうした天体は、太陽系外縁天体とも呼ばれている。太陽系のほかの惑星と比べて、冥王星の軌道はかなり細長く、一部は海王星の内側に入る。海王星(p.45)のほぼ円形の軌道の外側に小天体群の最大領域があるが、内側にも分布領域がある。

私たちが冥王星について知っていることは、主として地球からのハッブル宇宙望遠鏡や赤外線天文観測衛星(IRAS)の観測結果から得られたものだ。

これまでにわかったことによると、冥王星は氷のマントルに覆われた岩石の中心核でできていると見られる。さらにマントルは、凍ったメタンや窒素や一酸化炭素の複数の層に覆われているようだ。

冥王星が太陽の近くを通過する際、こうした凍った外層からガスが揮発し、極めて希薄な大気ができる。この昇華作用により、表面の温度がさらに低下する。冥王星の軌道が太陽から遠ざかると、こうしたガス外層は再び凍り付く。

5個の衛星

冥王星には、カロン、ヒドラ、ニクス、ケルベロス、ステュクスという5個の衛星がある。カロンは1978年に発見されたが、ほかの衛星は2005年になるまで発見されなかった。カロンは氷で覆われた冥王星の半分ほどの大きさがあり、衛星の比率としては極めて大きい。カロンと冥王星は、冥王星内部の重力の中心ではなく、2つの星の間の宇宙空間にある共通の重力中心を周回している。カロン以外の衛星は、その明るさから推定すると、直径はわずか数十kmほどだと見られている。

2015年7月、最初の冥王星探査機ニュー・ホライズンズが、冥王星に到達した。

太陽系外縁天体

冥王星とその衛星は、海王星軌道の外側に位置する太陽系外縁天体(海王星以遠の天体でカイパーベルト天体とも呼ばれる)に属している。ここには数多くの彗星の核(p.43)をはじめ、岩や氷から成る太陽系外縁天体群が、環状に分布している。この天体群は惑星と並行して形成され、うちいくつかの天体は海王星の重力圏によって楕円軌道を周回するようになった。これまでに知られている太陽系外縁天体のうち最大級のものは、冥王星に似た特徴を持ち、準惑星に分類される。

■冥王星とエリスはそれぞれ衛星をもち、カイパーベルトに多数存在する太陽系外縁天体に属している。

米NASAのこの探査機は、2006年に打ち上げられ、惑星の重力を活用して加速するスイングバイ(接近通過)の技術を使って翌年に木星のすぐそばを通過した。9年半の歳月を経て、冥王星とその衛星に最接近し、多くの写真やデータを収集した。

ニュー・ホライズンズはこの探査ミッションの延長として、カイパーベルトの奥まで進み、複数の小天体を観測して、太陽系外縁天体の性質を明らかにする予定だ。岩石中心の地球型惑星(p.38, 41)や巨大ガス惑星(p.32-37)だけでなく、こうした小天体も天体群を形成している。

将来、ニュー・ホライズンズの探査結果を精査すれば、太陽系の発達についてもっと多くのことがわかるだろう(p.32-37)。

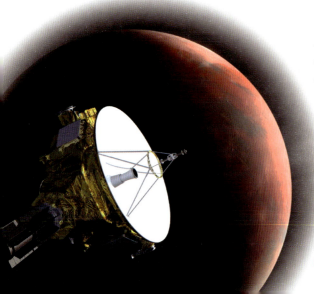

■ニュー・ホライズンズ探査機は、2006年に地球を飛び立ち、2015年に冥王星に到達した。

▶ p.19(今日の天文学)参照

巨大ガス惑星など

■ 太陽系外惑星

私たちの太陽系は、唯一の惑星系ではない。かなたの恒星で、次から次に惑星が発見されている。地球に似た惑星の発見はとくに難しいが、今なお心引かれるテーマである。望遠鏡による観測に加え、恒星のスペクトル分析などによる太陽系外惑星の発見が待たれている。

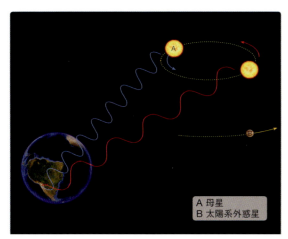

A 母星
B 太陽系外惑星

■ドップラー法は、地球に近づいてくる、もしくは遠ざかる対象が発する光の波長を測定して速度を検出する。

恒星の周りを、細かい破片から成る円盤が回っている様子を、私たちの銀河のさまざまな領域で見ることができる。惑星系は、このような破片から形成される。だが、はるか遠方からの光では個々の星が密着しているように見えるため、遠方の恒星の惑星を発見するのはかなり困難である。さらに太陽に似た恒星は、惑星の10億倍の明るさで輝くため、惑星が反射した光をたどって光源を特定することはまずできない。惑星は光を反射するだけで、惑星自体は可視光をまったく発していないからだ。もっとも、恒星に比べればごく微量ではあっても、惑星も若干の赤外光や放射熱を発しているので、赤外線スペクトルを用いれば観測できる場合がある。

2008年になって、ハッブル宇宙望遠鏡がはじめて、可視光による太陽系外惑星の写真撮影に成功した。地球から25光年の、みなみのうお座の恒星、フォーマルハウトで発見された。

惑星の命名

太陽系外惑星にはたいていの場合、それが周回している恒星にちなんで名前を付ける。こうした名前には、発見順がわかるようにHD38529b、HD38529cといった具合にアルファベットを加える。

惑星であることの証明法

発見された太陽系外惑星のほとんどは、地球よりはるかに大きく、太陽系の巨大惑星に匹敵する大きさである。しかも、恒星のすぐ近くの軌道を回っている。現代の観測方法と技術を適用することによって、こうした天体が惑星であることを確認することができる。一定の状況下で、小質量の小型惑星も発見されている。平均的な明るさの恒星の近くにある惑星の写真は、望遠鏡ではまだとらえられないので、こうした天体が惑星であることが証明可能になった。そのために発展した証明法の中で、最もよく使われるのがトランジット法とドップラー法だ。

トランジット法は、惑星が恒星の前を通過し光をさえぎった際に恒星の光量が減少する割合を測定する方法だ。ドップラー（視線速度）法は、厳密には恒星と惑星の共通の重力中心が恒星内部にあるとしても、両者は共通の重力中心を周回することを利用する方法だ。恒星は軌道周回中に大きいほうの惑星の重力の影響を受け、わずかにふらつくように見える。そのため、恒星の光をスペクトル分析することができる。

科学者は今では、恒星の光を覆い隠す方法（マスキング法）を工夫している。この方法を使えば、地球の成分に似た小型の惑星を精査したり、その大気を分析したりできる。こうした方法は、今後10年以内に有力な天体観測法として浸透していくだろう。太陽系外惑星探査プロジェクトには、欧州が推進するダーウィン、米国が推進する地球型惑星探査機（TPF）などがある。

> **basics**
>
> **近くの太陽系外惑星**
> 1995年、太陽に似た恒星の近くで最初の惑星「51ペガシ」が発見された。
>
> **最初の太陽系外惑星**
> ほかの恒星を周回する惑星は、1992年に初めて発見され、今では数百にのぼる。技術の進歩により、今後もさらなる発見が続くだろう。

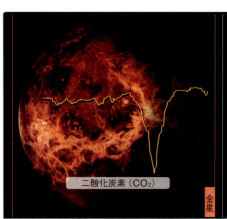

二酸化炭素（CO_2）
金星

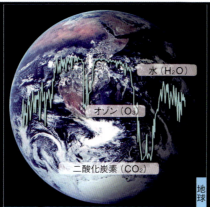

水（H_2O）
オゾン（O_3）
二酸化炭素（CO_2）
地球

二酸化炭素（CO_2）
火星

■気体の成分は特定の波長の光を吸収する。そこで、惑星の大気の熱放射や光のスペクトルの吸収線を調べ、それにより、水や酸素や二酸化炭素といった構成物質を特定できる。

▶ p.26-29（恒星）参照

宇宙 | 太陽系

■ 宇宙飛行の発達

宇宙旅行の夢は、はるか未来を見通した先駆者の取り組みにより、実現に近付いた。目下、宇宙探査機は数多くの重要任務を黙々とこなしており、たとえ目に触れることがほとんどなくても、現代生活を支える重要な要素となっている。

宇宙飛行 | 衛星 | 宇宙飛行士 | ミッション

宇宙探査

わずか12年ながら、最初の人工衛星と最初の有人月面着陸の間に大きな発展があった。現在、人類が生存する宇宙空間は、宇宙飛行士が無重力環境で研究活動している地球近傍の軌道に限られている。一方、無数の無人衛星が科学技術研究のミッション遂行のため、地球を周回している。太陽系の最果ての探査は、今後も無人宇宙探査機の活躍に委ねられている。

宇宙旅行を実現するための理論的な土台は、1900年までにできていた。だが、ロケットという考え方がまじめに受け止められるまでに時間がかかった。まず、技術面の重大問題を解決する方策を見つけなければならなかった。ロケットの技術には、軍隊も関心を示していた。大型の液体燃料ロケットという飛躍的な進歩が第二次世界大戦中に起こり、ドイツのV2ロケット（略号：A4）が宇宙空間に到達した第1号になった。V2ロケットは80km以上の上空にまで上昇し、射程距離は300kmに達したが、戦争のゆくえを大きく左右することはなかった。第二次世界大戦後の冷戦期間に移行すると、米国と旧ソ連が技術面でも覇権を競い、ロケット技術は急速に発達した。

1957年、ソ連が最初の人工衛星を軌道上に打ち上げると、宇宙時代が始まった。

■ 1961年、ロシア人宇宙飛行士のユーリ・ガガーリンは、宇宙を飛行した最初の人類になった。ガガーリンは地球周回軌道を回り、無事に地球に帰還した。

それからまもなく、核弾頭を搭載できる大陸間ミサイルが開発された。最初の監視衛星や気象衛星が打ち上げられ、ついで1961年にはユーリ・ガガーリンが人類として初めて周回軌道に到達した。宇宙開発の最大の記念碑となったのが有人月面着陸だった。やがて冷戦の緊張は緩んだが、宇宙開発の推進力はやはり政治と軍事の競争だった。

ふだんは気づかないが、現代の日常生活は宇宙開発で得られた技術に大きく依存している。ニュースや電話、コンピューター情報を即時に世界中に送信するのは人工衛星（p.49）だ。さらに、カー・ナビゲーション、気象情報、詳細な世界地図も提供している。ほかにも、軌道を周回するハッブル宇宙望遠鏡のように、宇宙の深奥部の画像を送ってくる衛星もある。宇宙探査機やロボットは太陽系を探査し、私たちが宇宙における自分たちの立場を理解する上で役に立つ、貴重な情報を収集している。

将来、月や火星に居住施設を建造する際に使える技術の開発も進んでいる。世界各国の宇宙飛行士が協力して国際宇宙ステーションを建造している。宇宙飛行士は無重力環境での研究、とくに医学や材料科学、天体物理学の研究を進めている。個人宇宙旅行の普及に向けた取り組みも始まっており、個人宇宙旅行と共に手ごろな価格の技術サービスの提供をめざしている。

アポロ計画

米国が推進したアポロ計画は、人類を月に送り込み、無事に地球に帰還させた。また、かつてないほど大型で高性能のロケット「サターンV」を開発した。この巨大なロケットは搭載機器を含めて全長が110mあり、120トンを搭載して地球周回軌道まで運び、3人の宇宙飛行士を乗せた司令船を月に送り込んだ。1969年7月20日、アポロ11号ミッションのニール・アームストロングとエドウィン"バズ"オルドリンは着陸船から出て、月面を歩いた最初の人類になった。1972年以降、さらに5機が月面着陸を果たした。アポロ計画で得られた技術進歩には、月で得られたデータよりも大きな意義があった。

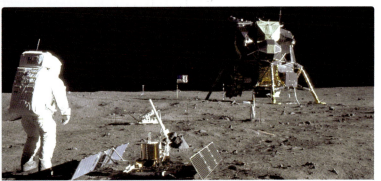

■ ニール・アームストロングとバズ・オルドリンは、月の石のサンプルを収集し、月着陸船イーグルの近くで化学的な計測をした。

▶ p.21（宇宙探索）参照

■ 人工衛星の技術

人工衛星は、地球やほかの天体を周回する宇宙探査機だ。地表からでは困難な探査や不可能な探査を受け持つ。日常生活でも、通信衛星や気象衛星、測位衛星が役に立っている。

■地球観測衛星が撮影した、世界一流域面積が広いアマゾン川デルタ。

衛星は、地上ステーションから監視され、指令を受ける。軌道を周回しながら、地球や太陽の位置を割り出すのは、衛星に搭載したセンサーだ。ときには必要に応じ、地上からの指令を受けて、電子姿勢制御装置や小型の軌道修正エンジンを使い、軌道を修正することもある。

■120度ずつ位相のずれた3機の静止衛星は、極地域を除き地球上のほぼ全域をカバーできる。最近の通信衛星は高性能の送信機を搭載しており、家庭用パラボラ・アンテナで直接受信できる。

衛星の電力供給

衛星の電力はたいてい、衛星本体に搭載した太陽電池や、翼状に広げられた太陽電池パネルから供給される。地球の裏側を周回し、太陽光が届かないときには、バッテリーの電力を使う。太陽熱の直接放射を受ける部分と地球の影を交互に通過するので、衛星は極端な温度差にさらされる。そのため、太陽電池の耐久性を高め、絶縁体や断熱材で衛星の装置を保護する必要がある。

通信衛星は、データ通信回線やラジオ、テレビ、電話、ファックス信号の中継局として機能している。衛星は地上局から信号を受け取り、増幅し、別の地上局に送信する。地球観測・気象衛星は、地表が反射した日光と熱放射を監視する。さらに気象衛星は地平線からの信号を検出し、大気層からデータを収集する。地表の詳細な観測には、雲を透過する合成開口レーダーを使う。

衛星の経路

衛星が飛行する経路は、円あるいは楕円の軌道を描く。地上1000km以下の軌道は、地球低軌道とされる。低軌道衛星は秒速約8kmで周回する。それに対し、高軌道の衛星ほど遅くなり、地球静止衛星は、秒速約3kmで周回する。多くの観測・気象衛星が、地表に対して同じ位置を保つためにこの高度で周回している。

衛星の軌道は、赤道に対して傾いていることもあり、極端な場合は両極の上空を通過する。一方、地球は衛星の下で常に自転しているので、衛星は地表面の大半をカバーできる。とりわけ、静止軌道は通信やテレビに有効だ。静止衛星が周回する赤道上空約3万6000kmの円軌道を一周するには、地球の自転と同じ時間がかかる。そのため、衛星は同じ地表上空にとどまることになる。地上の固定アンテナは、衛星の位置を特定したり探したりする必要がないため、静止衛星からの受信が容易となる。寿命を終えた静止衛星は、さらに高い高度の軌道に移動させたうえで、作動停止させる。

■イスラエル空軍によるベイルート空爆前(左)と後(右)の同じ地域を撮影した軍事偵察衛星の画像。

> ### 測位衛星
>
> 測位衛星は、個人、航空機、自動車や、ほかの衛星に位置案内のサービスを提供するために使われる。米国のGPSやロシアのGLONASSといった測位システムが存在し、EUのガリレオ・システムは現在整備中だ。測位衛星は自分の位置を定期的に発信している。端末は信号の受信にかかった時間によって衛星からの距離を測定する。さらに衛星からの測位データを使い、位置を割り出す。
>
>
> ■車載GPS端末のディスプレイ画面。

▶ p.19〈今日の天文学〉参照

宇宙空間の人類

宇宙は、人間にとって未知の極めて危険に満ちた環境だ。人間が宇宙空間で生活し労働する環境を提供するためには、運動医学、航空電子など広範な技術を駆使する必要がある。

宇宙空間で無防備な人間は、空気のない、真空に近い環境にさらされる。そのままでは、地表のような気圧や気温がないため、

practice

宇宙服

宇宙服は、呼吸を妨げず周囲の真空状態から人体を守るため、何層もの布や人工素材でできている。下着には、体を冷やすために水が流れるチューブが縫い込まれている。その上は気密層だ。外側の層は不燃性で破けないように強化されている。宇宙服内は、膨張しないように低圧に保たれている。

■ 宇宙服の圧力が関節をこわばらせるので、宇宙空間での宇宙飛行士の動きはぎこちない。

体細胞が深刻なダメージを受ける。人間はすぐに意識を失い死亡するだろう。さらに、宇宙空間には太陽の放射熱をさえぎるものがないため極端な温度差を生じる。太陽系内側惑星の表面温度は、太陽放射熱に直接さらされると120℃以上に達し、太陽の陰に入るとマイナス100℃以下に下がる。そのため、有人宇宙船や宇宙ステーション、宇宙服には高機能の生命維持システムを装備することが不可欠になる。

生命維持システム

宇宙空間において人間の体を守るには、空気や水、食物やエネルギーを供給し、気温と圧力を調節し、衛生的な環境をつくる必要がある。酸素は液体か気体の形で貯留する。また、洗浄水や排尿を機内でリサイクルして電解する際に、酸素を生成することもある。窒素と酸素を混合して地球上と似た空気をつくり、宇宙

飛行士が吐き出した二酸化炭素は特別な化学薬品を用いて空気から取り除く。宇宙空間で使う電気は通常、太陽電池や燃料電池やバッテリーから供給する。将来の月や火星の基地では、温室や人工エコシステムが重要な役割を果たすかもしれない。

無重力

地球では、重力の存在によって「上下」の感覚が生まれる。だが宇宙に出た宇宙飛行士が無重力状態に置かれると、内耳の平衡器官が働かなくなる。そのため、宇宙ミッションの初期には「宇宙酔い」が起こり、めまいや吐き気、頭痛や嘔吐に見舞われる。やがてこの環境に順応すると、宇宙飛行士はたいてい宇宙空間での方向感覚を制御する方法を身に付け、宇宙酔いの症状は治まる。

無重力状態の宇宙船内で長く暮らしていると、骨や筋肉の量や体内の血液量が減る。だが、こうした症状は船内で運動することによってある程度は防げる。科学者は宇宙飛行士のこうした症状を研究することで、地上

■ 人間は驚くほどうまく、無重力状態に知覚や運動機能を順応させられる。

での同じような医学的症状を解明する手がかりが得られることを期待している。宇宙ミッションから戻ると、宇宙飛行士はほとんどの場合、正常な状態に戻る。

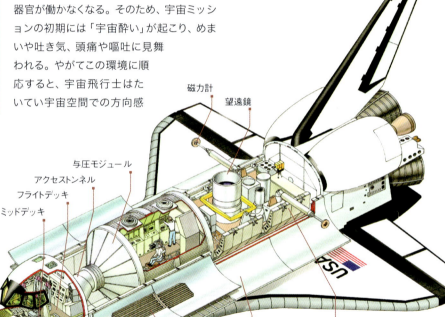

磁力計 / 望遠鏡 / 与圧モジュール / アクセストンネル / フライトデッキ / ミッドデッキ / 荷物室ドア / ラジエーター / 計器パレット

■ スペースシャトルは、航空機のように着陸できる有人宇宙飛行船だ。2つの強力な固体燃料ロケットブースターが垂直発射時に必要な揚力を補う。

basics

宇宙飛行士の呼び方 宇宙飛行士は、アストロノート（欧米）、コスモノート（ロシア）、タイコノート（中国）などと呼ばれる。

宇宙飛行士の仕事 宇宙ミッションの間、宇宙飛行士は毎日宇宙船を運行するだけでなく、さまざまな科学技術的研究に取り組む。スペースシャトルでは、船長、パイロットなどの分担がある。

太陽系の探査

宇宙探査機は、何カ月も何年も宇宙空間を飛行し、目的地まで数十億kmの飛行の末にようやく到達する。その旅の途中でも、未探査の領域についての知識を広げてくれる。

宇宙探査機は、太陽、惑星、月、小惑星、彗星やそうした天体間の宇宙空間に関する情報を集めるために設計された無人宇宙船だ。基本的な種類には、接近通過機、着陸探査機、軌道探査機などがある。

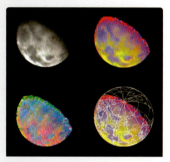

着色合成画像

人間の目は、光の強度よりもはるかに多くの色を見分けられる。そのため、目の錯覚を利用して写真の細部を際だたせることがある。コンピューター処理により、光度の違いを色の違いに置き換えるのだ。この技術はとくに宇宙科学や医学、衛星画像の検証で実証されている。

■月に存在するいろいろな種類の鉱物を強調して、月面の画像に着色した赤外カラー合成画像。

■ボイジャー1号は1977年に打ち上げられ、外惑星の探査に向かった。今も地球に情報を送っている。

宇宙探査機のナビゲーションは、完全に正確であることが要求される。地球から探査機を追跡するために、巨大なアンテナが使われる。距離によっては、ナビゲーションの指令が探査機に届くのに数時間かそれ以上かかることがある。だが、最近のコンピューター技術によって、探査機は自分の判断で行動する。とくに重大な局面では、そのことが求められる。

装備

月や地球型惑星の宇宙探査機は通常、太陽電池で太陽の光エネルギーを電気に転換する。ところが、火星の外側にはほとんど太陽光は届かない。そこで探査機は、ラジオアイソトープ発電機によるエネルギーでさらに先に進む。放射性物質の放射が熱を生み、ついでそれを電気エネルギーに転換するのだ。

ミッションに合わせ、宇宙探査機は、幅広い周波数に反応するカメラや、放射や磁場の測定機器を備えている。多くの軌道船が天体の深部まで探知できるレーダーを使い、その内部構造を明らかにした。探査機の中には、天体表面に降下する着陸船を搭載しているものもある。遠隔操作するローバーやロボットは、固定型の着陸船よりも広い範囲を探査できる。インパクター（衝突機）やペネトレーター（表面貫入機）は天体に激突する探査装置で、地中にもぐって構成成分に関する情報を収集する。

地球軌道にとどまっている人工衛星とは違い、宇宙探査機は地球の引力圏を離れて目的地の探査に向かう。探査機は一般に、目的地に向けて地球から打ち上げられる。探査機が目的地に到達すると、制動装置を作動させて探査機をその天体をめぐる軌道に乗せる必要がある。

燃料を節約したり、より多くの機材を搭載したりするために、探査機は目的地への最短距離を選ぶ。そのためには「スイングバイ」を活用し、目的以外の惑星の軌道を周回しながらその惑星の重力によって加速する。火星など目的の天体に大気がある場合、減速過程で燃料を節約できる。探査機が一定の角度で大気に突入し、大気の抵抗による制動を利用する。

最初の宇宙探査機

地球軌道から飛び立った最初の宇宙探査機は、旧ソ連のルナ1号だ。1959年、ルナ1号は月を通過し、磁場や放射、星間ガスの濃度に関する情報を収集した。

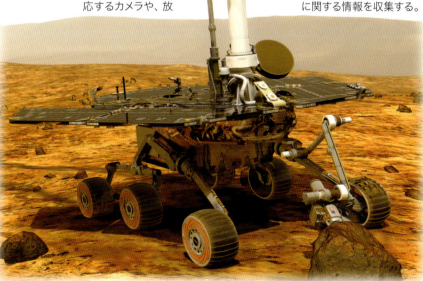

■現在、数多くの軌道探査機と着陸探査機が火星を探査している。2004年からは、米NASAの火星探査車スピリットとオポチュニティが加わった。

▶ p.37（太陽の研究）参照

地球

起源と地質	52
地球の起源	54
地球の構造	56
岩石	60
プレートテクトニクス	64
地震	68
火山	72
山	76
生態系	80
変化する地球	88
世界地図	92
水	94
海洋	96
河川	104
湖	106
氷河	108
大気	110
大気	112
気象	114
気候システム	118
気候変動	124
環境保護	128
産業化の影響	130
環境	134

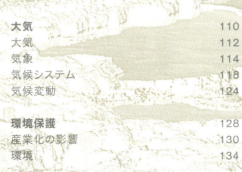

起源と地質

　45億6000万年前に誕生してから、地球はずっと地質学的な変化を続けてきた。

　私たちが住む大陸は一見、安定しているように見える。だが、実は常に動いており、分裂や衝突を繰り返している。その過程で、山脈や海が形成されたり、あるいは消滅したりしている。これらの変化がいつ起こるかはわからない。それはあくまで、火成岩、堆積岩、変成岩と岩石が変化していく岩石循環の一環なのである。

　そうした変化は、あまりにゆっくり進むために気づきにくいことが多い。逆に、突然発生して、壊滅的な被害をもたらす場合もある。地震や火山の噴火といった自然災害により、私たちは地球の内部に潜む力がどれほど巨大であるかを思い知らされる。

　地球の表層に目を向けてみよう。地表は、水、風、気候の変化、重力などの力の影響を受けている。それによって地表は姿を変え続けており、多彩な景観や環境をつくり上げている。

地球 | 起源と地質

■ 昔むかし、45億6000万年前のこと……

原始の地球は、極端な環境の星だった。炎を噴き出す火山、
地表に衝突する無数の隕石、激しい雷雨、有毒な大気。
こうした状況は、地球の温度が下がるにつれて、次第におさまっていった。

地球は、太陽やほかの惑星とともに、約45億6000万年前に星間ガスとちりの雲から形成された。この雲は、おそらく近くで起こった超新星の爆発による衝撃波で収縮して回転を始め、徐々に平らな円盤形になっていったと考えられる。円盤を構成する物質はどんどん中央に集中し、密度が高くなって、ついには中心部で核融合が始まり、原始太陽が形成されたのだろう。

円盤の雲に含まれていた揮発性の成分は端に飛ばされ、雲の内部の細かいちりは集まって、小さな固まりになっていった。さらにこうした固まり同士が互いに衝突して大きくなり、微惑星となった。微惑星は、天体の重力に引かれてガスなどが降り積もる「降着(アクリーション)」という過程を経て、いわゆる地球型惑星(岩石型惑星)へと成長した。そして、その1つが原始地球だったのである。

ちりが融合し始めてから最終的に直径約1万3000kmの地球が形成されるまでにかかった時間は、天文学的に見れば極めて短かったといってよい。おそらく3000万年に満たなかっただろう。

地殻の形成

地球を形成した宇宙のちりには、主にアルミニウム、マグネシウム、鉄とニッケルの混合物、シリカが含まれていた。

原始地球の質量が増えていくときの圧力で、地球内部は極めて高温となり、溶けている状態になった。また、放射性物質の崩壊により、温度はさらに上がった。この熱で溶けた物質が分離し、ニッケルや鉄などの重い物質は沈んで金属の核(コア)を形成した。シリカ(二酸化ケイ素)などの軽い物質は地表に浮かんで冷え、硬い地殻を形成した。

このように、物質の密度の大小によって化学組成の異なる層に分かれる現象は「分化」とよばれ、地球誕生から約1億年間で終わったと推測されている。地球と別の原始惑星の衝突によって、月(p.39)が誕生したのもこの段階である。

45億6000万年前 | 生命の起源

地球の起源

地球がどのような段階を経て現在の姿になったのかは、今の地球に見られる多くの痕跡と、太陽系の起源に関する推測に基づいた仮説でしか答えられない。1つだけ確かなことは、地球が長い旅路を経て、「燃える火の玉」から「青い惑星」へと変わったことだ。後に多くの生命が栄える星になる兆候など、初期の地球にはまったく見られなかった。

放射性同位元素による年代測定

地球の年代測定は、フランスの物理学者アンリ・ベクレル(1852～1908年)が1896年に発見した放射線によって可能になった。放射性同位元素は、半減期という固有の速さで崩壊するため、岩石中の放射性同位元素の量を測定すれば、地球の年代が計算できる。

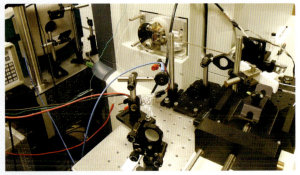

■質量分析計で物質の成分を分離して、放射性同位元素の量を測定する。

▶ p.22(ビッグバン理論)参照

■初期の地球で盛んに起きていた火山活動は、地球の大気の生成に重要な役割を果たした。

■40億年前ごろの地球の大気は、約80%が水蒸気で、ほかに10%の二酸化炭素、少量の二酸化硫黄、ヘリウム、メタンを含んでいた。

■これまでに発見された最古の鉱物はジルコンという種類だ。ジルコンは地球の地殻で広く見つかる。

■ 生命の起源

誕生から間もない地球は、燃えたぎる火の玉だった。だが温度が下がるにつれて状況が変わり、ついに「原始スープ」とよばれる無機物の混合物から、複雑な有機分子が誕生する。これがあらゆる生命の起源となった。

　生まれたばかりの高温の地球は、水素とヘリウムの原始大気で覆われていた。これらのガスは軽いため、初期の地球の熱と重力では引き止めておくことができず、すぐに宇宙空間に逃げてしまった。

　初期の地球には、激しい微惑星の衝突が

■原核生物は核膜に包まれた核を持たない。

■雲は雷を起こして電気を放出する。

続いていた。砕け散った微惑星から放出された水蒸気や、地球内部から噴き出すガスが地球を取り囲み、第2の原始大気が形成される。原始大気は二酸化炭素（CO_2）を主成分とし、窒素（N_2）、アンモニア（NH_3）、メタン（CH_4）などのほか、大量の水蒸気（H_2O）を含んでいた。原始大気の温室効果によって地球の表面は溶け、地表はマグマの海（マグマオーシャン）で覆われた。

　この第2の大気もまた、今日の大気とは大きく異なっていた。酸素（O_2）をほとんど含んでいなかったのだ。当時の大気にはオゾン層がなく、原始太陽が放射する強い紫外線が地表に降り注いでいた。酸素が発生するのは、紫外線によって大気中の水分子（H_2O）が分解されるときだけだった。

今日の大気の形成

　大気と海の形成は、密接なかかわりがある。初期の大気は約80％が水蒸気で、大気上層では分厚い雲が地球を覆っていた。やがて微惑星の激しい落下がおさまってくると、気温が下がって状況も安定してくる。地球が冷えるに従って雲は次第に低くなり、水蒸気は凝結して激しい雨となり、大規模な雷雨を引き起こした。当時は地表が極めて高温だったため、大量に降った雨はあっという間に蒸発して雲になり、再び凝結して雨になるという繰り返しだった。

　このサイクルによって地球はますます冷え、やがて水が地表の窪地にたまり始めて海ができた。そしておよそ38億年前ごろには最初の生命が登場する。生命の起源について現在有力な説は、深海の熱水噴出孔付

■最初の生体分子は原始海洋で形成されたと考えられている。

近で無機物が化学反応を起こし、単純な生体分子に変化したのではないかという仮説だ。そこからラン藻類（シアノバクテリア）のような、より複雑な生命が進化したというの

> **冥王代（45億6000万～38億年前）** 原始惑星から地球が形成され、殻のような構造ができた。
>
> **始生代（38億～25億年前）** 地殻が固まり、温度が100℃以下に下がった。最初の有機分子が形成された。
>
> **原生代（25億～5億4200万年前）** ラン藻類が行う光合成によって大気中の酸素が増加し、太陽からの紫外線を吸収するオゾン層が形成された。その結果、生物が進化する環境が整っていった。

である。ラン藻類などの原核生物は日光を利用して光合成を行い、副産物として酸素を排出した。こうして大気中に酸素が含まれるようになったのである。

■地球の大気のもととなったのは、衝突した微惑星に含まれていた水蒸気や、地球内部から地表へ大量に噴き出した溶けた物質とガスなどとされる。

p.112-113（大気）参照

地球の形

はるか宇宙の彼方から眺めれば、地球は完全な球体に見える。しかしそれは誤りで、実際の地球は整った球体ではない。その原因は、地球内部の質量と密度の分布が一定でないことにある。地球表面の形は、ジオイドという基準面で表すことができる。

■地球に季節が生じるのは、年間で太陽光が入射する角度の変化が原因だ。

地球の形｜地磁気｜核｜マントル｜地殻

地球の構造

宇宙全体から見ればごく小さな存在である地球も、太陽系では特別な位置を占め、日ごと、月ごと、さらに季節ごとに私たちの暮らしに変化を与えている。そしてその内部構造は層を成し、地表にさまざまな作用を及ぼしている。さらに、この青い惑星を守る、見えない「防御シールド」である地磁気を生み出すといった重要な役割も果たしている。

ほかの天体と同様、地球もまた、一瞬も止まっていることがない。太陽から約1億4960万kmの距離を、やや楕円形の軌道を描きながら回っている。地球が太陽を完全に1周するのにかかる時間は約365日（1年）。同時に地球は地軸（南北両極を結ぶ軸）を中心に左回りに自転している。完全に1回転するのに約23時間56分（恒星日）かかり、これによって、太陽の光が当たる昼と、光が当たらない夜ができる。地球に季節が生まれるのは、地軸が公転面に立てた垂線に対して23.44°傾いているからだ。この傾きで公転しているため、地球上のどの場所でも、太陽光が差す角度が年間を通じて変化することになる。

地球の自転速度は、緯度によって違う。極地の1地点はいつもほぼ静止した位置にあるのに対し、赤道上の1地点は毎秒465mで動いている。これだけの速さで回転すると遠心力が生じるため、地球は厳密な球体ではなくなる。正確な地球の形は、赤道付近が約21kmふくらんだ回転楕円体（地球楕円体）だ。

ジオイド

さらに厳密にいうなら、地球は単純に幾何学的な楕円形で表すことはできない。各地域の重力を考慮して地球全体を海で覆ったときの平均海水面が考えられており、この物理学上の仮想面を「ジオイド」という。

重力とは、物体を中心に引っ張り、物体に重さを与える力であり、質量×重力加速度（物体が地球の重力によって落ちるときの加速度）に等しい。地球が扁平であることと、遠心力の影響で、重力加速度が最も小さいのは赤道上で9.780m/s²。これに対して極地では9.832m/s²となる。地球内部の地殻と核の間では10.5m/s²に達する。

しかし、地球の密度分布は、地形や地下の構造の違いによって均一ではなく、そのため重力の大きさと方向も場所によって異なる。ジオイドは各地の重力の方向に垂直な面をつないでできているため、その面には凹凸ができる。

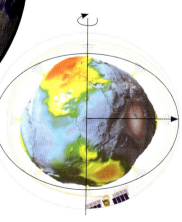

■ジオイドは表面が滑らかな曲面で、重力分布によって凹凸ができている（下図参照）。

■大気の運動パターンと季節変化には多くの要素がかかわるが、最大の要因は太陽と地球との位置関係にある。

地球のデータ

赤道上での円周4万75km；赤道面での半径6378km

質量5.9742×1024kg、体積1兆833億km³、平均密度5515kg/m³

表面積約5億1000万km²；このうち約3億6100万km²が海洋、北半球の陸地面積約1億28万km²、南半球の陸地面積約4861万km²

最深地点1万920m（マリアナ海溝）、最高地点8848m（エベレスト山）

p.88-91〈変化する地球〉参照

地磁気

針が必ず北を指す方位磁石、極地付近で輝くオーロラ、方向感覚を持つ伝書バト。この3つに共通するものは何だろうか。実はいずれも、地球の磁場すなわち「地磁気」という見えない力の影響を受けている。

> **バンアレン帯** 高密度の電荷粒子がドーナッツ状に集まった地域。高度1000〜5000km地点と1万5000〜2万5000km地点にある2層で地球を取り巻く。
>
> **磁気圏境界面** 磁気圏とその外側との境界面。太陽に向いた側では、地球から約6万kmまで広がっており、太陽風に押されて磁場が閉ざされている。反対側では、太陽風に吹き流されて、太陽側の数十倍以上の距離まで、彗星の尾のように伸びていると考えられている。
>
> basics

地磁気が生じる原因は、地球内部の外核で起こっている巨大な対流にある。地球の深さ約2900〜5100kmの地点では、固体状の鉄の内核の周りで、流体の鉄が激しく流動しており、この動きで電場ひいては磁場が生まれるのだ。地磁気の発生をこのように説明する理論を「ダイナモ理論」という。

■オーロラは、地磁気の影響で地球の極地付近に生まれる光の現象だ。

地磁気とは、地球の回転軸に対して11°傾いた棒磁石のようなものがつくり出す磁場のことである。北がS極、南がN極にあたり、磁極の位置は、地理上の北極点および南極点とは、ずれている。

磁極は絶えず動いている。1831年にはじめて発見された磁北極（北磁極ともいう）はカナダのブーシア半島にあった。その後、スピードを増しながらシベリア方向へ約1100km移動している。

■方位磁石の針は磁北極の方向を指す。

見えない防護シールド

地球の磁場は宇宙まで広がっており、この領域は「地球磁気圏」とよばれる。磁気圏は、宇宙からくる放射線や、太陽から放出される危険な太陽風（荷電粒子の流れ）をさえぎり、地球を守っている。地球磁気圏の外側には常に太陽風が流れており、逆にいうと、地球磁気圏は、太陽風によって閉じ込められた地球の磁場である。磁気圏と太陽風の境界面を磁気圏界面という。

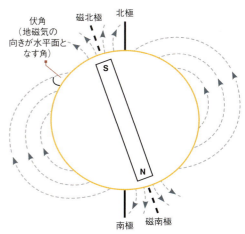

■地理上の南極と北極は南緯北緯とも0°の地点であり、磁極はそれと少しずれている。

北と南が入れ替わる

磁化された太古の岩石を調べると、地球の磁場は少なくとも35億年前から存在していたことがわかる。さらにこうした岩石の調査によって、磁場が繰り返し逆転し、N極とS極が入れ替わることが明らかになった。こうした逆転は平均して50万年ごとに起きている。実際に磁極が逆転している最中は、磁気圏による防御機能は一時的に失われる。最後に磁北極と磁南極が入れ替わったのは約78万年前なので、次の逆転時期はすでに過ぎている計算になる。

■プレートの移動にともなって海底の海嶺に噴出し、固まったマグマ。この岩石を調べると、地球の磁場が入れ替わってきたことがわかる。

▶ p.313（力と場と相互作用）参照

地球の核とマントル

地球の内部はどうなっているのか、この問題は長い間、科学界にとっての大きな謎だった。だが地震波の解析によって解明が進み、地球内部の構造と概要が次第に明らかになりつつある。

地球の内部は化学的に異なる3つの部分に分かれる。それは、地殻、マントル、核だ。ちょうど卵の構造を思い浮かべてみるといいだろう。現在のところ、直接調べることができるのは一番外側の部分だけで、地球の規模からみれば、極めて薄い部分に過ぎない。最も深いボーリング調査でさえ、地球の赤道面での半径6378kmの1%までしか到達していない。

こうした実際の調査に代わって、私たちに地球内部に関する最も詳しい情報を提供してくれるのが、地震で発生する「地震波」である。地震波が伝わる速度は、地球内部の温度や圧力、さらに地震波が伝わる岩石の組成によって変わってくる。地震波の測定によって、地球内部には、物理的な特徴が大きく変化する場所が2カ所あることがわかった。こうした不連続面が確認されることで、地殻、マントル、核という3つの構造が明らかになってきた。

■地球の外核は主に溶けた鉄からなる。

■地殻の多くは花こう岩でできている。

地球のマントル

地球内部では、まずモホロビチッチ不連続面(単にモホ面ともいう)を境に、地殻とマントルが分かれる。マントルは深さ約2900kmまでの層で、体積は地球全体の約83%を占める。

マントルは岩石性の物質でできている。最上部は粘性が大きく、同じく硬い岩石質である地殻とともに「リソスフェア(岩石圏)」を構成する。その下は流動性のある「アセノスフェア(岩流圏)」で、下端は深さ600km以上。岩石は、温度が約1400℃、圧力が200~350kbarに達すると、密度が約3.4g/cm³の粘り気のあるマグマに変わる。これら上部マントルの下には下部マントルのメソスフェアがあり、それらの間の深さ400~700kmにはマントル遷移層がある。マントル下部では、圧力は1450kbarまで上昇する。こうした高圧のために、2700℃という温度にもかかわらず、マントルは固体状を保ち、密度は5.7g/cm³である。

地球の核

次に、深さ約2900kmにあるグーテンベルク不連続面を境界として、固体状のマントルと、溶けた鉄でできた外核に分かれる。この不連続面を境に密度は9.5g/cm³と増加し、温度も約1000℃も急上昇する。

実は核とマントルの間では絶えず熱交換が行われている。この熱交換によって起こる対流(高温の物質が上昇し、冷たい物質が沈み込む現象)が、プレートテクトニクス(p.64)の原動力になっているものと考えられている。また、外核での対流が、地球の磁場形成の原因ともなっている(p.57)。

高圧によって、外核は深さ約5100kmで流体状から固体状へと変わり、内核になる。こうした岩石にかかる圧力は3600kbar以上で、密度は13.5g/cm³まで上がる。地球中心の温度は約6500℃にも達する。

basics

P波
地震発生時に最初に到達する第1波。進行方向に平行に振動する縦波で、固体、液体、気体を伝わる。初期微動をもたらす。

S波
P波に続いて到達する第2波。進行方向に直角に振動する横波で、固体を伝わる。大きな揺れをもたらす。

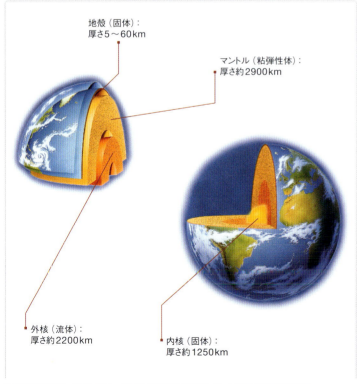

地殻(固体):厚さ5~60km
マントル(粘弾性体):厚さ約2900km
外核(流体):厚さ約2200km
内核(固体):厚さ約1250km

■地球内部では、温度、圧力、組成などの要素が作用しあって異なる層が形成され、プレートテクトニクスや地磁気などの力を生み出している。

▶ p.64-65(プレートテクトニクス)参照

地殻の構造

地殻は、地球内部の一番外側をくるむ、薄くて硬い層だ。
地殻には大陸地殻と海洋地殻があり、厚さや密度、岩石の種類だけでなく、生成された年代や岩石の起源自体が異なる。

地殻の厚さは平均35kmである。大陸の部分では平均30～40kmだが、ヒマラヤ山脈やアンデス山脈などの山岳地帯では、60km以上あることもある。このように、最も厚い部分は、山脈の固まりが地中深くマントルまで達している地点で、反対に最も薄い部分は海洋の下だ。海洋での地殻の厚さは5～10kmしかない。

地殻はモホロビチッチ不連続面（単にモホ面ともよばれる）を境として、マントルと分かれる。地殻と最上部のマントルは、温度が岩石が流体化するほど高くはないため、硬い岩石状になっており、リソスフェア（岩石圏）とよばれる。リソスフェアは、プレートテクトニクスおよび、リソスフェアの下にあるアセノスフェア（岩流圏）の動きによって、絶えず動き続けている。

海洋地殻と大陸地殻

地球を覆う地殻のうち、3分の1が大陸地殻、3分の2が海洋地殻である。

海洋地殻の年齢は古くても2億年程度で、それは海洋地殻が、巨大な海洋プレートの境界にある中央海嶺地域で、噴出したマグマによって絶えずつくり出されているからだ。これに対し、大陸地殻の年齢は古い。これまで発見された中で最も古い岩石が含まれ、できた時期は約40億年前にもさかのぼる。大陸地殻は、プレートテクトニクスや火山活動、浸食、沈降によって常に形を変えている。

海洋地殻を構成するのは、主に玄武岩や斑れい岩などで、密度が2.9～3.1g/m³と重い。こうした岩石はケイ素（シリコン）とマグネシウムを多く含み、シマともよばれる。一方、大陸地殻を構成するのは主に花こう岩で、海洋地殻に比べてやや軽く、密度は2.7g/m³だ。ケイ素とアルミニウムを多く含むことから、シアルともよばれる。

さらに大陸地殻には、地震波の伝わり方が変わる層があり、その境界はコンラッド不連続面とよばれる。

■チベット高地はインドプレートとユーラシアプレートの衝突で誕生した。

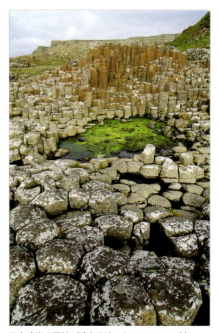
■玄武岩の石柱が連なるジャイアンツ・コーズウェー。

地球の化学的組成

地殻の成分	重量の割合
酸素	46.6%
ケイ素	27.7%
アルミニウム	8.1%
鉄	5.0%
カルシウム	3.6%
ナトリウム	2.8%
カリウム	2.6%
マグネシウム	2.1%

※地球全体では鉄、酸素、ケイ素、マグネシウムの順になる。

■ダイヤモンドは、地下150～200kmのマントルの中で生成される。

in focus: モホロビチッチ不連続面

クロアチア、ザグレブ大学の教授だったアンドリア・モホロビチッチ（1857～1936年）は1900年に地震学の研究を始めた。1909年にクロアチアの首都近郊で起きた地震の走時曲線をつくったモホロビチッチは、地震波の伝わる速度に違いがあることに気づいた。この発見から、彼は地球の表層が密度の異なる層に分かれていると結論づけ、地殻とマントルの性質の違いを明らかにした。

■現代地震学の先駆者、アンドリア・モホロビチッチ。

▶p.68-71（地震）参照

鉱物の生成

鉱物とは固体の無機物で、化学組成や性質がほぼ一定のものをいう。
鉱物は岩石ひいては地球を構成している物質で、宝石、金属、塩なども含まれ、堆積、火山の噴火、化学的風化など、一連の地質学的な過程を経て生成される。

　鉱物とは結晶構造を持つ固体物質で、1種類の元素から成る元素鉱物と、2種類以上の元素から成る化合物の2つのグループに大きく分けられる。生成される状態に基

鉱物｜構造｜火成｜変成｜堆積

岩石

人類は石器時代から岩石や鉱物を採掘し、材料や原料として利用してきた。
鉱物の中には、形や色、光沢が美しいために、宝石として装飾品に使われるものもある。
岩石の起源や性質、組成に関する研究を岩石学といい、鉱物の起源や性質、組成に関する研究を鉱物学という。

づいて火成鉱物、堆積鉱物、変成鉱物、風化鉱物などさまざまなタイプに分類されるが、中にはざくろ石（ガーネット）のように生成過程が多様なため、複数の特徴を備えているものもある。

■米国イエローストーン国立公園のマンモスホットスプリングスのような温泉は、鉱物が生成される「現場」だ。鉱物を豊富に含んだ熱水が蒸発すると、鉱物の結晶、特に炭酸塩鉱物が沈殿する。

火成鉱物

　地球のマントルから噴出したマグマが、1500℃まで冷えて固まるときに晶出して生成された鉱物を、火成鉱物という。この温度で結晶化すると、それ以上新しい鉱物は生成されない。火成鉱物には長石、石英、雲母、角閃石、輝石、かんらん石などがある。どれも火成岩の中によく見られる鉱物だ。

堆積鉱物

　堆積作用でできる鉱物は多くあり、蒸発、圧縮、化学反応などで生成される。蒸発による堆積の場合は、海水や塩湖の水が蒸発し、水に溶けていた成分が沈殿して生成される。方解石、苦灰石（ドロマイト）、硬石こう、石こう、塩、塩化カリウムなどがある。粘土の成分となる粘土鉱物は、粗い粒子が高温高圧下で化学反応を生じ、圧縮されるとできる。

変成鉱物

　鉱物がもともと持っていた結晶の構造が変化し、新たに生成された鉱物を変成鉱物という。鉱物が高温や高圧の条件下に置かれると、鉱物の元来の結晶格子が不安定になり、安定するためにほかの構造物質に姿を変えるのである。変成鉱物には石墨、滑石、ざくろ石（ガーネット）などがある。

風化鉱物

　外的な条件により、鉱物の化学組成が変化して生成される鉱物。銅鉱石が空気に触れると酸化して、緑色の顔料や宝石に使用される孔雀石になり、粘土鉱物が地表面で化学分解されると、陶磁器の原料となるカオリナイトが生成される。

■岩石内の空洞部分に、鉱物の結晶が内に向かって成長し、壁面を覆ったものをジオード（晶洞）という。

■ 鉱物の構造

岩石の基本的な構成物質である鉱物は、私たちの生活に多くの重要な原材料を提供してくれる。通常の鉱物は結晶の形をしており、結晶はその豊富な色と光学特性によって昔から珍重されてきた。

結晶とはイオンや原子、分子が規則正しく配列し、その配列が三次元的に繰り返されて結晶格子を成している固体物質だ。格子構造は鉱物の化学組成によって異なる。

高温のもとで生成されるのに対し、軟らかい石墨は低圧低温下で生まれる。こうしたメカニズムが明らかになったおかげで、現在ではダイヤモンドを人工的に製造することが

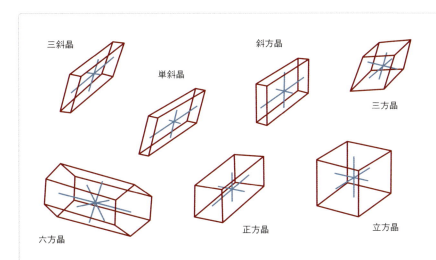

■結晶の配列は7つの基本的な結晶系に分類される。それぞれの結晶系は、三次元の結晶格子上における原子の空間配列によって体系化されている。

宝石のオパール（たんぱく石）のようにほとんど非結晶状態の鉱物は珍しく、こうした鉱物を非晶質鉱物という。一方、化学組成は同じだが結晶構造が異なる物質は、多形鉱物とよばれる。例えば、ダイヤモンドと石墨はどちらも炭素からできているが、自然界で最も硬い鉱物であるダイヤモンドは高圧

できるようになった。半導体産業では人工結晶も製造されており、その主要原料はシリコン（ケイ素）だ。

硬度、劈開、結晶系

結晶系による分類とは別に、鉱物は硬度や密度といった物理的特性に基づいて分類

することもできる。硬度とは引っかいたときの傷のつきにくさを意味し、密度すなわち比重は、鉱物の構成成分とその内部の原子同士の結合密度によって違ってくる。

種類によって割れ方が異なるのも、鉱物の特徴だ。通常は原子の格子構造に沿って割れ目が生じ、雲母や岩塩、方解石が砕けると、割れ面すなわち劈開面は平らな平行面になるが、原子同士の結合が強い石英では不規則な形になる。さらに、鉱物の最も顕著な特徴である色と輝度、磁性、蛍光性、

> **鉱物の硬度** 機械的な圧力を加えたときに生じる抵抗と定義され、特に引っかき抵抗性を基準に分類される。モース硬度計（ドイツの鉱物学者フリードリッヒ・モースの名にちなんで命名）で硬度10の鉱物は、それ以下または同じ硬度のどの鉱物にも引っかき傷をつけることができる。ちなみに硬度が最も低い鉱物は滑石で、反対に最も高い鉱物はダイヤモンドだ。

放射性などの特性によっても分類される。

なお、結晶はさまざまなタイプの対称性を示し、これに基づいて32の晶族に分けられる。32の晶族はさらに7つの結晶系に分けられ、立方晶系（または等軸晶系）、六方晶系、三方晶系（または菱面体晶系）、正方晶系、斜方晶系、単斜晶系、三斜晶系がある。食塩や岩塩、方鉛鉱、黄鉄鉱などの立方晶系は肉眼でも簡単に識別できる。

■石英は地球の地殻に最も広く分布する鉱物である。先端が鋭いピラミッド状になった角柱形で、色は変化に富む。

宝石

宝石とは、希少性や硬さ、美しさなどの観点から高く評価されて宝飾品に用いられる鉱物のことだ。紫水晶（アメシスト）、紅石英（ローズクォーツ）、緑柱石（アクアマリン）、ざくろ石（ガーネット）が宝石とされるかどうかは、その石の純度、色、透明度次第である。宝石は、昔は原石をざっと円形に磨いただけで用いられたが、今日では光の反射と光沢を増すため、石の表面に多数の面ができるように研磨されるものが多い。

■10世紀後半のドイツ皇帝、オットー1世の王冠。

▶ p.76-79（山）参照

火成岩と変成岩

岩石は天然鉱物の混合物で、地殻を構成する物質である。融解物の固まりが冷えてできた岩石もあれば、地球内部の高温高圧のもとで生成された岩石もある。

岩石は多様な鉱物が集まって構成され、含まれる鉱物の種類や比率は、岩石の起源や形成時の環境条件に大きく左右される。鉱物に比べると岩石の組成は変化に富み、1種類の鉱物だけで構成されていない限り、2つの岩石がそっくり同じ組成を持つことはない。生成の過程によって、火成岩、堆積岩、変成岩に分けられる。

火成岩

火成岩は、溶けたマグマが冷えて固結した岩石だ。マグマに含まれた成分が結晶化し、鉱物が融合した大きな構造になる。こうした固結の過程が地下深部で行われた火成岩を深成岩という。深成岩には花こう岩や閃緑岩などがあり、マグマがゆっくり冷えたために、大きく成長した鉱物の結晶が見られる。

一方、マグマが地表に噴出した場合は、小さな結晶しか生成されない。地表に噴出したマグマは溶岩とよばれ、地表や浅い地下で溶岩が固まってできた火成岩を噴出岩または火山岩という。代表的なものには玄武岩や流紋岩などがある。溶岩が急速に冷却した場合には、鉱物の結晶化が起こらないこともある。この場合は、黒曜岩のようなガラス質の火山岩が生成される。

火山の噴出物には、1つの大きな結晶でできた岩石もあり、それは地中に埋まっていたダイヤモンドなどの結晶が、噴火によって地表に運ばれてくることによる。大量の火山灰や火砕物が積もってできた火山岩は堆積岩に分類される。

変成岩

変成作用とは、岩石が地下で熱や圧力などにより、固体を保ったままで鉱物の種類や組織を変化させる過程を指す。そうして生成された新しい種類の岩石を変成岩という。変成作用は、温度と圧力が十分に高いときに起こる。こうした条件下では、元の岩石の物質が溶け出して構造が変化する。例えば、堆積岩が変成すると大理石などができ、火成岩が変成すると雲母片岩などが形成される。変成岩には特徴的な薄層構造（片理）を持つものが多く、片理面に沿って薄い板状にはがすことができる。

> **basics**
> **岩石学**
> 岩石の歴史、特に起源と形成過程を研究する学問。岩石は生成状態、鉱物組成、化学組成、組織、物理的特徴などによって分類される。

■ギリシャ、タソス島の採石場から切り出される硬い大理石の岩。大理石は、石灰岩や苦灰岩が地球内部の高温高圧下で変成するとできる。

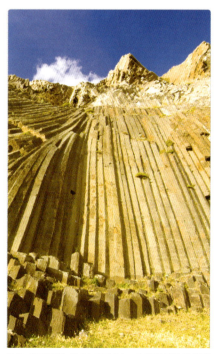
■火成岩が押し出されてできた、玄武岩の柱状節理（ちゅうじょうせつり）。冷却時に収縮して形成される。

宇宙から来る岩石 — in focus

隕石とは、宇宙空間から地表に落下してきた岩石物質の破片だ。大気中で燃えつきることもある。非常に大きいと、落下地点に巨大な衝突クレーターができるが、大部分は小石ほどの大きさで、予告もなく飛来する。この「侵入者」には初期の太陽系の情報が詰まっている。隕石の主な構成物質は、ケイ酸塩鉱物や鉄とニッケルの合金。隕石には石質隕石、鉄隕石、石鉄隕石などがある。

■隕石とは主に、地球の重力にとらえられて落下してきた小惑星の破片だ。

▶ p.42-43（小惑星と彗星）参照

堆積岩

堆積岩は地球上で最も広く分布している岩石で、どの堆積岩も、でき方はほぼ同じである。鉱物や動植物に由来する大量の粒子が堆積して押し固められ（圧密）、隙間を沈殿物が埋めて固くなること（セメント作用）で形成される。

堆積岩は主に3つのグループに分類される。それは、砕屑岩、化学岩、生物岩だ。

砕屑岩には礫岩や粘土岩などがあり、浸食や風化によって生じた岩石の破片からできている。砕屑岩を分類するには、その岩石を構成している粒子の大きさで分ける方法があり、粒の径を基準に判断する。

化学岩は岩塩や石こうなど、水溶液の蒸発によって形成される。

石炭などの生物岩は、動植物の遺骸からつくられる。石油のもとになっているのは、海底の無酸素状態の中で分解せずに沈殿した微生物の死骸で、こうした堆積物が変質するのだ。また、石灰岩は、方解石の溶解物質や、貝殻や石灰質の骨格を持つ生物の遺骸が沈殿して形成される。

石炭 (basics)

太古の植物の遺体が泥炭の層に変質することから生成が始まる。その後、新しい沈殿物が泥炭を覆い、圧力と熱の上昇で品質のよい石炭になる。

堆積物から生成される岩石

堆積物が固まって岩石になるには、数百万年の歳月がかかる。まず沈殿した堆積物が、その上に積み重なる層の圧力によって圧縮される。粒子は高密度に凝固して結合し、大きな固まりとなる。

しかし、粒子が岩石になるには、凝固するだけでなく「焼かれる」必要があり、堆積岩の場合はこれに当たるのが「セメント作用」だ。堆積物の間を流れる地下水には、石灰質の岩からしみ出した方解石や石英などが含まれており、溶けたこれらの沈殿物が粒子の隙間に入り込み、粒子をつないで最終的に堆積岩が形成される。

堆積サイクル

大気にさらされている岩石は、風化や浸食によって徐々に壊されていく。破壊された岩石の破片は、風や河川、海流によって運ばれ、層を成して堆積する。こうした堆積物は、時間がたつにつれて次の堆積物に覆われて固結し、堆積岩となる（続成作用）。この後、大規模な土地の隆起や造山運動で堆積岩が地表に押し出されると、浸食が始まり、堆積サイクルが再開される。

■米国ユタ州のザイオン国立公園にある砂岩の断崖。バージン川に浸食されて地表に現れた。

ゾルンホーフェン石灰岩 (in focus)

化石の多くは、粘土岩、石灰岩、砂岩といった堆積岩の中から発見される。粒子が堆積する過程で、生物が中に閉じ込められ、石に置換してしまったのだ。ドイツ、バイエルン地方のゾルンホーフェン石灰岩は、世界で最も重要な化石の発掘現場だ。有名な始祖鳥の化石もここで発見された。

■ゾルンホーフェンで発見された、ジュラ紀後期の甲殻類のメコチルスの化石。

■イタリア、カラブリア州のティレニア海岸沿いに切り立つ、石灰岩の絶壁。高さ約46mの崖の上には、中世からの断崖都市トロペアがある。

■ 動いている地球

今から1億8000万年前の地球では、太古の大陸の分裂によって古代大西洋が生まれ、拡大を始めた。これはどのようなメカニズムで起きたのだろうか。
現在では、プレートテクトニクス理論が地球の地殻運動の謎を解き明かしてくれる。

地球のマントル最上部と地殻は、厚さ70〜140km程度のリソスフェア（岩石圏）を構成している。この殻は硬く、地球を殻のように覆い、海洋リソスフェアと大陸リソスフェアでは構成が異なるものの、十数枚の大きなプレートと多くの小さなプレートから成るモザイク状の構造になっている。

プレートの下はアセノスフェア（岩流圏）だ。アセノスフェアは軟らかく、一部が融解しており、その上をプレートがゆっくりと横に動いている。この運動の原因は地球の内部に潜む。

プレートテクトニクスの原動力

地球のマントルの下層は、放射性同位元素の崩壊によって熱せられ、温度がより低い所へと上昇する。そこで冷えていったん沈むものの、マントル対流とよばれるサイクルの一環で再び上昇する。溶けたマントル物質はマグマともよばれ、地球の地殻を押し上げて最終的に押し開き、割れ目に沿って固まる。激しい火山活動によってマグマが地表にあふれ出し、溶岩流となることもある。

こうした割れ目や火山の噴火によって、海洋底には中央海嶺が形成される。古い割れ目は繰り返し何度も裂け、そこにマグマが固まると、割れ目の両側に新しい海洋地殻が生まれて、地殻の量が増えていく。

海洋底では、こうして2つの海洋リソスフェリック・プレートが形成され、徐々に大きくなりながら、互いに離れ続けている。同様に、大陸内の地殻が裂けた場合も、その後に新しい海洋が形成される可能性がある。約1000万年後には、東アフリカ大地溝帯がアフリカ大陸を分割することになるかもしれない。

プレート運動｜プレートの境界｜大陸移動｜太古の大陸

プレートテクトニクス

アフガニスタンの大地震、ジャワ島で噴煙を上げる火山、南米大陸の縁にそびえる氷帽をかぶった大山脈、大洋底に6万km以上にもわたってのびる中央海嶺、地球の傷口のような深い海溝など、自然の驚異は尽きない。これらはすべて大陸の移動や海洋の形成によって生じた自然現象であり、地球内部に潜む地質学的な力の産物である。

■ 大陸移動や大陸プレートの衝突が起こると、山脈が形成されたり、海洋底が深くなったりする。

大陸の移動

アフリカ大陸と南米大陸の海岸線は、ジグソー・パズルのようにぴったり合わさる。堆積物や爬虫類の化石も共通している。ドイツの気象学者で地球科学者のアルフレッド・ウェゲナーは1911年、この事実を根拠に、すべての大陸はひとつの陸塊だったのが、後に分裂したとする説を提唱した。50年後、彼の説はプレートテクトニクス理論によって裏付けられた。

milestones

■ アルフレッド・ウェゲナーの学説は、発表当初は批判を受けた。大陸が移動する仕組みを十分に説明できなかったからだ。

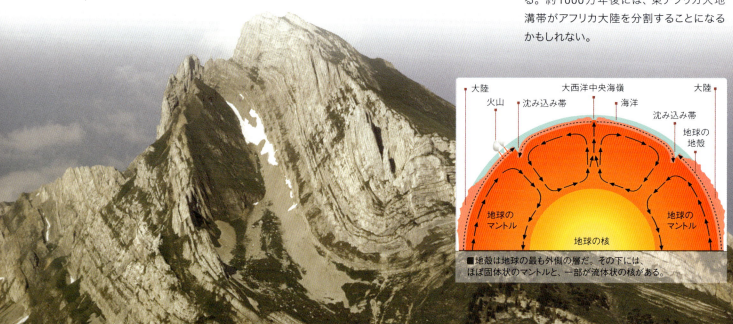

■ 地殻は地球の最も外側の層だ。その下には、ほぼ固体状のマントルと、一部が流体状の核がある。

プレートの境界

新しい海洋地殻が次々と形成されるには、地殻の古い部分がまず壊されなければならない。破壊は、プレート同士が衝突する所で起きる。

2つのリソスフェリック・プレートがぶつかると、一方が他方のプレートの下に斜めにすべり込む。この現象を「沈み込み」という。沈み込みとそれにともなう地表の変化は、異なる度合いで起こる。例えば、東太平洋海嶺が毎年12cmずつ成長しているのに対して、大西洋中央海嶺は5cmしか成長してない。プレートが互いに離れていく場所を「発散型プレート境界」といい、衝突する場所を「収束型プレート境界」とよぶ。

海洋プレートは、移動速度が遅いほど冷えて重くなる。プレート同士が衝突すると、重い方のプレートがアセノスフェアの中に沈み込む。プレート上の堆積物や岩石は、陸側の海溝斜面の底に次々と押し付けられる。地下ではマントルが部分的に溶け、マグマとなって地表に上昇し、火山から流れ出して溶岩になる。海面より上に出た火山は、プレートが沈み込む方向に弧を描いて、弧状に島が並んだ「島弧」を形成する。

プレートが沈み込んでいる場所では、島弧に沿って海底が大きく窪み、海嶺になる。沈み込むプレートの下降勾配が緩いほど、形成される海溝と島の距離が離れて、その間の溝も平坦になる。逆に、下降勾配が急なほど沈み込み速度が速く、海溝と島が隣接して形成される。

衝突の過程

海洋地殻は、主に玄武岩や斑れい岩などの岩石で構成されているので、花こう岩を中心とする大陸地殻より重い。そのため、海洋プレートと大陸プレートが衝突した場合には、通常は海洋プレートの方が沈み込み、沈み込み帯で地震や火山の活動が発生する。しかし、大陸プレート同士が衝突したときには、沈み込みは起こらない。代わりに互いが押し合って上方に曲がるため、衝突地点に山脈が形成される。

断層のずれ

ときには沈み込みも収束も起こらない場合もある。代わって「剪断」とよばれる力で、プレートが互いに横にずれる。剪断型の横ずれが発生する地帯では、プレート同士が部分的に密着してしまうことがあり、これが引き離されるときに地震が発生する。

最も有名な横ずれ地帯は、地震多発地帯として知られる米国カリフォルニア州のサンアンドレアス断層だろう。中央海嶺の断裂帯でも地震活動が多発している。

■ペルシャ湾では、比較的新しいアラビアプレート（左下）が、ユーラシアプレート（右上）の上に乗り上げている。この地域はかつて2つのプレートが互いに引き離されて地溝ができた場所だ。プレートとプレートの間が徐々に広がり、そこにインド洋が入り込んだ。その後、この動きが逆転して、約2000万年前に湾が閉じ始めた。2つのプレートの衝突により、イランの山岳地帯が形成された。

■ニュージーランドのタラウェラ山は、太平洋プレートとオーストラリアプレートの境界に近接している。

> **ホットスポット** プレート境界とは関係なく活動している火山の拠点。下部マントルから、高温のマグマが上昇してきて、地殻を貫通して噴出している。このマントルの上昇流をホットプルームという。つまり、ホットスポットの上をプレートが動いており、太平洋ではハワイ諸島やガラパゴス諸島のような島々が継続的に形成される。

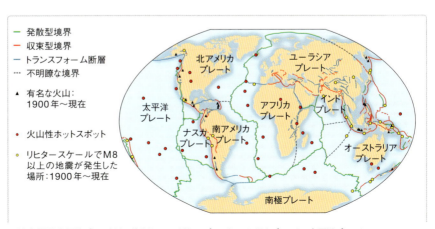
■地球を覆う主要なプレートは7枚あり、ユーラシアプレート、アフリカプレート、太平洋プレート、南極プレート、北アメリカプレート、南アメリカプレート、オーストラリアプレートである。

大陸移動の観測

大陸はいつ、どのようにして今の位置に移動したのか、
また、現在どの移動ルートを進んでいるのか。この謎を解明するために、
研究者たちは岩石に残された「記憶」をたどる方法を開発してきた。

リソスフェア(岩石圏)ではほぼすべての場所に、磁鉄鉱や赤鉄鉱などの磁性鉱物が含まれている。溶岩が冷却する段階で結晶化が起こる際、これら磁性鉱物の微粒子は、ちょうど方位磁石の針のように、その時点での地球磁場の方向に並ぶ。したがって、その岩石に残された微粒子の角度を測定すれば、かつて大陸がどこで形成され、その後どのように動いたかを知ることができる。

basics	
重力測定法	重力の変化を測定する。
地震観測法	地震の震動の継続時間、形態および強さを分析する。
地中レーダー	地球の最上層に電磁波を「照射」する。
地磁気地電流法	自然界の磁場を利用して、地球の地表の下を画像化する。

地球物理学者がたどれるのは、地質時代をまたがる大規模なプレート運動だけではない。測定方法が進歩したおかげで、現在起きている、1年にわずか数cmほどの位置の変化をも測定できるようになった。地震が発生する危険が特に高い地域、たとえば米国カリフォルニア州のサンアンドレアス断層近くには、観測機器網が整備されている。レーザー測量機材を使えば、個々の観測点間の勾配や距離の変化を正確に決定できる。だが、こうした観測網の機能も大気汚染と地球の曲率によってかなり限定されているのが実状だ。

GPS：全地球測位システム

プレート運動を測定するもう1つの方法は、GPSによる測定である。自動車のナビゲーション・システムとしておなじみのこの測定方法には24個の人工衛星が用いられ、それぞれの衛星から正確な時刻が送られてくる。地球上どの場所にいても、最低4個の衛星からの信号を同時に受信できるため、その信号と観測者の時刻との差から、正確な距離を数cm単位の精度で測定できるという仕組みだ。このように1年間測定を続けて、個々の観測点間のさまざまなずれがわかれば、大陸塊がどう動いたか

■電波望遠鏡は、天体から来る電磁波のうち電波の波長をとらえ、天体を「画像化」する。

を判断できる。

同じ原理で行われるものに、超長基線電波干渉法(VLBI)がある。この場合はクエーサーなど天体からの電波を分析する。特殊なレーザーを備えた人工衛星では、プレートの両端の垂直変化を測定できる。

■GPS(全地球測位システム)は、地震の調査など地球物理学の研究に欠かせない測定装置だ。科学者はこの装置によって、地球の動きを詳細に記録できる。

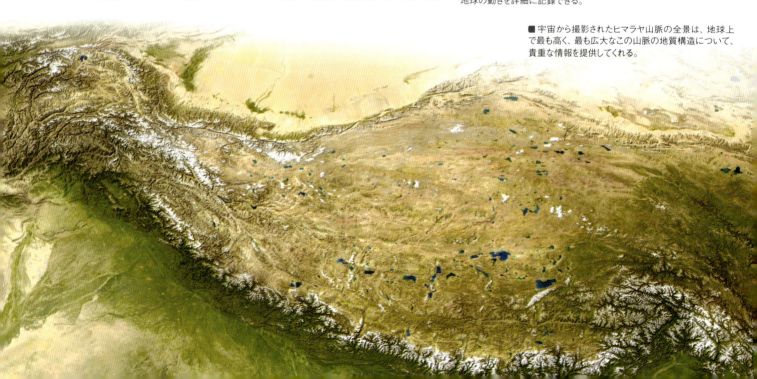

■宇宙から撮影されたヒマラヤ山脈の全景は、地球上で最も高く、最も広大なこの山脈の地質構造について、貴重な情報を提供してくれる。

太古の大陸

パンゲア、ローラシア、ゴンドワナ。いずれも地球の歴史に深くかかわる名前だ。現在では大陸移動のシミュレーションモデルに基づいて、これら太古の大陸の輪郭を再現できるようになった。

現在の各大陸の位置は、地質学的にみれば「ごく最近」のプレート運動によるものだ。地球の歴史をさかのぼるほど、その当時の地球の姿を想像するのは難しくなる。最新

だ。超大陸ロディニアが形成されたのは約11億年前で、この大陸はミロビアという巨大海洋に囲まれていた。ロディニア大陸は約7億年前に分裂したと推測されている。

スコットランド高地、ノルウェーで見られる。

古生代の間には陸塊間の距離が再度縮まり、古生代の終わりには、ゴンドワナ超大陸が北半球の大陸塊と結合して、超大陸パンゲアが生まれた。この衝突によってバリスカン造山運動が起こり、高い山々がつくられた。バリスカン造山帯の山々は、今ではほとんど浸食されてしまっている。

超大陸パンゲア

パンゲア超大陸は、中生代トリアス紀（三畳紀）には地球でただひとつの大陸だった。南極から北極まで広がり、地球の表面積の約3分の1を占めていた。残りの多くは、すべての陸塊を取り囲む太古の海洋パンタラッサである。内海もいくつか存在していたが、比較的すぐに干上がってしまった。

だが約2億年前になると、パンゲアは分裂を始め、深い割れ目や大地溝帯が形成されていく。ジュラ紀には北のローラシア大陸と南のゴンドワナ大陸に分かれ、さらにローラシア大陸の分裂が進んで、アフリカと北米間の内海として古代大西洋が形成された。そして、大陸は現在の位置の方向へと移動し始めた。

それぞれの大陸の呼称は、古代ギリシャの歴史家ヘロドトスが地球をヨーロッパ、アジア、アフリカと分けたことに由来し、今日ではユーラシア、アジア、アフリカ、北米、南米、南極、ヨーロッパ、オーストラリアの7つが大陸とみなされている。

■アフリカ、インド、南極で化石が発見されたリストロサウルス（トリアス紀前期）。大陸移動の証拠の1つとされる。

の研究によれば、地球の地殻（ちかく）が形成された後、大陸プレートはこれまで考えられていたより、はるかに活発に動いていたらしい。したがって、超大陸がいくつも生まれていたことは間違いない。

最古の超大陸は、約25億年前のケノーランド大陸と約15億年前のコロンビア大陸

古生代の超大陸

およそ5億5000万年前の先カンブリア時代の終わりごろ、現在の南米、アフリカ、オーストラリア、南極、インドの各大陸は、地球の南半球で1つのまとまった巨大な陸塊を形成していた。この超大陸ゴンドワナは、超大陸ロディニアから、いくつかの大陸塊とともに分離したものだ。

およそ5億年前のカンブリア紀末期には、大陸の断片同士が衝突して巨大な山脈が形成された。これをカレドニア造山運動といい、その名残は、今日でもアパラチア山脈、

■米国カリフォルニア州のキングズキャニオンのような峡谷は、プレートの衝突が原因の浸食で形成された。

太古の海洋

■太平洋はパンゲア大陸の分裂後、パンタラッサから生まれた。

パンタラッサは、超大陸パンゲアを囲んでいた巨大な海洋だ。その名はギリシャ語で「すべての海」という意味を持つ。パンゲアの東沖にあった広大な湾は古テチス海とよばれ、今日の地中海に名残が残っている。パンタラッサの起源は、かつての超大陸ロディニアを囲んでいた海洋ミロビアだったと考えられている。

▶ p.54-55（地球の起源）参照

■ 地震の原因

地球内部の層は常に動いており、地表に影響を及ぼしている。
ときには、地震などの突然の現象を起こすことがあり、
人口密集地域でこうした自然災害が起きると、壊滅的な被害を招きかねない。

■ 1995年1月に神戸の町を襲った地震は、モーメントマグニチュード6.8を記録した。死者約6400人、負傷者も40万人を超え、倒壊した家屋は10万戸以上。日本では1923年以来の最悪の地震となった。

原因｜観測｜断層｜予知

地震

地球の表面は私たちの足の下で常に動いている。
通常は動きが非常に遅いので、ほとんど気づかないが、
ときにはさまざまな要因によって破壊的な大地震が発生する。
地震が頻発する人口密集地域では、
安全対策が極めて重要な意味を持っている。

地球のリソスフェア（岩石圏）はゆっくりと、止まることなく動いている。地表の下にあるリソスフェリック・プレートが衝突したり、沈み込んだり、横にずれたりすると、地震が発生することがある。地震全体の90％が、こうしたプレート運動が原因で起きる。プレート内の岩盤には応力によるひずみがたまっており、ひずみに耐えられなくなると断層、すなわち地層の割れ目がずれて振動が発生するのだ。断層には縦ずれ断層と横ずれ断層があり、縦ずれ断層ではプレートが上下に、横ずれ断層では断層面に沿って水平（左か右）に動く。

地震が発生した地点を「震源」という。一般に、震源は地表の下60kmより浅いものが多く、深さ300〜700kmで地震が発生することはめったにない。震源の真上にあたる地表部分を「震央」といい、地震の影響を地表で最も大きく受ける。

地震波

岩盤にたまったひずみが解放され、地球の表層が再構築されるときに生まれるエネルギーは、地震波となって伝わる。地震波は断層のずれによって生じ、ほとんどの場合、地震と相関している。

地震波は主に「実体波」と「表面波」の2種類がある。実体波は地球内部で発生して円運動で四方八方へ伝わり、地球の核も通り抜ける。一方、表面波は実体波より速度が遅く、地表のすぐ下を伝わる。

そのほかの原因

地震の原因はプレート運動だけとは限らない。火山の噴火でも、地震が発生することがある。マグマが火山の内部を上昇したり、地球地殻の下にあるマグマ溜まりで移動したりすると、どちらの場合にも震動が生じる。噴火の前にはたいてい、数百回にわたって微震が起きる。

また、鉱山やトンネルの崩壊、原子爆弾の地下実験など、人為的な原因で地震が発生することもある。

震源と地震波の伝播

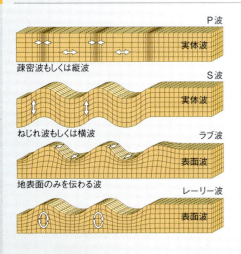

地震波のうち、伝播速度が最も速いのは実体波で、最初の波であるP波と、第2波であるS波からなる。P波は、岩石や流体、気体を秒速6〜14kmで伝わる。一方、S波は固体しか伝わらず、速度もP波のおよそ半分だ。それぞれの速度がわかっているため、3カ所の観測地点にP波とS波が到達する時間差を計測すれば、震源の正確な位置を特定できる。

表面波にはラブ波とレーリー波があり、いずれも英国の2人の科学者にちなんで名づけられた。ラブ波とレーリー波はS波よりさらに速度が遅く、甚大な被害を招く可能性がある。地震の際に人が感じる揺れや震動はレーリー波によるものだ。

■ 1906年4月18日水曜日午前5時12分、サンフランシスコとカリフォルニア北部の海岸をM7.7〜8.3の地震が襲った。米国史上最悪の自然災害のひとつとして記憶されている。

地震の観測と被害

地震を予知することは、あるいは不可能かもしれない。しかし科学者たちは、少しでも被害を軽減できる方法を見つけるために研究に取り組んでいる。

20世紀のはじめ、火山学者ジュゼッペ・メルカリは、発生した被害に基づいて地震の程度を分類する震度階級を考案した。メルカリの震度階級によれば、地震は地震計に記録されるだけでほとんど人体に感じられないレベル1から、地表に激しい変化が生じてほぼすべての建物が倒壊するレベル12までに分類される。

同じ地震でも「震度」の値が地域によって異なるのに対し、地震そのものの大きさを表すのが、チャールズ・フランツ・リヒターが開発したリヒタースケールだ。リヒタースケールでは対数を使って、地震の規模を「マグニチュード」（M）で表す。リヒタースケールのM値は、地震の震源と地震計が置かれた観測地点との距離および地震計に記録された振幅から割り出される。M2.0以下の地震は、人体にはほとんど感じられない。M値が1上がると地震波の振幅が10倍になる。現在では、より改良されたモーメントマグニチュードが使われ、断層の破壊面積に断層がずれた距離を積算してM値を算出する。日本では、独自の公式による「気象庁マグニチュード」を使っている。

地震の研究と観測は、将来起こるであろう地震への対策を考えるうえで、極めて重要であるといってよい。地震は壊滅的な大災害となる可能性を秘めている。地震をなくすことはできないので、目下のところ、専門家の多くは、建築物の構造を安全にして、地震による被害を軽減させるという方法に力を入れている。

地震発生後の被害

歴史上最も多くの命が奪われた地震は、1556年に中国の陝西省で起きた地震だ。M8.0を記録し、死者も約83万人におよんだ。多くの人が家屋の倒壊によって、寝床の中で圧死した。

さらに地震では、揺れ自体に劣らず、火災や洪水、避難所や食料の不足などの予期せぬ「副産物」が人々に大きな被害をもたらす。1906年のサンフランシスコ地震や1995年の阪神・淡路大震災では、生存者は何日間も燃えさかる大火災と闘わなければならなかった。また1755年にポルトガルの首都リスボンを襲った大地震では、地震の後に津波が発生して町が水没した。2005年のカシミール地方に大被害を与えた地震では、孤立した地域に援助が届きにくく、生存者たちは避難所も十分な食料もないままに冬を過ごさなければならなかった。

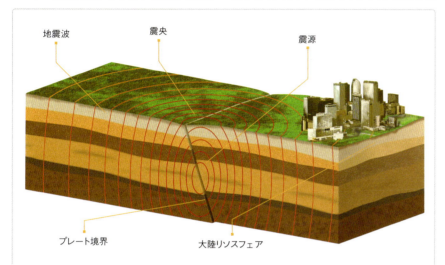

■地球のリソスフェア（岩石圏）は、プレートが寄木細工状に集まっており、常にゆっくりと動き続けている。多くの地震の原因は、地球マントルと核内部の熱で引き起こされるプレート運動だ。地震波は、地質断層面に沿って発生する運動と破断によって生じる。

地震計

地震の揺れを測定する地震計には、さまざまな種類がある。初期の地震計は、おもりのついた振り子を使って、揺れの振幅を紙に記したり、ガラスに彫りつけたりした。現代の地震計には、電子センサーと増幅器を備えた、より精巧な記録装置が使われている。

■複数の場所に設置された地震計によって、震源の正確な位置を特定できる。

■地質学では、地震によって地表に生じた、目に見える割れ目やずれを断層とよぶ。大地震の場合、断層が数mもずれることもある。

断層

断層とは、地球の地殻上層にできた、目に見える岩盤の割れ目で、割れ目に沿って2つの岩盤がずれているものを指す。断層は数十kmにおよぶものもあり、地震が原因で形成される場合が多い。

ふだんは人体で感じることはないが、実は地殻は常に動いている。といっても、その移動距離は、たいてい1年に数cm以下だ。こうした運動で割れ目（断層面）が生じ、数十kmにわたって地殻の上層を走る。このに、高い山脈が形成されることもない。しかし、これらのプレート境界で強力な剪断力が働くと、横ずれ断層（走行移動断層）が形成されることがある。こうして生じた横ずれ断層をトランスフォーム断層という。

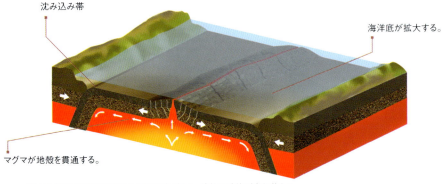

■中央海嶺で地殻が繰り返し裂けて広がると、地殻の砕片が崩れ落ちる。中央にはマグマが噴出する谷が形成されている。

（ラベル：沈み込み帯／海洋底が拡大する。／マグマが地殻を貫通する。）

■断層の活動と運動で、美しいリフトバレー（地溝帯）ができることがある。

動きは必ずしも滑らかではなく、また、途切れなく続くわけでもない。実際には、変則的な震動が起こり、膨大な量のエネルギーが放出されるケースも少なくない。

2つのプレートが相互に水平に横ずれを起こした場合には、沈み込みが発生したときのように地殻が押しつぶされることもなければ、プレート同士が押し合ったときのよう

トランスフォーム断層

トランスフォーム断層では、地震が起きる危険性が常に高い。よく知られているのが、米カリフォルニア州のサンアンドレアス断層（in focus 参照）だろう。トルコ北部の北アナトリア断層は、最も活動が活発な地震地帯だ。ここでは小さなアナトリアプレートが1回に最高18cmほど、巨大なユーラシアプレートとずれて移動しており、1999年にイズミットの町を襲った大地震では2万5000人の命が奪われた。また、ニュージーランド南島を貫いて走るグレートアルパイン断層は、世界で最も印象的な断層のひとつで、オーストラリアプレートと太平洋プレートが接する場所ではプレート同士が横にずれるだけでなく、一方が他方に乗り上げて移動している。この運動の結果、断層の

東側にはサザンアルプス山脈が隆起し、毎年0.99cmずつ標高を増している。

トランスフォーム断層は、大陸だけでなく海底にも存在する。中央海嶺には、海嶺の中軸部に直角な割れ目や断層（断裂帯）がいくつも走っており、海嶺がその部分で水

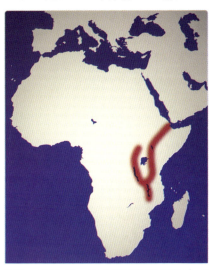

■グレートリフトバレーは、シリア北部からモザンビーク中部まで、6000kmにわたってのびている。

平かつ平行に左右にずれている。2つのくい違った海嶺の部分を結ぶ断裂帯では、プレートが生成されることも、沈みこむこともない。しかし、プレートの移動方向を反映して横ずれが起こっている。

in focus

サンアンドレアス断層

サンアンドレアス断層では、太平洋プレートが北アメリカプレートを押し、年に約1cmずつ、ずれて移動している。この横ずれ運動によって、2000万年前には隣接していた2つの地点が、現在では約560kmも離れてしまった。1906年の地震では、この断層が477mにわたって破壊された。2つのプレートが突然12mもずれたのが地震発生の原因とされている。

■約1300kmにわたって米カリフォルニア州を貫くサンアンドレアス断層。

▶ p.64-65（プレートテクトニクス）参照

■ 地震の予知と対策

現時点では、地震予知は科学としてはまだ不確実な分野だ。それでも、監視体制は徐々に改善されている。適切な準備をすれば、最悪の結果は避けられるはずだ。準備を怠れば、災害の規模は計りしれないほど大きくなる恐れがある。

地震の前にはさまざまな前兆現象が生じる。例えば、岩石のひずみが地球表層の活発なプレート境界に変化を引き起こす。岩

■インドネシアのスマトラ沖に浮かぶハイテクの浮標。2004年の大津波以後、こうした監視システムが導入された。

石の隙間からしみ出した水で、地下水位が変化することもある。また、地温変動、水や物質の移動が起こると地電流が変化し、岩石の割れ目からは地表に放射性ガスが放出される。微小な震動が最終的に大きな揺れにつながっていくこともある。こうした現象は、いずれも地震観測点の計器で測定できる。また、動物の異常行動から大地震を予測できることもある。

とはいえ、これらの「予兆」も確実な指標とはいえない。地震は何の兆しもなく発生する可能性が高いのだ。そのため、地震に対する早期の予測警告システムの研究が現在も進められている。最近、地震活動予測の判断材料として使われているのが、プラスに帯電した酸素（O_2）イオンの活性化レベルだ。O_2^+イオンは、地球内部にもともと存在するO_2分子が破壊されて生じ、地表に上昇して岩石内の酸素と結合し、エネルギーを熱として放出する。人工衛星を使ったシス

テムでこの放出を探知できれば、地震に対する警報を早めに出すことができる。

津波

津波のほとんどは海底で起こる地震で誘発される。海底が上下に動くと震動がその上にある海水を伝わり、外洋に波が発生して円形に広がる。嵐による高波では海水の最上層だけが上下するが、津波の場合は海水全体が高く盛り上がって、極めて破壊的な高い波となる。海岸線に近づくと水深が浅くなるため波の速度が低下し、それに応じて、津波はさらに高さを増す。高くふくれ上がった津波は、広範囲に壊滅的な被害をもたらす。津波の波の谷でさえ、触れたものをすべて飲み込んで、岸から数km先まで運ぶ破壊力を持つ。

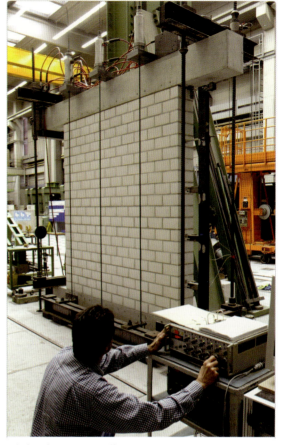
■超高層ビルの壁の模型を使って、地震発生時の揺れを調べるシミュレーション実験。

現代の超高層建築

現代の超高層ビルは巨大地震に耐えられるように設計されている。それらの中には、鋼鉄とコンクリートの柱をかみ合わせた可動性の「コルセット」で、共振の揺れを止めるものもあれば、軸受けや、巨大な吊り下げ型の鋼鉄の玉などを用いているものもある。2003年にメキシコシティに建設されたトーレ・マヨールは、震動を吸収する制震ダンパーを使っている。

■台北101ビルのチューンド・マス・ダンパーと建設労働者。

■鉄筋コンクリートと二相鋼構造の中に、98個の制震ダンパーが設置されている。

■ 火山の構造

約45億6000万年前に地球が誕生して以来、火山はずっと存在してきた。火山の噴火は動物や植物に壊滅的な影響をもたらすが、同時に溶岩や火山灰が土壌に養分となる豊富な鉱物を与えている。

構造｜噴火｜人々の暮らしと火山｜温泉

火山

火山は、地球内部の活発な営みが地表に現れたものだ。火山の活動は、温泉や間欠泉にも見ることができる。火山活動は地球全体の気候に影響を与え、近隣で暮らす人々に大きな危険をもたらす。一方で火山は恵みも与える。噴出物は土壌養分の重要な源でもあり、温泉はその治療効果ゆえに昔から珍重されてきた。

火山のエネルギーの源は、地表からは見えないマグマ溜まりだ。マグマ溜まりとは、地殻やマントル内にある、マグマが蓄えられている場所だ。マグマ溜まりの圧力が一定の限界を超えると、マグマが地殻の隙間や割れ目を通って上昇を始め、最終的に火口が形成される。マグマはそのまま地下にとどまることもあれば、陸地や海底に開いた火口から、溶岩としてあふれ出ることもある。こうしたマグマの地表への上昇を火山活動といい、地下で固まったマグマは底盤（バソリス）とよばれる。

火山は溶岩の性質の違いで形状が異なる。溶岩の粘性が弱いと、盾状火山や、割れ目噴火によって溶岩台地ができる。成層火山はそれより溶岩が硬く、山体中央を通る火道の頂上に開いた火口から出た噴出物が円錐形に積もる。噴石丘は、山頂の火口から噴出した噴石と火山灰が積もったものだ。溶岩の粘性が強い場合は溶岩ドームや釣り鐘状火山になる。

■インドネシアで噴煙を上げるブロモ山は成層火山で、沈み込み帯に位置する。

マグマ

火山の噴火様式は、溶岩すなわちマグマの構成物質によって違ってくる。シリカ（二酸化ケイ素）の含有量が66％以上のマグマを酸性マグマといい、52％以下だと塩基性マグマという。マグマは上昇すると減圧し、炭酸飲料の容器を振って開栓すると泡が吹き出るように、溶け込んでいた成分がガスになって抜け出す。マグマが高く上昇するほど、ガスの量も増える。抜け出したガスによる膨大な圧力で、マグマは火口に押し上げられ、地表に噴出して噴火が起こる。酸性マグマは粘性があり、塩基性マグマのように簡単にガスが抜けないため、極めて爆発力の強い大噴火を起こす。

超巨大火山

米イエローストーン国立公園の地下約8kmにあるマグマ溜まりは、大きさが全長60km、幅40km、深さ10kmにおよび、約2万4000km³のマグマを蓄えている。これが再び噴火すれば、地震や津波が発生し、地球の気候に壊滅的な影響をもたらす可能性がある。

■約64万年前に起きたイエローストーン・カルデラの最後の噴火では、北米大陸のほぼ全域に火山灰が降った。

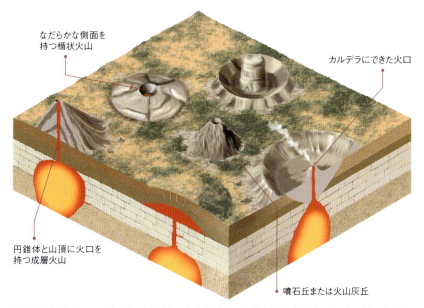

■火山爆発指数が7〜8の噴火は、けた外れの大噴火となる。上部の地面が崩壊し、下の空っぽになったマグマ溜まりに落ちるため、円錐体（左）でなく円形カルデラ（右）が形成されることが多い。

▶ p.54-55（地球の起源）参照

■ 火山の噴火

火山の下にたまっていた膨大な圧力が最終的に解き放たれると、噴火が始まる。その結果は衝撃的なものになりかねない。火山灰や火砕性物質が塔のように空中20kmまで噴出し、どろどろに溶けた溶岩が山腹を流れ下る。

火山の噴出物にはガス、液体、固体がある。噴出性噴火では、粘性の少ない塩基性の溶岩が流れ、広い地域に洪水のようにあふれ出た後に固結することが多い。このタイプの噴火は数百年も続くことがあり、水蒸気、二酸化炭素などの大量の温室効果ガスを大気中に放出して、歴史的にも地球の気候に深刻な影響を与えてきた。

脱ガス中に爆発する粘性溶岩の噴火では、溶岩に破片状の岩石が混じる。こうした爆発性噴火で噴出した火砕物は、周辺地域に襲いかかり、あっという間に厚さ数十cmの灰の下に埋めてしまう。微細な火砕物が集まって1000℃の噴煙となり、時速1000kmで上昇することもある。爆発性噴火の後には大雨が降ることが多いが、それは空気中の火山灰が核となり、周辺の水蒸気を凝結させるためだ。雨水が火山灰と混じり合うと、泥や岩が極めて速い速度で火山の傾斜地を流れ下り、これを火山泥流あるいはラハールとよぶ。

溶岩

火山から噴出した溶岩は、噴火したときの状態や、続いて起こる冷却の形態によって、さまざまな姿になる。薄くなだらかに流れるマグマは、表面が滑らかで、縄状の大きな起伏がある「パホイホイ溶岩」になる。一方、粘性の強いマグマが固まった「アア溶岩」は、激しい凹凸がある岩塊で表面が覆われる。

酸性溶岩は、ガスが抜け出るときに気泡が生じて軽石になるが、急速に冷えた場合には黒曜石のような非晶質すなわちガラス質の岩石になる。溶岩が水に接触すると、ひとつの岩塊の直径が最大で90cmにもなる枕状溶岩が形成される。

再生する力

火山の噴火では数千km²もの広大な土地が破壊されることがあり、不毛の荒地と化した環境を元に戻すのは、不可能に思えることも多い。ところが1980年に米国ワシントン州のセントヘレンズ山が噴火した後、わずか数ヵ月後には最初の植物が山周辺の養分豊富な火山灰原から顔を出し、ほどなく動物たちも戻ってきた。とはいえ、地域の生態系が噴火前の状態に戻るには200年かかると考えられている。

■米ハワイ州ハワイ島で、火山灰と岩の破片の中から芽を出したシダ。

■シチリア島のエトナ山から流れ出る、どろどろの溶岩。エトナ山は世界最大の活火山のひとつで、ほとんど常に噴火している。

■フィリピン、ルソン島にある成層火山のピナトゥボ山。かつては標高が約1745mあったが、1991年6月の噴火で頂上部分約150mが吹き飛んでしまった。

■ 人々の暮らしと火山

日常的に火山の噴火の脅威にさらされながら暮らしている人は少なくない。科学者が火山活動に対して信頼性のある予知を行い、近隣住民に前もって警告を発することができるようになったのは、ほんの数年前からだ。

■現在の活火山の80％以上が環太平洋火山帯（太平洋を取り囲む複数のプレートの沈み込み帯）の上に存在している。

多くの火山は、活動が活発なプレート境界上にある。

地殻が新たに形成されている中央海嶺では海底火山が見られ、やがて大きく成長して列島を形成する。陸上の火山は、通常、海洋プレートが別のプレートの下に沈みこんでいる場所にある。このような沈み込み帯の多くは、太平洋のあちこちに点在している。太平洋をとりまく沿岸地域に位置する火山は、まるで真珠のネックレスのように一列に並んで、「太平洋をめぐる火の輪」すなわち「環太平洋火山帯」を形成している。

そのほかの火山は、ハワイ島のように、プレート境界とは関係なく、マントル内からプレートを貫通してマグマが上昇する「ホットスポット」の上に形成される。

火山地帯の多くは非常に肥沃である。それは、火山から噴出される豊富な鉱物資源を含む溶岩や火山灰が、近隣の土壌を豊かにするせいだ。そのため、こうした地域には多くの人が住んでおり、裏を返せば、それだけ大勢が将来の噴火の危険にさらされていることになる。噴火の可能性を判断するため、火山学者は、活火山や休火山のどんな小さな火山活動にも常に監視の目を光らせている。

予知と警報

噴火の前には必ず地震が発生するため、火山活動は地震計を使って監視することができる。また、近い将来に噴火が起こる可能性を示す兆候として、亀裂や割れ目から流出するガス中の二酸化硫黄濃度の増加も挙げられる。

火山を高精度で測定できるレーザー装置付測定器は、地表のゆがみを記録でき、さらに火山のマグマ溜まりの膨張（拡大）の測定も可能だ。マグマ溜まりの膨張は内部の圧力の増加と直接的にかかわっており、噴火を引き起こす可能性があるため、重要なデータだ。噴火が迫っていることがわかれば、近隣の住民に避難勧告を出して被害を回避することもできるだろう。

歴史上の噴火

歴史上最も有名な噴火は紀元79年のベスビオ山の噴火だろう。この噴火の火砕性噴煙で、ローマの町ポンペイが厚い火山灰の下に埋まってしまった。1815年のインドネシアのタンボラ山の噴火では、噴火で約1万人が、その後の飢饉で約8万人が死亡し、不作と飢饉が遠くヨーロッパまで及んだ。一方、1991年のフィリピンのピナトゥボ山の噴火では、火山学者の予知により死者は数百人だった。

■ポンペイが再発見されたのは1748年。住民の遺骸が火山灰によって保存されていた。

■コスタリカのイラス山は、1723年以後少なくとも23回は噴火している。

温泉と間欠泉

間欠泉は、みごとな景観として目を楽しませてくれ、
さらに地球内部に蓄えられている膨大なエネルギーも実感させてくれる。
温泉や噴気孔、炭酸孔、硫化孔からも、火山に潜む危険性を感じることができる。

■トルコ、パムッカレの石灰棚。カルシウムを豊富に含む温泉水の沈殿物が数百年間にわたってたまることで形成された。

■米ワイオミング州のイエローストーン国立公園にあるオールドフェイスフルは、沈殿物が円錐形に堆積した間欠泉だ。14〜32kLの熱水が30〜55mの高さで噴出し、1分半から5分間続くこともある。

間欠泉は、火山活動が弱まっている地域で生じる代表的な現象だ。間欠泉が見られる所は世界でも少なく、アイスランド、米国、チリ、ニュージーランド、日本、エチオピア、カムチャツカ半島などしかない。中には、水や蒸気を定期的に100mの高さまで噴き上げるものもある。

間欠泉の水源は、地下深くにたまった大量の地下水だ。地下水はマグマによって徐々に熱せられて膨張し、その圧力で押し上げられる。岩盤の割れ目を垂直に上昇する間に圧力が下がって沸騰し、地表に噴出するのである。熱水がなくなると、冷たい地下水が流入して噴出はいったん休止し、再び同じサイクルが繰り返される。

美容と健康への効果

米国のイエローストーン国立公園は、世界で最も温泉が集中している場所だ。温泉から湧き出る水は、水温が沸点近くまで達していることもあり、豊富なミネラル（鉱物）を含んでいる。

ミネラルは地表で水が冷却されると、すぐに沈殿する。この沈殿物によって特徴的な形の岩石が形成される。代表的な例が、トルコ西部のアナトリアにある、パムッカレの石灰棚だろう。こうした温泉は、美容や治療の面から効用があることが大昔から知られている。

熱蒸気と有毒ガス

噴気孔とは、蒸気や火山ガスを放出する、地表の割れ目である。間欠泉に比べて圧力が低いため、水を噴出することはない。噴気孔から出る蒸気とガスは、温度が800℃に達することもある。こうした熱いガスは、地上に出たとたんに水と接触すると、沸騰する泥の温泉、すなわち熱泥泉になる。

硫気孔は硫黄ガスを放出する噴気孔で、温度はいくらか低く、放出物は純粋硫黄の形で噴出孔の周りに沈殿する。あらゆる脱気地形のなかで、最も危険なのが炭酸孔だ。岩石の小さな穴や割れ目から漏れ出るガスに、高濃度の二酸化炭素が含まれている。二酸化炭素は無色無臭のために気付かずに窒息してしまうかもしれないからだ。

■レユニオン島のフルネーズ山で、火口の噴気孔をふさぐ溶岩。

ブラックスモーカー

ブラックスモーカーは海底の熱水噴出孔だ。1977年にガラパゴス諸島沖の水深2600mの海底で発見された。煙突状の噴出孔から噴き上げる熱水は350℃、硫化物が溶け込んでいて、黒い煙のように見える。ほとんど日光が届かず、有毒な環境にもかかわらず、噴出孔の周辺には多様な生物が生息し、科学者の関心を集めている。

■ブラックスモーカー周辺の海水のpHは食酢と同じ約2.8。

■ 山の形成

人間から見た時間の尺度でいうなら、山が形成される時間は限りなく長い。
一見、不変不動に見える山も、実は常に変化している。
大山脈を形成する力は、プレート活動によって生じる。

主要な山々は、地球上にランダムに散らばっているわけではない。大部分は活動中のプレート境界に沿って連なり、地球の2大山系のいずれかに属している。

形成｜山脈｜断層のテクトニクス｜山頂

山

山は、地球上で最も雄大で印象的な景観のひとつだろう。
まだ若い褶曲山脈、不気味な火山、危険を秘めた深い亀裂、
美しい山頂。いずれも、地殻変動の過程で、
地殻の巨大な固まりがゆがんだ証拠にほかならない。
大山脈を形成する地殻変動を「造山運動」といい、
同じ造山運動によってつくられた山々を「山系」とよぶ。

1つは「環太平洋山系」で、太平洋全体を取り囲み、ニューギニア島から日本、アリューシャン列島を経てアメリカ山系まで弧状に連なる。アメリカ山系はアラスカから南米のティエラデルフエゴまで続く。

もう1つの山系は「アルプス・ヒマラヤ山系」とよばれる巨大な造山帯で、北アフリカから東へ広がり、アルプス山脈、ヒマラヤ山脈を経てインドまで達する。

山脈が形成された段階

地球上の大山脈は、次の重要な3つの段階で形成された。カレドニア造山運動、バリスカン造山運動、アルプス造山運動である。約5億〜2億5000万年前に起きた最初の2つの造山運動で形成された古い褶曲山地は、浸食と次の段階の造山運動により、今ではすっかり姿を変えてしまった。かつての巨大なカレドニア山脈のうち、現在まで残っているのは、ノルウェーの海食台、スコットランド高地、グリーンランド、アパラチア山脈しかない。

一方、若い褶曲山地はほとんどすべてが、世界規模で起きたアルプス造山運動で形成された。アルプス造山運動は約2億2000万年前に始まり、現在に至るまで続いている。ヨーロッパのアルプス山脈、北米のロッキー山脈、南米のアンデス山脈、アジアのヒマラヤ山脈といった世界の名だたる大山脈は、いずれもこの時代に誕生したものだ。

形成と破壊

高い山脈が形成される一般的な形態は、2つのプレートが衝突して出現する褶曲山地である。強大な圧力が発生すると、海底の堆積岩層が上方に褶曲して、より若い岩層を押し上げる。こうした過程は、実際に山

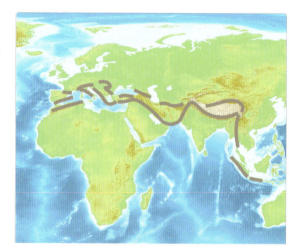

■アルプス・ヒマラヤ山系はアトラス山脈からアルプス山脈、スターラ山脈、カフカス山脈、ヒマラヤ山脈と連なり、インドネシアに達する。

脈が隆起する前に起こり、高い山々の多くでは今も隆起運動が続いている。

一方で、山は風化や浸食などの作用で削られるため、隆起しながらも徐々にすり減っている。こうした作用がなければ、アルプス山脈は今ごろ、標高が1万mにも達していたに違いない。

褶曲地形が浸食作用を受けると、硬い岩石物資から構成されている部分は尾根となる。反対に、軟らかな岩石は比較的早く削り取られて、谷や盆地が形成される。

■山脈はプレートの「沈み込み」によって形成される。沈み込みとは、2つのプレートが衝突して、一方が他方の下に潜り込む現象だ。海洋プレートが、大陸プレートや別の海洋プレートの下に沈み込む場合が多い。こうした運動で造山帯や火山帯が形成される。

 p.64-65（プレートテクトニクス）参照

山脈

山脈にはひとつとして同じものはない。それぞれ固有の進化の歴史を持ち、独自の地形や特性を備えている。それでも形成されるときは、程度の差こそ見られるが、多くの山脈が標準的な過程をたどって成長する。

大山脈は、大陸プレートが衝突し、地層が上方に褶曲することによって形成された。地層が圧縮されて強い圧力が生じると、下の層から「屋根」が引き離される。これらの屋根が、何kmにもわたって次々と相互に押し合っていくのだ。

世界の大山脈

ヒマラヤ山脈は、約5000万年前に起きた2つの大陸プレートの衝突、すなわちインドプレートとユーラシアプレートの衝突で隆起した。しかし、この運動はまだ終了したわけではない。「世界の屋根」は今も年に約0.5mmずつ成長している。

アルプス山脈も、大陸プレートであるユーラシアプレートとアフリカプレートの衝突による産物だ。現在の姿になったのは約6500万年前に起きた隆起によるもので、その後、新第三紀の氷河時代に地表が削られ、特徴的な氷河地形が今も見られる。

大陸プレートと海洋プレートの衝突でも大山脈ができる。南米のアンデス山脈は、海洋プレートであるナスカプレートと、大陸プレートの南アメリカプレートが衝突した結果、生まれた。沈み込みが生じ、重い海洋地殻の地層と岩石の一部が薄いスライス状に切断され、大陸側の斜面に次々と押し付けられた。また、地殻の下ではマグマが発生する。これらによって厚みを増した大陸地殻が内陸の方向に隆起した。

平行に走る山脈の多くはこうして形成され、山脈が集まったものを「山系」とよぶ。

火山群

海洋プレートと大陸プレートの衝突では、沈み込み帯に、アリューシャン列島や千島列島（クリール諸島）、フィリピン諸島などの火山弧が形成されることもある。海洋プレートが互いに離れていく所では、海底に火山性の山脈が形成され、その最大のものが中央海嶺だ。

プレートの活動による継続的な火山活動は、こうした火山を陸上にも形成する。プレート活動によって東アフリカ大地溝帯が裂ける際、マグマが噴出する巨大な割れ目ができた。この地域にそびえているのが、アフリカの最高峰である、標高5895mのキリマンジャロ山だ。

■ロシアのカフカス山脈西部にあるエルブルース山。標高は5642mだ。

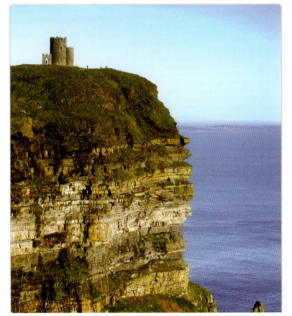
■頁岩と砂岩から成る、アイルランドのモーハの断崖。底にある最も古い岩の上に、地質時代を通じて積み重なってきた層が見てとれる。

■アルゼンチンのケスタ・デル・オビスポ。ケスタは緩やかに傾いた岩石層で形成された丘陵で、断層崖とよばれる急斜面を持つ。

アイソスタシー（地殻均衡）

海に浮かぶ氷山のように、山は弾性のあるリソスフェアに浮かんでいる。山も氷山も見えているのは全体の一部だ。氷山は解けると軽くなり、浮力の釣り合いをとるために浮かび上がる。これと同じ現象が、徐々に浸食された山岳地帯や、氷河が解けて軽くなった地域にも起きている。

■ノルウェーの説教壇岩。氷河時代に氷河に刻まれて形成されたフィヨルドの絶景ポイントだ。

巨大山脈の中の低い山脈

標高1500〜2000m程度の低い山脈の多くは、かつては高くそびえていたが、数千万年から2億年以上にわたる風化や浸食で削り取られ、低くなって残されている年老いた山脈だ。こうした古くて頑丈な残存地形は、地球表面の活動が拡大しても、その力に屈したり壊されたりすることがない。

ドイツ低山地帯、アフリカのルウェンゾリ山地、カレドニア造山運動で隆起したアパラチア山脈がその例である。

断層のテクトニクス

プレート運動や地殻変動によって、地表を覆う岩塊には常に、
圧縮する力（圧力）、引っ張る力（張力）、横にずらす力（剪断力）がかかっている。
岩塊の張力が大きくなってその強度を上回ると、もろい場所に割れ目が生じる。

破壊によって生じた岩石の不連続面を、断裂または割れ目といい、その中で、目で見えるずれが面に沿って生じたものを「断層」という。

断層は、地表の冷たくもろい岩塊が横方向の力で圧縮されると発生する。例えば地殻変動で2つの断層面が衝突すると、一方の地塊が断層線に沿って押し上げられて上方に隆起する。断層は張力によっても生じる。断層面の傾斜角度が45°未満のものを衝上断層とよび、地塊が広い範囲にわたって下がることを沈降という。

断層でできる地形

「地溝」は、2本の平行する断層面で岩石が破壊され、その間にある地塊が陥没したものだ。断層面は急斜面になる。概してこの斜面はさらに破壊され、階段状の地形が生じる。また、例えば地殻の割れ目が発散プレート境界で徐々に離れていくような大規模な運動が起きると、細長い地溝が形成される。その例が、東側をドイツのシュヴァルツヴァルト（黒い森）に、西側をフランスのボージュ山脈に挟まれた、ライン川が流れる谷だ。

その反対に、2つの断層面に挟まれた地塊が、両側に対して突出しているものを、「地塁（ホルスト）」という。ドイツのシュヴァルツヴァルトや米国コロラド州ロッキー山脈のフロント山脈は、こうした地形だ。地塁と地溝は相ともなって発生することが多い。断層地塊で形成された山脈を「地塊山地」とよぶ。

なお、剪断力によって、地殻の断層面が相互に横にずれてできた断層を、「横ずれ断層」または「走向移動断層」とよぶ。隆起や沈降でできた断層と異なり、この断層には地層面の高度の差は発生しない。

■ 代表的な地溝帯であるデスバレーのザブリスキー・ポイントにあるバッドランド。

> ### basics
> #### 褶曲
> 断層と同様に、地殻変動で形成される構造。褶曲では地層が側面から圧縮された結果、一連の背斜と向斜ができる。

褶曲山脈

地塁（ホルスト）

ナップ構造

地塊山地

■ 山地は、いろいろな地質学的な過程で形成される。上から順に、褶曲山脈：地塁：ナップ構造（ナップという、遠くから移動してきたシート状の岩石層が重なった地形）：地塊山地（大陸地殻が断裂して正断層ができたときに形成される）。

■ 草を食む水牛の彼方に、雪をかぶった山々がそびえる。

p.59〔地殻の構造〕参照

山頂

太古の昔から、人は山の頂と深いかかわりを持ってきた。山頂は、科学者にとっては地殻変動の過程の結果であり、登山家にとっては手ごわい挑戦相手となる。

■頂に雪を冠り、左右対称の美しい姿を見せる富士山。標高3776mで、いうまでもなく日本の最高峰だ。最後に噴火したのは1707年。富士の名は「不死」に由来するともいわれる。

山頂の多くは一連の山脈の中の峰だが、平野から単独に突き出した山の頂のこともある。一般に山頂は、さらに高い所にあった地殻の一部が浸食されてできたものだ。また、地表にあふれ出た溶岩によってつくられた山頂もある。山頂の姿は実に多様で、ごつごつしたいかつい巨岩でできたもの、切り立った垂直の急崖を持つ独立した地塊で形成されているもの、火山円錐丘、万年氷に覆われた円頂などがある。

壮大な山々

地球上で最も高い山頂は、標高8000mを超えるため「8000m級」と形容される。世界に14あるこうした山々のうち、10までがヒマラヤ山脈にある。中でも一際高くそびえ立つのが、標高8848mのエベレスト山だ。もっとも、厳密にいえば、エベレスト山よりもハワイ島のマウナケア山の方が高い。マウナケア山は標高4205mでエベレスト山の半分ほどだが、海底にそびえる部分も加えると、全体の「高さ」は1万mを超える。

ちなみに全大陸で最も高い火山は、アルゼンチンとチリとの国境にある標高6908mのオホスデルサラード山。ヨーロッパで最も高いのは、アルプス山脈のモンブランか、カフカス山脈のエルブルース山で、どちらを最高峰とするかは、ヨーロッパとアジアの境界線をどこに定義するかで違ってくる。

一枚岩でできた残丘

世界最大の一枚岩は、オーストラリア西部にあるマウントオーガスタスである。だが有名なのは、同じオーストラリアにあるエアーズロックの方かもしれない。周囲から浮かび上がるようにそびえるこうした残丘は、周囲より硬い地質が浸食と風化に耐えて残ったもので、島状丘や島山ともよばれる。代表的な例が北米のモニュメントバレーで、印象的な形状の岩が多数見られる。南アフリカ共和国のケープタウンにあるテーブルマウンテンも、長い時間にわたる厳しい浸食作用を生き抜いた岩石層でできている。

■アボリジニには「ウルル」とよばれるエアーズロック。全長約3.6km、高さは348mある。

■シュガーヒルマウンテンとよばれる花こう岩と石英から成る有名な一枚岩。眼下には、ブラジルの都市リオデジャネイロが広がる。

エベレストをめざした人々

ヒマラヤの世界最高峰はネパール名でサガルマータ(「大空の王」)、チベット名でチョモランマ(「大地の地母神」)という。1953年5月29日にこの山の頂を初征服したのはニュージーランド人のエドモンド・ヒラリーとシェルパのテンジン・ノルゲイ。1975年に田部井淳子が女性としてはじめて山頂に到達し、1978年にラインホルト・メスナーが初無酸素登頂を達成した。

■この地上最高峰への登頂を試みて、200人以上が命を落としてきた。

■ 砂漠の種類

地球の地表の約3分の1は、砂漠および半砂漠で占められる。最も有名なサハラ砂漠は最大の砂漠でもあり、その面積は870万km²（日本の約23倍）を超える。

砂漠は生物が生息するには過酷な環境だ。ほとんど植生がなく、当然ながら動物相も乏しい。乾燥して水が不足しているため、たいていの植物が育たない。

■ 塩に覆われ、温度も高いデスバレー。過酷な環境ながら、多くの生命が生息する。

砂漠｜森林｜湿地｜草原

生態系

動物や植物は、その場所の土壌や気候といった環境条件と一体となって、多彩で、しかも多くの場合は繊細な生態系をつくり上げている。環境がわずかに変化しただけで、生態系内での多様な相互関係が崩れ、多くの生物の生存を支えるバランスが崩れてしまう。そうなった生態系はやがて崩壊する。

こうした著しい乾燥の主な原因は雨不足にある。例えば、南米のアンデス山脈の西側沿いに広がるアタカマ砂漠や、北米のロッキー山脈の西にあたるモハーベ砂漠などのように、山脈の風下側ではほとんど降水がない。中央アジアのゴビ砂漠は、乾燥した大陸性気候によってできたものだ。オーストラリアのシンプソン砂漠のような亜熱帯砂漠（中緯度砂漠）は、亜熱帯高圧帯の影響で湿った空気の固まりが上空に入ってこないために形成された。

半砂漠と寒冷地砂漠

北アフリカの広大なサハラ砂漠、アラビア半島の砂漠、中国のタクラマカン砂漠といった熱帯や亜熱帯の砂漠では、高い蒸発率のせいで、水の枯渇にいっそう拍車がかかる。こうした砂漠では空を覆う雲がないため、1日の気温差が極端に大きい。太陽に照りつけられる日中は地表面の温度が80℃まで上昇するのに対して、夜間は氷点下になることもあるほどだ。

南アフリカのカラハリ砂漠のような半砂漠では、少なくとも1カ月は雨季があるため、植物が生育する。しかし、南極大陸のライト谷などの寒冷地砂漠では、気温が0℃を超えることがないため、植生が広がらない。

砂丘と荒石の野

砂漠といえば広大な砂丘を思い浮かべる人が多いだろう。だが実際には、そうした砂砂漠は砂漠全体のわずか3％しかない。最大の砂砂漠は、アラビア半島の南の3分の1を占める、砂丘のあるルブアルハリ砂漠だ。

そして、砂砂漠よりずっと多いのが、礫や岩石が地表に広がる砂漠（礫砂漠と岩石砂漠）、つまり山地が風化してできた砂漠である。そうした砂漠は、浸食によって形成されたものか、氷河が運んだ堆積物の跡だ。また、ボリビアのウユニ塩原や米国ユタ州のソルトフラットなどの塩砂漠は、塩湖の蒸発によって発達した。

■ 世界にある砂漠の大半は礫砂漠や岩石砂漠だ。風で細かい粒子が飛ばされて、粗い砂礫が表面にさらされている。

■ 世界で最も高い砂丘はナミビアのナミブ砂漠にあり、標高383mに達する。

砂漠漆（うるし）
岩石からしみ出た鉄とマンガンの酸化物が、粘土の粒子に覆われ、それが広がって、濃茶のラッカーを塗ったように見えること。

砂漠のバラ（デザート・ローズ）
バラの花のような形をした石こう（硫酸カルシウム）や重晶石（硫酸バリウム）の結晶。本来は透明だが、表面に砂がついている。砂中の水分が周囲のミネラルを溶かし、蒸発していく際に結晶を成長させると考えられる。

テクタイト（デザート・グラス）
98％のシリカと少量のイリジウムで構成される純粋なガラス。過去の隕石衝突による熱と圧力で、砂漠の砂が融解してできた。

■ 乾燥した環境を生き抜く生物たち

不毛の地に見える砂漠にも、実は多くの動物や植物が生息している。長い乾季の間も、まれな降水の後に花が咲きそろう短い季節も、こうした生物たちは生き抜いていかなくてはならないのだ。

砂漠に生息する生物の多くは、乾燥が著しく、生息に不向きな環境下で生き抜くための戦略を、驚くほど発達させている。

木や灌木は、地下深くに潜む地下水まで届くように、長い根を張りめぐらせる。植物は、葉から水分を奪う蒸散作用を最小限に抑えるよう、夜間に呼吸する。また、サボテンやトウダイグサ科の一部などのように、葉の表面積を減らすために、葉の代わりにトゲを備えるものや、単に茎だけになってしまった植物もある。

オーストラリアのユーカリノキは、葉のろう質の層で照りつける太陽の光を反射し、ギョリュウや一部のヤシは、塩分を排出する仕組みを備えている。貴重な水分を効率的に利用するため、ハマミズナ科など多肉植物の一部は葉に大きな貯水組織を発達させ、サワロサボテンや木性のアロエもまた、茎に同じ仕組みがある。極端な干ばつの間は、種子の状態で地中で休眠する植物もある。そうした植物は、十分な降水が戻ってくると、きわめて短い一生を過ごす。

■ナミブ砂漠に見られる裸子植物のウェルウィッチアは、1000年間も生きられる。

砂漠の動物たち

動物たちもまた、過酷な環境条件に見事な適応を見せている。例えば、素早く動く能力や長い足を持っている動物は、地表の熱から体を守ることができる。

■砂漠の動物は主に夜行性だ。体を守るため、日中は地中に潜んでいる。

水の代謝を減らしている動物も多い。アリやげっ歯類は植物の種子から水分をとり、それらが次に、トカゲやヘビ、ジャッカルの栄養と水分の源となる。水を得るために特別な行動をする動物もいる。ナミブ砂漠に生息するゴミムシダマシ科の甲虫は、霧を体で受けて、その水滴を飲む。また、レイヨウの群れは水場を求めて長い距離を移動する。

肥沃なオアシス

砂漠で一番活気にあふれているのはオアシスだろう。オアシスとは地表に水が湧き出ている豊かな場所だ。多くは自然の圧力で水が湧き出る、掘り抜き井戸の周りにある。こうした井戸の中には地下水を利用しているものもあれば、人造湖や貯水池、あるいは離れた川から水を引いているものもある。

オアシス周辺にはたいてい人の集落があり、集中的に耕作が行われている。オアシスといえば思い浮かぶ、代表的な木のナツメヤシは北アフリカとインドの原産だ。

> ### 砂漠化
>
>
> ■アフリカ全土の46％が砂漠化の影響を受けている。
>
> 比較的乾燥した気候の地域では、人間による集中的な耕作が、植生の減少や水源の枯渇、土壌の浸食や塩分濃度の上昇といった結果をもたらしかねない。こうした砂漠化により、100カ国を超える国々で10億人以上の命が脅かされている。アフリカでは深刻な砂漠化による飢えで、数百万人が命を落としている。

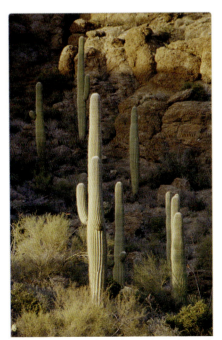
■長期間にわたる干ばつに耐えるため、サボテンは茎に水分を蓄える。

■サハラ砂漠のオアシス。付近に生息する動物や、移動する動物たちの重要な水場となっている。

▶ p.167（新種の形成）参照

■ 森林の種類

地球の陸地の約3分の1を占める森林。広大な「緑地」として、酸素を生み出し、大量の二酸化炭素を取りこむことで、地球温暖化を食い止めるのに大きな役割を果たしている。

■秋色に染まる公園の木々。美術や文学の世界では、秋は詩的で感傷的な季節として描かれる。

地球の緑地帯をつくり上げている森林には、主に3つのタイプがある。

1つは赤道に沿って地球の中央に広がる森林で、熱帯雨林を中心として、その境界に隣接する熱帯モンスーン林とで構成される。ここでは多様な樹木や灌木、シダ、ヤシ、ラン、および草本類が、折り重なるように繁茂している。こうした森林帯は、地上で最も多様で複雑な生態系をつくり上げており、動植物全体の約90％にものぼる種の生息地となっている。熱帯雨林は、かつては陸地の約14％を占めていたが、材木用の伐採や農耕地の開発などにより、現在では半減してしまった。

北に向かうと、ロシアのタイガなどの北方林帯（針葉樹林帯）が、最北の森林として広がっている。冬の厳しい寒さと大量の雪に加え、夏が短いこの地域では、1年のうち約150日しか植物が成長できない。多くの場所が不毛といってもよく、貧弱な土壌で育つ樹木の種類数は限られ、下生えもまばらだ。北方林帯の面積は大陸の約10％だ。

温帯の森林

温帯の広い範囲に見られるのが、温帯林だ。1年を通じて雨が豊かで、植物が育つ期間も半年を超えるため、植生が豊富だ。

気温が涼しい緯度の地域では、多様な種類の木々がそろった落葉広葉樹林となり、豊かな下生えも広がる。落葉樹は秋になると葉を落として、冬の霜の害を防いでいる。

大陸の暖かい西沿岸地域には、小さな硬い葉をした独特の木々が構成する硬葉樹林が広がっている。硬い葉は、暑い夏に増加する水分の蒸散を防ぐのに役立つ。地中海のトキワガシやオーストラリアのユーカリがその代表だろう。革のような質感の葉が特徴的な照葉樹は、年間を通して湿度が高く暖かい、世界各地の温帯地域に点在する。こうした照葉樹林は中国東部や日本の南部、フロリダで見られる。

---

basics

葉 葉は、光合成を最大限に行えるように、太陽光を効率的に得られるような位置についている。落葉樹では、秋になって日照時間が短くなり、気温が下がり出すと、落葉が始まる。栄養分はすでに茎に蓄えられており、春に新しい葉を伸ばすのに使われる。

針葉樹 葉は細く、なるべく表面積を減らすことで、水分の蒸発と雪による害を防いでいる。冬に落葉する針葉樹はほとんどない。

■コスタリカにある熱帯雨林。一年中緑色の葉を茂らせる常緑樹に覆われている。

■米ヨセミテ渓谷のセコイア。高さが100mもある。

生態系　83

森林の効用

森林は多くの動物や植物の生息地であるばかりでなく、数百万にのぼる人々の暮らしを支えている。だが現在は大きな危機に瀕しており、世界中の原生林のおよそ半分がすでに姿を消してしまった。

地下の根と空高く連なる樹冠の間には、豊富な生態的地位（ニッチ）が潜んでいる。

熱帯雨林の木々の頂部は、たくさんの鳥や小型のほ乳類、サル、ナマケモノの住みかだ。温帯林の樹冠では、タカなどの多彩な猛禽類や、キタヤナギムシクイなどのムシクイ類が巣をつくってヒナを育てる。

葉が生い茂る熱帯の湿潤な森の木々には、アオガエル、樹上性のヘビ、チョウ、オウム、ハチドリなど、木登りや空を飛ぶのが得意な生物たちが集まる。気候が涼しい森林では、ズアオアトリ、カケス、ヒガラなど代表的な森林性の鳥のほかに、モモンガも住む。樹皮の下にはガや甲虫の幼虫、クモ、ダニなどが潜み、昆虫を狙う鳥たちを引きつけ、天然の洞やキツツキが開けた穴は、フクロウ、カモ、コウモリ、リスが占拠する。

木や茂みがもたらす葉や種子、果実はサル、ネズミ、ハリネズミなど多くのほ乳類の食物となり、種子と下生えはシカやゾウなどの草食動物や雑食動物の重要な栄養源だ。そして、この草食動物や雑食動物は、テン、クマ、ジャガー、オオヤマネコ、あるいはオオカミといった肉食動物の獲物となる。

さらに枯れた木々は、最終的に昆虫やコケ、カビ、菌類など腐敗や発酵を促進する生物の栄養源となっていく。こうした生物が植物を分解することで、自然のサイクルが完成する。

■フィンランド、カレリエンの川で行われる木材の運搬作業。過剰な木の伐採は、森林の豊かな生態系を消耗させてしまう可能性を持つ。

森林の開発

一方、人間は昔から木を伐採して、建築材やまきとして利用してきた。過剰伐採によるマイナスの側面が広く知られるようになった今もなお、チークなど熱帯雨林の貴重な木々の需要は収まるところを知らない。

また、森林の「耕作地化」も進んでいる。ベイマツのような成長の速い木を植えて管理し、成長したところで伐採するのだ。確かにプランテーションは短期間で利益をもたらしてくれるものの、そこには自然の生態系が欠けているため、キクイムシなど害虫による大規模な被害を受けやすい。

■森林に広がる多彩な下生えは、草食動物や雑食動物の生命を支える。

■林床には昆虫やダニ、ミミズなどたくさんの生物が生息している。小さいながら、森林の生態系には欠かせない存在だ。

熱帯雨林は天然の薬局

熱帯雨林は、天然の薬や生理活性物質の巨大な宝庫だ。例えば、南米のキナノキの樹皮からは、昔から、マラリアの治療薬キニーネがつくられてきた。オーストラリア産の樹上性のカエルの分泌物は、耐性菌にも有効な新しい抗生物質の生成に使われている。このように活用されているのは、この広大な「天然の薬局」のほんの一部にすぎず、森林開発はこうした薬の開発の機会を奪う。

■生態系を破壊する樹木の伐採は、新たな「薬」の発見を妨げるおそれがある。

▶ p.124-127（気候変動）参照

■ 塩性湿地

湿地とは全体的に冠水するか、あるいは一部が
水に覆われている場所を指す。湿地には、海辺の汽水域に広がる
塩性湿地と、湖や河川域にできる淡水湿地がある。
どちらの場合も、水と陸の境界線はあいまいで、常に変化している。

■ドイツのハンブルク、ワッデン海国立公園にあるノイヴェルク島に続く干潟。海水に覆われたり干上がったりする状態が毎日繰り返される。

塩性湿地は、海洋と陸地の境界部分にできる。こうした場所では海洋の塩水と河川の淡水が混じり合うため、動物や植物が生息するのは難しい。ふつうの動植物は、どちらか一方の生息環境にしか適応していないからだ。概して塩性湿地に生息している種の数は少ないが、種類によっては、生息数自体が極めて多いものもある。

河川が海洋に注ぐ平らな沿岸地域では、海流や潮汐によって土手ができるだけでなく、河川が運んできた堆積物も積もる。例えばフランスのローヌ川の河口には、汽水性の湖や沼池、川岸の森、浜、砂丘、塩性湿地など、さまざまな環境がモザイクのように混在している。

潮の干満の差が大きい沿岸地域では、陸から海へと移行する区域、すなわち干潟が形成される。こうした場所は、満潮のときには海水に覆われ、干潮のときには乾燥する。海水の水位が、塩性湿地に生えているアッケシソウやイネ科の植物スパルティナを超えることはめったにない。

厳密な意味での泥質干潟は、ヨーロッパ北西沿岸と韓国の西海岸にしかないが、類似した環境は北米の東沿岸でも見られる。こうした独特の生態系は、ゴカイやイガイ、巻貝などの生息地を形成し、数百万羽にのぼる渡り鳥たちの楽園ともなっている。

■南フランスのローヌ川河口に広がる、カマルグの塩性湿地を走り抜ける野生馬の群れ。この屈強な野生馬たちは、古代から、ローヌ川河口の厳しい環境を生き抜いてきた。

マングローブ

マングローブは、熱帯沿岸で潮の干満の影響を受ける地域や、広い河口の縁にできる。マングローブを形成する木や灌木（かんぼく）は、数ある樹木の中でも珍しく、塩分に対して耐性を持つ。満潮になると樹冠だけが水の上に顔を出すことも多く、反対に干潮になると、もつれた根が外に現れて、トビハゼやシオマネキの住みかとなる。

世界的に見て、マングローブは深刻な危機に瀕している。アフリカ東部では、マングローブの木がまきとして使用されている。マングローブがなくなってしまうと、異常な高潮に対する天然の「防波堤」が失われることにもなる。

■マングローブの根には、水を取り込んだり、排出したりするものや、空気呼吸を行うものもある。

エバーグレーズ湿地

米フロリダ半島の南端に広がるエバーグレーズ。ここに住むアメリカの先住民族は「草深い水」とよんでいた。独特の生態系を持つ湿地帯で、オキーチョビー湖から流れる1本の川から成る。幅は約80kmもあるが深さは10cm程度しかない。沼地や針葉樹林、マングローブなどさまざまな環境が組み合わさり、一部が保護区となっている。アメリカアリゲーターやフロリダマナティーも生息している。

■エバーグレーズには、少なくとも15の絶滅危惧種が生息している。

▶ p.276-277（生態系）参照

淡水湿地

湿地は、世界各地のさまざまな気候下で見ることができる。陸地の約6％にあたり、多様な動物や植物の生息地となっているが、現在では、その多くが破壊の脅威にさらされている。

淡水湿地は、湖や大小の河川などをつなぐ複雑なネットワークを形成する。実質的に地下水を補給する役割を果たし、干ばつの時期にも湿気を放出することで、地域の気候に影響を与えている。

■南アフリカ中央部の乾燥地では、オカバンゴ川が潟や沼地、サバンナなど多彩な環境のある一帯へと流れ込む。

川が形成する草原と淡水デルタ

陸にできる最大の湿地は川が形成する冠水草地で、水陸両方の景観をあわせ持つ。静かな入り江にさざめく水面、礫や石ばかりの乾燥した地域、広大なアシの原、人を寄せつけない泥らん原の森林など多彩な生態系を誇り、希少な動植物の生息地ともなっている。

だが、こうした動植物には、今や絶滅を危惧されているものが多い。各地で河川の流れを人工的に変えたり、ダムでせき止めたり、コンクリートで河床を固めるなどの行為が見られるほか、肥沃な泥らん原が農地や牧草地として利用されているからだ。オハイオ川、黄河、ドナウ川といった大河沿いでは、もはや草地の跡が残っているだけにすぎない。

一方、南米パラグアイ川上流の広大な泥らん原には、希少なスミレコンゴウインコとジャガーが生息し、絶滅が危惧されているオオカワウソとカピバラの保護区もある。

アフリカ、カラハリ砂漠北端のオカバンゴ川デルタは、内陸に閉ざされた湿地としては世界最大だ。雨季と乾季で姿を変え、渡り鳥のほかにも、ゾウ、サイ、キリン、レイヨウ、ライオン、ハイエナ、ヒョウといったさまざまなサバンナの動物が集まってくる。

湿原

低層湿原は一般に、栄養豊かな水がたまった湖や沼が、陸地へと変わっていく過程で発達する。形成される際には地下水が関係しており、降水にはあまり影響されない。アシやスゲ、ヤナギ、ハンノキなどの植物が、独特の群落を形成する。

対照的に、高層湿原は低温で栄養分が少ない地域に見られ、降雨のみによって生まれる。pH値が低く、酸素が欠乏しているため、枯れた植物の分解が進まない。そこで、堆積物の泥炭化が盛んになる。こうした環境に適応する植物は、ワタスゲ、エリカの仲間、ミズゴケ、モウセンゴケなどだ。また動物では、トンボやチョウのほか、シギの仲間やクロライチョウなど希少な鳥類も見られる。

■ガマは低層湿原の代表的な植物だ。

> **ラムサール条約** 1971年、「特に水鳥の生息地として国際的に重要な湿地に関する条約」が採択された。開催地にちなみ、一般に「ラムサール条約」とよばれる。1975年の施行以降、168カ国で2208カ所210万km² (2015年6月現在) が保護区に指定されている。

■パラグアイ川流域の世界最大の湿地であるブラジルのパンタナール大湿原は、多彩な水生植物の宝庫である。

p.279 (リン循環と水循環) 参照

■ 温帯の草原地帯：ステップとプレーリー

地球の大陸の中で広い面積を占めるのが大草原である。熱帯の草原すなわちサバンナには、ある程度の木々が見られるが、温帯または亜熱帯の草原地域にはほとんど見られない。

「ステップ」という言葉はロシア語に由来し、東ヨーロッパから中国北部まで、ユーラシア大陸中央に広がる広大な草原を指す。一方、北米大陸の草原は「プレーリー」とよばれ、米国中西部およびカナダに広がる。

ステップに生息する生物の生活環境は、季節ごとに激しく変化する気候の影響を受けている。暑い夏、冷たい冬、そして限られた降水量のせいで、植物が育つのは、ほんの短い期間だけだ。今日ではステップのほぼ全域が耕作されており、ごくわずかが保護区に指定されている。たいていの地域には穀物かヒマワリが植えられ、家畜の牧草地として利用されている所もある。

動物と植物

ステップの代表的な植物はイネ科植物だ。地中に細かく絡み合った根を張りながら、密生した草原をつくり上げている。そうしたイネ科植物の芽は地下に潜み、寒さと乾燥だけでなく、繰り返される野火や家畜たちから身を守っている。ほかの植物は、水分が十分にあるときにだけ生育する。短い花の季節には、アイリス、ヒヤシンス、クロッカス、チューリップなどが色鮮やかな花のじゅうたんを織り上げる。

ステップのような温帯の草原は、草食動物にとっても重要な生活圏だ。中央アジアに生息する敏速なサイガや、頑強なアメリカバイソンのように、こうした環境に生息するほ乳類は群れをなして食物を探すことが多い。かつて広く分布していたタルパンなどの野生馬は、今では多くが絶滅してしまった。

穴を掘るげっ歯類もまた、温暖な草原の代表的な「住人」である。広い範囲にトンネルを掘るため、周囲の土壌が掘り返され、土中に空気が送られる。北米にはプレーリードッグが住むが、そのユーラシア版ともよべるのがタルバガン（モンゴルマーモット）だ。南米の草原地帯にもテンジクネズミの一部の種類が住んでいる。こうしたげっ歯類たちは、北米のコヨーテや南米のタテガミオオカミなど、草原に生息する多くの肉食動物の獲物となる。

basics	
塩性草原	塩水湖のそばで見られる。
砂漠草原	草原と砂漠の間の移行帯に広がる。
農耕地	草本植物中心の植生という意味では、農耕地もまた草原といえる。

■十分な水に恵まれれば、ステップやプレーリーでも草本類や多年性植物、球根植物が生育することもある。

■ヒマラヤ山脈の風下のチベット西部は、「雨蔭（ういん）」になるため、ほとんど雨が降らない。降水はもっぱらヒマラヤ山脈の南側に限られる。

■リス科に属する北米のプレーリードッグ。高度な社会性を持ち、犬の鳴き声のような特徴的な声を出すことから、その名がついた。

▷ p.118-123（気候システム）参照

■ 熱帯の草原地帯：サバンナ

サバンナは、湿度の高い熱帯地域と乾燥した砂漠地帯の間に広がる。広大な草原地帯には、場所によっては疎林や森、灌木も見られる。また、そこは多くの野生動物の生息地ともなっている。

サバンナといえばアフリカが一般的だが、インドやオーストラリア、また、ベネズエラとコロンビアにまたがるリャノスなど南米大陸の北部にもある。サバンナは熱帯地域の外側に位置し、1年を通して気温が高く、雨季と乾季がある。赤道から遠いほど、乾季が4カ月以下から約10カ月へと長くなり、平均降水量も3分の1から6分の1に減る。

■特徴的な樹冠と羽のような葉を持つアカシア・トルティリスは、地中深くまで根を張って地下水を吸い上げる。

サバンナはその地域の気象条件によって様相が異なる。雨のやや多い地域では、人間の背丈より高い草が伸びて、まばらに木が見られる。これに対して、乾燥地のサバンナには、背丈の低い耐乾燥性の草が生えている。サバンナの樹木や灌木（かんぼく）は、長い乾季に適応した特徴を持ち、例えばバオバブは幹に大量の水分を蓄えることができる。川沿いに森林があるサバンナも多く、カバなどが暮らしている。

アフリカのサバンナは多くの大型陸生ほ乳類の生息地だ。ゾウ、キリン、シマウマ、レイヨウなど草食動物も多い。ダチョウもサバンナの代表的な鳥で、これに似た鳥として南米にはレア（アメリカダチョウ）、オーストラリアにはエミューがいる。そしてカンガルーは、オーストラリアのサバンナに生息する動物の中で最大だ。

砂漠化

しかし今や、手つかずのままに保たれている

■アフリカのサバンナの代表的な肉食動物といえば、ライオン、ハイエナ、チータ（上写真）だ。

自然のサバンナは、世界でも数えるほどしかない。数千年も前から遊牧民たちは、ヒツジやヤギなど家畜の群れを率いてアジアやアフリカのサバンナに入り、草を食べさせたり、狩りを行ったりしてきた。

今日のアフリカでは、サハラ砂漠に隣接する乾燥したサバンナの大部分が、砂漠化の危機に瀕している。原因は家畜に食い荒らされたことと、深刻な干ばつだ。また、逆に気候変動により雨の増えている地域もあり、そうした地域では木の侵入が徐々に進み、サバンナを脅かす大きな要因となっている。

■ヌーの群れは5月に平原から森林へと移動し、11月に雨が降り始めると戻ってくる。

永遠のセレンゲティ

東アフリカの「果てしない平原」は、アフリカのサバンナの中核にある。ここの生態系は、毎年、乾季になると水を求めて草原を移動するヌー（ウシカモシカ）の群れに支えられている。最初にセレンゲティの野生動物たちの保護に努めたのが、科学者のベルンハルト・ツィミックと息子のミハエルだ。親子による1960年の記録映画『猛獣境ゴロンゴロ』は、セレンゲティの動物相がどれほど豊かであるか、そして、それが人間のもたらす影響にどれほど弱いかを、世界中に訴えた。

■セレンゲティには、世界最大の動物の群れが住む。

風化作用

風化による岩石の崩壊は自然の岩石循環の一部であり、土壌の形成にとって基本的な必要条件でもある。どれほど巨大な山脈も、この絶え間ない風化の力に永久に耐え続けることはできない。

岩石は、地殻変動などで地表に出たとたんに物理的、化学的作用を受けて変化し、最終的には崩壊する。岩石が受ける風化作用は、気候と岩石の種類によって異なる。

■ 石灰岩は、炭酸が溶け込んだ水による化学的風化を特に受けやすい。

風化作用｜浸食作用｜堆積作用｜地殻変動

変化する地球

ごつごつした山脈、なだらかな丘陵、広々とした平原、果てしない海原。地球の景観は、それをつくり上げた外的な力と同じぐらい多様だ。とはいえ、今、目に見えているのは、地球の長い地質史の中ではほんの一瞬の姿でしかない。私たちの世界は風化、浸食、降水などの作用によって、絶えず変化を続け、さまざまな地形を形づくっている。

まず、岩石を物理的に破壊する物理的（機械的）風化では、温度変化が大きな作用をおよぼす。石や岩石は、太陽の光を受ける昼間には膨張し、温度が下がる夜間には収縮する。この繰り返しによって岩石の構造が緩み、長い時間がたつと破片がそげ落ちてくるのだ。大きな礫は内部の割れ目に沿って割れ、小さな石は崩壊して砂粒となる。標高の高い山地や極地方周辺では、温度と湿度の変化が相まって、凍結破砕作用という風化現象を引き起こす。水は凍ると体積が約10％増加するため、岩石の割れ目に入り込んだ水が温度と圧力の変化によって凍結・膨張し、岩石を割ってしまうのである。乾燥地では、塩分がこの氷と同じ役割を果たす。すなわち塩分を含んだ水が蒸発すると、塩の結晶が外に出てきて体積を増すため、岩石がひび割れる。

こうした物理的風化とは対照的に、化学的風化では、岩石が水や溶けている塩分、酸、ガスによって徐々に腐食し、最終的には完全に崩壊してしまう。

生物的風化

生物が化学的にせよ物理的にせよ、岩石の崩壊にかかわっている場合には、これを生物的風化とよぶ。微生物や地衣類などが出した酸によって鉱物の基質の配列が影響を受け、成分が溶け出して、岩石の構造が破壊されるのがその一例だ。

もっと直接的に働く作用としては、海岸の岩場などで穿孔性の二枚貝や海綿、ゴカイなどが岩を突き刺して崩したり、岩石に侵入した植物の根が、成長するに従って岩石に割れ目をつくったりするものがある。

石灰岩の洞窟

石灰岩と苦灰岩（ドロマイト）は、二酸化炭素（CO_2）が溶け込んでいる水で溶けてしまう。このような水には炭酸が生じており、炭酸が石灰岩に含まれる炭酸カルシウムと反応するのだ。石灰質の地域でこうした化学的風化が起きると、ごつごつした岩やドリーネとよばれる窪地、洞穴、地下水系などが形成される。こうした作用でできた地形をカルストとよぶ。

■ バルバドスのハリソン洞窟にある結晶化した石灰岩。

■ 迫力あるカルストの景観は、硬い岩石が数百万年という時間のうちに溶けて形成された。

浸食作用

岩石は地表に到達すると崩壊を始め、石となって別の場所に運ばれて堆積する。こういった地表を水平にしようとする一連の作用は浸食とよばれる。浸食は、雨、川、海、氷河などの水や、風によって行われる。

浸食作用では、水が大きな力を発揮する。まず、ある地域に雨が降ると、その地形に導かれて、雨水が地表沿いの小川や細流に集まる。そのときに土壌や岩石片が引きはがされ、岩石の水溶性の物質は水に溶け出す。このような岩石の砕屑物（さいせつ）などが、次に

■米ユタ州のブライスキャニオン国立公園。この自然の「円形劇場」では、風と水と氷による浸食が風食礫を削り上げ、フードゥーとよばれる特徴的な岩柱をつくり上げた。

起きる浸食の段階で大きな力となる。

引きはがされた砕屑物は研磨剤となって、川の流れに運ばれながら、川床を深く掘り下げ（下方浸食あるいは下刻（かこく））、川岸の幅を広げる（側浸食）。傾斜地を河口に向かって下っていく間に、川の流れは長い時間をかけて巨大な岩場を削り、細長く深い窪みをつくるのだ。

こうして数千年をかけて、水による浸食で徐々に地形が平らになっていく。科学者たちの計算によれば、高い山も1万年で5mずつ低くなるという。山よりも低い台地や高地、あるいは低地では勾配が緩やかなため、浸食率は明らかに低くなる。

氷食

巨大な氷河が動く際に周囲の地形にもたらす浸食作用。氷河で削られた岩片がさらに周囲を削り、堆積地形もできる。

basics

海による浸食

海洋もまた、巨大な浸食力を持ち、海岸は波や潮汐によって絶えず変化している。短期間ではその変化はわからないが、最終的には海辺の断崖が削られて、浜も押し流される。ときには嵐による波が、金づちのように激しく岩にぶつかり、短期間でその外観を変化させることもある。

風による浸食

植生に覆われていない場所では、風が地表の腐植土、砂、ちりの粒を吹き上げてほかの場所へ運び去る。とりわけ乾燥した地域や乾季には、土の粒子を食い止めておくだけの湿度がないため、こうした作用で肥沃な土壌が失われてしまう。同様に、海岸の破砕帯（はさいたい）や、河川の乾燥した高水位帯も、風による浸食を受けやすい。

■水の浸食作用により、ナイアガラの滝は1年に約37cmずつ上流へ動いている。

植生のない乾燥した地域では、風が地表の微細な砂を吹き飛ばして浸食し（デフレーション）、長い時間をかけて地表に浅い窪みをつくる。また、風で飛び散った砂粒は地表を削り（ウインドアブレーション）、特徴的な地形である風食礫（れき）をつくり出す。こうした風食礫は下部が丸く狭まり、上部が大きく広がった、キノコのような奇妙な形をしている。このように、風が吹き飛ばしたり削ったりする浸食作用を風食という。

■インゼルベルク（島山）と名づけられた、奇妙な形の石灰岩の丘が並ぶエジプトの白砂漠。白亜紀後期に風食でできた地形だ。ほかの惑星に見られる、よく似た地形を理解するために、研究が続けられている。

■ 堆積作用

地球の地表は常に変化している。この終わりのないプロセスの中では、風や水、氷河によって生み出された力が地表を削り、その岩や土を重力に従って別の場所に堆積させ、地表の姿を変えていく。

河川は、土の粒子や砂礫を運んで堆積させ、新しい地形をつくり上げる。まず、流れる河川の湾曲部の外側では斜面から物質が削り取られ、攻撃斜面ができる。一方、内側の斜面を滑走斜面といい、堆積物がたまって州を形成する。また、粗い物質が堆積すると、川底の下を水が流れ続ける伏流が生じる。谷口まで来て水の流れが遅くなると、浸食する力は弱まり、川に運ばれた礫が堆積して扇状地ができる。細かい物質は河口のはるか遠くまで運ばれ、堆積することが多い。場合によっては、堆積物で広いデルタ（三角州）ができることもある。

海岸では、波に運ばれた砂礫が一定の角度で沿岸を削り続け、削り取られた物質が堆積して海岸線を変えていく。半島や岬の先端に堆積物が集まると、砂嘴とよばれる狭い砂のうねができる。この砂嘴が発達して大きくなったのが砂州だ。砂州によって湾が区切られると、入り江あるいは潟となる。とはいえ、平坦な沿岸地域にできる最も典型的な堆積地形は、砂丘だろう。

風は、乾燥した地域から細かい物質を集めて、ときにはかなり遠い距離を運び、堆積させる。こうしてサハラ砂漠の砂が中央ヨーロッパに届くこともあれば、ブラジルの熱帯雨林まで到達することもある。といっても、ほとんどの砂粒の旅は、ごく短期間で終わる。草の茂みなど小さな障害物に出くわすと、堆積して砂丘を形成するからだ。

風はもっと細かいちりも運び去る。中央ヨーロッパや北米で見られる黄土（レス）は、氷河時代の堆積物から成る風積土で、広大な地層を形成することが多い。中国では今でも、乾燥した高地から黄砂の飛散が続いている。

氷河によって運ばれる物質の多くは、氷河の流動に従って徐々に堆積していく。これらの氷性堆積物によって形成される地形は、堆積する場所によってそれぞれメディアルモレーン（中堆石）、ラテラルモレーン（側堆石）、インターナルモレーン、グランドモレーン（底堆石）とよばれる。氷舌の堆積物はエンドモレーン（末端堆石）という。

■ ノルウェーのヨステルダール氷河の氷舌。ヨーロッパ大陸最大の氷河だ。

■ サハラ砂漠やアラビア半島周辺の乾燥地で砂嵐が起こると、巻き上げられたちりがヨーロッパやアメリカ大陸まで到達することもある。

■ グリズウォルドは米コネティカット川河口にできた砂嘴だ。その移動する砂丘は、沿岸の力学を示す印象的な例である。

オランダの干拓

オランダは昔から沿岸の保護に取り組んできたが、とりわけ国土の4分の1以上が海抜以下になってからは重要な課題となった。北海と沿岸の浅瀬を分けるために堰が建設され、運河と風力ポンプを使ったシステムで排水を行って、生産性の高い干拓地が生まれた。最大のプロジェクトのひとつがゾイデル海の干拓だ。1932年にダムで海を仕切り、排水を行うことで1650 km²の乾地が生まれ、残りの海は淡水化してアイセル湖となった。

■ オランダは干拓地の建設によって肥沃な湿地と沼沢地を手に入れた。

▶ p.63（堆積岩）参照

マス・ムーブメント

雪崩、地滑り、岩盤崩落——地球上のどこにおいても、地形の傾きが一定の限度を上回ると、重力によって岩石や土壌が下方へと移動を始め、地形を水平にしようとする。その結果、道路の分断などを起こす。

マス・ムーブメントとは、大規模な浸食作用や風化作用の一環とよんでもいいだろう。総じて岩石や土壌、堆積物が重力に従って地表に沿って移動していくさまざまな現象を指し、その要因には斜面の勾配のほか、斜面を構成する物質や、含まれる水分も大きくかかわってくる。

水が関与しない大規模な土砂崩れは、主に高い山地など勾配が険しい斜面で発生する。岩塊が地面から離れて谷間に落下し、落石や、場合によっては岩盤地滑りとなることもある。岩壁から岩屑がはがれ続ける現象は岩屑落下とよばれ、下方に崖錐という円錐形の堆積地形を形成する。

水が関与すると、マス・ムーブメントはさらに起こりやすくなる。地面を覆う植生が不十分な山地では、特に大雨の後などに大量の泥や石が滑り落ちる。これは泥流とよばれ、場合によっては速度が時速数十kmにも達し、山腹に大きな爪痕を残す。1970年にペルーのアンデスで起きた地震では、地震を引き金に大規模な泥流が発生し、7万人が石と氷と泥の下に埋まってしまった。火山の噴石丘に沿って起こる破壊的な泥流は、ラハール（火山泥流）とよばれる。

大雪の後、気温の急激な上昇にともない、積雪層に亀裂が入って発生する雪崩も、大きな危険性を持つ。

一方、土壌クリープはマス・ムーブメントの中で最も速度の遅い現象だ。なだらかな斜面にある程度の雨が降ったとき、広範囲にわたり、人が気づかないような速度で土壌が動いていくのだ。大抵の場合、地表の様子はほとんど変わらないため、木が少し傾いているなどのささいな現象から、地面が動いたことがわかる程度である。

また、永久凍土層の地域では、土壌が斜面を緩やかに移動するソリフラクションという現象が起きる。これは、春になって暖かい太陽の光で気象条件が変わると、永久凍土の上層が急速に解け、凍ったままの下層から離れて移動する現象だ。

■落石が発生すると、道路が切断されたり、大量の岩石の破片が道路をふさいで通行不能になってしまう場合が多い。

> **人間の介入** 岩盤の地滑りや泥流などの現象が、最近とみに壊滅的な被害をもたらしている背景には、人間の責任もある。観光目的で山がどんどん高地まで切り開かれているうえ、土地の開発や道路の建設によって、山の斜面を安定させるはずの植物の根が破壊されているからだ。

■地震や嵐を引き金として発生する地滑り。大量の泥や岩石の破片が移動するため、山の斜面が不安定になる。

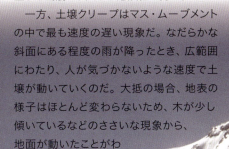
■雪崩による壊滅的な被害を防ぐために、爆薬などを使って、人工的に雪崩を引き起こす方法もある。

世界地図

地球

起源と地質	52
地球の起源	54
地球の構造	56
岩石	60
プレートテクトニクス	64
地震	68
火山	72
山	76
生態系	80
変化する地球	88
世界地図	92

水 94
海洋 96
河川 104
湖 106
氷河 108

大気 110
大気 112
気象 114
気候システム 118
気候変動 124

環境保護 128
産業化の影響 130
環境 134

水

　「地球」という名は、実は私たちの星に最適な名前ではないのかもしれない。なぜなら、地球の表面に占める「地」の割合はほんの29％で、71％は「水」に覆われているからだ。

　2個の水素原子と1個の酸素原子が結びついてできている水は、地球で最も重要な資源のひとつである。そして、生物が生きていくために不可欠なものでもある。かつて生命は、海の中で誕生した。海洋はあらゆる生命の起源の地であり、昔も現在も、地球最大の生物圏を構成している。

　地球上の水は全部で13億8500万km³にのぼる。その約97％が海洋の塩水だ。水は海洋で巨大な海流をつくり、とどまることなく地球を循環している。海中にもさまざまな環境が生まれている。

　唯一、飲用に適している淡水は、ほとんどが極地を覆う氷や高い山脈の氷河として凍っている。一部は湖や地下水として蓄積されているものもあれば、河川として流れているものもあり、地表を潤しながら地表を巡っている。

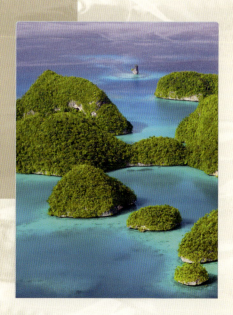

世界の海洋

地球には13億8500万km³の水が存在し、その約97％が海洋を形成している。地球の水は北半球よりも南半球に多く存在する。世界の３大洋には太平洋、大西洋、インド洋が含まれ、北極海、南極海も加えて５大洋とよぶ。

世界の海洋｜物理的な特性｜海流｜潮汐｜地形｜深海

海洋

地球の地表の３分の２以上は、水で覆われている。海洋は、生物の最大かつ最古からの生息環境であり、気候の形成においても中心的な役割を果たしている。また、人間にエネルギーや天然資源、食料を提供してくれる。海洋は私たちにとって、とても大切で身近な場所であるが、その大部分にはまだ多くの謎が残されている。

大西洋、インド洋、太平洋は世界の３大洋とよばれ、互いにつながっている。それぞれの海は、北半球では大陸や沖合の島によって区切ることができるが、南半球にはそうした天然の障壁となる地形がない。そこで、３つの大陸の南端を通る経線を、それぞれの海の境界としている。

すなわち、大西洋とインド洋は、アフリカ大陸のアガラス岬を通る東経20°の経線で、インド洋と太平洋はタスマニアのサウスイースト岬を通る東経147°の経線で区切られる。太平洋と大西洋は、南側は南米大陸のオルノス岬を通る西経68°の経線で区切られ、北側はベーリング海峡が境界となる。ベーリング海峡はアジア大陸の東端であるロシアのデジネフ岬と、北米大陸の西端であるアラスカのプリンスオブウェールズ岬の間の海峡だ。

太平洋は３つの大洋で最も古く、最も大きな海洋であり、含まれる島の数も一番多い。面積は約1億6624万km²、平均水深は4188mで、これまでに記録された最も深い地点はマリアナ海溝の１万920m。

大西洋は面積約8656万km²、平均水深は3736m、記録された最も深い地点は、プエルトリコ海溝にあるミルウォーキー海淵の8605mだ。

インド洋は面積約7343万km²と、３大洋の中では一番小さい。平均水深は3872m、最深地点はスンダ（ジャワ）海溝で水深7125mである。

北極海は北氷洋ともよばれ、海洋学では大西洋の一部をなす縁海とされるが、国際水路機関（IHO）では大洋としている。面積約949万km²、平均水深は1330m。太平洋とはベーリング海峡で、大西洋とはフェローズ-アイスランド海嶺で分けられる。

南極大陸を囲む海は南極海、または南氷洋、南大洋とよばれる。太平洋、インド洋、大西洋とそれぞれ明確な区別はないが、海流の動きによってほかの大洋と切り離して考えることができ、南極大陸から南緯60°までの範囲とされる。面積約2030万km²、平均水深はおよそ4500mだ。

縁海と地中海

大陸に近く、島や半島に囲まれている海は「縁海（沿海）」とよばれて大洋とは区別され、近くの陸から名前がつけられている。日本海、東シナ海、ベーリング海、北海、セントローレンス湾、アイリッシュ海、カリフォルニア湾などがその例だ。

「地中海」とは、ほぼ全体を大陸に囲まれ、外海と狭い海峡でつながる海を指す。欧州の地中海、アメリカ地中海（カリブ海とメキシコ湾）、バルト海、ハドソン湾、紅海、ペルシャ湾が含まれる。

■北半球では海洋が地表の60.6％を占めるのに対し、南半球では81％にのぼる。

大陸棚

大陸は浅い海で囲まれている。このような浅海地域を大陸棚といい、水深が200mを超えることはめったにない。大陸棚は陸地と地続きで、海底は大陸プレートの一部からなる。そのため、大陸棚を覆う海面が低くなると陸地になる。さは数百mのものから、ベーリング海でみられるような100kmを超えるものまで幅広い。

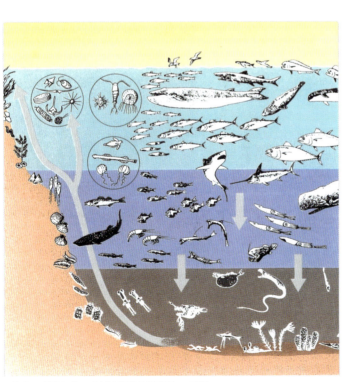

■海中では深さによって届く太陽光の量が変わってくる。そのため、表層から深海まで温度も環境も異なり、生息する生物も違ってくる。

p.67（太古の大陸）参照

海洋　97

■ 海洋の物理的な特性

一見すると、海水は一様に見えるかもしれない。
だが実のところ、海中の世界は複雑で、塩分や養分の濃度、圧力や温度、
光の状態がさまざまに異なり、多様な環境によって構成されている。

海洋には河川の水や氷河の解けた氷、雨、雪など空からの降水、風などによって、さまざまな物質が運ばれ、絶えず流れ込んでくる。海水からは、ほぼすべての化学元素が検出される。中でも一番多く溶けているのが塩分であり、それも、一般に食塩とよばれる塩化ナトリウムである。

海水の塩分

世界の海洋の塩分濃度は平均3.5%で、これは海水1ℓ中に35gの塩分が含まれていることを意味する。

海水が蒸発すると、溶けていた塩分が海洋に残る。したがって気温が高く、乾燥している地域ほど、蒸発率が上がって海水中の塩分濃度も高くなる。こうした現象は、とりわけ陸地にほぼ囲まれている海域で目立ち、ペルシャ湾の塩分濃度は4%に達する。

河川や氷河から淡水が流れ込んでくる河口では、沖合に比べて塩分濃度が低い。また、極地の海は降水や氷の融解のせいで3.1〜3.5%とやや低い。水深が1000m以上の深海では、塩分濃度は一貫して3.45〜3.5%になっている。

水温

海面の温度は、極地で−2℃、熱帯でおよそ30℃、熱帯の近海や沿岸では40℃に達することもある。

地域や季節によって変わるのは表層の温度だけだ。熱帯や温帯では、水深100〜1000mの層で急激に水温が下がり、これを「水温躍層」または「温度躍層」(サーモクライン)とよぶ。水深1000mを超える深海では、水温は0〜4℃の間で一定している。

光

海中に光が届く限界は水の状態によって異なるが、だいたい水深100〜200mまでだ。曇った日の沿岸では、水深10mでも薄暗いことがある。逆に条件がよい外洋では、水深1000mまでわずかな光が届く場合もある。といっても、この光は人間には見えず、そこに住む生物が感じ取れる程度である。

水圧

水圧は約10m深くなるごとに1気圧増え、水深1万mでは1000気圧にも昇る。水中を音が伝わる速さは水圧や水温、塩分濃度によっても変わってくるが、毎秒約1500mで、空気中より4倍速く伝わる。

■タコの仲間で最大の種で、冷たい海に生息するミズダコ。繁殖と産卵は水深100mより浅い海で行うが、水圧が高く、光が乏しい深海にも住む。

> **危機に瀕する海洋動物**
>
> サメやクジラ、イルカなどは、視界が限られた海で方向を知るために、音を使う。ところが現在、エンジン音、ソナー、軍事および産業など人間が発する音で、こうした動物たちが方向感覚を失い、岸に近づきすぎて乗り上げ、死んでしまう危険性が増えている。
>
> *issues to solve*

> ### 海水の淡水化
>
>
>
> 海水に含まれる塩分を取り除いて、飲料水をつくるための海水淡水化プラントがある。脱塩のプロセスは自然の分離方法を模倣している。しかし、海水から塩を取り除くには大量のエネルギーを必要とするので、淡水を得るための通常の方法に比べてコストが高い。そのため、淡水化プラントがつくられているのは、もっぱら淡水の供給が不足している地域に限られている。
>
> ■水分を蒸発させるために、独特のピラミッド形に積まれた塩。
>
> *practice*

■ 海流

海流は風の作用や塩分濃度の分布の違いによって生じ、
大量の海水が極めて長い距離を移動する。

海洋では多くの表層海流と深層海流が、巨大なベルトコンベアのように世界中を循環している。2つの海流は数百年から最大で2000年の時をかけて、互いに転換しながら海洋を巡っている。

風の影響

表層海流は、海面を吹く風が海水を引きずって生じる海流だ。低緯度で吹く貿易風がつくる海流は、赤道から温かい水を運び、逆に冷たい水を赤道に戻す。

南米のアタカマ砂漠やアフリカのナミブ砂漠のように、沿岸に砂漠ができるのは、海岸近くを流れる寒流が原因である。寒流の上空には冷たい空気の固まりができるため、湿気を含んだ空気が上昇できない。そのため雲や雨が形成されず、結果として乾燥した環境をつくり上げてしまうのである。

一方、暖流は近くの陸地の上空の空気も暖める。暖流がなければ、地球のあちこちで平均気温が大幅に下がるに違いない。代表的な例がメキシコ湾流（in focus 参照）だろう。メキシコ湾流はカリブ海で生じた後、北大西洋を経て欧州へ暖かな海水を運び、温暖な気候をもたらしている。

深層循環

表層であれ、深層であれ、海流は暖流と寒流が複雑なシステムをつくり上げている。表層海流が風で引き起こされるのに対し、深層海流は海水の塩分濃度や温度差によって生じる。大西洋では、カリブ海で生まれたメキシコ湾流が、北大西洋を通って欧州へと向かう。メキシコ湾流は途中、グリーンランドとノルウェーの間で北極からの冷たい風で冷やされると、密度が増加して重くなり、海底まで沈んでいく。そして、そのまま海底沿いに大西洋の南端まで流れ続ける。

■世界中の海をめぐる深層海流。海運業者にとって、その流れを知ることは、燃料費を削減するためにも重要だ。

その後、方向を変えて、インド洋から南太平洋へと流れるうちに徐々に水温を上げ、南アフリカ沿岸まで来たときには表層に浮上している。ここで表層流と合流してカリブ海へと戻り、再び同じ旅を始めるのだ。

---

basics

海流

海流の流量はスベルドラップ（Sv）という単位で表す。1Svは1秒間に100万m³（100万トン）が流れるのに等しい。

---

in focus

メキシコ湾流

メキシコ湾流は、単に海洋の水温に影響を与えるだけではない。メキシコ湾流は北米沿岸で大西洋に流れ込むと、渦とよばれる小さな暖流に分かれる。渦の暖かな海水は周囲の冷たい海水に混じり、西欧や北欧沿岸の海水を微温にする。その結果、これらの地域はカナダなど同緯度の国々よりずっと温暖な気候に恵まれている。その結果、アイルランドではヤシが生え、ノルウェー沿岸のフィヨルドは1年中凍結することがない。

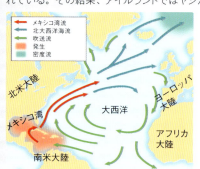

■専門家の間には、気候変動によってメキシコ湾流が弱まっていると危惧する声もある。それが本当ならば欧州は大きな打撃を受けることになるだろう。

■地球で最も潮流が強いノルウェーのサルトストラウメン。
流れの速度は狭い海峡では最高で20ノットまで達し、巨大なうず潮が生じることも多い。

■ 潮汐、海岸、波

地球の大陸の海岸線は、総延長およそ44万kmにおよぶ。
だが、海から陸への移行帯は、潮汐や波の作用によって
常に変化し続けている。

■潮だまりは、満潮のときに岩場に流れ込んだ海水が、潮が引いた後も窪みに残って形成される。

海岸の地形は、長期間にわたる海の破壊力によって形づくられる。海はゆっくりと、

波

波の多くは風によって生じる。最初は外洋で小さなさざ波が生まれ、海面を伝わってきて、浜で砕けるものが多い。高さは3mほどのものが大部分だが、中には30mを超える場合もある。波の高さとは波頭から波の谷底までの距離を指し、波の長さとは波頭同士の間の距離をいう。

■風によって生じた海洋表面の波動を「風浪」という。どんなに大きい風浪も、台風の高潮や津波とは成因が違う。

だが確実に、海岸の岩を削り続けている。こうした力に、風化作用や地表レベルでの浸食が合わさって、海岸線は内陸へと後退していく。

さらに波や海流は、浅瀬や砂浜から大量の砂を運び去る。こうしてつくられるのがサンドバンク（砂堆）で、その位置は常に移動している。また別の地域では、河川が陸から海へと運びこんだ堆積物が、河口近くに扇のように広がって沈殿し、広大なデルタ（三角州）が成長することもある。

サンゴ礁も海岸地帯から海へと広がって、海岸線の形を変える。陸地の隆起や沈降による海面の変動も、海岸地帯にとって極めて重要である。かつて巨大な氷床で覆われていた地域は、いわゆるアイソスタシー（地殻均衡）回復とよばれる調整作用で、今もゆっくりと上昇し続けている。

海面の上昇によって、浜や崖が内陸に向かって移動し続けている一方、陸地が長い時間をかけて沈降している場所もある。すると、海が谷に入り込んで不規則な形の海岸線ができたり、氷河が形成した細長い谷間に浸入してフィヨルドになったりする。海面の上昇は、過去1万8000年の間に130cmほど起きた。ほとんどの海岸線は、地質学的に見て、極めて若い地形といっていいだろう。

月の力

月の重力と地球の自転の遠心力が合わさって、月の真下では海面が上昇する。その反対側でも海面の上昇が見られ、こちらは地球の遠心力だけの影響で生じた現象だ。

2つの上昇した海水に引っ張られ、その間の海面は下降する。これに地球の自転が作用するため、どの地域の海面も1日に2回、上昇と下降を繰り返す。これを「潮汐」といい、海水面が最も低くなるのを干潮、逆に最も高くなるのを満潮とよぶ。

潮汐の大きさは地域によって非常に差がある。カナダ東岸の狭い湾はじょうごのように働き、干満の差が大きいことが知られる。その例がファンディ湾で、干満差は15mもある。これとは対照的に、北海沿岸では干満差が最大でも3.5mしかない。

■いつの時代も人は海のそばで暮らすのが好きだ。現在では世界の人口の約半数が、海から95km以内の範囲に住んでいる。

▶ p.40（地球と月）参照

■ 海洋地殻

地球の地表の3分の2は海洋地殻で覆われている。海洋地殻を形成する岩石は比較的新しく、2億年より古いものはない。海洋地殻は絶えず動き続けており、それによって海洋が拡大し、大陸全体が動いている。

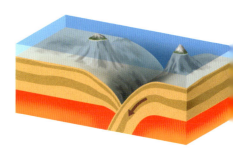

■ 地球の地殻の動きによってマリアナ海溝が形成される様子を示した断面図。

大陸の周囲に広がる大陸棚の縁を境として、海側の地殻を「海洋地殻」とよぶ。大陸棚と海洋地殻の間には、急勾配の大陸斜面があり、そこで大陸地殻と海洋地殻が分かれるのだ。

海洋地殻は、巨大な海洋プレートの境界にある中央海嶺で生まれている。中央海嶺とは幅が1500km、総延長が6万kmを超える、すべての海洋を横切る巨大な海底山脈だ。高さが海底から3000mもの場所もあり、ときには海面まで達して、火山島となる。

中央海嶺の中軸部には幅20～50kmの裂谷があり、地球のマントルから玄武岩質の溶岩が常に上昇している。この溶岩から新たな海洋地殻が生成されている。さらに、横方向の力と地球のマントル対流によって、海底は年間数cmずつ拡大している。この過程は「海洋底拡大説」とよばれる。

海溝

大陸の端近くにできる海溝は、中央海嶺の反対側にある。この地域では、古い海洋地殻が大陸地殻の下に潜り込む「沈み込み」という現象が起きており、海洋地殻が消滅している。地殻がマントルに引きずり込まれるときの力によって、海底に深い溝が発達するのだ。こうした海溝は地球の表面で最も深い地形となる。太平洋のマリアナ海溝は深さ1万920mで、地球上で最も深い。

海洋底

海洋底は、陸地に比べるとほぼ平らに広がり、平均水深は約3729mである。

■ 噴煙を上げるスルツェイ島の火口。アイスランド沖合に浮かぶこの新しい島は、1963～67年に起きた大規模な噴火で生まれた。

海洋底は常に新たな堆積物で覆われ続け、堆積物の厚さは一般に数m、場所によっては数kmにもおよぶ。堆積物の一部は陸地からきた泥、砂、礫などで、河川や氷河、風によって運ばれたものだ。全深海面積の38％を覆う赤粘土は、こうして堆積した鉱物や火山灰を主な成分とする。

とはいえ、海洋の堆積物には、海に住む単細胞生物が分解したものも多い。典型的な深海の堆積物である、石灰質のグロビゲリナ軟泥は、グロビリナという浮遊性の有孔虫の殻を成分としている。また、石英質の珪藻軟泥は珪藻の細胞壁を、放散虫軟泥は放散虫の骨格を主成分としている。

新海の形成

海洋は新たな海洋地殻の形成によって常に変化している。地中海が縮小していくと予測されるのに対し、大西洋は拡大している。紅海は将来、新たな海洋となって、アフリカ大陸を分断すると考えられている。アファール盆地は、東アフリカ地溝帯と紅海およびアデン湾海嶺がぶつかる場所だ。ここではアフリカプレートとアラビアプレートが年間約1cmずつ離れている。

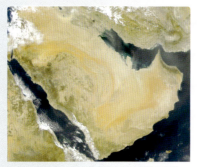

■ アラビアプレートに乗るアラビア半島。紅海は拡大、ペルシャ湾は縮小の方向に向かっている。

海洋　101

■ 島と環礁

地球上で最大の島はグリーンランドで、その面積は約218万km²ある。一方、最も小さな島々は海洋上に点々と浮かんでいる。かつて大陸の一部だった島が多いが、中には火山の噴火によって生まれた島もある。

島には大陸島と海洋島がある。

「大陸島」は、過去には大陸の高地だった部分だ。だが、海面の上昇または大陸の沈降のために、大陸の一部が水没して高地の上部だけが島となった。グレートブリテン島やマダガスカル島がこの例である。スウェーデン沖に浮かぶ、低いこぶを連ねたような長い島々は、以前は大陸にあった山が水に沈んでできたものだ。風や海流によって、砂島が形成されることもある。

これに対し「海洋島」は、過去に大陸と地続きだったことがない。ふつうは火山活動によって生まれる。プレートが徐々に離れていく場所では中央海嶺が発達し、これがときに水面まで達して島となる。アイスランドやアゾレス諸島などはこうして生まれた島々だ。アリューシャン列島などの火山弧は、海洋プレートがほかのプレートの下に潜って、沈み込みを続けることで形成される。

海洋島には、ホットスポットでできる島もある。ホットスポットとは、地球の下部マントルからマグマが上昇してくる場所だ。海洋プレートが動くと、ホットスポットの上に形成されていた火山も動き、それにしたがって海面に突き出していた島の部分も動く。一方、ホットスポットは動かないため、その上に新たな火山がつくられて、新しい島が誕生する。こうして鎖のように連なる島々が形成されていくのだ。鎖の端にあたるホットスポット上では火山活動が続いているため、そこにある島が地質学的に最も新しい。このように誕生した島の代表がハワイ諸島だ。

環礁

熱帯の海の島では、造礁サンゴが海岸線の砕波帯にコロニーを形成することが多い。地殻が沈降して海底が沈むとサンゴ礁は海岸から離れるが、それでもサンゴは成長を続ける。最終的に島全体が海面下に沈んだ後には、以前の礁だけが輪の形をした壁のように成長を続けていく。こうしてできるのが「環礁」だ。もし、サンゴの成長よりも速いスピードで環礁が沈むと、サンゴは生き残れず、礁は壊滅して環礁も姿を消す。

沈みゆく島々

気候変動による海面の上昇で、太平洋では多くの島々が水没の危険に直面している。キリバスやツバル、マーシャル諸島など、海抜数mの環礁は、計算上では数10年のうちに完全に海に沈むと危惧されている。また、地球の氷塊が解け続けると、インド洋のモルディブなどの島は致命的な被害を受けるかもしれず、ハリケーンが集中すると、カリブ海の島々が水没の脅威にさらされる。

■水没と闘う、ドイツ、北フリージア諸島の小島。

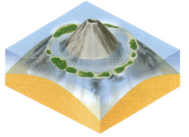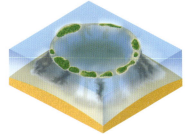

■環礁は3つの段階を経て形成される：まず、火山島の周囲に裾礁（きょしょう）が形成される。その後、火山島が浸食または沈降によって海中に没しても、サンゴ礁は上方に成長を続ける。最終的に、礁湖（ラグーン）全体または一部を囲む、特徴的な形態をした環礁ができる。

人工島

人口が集中する地域では、インフラを水上に移転するため、人工島の建設が続いている。大阪の関西国際空港、アムステルダムの一部、ドバイのリゾート島など、その建設は進む一方だ。

■70を超える小島が鎖のように連なる、ミクロネシア、パラオ諸島のロックアイランド。

▶ p.118-123（気候システム）参照

■ サンゴ礁：水中の森

驚くほど多彩な生命があふれるサンゴ礁は、いわば海の「熱帯雨林」だ。
たくさんの魚や無脊椎動物がサンゴ礁を住みかとし、
透明な熱帯の海に鮮やかな色彩を与えている。

■山の多いラロトンガ島を取り巻く裾礁（きょしょう）。南太平洋のラロトンガ島は観光地として人気が高く、多くの人々が休日にシュノーケリングやセイリングを楽しむ。

熱帯のサンゴ礁の多くは、イシサンゴ類のミドリイシの仲間に属する造礁サンゴから形成されている。サンゴの単体であるサンゴポリプは、海水からカルシウムと二酸化炭素を取り込んで、炭酸カルシウムの外骨格をつくる。サンゴポリプが死ぬと、その上に新たな世代のサンゴポリプが成長する。このように次々と新世代のポリプが外骨格を広げて、最終的に広大なサンゴ礁が形成されていくのだ。オーストラリア北東沿岸にのびるグレートバリアリーフは全長が2000kmを超す。

サンゴポリプは体内に褐虫藻を共生させている。褐虫藻は光合成をして二酸化炭素と水を酸素と糖に変え、これをサンゴが摂取する。その一方、サンゴは褐虫藻に養分となる排泄物と安全を与える。褐虫藻が行う光合成によって、サンゴの骨格形成が促進されるとも考えられている。

イシサンゴ類の中には、熱帯以外の海で水深が最大6000mに達するような深海に生息する種類もある。こうしたサンゴは褐虫藻を持たず、周囲の水から直接養分を取りこむ。

気候変動

大規模なサンゴ礁は北回帰線と南回帰線の間で見られる。造礁サンゴが生息するのは水温が平均約25℃、最低水温20℃くらいまでの地域だ。造礁サンゴは大きな温度変化に弱い。冷たすぎる水でも温かすぎる水でも生きられず、全滅するか縮小してしまう。そのため、気候変動による海水温の上昇は熱帯のサンゴ礁にとって深刻であり、全滅や「白化現象」という問題を引き起こしている。

健全な状態のサンゴ礁は、天然の防波堤として沿岸地域を守っている。もしこれが全滅してしまえば、熱帯地方の多くの平らな島が洪水の危険にさらされるだろう。地球の氷塊の融解による海面の上昇にともなって、完全に水没すると危惧される島もあり、こうした島々ではすでに、度重なる洪水で住民たちが迫りくる危険を実感させられている。

消えるサンゴ礁 [issues to solve]

世界のサンゴ礁約4分の3が環境変化や観光、モーターボート、乱獲、汚水廃棄によって絶滅または絶滅危機に瀕している危惧されている。

グレートバリアリーフ（大堡礁） [in focus]

オーストラリア北東沿岸にのびるグレートバリアリーフは、世界最大のサンゴ礁であり、生物がつくり出した世界最大の建造物でもある。約2900のサンゴ礁と島からなるこの「迷宮」には、4000種を超える軟体動物、約300種の海綿動物のほか、甲殻類、ヒトデ、ウニなど多くの海生無脊椎動物、約1400種の魚などが生息している。大部分が国立公園およびユネスコの世界遺産リストに登録されており、将来にわたって保護される。

■グレートバリアリーフには色鮮やかな水中世界が広がる。

■クマノミ、ハタ、メジロザメなど、サンゴ礁は熱帯で暮らす多様な海洋生物の住みかとなっている。

深海の世界

深海は私たちの惑星の中で、今日なお最も調査が進んでいない場所だ。科学者たちが深海の暗闇に到達できる技術的な手段を手に入れてから、まだ数十年しかたっていない。

深海とは、生物学的には水深約200mより深い海中を指す。この深さではもはや海面の風や熱変化の影響を受けることはなく、太陽光が十分に届かないため、光合成をする植物プランクトンは育たない。

だが、完全な深海は、水深1000m以深の暗黒層から始まる。ここまで来ると太陽光はまったく届かず、水圧が海面の約100倍になるため、人間は生きていくことができない。水温は常に4℃以下である。

暗闇の中の生命

深海に生息する生物は、高い水圧に適応するために体内に水を蓄え、中にはほとんど水でできているものもある。深海生物の多くはうきぶくろを持たない。体温も変温によって周囲の温度に適応させ、冷たい水の中でも代謝を低く抑えたまま生きられる仕組みを持っている。多くの種は代謝を非常に低下させているため、食物なしでも長時間生きられる。深海で数少ない食物を探すのに、かなりのエネルギーを消耗することを防ぐゆえの適応だろう。

深海の捕食性の魚の多くは、鋭い歯を備えた大きな口で獲物を捕らえる。水深200〜1000mの薄明層で捕食をするものの中には、優れた視力を持つものもあるが、自ら光をつくり出して（生物発光）、獲物やつがいの相手を引き寄せるものもある。

また、海底にある熱水噴出孔のそばに生息する生物は、独特な環境に極めて特殊に適応している。ブラックスモーカーの周辺に豊富な硫黄細菌は、熱水に溶け込んだ無機硫化物を酸化してエネルギーを得ており、それを養分として多くの無脊椎動物が生きている。熱水噴出孔のブラックスモーカーは、1977年、有人潜水艇アルビン号によってガラパゴス諸島近海で発見された。

未知への旅

1934年に初めて有人深海探検に乗り出したのは、米国人のウィリアム・ビーブとオーティス・バートンである。ビーブらは潜水球とよばれる潜水艇を使って、水深900mまで潜った。さらに1960年には、米国人のドン・ウォルシュとスイス人のジャック・ピカールがトリエステ号で新記録を打ち出した。水深1万920mのマリアナ海溝の底まで到達したのだ。今日では多くの無人潜水艇が深海を探索して、調査船にデータを送ってくる。

■アンコウの英名は「アングラー・フィッシュ（釣りをする魚）」。口の上の突起で獲物をおびき寄せる。

深海の天然資源

深海の資源として、金やプラチナ、スズ、チタンなどの鉱石の採取が今でも重要な課題となっているが、最近とりわけ注目されているのが、深海マンガン団塊の発掘である。太平洋には、大量のマンガン、鉄、銅、ニッケル、コバルトが眠っており、その量は今世紀中の産業の需要にかなうともいわれている。さらに新たな資源として強く期待されているのが、メタンハイドレート（メタン水和物）の形で存在する天然ガスだ。だがこうした資源の開発は、技術的に極めて難しく、地球全体の気候を脅かす可能性がある。

■水深5000mの深海のマンガン団塊の上を漂うナマコ。

■深海でも、とりわけ熱水噴出孔周辺の環境は独特である。太陽光が届かず、植物が生息しないため、小さなカニなどの生物は、化学合成を行う細菌を基本的なエネルギー源としている。

■ 流域と流路

地球上のいかなる水系も、周囲の陸地にとって自然の排水システムとしての役割を果たしている。河川は地表の過剰な水を取りこんで、重力に従って下流へと運ぶ。

河川によって排水される地域を集水域といい、水系の境界線である分水界によって、別の水系の流域と切り離されている。分水界はふつう山の背や山頂に沿って伸び、分下流域に分けられる。

世界で最も長い川は、アフリカのナイル川で全長が約6700km。南米のアマゾン川はそれよりやや短い約6400kmだが、約1万5000の支流を持ち、世界一の流域面積と流量を誇る。アジアで最も長い長江は、全長約6300kmにわたって流れる。

■山あいを流れる急流。河川の水源は、多くが高い山岳地帯にある。

流域｜水系｜上流と下流

河川

河川は地形の生命線だ。河川によって礫や砂、泥が移動し、地形が変化していく。
河川が形成されるには、降水量が蒸発または浸透する水量を上回り、さらに一帯の地形がある程度の傾きを持つことが必要になる。
地球の総水量のうち、河川によって循環している水は0.0001％しかないが、山間の急流から緩やかな流れの川まで、すべての水系は地表の形成に重要な影響をおよぼす。
さらに河川は、飲料水や交通、エネルギーの源にもなっている。

■世界最大のアマゾン川。

水界となる山の稜線を分水嶺という。

河川の密度と流量は、地形や気候、植生によって異なる。河川には湖や海に流れ込む本流と、本流に流れ込む支流があり、流れている方向によって、上流域、中流域、

流路

河川の水源になっているのは、たまった水や解けた氷河だ。水源の多くは山間部にあり、そこでは酸素を含んだ冷たい水が泉として湧き出している。

生まれたばかりの小さな流れは、水の流入や降水によって徐々に成長し、流れの速い小川となって、勾配の険しい山脈をまっすぐに流れ下っていく。急傾斜地ではますます速さを増し、浸食されにくい岩の斜面があると、滝となって流れ落ちる。

山脈の端では勾配や流速が急速に減少するため、川が山から運んできた砂礫の大部分が堆積して、扇状地ができる。さらに下流に進むと、支流から多くの水が流入して、ゆったりとした大きな流れとなっていく。

ふつうの条件下では、川に削られて狭い峡谷の幅が広がると、川幅も広がって大きな曲がりくねった川になる。川が流れるうちに削りとった運搬物は、満潮になって大量の堆積物が海に流れ込むたびに減少し、やがてなくなっていく。

恒常（永久）河川	常に流水が見られる。
季節河川	雨季と乾期で流量が変化する。
間欠河川	ふつうは川底に水がない水無川だが、降雨のときだけ一時的に水が流れる河川。涸谷（かれだに）やワジともよばれる。
外来河川	水源が湿潤地帯にあり、乾燥地帯を貫いて流れる河川。流れるうちに蒸発して水量の多くが失われる。砂漠中にオアシスをつくる。

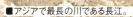

■アジアで最長の川である長江。

上流と下流

陸地の年間降水量約11万km³のうち、3分の1近くが河川を通じて海へと流れ込む。この過程で、河川は浸食作用や堆積作用によって周囲の環境を形づくる。

人工の河川

最も印象的な内陸水路は、1950年代に完成した北米のセントローレンス水路だろう。複数の水門を設けて水位を調節することで、大型船舶が五大湖から大西洋まで全長約3700kmの水路を連続航行できるようになった。ドイツの北海バルト海運河(キール運河)が完成したのは1895年。世界で最も航行量が多い人工水路だ。

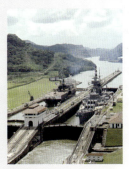
■船でにぎわう中米のパナマ運河の水門。

■ドイツのザール川で見られる典型的な蛇行。地元ではザールシュライフェ(「ザール川の湾曲」)とよばれる。

流速が最も速く、浸食力が最も強いのは、初期または幼年期の川だが、水位や川幅、河床の構造によっても状況は変わってくる。垂直方向の浸食作用である下方浸食(下刻)が起きると、V字形の河谷や谷が形成される。周辺地域も深く浸食され、しかも両側が急な崖になっている谷は峡谷とよばれる。世界最大の峡谷である米国コロラド州のグランドキャニオンでは、河床の地面が急激に落ちて、川幅の狭い急流とごう音をたてて流れ落ちる滝を形成している。

蛇行と河口

地形が平坦になると、川の流速と浸食力は大幅に低下し、大きな障害物を迂回できるようになる。このような川を壮年期の川とよぶ。壮年期の川では、湾曲部の外側ほど流れが強くなるため、河岸の下部が削り取られて河床が広がり、ほぼ垂直の岸が形成される。逆に湾曲部の内側では流れが遅いため、砂礫が継続的に堆積して、ポイントバー(突州または蛇行州)とよばれる傾斜の緩い州が生まれ、やがて蛇行が形成される。

蛇行した川はまさしく字のとおり、ヘビのように大きく曲がりくねりながら流れ下る。流量が多い場所では川の曲がり方が激しくなり、くびれた部分が輪となって取り残され、三日月湖ができることもある。

流れが遅い川や老年期の川がゆっくりと海に注ぐ場所では、大量の堆積物が大きく広がって海に流れ込み、デルタ(三角州)が形成されることが多い。ナイル川デルタやミシシッピ川デルタなどの大きなデルタは、穏やかな浅い海の近くでしか形成されない。干満の差が大きい海岸に注ぐ川の河口には、ラッパ状の入り江が形成されて、満潮時には海水が陸地の奥まで浸入する。

洪水

豪雨や急激な雪解けで、河川の水がその容量を超えると、氾らんが起こって河谷の低地を洪水が襲う。洪水によって土砂で覆われてできた平坦地を氾らん原という。洪水の危険性は、植生の破壊、森林の伐採、人工的な河道の変更など、自然に対する人間の介入によってますます高まっている。

■激しく流れるコンゴ川の急流。

■オカバンゴ川デルタはアフリカ南部の湿地で、海に接していない。代わりに砂漠を潤し、この乾燥地帯に欠かせない水源となっている。

▶ p.126(地球温暖化)参照

地球 ｜ 水

■ 湖の形成

湖が地球の地表に占める割合はわずか2%で、大きさや分布にもかなり差がある。とはいえ、地球の総淡水量の4分の1が湖に蓄えられている。

適当な窪地と十分な水さえあれば、湖は地球上のどこにでも形成される。カスピ海や死海のように「海」とよばれる湖もあるが、どちらも、ロシアのシベリア東部にあるバイカル湖ほど古くもなければ、深くもない。世界最大の淡水湖群を形成しているのは、北米の五大湖である。

形成 ｜ 循環

湖

湖は、単に内陸にある、水のたまった窪地というだけではない。自然の力が多様であるように、湖もまた多様な起源を持ち、さまざまな姿を見せ、複雑な生態系をつくり上げている。湖がためる水は陸地の水のほんの一部にすぎないが、周辺地域の環境と気候、および人間の生活にとって、極めて重要な役割を果たしている。

幼年期と老年期の湖

新しくできた湖の大部分は、最後の氷河時代の名残だ。氷河時代には、北半球の広大な地域が膨大な氷床と氷河に覆われていた。氷塊が後退するにつれて、後に谷や凹地や窪地が残り、そこに解けた水がたまったのだ。低地では、岩や土砂が水の流れを遮断して、巨大な湖水地帯が形成された。

それより古い時代にできた湖は、地殻変動によって生まれたものだ。深い窪地や割れ目、地溝帯に水が集まって形成された。東アフリカ大地溝帯のタンガニーカ湖とマラウイ湖、死海、バイカル湖がその例である。また、火山のカルデラに水がたまって生じた湖もある。石灰岩で覆われたカルスト地帯では、洞穴が崩れると、ドリーネ湖とよばれる湖ができる。

生息環境

湖は多様な生息環境に分けられる。すなわち湖底まで太陽光が届く沿岸帯、湖底に太陽光がほとんど届かない沖帯、河川が流れ出る解放水域、湖底などがある。

水温と密度との関係で、湖内には水温躍層（サーモクライン）とよばれる層が形成される。これより深い層（深水層）は常に4℃で、これは湖水の密度が最も高くなる温度だ。湖面近くの層（表水層）は水温の変動が大きく、冬には結氷することもある。生物たちは、春になって表面水温が再び上昇するまで、氷の下で生き続ける。

人造湖

人造湖の中には、礫や砂などの工業原料を採掘した結果としてできたものもある。貯水池は主に川の上流域にあり、飲料、工業用貯水、洪水対策、水力発電などに利用される。世界最大の人造湖はガーナのボルタ湖だ。中国の三峡ダムは世界最大級のダムだ。

■約1800億m³の貯水量を誇るアフリカ、カリバダムの貯水池であるカリバ湖。

■火山の陥没した火口にできたカルデラ湖。降水量が蒸発量を上回らないと形成されない。

■シベリアにある世界最深のバイカル湖。「シベリアの青い目」とたたえられ、貯水量も世界最大である。

▶ p.131〈危機に瀕する水〉参照

■ 水の循環

地質学的に見ると、湖のほとんどは若く短命だ。
その生態系の多くは微妙なバランスで維持され、人間の活動自体も
湖の存続に対する大きな脅威となっている。

■藻の増殖が湖を窒息させ、死滅させることもある。

湖とは、陸地に囲まれ、海には直接つながっていない、水をたたえた窪地を指す。水源は降水か、地表あるいは地下から流れ込む水で、蒸発によって消失していく。

湧き水からできた湖には地表からの水の流入はなく、流入型の湖には河川などによる流入と流出がともにあり、逆にこういった水路を持たない湖には流入も流出もない。また、内陸に閉ざされた河川の下流にできる末端湖には流出がない。

さらに、年間を通じて十分な水の流入がある恒久的な永久湖、雨季の期間だけ水が流入して湖の大きさが変わる季節湖、豪雨の後にだけ水がたまる一時的な間欠湖という分類もできる。

大きな湖は、周辺地域の気候に影響をおよぼす。湖の水に熱を貯蔵して、極端な気候変化を緩和する役割を果たすのだ。また、降雨期の間に水を蓄え、乾期には周辺地帯を湿らせる。

湖の遷移特性

地質学的に見るなら、湖の平均寿命はごく短い。川の運搬物や植物の堆積によって、

■米国とカナダの国境にある五大湖の水量は、世界の淡水湖の総水量の約22％にあたる。

陸地化していくからである。生物学的な老化のプロセスは、富栄養化によって大きく左右される。湖は、大気や流入する水からの栄養分で徐々に富栄養化していく。その結果、植物プランクトンが増殖し、上層（表水層）における酸素の生成量が上昇する。一方、下層（深水層）では有機物の死骸が分解されるため、酸素は急速に減少する。

湖水が短期間で入れ替わる湖では、富栄養化の動きが鈍い。カナダには、水の流入流出の速度が非常に速いため、湖全体の水が数週間で入れ替わる湖がある。それと

は対照的に、米カリフォルニア州のタホ湖は、湖水の入れ替えに700年もかかる。

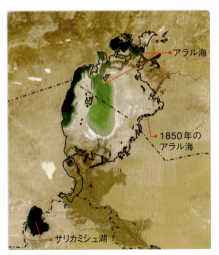
■アラル海の大幅な縮小は、地域の環境と経済を大きく揺るがせた。

塩湖

塩湖の多くは昔は淡水湖だった。長期間にわたって水の流入量より蒸発量の方が多かったため、湖水中の塩分や鉱物が徐々に濃縮された。塩分濃度が自然海水より高くなることもあり、やがて沈殿して塩の結晶ができる。この種の湖は主に内陸の乾燥地帯に見られ、ボリビアのウユニ塩原、米国ユタ州のグレートソルト湖、オーストラリアのエーア湖、イスラエルとヨルダン国境の死海などがある。

■ユタ州のグレートソルト湖。

▶ p.279（リン循環と水循環）参照

■ 氷河の形成

氷河とは、重力によってゆっくりと下方に移動する氷塊を指す。
積雪が極めて多いと、氷河の前進は加速される。逆に気候が温暖で、
新しく形成される氷の量より解ける量の方が多いと、氷河は後退する。

山岳氷河は、雪や氷がカール（圏谷）に集積するとできる。カールとは、山頂近くの椀形の窪地のことだ。

毎年の降雪で雪量が増える所と減る所の境界を雪線という。雪線より上の涵養域では、細かい雪の結晶が凝固し、融解と凍結を繰り返して、フィルンとよばれる粗い粒状の氷になる。これが降り積もる雪の重みで押され、最終的に空気も水も通さない氷河氷が形成されるのだ。アルプス山脈ではこの過程に数年かかるが、より寒冷で乾燥した南極地方では、最長で200年もかかる。

氷河の流動

氷の重さによって、氷河氷の下層部が滑り落ち始めると、氷河氷は流動する氷河となる。傾斜が十分にあれば、氷河は雪線を超え、末端が谷間に向かって前進する。

氷河氷が押し寄せる速度より流れる速度が上回ると、クレバスとよばれる深い裂け目が形成される。横クレバスは断崖に生じ、縦クレバスは氷河の谷幅が広がった場所にできる。氷河の先端には放射状クレバスが形成され、氷河末端から扇形に広がる。

氷は、雪線より下の消耗域まで来ると、解けたり蒸発したりして減少する。だが、涵養域から次々と氷が押し寄せてくるので、途切れることなく氷が補充される。氷が流入する速度が解ける速度を上回ると、氷河の末端は前進し、逆の場合には氷河が後退する。消耗域で氷が解けてできた水は、氷河の底部に集まり、乳白色の小川となって氷河末端の口から流れ出る。

氷河によって運ばれた石や礫が堆積した地形をモレーン（氷堆石）とよぶ。氷河の流動中に氷の底に集まった石や礫をグランドモレーン（底堆石）とよび、最終的に氷河の末端に堆積したものをエンドモレーン（末端堆石または終堆石）という。

形成 | 極地 | 高山

氷河

かつて北半球と南半球の陸地の多くは、厚さ数千mにおよぶ氷で覆われていた。巨大なモレーンや氷食作用でできた谷、滑らかに磨かれた石などは、いずれも氷河時代の名残だ。極地や高山を覆っている氷は今日、急速に後退している。ただし、地球規模の気候変動との関連については、まだ完全には解明されていない。

■ アルゼンチンのペリトモレノ氷河。淡水貯水量が世界第3位のパタゴニアの南部から流れ出る。

氷河時代

氷河時代とは、世界の平均気温が現在より少なくとも4〜5℃低かった地質時代で、山岳地帯や極地に向かって大規模な氷河が形成された。最後の大氷河期は250万年前に始まり、約1万1000年前に終わった。この間、氷期と、間氷期とよばれる暖かい時期が交互に訪れた。

■ 氷河時代に形成されたフィヨルド。

極地方と高山の氷河

極地方の氷床や高山の氷帽によって生じる氷河の流動と圧力は、地形の形成に重要なだけではない。氷河は陸水の約76%を占め、世界最大の淡水の貯蔵庫でもある。

■米国の南極観測基地。

現在の地表の地形は、過去200万年間の大氷河期に氷食作用で形成された。かつては陸地の3分の1近い約5500万km²以上が氷で覆われていたが、現在、「万年氷」で覆われているのはせいぜい1500万km²しかない。とはいっても、氷河は陸地全体の面積の約10分の1を占め、地球の総淡水量の約76%を氷として蓄えている。

オーストラリアを除き、山岳氷河はすべての大陸で見られる。山岳氷河が最も多いのは欧州だが、極地に近い場所とは限らず、アフリカの赤道近くに位置するキリマンジャロ山も氷河で覆われている。逆に、アラスカ北部の寒冷で乾いた地域や、シベリアの広大な地域は、内陸性で積雪が少ないために大陸氷河は形成されない。

全般的に見ると、山岳氷河が氷河地域全体に占める割合は4%で、グリーンランドを含む北極地方の大陸氷河が11%、南極大陸の大陸氷河と棚氷が85%である。

山岳氷河

山岳氷河にはいろいろな種類がある。最も知られているのは、谷を埋めて流れ下る谷氷河だろう。アルプスで最も長い氷河、アレッチュ氷河もそのひとつだ。北米アラスカ州南東部にあるマラスピーナ氷河は、横方向に扇状に広がった山麓氷河の代表で、渓谷から流れ出た氷塊が周辺の平野へと広がっている。また、山岳全体を覆う広大な氷河を氷原といい、アイスランドのバトナ氷河は、容量が約3000km³ある、欧州で最大の氷原だ。

大陸氷河

大陸氷河は氷床ともよばれ、山岳氷河よりさらに大きい。過去250万年間には欧州と北米の広大な地域も氷床に覆われていたこともあるが、今日ではグリーンランドと南極にしか見られない。

グリーンランドの氷床は面積が約180万km²、厚さは3000m以上ある。しかし、この氷床は解け続けており、年間に最大で330km³の氷が消えていると推測される。南極大陸の氷床はさらに広大で、面積は約1250万km²、厚さは4000m以上。氷の下には山脈全体が埋まっており、氷上に、「ヌナタクス」とよばれる露出した岩峰がわずかに突き出ている。

大陸氷河や氷帽からあふれる氷河を溢流氷河という。溢流氷河は大きな流れとなって沿岸に向かって流れ出し、そのまま海に流れ込んで分離し、巨大な氷山となる。

流動する速度

氷河が流れる速度は、年に数〜数千m。

■グリーンランド東岸のエレファントフット氷河。

温暖氷河は、氷河底部にかかる圧力で水の膜ができるため、比較的速く流れる。これに対して雪線より上にある寒冷氷河は、ひずみが生じるせいで動きが遅い。一般に山岳氷河は年に約30〜150m動くだけだが、ヒマラヤ山脈の氷河は1日に約2〜4mも流動する。南極大陸の冷たく固い氷は、年に5mをやや上回る速度で移動している。

> **氷のない未来**
>
> 「気候変動に関する政府間パネル（IPCC）」によれば、気候変動の影響で1980〜2005年に地球を覆う雪が約5%減少したという。北極の流氷は予想以上の速さで消滅している。この傾向が続けば2037年には山岳氷河の多くが姿を消し、2050年には北極から氷が消滅しているかもしれない。

■氷河は、科学者の予想を大きく上回るペースで崩壊し、後退している。

■大幅に縮小したグリーンランドの氷床。北極地域の夏季の氷は、早ければ2015年、遅くとも2050年にはほぼ確実に消滅しているものと予測される。

起源と地質	52
地球の起源	54
地球の構造	56
岩石	60
プレートテクトニクス	64
地震	68
火山	72
山	76
生態系	80
変化する地球	88
世界地図	92

水	94
海洋	96
河川	104
湖	106
氷河	108

大気	**110**
大気	112
気象	114
気候システム	118
気候変動	124

環境保護	**128**
産業化の影響	130
環境	134

地球

大気

　地球は気体の層に取り巻かれている。この層こそが大気である。大気のおかげで私たちは毎日を暮らすことができる。大気は、宇宙から来る危険な放射線から私たちを守り、呼吸するための空気にもなっている。

　大気ではさまざまな現象が起こっている。それによって日々の天気が生まれている。大気の運動や現象の原動力となっているのは太陽エネルギーだ。数カ月あるいは数十年にわたる長期的な気象パターン、地域によって異なる気候帯の形成も太陽エネルギーの影響を受け、大気によって生じている。

　過去数百万年の間、地球の気候は自然の力によって、何度も大きく変化してきた。だが現在では、人間が気候に及ぼす影響がますます大きくなっている。地球温暖化の実態を否定する科学者は、今やほとんどいないだろう。世界中がさまざまな条約を取り決め、この問題に取り組んでいるが、そうした努力がこの地球規模の気候変動のスピードを緩められるかどうかは、誰にも確約できない。

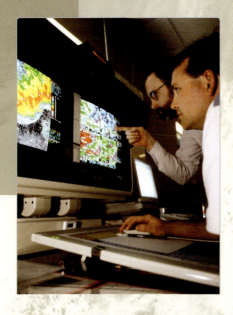

大気の構造

現在の大気は、地球が約46億年前に誕生してから、4番目にできた大気にあたる。約78％を窒素、約21％を酸素が占め、ほかにアルゴン、二酸化炭素、ネオン、水蒸気などさまざまな不活性ガスで構成されている。

地球の大気の厚さは、どの層まで含めるかによって異なるが、おおむね100kmといえる。赤道上での直径が1万2756kmの地球の大きさに比べると、とても薄い。構成する気体成分の割合は高度によって異なり、気圧も高度が上がるにつれて下がる。そのため、大気圏は高度に応じていくつかの層に分けられる。

構造｜過程

大気

大気は、地球を取り巻く気体の「覆い」だ。大気のおかげで、私たちの惑星は宇宙から来る危険な放射線から守られ、多彩な生命が生存し、発展することができる。地球の大気がはじめて形成されてからすでに数十億年がたつが、その構造や働きについての研究が進んだのは、ほんの数十年前からにすぎない。

大気の鉛直構造

まず、最も地上に近いのが「対流圏」だ。大気中の空気質量の90％以上と水蒸気のほとんどを含み、実質的に気象現象はすべてこの層で起こっている。対流圏は、極地では高度約7kmまで、赤道上では高度約18kmまで続き、高度が1km上がるごとに気温が約6.5℃低くなる。

対流圏の上面を対流圏界面といい、その上を「成層圏」とよぶ。ここでは高度が上がるにつれて気温が上昇し、圏界面では−50〜−60℃、上層の高度50km付近では約0℃になる。気温が上昇する理由は、成層圏にあるオゾン層が紫外線を吸収して暖まるからだ。

その上の「中間圏」では、再び温度が下がっていく。中間圏の上端である中間圏界面は温度が約−80℃となり、オーロラ（南極光と北極光）はこれより上で生じる。高度約80km以上の「熱圏」では、上層にある気体の粒子の一部が1000℃以上にもなる。

高度約500kmからは、地上から最も遠い「外気圏」が広がり、大気の外側には高エネルギー粒子の集まるバンアレン帯がのびる。

また、大気は、気体の電気的な性質によって3つの圏にも分類される。高度80kmまで広がるのがニュートロスフェア（中性圏）で、その上がイオノスフェア（電離圏）となり、イオノスフェアは宇宙空間のプロトノスフェアにつながっていく。

さらに大気を組成分布によって分けるなら、水蒸気やオゾンを除く成分の組成がほぼ一定に保たれているホモスフェア（均質圏）と、地球の引力の減少によって組成分布が不均一になっているヘテロスフェア（非均質圏）に分類される。

■ 地球を包む薄いベールのような大気が、全人類の生存を支えている。

オーロラ（極光）

太陽から放射された電気を帯びた粒子が、地磁気によって地球の極地に引きよせられ、大気上層の酸素や窒素の分子や原子などと衝突して発光する現象。美しい光のカーテンが現れたり夜空が赤く光ったりする。

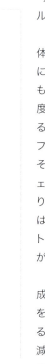

■ 大気圏は化学的構成と温度によって、いくつかの圏に分けられる。

大気と太陽エネルギー

大気運動の原動力は、太陽から来る太陽放射である。
大気は、太陽放射のうち、生物に有害な紫外線は吸収し、可視光のすべて、および赤外線や電波の一部を地表まで透過させる。

太陽放射とは太陽が放出する電磁波を指し、あらゆる気象現象や、多くの大気現象のエネルギー源となっている。

アルベド（反射率）

地球に来た太陽放射の一部は、雲や地表に反射されて、大気を暖める熱に利用されることもなく宇宙空間へと戻っていく。この反射の強さは、反射された場所の種類や状態に大きく左右される。黒いものは放射を全部吸収して何も反射しないが、白いものは反対の効果を持つ。したがって、アルベドが最も高くなるのは、乾いた雪に覆われた場所だ。地球が広く氷に覆われるほど、吸収される熱量が減り、気温が下がることになる。

■雪で覆われた場所は自然の反射率が大きいため、地表の温度が低くなる。

する。もし大気がなければ、こうした地球の熱放射は宇宙空間へと逃げてしまい、地表の平均温度は-18℃まで下がってしまうだ

■たそがれ時によく見られる薄明光。太陽光が雲に散乱されて、視覚的効果を発揮する。

地球に到達した太陽放射の約30％は、雲や大気、地表によって反射され、宇宙空間へと戻っていく（地球に入射した太陽放射量と地球の反射放射量の割合を「アルベド」という）。大気は同時に、紫外線など波長の短い太陽放射を吸収する。また、太陽放射の約3分の1は、直接的あるいは間接的に、大気やエアロゾル（微粒子）に吸収・拡散され、残りが地表へと到達する。

地表はこの太陽放射エネルギーを吸収し、波長の長い赤外線を熱放射として放出

ろう。だが、熱放射の大部分は雲や、二酸化炭素（CO_2）、水蒸気（H_2O）などの大気中のガスによって、再度吸収・放射される。そして、ほんの一部の、いわゆる「大気の窓」とよばれる大気の影響を受けにくい波長域が宇宙に放出されるだけだ。

このような働きは、自然の温室効果とよばれる。大気に蓄えられた放射エネルギーは、地表近くの気温を平均14.5℃に上げ、水を蒸発させて、大気および海洋の循環を生み出す。

エネルギー収支

地球が受け取る熱量と放射する熱量は、総合的にバランスが保たれている。とはいえ、緯度によって熱量に差ができる。例えば極地方では日照のない時期があるため、受け取る熱量より放射する熱量の方が多い。反対に、熱帯地方では1年中強い太陽放射を受けるため、放射する熱量より受け取る熱量のほうが多くなる。こうしたエネルギー分布の不均衡を修正するために、大気では地球規模の恒常風が生まれ、海洋では海流が低緯度地方から高緯度地方へとエネルギーを運んでいる。

太陽光

波長の異なる複数の色の可視光で構成されている。太陽光が大気に侵入すると、大気の分子によって光が散乱する。空が青く見えるのは、波長の短い青の光が赤の光に比べて約5倍も強く散乱されるためだ。

■日没時には太陽の位置が低くなるため、多くの太陽光が散乱して、波長の長い赤とオレンジの光だけが地上に届く。

■ 高気圧と低気圧

太陽は気象におけるエンジンの役割を果たしている。太陽のエネルギーによって、巨大な空気の固まりが気流となって下層大気中を移動すると、日々の天気が変わる。一般に、天気の変化は、空気の固まり同士がぶつかった場所で発生する。

空気には重さがないように思えるかもしれないが、実はかなりの重量がある。その重さは気圧で測定され、ヘクトパスカル（hPa）という単位で表す。

上に乗り上げると温暖前線が形成され、冷たい空気が暖かい空気の下にV字形に潜り込むと、寒冷前線が形成される。そして暖かい空気が上昇すると、雲が形成されて降

■暖かい空気が上昇すると水蒸気が凝結、昇華して雲が形成され、雲の中の水滴や氷晶から降水が生じる。

気圧｜気象学｜雲｜風

気象

地球上の生物はすべて天気の影響を受けている。人間は特に気温や気圧、湿度、風や雲の有無に関する正確な予報に大きく頼っている。
だが、大気の下層で起きている気象のメカニズムは非常に複雑なため、数日以上先の天気を正確に予測することは不可能に近い。
日々の雨や日照、大災害を引き起こす可能性のある暴風雨や竜巻など、天気は極めて変わりやすく気まぐれな多くの要因でもたらされるからだ。

気圧の差が生じるのは、地表の暖かさが場所によって異なるためだ。暖かい空気が上昇すると、地表には低気圧ができる。空気が冷えて下降してくる場所には高気圧が発達する。高気圧の空気は、大気の気圧差を均等にしようと、低気圧側へ移動する。

前線と気団

温帯地域では、天気は寒冷な気団と暖かい気団の相互作用によって決まる。まず、温度差のある気団同士がぶつかると前線が生まれる。軽く暖かい空気が冷たい空気の水が発生する。温暖前線ではこの過程が均等に比較的ゆっくりと起きる。寒冷前線では急速に積乱雲が発生して、突然の大雨が降り、激しい雷雨となる場合もある。

寒冷前線が速く進んで前方の温暖前線に追いついて重なり、冷たい空気の中に閉じ込められた前線を、閉塞前線とよぶ。この場合、追いついた寒気のほうが追いつかれた寒気より、強い場合は寒冷前線に似た性質、弱い場合は温暖前線に似た性質を持つ。

温帯地域では、亜熱帯高圧帯と亜寒帯低圧帯の間に生じる気圧の勾配によって大気

が絶えず循環しており、強い偏西風という風が吹くことで気圧差の平衡を保っている。また、冷たい寒帯気団と暖かい中緯度気団の間には、寒帯前線という境界面ができ、そこでは大きな乱気流が発生する。この乱気流は直径が1000kmに達することもある。

> ### ジェット気流
>
> 偏西風帯の中で、極めて風速が強い気流をジェット気流とよび、非常に冷たい気団と非常に暖かな気団が衝突して気圧が極端に下がった場所で生じる。風速は高度9〜12kmで時速600kmまで達することもある。幅が数km、長さが1000km以上のものもある。ジェット気流は、氷晶からできた巻雲の流れで識別できることが多い。
>
>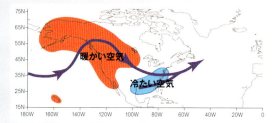
>
> ■ジェット気流は対流圏上部を蛇行しながら吹く。

▶ p.36（宇宙の気象）参照

■ 気象学と気象観測

翌日の天気は誰もが気になるところだろう。気象現象に関する最古の記録は5000年以上前にさかのぼるが、天気が系統的に記録され、分析されるようになったのは、ここ150年間のことだ。

今日、気象状態の観測および記録は、データ記録装置を使った地球規模の観測網によって24時間体制で行われている。観測は気象観測所や気象ブイロボット、空港、船舶、航空機、観測気球で行われ、気圧、気温、降水量、湿度、日照時間、風向き、風速などに関するデータを集めている。こうしたデータには、遠隔地からでも常時、アクセスが可能だ。危険な熱帯低気圧が発生する恐れがある場合には、飛行機を飛ばして上層大気を観測することもある。1960年代以降は気象衛星も利用され、地球上の受信基地に継続的にデータが送信されてくる。

■ 天気は気まぐれで予測不能に見える。だが実は、自然法則に従っており、かなり正確に予測できる。

天気予報

収集されたデータは、地球上に分散している各種の気象センターに送られ、そこから各地域の観測所や各国の気象サービス機関に転送される。こうした機関はすべて、国連の専門機関として1951年に設立された世界気象機関（WMO）のメンバーだ。各気象サービス機関は、送られてきたデータに基づき、国際的に決められた標準記号を使って天気図を作成する。

当日から数日間の予想天気図（数値予報を使用）は、数学と物理学の法則に従って、コンピューターで計算される。技術の進歩にともない、人々は以前にも増して精度の高い天気予報を期待するようになった。しかし、大気中で発生する気象現象のプロセスは複雑なため、長期の予測を行うことは難しい。そのため10年前には3日先の天気しか予測できなかった。今では、現代のコンピューターによる気象モデルを利用することで、専門家は5日先までの天気をほぼ正確に予測できるようになった。こうしたコンピューターを使ったモデルは、より予測が難しい長期予報にも用いられている。

■ 天気の予測にコンピューターは不可欠な道具だ。そのおかげで、より正確な予報ができるようになった。

■ 眺めるには壮観な稲妻も、ときに危険な気象現象となる。発生地域で最も高い建物に落ちることがあるからだ。稲妻の長さは2～20kmほど。

ビルヘルム・ビヤークネス

ノルウェーの地球物理学者で気象学者だったビルヘルム・ビヤークネス（1862～1951年）は、気象学の偉大な先駆者だ。温暖前線と寒冷前線に関する理論を確立し、数値予報の基本原理を構築した。最も重要な研究のいくつかはドイツのライプツィヒ大学で行ったが、第一次世界大戦の勃発により1917年にノルウェーに帰国し、ベルゲンに地球物理研究所を設立した。

■ 父ビルヘルムを継いで気象学を発展させた息子ヤコブ・ビヤークネス。

雲と降水

さまざまな形に変化する雲は、昔から人々の想像力をかきたててきた。
雲は、地球上の水の循環と分布に重要な役割を果たしており、
雨や雪など、地球上の生命を支える降水をもたらしてくれる。

地球の水は絶えず循環している。地表の水は蒸発して大気中に入ると、はるか遠くまで移動する。気温が低いほど大気中の水蒸気量は少ない。相対湿度が100％以上になると水蒸気が凝結して水滴（雲粒）となり、

薬剤師ルーク・ハワードが1803年に発表した研究に基づくものだ。雲の形は10種の基本形と種、変種、副変種という下位区分に分けられ、発生高度は3段階に分けられる。10種雲形は大きく層状雲（層雲、層積雲など）と対流雲（積雲と積乱雲）に分けら

■地面に落ちた雨粒が描いた円。雨粒は小さい水滴が集まってできている。

basics

積乱雲（雷雲） 地表近くの暖かく湿った空気の上昇によって、対流圏界面まで成長した雲。雲の上層には氷粒ができる。これが上昇気流で激しくぶつかりあうと静電気が発生し、雲の上層はプラスに、下層はマイナスに帯電する。電位差が大きくなると放電現象が起こり、稲妻が光る。周辺の空気が熱で膨張すると雷鳴が起こる。

降水

雨、雪、ひょうなど、空から降る水を降水という。降水が発生するのは、湿った空気が上昇して冷えるときだ。それには、2つの前線がぶつかった場合（前線性の降水）、低気圧が発生した場合（低気圧性の降水）、地面の標高に沿って空気が上昇した場合（地形性の降水）、上層と下層の空気が混じり合う場合（対流性の降水）がある。雨滴は直径によって分類され、直径0.2mm以上のものを雨、その中でも0.5mm未満の微小な雨滴を

この飽和点を「露点」とよぶ。また、氷点下の場合は、水蒸気は昇華して氷の結晶（氷晶）になる。

凝結や昇華が起きるためには、大気中に、浮遊している水分子を接着させる凝結核や氷晶核が必要である。これらの核は海塩の粒や土粒、工場の排出物などがその役目をする。核の周りに雲粒や氷晶ができると、水蒸気は目に見える雲になり、雲粒や氷晶が成長して重くなると、浮力を失って降水が発生する。

雲は形と発生する高度によって分類される。現在の国際的な雲の分類法は、英国の

■雪片は1個の雪の結晶からなる。見た目がそっくり同じ雪片を見つけることは、不可能とはいえないまでも、なかなか難しい。

れ、層状雲は水平方向に大きく広がり、対流雲は垂直方向に高く発達して、雲の底部はほぼ平らだ。10種雲形のうち、「巻」の字がつく雲は氷晶からなり、温帯地方では5000〜1万3000mという極めて高い空にしか出現しない。2000〜7000mの中層の雲の名前には、頭に「高」の字がつくものが多い。さらに「乱」がつく雲は、厚く暗灰色で、大量の降水をもたらす。

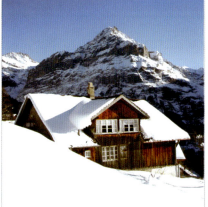
■山岳地帯の雪。標高が高いと、山の頂は1年中雪に覆われている。

■海洋上に形成される積乱雲。この雲が現れると大量の降水と暴風、雷が発生する。熱帯の海上で積乱雲が集まって渦を巻くと台風になる。

霧雨とよぶ。また、0.01〜0.04mmで空中を漂うものを霧という。気温が下がり、雲の落下物が地表まで解けずに落ちてくると、雪、みぞれ、ひょうなど固体の降水になる。

■風、暴風、異常気象

風とは、大気中の気圧の差から生じる大気の動きである。常に気圧の高い領域から気圧の低い領域に向かって吹き、気圧差が大きいほど風力も強くなる。風には、地球規模で吹く恒常風と、各地に特有な局地風がある。

地球では、貿易風、偏西風、極東風という恒常風が、いつも一定方向に吹いており、その地域の気候に影響を与えている。

赤道近くでは、暖められた空気が膨張して上昇し、熱帯収束帯とよばれる低気圧ができる。この一帯は赤道無風帯（ドルドラム）ともよばれる。

赤道近くから上昇した空気は、やがてゆっくり冷やされて極方向に広がる。冷えた空気は北緯30度および南緯30度付近にある亜熱帯高圧帯で再び下降し、対流を形成する。この空気が赤道方向へ戻るときに貿易風となる。貿易風は地表近くを赤道に向かって吹き、上昇する空気と入れ替わる。さらに熱帯収束帯の低気圧と合流し、この循環を繰り返す。亜熱帯高圧帯では、熱帯低圧帯と同様に、微風が吹くだけで空気はほとんど動かない。

一方、中緯度帯に吹く偏西風は、極偏東風とよばれる寒冷な風とぶつかる。南北の極地は下降する冷たく密度の高い空気によって高気圧地帯となる。

■竜巻は激しく渦巻く「大気の柱」だ。破壊力と風速の強さはどんな気象現象にも劣らない。

■熱帯の暴風雨は甚大な被害を引き起こし、低地や沿岸地域に洪水をもたらす。

■近年の米国史上、最大の災害のひとつとなったハリケーン・カトリーナ。死者は1836人にのぼった。

ミストラルとよばれる乾いた寒風が吹き下ろし、サハラ砂漠の北部ではシロッコとよばれる乾燥した熱風が吹く。

激しい暴風

暖かな熱帯の海洋上では、渦を巻いた風をともなう激しい熱帯低気圧風が頻繁に発生する。カリブ海で発生するものをハリケーン、北大西洋北部と南シナ海で発生するものを台風、インド洋で発生するものをサイクロンとよぶ。これらの暴風は最高で時速300kmものスピードで西に移動する。竜巻は積乱雲から生まれ、暴風より小規模で寿命が短いが、暴風と同じぐらい危険だ。

風の強さを表すにはビューフォート風力階級が用いられる。これは考案者の英国海軍提督サー・フランシス・ビューフォート（1774～1857年）にちなんで命名された。

局地風

風の形成は、山脈や砂漠、陸地、海洋、地域の地形にも左右される。そのため、大規模な恒常風に加えて、その地域特有の風が発生する所が多い。沿岸地域では、陸と海の気温差により昼と夜とで風向きが変わる海陸風が生じ、夜には山頂から斜面に沿って谷風（カタバチック風）が吹き下ろす。フランスのサントラル高地（中央高地）からは、

> ### コリオリの力
>
> 風は地球上を直線的に吹くのではなく、地球の自転によって西から東の方向に曲げられる。つまり、赤道から極地に向かって上昇して移動する暖かい風は右に偏向し、極地から赤道に向かって下降して吹く冷たい風は左に偏向する。この現象を発見したのが、フランスの物理学者ガスパール・グスターブ・コリオリ（1792～1843年）である。
>
>
> ■ガスパール・G・コリオリ。コリオリの力は赤道ではゼロで、両極で最大となる。

地球の気候

暑く乾燥した砂漠から、氷に覆われ、凍てつく風の吹く極地まで、地球にはそれぞれの地域に多彩な気候が存在する。こうしたすべての気候を総合して、地球の平均的な気候が割り出される。

気候とは、ある特定の場所で数十年以上にわたって起きている天候状態を総合したもので、季節的変化も含まれる。これに対して天候とは、5日以上、長くても1カ月程度の短期間の平均的な天気の状態を表す。

徴を与えるもので、緯度、高度、沿岸か内陸部か、大陸の東岸か西岸かなどがある。これらの一次的な気候因子から、海流、風系といった二次的な気候因子が生じる。

北大西洋振動（NAO）

NAOとは大西洋上のアイスランド低気圧とアゾレス高気圧が共に強まったり弱まったりする現象を指し、その気圧差の大小をNAOインデックスのプラスとマイナスで表す。インデックスの変動は北半球の天気を左右する。最近数十年は気圧差が大きいことを示すプラスである。

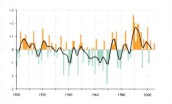

■インデックスのプラス傾向が、気候変動の異常に関連しているかどうかは明らかでない。

地球の気候｜自然現象｜熱帯｜亜熱帯｜温帯｜冷帯｜寒帯

気候システム

気候とは、日々の天気の変化や1年にわたる変化、突発的に起こる気象現象などを総合した大気現象をいい、言い換えればその地域で最もよく見られる大気の状態である。地球にはいくつかの異なる気候帯があり、それらの気候は、さまざまな気候因子の影響が絡んで生じている。気候は一般的に平均気温を基準に分類され、寒帯、冷帯、温帯、亜熱帯、熱帯に分けられ、それぞれ特有の生物群系が発達している。

気候観測

気候は、地域の範囲によって、微気候、小気候、中気候、大気候に分けられる。

微気候は数〜数十m程度の気候で、風の乱れ、煙の拡散、温室の気候などがある。小気候は数十m〜数十kmの気候を指し、都市霧、海陸風、ヒートアイランドなど人間生活に影響が大きい。中気候は数十〜数百kmの気候で、大都市圏や盆地、地方レベルの気候である。大気候は数百〜数万kmで、季節風、気候帯など大陸や地球全体まで扱う。

気候は、地球上に存在する5つの「圏」の相互関係を通して形成される。すなわち大気圏（空気）、生物圏（生物）、土壌圏（土壌）、岩石圏（岩石と鉱物）、水圏または氷圏（水と氷）だ。これらが集まって地球圏が形成されている。多くの気候因子はそれぞれの圏に影響を与えている。

大気圏で起こる天気や天候を表すために、科学者は気温や気圧、湿度、風速、風向などの気候要素に関する測定値を集め、長期間にわたる収集データをもとに平均値を算出する。この平均値と現在のデータを比較することで、気候パターンを割り出すことができる。

地域の気候を決めるもの

地域の気候には、気温、降水量、気圧、風、日照時間などの平均値や出現頻度といった気候要素に加え、気候因子がかかわってくる。気候因子は気候要素に地理的な特

■空気中の水蒸気は地表近くで冷やされると、空中に浮かぶ微小の水滴に凝結して霧となる。

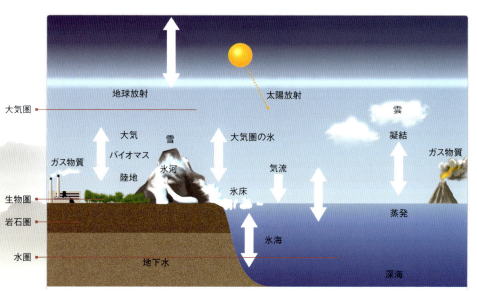

■さまざまな因子は相互に関係して、地球全体の気候に影響を及ぼす。こうした影響は大気圏、生物圏、土壌圏、岩石圏、水圏から起こる。

▶ p.55（生命の起源）参照

自然の気候現象

地球の歴史を振り返ってみると、地球の気候は何回もの自然のサイクルを経てきた。過去数千年間におよぶ気候のデータは、鉱物の堆積物や極氷のコアサンプルに「記録」されている。

風と海流は、太陽放射をエネルギーとして、地球の対流圏と水圏の水を絶えず循環させ、地球の気候を左右している。中でも、貿易風は大量の海洋上の水蒸気を運び、地球の気候に重大な影響を与えている。

エルニーニョとラニーニャ

南太平洋の海水は、南東貿易風によって循環している。南米の沿岸沖の冷たい表層水は、貿易風で西に吹き寄せられていくうちに暖められる。そして東南アジアの近くで冷たい海水とぶつかると、太平洋の中に沈んで海底を南米に向かって進み、再び上昇して新しい循環を始めるのだ。

太平洋の深海から湧き上がるこの冷たい海流によって、南米西部には広い高気圧帯と乾燥した気候が生まれる。また、栄養分に富む海水のおかげで、ペルーなどの沿岸国は理想的な漁場に恵まれている。これに対して、東南アジアでは暖かい海水によって低気圧帯が持続的に形成されるため、オーストラリアやインドネシアがモンスーンの豪雨に見舞われる。

南米沿岸では、3〜8年ごとに海面温度の大幅な上昇がみられるが、この原因として考えられるのが、貿易風の力が弱まって太平洋での海水の循環パターンが妨げられることだ。その結果、豪雨や暴風が起こり、養分を豊富に含んだ冷たい海流が来なくなるために漁獲量が激減する。東南アジアでは、厳しい干ばつになって不作や森林火災を引き起こす。

こうした現象はクリスマスのころに起こることが多いので、ペルーの漁師たちは「エルニーニョ（神の子）」とよんだ。南米と東南アジア間の気圧差が大きくなると、貿易風は力を回復し、海水の循環パターンが再開されて元の状態に戻る。貿易風が強くなりすぎると「ラニーニャ（女の子）」という逆の現象が発生する。どちらの現象も、まだ完全には解明されていない。

気候の分析

歴史的に見ると、地球の気候は大気や新しい陸塊の形成、プレート運動、隕石の衝突、火山の大噴火といった自然現象の影響を受け続けてきた。過去に起きた気候変化のほとんどは緩やかなものだったが、それでも残されたわずかな痕跡から確認することが可能だ。科学者は化石や鉱物の化学組成、氷の堆積物から重要な情報を取り出し、過去の気候状態の解明に取り組んでいる。

■氷はとりわけよい状態で空気を保存するため、極地の分析は過去の気候を知るうえで最も正確かつ貴重な情報源となる。

年輪年代法

樹木は生育期の気候により年輪の厚さが変わる。したがって、年輪のパターンを調べれば、木の年齢だけでなく、過去の気候状態もわかる。

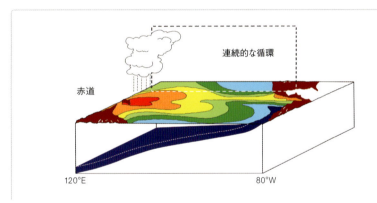

■通常の状態では、インドネシア近海で積乱雲が盛んに発生し、ペルー沿岸では、養分が豊富な冷たい海水が深海から湧き上がってきて海の表層にも栄養分が増えるため、漁獲量が増加する。

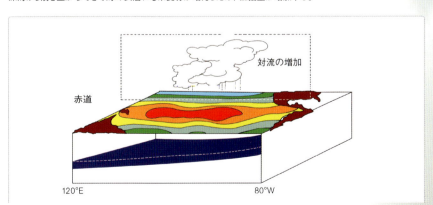

■エルニーニョ現象の間、陸地の降雨量は減少し、海の表層は温かい海水に覆われる。海水の循環パターンの変化で冷たい水の湧き上がりが弱まるため、ペルー沿岸で漁獲量が減る。

■太陽光線が空気中の水滴に当たると、光のスペクトルが虹となって現れる。

■ 熱帯気候

熱帯といえば、動物や植物が豊かな常緑樹の多雨林が広がる、蒸し暑い地域を思い浮かべるかもしれない。しかし熱帯の生息地には、サバンナとよばれる草原や乾燥した砂漠も含まれる。

熱帯は英語で「tropics（トロピクス）」というが、その語源は「回転」を意味するギリシャ語の「tropos（トロポス）」だ。大きくいうと、2つの回帰線（tropic）、すなわち北緯23.5度の北回帰線と、南緯23.5度の南回帰線に挟まれた、赤道の両側に広がる地域を指す。ここでは年間を通して昼の長さがあまり変化しない。最大の特徴は、一年中強い日射があり、常に気温が高いことだ。月平均気温が最低18℃以上あり、昼と夜の気温の較差は、年較差よりはるかに大きい。

気温は、高地になるほど低くなる。熱帯の低地は温暖な熱帯気候で、山地は常春の高山気候を示す。また、赤道に近い低緯度の熱帯では、常緑広葉樹の密林である熱帯雨林が見られる。これに対して、赤道から離れた高緯度の熱帯では、雨季と乾季のあるサバンナが広がる。年間の気温変化が10℃以上になる場所が境界点となる。

密林から砂漠まで

熱帯でも、常に湿度が高いのは熱帯雨林だけだ。熱帯雨林に典型的な熱帯雨林気候は、一年中、熱帯収束帯（ITCZ）の影響を受けており、その範囲はだいたい北緯10度と南緯10度の間だ。一年中高温で、雨が多い。1年の気温差は5℃しかないが、1日の気温差は15℃もある。

沿岸の気候

海水は温まりにくく、冷めにくいため、沿岸地域では水が断熱材の働きをして、年間の気温変化が少ない。また、海洋の大気には大量の水蒸気が含まれ、雨が多い。ただし、アタカマ砂漠やナミブ砂漠のような乾いた海岸砂漠は例外であり、冷たい海流が雨雲の形成を妨げている。

■沿岸地域の気候は一般に、年間を通して気温が安定しており、雨が多いことを特徴としている。

■太陽の光が降り注ぐサバンナを歩き回る、アフリカスイギュウの群れ。

■熱帯収束帯での1日の平均気温は25〜27℃、年間降雨量は2000〜3000mmだ。

赤道から離れるほど年間降雨量が少なくなって乾季が増え、雨は1回あるいは数回発生する雨季の間にだけ降る。アジア南部では、夏にモンスーンとよばれる激しい季節風が海洋から吹き込み、雨季が訪れる。反対に、乾いた冷たい風が陸地から海洋へ吹くと、長い乾季が到来する。

熱帯雨林気候の外側には、夏は熱帯収束帯、冬は貿易風の影響を受けるサバンナ気候が広がる。明瞭な雨季と乾季があり、気温の年較差も熱帯雨林気候より大きい。

このようなやや乾燥した熱帯では、植生は雨季の月の数によって異なる。年間の雨季は、半湿潤のサバンナでは7〜9.5カ月、乾燥したサバンナでは4.5〜7カ月、乾燥した灌木地帯では2〜4.5カ月続き、砂漠あるいは半砂漠地帯では2カ月以下である。

▶ p.80-87（生態系）参照

亜熱帯気候

亜熱帯地域は熱帯の外側に広がる。乾燥した地域が多いが、雨が多い地域もある。日本で広く知られるケッペンによる世界の気候区分では、亜熱帯という区分を使わず、この地域を温帯と、乾燥した乾燥帯に含めている。

■クレタ島南岸に見られるマキー。こうした低木群落は、地中海性気候帯に広く分布している。

■硬葉樹のトキワガシ。地中海地方では木材やトリュフ、あるいは動物の餌の有用な資源として、古くから栽培されている。

亜熱帯は熱帯地方と温帯地方の移行域にあたる。その定義はいろいろあるが、主に亜熱帯高気圧帯の季節変化の影響を受け、夏は高温、冬は比較的温和な地域とされる。

亜熱帯の気温と降水量は、緯度よりも、その地域が大陸のどこにあるかによって違ってくる。乾燥した地域はそれぞれの大陸の中央部に位置し、アフリカのサハラ砂漠やオーストラリアの砂漠など広大な砂漠地帯が広がる。ここでは年間降水量が100mm以下のことも珍しくない。乾燥に強い低木でさえ、条件のよい特定の地域でしか育たないほどだ。大陸の東側では、夏になるとモンスーンの影響で大量の雨が降り、亜熱帯性の湿生林も見られる。大陸の西側は、夏に乾季、冬に雨季がある。

地中海性気候

地中海性気候帯は北緯32〜45度と南緯28〜38度の間に位置する。その名が示す通り、欧州の地中海地域に広く見られる気候だが、ほかに米カリフォルニア州沿岸、チリ沿岸、南アフリカのケープタウン地域、およびオーストラリアの南西海岸などにも分布する。

こうした地域はどこも冬に雨が多く、ときには霜も降りる。最も寒い月でも平均気温は5℃以上。夏の平均気温は、欧州で23℃、オーストラリアで28℃と幅がある。夏の乾季には降水量がゼロか、あるいはゼロに近い期間が4〜6カ月間も続く。

したがって植物が育つのは春が中心だ。この気候帯の代表的な植物は硬葉樹で、水分の蒸発による脱水を防ぐために、葉が小さくて厚い革のように硬くなっている。地中海地域の自然植生のほとんどは常緑のカシ林からなり、代表的な樹木はトキワガシである。しかし、今ではこうした地中海地域の樹林の多くは衰退し、エリカの生い茂る灌木（かんぼく）の群落になってしまった。この種の植物群落は世界各地で見られ、イタリアのマキー、フランスのガリグ、ケープタウンのフィンボス、カリフォルニアのチャパラルなど、それぞれ地元の名でよばれる。オーストラリアの地中海性気候地域の硬葉樹林ではユーカリノキが、チリではリトレというウルシ科の樹木が中心となっている。

■コアラの好物はユーカリノキの葉。オーストラリアの地中海性気候帯に特有の樹木だ。

> **気候の分類**
>
> 地球の気候を分類する方法はいくつかあるが、最も知られているのは地理学者ウラジミール・ペーター・ケッペン（1846〜1940年）が考案した方法だろう。ケッペンの気候分類法は植生を重視しており、植生に対する気温や降水の限界値を決め、個々の気候帯と種類を区別している。1923年に発表されて以降、実効的な分類法として、数回の改定を経ながら現在まで用いられている。

■亜熱帯性の超乾燥地帯にあるサハラ砂漠。植生がほとんどない砂丘が連なる。

▶ p.101（島と環礁）参照

温帯気候と冷帯気候

温帯と冷帯（亜寒帯）は、北半球と南半球の中緯度にある気候帯だ。おおよそ極圏より低緯度に位置し、気候帯の区分によっては亜熱帯も温帯に含めることがある。

温帯と冷帯は熱帯と寒帯の間にあり、主に偏西風の影響を受ける気候帯に属する。偏西風は、沿岸地域には海洋性の気候を、内陸地域には年間降水量の少ない大陸性

■アカシカは、欧州、カフカス地域、アジアの一部、アフリカ北西部の温帯地域に生息する。

気候をもたらす。どちらも夏と冬との気温差が大きく、明確な四季の区別があるが、赤道に近づくほど区別がいくらかあいまいになる。もうひとつの特徴は、季節によって夜と昼の時間が変わることだ。昼夜の時間差は極地に近くなるほど大きくなる。

海洋性気候

大陸性気候に比べて、気温の日較差と年較差があまり極端ではない。これは海洋が熱を蓄える能力を持つからだ。海洋は夏には陸地よりゆっくりと暖まり、逆に冬にはゆっくりと冷える上、蓄えていた熱を放出する。海岸から遠く離れるほど、年間降水量は大幅に減少する。

欧州中心部や北欧ではメキシコ湾流が気候に大きな影響を及ぼしている。メキシコ湾流がなければ、この地域の気候はずっと寒冷になっていただろう。

温帯

北半球の温帯は、北米の西海岸側や北東部、欧州と東アジアの大部分があたり、南半球ではオーストラリアの南部や東部からニュージーランド南島、南米の西海岸側や南東部、アフリカ南部が属する。

気候は比較的温暖、湿潤で、最も寒い月の平均気温が−3℃以上。活発な温帯低気圧の影響で天気の変化が比較的大きい。沿岸地域では海洋性気候の影響によって実際の気温は温和になり、月平均気温が氷点下になることは少ない。一方、内陸部の気温は夏にはかなり高く、冬には非常に低くなる。

乾燥した大陸性気候の温帯草原はステップとよばれ、ここでは樹木が育たない。それとは対照的に、海洋性気候の影響を受ける地域では、ナラ、ブナ、シデ、カバノキ、トネリコなどの落葉樹林が広く分布している。

冷帯

冷帯は亜寒帯ともよばれる。北半球の緯度約50〜70度の間に位置し、南半球には見られない。冬は寒さが厳しく、最も寒い月の平均気温は−3℃未満で、最も寒冷な地域では−25℃以下にもなる。積雪期間は長いが、積雪量は少ない。最も暖かい月の平均気温は10℃以上あり、南部の夏はかなり高温で、落葉樹林も広がる。

低温によって生育期間が120日以下に減ると、落葉樹林は生きのびることができない。そのため、極地に近い冷帯には北方林（針葉樹林）が広く分布し、ユーラシア大陸では、広大な湿地とコケ地帯を含むタイガが大陸の約10％を占める。タイガの北限は森林限界にあたる。すなわち、冷帯は森林

■温帯地域の高山気候は標高およそ2000m以上で見られ、夏冬の季節変化がはっきりしていて、植物の生育は短い夏に限られる。

が発達する最も北の地域になる。

シベリア東部には冷帯（亜寒帯）夏雨気候が分布し、世界で最も気温の年較差が大きい。降水は夏は雨、冬は雪になる。

■北半球の冷帯に広くのびるタイガ。北半球で最も広く分布し、最大の陸上生態系でもある。この生物群系は、陸地と海洋が分離した南半球には存在しない。

▶ p.80-87（生態系）参照

■ 寒帯気候

極圏内には、はっきりとした四季の区別がある。それでも冬の間は太陽が完全には昇らない。最も極端な北極点や南極点では1年のうちに太陽の昇らない季節が半年続き、残りの半年は逆に太陽が沈むことがない。

寒帯は地球の両極に広がる地域で、風は強いことが多く、南半球の西風海流との境界近くでは特に強く吹く。寒帯の気候はツンドラ気候と氷雪気候に分けられる。

ツンドラ気候は、北極海沿岸に帯状にのびる比較的狭い地域に見られ、南半球にはほとんどない。夏は短く、最も暖かな月でも平均気温は10℃以下だ。この気温は森林限界に対応し、この地域では樹木が生育できない。冬は温和な地域から極寒まで気温差が大きい。また、温和な海洋性気候と、変化の激しい大陸性気候という異なる気候が見られる。一般に年間を通じて降水はあるものの、降水量はごく少ない。

この地域の大部分の植物群系はツンドラが占め、短い生育期、永久凍土層という過酷な気候にうまく適応した地衣類やコケ類、草本類、わずかな低木など丈の低い植物が生きている。高く隆起したり、風にさらされたりしている北極圏の南側の地域には樹木のないツンドラが広がり、北側ではツンドラが極地砂漠へと移行していく。

氷雪気候

氷雪気候の地域はとても乾燥する「冷たい砂漠」だ。気温は常に氷点下で日射量は少ない。北極地方の多くは流氷に覆われた北極海から成る。あまりに寒冷なので水がほとんど蒸発せず、降水はほとんどない。年間降水量は、南極大陸の内陸部で30mm、沿岸部で150mm、北極地方で50～500mm。海水の熱の影響で、気温が極端に低下するのは北極点でなく、シベリア東部で、−70℃まで下がる。

南極大陸は厚さ2000m以上の氷床に覆われており、観測史上で最低気温の−89.2℃を記録したほど、地球上で最も寒冷な場所である。夏でも気温が−15℃以上になることはない。これほど気温が低い原因は、高度と極地付近を周回する海流にある。冷たいカタバチック風は南極大陸の気候に特有の風で、ときに激しい暴風を引き起こす。この地帯での植生はほとんどゼロであり、生物はわずかに温暖な沿岸地域に集中している。氷雪気候に適応している動物たちが、ここなら十分な食料を見つけることができるのだ。北極海と南極海はプランクトンや魚の広大な生息地であり、地球上で最も生産性の高い水域である。

■ヘラジカは地球最大のシカの仲間だ。主にユーラシア北部の森林に生息している。

山岳気候

気候を左右するのは緯度だけではなく、高度によっても異なる。標高が100m高くなるごとに気温は0.6℃ずつ低下する。そのためどの気候帯にも山岳地帯があり、特殊な気候が見られる。山岳には多様な気候と植物の垂直分布が生まれる。こうした山岳の気候は熱帯の高山で特に顕著で、熱帯雨林から森林、低木、雪とそれぞれの限界線を経て、最終的には永久凍土層まで見られる。

■高く隆起した地形では、それぞれの樹木の生育限界が気候の境界になる。

■グリーンランドを覆う氷床の氷舌から、大西洋と北極海に流れ出る氷。グリーンランドの氷床は平均2000mの厚さがあり、地表の約80％を覆っている。

▶ p.76-79（山）参照

■ 気候変動

近年になって記録的な高温が測定され、地球規模で自然災害が増加しているのはなぜだろうか。科学者たちは日々、この問題に取り組んでいる。
異常ともよぶべき気候変動の一因として考えられるのが、現代の人間活動だ。

■大西洋とその海岸線を襲う暴風は、過去100年間で2倍に増えたと考えられている。

変動｜気候因子｜地球温暖化｜災害

気候変動

地球の気候が温暖化傾向にある理由の一部は、多くの自然要因で説明できるだろう。とりわけ、数千年間にわたって続いている自然の気候サイクルは、大きな自然要因だ。しかし、近年進んでいる変化は異常ともいえるほどスピードが速く、科学者たちはその原因が人間の活動である可能性が高いと危惧している。

地球の自然のサイクルでは、寒冷期と温暖期が交互に訪れる。第四紀には氷河期と間氷期が平均10万年周期で繰り返された。さらに約2万〜4万年ごとに、影響力の少ない気候変化が発生している。

1920年、セルビアの天文学者で数学者だったミルティン・ミランコビッチは、天文的な力によって、地球に差す太陽放射の強さが周期的に変化していることを発見した。地球はコマのように自転しながら、太陽の周りを楕円軌道を描いて公転している。太陽に対する地球の離心率、自転軸の傾斜角、近日点は、それぞれ2万年、4万年、9万年の周期で変化し、結果として太陽光線が地球に差し込む角度が変わってくるのだ。これが気候変化を引き起こす誘因となっている可能性は高い。このミランコビッチ・サイクルは、海洋底の堆積物や極地の氷にドリルで穴をあけて採取したコアサンプルから収集したデータによって裏付けられている。

現在の地球は、氷河時代の温暖期の真ん中にあるため、人為的な理由のみで地球温暖化が生じているとは考えられないものの、産業革命以後の人間活動が温暖化過程に影響を与えてきたということは、世界中の科学者たちの一致した認識だ。統計学的にみれば、暴風が定期的に多く発生し、地球の自然気候サイクルに影響を及ぼしている。こうした暴風の連続発生や、2005年に米国のメキシコ湾岸を襲った破壊的なハリケーン・カトリーナのような異常気象は、今後多発すると予測されており、その原因の一部は地球温暖化にあると考えられている。

自然災害の影響

火山の噴火は、二酸化硫黄（酸性雨をもたらす可能性がある）と火山灰を大気中に放出し、地球の気候に影響を及ぼす。こうした放出物が太陽光線の一部を宇宙にはね返すため、地球の気温が低下するのだ。1991年のピナトゥボ火山の噴火では、世界の平均気温が2年間にわたって0.5℃低下した。約6500万年前には巨大な小惑星がメキシコに落下し、衝撃で発生した砂塵の雲によって気候が寒冷化し、大量絶滅につながった。もっとも、これらが起きる頻度は極めてまれで、最近の温暖化傾向に関係しているわけではない。

■1980年5月18日、米国ワシントン州のセントへレンズ山が噴火して、周辺地域が破壊された。

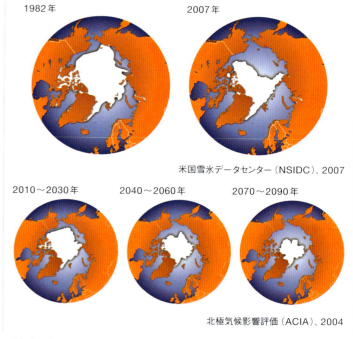

米国雪氷データセンター（NSIDC）、2007

北極気候影響評価（ACIA）、2004

■北極海の氷は地球の水循環システムで重要な役割を持つ。人工衛星の観測による夏季の氷の分布を見ると、氷の急速な減少は明らかで、今後も毎年、消失し続けると予想される。

▶ p.128-137（環境保護）参照

気候因子となった人類

地球の気候システムはゆっくりと変化する。今日私たちが目にしている気候傾向には、何十年にもわたる人間の活動も関与している。

地球の持続的な気候変化は、自然の作用によってもたらされる。しかし産業革命以後、人間の活動が気候を考える上で考慮すべき新しい因子となった。過去の傾向に基

■産業主導による焼畑農業の森林伐採で、広大な森林地帯が消失し、大量の温室効果ガスが大気中に放出されている。

先進国はリーダーか加害者か？

先進国は毎年、世界で消費される化石燃料の約75〜80％を燃やし、温室効果ガス

■気候変動に悪影響を及ぼす主な要因は、化石燃料に依存する先進国型の生活様式だ。産業の急速な発展により、中国は二酸化炭素の年間排出量で、米国を追い抜いた。

づいて考えると、ここ数世紀の間の気候データは、人間活動を考慮に入れてはじめて理解できるものである。

過去150年間で、人間による大気汚染は増加している。気候の反応はゆっくり現れるため、こうした排出が地球に対してすでにどれほどの影響を及ぼしているかは、正確にはわからない。だが、高まるばかりの食料、住宅、エネルギーに対する需要が、環境を悪化させているのは間違いない。影響の程度によっては、地球の気候を守るために大規模な政治的、経済的、社会的な変革が必要になってくるだろう。

の大部分を排出している。一方で、発展途上国は、自然災害に対処するための物資や財源の不足に苦しんでいる。こうした状況下においては、先進諸国が排出削減に対する責任を分担しなければならない。1997年の京都議定書は、国際的な気候保護に向けての第一歩を示したものだ。解決策の中には、再生可能なエネルギー源の利用や、自動車に対する公共政策の

見直しなどが含まれる。

「地球滅亡まであと5分」

現在の排出が完全に止まったとしても、二酸化炭素（CO_2）などのガスが産業革命以前の水準に戻るには数十年かかるだろう。将来に起こると危惧される気候的災害を防ぐには、こうしたガスの排出を削減するしかないが、見通しは決して明るくない。最大のCO_2排出国である米国が京都議定書に反対しているうえ、中国やインドでは、産業の発展にともなって排出量が増加している。

気候政策

気候変動枠組条約の京都議定書は、6種類の温室効果ガスの排出を、1990年に記録された各水準に対して5.2％削減することを目標とする。画期的な気候保護対策だという評価が多い一方、米国が批准に抵抗しているかぎり、こうした目標値は「九牛の一毛」にすぎないという意見もある。また、二酸化炭素の削減ばかり強調されている状況を疑問視する声もある。

■気候問題に対する人々の意識は国際的に高まり、具体的な行動を政治家に強く求めている。

▶ p.370〈環境に配慮した建築技術〉参照

地球温暖化

人間の活動が世界の気候に及ぼす影響がどの程度であろうと、明らかな事実に変わりはない。地球は温暖化しているのだ。この気温上昇は、もはや自然の気候サイクルだけでは説明できない。

地質学的な歴史を振り返れば、地球の気候は数々の変化を経験してきた。とりわけ過去100万年間は、気温が周期的に上昇と下降を繰り返している。地球の平均気温は氷河時代の間には10℃以下に下がり、続く間氷期の間には17℃まで上がった。いちばん最近の大氷河期以後もこうした気候サイクルは続き、今日の平均気温は14℃の上下1～2℃間で保たれている。

ところが、近年になって危惧されているのが、異常なほどの急速な気温の上昇である。

■20世紀中に起きた過度の森林伐採と農地開墾によって、世界の熱帯雨林の面積が激減した。

IPCC：国連の気候会議

1988年、世界気象機関（WMO）と国連環境計画（UNEP）によって、「気候変動に関する政府間パネル（IPCC）」が設立された。130カ国以上から専門家が参加して、地球温暖化の原因と、それによって起こり得る影響に関する最新の科学的調査や国際的研究を収集、分析、評価している。1990年以降、調査結果が現状報告の形で定期的に発表され、国際的な気候会議での交渉の基礎となっている。

■ノーベル平和賞を共同受賞したIPCCの議長ラジェンドラ・パチャウリ博士。

温室効果ガス

京都議定書の枠組で規制の対象になっているのは、二酸化炭素（CO_2）、メタン（CH_4）、亜酸化窒素（N_2O）、ハイドロフルオロカーボン類（HFCs）、パーフルオロカーボン類（PFCs）、六フッ化硫黄（SF_6）の6種類。二酸化炭素は動植物の呼吸作用や、木材や化石燃料の燃焼によって排出される。これに対して、海洋や森林は大気中の二酸化炭素を除去する機能を持つ。

気温上昇の実態

過去100年間で、世界の平均気温は約0.74℃上昇した。過去1300年間の気温変化を見ると、特に1900年代以降で急上昇が見られる。こうした温暖化による直接的な被害としては、山岳氷河の後退、極地方の氷の減少、異常気象現象の増加、20世紀だけで平均17cmもの海面水位の上昇などが挙げられる。

「気候変動に関する政府間パネル（IPCC）」の報告によれば、この異常な温暖化の主な原因は、人間の活動によって大気中の温室効果ガスの濃度が飛躍的に上昇したことにあるという。1750年以前の1万年間には、大気中の二酸化炭素（CO_2）の濃度が280ppmを上回ることはなかった。1750年以降、二酸化炭素濃度は加速的に増加して、現在では380ppmを超える。これほど二酸化炭素の濃度が上昇した背景には、大きくは石油、石炭、天然ガスといった化石燃料の消費増大と原生林の伐採がある。さらに同じ期間内に、もう1つの温室効果ガスであるメタンの濃度も148％上昇した。こちらは主に、大規模な畜産事業の拡大によるものだ。こうしたガスの大気中に占める割合がこのまま増加し続ければ、将来の気候災害は避けられないと危惧されている。

■二酸化炭素などの温室効果ガスは、主に先進国と発展途上国双方の産業活動によって発生する。ロシアや中国のような中進工業国では、大気汚染の濃度と温室効果ガスの排出量が増加している。

■地球温暖化が引き起こす大きな問題が干ばつの増加だ。それにともなって食糧不足が深刻化し、森林火災も増加する。

■ 気候変動の影響

私たちが暮らす青い惑星は徐々に温暖化し、私たち自身の生活や環境の広い範囲に被害をもたらしている。この被害の大きさがどれほどのものなのか、まだ完全には解明されていない。

気候変動はすでに始まっている。そして、それは21世紀の間もずっと続くだろう。最新のモデルに基づく計算によれば、2100年までの気温上昇の予測は、最も好ましい環境下で1.8℃、最悪の状況では約6.4℃に達するという。どちらの数字に向かうかは、今後どれだけの量の温室効果ガスが排出されるかにかかっている。同時に、気候システムの多様な構成要素の間で、どのようなフィードバック効果が働くかという予測が難しく、それが正確な見通しをますます難しいものとしている。

気温上昇後の世界

目下のところ、専門家は約2～3℃の気温上昇の可能性を指摘している。もっとも、地域によってかなりの差がある。

最も著しい温暖化が予測されているのは北極地方だ。北極では夏の海氷が消え、グリーンランドを覆う氷も完全に解け去る可能性が高い。そうなれば海面水位が18～59cm上昇し、沿岸地域の多くは洪水となって、海抜の低い島国のいくつかは存亡の危機となる。

世界的には大陸氷河や永久凍土が解け、砂漠が拡大する。植生が変化して、熱帯低気圧が威力を増すだろう。北米では熱波と森林火災が今よりも多発し、南米では農地が乾燥して塩分濃度が高くなる。また、西ヨーロッパでは降水量が冬には増加し、夏には減少する。約10億人にのぼる人々が飲料水の不足に苦しみ、動植物の種全体の4分の1以上が絶滅の危機にさらされる恐れがある。

■海面水位の上昇により、太平洋上の多くの島が海に沈んでしまうかもしれない。

■大陸氷河が解け始めているため、2015年には夏の氷が完全に消失しているかもしれない。そうなれば、数十万年の歴史の中ではじめての事態となるだろう。

■地球温暖化によって氷河が縮小し、海面水位が上昇している。

basics

温室効果 1896年、スウェーデンの化学者スバンテ・アレニウスがはじめて、大気中の二酸化炭素（CO_2）濃度の上昇による地球の温暖化効果を計算した。

気候モデル 1967年、日本の気象学者の真鍋淑郎博士がはじめて、二酸化炭素濃度の上昇を表す気候モデル計算を実施した。

世界気候会議 1979年、気候に関する世界会議がはじめてジュネーブで開催され、科学者たちが温室効果について議論を交わした。

気候保護に対するノーベル賞

■世界規模の地球温暖化問題について講演を行うアル・ゴア氏。

「気候変動を防ぐために世界中の人々に力の結集を呼びかけたことは、世界平和への貢献である」。こうした理由によりノーベル賞委員会は2007年、元米国副大統領アル・ゴアと国連のIPCCにノーベル平和賞を授与した。ゴア氏が主演したドキュメンタリー映画『不都合な真実』も同年のアカデミー賞を受賞した。映画は「1人ひとりが自分の行動に責任をもって取り組めば、気候保護は必ず達成できるはずだ」というメッセージを伝えている。

起源と地質	52
地球の起源	54
地球の構造	56
岩石	60
プレートテクトニクス	64
地震	68
火山	72
山	76
生態系	80
変化する地球	88
世界地図	92
水	94
海洋	96
河川	104
湖	106
氷河	108
大気	110
大気	112
気象	114
気候システム	118
気候変動	124
環境保護	128
産業化の影響	130
環境	134

地球

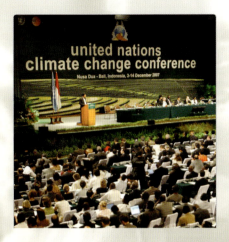

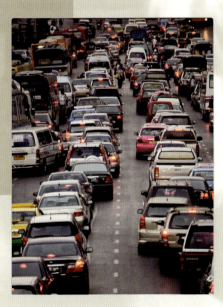

環境保護

　環境保護には、自然環境を悪影響から守り、汚染された生態系を改善するための、ありとあらゆる手段が含まれる。それらの手段はまず、個人が意識して行動することから始まる。そして地域社会や国家レベル、さらに国際条約まで、大気、水、土壌、動物や植物の種を守るためのさまざまなアプローチが考えられる。

　これらの環境を保護するときに留意する必要があるのは、人々の健康に対する有害な影響を防ぐことだ。さらに肝心なのは、個人にしても社会にしても、何よりも未来の世代の利益を損なわないように考えて行動しなければならないということだ。

　現在の地球環境はますます悪化しているといわざるを得ない。環境は汚染され、破壊され、私たちの存在をも脅かし始めている。個人あるいは一国のレベルにとどまらず、国際レベルにおいても、常に環境破壊をしないという視点に立って、人間生活の基盤を維持することがますます重要になってきている。

■ 大気汚染

長期間にわたり、地球の大気には、何の規制もないまま、二酸化炭素や一酸化炭素、窒素酸化物などの汚染物質が放出されてきた。その結果、地球温暖化や酸性雨、スモッグ、成層圏のオゾンホールの発生などの問題が生まれている。

産業社会が始まって以降、大気に含まれる成分の構成は劇的に変化した。それも残念なことに、悪い方向への変化である。その結果、地球環境が脅かされている。

大気汚染 | 水質汚染 | 土壌浸食 | 損なわれる種の多様性

産業化の影響

産業化社会が幕を開けて以降、人間による自然環境の開発は悪い方向へと進むばかりだ。酸性雨で葉や根が傷んだ木々は、もはや効率的に水や栄養を得ることができなくなってしまう。大気中の二酸化炭素濃度はますます増加しているのに、森林伐採で地球の「緑地帯」は失われ、もはや生半可な方法では変えられないところまで来ている。また、天然資源が激減する一方で、生み出される廃棄物は猛スピードで増え続け、土壌や大気、河川、海洋では処理できなくなっている。

酸性雨

発電所や自動車の運転で石炭や石油などの化石燃料を燃やすと、微粒子のほかに硫黄酸化物や窒素酸化物、炭素酸化物など多くの化学物質が排出される。こうした化学物質は、大気中に出ると、水蒸気と反応して硫酸や硝酸をつくり出し、それが後に酸性雨という形で地表に戻ってくる。この酸性雨が、大規模な森林破壊を引き起こしている原因だ。とりわけ北米と欧州の森林への影響が大きい。酸性雨が当たった葉は光合成が阻害され、木々が枯れてしまうのだ。加えて、溶けた重金属とアルミニウムが地中にしみ込んで、繊細な根の先端にダメージを与え、土壌中で生息する細菌類に悪影響を及ぼす。また、河川や湖が酸性化すると、魚の大量死が起こり、生物の多様性も損なわれる。

二酸化炭素とオゾン

二酸化炭素の放出も、私たちの環境に深刻な影響をもたらしている。いまや、排出される二酸化炭素の量は、植物が取り込んで酸素に変換できる量を超えている。さらに、現在も続いている大規模な森林伐採や、熱帯雨林の焼失により、状況はますます悪化の一途をたどるばかりだ。この二酸化炭素によって、地球が放出する熱は大気中に閉じ込められ、宇宙への熱放射が妨げられてしまう。その結果は地球温暖化をまねく。このような地球規模の気候変動は、まさしく人間の行為によって促進されたといってもいいだろう。

さらに、地球環境の悪化に拍車をかけているのが大量の塩素化合物の放出だ。これによって、オゾン層に穴があく「オゾンホール」が拡大し、危険な紫外線放射が地表に直接届く危険性が高まっている。

■ 地上レベルでのオゾンの濃縮が、混雑した都会で夏のスモッグを引き起こす。

スモッグ

スモッグとは、英語の「スモーク（煙）」と「フォッグ（霧）」を組み合わせた造語だ。冬のスモッグは霧、煤煙、硫黄排出物の粒子が混ざったもので、都会や重工業地帯で大気に逆転層ができると発生する。夏の光化学スモッグでは、自動車が排出する窒素酸化物と炭化水素などが太陽光と反応し、有害なオゾンなどができる。

■ 中国ではひどいスモッグのため、マスクをして歩く人が多い。

■ 干ばつや人間の不注意で発生する山火事は、大量の二酸化炭素を大気中に放出するため、気候に深刻な影響を及ぼす可能性がある。

■ 危機に瀕する水

水は地球で最も貴重な資源の1つだ。世界中の人々に行きわたるだけの十分な水を確保することが必要だが、汚染の増加により、清潔で安全な水が不足している。

タンカーの衝突、石油プラットホームやパイプラインの損壊は、タンクから原油が漏れる事故に劣らず、大きな被害を発生させる恐れがある。死んでいく海鳥たちの写真を見れば、こうした環境破壊の被害の大きさが一目でわかるだろう。

さらに忘れてならないのは、環境破壊がはっきりと目に見える形で進行するとは限らないことだ。水銀や鉛、カドミウム、亜鉛などの重金属や、農薬による水質汚染は、その多くが気づかれないうちに、ゆっくりと、だが確実に進行している。海には限りない自然再生力があるはずだという、昔の危険な考えを信じ込んでいるために、人間は海に産業廃棄物や放射性廃棄物を投棄し続け、化学兵器や廃船の最終処理場までつくってしまった。これは取り返しのつかない被害をまねく危険性をはらんでいる。

多くの河川や湖も、人間の手によって汚染されている。家庭からの生活排水や、農地で使用する肥料に含まれる化学物質のせいで、汚染されてしまった湖は少なくない。さらに、工場が排出する名もわからない廃棄物や酸性雨のせいで水系が汚染され、生物の多様性が損なわれている。汚染物質は水生生物の体内組織に蓄積され、食物連鎖を通じて人間の体をもむしばんでいく。

地下水の汚染

地表の水と地下水は、常に相互に影響し合っている。ふつうは地下水のほうが、地表の水に比べて水質が高い。地面にしみ込んで地下の岩石層をいくつか通り抜けていく間に、水が自然に浄化されていくからだ。

ところが、こうした自然の浄化作用にかげりが見えている。多くの地域では、地下水が比較的地表に近いため、しみ込んでくる化学肥料や農薬によって汚染されているのだ。こうした現象が発生する大きな原因は、広い地域で化学肥料や農薬が過剰に使用されていることにある。

有害物質はまた、汚染された土壌や地元のごみ埋立地からも地下にしみ込む。さらに、米国中西部プレーリーやサハラ砂漠の地下にあるような、数千年以上前から地下にたまっている化石水も、このまま集中的に灌漑用水や工業用水として使われていけば、枯渇してしまう危険性を否定できない。

■油井の破裂による石油の流出は、深刻な水質汚染を引き起こす。

basics
水の使用量
先進国では国民1人につき1日平均145ℓ。一方、清潔で安全な水を得られない人の数は世界で22億人にのぼる。

■行き過ぎた農地の灌漑は、水と化学物質の浪費につながり、最終的に地下水を汚染してしまう。

■アフリカの地方で暮らす住民たちは、日々の生活用水を井戸と手動ポンプに頼っている。

■ 土壌の汚染と浸食

十分な食糧供給を保証するには、耕作に適した生産性のある土地を確保することが極めて重要である。しかし、土壌汚染や、森林伐採による土壌浸食によって、こうした土地がどんどん減少している。

今日の食糧生産は増加している。その原因は、大規模な農業と家畜の管理に加え、栽培する作物に特化した肥料と農薬の使用にある。特に、単一耕作（モノカルチャー）、すなわち小麦やトウモロコシ、サトウキビといった1種類の作物だけを栽培し続けた場合には、こうした肥料や農薬は表層水と地下水の両方を汚染し、有機物と土壌中に生息する有益な生物の数を減少させてしまう。結果として、土壌が本来持っている自然の肥沃さを奪ってしまうのだ。すでに耕作された土地は、酷使され、水浸しになり、あるいは塩性化、砂漠化して二度と使えなくなってしまう場合も少なくない。

農地を広げるために熱帯雨林の伐採も進んでいる。熱帯雨林の耕地化が後に問題を起こすのは、こうした地域の多くが、実は大規模農業には不向きだからである。長期間にわたって耕作するには、人工灌漑施設を使う必要もある。これが湖などを干上がらせてしまいかねない。アラル海がその一例で、一時は消失を危ぶまれるほど、昔の大きさに比べて大幅に縮小してしまった。

林業にせよ、農業にせよ、熱帯雨林の伐採は大規模な土壌浸食をもたらす。貴重な土地も、家屋、道路、娯楽施設の建設のために失われていく。土地の開発によって土は舗装され、地下水の水位は下がり、本来とは違う環境になって動植物の生息地を奪ってしまう。雨水が自然に土に排水されるメカニズムが損なわれるため、洪水の危険性も高まる。

■ 有害廃棄物の処理ならびにリサイクルは、国および国際社会の規制下にある。

■ 現代の量産化された農業は、生態系に過剰な化学肥料を与えているようなものだ。

また、先進国の大量の廃棄物が、安全性の低い場所に投棄されているのも大きな問題だ。こうした廃棄物には、有毒物質、ときには放射性廃棄物さえ含まれている。ごみ埋立地の強度が不十分だと、有害物質が地面の下層にしみ込み、地下水を汚染してしまいかねない。有毒な産業廃棄物を適切かつ安全に処理するには、非常に高額の費用がかかる。そのため、こうした廃棄物は開発途上国に「輸出」され、生態系に安全とはいえない方法で捨てられているのが現状だ。

バングラデシュの洪水

バングラデシュは、湿った夏季のモンスーンとヒマラヤ山脈の雪解け水が重なって、たびたび洪水に襲われる。広大な森林地域の伐採によって、土壌浸食も起きている。ガンジス川とブラマプトラ川に次々と大量の泥が流れ込み、最後には川が氾濫してしまうのだ。熱帯サイクロンの嵐によって洪水がいっそう激しさを増し、甚大な被害を引き起こす場合も少なくない。

■ バングラデシュの洪水は、家屋の損壊や土地の荒廃をもたらし、人命を奪う被害も引き起こす。

■ 腐食したパイプラインから漏れる原油を清掃する作業員たち。土壌汚染と、動物や植物の生息地の破壊を防ぐために重要な作業だ。

■ 損なわれる種の多様性

現在までの6億年の間に、かつて地球に生息していた種のうち、実に90％、考え方によっては99％がすでに絶滅してしまったといわれる。絶滅の主な原因は、以前は気候変動や自然災害だったが、今では人類がほとんどの原因となっている。

種の多様性は、それぞれの生態系の基礎をつくり、生物圏が機能するために欠くことのできない必須条件である。同時に、多様な種は、食糧や医薬品の計り知れない源であり、遺伝子プールというかけがえのない資源でもある。ところが、自然環境の破壊、汚染、乱獲、狩猟、利益優先の貿易などによって、人類は生物の多様性を、ひいては自分たちの暮らしの基礎を破壊している。

トラやクジラ、マウンテンゴリラなど、よく知る動物が絶滅の危機に直面していると聞いたとき、人ははじめて事態の深刻さに驚いた顔をする。だが、それよりずっとたくさんの種が、地球からいなくなっていることにはほとんど気づきもしない。

さらに、それぞれの生息環境の中では、種の多様性が減っているだけでなく、個々の種の中の遺伝的多様性も失われている。ある種の個体数の大幅な減少は、種における遺伝的な再生能力の低下を引き起こす。例えば森林で選択的な伐採を行うと、頑丈で健康な木ばかりが伐採されて弱い木が残ることになるため、その種の遺伝的な性質を低下させることになる。

意図的にせよ、偶発的にせよ、人間が別の環境から動物や植物を持ちこむことも、自然環境に大きな影響を及ぼす。これらの動植物は外来種とよばれ、地元の生物を脅かし、最終的に絶滅させてしまう恐れがあるのだ。ニュージーランドでは国の象徴ともされてきた「飛べない鳥」キーウィが、外来種のネズミや野生のネコによって絶滅の脅威にさらされている。

種を守る

進化の長い歴史を振り返れば、種が絶滅するのは自然のできごとである。最もよく知られているのは、6500万年前に起きた恐竜の大量絶滅だろう。だが今、問題なのは、多くの種がここわずか150年の間に姿を消し、生物多様性が失われつつあるということだ。これほど絶滅率が高い時代は、地球史上でもほかに例を見ない。

国際自然保護連合（ICUN）が毎年更新するレッドリストには、絶滅の危機の評価対象の生物数が、2008年には4万4838種にのぼった。1973年からは、絶滅危惧種の取引が制限あるいは禁止されている。さらに1992年には、生物の多様性の保護と持続可能な利用を目的とする「生物の多様性に関する条約（CBD）」が調印されている。

■欧州の多くの国々で保護されているヨウシュフクジュソウ。

> **永久凍土層の「ノアの方舟」** 2008年、ノルウェーのスバールバル諸島に国際種子銀行が設立された。永久凍土層に地下貯蔵室をつくり、地球で最も重要な作物の種子を最大で450万種まで保存できるようにしたのだ。種子は気候変動や戦争、植物の感染症などから守られて、生物多様性を次世代へと引き継いでいく。

■インドネシアのスマトラ島とボルネオ島（カリマンタン島）では、生息環境の破壊によってオランウータンの生息数が大幅に減少している。

■中国の長江（揚子江）でしか見られないヨウスコウカワイルカ。2006年に「絶滅したといえる」と発表された。

■米国の「種の保存法」で絶滅危惧種に指定されているホッキョクグマ。地球温暖化により、生息地である海氷が解けて、深刻な危機に直面している。

地球 | 環境保護

■ 環境への意識

もし、人類が自然と調和した生活を送っていたら、環境保護という概念は生まれなかったかもしれない。しかしながら、人間は、環境破壊の加害者であり、同時に被害者にもなってしまった。人類が生き残ることができるかどうかは、最終的に私たちが自然環境を保護できるかにかかっている。

■1984年に世界遺産に指定された、米カリフォルニア州のヨセミテ国立公園。雄大な花こう岩の断崖、滝、清流、生物の多様性は、国際的にも高く評価されている。

数千年間にわたって、人間は自分たちが求めることに合わせて周囲の環境をつくり変えてきた。そしてそれが多くの場合、自然環境に取り返しのつかない結果をもたらしたのである。

人間活動の影響から自然を守らなければならないという意識は、何も現代になって生まれた新しい考え方ではない。だが、環境に対する明確な認識が西側先進国に現れたのは、1960年代以降のことである。流出した原油で汚染された海岸線、魚の個体数の激減、都市でのスモッグ警報、オゾン層の破壊、砂漠化の拡大、枯れゆく森林。ここ数十年で起きているこうした現象はすべて、生態系や、そして私たちの惑星自体が、許容限度に達している事実を示している。

いまや、多くの人々が環境保護の必要性を訴えており、それは個人や市民団体、環境および自然保護グループといった各種の組織だけでなく、政府や企業、科学界まで広がっている。こうした人々が皆で、人間生活の自然基盤を保持し、自然のバランスを保ち、すでに起きてしまっている環境破壊を食い止めるという困難な課題に取り組んでいる。

しかし、環境全体を完全に保護したり、元の状態に戻したりするなど、しょせん不可能なことだろう。環境保護活動は、常に経済的、政治的、社会的な利益との間で妥協を強いられている。保護に関連するコストや代償を考えると、技術的に可能な手段がすべて、現実的に実現可能なわけではない。科学者たちが主張する提案の多くは、経済的な心配や政治的な意志の欠落によって実行に移されないことが多い。また、政府が主導する取り組みに対して、社会が受け入れをためらうケースも少なくない。

意識 | 行動 | 日常生活 | 省エネルギー化

環境

自分たちが暮らす世界や、使っている資源に対する人類の意識は、ここ数十年間で大きく変わったといっていいだろう。環境を守るための行動をする人々は多くなり、自然生態系への介入がどんな結果をもたらすかについても、多くの人々が認識するようになってきた。今、地域や世界では何が行われ、私たちは何をしなければならないのだろうか。

■原油の流出は、海鳥をはじめ、多くの動植物を生存の危機に追いやる。生態系全体が受けた被害は、計り知れないほど大きい。

グリーンピース

国際的な環境保護団体グリーンピースの歴史は1971年に始まる。この年、アリューシャン列島での米国の核実験に抗議するため、少数の米国およびカナダの平和活動家が集まった。彼らは1972年に自らをグリーンピースと名乗り、活動する地理的範囲と関心分野を急速に拡大した。クジラの種の絶滅、毛皮を目的とした子アザラシの大量殺害、地球温暖化、熱帯雨林の破壊、遺伝子技術の使用など、さまざまな問題に対する運動を繰り広げ、その先鋭的な行動はしばしばメディアの大きな注目を集めた。

現在、組織は40数カ国に支部を置き、広く認められた非政府組織（NGO）として、数々の環境に関する国際会議で公式オブザーバーおよびアドバイザーを務めている。

■放射性廃棄物輸送の反対行動を行うグリーンピースの活動家たち。

▶ p.280-281（人間が環境に与える影響）参照

世界的視野で考え、地域で行動する

環境に関するさまざまな問題は、国境で区切られるものではなく、多くは世界全体まで影響を及ぼしている。したがって、環境を守るためには、地元だけで考えるにとどまらず、地域や世界全体として考え、行動することが必要だ。

in focus

持続可能な開発

「持続可能な開発」とは、人間の生活の質を向上させるために、将来の世代の利益を損なうことなく開発政策、経済政策を行おうという考え方。環境保全と開発は相反しない不可分なものと考える。今日の国際社会では、環境保護と天然資源の保存が最重要課題だろう。

■2007年の主要国（G8）首脳会議中に開催された、ベルリンでの会合。

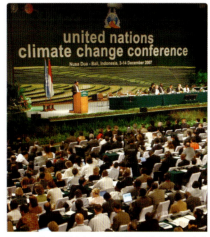
■2007年に開催された、通称「温暖化防止バリ島会議（COP13）」。気候変動が焦点だったが、このときも各国代表は拘束力のある決議に合意できなかった。

1972年、国連の主導による「第1回人間環境会議」がストックホルムで開催され、これを契機として「国連環境計画（UNEP）」が生まれた。そして1992年、「国連環境開発会議（地球サミット）」がリオデジャネイロで開催され、開発と環境の問題に関する国際交渉の転換点となった。そこでは世界規模での持続可能な開発のための基本方針と行動計画も制定され、参加各国は生物多様性、砂漠、気候変動に関する重要な協定に調印した。これを「リオ宣言」とよんでいる。

1997年には、京都で「気候変動枠組条約第3回締約国会議（COP3）」が開催され、京都議定書が議決された。ここでは167カ国の代表者が、2012年までに温室効果ガスの排出量を削減することに同意する。

さらにリオ宣言から10年後の2002年、「持続可能な開発に関する世界首脳会議」、通称「ヨハネスブルク地球サミット」が開催された。しかし、拘束力のある決議はなされず、参加国は種の消失を食い止め、乱獲された海洋生物を再生させるための行動計画に同意するにとどまった。

ほかにも、動物や植物を絶滅から救うことを目標として1973年に採択された「絶滅の恐れのある野生動植物の種の国際取引に関する条約（CITES）」、別名「ワシントン条約」をはじめ、生息地全体を守るために1975年に発効した湿地の保護に関する「ラムサール条約」や、国連の「人間と生物圏計画（MAB）」、ユネスコの「世界遺産リスト」といった取組みもある。

そして、より対象範囲を広めたものが、1994年以来、国際的に実施されている「国連海洋法条約（UNCLOS）」である。この条約では、沿岸諸国に200海里の経済水域を与え、海洋の使用を許可する一方で、その保護も義務としている。また、公海を人類の共同遺産とよび、環境に対する影響の可能性について評価を行ったうえでのみ、使用を許可している。

basics

UNEP（国連環境計画） 環境問題を扱うすべての国連機構の行動を監視・調整し、政治的に独立している非政府組織とも連携する。

アジェンダ21 21世紀における持続可能な世界規模の開発を実現するための経済および環境の行動計画。1992年にリオデジャネイロで採択された。このアジェンダを実行するために、各国および地域でそれぞれのプログラムが推進されている。

■ユネスコの世界遺産リストに登録されているグレートバリアリーフ。この海中地形は特別保護の対象となっている。

■多くの種とともに絶滅を危惧されているジャイアントパンダ。今では環境保護のシンボルともなっている。

■ 日常生活における環境への配慮

気候変動と環境の悪化にともない、持続可能な発展を実現し、経済的な目標と生態学的な目標のバランスをとるための地球規模の政策が求められている。といっても、環境を保護する努力は、それぞれの個人の行動から始まっている。

環境を守るためには、1人ひとりの貢献が必要であり、むしろ義務として行うものである、という認識が社会的に高まっている。調査によれば、気候変動と世界的な環境悪化に対応して、自分たちの消費行動を見直すなど、日常生活の習慣を前向きに変える人が増えている。先進国では、有機(オーガニック)製品やフェアトレード(公正な貿易)商品の需要が拡大している。

■自然食品は、従来の農薬や化学肥料、食品添加物を使用しないで栽培される。遺伝子組み換え操作も行われていない。

ロハス（LOHAS） 「健康と持続可能性を重視したライフスタイル」の略。新世代の富裕層の消費者が中心。消費を抑えるのではなく、持続可能なプロジェクトに投資し、太陽熱発電を利用し、ハイブリッド車に乗り、自然食品を食べ、エコ専門店で買い物をする。市場調査によると米国の消費者の約3分の1がこの運動を支持している。

有機製品や省エネ製品

自然食品は、売上高が一番伸びているといっていいだろう。多くのスーパーマーケットに常設棚が設けられ、ディスカウント・ショップでも見かけるようになった。自然食品の購入者は、化学肥料や農薬を使わない農産物や、より自然な飼育環境で育った家畜など、生態系に優しい生産品を求めている。フェアトレード商品は、発展途上国の生産者の生活賃金を保証すると同時に、基本的な環境基準と労働者の権利を守ることを目的としている。

環境負荷の少ない「グリーン」製品を求める多くの消費者の思いは、食料品にとどまらない。企業もさっそくこうした声に応え出した。メーカーは不要な梱包を減らし、省エネ電化製品を製造し、持続可能な植林で育った木材から家具をつくり始めている。衣料会社は、有機木綿のTシャツや再生タイヤからつくったスニーカーを販売し、塗料会社や建築資材会社は、自社製品の原料が毒性のない、環境に優しい廃棄可能なものであることを強調する。IT産業は「グリーン」コンピューターを販売し、自動車産業は馬力よりCO_2低排出を売物にしている。「グリーン」承認のラベルやシールは、平飼い卵や再生可能な電力資源からホテルに至るまで、多くの製品やサービスを対象とする。

いうまでもなく、持続可能な製品は安くはない。例えば、省エネ型の小型蛍光電球は従来の電球に比べてかなり高い。しかし、寿命が長く、消費電力も少ないことを考えれば、値段の差も十分に補えるはずだ。もしも買い手個人にとって費用対効果の計算がプラスにならなくても、環境にプラス効果をもたらすことに、何よりもの価値があるといっていいだろう。

■交通・輸送による「炭素の足跡(カーボン・フットプリント)」の削減をよびかけるポスター(英国)。「炭素の足跡」とは、ある製品が製造され、販売、消費、廃棄されるまでに排出される二酸化炭素の量を示す。

■環境意識の高い人々の間で人気をよんでいるエコツーリズム。地域の環境や歴史文化の保全を重視し、環境への悪影響を最小限に抑えて、自然や歴史文化を楽しむことをコンセプトとしている。

▶ p.340-345(食品技術)参照

■ 環境に優しい消費

地球温暖化の原因の一端は、温室効果ガスの増加にある。CO_2排出量は、日常生活をほんの少し変えるだけで減らすことができる。誰もが本気で取り組めば、状況を変えることも可能なはずだ。

> **善意の意図と予期せぬ結果** バイオ燃料など再生可能な原料の使用は、気候変動を食い止める有効な手段と考えられてきた。だが、その普及が予想外の「副作用」を起こしている。食糧不足が拡大し、食糧価格が高騰しているのだ。国連食糧農業機関（FAO）の数字では、2008年3月までの半年間で約57％も高騰している。

石油、石炭、天然ガスなどの化石燃料の使用は、温室効果と気候変動を引き起こす主要な原因である。したがって、暖房や発電、輸送などの活動で発生するCO_2排出は大幅に削減しなくてはならない。

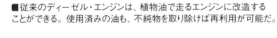
■従来のディーゼル・エンジンは、植物油で走るエンジンに改造することができる。使用済みの油も、不純物を取り除けば再利用が可能だ。

「生態系への足跡」の削減

「生態系への足跡（エコロジカル・フットプリント）」とは、人間がどれだけ自然を「踏みつけて」いるかを示すために、天然資源の消費量を数値に換算した指標だ。これを減らすために私たちができることとして、まず各家庭が太陽光、水力、風力、地熱システムなどの再生可能なエネルギー源に、できるだけ切り替えることが挙げられる。

もう1つの重要なステップは、生活の中で使用するエネルギー消費で発生する温室効果ガスを減らすことだ。例えば、環境への負荷が特に大きい自動車を使い続ける方法もいくつかある。まず、注意深く運転するだけで燃料を節約でき、CO_2排出を抑えられる。省エネ型や代替エネルギー使用型のモデルを購入するのもよい。ときには公共交通機関を利用したり、自転車に乗ったり歩いたりして目的地に向うのもよいだろう。自動車の相乗りも、路上を走る車の台数を減らすのに有効だ。

気候に優しい消費

家庭や建物の中にも、エネルギーを節約できる機会はたくさんある。省エネ型の電球を使用する、電子機器の電源をオフにする、空調を2～3℃調節する、断熱効果を上げる、などがその例だ。光熱や水道のように使用量が料金ではっきりわかるエネルギーのほかに、製品の製造や輸送、廃棄によって生じる「隠れた」エネルギー消費もある。

■通常の電球に比べて消費電力が少ない、省エネ型の小型蛍光灯。

これらは目にこそ見えないものの、気候に重大な影響を与える。例えば、地元の製品や原産品を優先的に選択するなど、商品とエネルギーの関係をよく吟味して、比較的「気候に優しい」製品と比較的「気候に優しくない」製品を区別すれば、結果としてCO_2排出量の低減につながるだろう。

気候中立的な消費

「気候中立的な」活動とは、自分たちがやむをえず排出する二酸化炭素を、植林など別の地域での気候に優しい活動を介して、相殺（オフセット）させる活動を指す。例えば飛行機に乗る必要がある人は、カーボン・オフセット証明書を購入すると、飛行機が排出した温室効果ガスに相当する量を補うために、その基金が太陽光、水力、バイオマスあるいはエネルギー保存プロジェクトなどに投資され、気候保護に貢献できる。

■航空各社は、CO_2オフセットの選択肢を用意して、飛行機のCO_2排出量を補償する仕組みをつくっている。

▶ p.353（燃料電池とバイオマス）参照

生物学

進化	138
進化年表	140
生命の起源	146
細胞	148
化石	156
地質年代	158
進化の要因	166
生物の分類	168

微生物	170
細菌	172
ウイルス	174
原生生物	176

植物と真菌	178
形態と生理機能	180
種子を持たない植物	184
種子植物	188
真菌	192

動物	194
無脊椎動物	196
脊椎動物	202
ほ乳類	206

人間	218
人体の構造と機能	220
生殖と発生	226
解剖学的構造	230
代謝とホルモン	236
神経系	240
感覚器	242
免疫系	246

遺伝と遺伝形質	248
遺伝	250
遺伝子が引き起こす病気	254
遺伝子工学	256

動物行動学	258
動物行動学	260
行動パターン	262

生態学	268
個体における生態学	270
個体群	272
共生の種類	274
生態系	276
物質の循環	278
人間が環境に与える影響	280

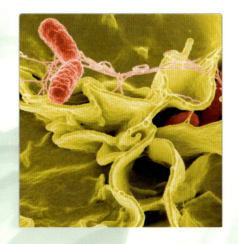

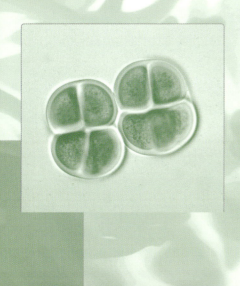

進化

　地球そのものだけでなく、そこに生息する有機体もまた、数十億年という長い時間をかけて大きな変化を遂げてきた。今後もさまざまに変化していくことだろう。これまでに発見された数々の驚くべき化石は、こうした変化を目に見える形で示し、度々活発な議論を巻き起こしている。

　19世紀半ばには、地球における生命の発達と、それにまつわる事柄を明らかにするうえで、最も重要な2つの理論が生まれた。『種の起源』（1859年）の著作で知られるチャールズ・ダーウィンが提唱した進化論と、グレゴール・メンデルがエンドウマメの交配実験によって発見した遺伝の法則だ。

　こうした理論に基づく進化の考え方は、今では科学界だけでなく、一般にも広く受け入れられるようになってきた。生命の発達についての知識は徐々に深まりつつあるが、それでもそこにはまだ多くの謎が残されている。

3億5400万年前		2億9000万年前	
デボン紀	石炭紀		ペルム紀

デボン紀｜石炭紀｜ペルム紀（二畳紀）

無脊椎動物が空中を占拠する。酸素濃度が高いため、中には巨大化したものもあった。
動物は徐々に水から離れて生息できるようになり、種子植物が発達する。

- ティクターリク（魚類から両生類への進化の中間型）
- メガネウラ（巨大なトンボ）
- イクチオステガ（両生類）
- グロッソプテリス（裸子植物）
- オフィアコドン（は虫類）

先カンブリア時代｜カンブリア紀｜オルドビス紀｜シルル紀

生命の進化：原核生物と、より複雑な真核生物が発達する。陸上に植物と動物が広がる。

- エディアカラ生物群（無脊椎動物）
- クックソニア（初期の陸生植物）
- 無顎類（脊椎動物）
- アステロキシロン（隠花植物）
- クラドセラケ（サメ類）

5億年前　　　　　　　　　　　　　　　　　　　　　　　　4億1800万年前

先カンブリア時代、カンブリア紀、オルドビス紀、シルル紀

原始の海で形成された有機分子が徐々に結びついて、単純な生命体となった。

― 初期人類（400万〜250万年前）
― 先史時代の人類（250万〜3万年前）
― ホモ・サピエンス（現生人類、20万年前〜）

■ アフリカ起源説によれば、人類は東アフリカで誕生し、そこから世界各地に散らばった。

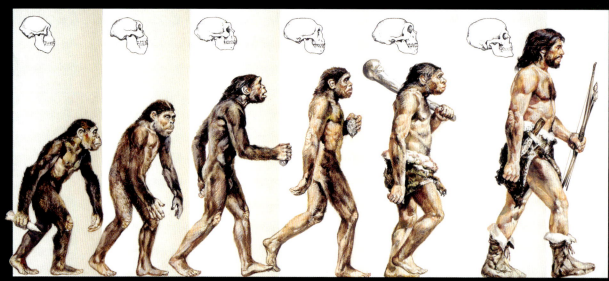

■ 人類はさまざまな発達段階を経て現代の姿まで進化した。一時的に2種が共存した時代もある。
左から右へ：プロコンスル、パラントロプス、アウストラロピテクス、ホモ・エレクトス、ホモ・ネアンデルターレンシス、ホモ・サピエンス

■真菌メノニエラ・エキナータは、黄色い胞子をまき散らして繁殖する。

■植物は、緑色の色素である葉緑素で日光を吸収して光合成を行う。

■化石は遠い昔に絶滅してしまった生物に関する貴重な情報を教えてくれる。

進化

　約35億年前、地球にはじめて登場した生命は、原始の海に生息する単細胞の生物だった。単細胞動物や藻類のみならず多細胞の生物も、実は皆、こうした生物から進化したのだ。それから何十億年もの間、進化の舞台は海に限られていた。だがやがて一部の種（しゅ）が光合成を行う能力を発達させ、その廃棄物として酸素を排出するようになる。長い時間をかけてこの酸素が空気中に増加し、徐々にオゾン層を形成して、太陽が放出する有害な紫外線から地球を守るようになった。こうして陸上で生命が進化する条件が整った。最初に陸上に進出したのはコケ類に似た植物で、小型の無脊椎動物の節足動物もこれに続いた。今日のクモや昆虫の祖先だ。

　最初に現れた脊椎動物は、原始的なひれを持った無顎類の魚たちだった。やがて肉質のひれを持ち、空気呼吸する魚類から両生類が発達する。両生類は徐々に陸上に生息圏をのばし、密林の中の広大な沼地へと広がっていったが、それでも水辺から遠く離れることはできなかった。安全に卵を産むには、水中に戻らなくてはならなかったからだ。続くは虫類は、乾燥を防ぐための硬い殻と羊水を持つ卵を発達させたために、最終的に水辺から離れることができた。植物もまた、次第に水辺の環境への依存を弱め、特殊な導管を発達させて水分や栄養を全身の組織に送ることができる仕組みに進化した。さらには種子を発達させることで受精の際に、より原始的なシダ植物のように水に頼らなくてもすむようになった。

　次の段階になると、は虫類があらゆる環境に進出する。は虫類が進化し大型化した恐竜が地上を席巻している間に最初のほ乳類が登場したものの、長い間体も小さく、ほとんど片隅で生きているだけの存在だった。こうした状況に変化が起きたのは約6500万年前。おそらく巨大な隕石が地上に衝突。これによって大気中に塵があふれたため、日光がさえぎられて地上の温度が大幅に低下し、恐竜をはじめとする多くの動物が絶滅したと考えられている。だが一部の陸生生物はこの壊滅的状況を生き抜き、その後も数回にわたって起きた大量絶滅の危機をも乗り越えた。それまで主流を占めていた種が大量絶滅で姿を消したため、空白になった環境への進出が可能になったほ乳類と鳥類は、さらに進化を続けていった。体温を一定に保つ機能を持つ恒温動物のほ乳類と鳥類は、幅広い環境条件に対応することができた。こうしては虫類の時代に代わって、ほ乳類の時代が幕を開けたのである。そしてこのほ乳類の時代の中心となったのが、私たちホモ・サピエンス（現生人類）の祖先だ。人類は約250万年前に猿人アウストラロピテクスから進化した。2本の足で直立するようになった人類の祖先は、誕生の地である東アフリカから、やがてあらゆる大陸へと移り住んでいく。

古第三紀｜新第三紀

クジラやイルカなど動物の一部が水中に戻る。
霊長類が発達する。人類が進化し、道具と火を使い始める。

- プルガトリウス（霊長目）
- ドルドン（クジラ）
- アウストラロピテクス（猿人）
- ホモ・エレクトス（原人）
- ホモ・サピエンス（現生人類）

新第三紀

トリアス紀（三畳紀）｜ジュラ紀｜白亜紀

大型のは虫類が一時代を築くが、やがて絶滅。原因は隕石の落下と推測される。鳥類とほ乳類が進化したが、このころのほ乳類はまだ小型だった。

- シャスタサウルス（水生は虫類）
- メガゾストロドン（ほ乳類）
- ディプロドクス（恐竜）
- アルカエオプテリクス（始祖鳥、は虫類から鳥類への進化の中間型）
- 短い尾を持つ翼竜
- クレドネリア（被子植物）

5200万年前 ／ 1億9950万年前 ／ 1億4200万年前 ／ 6500万年前 ／ 2400万年前

トリアス紀 ｜ ジュラ紀 ｜ 白亜紀 ｜ 古第三紀

■生体分子の誕生

生命を持たない分子がどのように有機体となっていったのか、その過程を説明するうえで現在、最も広く受け入れられているのが、「原始スープ説」と「表面代謝説」の2つだ。

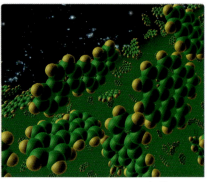
■糖、アミノ酸、脂肪の分子が複雑に結び付いて、生命の第一段階を築いたと思われる。

生体分子の誕生｜真核生物の登場

生命の起源

地球で最初の生命はどのように誕生したのか——。現在、有力なのは、単純な有機分子が一定の条件下で結びついて、細胞に似た有機体が生まれたのではないかという説だ。そこから細胞核を持たない原核細胞が生じ、後に細胞核を持つ真核細胞へと発達していく。こうした細胞を出発点として多細胞生物が進化し、今日の植物や動物、そして人類が生まれたと考えられている。

生命はどうやって地球に出現したのか、この謎を解くために、これまでさまざまな分野の科学者たちが多様な理論を展開してきた。ルイ・パストゥールが顕微鏡の下ではじめて細菌の細胞の分裂を観察して以来、生命はすでに存在する生命からのみ誕生するというのが、生物学の通念だった。だがこれにはおのずから例外が生じることになる。生命が既存の生命から生じるとするならば、最初の生命はどのようにして地球に現れたのだろうか？　太古の地球は物理的、化学的な条件が今日とはまったく異なっていた。最初の生命のもととなるはじめての有機分子は、40億〜34億年前ごろ、無機物にエネルギーが加わることで生まれたらしい。この過程を詳しく説明するのが「原始スープ説」で、1953年には具体的な実験が行われた。「原始スープ説」によれば、原始海洋の中で無機分子が化学的な反応を起こして、単純な有機分子が生まれたとされる。

生命の起源について、「原始スープ説」後に最も支持を集めているのが、「表面代謝説」だ。この説では、最初の生命の成分あるいは生命自体は、海中の熱源周辺で生まれたとされる。このほかに、最初の生命は隕石の衝突によってもたらされたと主張する「パンスペルミア仮説」もあるが、科学者の間ではあまり信頼を得ていない。

熱水噴出孔：生命を生み出した舞台

1977年以来相次ぐ海洋底の熱水噴出孔の発見は、生命の起源を探るうえで画期的な出来事だ。噴出孔からは非常に高温の熱水が噴出しており、含まれる硫化物のために海水が黒く見えるので、「ブラックスモーカー」ともよばれる。熱水が冷たい海水と衝突すると、黄鉄鉱が形成されるが、この黄鉄鉱の結晶の表面が特殊な能力を持つため、ここにさまざまな分子が凝集して薄い生物膜をつくり上げる。そこで、現在、黄鉄鉱の特性の分析が、生命の起源を探る研究の焦点となっている。さまざまな分子の結びつきが、有機分子を形成し必然的に原始生命体の誕生に至ったと見る科学者もいる。

原始スープ

1953年、米国の生物学者で化学者でもあるスタンリー・ロイド・ミラーの行った実験が学会を驚かせた。ミラーはガラスチューブの中に原始の大気や海洋、雷を再現した。沸騰水から出た蒸気の中にアンモニウムとメタン、水素を加えて、そこに火花放電を行ったのだ。数日たつと、水中にはアミノ酸のような有機物が生成されていた。「原始スープ」とは、この過程全体を示す言葉だ。

■生命の起源についての研究の先駆者、スタンリー・ロイド・ミラー。

■糖、アミノ酸、脂肪酸など生命を生み出すための要素は、無機物から生じた可能性が高い。その過程で必要なエネルギーを提供したのが、雷や強力な紫外線放射だったようだ。

▶ p.140-145（進化年表など）参照

細胞の登場

35億年という長い時間をかけて、生物は単細胞組織から、多細胞で複雑かつ高度な形態へと進化した。約4億年前には、はじめて植物が陸上に進出した。

■最初の多細胞生物は7億～6億年前の海中で発達したものと思われる。

はじめて地球に現れた細胞に似た組織は原始生物とよばれ、そこから最初の本格的な細胞である原核生物が生まれた。

原核生物：最初の細胞

最も初期の原核生物は、今日の細菌や光合成を行う細菌であるシアノバクテリア（ラン藻、藍色細菌）と非常に似ていた。原核生物は厳密な意味での細胞核を持たないものの、細胞壁によって外界と切り分けられ、その内部で代謝を行うことができる。初期の原核生物の一部は、必要なエネルギーを得るために日光を利用して光合成を行ったが、酸素の発生はなく、硫化水素を酸化させ硫黄を排出した。今日でも紅色細菌がこの方法でエネルギーを生み出している。

次の段階になると、酸素の発生をともなう光合成が始まった（181ページ参照）。シアノバクテリアが出現すると、太陽エネルギー、二酸化炭素と周囲の水分を使って栄養をつくり出し、その際に、当時、ほかの生物にとっては単なる有害物だった酸素を排出した。こうした生物の進出によって、酸素を発生しない光合成を行っていた原核生物は、硫黄の多い温泉のような酸素の少ない環境へと後退し、酸素呼吸する有機体に繁栄の道が開かれていく。現在知られる最古の原核生物の化石は約35億年前のストロマトライトで、これはシアノバクテリアと石灰砂などが層状に重なってできた岩石だ。

真核生物の登場

最初の真核生物が現れたのは約20億年前。原核生物の中に別の原核生物が入り込んで細胞内に共生した結果、生まれたものと考えられている。真核生物は細胞核を持ち、より高度な有機体に発達するための基礎を備えていた。単細胞生物と多細胞生物——原生生物、植物、動物、人間——はすべて真核生物だ。

多細胞生物

多細胞生物は、単細胞生物の集団において、細胞分裂の際に娘細胞が分離しなかったことから生じたと思われる。あるいは複数の細胞核を持った単細胞生物からできた可能性もある。多細胞生物が出現したのは、おそらく先カンブリア時代（およそ7億～6億年前）だろう。これら初期の有機体は殻のような硬い身体組織を持っていなかったため、ほとんど化石が残っていないが、先カンブリア時代の軟体生物の痕跡は各地で見られる。カンブリア紀に入ると、多くの新しい生物が発達した。5000万年間にわたって続いた、いわゆる「カンブリア爆発」だ。約4億年前にははじめて植物が陸に進出し、乾燥した陸上に住み着く生物のさきがけとなった。

> **細胞内共生説**
> 原核生物の中に別の原核生物が入り込んで細胞内に共生した結果、真核細胞が生まれたとする学説をこのようによぶ。

■海洋底にある熱水噴出孔。生命の誕生に大きな役割を果たしたと見られている。

■シアノバクテリアがつくった化石、ストロマトライト。最古のものは35億年前にもさかのぼる。シアノバクテリアははじめて大気中に酸素を生み出した。

▶ p.176-177ページ（原生生物）参照

生物学 | 進化

■ 細胞小器官

真核細胞の内部では、細胞小器官とよばれる特別な構造に分化した諸器官が、効率的にそれぞれの機能を果たしている。細胞小器官は、細胞質基質とよばれるどろどろとした液体に浮かんだ状態で、細胞核を取り囲む細胞質を形成している。

高性能の顕微鏡によって、私たちは細胞の複雑な構造を詳細に観察することができるようになった。まず、すべての細胞を保護しているのが細胞膜だ。脂質の2重層からおよび複製のために必要な遺伝情報を伝達する。細胞質と細胞核の間の物質の交換は、核膜の孔を通して行われる。

DNAの遺伝情報は、カプセル型をしたリ

動物細胞は食物を分解することでエネルギーを引き出すが、これを行っているのがミトコンドリア（155ページ参照）だ。高度な代謝機能を持つ細胞ほど、多くのミトコンドリアを持っている。一方、植物細胞は日光

細胞小器官 | DNA | 染色体 | 細胞分裂 | 代謝

細胞

「あらゆる細胞は既存の細胞から生じる」――
1855年に病理学者ルドルフ・ウィルヒョウはこう述べた。生物学者たちは細胞を「生命を築くブロック」とよぶが、それは動物や植物、真菌を含めて、すべての生物が細胞からできているからだ。細胞はそれ自体で、完全な有機体としての特質を備えている。

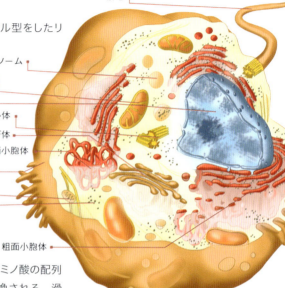

■動物の細胞にはさまざまな細胞小器官があり、代謝作用をつかさどっている。

なり、脂質にはタンパク質が結合している。こうしたタンパク質の一部は、物質を細胞内に取り込んだり、外に出す役割を果たす。膜の外にある受容体が、物質が運搬されてきたり、細胞に近づいてくるシグナルを受け取る。細胞質の中では、生体膜によって複数の仕切りがつくられ、さまざまな代謝が行われている。このうち大きな細胞核は、司令塔の役割を果たす。細胞核に含まれる染色体のDNA（デオキシリボ核酸）が、細胞の維持

ボソームとよばれる場所で、アミノ酸の配列に翻訳されタンパク質へと変換される。滑面小胞体や粗面小胞体といった多様な細胞内膜系は、脂質や膜タンパク質の合成にかかわる。一方、ゴルジ体は、タンパク質を分類して振り分けたり、活性化させる働きをする。さらにゴルジ体は脂質など膜の構成物を統合し、これらを細胞膜へと運ぶ。分解酵素を含むリソソームもゴルジ体によってつくられる。次に、生命活動において重要な役割を果たすミトコンドリアについて見ていこう。

を利用し、葉緑体（181ページ参照）を使って栄養を生み出す。細胞の中ではミトコンドリアおよび葉緑体などの色素体（プラスチド）が遺伝物質を持ち、細胞分裂によって複製していく。細胞の代謝が生み出す廃棄物には有害なものもあるが、袋のような形のペルオキシソームとリソソームがこうした物質を吸収して、細胞質を浄化する。

原核生物と真核生物

細胞内が仕切りに分かれているのが真核生物の特徴。これに対して原核生物は、分化した細胞構造が発達していない微生物だ。原核生物には核膜に囲まれた核がなく、DNAは環状に凝縮した形で細胞質に浮かんでいる。また、原核生物は色素体（プラスチド）やミトコンドリア、ゴルジ体といった代表的な細胞小器官も持っていない。

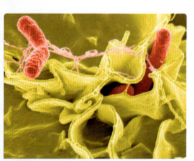

■細菌や人間の細胞を攻撃する病原体の多くは原核生物だ。

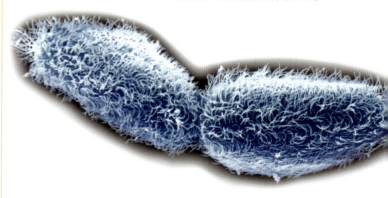

■単細胞の原生生物ながら高度に複雑な構造を持つゾウリムシ。細胞分裂で2つの娘細胞をつくって増殖する。

▶ p.240（神経細胞と情報伝達）参照

■ 植物細胞と動物細胞の違い

動物の場合も植物の場合も、真核細胞は複雑な内部構造を持つ。ただし、植物細胞のほうがかなり大きく、一目で見てとれる特徴がある。この特徴は、単純な光学顕微鏡でも観察できる。

色素体とよばれるディスク状の構造は、植物細胞の大きな特徴だ。かつて植物の仲間に分類されていた真菌（カビ、キノコな

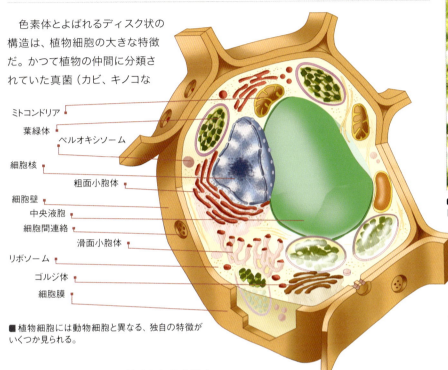

■植物細胞には動物細胞と異なる、独自の特徴がいくつか見られる。

どが含まれる）さえ、この特殊な細胞小器官は持っていない。色素体には、植物の茎や葉で光合成を行う葉緑体のほかに、トマトやトウガラシなどの実や花の色を決める有色体や、ジャガイモのデンプンのような養分の合成にかかわる白色体が含まれる。

液胞と細胞壁

単純な光学顕微鏡でも、植物細胞の中央液胞は驚くほどはっきりと観察できる。細胞の大部分を占めているからだ。内部の液体には、花の色素や栄養、イオンのほか、昆虫などを撃退するための防御物質が含まれる。液胞内にはたくさんの酵素もあり、動物細胞ではリソソームが行うような、細胞内の消化作用をつかさどっている。中央液胞には液体が満ちているので、内からの圧力に等しい逆圧がかからなければ破裂してしまいかねない。そのため、植物細胞には強く安定した防護壁が必要になってくるが、その役割を果たしているのが細胞壁だ。細胞壁は細胞膜のすぐ外にあり、無数のセルロースが結合してできている。セルロースは1万個もの炭水化物の鎖で構成され、他の物質と共に、細胞壁が内外からの圧力に負けないだけの力を与える。植物の細胞壁は互いにつながっているので、一種の骨格として植物の形をつくり上げている。細胞壁にはシグナル物質や防御物質も含まれ、昆虫や真菌の攻撃から植物組織を守るのに一役買っている。

また植物細胞では、非常に細かい管状構造が細胞壁を通り抜けて、ほかの細胞の細胞質とつながっている。いわゆる細胞間連絡とよばれるこうした構造は、栄養を運ぶと共に、さまざまな細胞や組織間の連絡をとる役割を果たしている。

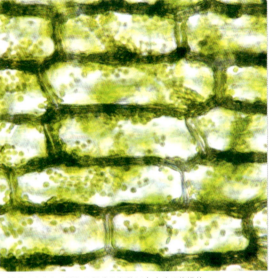

■植物のあらゆる緑色の部分の細胞に存在する葉緑体。日光を吸収して光合成を行う。

> **basics**
>
> **細胞の平均的な大きさ**
> 動物で8〜20μm、植物で100〜300μm。
>
> **肝臓の細胞**
> 含まれるミトコンドリアの数は500〜2000個で、それぞれの平均的な大きさは0.5〜1μm。

in focus: 肝臓や腎臓を使わない解毒

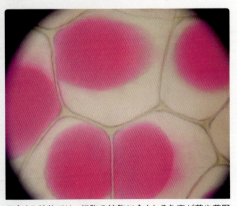

■多くの植物では、細胞の液胞に含まれる色素が花や葉野菜の色を決める。

多くの植物は根や葉を通して、周囲から有毒な物質を吸収してしまう。こうした物質は人間や動物の体に有害なだけでなく、植物にとっても代謝を妨げる危険がある。植物には有毒物質を分離して取り除くための肝臓や腎臓がないため、細胞内で解毒を行う。有毒物質は特殊な分子によって巨大な中央液胞へと運ばれ、そこに蓄えられるか、化学的に非活性化される。

▶ p.301（酵素：活性触媒）参照

遺伝物質：DNA

遺伝情報は2重らせんの構造を持つDNAの形で蓄積され、伝達される。すべての生物の細胞にはDNAが含まれており、多くのウイルスも例外ではない。

真核細胞で核の染色体を構成するのがDNAだ。DNAは核のほかに葉緑体やミトコンドリア、細胞質内にも染色体外遺伝子（プラスミド）の形で存在する。一方、原核細胞のDNAは核に入っておらず、「裸」で細胞質内に存在する。DNA分子はヌクレオチドでできている（ヌクレオチドが鎖状につながったものをポリヌクレオチドという）。それぞれのヌクレオチドを構成するのは、糖（デオキシリボース）とリン酸と塩基で、塩基はアデニン（A）、シトシン（C）、グアニン（G）、チミン（T）の4種類。糖とリン酸はすべてのヌクレオチドに共通しているため、遺伝情報は塩基部分に含まれることになる。1953年にワトソンとクリックによって提唱された、有名なDNAの2重らせんモデルを見れば、その構造がよくわかるだろう。このモデルによれば、2本のポリヌクレオチド鎖が2重らせん構造をつくっている。糖とリン酸が交互につながった鎖がらせん構造をつくり、それを4種類の塩基——2つの水素と結合したアデニンとチミン、もしくは3つの水素と結合したシトシンとグアニン——がつないでいるのだ。アデニンはチミン、シトシンはグアニンとしか対にならないため、結果として一方のポリヌクレオチド鎖の基本配列が、もう一方のポリヌクレオチド鎖の基本配列を決めることになる。したがって2重らせん構造の鎖は相補的な関係にあり、形は同一でなく、向きが逆（逆平行）になる。

DNAは遺伝情報を蓄えるだけでなく、情報を複製して次世代に伝えるためにも欠かせない。この情報の複製は細胞の分裂と分裂の間（間期）に起こる。

DNA複製の際は、まず2本の鎖が1本ずつにほどける。するとDNAポリメラーゼとよばれる酵素が、1本になったヌクレオチドに相補的関係にあるヌクレオチドを順に結び付けて、新しい鎖を合成する。元の鎖をそれぞれ鋳型として、相補的な逆方向の新たな鎖が生まれることになるわけだ。DNA複製の際は、元の2重らせんをほどくものなど、さまざまな酵素が働いている。

ヒトゲノムプロジェクト

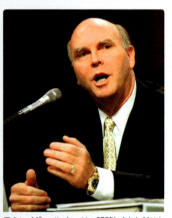

1990年、ヒトゲノム配列を決定するため、1000人以上の科学者が参加して国際ヒトゲノム計画がスタート。1998年には米国の生物学者クレイグ・ベンターが、私募ファンドによってセレラ・ジェノミクス社を設立。自動的に配列を決定できる自動シーケンサーという機械を使って、国際チームと競った。2003年国際チームは解読完了を宣言した。

■クレイグ・ベンターは、解読したヒトゲノムに関する特許を申請して批判された。

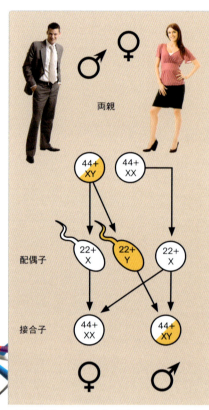

■男性と女性では性染色体が異なる。女性はX染色体を2つ、男性はX染色体とY染色体を1つずつ持つ。

■鎖状につながったヌクレオチドの糖の部分から伸びた塩基が、向かい合うポリヌクレオチド鎖の塩基と結びつき、2重らせん構造をつくる。

DNA鑑定

近年、DNA鑑定が注目を集めている。犯罪捜査でも容疑者の特定に用いられる手法だが、これは人がそれぞれ異なる染色体の組み合わせを持っているため、「遺伝子指紋」によって個人を識別できるという事実に基づいている。鑑定のためのDNAは、髪や体液など、犯罪現場に残された微細な痕跡からでも切り出すことができる。

■鑑定用のDNAは血液やだ液、精液や他の組織から切り出す。

▶ p.298（核酸：遺伝子の構成要素）参照

■ 染色体

遺伝情報を運ぶ、糸状の構造をした染色体。真核生物では核の中にあり、DNAと、DNAを巻きつけるためのヒストンというタンパク質で構成される。染色体に変異が起き、生物の体に大きな異常が起きる場合もある。

染色体はその時々の必要に応じて、ちゅう密に凝集した状態からほぐれた状態へと絶えず変化している。細胞分裂期ではないときはほぐれた状態だが、分裂が始まると凝集した動きやすい形となって、光学顕微鏡の2本が性染色体で、男性は大型のX染色体と小型のY染色体を1つずつ、女性はX染色体を2つ持つ。体細胞が2セットの染色体を持つ2倍体染色体であるのに対して、卵子、精子などの生殖細胞は1セットしか

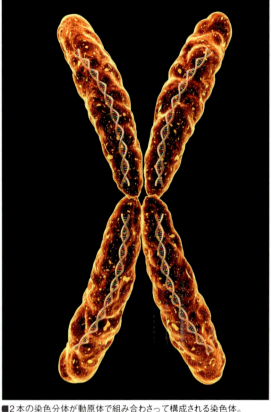

■2本の染色分体が動原体で組み合わさって構成される染色体。それぞれの染色体は1本の長いDNA細胞を持つ。

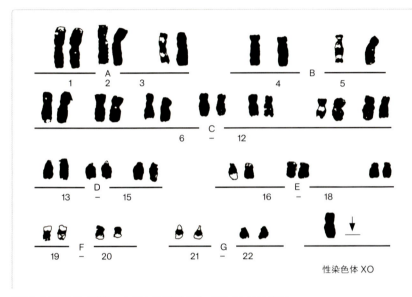

■染色体を顕微鏡で撮影し、大きさなどの基準に従って並べたカリオグラム。染色体が欠失しているターナー症候群などの変異を発見できる。

でも観察できるほどだ。染色体は、らせん構造をした2本のDNAの鎖（姉妹染色分体）が動原体とよばれる部分で組み合わさってできている。細胞が分裂した後の染色体は、まず、1本の染色分体となる。この染色体がその後複製され、2本の同一の染色分体が形成される。

動物や植物の種類によって、染色体の数は決まっている。例えば人間の細胞は46本の染色体を持っているが、そのうちの44本は、形も大きさも同じもの（相同染色体）が22対に組み合わさった常染色体。残り

持たない1倍体だ。

染色体の変異と異常

場合によっては、細胞分裂の際に個々の染色体が複製されなかったり、娘細胞がうまく離れなかったりすることがある（不分離）。こうした染色体の数の変化は、変異とよばれる。通常、対であるはずの染色体が1本になってしまうのがモノソミー、逆に3本となってしまうのがトリソミーだ（「in focus」参照）。すべての染色体セットに数的異常がある場合は、正倍数性の異常と分類される。いか

なる染色体においても変異が起こると特別な状態を引き起こすが、大きな異常になる場合もあれば、日常的にはほとんど気づかない場合もある。人の場合、染色体に異常が起きる確率は、出産が高齢化することなどによって高まる。

生物で異なる染色体の数

複雑な生物ほど多いわけではない。ヤツメウナギは174本の染色体を持つが、人間は46本だ。

ダウン症候群

ダウン症候群は、細胞の減数分裂の際に21番染色体で不分離が起きたか、減数分裂の2次分裂の間に分離がうまくいかず、配偶子が2本の染色体の複製を持ったために引き起こされる。受精の際に精子が自身の21番染色体を加えるため、接合子が3本の染色体を持つことになるのだ。このトリソミーにより、身体および知的面での発達に異常を引き起こす可能性が生じる。

■ダウン症候群の子供が生まれる確率は、出産の高齢化によって上昇する。

体細胞分裂：細胞の複製

多細胞生物は多数の細胞で構成されているが、その細胞は常に1つの細胞、通常は受精卵から成長する。

真核細胞が複製されるには核が分裂する必要があり、この過程を体細胞分裂という。細胞の遺伝情報は親細胞が分裂してできた娘細胞に均等に分配されるため、体細胞分裂が完了してできた新しい細胞は、それぞれ元の細胞と同じ染色体セットを持つことになる。では、分裂の過程を段階を追って見ていこう。

まず前期では、染色体は移動と分裂に備えてコイル状に凝縮し、核膜が分解を始める。中期に入った染色体はすっかり凝縮して、光学顕微鏡でも観察できるほどだ。管状のタンパク質（微小管）から細胞の両極を結ぶ紡錘体を形成し、その中ほどにあたる細胞中央部の赤道面に沿って染色体が一列に並ぶ。後期には、動原体（染色体と紡錘体が結合している部分）付近で結合していた姉妹染色分体が分離を始め、紡錘体によって細胞の両極に引っぱられて、両極にそれぞれ1組ずつの染色分体が揃う。

終期になると、紡錘体は消失し、新しい核膜が染色分体各組の周囲に形成されて細胞質が分裂する（細胞質分裂）。そして新しい細胞膜（植物では細胞壁）がつくられて、染色体は再び元の機能形状に戻る。核分裂あるいは細胞分裂の間（間期）に細胞は成長し、親細胞と同じ大きさに達して細胞小器官も形成される。さらに染色分体が倍化し（同一複製）、核がタンパク質合成などの細胞の代謝活動を調整した後、再び同じサイクルの複製過程がスタートする。

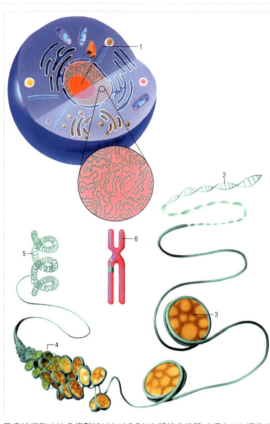

■ 真核細胞（1）の複製時におけるDNA凝縮の推移：2重らせん構造のDNA（2）→染色体の基本構成単位であるヌクレオソーム。タンパク質の一種ヒストンを芯とし、DNAが2度巻き付いている（3）→30nmの染色質の構造。染色質が凝集して染色体になる（4）→活動する染色体（5）→中期の染色体（6）

細胞分裂阻害剤

癌治療において、細胞の増殖と分裂を抑制する目的で使われるのが有糸分裂阻害剤。細胞の有糸分裂を抑制する性質を持ち、微小管を構成するタンパク質（チューブリン）に結合し一時的に細胞分裂を阻害する。健康な細胞にもある程度の影響を与えるため、慎重に用いる必要がある。

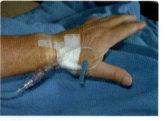

■ 多くの癌治療と同様、細胞分裂阻害剤にも重大な副作用があり、健康な組織をも損ねてしまう危険性を持つ。

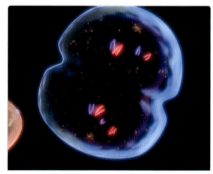

■ 細胞は複製過程の初期に、細胞核内の染色体を複製する。

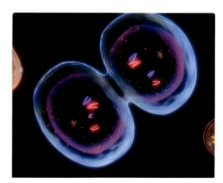

■ 上記の結果、2つの娘細胞はそれぞれ親細胞と同じ遺伝子を持つことになる。

細胞の数

人間の体を構成する細胞は約60兆個。そのすべての元となるのは1つの卵母細胞で、細胞分裂を繰り返すことにより1つの生命体へと成長する。加えて、消化管には約100兆個の微生物が、さらに皮膚にも1兆個の細菌が存在する。細菌は、これほど大量にあっても重さはわずか100g。人体の真核細胞と、原核細胞に属する細菌の細胞では大きさに差があるからだ。

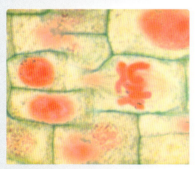

■ 細胞分裂はすべての生物の全身で繰り返し起きている。

減数分裂

減数分裂とは、真核生物が行う細胞分裂の形態のひとつ。核と細胞の分裂によって、2組の染色体を持つ2倍体染色体が、1組の染色体のみを持つ1倍体染色体に半減される過程をいう。

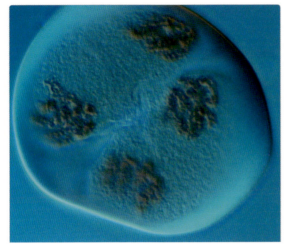

■減数分裂によって自己複製し、4つの娘細胞に分かれた植物（ブルーベル）の細胞。

複雑な構造を持つ植物や動物では、精子細胞と卵細胞が成熟したときに減数分裂が行われる。体細胞分裂とは異なり、減数分裂は2つの段階からなる。すなわち第1分裂（減数分裂）と第2分裂（体細胞分裂に似た減数分裂）だ。

第1分裂

相同染色体が結合して対になってから染色体の数が減少するのが第1分裂で、その過程は前期、中期、後期、終期の4段階に分けられる。まず、第1分裂の前期では、染色体は凝縮し、複製され、2本の姉妹染色分体が動原体で結合した状態となる。そうした相同染色体同士が対となり平行に一列に並び、4本の染色分体からなる1つのかたまり（二価染色体）を形成する。このとき、対応する染色分体の接合部分の間で、遺伝物質の交換が起きる場合もある（「in focus」参照）。

中期では、二価染色体が紡錘体の縦軸を中心に一列に並び、核膜が消失する。後期には、相同染色体が分離し、姉妹染色分体が動原体で結合したまま別々の極へと移動する。終期では、染色体のコイルがほどけはじめ、核膜と核小体が形成される。このように、第1分裂を通じて相同染色体は分裂、母親由来と父親由来の染色体がランダムに分配され、2倍体の染色体セットが1倍体の染色体セットに変わる。

第2分裂

第1分裂で染色体が半減した後、体細胞分裂に似た第2分裂が始まる。この際に新しい1倍体染色体セットの姉妹染色分体が分離して、それぞれが染色分体1本のみを持つ別々の2個の配偶子となる。結果として、1つの元細胞から合計4つの配偶子ができる。受精後、染色分体はDNA合成によって倍化し、新しい2倍体染色体セットが生まれる。遺伝情報は、減数分裂を行うことで、繰り返し組み換えられる。

進化を支える減数分裂

減数分裂により、両親それぞれの染色体が持つ遺伝子がランダムに組み換えられ、新しい生命体に多様性が生まれる。

有性生殖による遺伝子の組み換え

両親から受け継いだ染色体は、第1分裂における最初の減数分裂の際ランダムに分配され、これによって遺伝物質の新しい組み合わせ、すなわち組み換えが生じる。組み換えは、染色体間組み換えと染色体内組み換えの2種類。前者は後期で組み換えられたすべての染色体に起き、後者では染色分体間の同じ座位で交換が起こる（交叉）。生物の多様性は、こうした遺伝子の組み換えから生じる。

■減数分裂では、同じ対の染色体が交叉した後で分離する。

■遺伝情報は減数分裂を行うことで繰り返し組み換えられる。減数分裂は生物の多様性と進化の前提条件と言っていい。写真は多種多様なカボチャ。

■ 一般的な細胞代謝

すべての生物の細胞は、自己の生命過程を推進するための十分なエネルギーを必要とする。従属栄養生物（食料を他の生き物に依存する生物）は、高エネルギーの炭水化物、脂肪、タンパク質を分解して必要なエネルギーを獲得する。

好気性のエネルギー合成（細胞呼吸）は、細胞の細胞質で営まれる解糖から始まる。解糖とは、ブドウ糖（グルコース）などの炭水化物が分解され、酸素なしでピルビン酸が生成されるまでの一連の反応だ。

> **ATP** 多機能のヌクレオチドで、アデノシン三リン酸の略称。アデニン、リボース、3個のリン酸基で構成される、細胞呼吸で最も重要なエネルギー貯蔵物質。エネルギー（30kJ/mol）は、後にリン酸基を切り放すことで放出される（ATP→ADP＋無機リン酸）。
>
> **NAD^+** ニコチンアミドアデニンジヌクレオチド の略称。水素を含む補酵素で、電子の受容体の役目をする。
>
> basics

■ クエン酸回路（クレブス回路ともいう）には、好気性生物における一連の酵素反応が含まれる。

解糖

解糖の初期段階では、アデノシン三リン酸（ATP、「basics」参照）の2分子から、六炭糖であるブドウ糖分子にリン酸基が渡され、フルクトース-1,6-重リン酸塩が生成される。この反応により、糖は異なる2つの三炭素分子へ容易に分割できるようになり、分割された2分子は後に2つの同一化合物（グリセルアルデヒド三リン酸）に変換された後、酸化してピルビン酸になる。この過程で放出されるエネルギーの一部はアデノシン二リン酸（ADP）に送られてエネルギー貯蔵分子ATPとなり、さらに一部は電子の形でニコチンアミドアデニンジヌクレオチド（NAD^+）にも渡される（「basics」参照）。その後、極めて高エネルギーのATPが水素含有化合物、還元型ニコチンアミドアデニンジヌクレオチド（$NADH/H^+$）から形成される。

クエン酸回路

クエン酸回路は、解糖の生成物であり高エネルギーを維持しているピルビン酸から効率よくエネルギーを抽出する反応を指す。ピルビン酸の分子をCO_2の3分子に完全分解することによって起こり（酸化的脱炭酸反応）、CO_2は老廃物として息と共に吐き出される。この酸化段階の途中で生成される大量の水素は、$NADH/H^+$または還元型フラビンアデニンジヌクレオチド（$FADH_2$）の形で取り込まれ、後でエネルギーの生成（ATP合成）に使われる。さらに、ATPの類似化合物であるグアノシン三リン酸（GTP）の分子が直接形成される。

解糖とクエン酸回路の中間にある活性化段階では、最初のCO_2分子が取り除かれ、補酵素Aが加わって酢酸ができる。生成されたこのアセチル補酵素A（アセチルCoA）はこの複雑な過程に入り、4炭素（C_4）化合物（オキサロ酢酸）と結合してクエン酸（C_6化合物）になる。この過程でもオキサロ酢酸が生成され、再びC_2化合物と反応する。クエン酸回路は、真核生物ではミトコンドリア（膜に囲まれた細胞小器官）内で営まれ、原核生物では細胞質（細胞を満たすゼラチン様流体）内で起こる。解糖と同様、クエン酸回路も酸素を必要としない。

電子伝達系

生成された水素分子（H_2）を含む化合物、$NADH/H^+$と$FADH_2$は、この細胞呼吸の最終段階である電子伝達系で使用され、ATPの形でエネルギーとして貯蔵される。この過程で、電子は一連の反応を経て、生物が取り込む酸素に送られる。この多様な酸化還元系を利用する反応は、段階的に進むことが重要だ。さもないとH_2の酸化による水の生成過程で爆発反応をともなうことになる。

細胞呼吸の解明

ドイツの生化学者オットー・ハインリヒ・ワールブルク（1883～1970年）は細胞呼吸の理解に大きく貢献した科学者のひとり。20世紀の偉大な細胞生物学者だったワールブルクは、特に癌細胞の細胞呼吸を研究し、呼吸酵素（シトクロム酸化酵素）の性質と行動様式の発見により、1931年にノーベル生理学・医学賞を受賞している。

■ ノーベル賞受賞者で20世紀を代表する細胞生物学者のオットー・ハインリヒ・ワールブルク。

■ フィットネスとは、体内の酸素消費をともなう運動を指す。

その他の代謝過程

細胞の代謝では、酸素を利用する（好気性）の複雑な過程にも、酸素を使わない（嫌気性）発酵という効率の悪い過程にも、電子の伝達がかかわっている。

ブドウ糖の分解（解糖）やクエン酸回路といった細胞の代謝過程では、水素を多く含む化合物、還元型ニコチンアミドアデニンジヌクレオチド（NADH/H⁺）と還元型フラビン

■プレーンヨーグルトの酸味は、乳酸発酵中に生成される乳酸によるものだ。

アデニンジヌクレオチド（FADH₂）が形成される。細胞呼吸の最終段階である電子伝達系では、比較的大量のエネルギーがアデノシン三リン酸（ATP、DNAやRNAなどの核酸の構成要素でもあるエネルギー貯蔵分子）の形で獲得される。さらにニコチンアミドアデニンジヌクレオチド（NAD⁺）やフラビンアデニンジヌクレオチド（FAD）も再利用

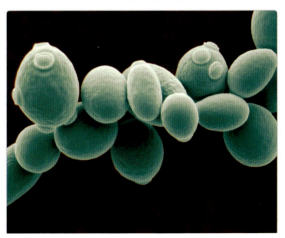
■出芽酵母の一種サッカロマイセス・セレヴィシエの電子顕微鏡写真。製パンや醸造に使われる一般的なイースト菌だ。

▶p.304-305（日々の問題）参照

のために形成される。この過程において電子は段階を経て、生物が吸い込む酸素分子に送られる。さまざまな酸素還元系（各種の酵素や共役因子を利用）で生ずる反応は段階的に進行することが重要だ。そうでなければ、水素分子（H₂）の酸化による水の生成が爆発反応をともなうからだ。

電子伝達系は細胞膜上で営まれる。真核生物ではミトコンドリア内で、原核生物では細胞の内膜で起こる。一部の酸素還元段階では、水素イオンがミトコンドリアや細胞の内部から、細胞膜の内膜と外膜の間に送られる。すると、この水素イオンの濃度勾配を利用してATPの合成（酸化的リン酸反応）が行われる。

1個のブドウ糖分子が好気的（酸素を利用）に分解されると、36～38個のATP分子がアデノシン二リン酸（ADP）とリン酸基から形成される。

発酵

多くの細菌をはじめ、一部の真菌類（イースト菌など）および一部の動物や人間の細胞は、栄養素を好気的条件下でも、嫌気的条件下（酸素なし）でも分解できる。ただし、嫌気性分解過程はそれほど完全ではない。発酵とよばれるこの過程も、好気性代謝過程と同様に解糖から始まり、ピルビン酸の生成で終わる。しかし、酸素が利用できないため、電子伝達系のときのように、NADH⁺＋H⁺の水素を酸化して水を生成することができない。代わりに、水素は中間の反応生成物に渡されて、その生成物を減ら

すために使われる。さらに完全な好気性分解過程では、低エネルギー分子のCO₂とH₂Oが最終生成物として発生するが、発酵の場合は最終生成物にも、乳酸発酵における乳酸のように相当量のエネルギーが含まれている。したがって発酵で獲得されるエネルギー量は、好気的過程よりかなり少ない。例えば、乳酸発酵ではブドウ糖1分子から生成されるATP分子はわずか2個だ。

> **生体膜** 細胞膜の厚さはわずか8nmで、2層からなる半流動体のリン脂質で構成されている。分子には1個の極性（水溶性）の「頭」と2個の無極性（水を通さない）脂肪酸の「尾」がある。細胞膜には特別のタンパク質以外に、電子伝達系の酵素複合体も付着している。

脂肪酸の分解

細胞は、炭水化物に加えて、脂肪など他の物質も分解し、それを利用してエネルギーを生成できる。脂肪を脂肪酸やモノグリ

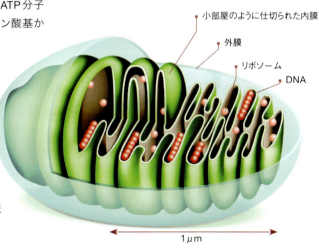
■ミトコンドリアは、細胞のATP供給量の大部分を生成するため、「細胞の発電所」ともよばれる。

セリドなどの構成要素に分離（加水分解）した後、解糖にC₃化合物としてグリセリドを使用する。一方、脂肪酸はミトコンドリアの内部空間で補酵素Aに付着し、徐々に分解される（β酸化）。アセチル補酵素A（アセチルCoA、C₂化合物）は、脂肪酸が完全に分解されるまで反応の各段階で取り出される。取り出されたアセチルCoA分子は、その後クエン酸回路に入る。

生物学｜進化

■ 化石と化石化

地球上にかつて生息していたあらゆる動植物のうち、化石として保存されているのはほんのわずかにすぎない。そのうち最も古いものは、30億年以上前に地球上に生存していた微生物の化石だ。

■アンモナイトなどの化石は、生命の進化を再構築するための重要な道具となる。

化石化｜化石｜生きた化石

化石

地球上の有機物質は、分解されて基本的な無機成分に戻り、そこから再び有機物質がつくられるというサイクルを繰り返している。しかし時には、太古の動物の遺骸や植物が化石化という作用を通して、現在まで残っている場合もある。こうした化石は私たちに、進化の過程や地球の歴史に関する貴重なヒントを与えてくれる。

化石化は、極めて長い時間を要する過程だ。まずは生物の遺骸が、時をおかずに堆積物で覆われる必要がある。こうなれば、腐敗や分解を免れ、清掃動物や屍食動物によってばらばらに壊されることもない。水中の方が迅速かつ連続的に堆積物が沈殿するため、化石の多くはかつての海洋生物だ。それに比べて、陸生生物の遺骸が保存可能な状態で堆積物に覆われる可能性はかなり低いと言っていいだろう。化石化の過程では、それまで生物を構成していた多くの成分が安定した物質に変わる。骨格や石灰質の貝殻など比較的壊れやすい物質も、固く耐久性のある鉱物になる。石質化した樹木ではケイ酸が構造内部に入りこみ、年輪などの細部まで保存されることもある。頁岩や粘土に埋まったものは、鉱物の殻に包まれていないかぎり、化石化の途中で壊れてしまう場合が多い。しかし、頁岩などに見つかる化石は、粒子の細かい堆積物のおかげで壊れやすい生物や軟体生物まで保存されていることがあるため、高い価値を持つ。カナディアン・ロッキー山脈にあるバージェス頁岩層は、こうしたタイプの化石が見つかる代表的な場所として知られる。

さまざまな化石の種類

生物の全身ないしは一部が残存しているものを体化石といい、硬質な部分だけでなく、まれに軟組織まで残っている場合もある。生物の型のみが残った化石は、堆積物に埋まった生物（あるいはその一部）がなくなった後の空洞に、後から他の物質が詰まり、固まるなどして形成される。体化石には、生物の全身が軟組織までそっくり保存されているものもある。樹脂（琥珀）に閉じ込められた昆虫や、シベリアの永久凍土で発見されたマンモスなどがその例だ。泥の中に残された足跡や地面を掘った跡など、生物が生存中に残した痕跡が保存されたものは、生痕化石とよばれる。この種の化石ができるには、痕跡が残る堆積物がその構造を保持し、その上を覆う堆積物と混ざり合わないことが条件になる。

ニコラウス・ステノと化石の発見

デンマークの博物学者で、後に聖職者となったニコラウス・ステノは、化石が古い時代の生物の遺骸であることを最初に認識した人物だ。山地で発見した石がサメの歯にそっくりであることに気づいたステノは、その後、化石の研究に精魂を傾けた。そして、重なり合う地層は、下にある方が古く、上の方が新しいという地層累重の法則を唱え、地球の歴史は、当時の通説となっていた6000年より古いに違いないと結論づけた。

■近代の結晶学および地質学の発展に多大な貢献をした、ニコラウス・ステノ（1638〜86年）。

■一定の条件下では、生物の全身または一部、足跡、排泄物までもが、化石化という長い複雑な過程を経て保存される。

▶ p.158-161（地質年代）参照

■ その他の化石と「生きた化石」

化石は過去の生命の大いなる遺産である。
恐竜の巨大な骨格から、トンボの羽根の繊細な模様や、
顕微鏡でしか判定できない小さな細菌の痕跡まで、大きさもさまざまだ。

化石は地球の歴史の記録であり、いずれも1万年以上前の地質時代のものだ。化石には骨格や歯などの遺骸だけでなく、足跡や排泄物のような痕跡も含まれる。

壊れやすい植物や動物の体の一部でも、その痕跡が残っていることがある。黒色炭素の膜が葉や軟体動物の形を保存することもあれば、珪化作用で森林が石化し、細かい組織構造が化石化される場合もある。中でも目を見張るべきは、恐竜の化石だろう。足跡や骨格、時には卵までもが、多くの大陸で発見されている。全身化石が見つかったときには、絶滅した動物や植物をできるだけ正確に再現することも可能になる。

示準化石

化石はまた、岩石の年代を決定するための優れた道具ともなる。化石を使って地質年代を決定する方法を生層序学といい、この目的に最も適した化石を示準化石とよぶ。示準化石となるのは、進化が急速で、著しく多様化したもの。地質学的にみて生存期間が短く（数百年から数百万年間）、地理的分布が広い上、数が多く、識別の容易なものが理想的だ。示準化石の多くが、三葉虫（カンブリア紀とオルドビス紀の節足動物）やアンモナイト、トリアス紀やジュラ紀の頭足動物などの海洋生物である。

生きた化石

進化を研究している科学者にとっては、「生きた化石」も興味をかきたてられる存在だ。「生きた化石」とは、はるか昔から現在に至るまで、基本的な構造がほとんど変わっていない動植物のこと。主に環境変化が皆無かそれに近い、外部と遮断された場所で、進化上の変化もほとんどないままに生息を続けている種だ。1つの目で唯一生き残った種や、独自の綱をつくっている種であることが多い。有名なものには、オウムガイ、シーラカンス、カブトガニ、カモノハシ、有袋類などがあり、植物ではメタセコイアやイチョウ、トクサ、ソテツなどが生きた化石とよばれている。

■ 中生代の最も有名な動物である恐竜の卵。ニワトリの卵と比較すると、その大きさがわかる。

■ 生きた化石は動物だけではない。米国イエローストーン国立公園のメタセコイアのような植物の例もある。

> **化石という言葉**
>
> この言葉が最初に登場したのは、「鉱物学の父」と称されるゲオルギウス・アグリコラによる『発掘物の本性について』という手引書だ。化石自体の研究は古生物学とよばれる。

■ 古生物学者の仕事は、多くの点でジグソーパズルに似ている。このように各部の化石が完全に保存されているケースは比較的珍しい。

■ 約4億年前に出現したシーラカンス。現生種が発見されるまでは、絶滅したものと信じられていた。

層序学

層序学は地質学上の年代を決定するうえで最も歴史があり、最も重要な方法のひとつだ。さまざまな地質学上の出来事がいつ起きたのかは、地層の積み重なりからたどることができる。

層序学の基本法則を定めた最初の科学者のひとりが、博物学者ニコラウス・ステノだ。ステノは、地層は堆積したままの状態であれば、下にある地層が上にある地層よりも古いという地層累重の法則を提唱した。といっても、地層の重なりは、度々起こる地質学的な変動で不明瞭になったり、浸食や山脈の褶曲などで途切れてしまうこともある。地層にこうした不明確な部分や不整合があるからといって、ステノの法則が根本的に否定されるわけではないが、地層が下から順番に水平に重なっているとは限らない。こうしたときに役立つ手がかりのひとつが、いわゆる鍵層だ。活火山の火山灰を含む地層など特別な出来事によって形成された地層で、地層の連続性を追ううえで重要な情報を提供してくれる。

それでも地層の厚さや順番を考える（岩相層序学）だけでは、その地形が形成された年代や、地質学的活動の継続期間を決定するうえで十分とは言えない。そのための情報を与えてくれるのが、化石をはじめ、岩層に含まれるものを地域間で対比して地質年代を決定する生層序学だ。すべての化石が年代決定に適しているわけではなく、いわゆる示準化石となりうるのは、短い期間だけ（地質学上の話なので、数百万年におよぶものもあるが）、広い範囲に数多く分布していた動植物の痕跡に限られる。こうした識別しやすく、簡単に見つかる化石を使えば、遠く離れた地層同士でも対比することができる。

相対年代法では、地球の歴史を代、紀、世という3つの年代に区分し、地形の形成や、動植物の起源および進化の前後関係を明らかにする。さらにフランスの物理学者アントワーヌ・アンリ・ベクレル（1852～1908年）による放射線の発見によって、岩石や化石の年代を明確な数字で表す方法（絶対年代法）も可能になった。ベクレルは放射線の発見でノーベル物理学賞を受賞している。放射線同位元素による年代測定法が発展して、地質学上の年代がよりはっきりと決定できるようになった。

層序学｜古生代｜中生代｜新生代

地質年代

18世紀の人々は、地球のことを比較的若い惑星だと考えていた。聖書を解釈したアイルランド人の聖職者が世界は紀元前4004年10月26日に創られたと結論づけて以来、地球の歴史はその程度の長さだと一般的にも信じられていたのだ。しかし、岩石の生成および崩壊にはそれよりはるかに長い時間を必要とするはずだとする科学者たちの見解が、徐々に一般にも受け入れられるようになっていく。地質学的な時間軸のうえで地球の歴史がより正確につかめるようになり、その誕生は45億6000万年前までさかのぼることがわかってきた。

生層序学の創始者

■ウィリアム・スミス（1759～1839年）は岩石の種類によって色を塗り分けて、英国の正確な地質図をつくり上げた。

英国の土木技師だったウィリアム・スミスは運河の仕事をしているうちに、同じ年代の地層には同じ種類の化石が含まれていることに気づいた。そこで自分が発見した化石をもとに、グレート・ブリテン島の地質図をつくり上げて1815年に出版したが、当初は著名な地理学者たちから相手にされなかった。その研究の価値を認められたのは、十数年もたった1831年のことだ。

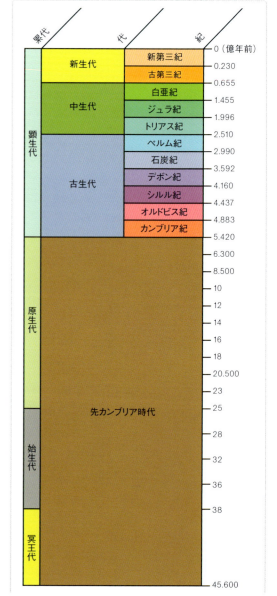

■層序学の目的は、過去に起きた地質学上の出来事の年代を決定すること。それによって地球の歴史を時系列で追うことができる。

■ 古生代

これまで見つかった精密な化石で最古のものは、約5億4200万年前すなわち古生代に属する。ほ乳類と鳥類を除く主な動物群はこの時代に進化したものの、約2億5000万年前に起きた大量絶滅で姿を消した。

細胞に似た構造を持つ最初の原始生命が地球上に現れたのは約35億年前。それから比較的短い間に、最初の有機体が生まれた。これらは水生の単細胞生物で、一部が

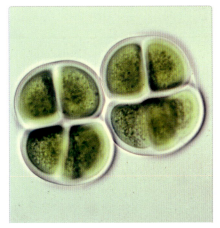
■最古の生命体のひとつ、シアノバクテリア。35億年前より地球に生息し、ストロマトライトとよばれる化石の形で残る。写真はその細胞を500倍に拡大したもの。

細胞核を進化させながら、20億年以上もの間、地球の生物の中心的位置を占めた。約10億年前になると、最初の多細胞生物が進化して有性生殖も行うようになる。やがてそこから環形動物や刺胞動物、節足動物といった海洋生物が生まれ、後の古生代における進化の基礎を築いていった。

カンブリア爆発から大量絶滅まで

カンブリア時代が幕を開けたばかりの約5億7000万年前、三葉虫や筆石といった最初の無脊椎動物がわずか5000万年の間に進化した。最初に陸上に進出したのは藻類や地衣類、細菌で、浅い池のまわりに広がって大気中の酸素を増加させた。空気呼吸を行う小型の動物がこれに続き、その中の現在のヤスデに似た節足動物は、乾燥を防ぐための硬い外骨格を持っていた。

脊椎動物が出現したのは4億7000万年前のオルドビス紀。海生の魚類だ。続くデボン紀には、装甲に体を覆われた板皮類と、ヒレが鰭条によって支えられている条鰭類が共存し、今日の魚類の祖先となった。やがて気候変動によって水位が下がるにつれて、一部の魚類が肺と「足」を発達させ、それが四足の脊椎動物、両生類に進化したらしい。これが他のあらゆる脊椎動物の祖先になったと考えられている。

石炭紀には温暖で湿度の高い気候が続いたため、湿地に背の高いトクサやヒカゲノカズラの類、コケ類、シダなど多様な植物が繁茂した。両生類の一部が陸上に進出して、硬い殻で保護された卵を産み始めた。ここから進化したは虫類が、後のペルム紀には

■良い保存状態で残っていることが多い、三葉虫の化石。これまでに1万5000種以上見つかっている。

可能なかぎりの生態学的地位（生物種の食物や生息空間などに関する特定の地位）を占めることになる。翼竜プテロダクティルスのように空を飛ぶ虫類さえ現れたが、それでも空中を支配し続けたのは昆虫で、中には翼幅が70cmもあるトンボ、メガネウラのように巨大な体に進化したものもあった。一方、海洋には腕足動物や巻貝、イガイ、硬骨魚、サメ、有孔虫のほか、多くのアンモナイトが生息していた。

> **地球史上最大の大量絶滅**
> 約2億5000万年前のペルム紀の終わりに起きた。海洋生物がほぼ全滅し、陸上生物も4分の3以上が姿を消した。原因は未だ明らかになっていない。

■デボン紀のアルケオプテリスの化石は全大陸で見つかっており、この植物が世界各地に分布していたことがわかる。

■化石との出会いには運も大切。幸運に恵まれれば、保存状態の良い全身化石を発見できることもある。

▶ p.172-173（細菌）参照

■ 中生代

2億5000万年前の大量絶滅と共に古生代が終わり、中生代、すなわち恐竜の時代が幕を開ける。恐竜たちが6500万年前に滅びると、時代は新生代へと移った。

大量絶滅の後に残ったのはわずかな動物群だけだったが、変化する環境に適応して新たな種がどんどん進化していった。イクチオサウルスやプレシオサウルス（首長竜）、プリオサウルスなど巨大な水生は虫類に加えて、海にはウミガメが戻ってきた。暖かな浅い海では石灰藻やイシサンゴが礁を形成し、ウミユリがそこをすみかとした。サメなどの軟骨魚を含む、一部の魚類も生き残っていた。無脊椎動物の主流はイガイや巻貝などで、とりわけアンモナイト（ジュラ紀の示準化石）とベレムナイト（白亜紀の示準化石）が数多く見られた。植物では、温暖な気候に適応したソテツとイチョウが繁茂した。今日の落葉性植物の祖先である被子植物が登場したのもこの時代だ。

■古生代から生息していたトンボ。古生代のトンボは翼幅が70cmもあった。

■ティラノサウルスは肉食と考えられているが、自ら狩りをするのでなく、他の動物の食べ残しをあさっていたらしい。

恐竜の時代

ジュラ紀と白亜紀には、恐竜がその多様性において頂点に達した。アパトサウルス、ブロントサウルス、バロサウルス、スーパーサウルスなどの草食恐竜は、史上最大の陸生動物だ。肉食恐竜も多彩で、巨大なティラノサウルスからコンプソグナツス（細顎竜）のような体長が1m前後の小さな恐竜もいた。ほかにも、コンプソグナツスと骨格が似たアルカエオプテリクス（始祖鳥）やプテロサウルス（翼竜）のように空を分け合って飛行する原始的な鳥類やは虫類もいた。

この時代に進化した動物の中には、今日、その子孫を目にすることができるものもいる。その中心がほ乳類だが（げっ歯動物や食虫目などほとんど目立たない存在だった）、カエルやカメ、ワニもいた。しかし、約6500万年前、新たな大量絶滅によって恐竜の時代は突然幕を下ろし、白亜紀に終止符が打たれる。メキシコ湾に隕石が落下し、膨大な量の塵が発生したため、日光が遮られて気温が急激に低下したのが原因ではないかと考えられている。恐竜をはじめとする多くのは虫類が絶滅、海からはアンモナイトとベレムナイトが姿を消した。

> **basics**
> **主竜類の分岐**
> トリアス紀に翼竜、ワニ、恐竜に分岐。恐竜は鳥盤目（鳥の骨盤を持つ）と竜盤目（トカゲ型の骨盤を持つ）がいた。

■古生代（5億4200万〜2億5100万年前）の示準化石であるウミユリ。

in focus — アルカエオプテリクス（始祖鳥）

19世紀、ドイツ南部で石灰岩からアルカエオプテリクスの化石が見つかった。この発見は、当時の古生物学界にとり大きな事件だった。は虫類と鳥類の中間にあたる生物がいたはずだと、長い間、論じられていたからだ。アルカエオプテリクスはカササギほどの大きさで、は虫類の長い尾と、歯のついた顎を持つ。飛行能力は現代の鳥類ほどではなかったらしい。

■アルカエオプテリクスの飛行能力は、川岸や木の上から滑空する程度だったと思われる。

▶ p.204（は虫類）参照

新生代

1億年以上にわたり地球を席巻した恐竜が6500万年前に絶滅した後、新生代には鳥類やほ乳類などの恒温動物が進化を始めた。約180万年前に始まる新生代第四紀には、大陸同士がつながり、人類や動植物の新天地への移動を可能にした。

植物は白亜紀の間に、すでに中生代から新生代への移行を遂げて、被子植物へと進化していた。新生代第三紀は熱帯と亜熱帯の気候が続いたため、顕花植物（種子植物）と森林が南北半球共に高緯度地方まで広がった。鳥類も多様をきわめ、昆虫は今日と同程度まで種類を増やしていた。この時代には大型の草食動物やイタチに似た肉食動物、センザンコウ、アルマジロのほかに、はじめての霊長類プルガトリウスも現れた。こうして新生代第三紀の2番目の時代にあたる始新世には、今日生息するほ乳類のすべての目が勢ぞろいする。

■ラットほどの大きさのプルガトリウス。最も初期の霊長類のひとつと考えられている。

ほ乳類は、それぞれの大陸で多様な進化を見せた。例えばオーストラリアには、胎児が胎盤から栄養を得る胎盤ほ乳類が存在しない。草原では、涼しい気候によって分布を広げていったメソヒップスなど大型で足が速い有蹄動物が駆けまわり、こうした有蹄動物をすばやく仕留める肉食動物が食物連鎖の頂点に立った。コウモリやオオコウモリが進化し、ウロコを持った骨質の魚類やサメが支配していた海に、イルカやクジラの祖先が戻った。イガイや巻貝などの無脊椎動物もこの時代に多様化した。多くの脊椎動物のほかにも、大きな有孔虫や放散虫、渦鞭毛虫などの微生物が、この時代の示準化石として現代の地質学者にさまざまな情報を伝えている。

冷たい第四紀

地質時代で最も新しい時代にあたるのが第四紀だ。第四紀はさらに古い順から更新世、完新世、そして人間の活動によって気候システムが変動する人類中心時代に分けられる。第四紀の特徴は、寒冷期と温暖期が交互に来ていることだ。特に北半球は、氷河時代に氷河作用の大きな影響を受け

■今日の馬の祖先であるメソヒップス。グレーハウンド犬ほどの大きさで、北米大陸の草原に生息していた。

た。海水が凍って水位が大きく下がったため、海に陸橋が現れて大陸と島、あるいは大陸同士をつないだのだ。これによって、動植物だけでなく、人類も新たな土地へと移り住むことが可能になった。

大幅な気候変動によって、それぞれの動物たちは各地に散らばった。気温が下がってくると、大半のほ乳類は低緯度地方に移動した。ツンドラ地帯にはケサイやカリブー、ケナガマンモス、ジャコウウシなどが残ったが、これらはいずれもツンドラの過酷な暮らしに適応した動物たちだ。温暖期になると、マルミミゾウやサイ、ヒグマが高緯度地方へと移動した。オオナマケモノやオオアルマジロは南米から北米へと広がった。一部の植物は自然のバリアのために生息範囲を広げることができず、やがて絶滅にいたった。

動物の中にも、第四紀の大きな気候変動に絶滅するものもあった。よく知られているのは、マンモスだろう。シベリアの永久凍土からは、凍結遺体がこれまでに何体か発見されており、当時の姿を伝えてくれる。

■永久凍土層で発見された、極めて保存状態の良い遺体のおかげで、科学者たちはマンモスの身体構造を再現することができる。

▶ p.140-145（進化年表など）参照

植物の進化

今日の陸生植物の祖先は海洋に分布していた。
こうした植物は乾燥した陸地で生き残るために、脱水などの問題から
身を守るための特性を発達させなくてはならなかった。

■果実は色や香りで動物たちを引き寄せて、より広範囲に種子を散らせる。

■シダやトクサ、ヒカゲノカズラ（p.186）などが、最初の維管束植物として発達した。

植物は他の生物を餌とせず、自分自身で栄養をつくり出すことができる。太陽光をエネルギー源として光合成を行うのだ。それぞれの植物は外見こそかなり違うものの、葉や根など基本的な構造は共通している。進化の過程の中で、植物は常にその時代の一般的な環境に適応するよう変化を続けてきた。発見された化石を調べると、その過程には4つの大きな転換期があり、そのたびに植物が多様化していったことがわかる。

まず第1段階として、約4億6000万年前に水生の緑藻からはじめての陸生植物が進化した。おそらく沼などが周期的に干上がり、植物も脱水を免れるすべを身につける必要があったのだろう。今日でも見られるコケ類などの植物はこの移行期の好例で、ろう質の層を持っており、外気にさらされても乾燥しない仕組みになっている。

次の段階では、維管束組織を持った植物が沿岸など湿度の高い環境に現れる。コケ類とは異なり、こうした初期の維管束植物は、本格的な根と体を支える茎を持っていたため、水中以外の場所でも十分な湿度を保つと共に、全身に栄養を運ぶことが可能であった。

種子植物の出現

第3段階では種子植物が出現する（p.188）。胞子植物とは異なり、種子植物は胚が栄養源と共に殻にすっぽりと覆われた種子を形成する。さらにここから、種子が外皮で保護されていない今日の常緑植物のような、裸子植物が生まれた。果実に覆われていないため、裸子植物の種子は落ちた地面のどこでも発芽できる。裸子植物はその大きな利点を生かして、新たな環境を席巻していった。もはや繁殖のために湿度の高い環境に頼る必要もなくなり、その胚は不都合な環境条件からより安全に守られていた。

進化の第4段階は約1億3000万年前に起きた。花を咲かせ、果実を形成する被子植物の登場だ。裸子植物と異なり、被子植物の胚珠は子房に包まれている。果実を食べた動物によって種子が離れた場所へと運ばれることで、被子植物は分布を広げていった。この被子植物は、それまでの植生の主役であった裸子植物を圧倒して勢力を広げ、多様化していった。現生植物の大半は、被子植物が占めている。

> **独立栄養型の植物**
> 植物は、自分でべ物を生み出すこのできない動物人間（従属栄養型に基本的な栄養提供している。

■植物進化の第2段階で進化したトクサ属。体を支える茎と根を持ち、水と栄養を体全体に行きわたらせることができた。

▶ p.204（は虫類）参照

動物の進化

人間を含む動物の起源は、今から5億年以上も前のカンブリア紀の海にさかのぼる。この時代にはじめて、他の生物を自らの栄養源とする多細胞生物が現れた。動物の進化の過程には、主な分岐点が4つある。

光合成によって自ら栄養をつくり出す植物（p.181）と異なり、動物は他の生物を餌とすることでエネルギーを確保している多細胞生物だ。カンブリア紀に出現し、新たな機会を生かして新しい能力を獲得しながら、今日の多様化にいたっている。動物の典型的な特徴は、有性生殖を行うことと、神経系、筋肉組織などを持つことだ。現代の動物の基本的な身体構造は、すでに5億年前に現れた。その進化を系統樹でたどるには、身体、胚、遺伝上の特徴をすべて考慮に入れる必要がある。

動物の進化の過程には、主な分岐点が4つある。第1の重要な分岐点は、一部の動物に「本格的な」身体組織ができたことだ。それまでの動物は、多孔の海綿動物のように袋のような単純な構造しか持っていなかった。筋肉と結合組織の発達は、方向性を持つ動きや呼吸など、その後長い時間をかけて進化していく特殊な機能にとって、欠かすことのできない基本的な要素だった。

第2の分岐点は、左右対称の身体に頭がついた、いわゆる左右相称の動物の登場だ。クラゲのような放射相称（光が広がっているような形）とは異なり、こうした動物は目的を持って一定の方向に進むことができるようになった。

第3の分岐点は、内臓と体壁の間の体腔が液体で満たされたことだ。これは扁形動物を除く「高度な動物」にはすべて共通する特徴で、こうした動物の内臓は、概して体の動きに関係なく機能できる。

第4の分岐点は、胚発生の段階での発達に関連する。脊椎動物と棘皮動物（ウニやヒトデなど）は原口（初期胚に形成された開口部）とは別に口の構造を発達させた。これに対して、より原始的な軟体動物や節足動物では、原口がそのまま口となる。

水中から陸上へ

すべての四肢動物の祖先は、肉質のヒレを持った魚だったと考えられている。ちょうどインド洋のコモロ諸島近海で見られるシーラカンスのような魚だ。骨格に支えられた、肉質の胸ビレと腹ビレを使って、沿岸を這うことができたと推測される。もっとも、肺の発達が不十分だっただけでなく、皮膚の湿度を保つ能力も発達していなかったため、度々水中に戻らなくてはならなかったようだ。

こうした魚が陸に上がることになったのは、沼などが干上がったとき、別の沼に移る必要に迫られたからだと思われる。より遠くに移動できる能力を身につけることが、生き残るチャンスを増やすことに結び付いたのだろう。

動物の生息域

地球のほぼ全環境に生息する。水中で暮らしているものが多いが、ほ乳類、鳥類、両生類、爬虫類のほか、昆虫類やクモ類など大部分が陸生だ。

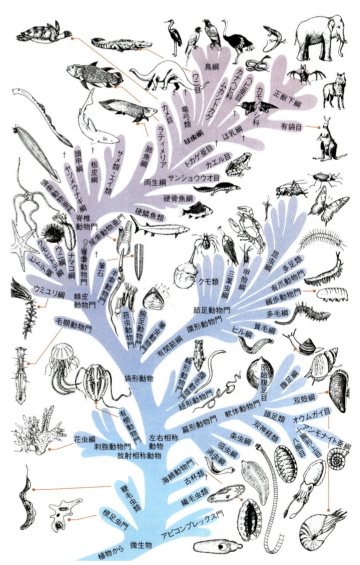

■それぞれの種の起源と進化を表す進化系統樹。類似する選択圧のもとで共通の構造が形成された後、個々に枝分かれしていく。

■陸に進出した原始の脊椎動物と似た特徴を持つサンショウウオ。足と肺、そして水中生活に適した皮膚を持つ。

▶ p.140-145（進化年表など）参照

人類の進化：初期の発達

人類の進化の起源はアフリカにある。
古人類学者の手によって、最古の頭蓋が発見されたのだ。約400万年前のこの人骨化石は、今日の人類の祖先の出発点にあたると考えられている。

1974年、科学者たちがエチオピアでほぼ完全な形の女性の化石を発見した。ルーシーと名づけられ、今や世界的に有名になったこの化石は、人類の遠い祖先にあたるアウストラロピテクス（「南のサル」の意味）に属する。アウストラロピテクスの頭蓋は、額が傾斜して眉が突き出ており、鼻は平ら。だが今のサルと違って犬歯が小さく歯間に隙間がなく、いわゆるヒト的な歯列を持つ。ルーシーの骨は約300万年前のもので、この骨の持ち主が二足歩行していたことをはっきりと示していた。二足歩行は、当時、サバンナで生き抜くためには大きな利点となったと考えられる。食べ物を探したり、近づいてくる敵を見つけるのに便利だからだ。両腕はもはや移動には不要となり、徐々に他の用途に使われるようになっていった。

このアウストラロピテクスからのびた1本の進化の線が、おそらく今日の人類へとつながっていくものと思われる。ヒト属の初期の種のひとつがホモ・ハビリス（「器用な人」の意味）だ。彼らは200万年以上前に暮らしていたが、すでにのみや削り器などの単純な石器を使っていた。ホモ・ハビリスが比較的、短期間で絶滅した後に登場したホモ・エレクトスは身長が150cm以上あり、身体のバランスのうえでも、すでに今の人類によく似ていたことがわかっている。最初のヒト科であるホモ・エレクトスはアフリカからヨーロッパとアジアに移動した。ヨーロッパでは、約16万年前にホモ・ネアンデルターレンシスが暮らしていた。最初のホモ・サピエンスがアフリカに出現したのは約20万年前で、その後、ヨーロッパでホモ・ネアンデルターレンシスと出会ったと思われる。遅くとも約3万5000年前にはホモ・サピエンス（現生人類）が中東とバルカン地域に広がった。考古学上の発見によれば、初期のヒト科は洞窟に住んで大きな獲物を狩り、動物の皮や毛皮を着ていたようだ。

■人間の親指は他の指に対して130度開くため、正確に物をつかむことができる。

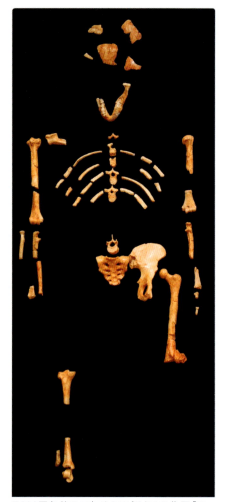
■320万年前のアウストラロピテクスの化石「ルーシー」。全身の40％にあたる骨が残っていた。

二足歩行

足跡化石を調べると、アウストラロピテクスは二足歩行をしており、現代の人類と系統的に直線でつながっていることがわかる。進化の過程で、アウストラロピテクスの身体構造はどんどん二足歩行に適応していった。骨盤が広がって前のめりになり、脊柱は二重のS字カーブを描いて緩衝器の役割を果たした。後ろ脚が伸びて、走ることも可能になった。また、爪先が短くなって外転しなくなった。

■タンザニア・ラエトリの発掘現場で見つかった、固まった火山灰に残された足跡。アウストラロピテクスによる二足歩行を示す。

アウストラロピテクスの脳

容量は400cc程で、今日のチンパンジーやボノボ（400cc）に近い。現生人類は1400ccある。脳は、二足歩行による姿勢の変化などから発達した

ホモ・サピエンス

約20万年前に東アフリカに現れた現生人類。そこからヨーロッパ、アジア、オーストラリア、アメリカへと広がり、最初は他のヒト属と共存していたものの、最終的に生き残ったのはこのホモ・サピエンスだけだった。

ホモ・サピエンス（ラテン語で「賢い人」の意味）は現存する唯一のヒト属であり、あらゆる生物の中で最も高度に発達した脳の持ち主でもある。ホモ・サピエンスの脳の容積は約1400ccで、ホモ・ハビリスの2倍にあたる。これだけの進化が、わずか200万年間で成し遂げられたのだ。脳を大きく発達させることによって、現生人類は知的な能力をのばし、周囲の環境を認識して、意図的に変化させることが可能になった。これほど脳の容積を増やすことができた主な理由は、大脳皮質にシワが寄り表面積を拡大したことが大きい。

これは人間の子供の発達期が延長したことの副作用ではないかと科学者たちはみている。つまり、誕生したばかりの人間の脳は潜在能力の約25％しか活動しておらず、主な発達はその後に行われる。視覚や聴覚だけでなく、臭覚、触覚を通して外界を感知し、強く刺激を受けることで、新たな脳細胞の結合が形成されていくのだ。この長い発達期間、子供は大人の庇護を受け続ける。そのため、この段階で他者との関係形成や社会的行動に必要な要素も学んでいくことになる。

人類の知的能力が進展するには、言語の習得も不可欠だった。人類は道具を使う能力と並行して、言語を操る能力を発達させていったと科学者たちは考える。言語能力の習得により、人類は動物界ではほかに類を見ない過程を経て、文化上の進化を遂げることができた。知覚し、認識し、思考する。記憶し、習得し、さらにその経験を伝える。こうしたことが言語によって可能になったのだ。

さらに紀元前5000～4000年ごろになると、口頭によるコミュニケーションに加えて、明確な意味を定めた記号を使って情報を伝えあう筆記という方法が登場した。さまざまな文明が花開いた中で、それぞれ独自の筆記様式が発達したが、最古の記録はメソポタミア文化のものと考えられている。楔形文字として知られ、19世紀に解読された。

■ホモ・サピエンスの頭蓋は、高度に発達した脳を保護している。

■表語文字とアルファベット的要素が組み合わさった、エジプトのヒエログリフ（象形文字）は紀元前3000年ごろにできた。

声と言語

人間のコミュニケーションにおいて、言語と共に大きな役割を果たしているのが声だ。複雑な音声を発するためには、それだけ複雑な音声器官を必要とする。まず広い音域の音を出すには、声帯を持つ軟骨の喉頭がのどの低い位置になくてはならない。ほかにも、よく動く舌や隙間のない歯並び、高いアーチ型の口蓋も不可欠だ。唇や舌を繊細に動かすためには脳も適切に機能しなくてはならない。

■言葉を通じて考えや感情を伝えるのが言語。社会関係や文化の発達の基礎をなす。

ドワード・サピア
ドイツ系アメリカ人言語学者・民族学者。言語は人間だけが用いる非本能的な手法で、記号を体系的に組み合わせ、考えや感情、願望を伝える手段だと述べた。

▶ p.140-145（進化年表など）参照

■自然選択

ある環境に対して特にうまく適応した生物は、生き残って子孫を残すチャンスが大きくなるため、他の個体を上回って広がっていく。これを自然選択という。
一方、遺伝的多様性がランダムに変化する場合もあり、これを遺伝的浮動とよぶ。

自然選択｜新種の形成
進化の要因

現在、多くの専門家の支持を集めている進化の総合説によれば、生命の発達は多様な要因による無作為の効果を通じて、特に方向を定めることなく進んでいく。最も重要な進化の要因には、自然選択と遺伝的浮動が挙げられる。選択圧がなかった場合、シーラカンスのように太古の姿のまま、現在まで生き残っている生物もいる。

1つの個体群の中で子孫を残す見込みが最も高いのは、その環境に見られる、「選択の要因」に対して、それぞれの特徴に基づき最もうまく適応したものだ。選択の要因は、湿度や気温などに関係する非生物学的要因と、捕食者あるいは寄生体など他の生物が関係する生物学的要因がある。個体群が持つ遺伝子の総体を遺伝子プールとよぶが、個体の遺伝子が次世代の遺伝子プールにどれだけ貢献できるかを示す能力を適応度、選択の要因が個体群に与える影響を選択圧という。

まず、個体群が環境に極めて適応している場合に発生するのが安定化選択で、基準からはずれた変異体が、特定の表現型に対して働く選択圧によって着実に排除されていく。また環境条件が変化したとき、一方にとっての選択圧が対立遺伝子を持つ個体にとって有利に働き、集団の中でそちらの割合が増えていくことがある。こうした過程を方向性選択とよぶ。さらに分断性選択の場合は、環境が多様などの理由によって、最も頻繁に発生する中間型ではなく、特殊で境界的な特徴を持つ2つの表現型が優位となり、最終的に個体群が2つの種に分裂する。こうした現象は、感染性の病気などが要因として働く場合に起こる。

ペットの品種改良

家畜やペットに多くの種や亜種がいるのは、方向性選択の好例だ。多彩な品種は人為的選択の結果で、ある目的に沿う変異体を作為的に交配することで、自然下にはないスピードで「進化」が起こる。こうした選択メカニズムによって、比較的短い時間で、オオカミから多くの品種の犬を生み出すようなことが可能になる。

■オオカミの家畜用の亜種である犬。今では数百の品種がある。DNAを調べると、オオカミとの類似が見て取れる。

■長い間、絶滅していたと思われていたシーラカンスだが、1938年に南アフリカ沿岸で現生種が発見された。選択圧がなかったため、ほぼ太古の姿のまま、深海で今日まで種として生き残ってきたのだ。

■「生きた化石」と呼ばれるイチョウ。ペルム紀からほとんど構造を変えていない。

遺伝的浮動

遺伝的浮動とは、生物個体群の遺伝的多様性がランダムに変化することを指す。こうした現象は、例えば少数の個体群が大きな個体群から離れて、新しい地域に移動した場合などに発生する。このような「創始者」たちはそれぞれに異なる遺伝子型を持っており、個体群が小さいほど遺伝子プールのランダムな変化が起こりやすい。また遺伝的浮動は、個体群が突然破壊された場合にも起こる。

一例として、自然災害により個体群の中で特に環境に適応していた個体群と、あまり適応していなかった個体群が同時に死んでしまった場合には、偶然に生き残った個体が後の遺伝子プールの構成を決めていくことになる。

▶ p.140-145 (進化年表など) 参照

進化の要因

新種の形成

ある種の個体群が何らかの障壁によって切り離されて生殖活動が妨げられた場合に、新たな種が形成されることがある。これを種分化とよび、地理的隔離による異所的種分化と、染色体の倍化によって起きる同所的種分化の2つに分けられる。

異所的種分化とは、長期間におよぶ地理的な隔離によって新しい種が形成されることをいう。こうした地理的な隔離が起きるのは、個体群が島に移ったり、人間によって建築物がつくられたり、あるいは氷河作用など気候変動にともなって環境が変化したときなどだ。隔離された個体群が離れた位置で進化を続けていくうちに、変異によって亜種が生じる場合がある。最初は異なる亜種の個体も繁殖活動を行うことができるが、時間がたつにつれて遺伝子プール（個体群の多様な遺伝子の総体）が、いわゆる隔離メカニズムによって、それ以上混交できなくなる。たとえ隔離されていた個体群が元の場所に戻っても同じことだ。異なる遺伝子プールの個体がそれ以上繁殖できなくなった場合には、もはや異なる種とみなされる。

隔離メカニズムにはいくつか種類がある。行動的隔離（繁殖行動の変化など）や季節的隔離（違う時期に花を咲かせる植物など）、機械的隔離（生殖器の解剖学的変化など）、生態学的隔離（「ダーウィンのフィンチ」とよばれる小型の鳥に代表されるような生態学的地位の違い）のほか、遺伝的隔離（1セット以上の染色体を持つ倍数体など）が挙げられる。

同所的種分化

同所的種分化とは、前述のような地理的隔離がまったく起きていない個体群から新たな種が生まれることをいう。ゲノムがこうした方法で変化すると、個体群の中の他の個体との遺伝子交換が不可能になる。同所的種分化が起きるメカニズムは、染色体の倍化（倍数性）だ。こうした状況が起こる代表的な例は、植物が自家受精すなわち同系交配を行った場合。4倍体の植物（4組の染色体セットを持つ）と2倍体（2組の染色体セットを持つ）が交雑しても、新たに生まれた子孫は受精能力を持たない。

■ オーストラリア・タスマニアのクレイドル山・セントクレア湖国立公園に生息するオオフクロネコ。

■ ダーウィンはフィンチのくちばしの形の違いに着目して、有名な進化理論を考え出した。いわゆる「ダーウィンのフィンチ」として知られる。

▶ p.260-261（動物行動学）参照

---

milestones：ガラパゴス諸島への旅

現代進化論の創始者とされる、英国の博物学者チャールズ・ロバート・ダーウィン（1809～82年）。彼はガラパゴス諸島を訪ねた経験から種の起源に関する仮説を思いつき、主著『種の起源（正式名は『自然選択に基づく種の起源』）』で提唱した。ガラパゴス諸島は大陸からかなり離れているばかりか、島同士の距離もそれ以上に大きいため、独特の選択の条件を備えていた。ガラパゴス諸島を訪れたダーウィンが気づいたのは、個々の島に生息する動植物が、島によって本質的な違いを見せていること。中でも一番有名なのがフィンチのくちばしで、ダーウィンはそれぞれの島で14の違うフィンチを確認した。

■ チャールズ・ダーウィンの進化論は世界を揺るがした。

basics：「種」の定義

「種」は生物学的な分類で基本的なカテゴリーのひとつ。だが何をもって種とするか、その定義にはかなり幅があり、その結果、種の定義の違いによって分類も変わってくることになる。現在、最も支持されている定義では、種とは「自然条件下で交配し、子孫を残す生物集団」とされる。

分類学

分類学の目的は生物の多様性を示し、それぞれの特徴の違いを明らかにして、処理しやすい大きさのグループに振り分けることだ。その方法には、人為分類と自然分類の2種類がある。

人為分類においては、多彩な生物が類似する特徴によって振り分けられる。ここで重視されるのは、簡単に識別できる特徴だ。人為分類として最も有名なのは、スウェーデンの医師で博物学者だったカロルス・リンネウスがその著書『自然の体系』の中で提唱した分類法だろう。リンネウスは自分の知っているあらゆる動植物を、形態の特徴に従って分類した。とりわけ彼が用いた二名法は、今日でも用いられている。二名法とは、それぞれの生物名を属名と種名の2つを組み合わせて表す方法。これによって、各地域で使われている名称と違って、世界中どこでも理解できる、標準化された名前をつくり出すことが可能になる。選ばれる名前は一般的に、その生物の特徴を表すラテン語かギリシャ語に由来する場合が多い。共通する特徴を持つ「種」が集まって「属」を、類似した「属」が集まって「科」を形成する。今日、人為分類の主な目的は、個々の生物を早く、わかりやすく分類することにある。

自然分類

系統発生に基づく現代の分類は進化論を基礎とし、すべての生物はより単純な系統発生の祖先から、長い時間をかけて進化してきたという考え方を前提としている。分類の基準は、どういう特徴が共通しているか、あるいは異なっているかという点だ。共通する特徴が多いほど、類縁関係が近いと考えられる。

ただし、系統的なつながりを引き出すのは、相同関係だけだ。相同関係とは、進化の由来が共通している生物同士に見られる類似点のこと。例えば、人の腕と鳥の翼は相同関係にある。一方、四足歩行の動物と昆虫の足は、一見似ているが相同関係にない。これに対し、類似した機能や環境条件への適応のため進化した類似点を指す、収れんという言葉もある。だが、自然分類では収れんは考慮せず、相同関係で分類を行う。今日では実際の系統関係を決定するため、構造上、配列の保存性が高い、特定の核酸の配列変化を分析することが多い。

■J・W・ヴァインマンの『薬用植物図譜』は植物の貴重な記録だ。

分類学｜進化系統樹

生物の分類

古代から、人々は生物を体系的に分類する方法を模索し続けてきた。かつては外見上の特徴を主な基準として分類を行ってきたが、そうした特徴が必ずしも重要な意味を持つとは限らない。そのため、分類が生物間の本当の系統関係を反映しない場合も少なくなかった。今日の科学者たちは新しい技術を駆使して、遺伝関係や系統を明らかにしようと試みている。系統関係を決定するために、特定の核酸の配列の変化を分析するといった方法が取られている。

分類学の始まり

1735年の『自然の体系』の出版は、生物分類学史上、画期的な出来事とみなされている。これを書いたのは、カロルス・リンネウス。最初は植物の分類に力を注ぎ、雄しべを基準に分類を行った後、研究範囲を動物や鉱物にまで広げた。彼が『自然の体系』で提唱した二名法による学名の命名法は、今日でも使われている。その傑出した功績に対して1762年にスウェーデン王室によって貴族に列せられると、リンネウスは名前をカール・フォン・リンネと改めた。

■現代分類学の父として名高いカロルス・リンネウス。

■昆虫学者たちは16世紀から昆虫の分類に取り組んできたが、今なお多くの種がその分類学上の位置を定められていない。

▶ p.156-157（化石）参照

進化系統樹

生物間の系統的な関係を図で表現したのが進化系統樹だ。通常は各基点（ノードとよぶ）から2つに枝分かれしながら、進化の道筋を追っていくように表される。

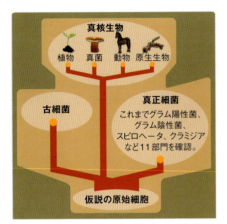

■カール・ウースは全生物界を古細菌、真正細菌、真核生物の3つのドメインに分けた。

コンピューターによる解析

系統樹をつくるためには、コンピューターを使って、ある生物の16SrRNAの塩基配列データを他の種のデータと比較する。1970年代半ばには科学者たちがこの方法を使って、一部の原核細胞を調査した。その結果、原核生物は必ずしも1つの相同のグループに属するわけではなく、進化の極めて初期の段階で2つの異なるグループに分かれたことがわかった。そのため、今日の分類では単細胞微生物の古細菌は、それだけで1つの系統グループをつくり、真正細菌のグループや、植物および動物、真菌、原生生物から構成される真核生物とは異なるグループとされている。この分類法によって、真菌が植物界の一部ではないことも明らかになった。真菌は、今では動物や植物に並んで真核生物の1グループをつくる。

最初の原核生物

古細菌は進化的に見て最も古い生物群で、極めて過酷な環境を生き抜いてきた。温度が100℃を超えたり、極端に塩分が多かったり、酸性あるいはアルカリ性に傾いた条件でさえ生息できるものもあるほどだ。

■古細菌は、温泉や塩水湖、間欠泉など極限的な条件の環境で生息している場合が多い。

進化系統樹は分岐図に似た説明図で、系統発生の流れを樹状にわかりやすく図解している。常に変化しており、解明されていない部分が残っていることも多い。したがって分類の最終成果ではなく、生物の自然体系の概要をつかむためのものと考えればいいだろう。

今日、進化系統樹をつくるためには、16S rRNA（16SリボソームRNA）の塩基配列分析を利用することが多い。16SrRNAが特に重視されるのは、構造上、配列の保存性が高いからだ。また16S rRNAはすべての生物に存在するリボソームで合成される。些細な突然変異も、たいていはこのリボソームの機能欠陥によって起こる現象だ。

突然変異の数が時間に比例すると考えるなら、配列の違いは種の間の進化的な距離を測る尺度となる。このようにしてつくられた進化系統樹の信頼性が高いと評価される大きな理由は、他の手法を使った研究によっても正当性を裏付けられている点にある。

系統発生学的分類

生物の遺伝子配列を比較するために、DNA配列間の類似性を評価するDNA-DNA分子交雑法などを用いる。

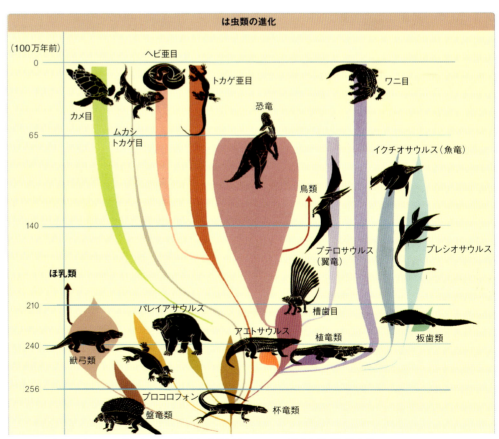

■は虫類の進化樹形図には、現存する5つの目および亜目（カメ、ワニ、ヘビ、トカゲ、ミミズトカゲ）、そして絶滅した恐竜が含まれるが、いずれも同じ進化の由来を持つ。

▶p.140-145（進化年表など）参照

進化	138
進化年表	140
生命の起源	146
細胞	148
化石	156
地質年代	158
進化の要因	166
生物の分類	168
微生物	**170**
細菌	**172**
ウイルス	**174**
原生生物	**176**
植物と真菌	178
形態と生理機能	180
種子を持たない植物	184
種子植物	188
真菌	192
動物	194
無脊椎動物	196
脊椎動物	202
ほ乳類	206
人間	218
人体の構造と機能	220
生殖と発生	226
解剖学的構造	230
代謝とホルモン	236
神経系	240
感覚器	242
免疫系	246
遺伝と遺伝形質	248
遺伝	250
遺伝子が引き起こす病気	254
遺伝子工学	256
動物行動学	258
動物行動学	260
行動パターン	262
生態学	268
個体における生態学	270
個体群	272
共生の種類	274
生態系	276
物質の循環	278
人間が環境に与える影響	280

生物学

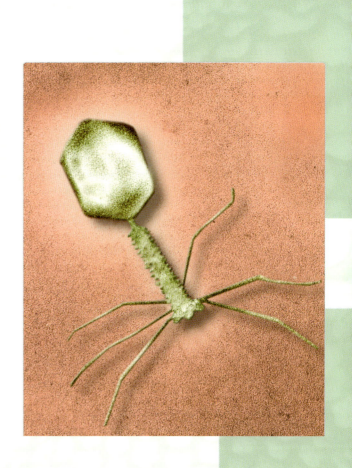

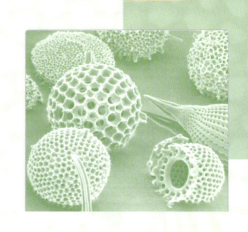

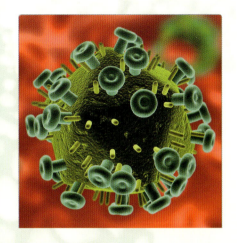

微生物

　魅惑的な微生物の世界。肉眼では見ることのできない、この新たな領域が人類の眼前に開けたのは、17世紀のことであった。アントニ・ファン・レーウェンフックが、自らの手で組み上げた顕微鏡を使い、人類史上、はじめて細菌をその目で見た人物となったのだ。

　細菌も、ウイルスも、そしてさまざまな原生生物も、地球上で生きる生命の一角を担っている。彼らは最初に現れた生物であり、現在でも、全生命体のうち最多の個体数を誇っている。微生物はありとあらゆる場所に生息し、熱水噴出孔などの極めて厳しい環境下にも分布する。

　ほかの生物に害を与える細菌やウイルスがある一方で、人の役に立つ微生物も数多く存在する。

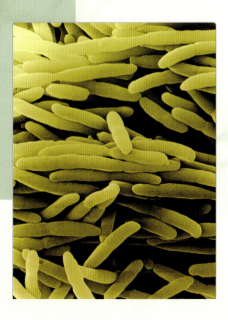

細菌の構造と代謝

細菌の多くは大きさがわずか数μmで、顕微鏡を通してしか見ることができない。当然のなりゆきとして、この生物を発見したのは、17世紀に顕微鏡を発明した人物、アントニ・ファン・レーウェンフックであった。

構造｜代謝｜有害な細菌・有用な細菌

細菌

細菌（バクテリア）は原核生物とよばれる、核を持たない細胞生物の仲間だ。
核と複数の染色体を持つ真核細胞と比べると、原核細胞は格段に小さい。細菌はあまりに微小なため、肉眼で確認することはできないが、周囲の環境や他の生物の生活に対しては、絶大な影響力を持っている。

細菌は通常、球形か棒形をしている。一部には、らせん形の細胞を持つものや、キノコ類に見られる菌糸のような糸状の器官を伸ばすものもいる。大きさは平均2〜5μmだが、例外的に全長50μm以上になる場合もある。

細胞には核がなく、真核細胞に見られるような細胞小器官も持たない。細胞壁は通常、多糖とアミノ酸分子からなる強靭な構造を有する。細胞壁が1層で薄いものはグラム陰性菌とよばれ、多層で分厚いメッシュ状のものはグラム陽性菌とよばれる。

基本的に、分裂によって増殖する。鞭毛を使って移動するものもいる。一部の細菌は、細胞内に内生胞子をつくる。内生胞子は休眠状態にある細胞で、劣悪な環境下で長期間生き延びることができる。

代謝の多様性

細菌がエネルギーを得る方法は、種によってさまざまだ。最も多いのは、炭水化物をはじめとする有機物を利用する種だが、一部の種は、硫酸塩などの無機物からエネルギーを生成する。太陽光を利用したり、化学反応で生じるエネルギーを使うものもいる。そのほかにも、無酸素で繁殖できる種や、空気循環のない環境で、寄生あるいは共生といった形で生きる種もある。またある種の細菌は、温度や塩分濃度の高い場所でも繁殖できる。

こうした多様な性質を備えているおかげで、細菌は地球上のあらゆる環境下に存在している。

実験室での培養

細菌は極めて微少なため、

■室内での培養は、シャーレを使い、寒天で固化させた培地上で行われることが多い。

自然の生息環境下では詳しく調べるのが難しい。そのため、研究には室内のほうが向いている。実験室では、人工的な培地を用いて、菌の純粋培養を行う。培地には液体か、あるいは寒天を使った固体のものが使われる。

病原体の特定を行う場合にも、一般的に、あらかじめ確立された純粋培養の条件が手がかりとなる。

細菌の増殖

条件が整えば、細菌はあっという間に増殖する。速いものでは、わずか1日で重量が5000トンに達することもある。

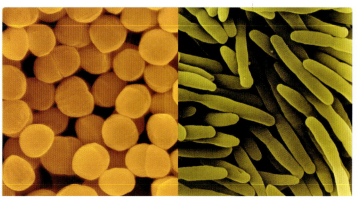
■ブドウ球菌（左）と大腸菌（右）。細菌の生理機能は驚くほど多様だが、形状の種類は比較的限られている。

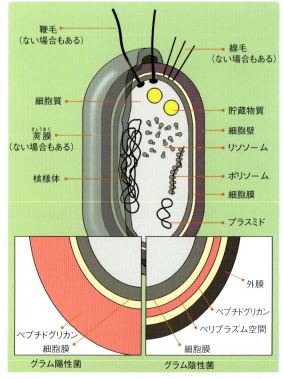
■細菌学者ハンス・クリスチャン・グラムが考案した染色法によれば、大半の細菌は、グラム陽性菌とグラム陰性菌に分類される。

▶ p.148-155（細胞）参照

■ 有害な細菌・有用な細菌

細菌と聞くと多くの人が、結核やペストなどを引き起こす病原体を思い浮かべる。しかしこうしたイメージとは異なり、人間のために大いに役立っている細菌もたくさんある。

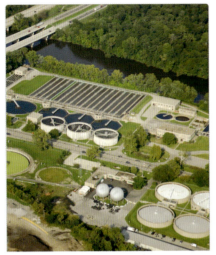

■細菌による汚水処理。汚水処理プラントでは、数段階の処理を経て汚水の浄化・リサイクルを行う。

細菌は、生態系において重要な役割を果たしている。多くの意味で、他の生物が生きていける環境をつくり出しているのは、これらの細菌であると言えるだろう。

例えば細菌と真菌は、有機物が無機化する過程のおよそ90％を担っている。この働きのおかげで、炭素化合物は二酸化炭素に分解される。

細菌がいなければ、地球上の生命の循環は停止する。また、窒素や硫酸塩の循環、水の自浄作用においても、細菌の存在は欠かすことができない。

むろん、細菌が引き起こす重大な病気もたくさんある。ペスト、ハンセン病、コレラ、結核、ジフテリア、髄膜炎、発疹チフス、破傷風、梅毒などだ。

こうした病気の多くは、ペニシリンをはじめとする抗生物質が発見されたことにより、もはや大きな脅威ではなくなった。しかし、世界中の人々がこうした薬の恩恵にあずかれるわけではない。また、抗生物質に耐性を持つ病原体が出現し、病気が復活した例も見受けられる。

何世紀も前から、人類は食料の加工や保存に細菌を利用してきた。発酵細菌は、オリーブやキュウリの漬け物、ザワークラウトといった、日持ちのする食品をつくるのに役立っている。ヨーグルト、チーズ、しょうゆといった食べ物はすべて、代謝の活発な乳酸菌の力でつくられる。

単細胞生物である細菌はこのほか、クエン酸、ビタミン、抗生物質などの大規模な製造業でも使われている。また、遺伝子組み換え細菌も、ヒト型インスリンの製造などに活用されている。

細菌の活躍は、汚水や土壌の浄化、ごみ処理においても、欠かすことができない。その過程でメタンや肥料など、人間にとって有用な副産物が得られることもある。

近代細菌学

■結核を引き起こす菌の発見が評価され、1905年にノーベル医学賞を受賞した。

ドイツ人の医師ロベルト・コッホは、近代細菌学の創始者の1人だ。1876年に、炭疽菌の純粋培養に成功し、この菌が炭疽の病原体であることをつきとめた。その6年後には結核菌を発見し、さらに1年後にはコレラの原因菌を発見した。

コッホはこうした細菌の存在を証明するために、人工の寒天培地を発明し、新たな染色法を用いるなど、研究手法の発展にも貢献した。

ボツリヌス菌

加熱や冷却が不十分な食品などに付着して増殖し、命にかかわる病気（ボツリヌス症）を引き起こす。この種の細菌は酸素がなくても生きていられるうえ、熱に強い芽胞を形成する。

■反芻（はんすう）動物の消化管は、数十億もの細菌が繊維の分解作業を行う「発酵タンク」だ。細菌の助けなくしては、植物の繊維を消化できない。

食道／第一胃／第二胃／第三胃／第四胃／小腸／盲腸

ウイルス

ウイルスは細菌と比べて格段に小さく、電子顕微鏡でしか見ることができない。全長は小さいもので約20nm、大きいもので約500nmだ（1nm＝10億分の1m）。

細胞の外にいるウイルスはビリオンとよばれ、種によって形状はさまざまだ。

遺伝情報はデオキシリボ核酸（DNA）あるいはリボ核酸（RNA）の形で保持される。

ウイルス｜病原体

ウイルス

ウイルスは、他の生物に感染する微小な寄生生物で、自身は代謝を行わない。そのため、宿主細胞の力を借りて自己の複製や増殖を行う。通常は特定の宿主に寄生し、真核生物（細胞核を持つ生物）にも原核生物にも影響をおよぼす。恐ろしい病気の原因となるウイルスもあり、いまだに治療法が確立されていないものも少なくない。

ウイロイド

外側を覆う膜を持たないRNAウイルス。最小の自己増殖分子で、一部の植物でのみ発見される。

この性質を元に、ウイルスはDNAウイルスとRNAウイルスに分類される。ウイルスの染色体（ゲノム）は、タンパク質の殻（カプシド）に包まれており、一部の種はカプシド以外にも膜を持っている。細菌に感染するウイルス（ファージ）には、核酸が収納された頭部と複雑な形の尾部を持ち、この尾を使って細菌の細胞に取り付いて自らのゲノムを挿入するものもある。ファージは極めて小さいため、電子顕微鏡でしか見ることができない。

増殖

ウイルスの増殖には2つのタイプがある。溶菌サイクルと溶原サイクルだ。溶菌サイクルは、まずウイルスが宿主細胞にゲノムを挿入する。このとき、ゲノムを包んでいるタンパク質の殻は細胞表面に残される。次に、ウイルスの核酸が自身のタンパク質を合成すると、これによって宿主である細菌のDNAの活動はほぼ遮断される。同時に宿主細胞には、ウイルスの核酸を複製し、タンパク質をつくれという命令が出される。このタンパク質からカプシドがつくられ、ゲノムとカプシドの複合体であるヌクレオカプシドを形成する。新たなウイルスが増殖し、細菌の細胞は破裂（溶解）して、放出されたビリオンが別の宿主細胞への攻撃を開始する。

一方の溶原サイクルでは、ウイルスのゲノムが宿主細胞のDNAに一時的に組み込まれるのが最大の違いだ。こうした状態にあるウイルスはプロウイルスあるいはプロファージとよばれ、細胞のゲノムと一緒に、自動的に複製されていく。活性ウイルスの増殖と細胞溶解が始まるのは、活性化を促す何らかのきっかけがあったときだ。例えば温度の変化が、細胞の溶解開始の引き金となることもある。

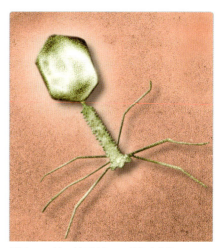

■T4ファージ。バクテリオファージの名前は、アルファベットと数字で表されることが多い。

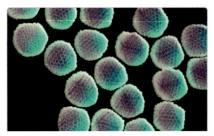

■ウイルスは人間や動物にさまざまな病気を引き起こし、ときには死をもたらす。

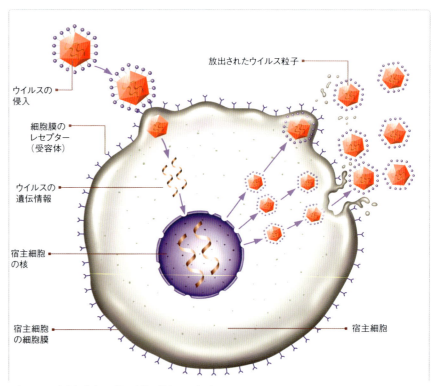

■ウイルスの生存と増殖は、他の生物に依存した形で行われる。ウイルスは、自らの遺伝情報を宿主細胞のDNAに挿入する。

▶ p.150（遺伝物質：DNA）参照

病原体としてのウイルス

ウイルスの語源は、ラテン語で毒という意味を持つ言葉だ。その名の通り、重大な病気を引き起こすウイルスもあり、特効薬がなく治療が不可能な場合も少なくない。

インフルエンザウイルスには、いくつもの亜型が存在するが、主要な型のウイルスが、近年になって人間を含むほ乳類に感染するケースが見られるようになった。

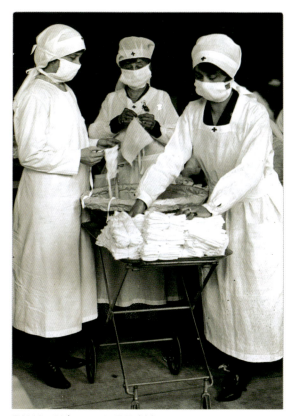
■1918〜20年、スペイン風邪が流行し、米軍兵士用の防護マスクの生産に従事する看護師。

よって引き起こされる症状は、普通の風邪とよく似ている。倦怠感、手足の痛み、頭痛のほか、ときに高熱をともなう。インフルエンザウイルスで体が弱ると、細菌などの2次感染を起こしやすくなり、場合によっては命を落とすこともある。

非常に感染しやすい型のインフルエンザウイルスは、ときとして大流行を引き起こす。例えば1918〜20年に起こったスペイン風邪の流行では、およそ2500万人が亡くなった。鳥インフルエンザもやはり、インフルエンザウイルスから発生した亜型で、感染力が非常に強いうえに、強い毒性を持つ。かつては、鳥から鳥へしか感染しなかった

ヒト免疫不全ウイルス（HIV）

今日、最も恐れられている感染症のひとつがエイズ（AIDS＝後天性免疫不全症候群）だ。ヒト免疫不全ウイルス（HIV）によって引き起こされる感染症で、発病すると高い確率で死に至る。世界で約4000万人がHIVに感染、あるいはエイズを発症していると言われる。

HIVはレトロウイルスだ。レトロウイルスは、遺伝情報をDNAではなく一本鎖RNAとして保持し、逆転写酵素という特殊な酵素を持っている。逆転写酵素は、ウイルスが宿主細胞に感染する際、RNAをDNAとして転写する過程をつかさどる。転写されたDNAは、宿主細胞のゲノムに組み込まれる。ここでウイルスは潜伏期間に入るが、これは非常に長期間におよぶこともある。

いったん活動を開始すると、ウイルスは重要な免疫細胞（ヘルパーT細胞）を破壊し、やがて免疫系全体を機能不全におちいらせる。エイズ患者は多くの場合、免疫系が通常通りに働いていれば抵抗できたはずの病気によって命を落とす。免疫不全を防ぐための治療薬や有効なワクチンの開発に向けて、さまざまな研究が進められているが、いまだに治療法は確立されていない。

■コンピューターを使って作製されたインフルエンザウイルスの3D画像。

> **レンブラント系チューリップ**
>
> 複雑な模様の花を咲かせるレンブラント系チューリップは、17世紀に大いに人気を博した。20世紀初頭になって、ある種のウイルスが、色素の公平な配分を妨げていたと分かった。現在流通しているものは、品種改良によって生産されている。
>
>
> ■植物も、ときにウイルスの犠牲になることがある。レンブラント系チューリップは、比較的害の少ない例と言えるだろう。

> **ワクチン**
>
> 天然痘ウイルスに対するワクチン接種の最も古い記録は、3000年前のものだ。中国の医師が、天然痘を生き延びた患者のかさぶたから粉をつくり、それを人々に吸引させたという。

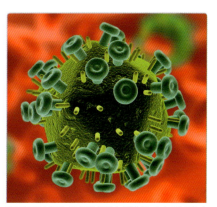
■HIVのように、比較的複雑な構造をしたウイルスもある。

▶p.247（免疫反応と病気）参照

従属栄養性の原生生物

従属栄養性の原生生物は、細菌や小型生物などの有機物を食べる。代表的な種は、アメーバなどの根足虫やゾウリムシなどの繊毛虫の仲間だ。

根足虫は、固定した体形を持たず、仮足とよばれる足に似た器官を有する。仮足は、葉や糸のような形状をした細胞質の突起で、これを使って食物を取り入れたり、また種によっては移動の手段として利用する。

イ酸質からなる骨格と、放射状に並ぶ仮足を持つ。球形をした太陽虫は、主に淡水に住む。

死んだ放散虫や有孔虫の骨格が海底に堆積し、分厚い沈殿層を形成している例も多く見られる。

■ アメーバ類など一部の原生生物は、繊毛虫や藻といった食物の上に移動し、それを食胞に取り込んで消化する。

従属栄養性｜独立栄養性

原生生物

原生生物とは、真核生物の仲間で、主として動物にも植物にも菌にも分類できないものを指す。
すべての原生生物は細胞内に核と細胞小器官を備え、多くは単細胞の生物である。
このグループに属する種は、通常、摂食機構によって分類される。
しかし、この分類法は、実際の遺伝的関係性から見ると必ずしも正しいとは言えない場合もある。

根足虫の仲間でよく知られているのが、アメーバだ。アメーバ類は大半が淡水に生息する。

一方、同じ根足虫類である有孔虫は、海にしか住まない。アメーバの体は外界に対してほぼむき出しになっているが、有孔虫は殻を持ち、殻にあいた複数の口孔から仮足を伸ばす。

放散虫もまた、海に住む根足虫類で、ケ

繊毛虫は根足虫より若干複雑な生物で、口のような開口部から食物を細胞内に取り込み、未消化の物質を肛門開口部から排せつする。

生殖には、細胞分裂による無性生殖と、接合による有性生殖とがある。有性生殖では、2つの細胞が一時的に融合し、遺伝物質を交換する。

繊毛虫のもう1つの特徴は、非常に多くの繊毛が生えていることだ。繊毛は、移動に必要な推進力を生み出し、水と食料を開口部に追い込む役目を持つ。

ゾウリムシは、典型的な繊毛虫だ。全長は最大0.3mmほどで、淡水に住み、ぞうりのような形状をしている。たくさんの繊毛をリズミカルに動かして前進する。ゾウリムシには一般的な繊毛虫と同じように、2つの細胞核があり、それぞれ大核、小核とよばれている。

大核は細胞の代謝機能を維持し、小核は生殖活動を担う。

毒胞

捕食性の原生生には、毒胞を持つのもいる。毒胞は管状の構造を持ち獲物に突き刺さって相手を麻痺させる

■ 放散虫は、複雑な構造の美しい骨格を持ち、その死骸は海底の沈殿物となる。

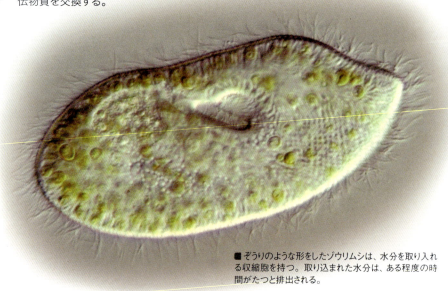

■ ぞうりのような形をしたゾウリムシは、水分を取り入れる収縮胞を持つ。取り込まれた水分は、ある程度の時間がたつと排出される。

▶ p.154（一般的な細胞代謝）参照

原生生物

■ 独立栄養性の原生生物

従属栄養性の種とは対照的に、独立栄養性の原生生物は、光合成を行うことで無機物から有機物をつくり出し、自らの養分とする。食物連鎖において欠かせない存在だ。

珪藻は、典型的な独立栄養性原生生物だ。地球上に生息するプランクトンのうち、珪藻は大きな割合を占め、海の食物連鎖を支える重要な存在となっている。ツノケイソウなどは海に生息するが、ハネケイソウなどのように淡水に生息する種類もある。2つの殻からなる細胞壁を持つ単細胞生物で、構造は複雑なものが多い。

このグループを代表するもう1つの例がクロレラだ。クロレラは球形の単細胞生物で、淡水に住む。分裂が速く、短時間で大量に増殖する。またクロレラは、食料や化粧品の原料としても培養されている。

従属栄養性に変化する生物

独立栄養性の原生生物の中には、光が少ないと葉緑素を失い、従属栄養性へと変化するミドリムシのような種もある。ミドリムシは鞭毛虫の仲間で、淡水に多く見られ、通常は光合成を行う。しかし光の少ない環境下では、体内の葉緑素を失って従属栄養性に移行し、体色は緑色から無色へと変わる。再び光が当たるようになれば、たとえ数年間の空白があったとしても、葉緑体が機能し始め、光合成を再開する。

寄生生物

原生生物の仲間には、他の生物に寄生する種がある。人間に感染する病気を運ぶものもいる。

例えば赤痢アメーバはアメーバ赤痢を引き起こす。赤痢アメーバの入った水を飲むと、潰瘍などを発症し、治療を怠れば場合によっては死に至る。

マラリアの病原体（マラリア原虫）は、さらに危険性が高く、毎年100〜200万人が命を落としている。睡眠病は、アフリカの熱帯地方に多く見られる恐ろしい病気で、約50万人が感染していると言われる。原因となるのはトリパノソーマ属の単細胞生物で、ツェツェバエが媒介する。

■珪藻は、多様な種をほこる単細胞生物で、海洋プランクトンの現存量の大半を占めている。光合成によって自ら栄養をつくり出す。

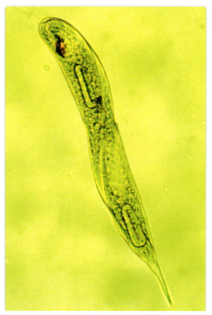

■細長い形状をしたミドリムシは、単細胞の独立栄養性原生生物。

群体の形成

独立栄養性の原生生物の中には、単細胞の個体が集まって、寒天状の物質でつながれた群体を形成する種がある。ユードリナの仲間は、16個あるいは32個の細胞が集まって中空の球体を形づくる。細胞同士は互いに管でつながり、球の外に出ている鞭毛が同調した動きを見せる。ボルボックス類は、数千個の細胞が群体をつくり、そのうちのごく一部が生殖を担い、残りの細胞は光合成や移動を担当する。

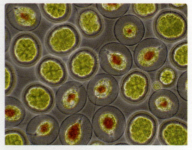

■単細胞の独立栄養性原生生物には、複数が集まって群体を形成するものもある。

basics
細胞生物

細胞生物は不死とも言われる。増殖の際、互いに等しい2つの娘細胞に分裂するからだ。このように分裂した細胞に、老いが原因で死ぬことはない。

進化	138
進化年表	140
生命の起源	146
細胞	148
化石	156
地質年代	158
進化の要因	166
生物の分類	168
微生物	170
細菌	172
ウイルス	174
原生生物	176
植物と真菌	178
形態と生理機能	180
種子を持たない植物	184
種子植物	188
真菌	192
動物	194
無脊椎動物	196
脊椎動物	202
ほ乳類	206
人間	218
人体の構造と機能	220
生殖と発生	226
解剖学的構造	230
代謝とホルモン	236
神経系	240
感覚器	242
免疫系	246
遺伝と遺伝形質	248
遺伝	250
遺伝子が引き起こす病気	254
遺伝子工学	256
動物行動学	258
動物行動学	260
行動パターン	262
生態学	268
個体における生態学	270
個体群	272
共生の種類	274
生態系	276
物質の循環	278
人間が環境に与える影響	280

生物学

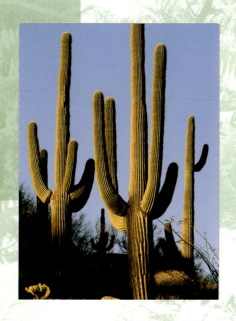

植物と真菌

　動物が動物界を形成しているのと同様に、植物と真菌もまた、細胞核を持つ真核生物の仲間として、それぞれが独自のグループを形成している。

　植物と真菌は、進化の歴史上、はじめて陸に上がった生物だ。陸生生物となった彼らは、極めて多様な進化を遂げ、周囲の環境に合わせて千差万別の適応能力を身に付けた。

　植物の仲間には、コケ類から、高さが100mを超すセコイアスギのような巨木まで含まれる。花を咲かせて実を付けるもの、胞子をつくるものなどさまざまだが、基本構造はよく似ている。ほぼすべての植物に共通する最大の特徴が、光合成で、光と無機物から有機物をつくり出す能力だ。つまり動物と違い、自分たちで栄養をつくり出せるのだ。

　知られているだけで約10万種が存在する真菌（カビやキノコの仲間）もまた、驚くべき多様性を誇る。小さな酵母菌から、肉眼で見えるもの、中には直径が数百mに達するものまである。食用としてだけでなく、食品の発酵や薬など、人類の発展にも大きな役割を果たしてきた。

■ 高等植物の構造

水分輸送のための管（道管）を持つ植物は、ほぼ例外なく茎、葉、根という共通の基本構造を持つ。

種子植物の主要構造は、根、葉、茎で、時期によっては、これに花と実が加わる。根は、植物を地面に固定する役割を担う。細い根毛が水を吸い上げ、土中の無機物を溶かし込んで吸収する。ニンジンのように太い根に栄養を蓄えるものもある。蓄えられた栄養は、やがて花や果実をつくるために使われる。

茎は植物全体をまとめる部位で、葉、花、実を支え、水分と栄養を吸い上げて葉に送る。水と栄養は、細い管が束になった維管束という器官を通って運ばれる。茎は通常、光に向かって伸び、樹木では木質組織を形成する。

花は種子植物の生殖器官だ。果実は種子を保護し、種子の散布に適した形状をしている。

光合成の仕組み

緑色の葉は、光合成をして栄養をつくり出す（p.181）。この過程を担うのは、葉の細胞内にある葉緑体だ。光合成によってつくられた糖と水分は、維管束を通って体内をめぐり、細胞の養分となる。葉の裏側を見れば、筋状に浮き出た葉脈を確認できる。

葉は、気孔とよばれる細長い開口部から、空気中の二酸化炭素を取り込む。気孔の多くは葉の裏側にある。日中は開いていて、夜の間につくられた余分な水と酸素を排出する。取り込んだ二酸化炭素は、必要となるまで細胞内に蓄えられる。

主に葉の表側、ものによっては葉の裏側までを覆う表皮をクチクラという。これはろう状の膜で、植物を乾燥や強い日光から守っている。

高等植物｜光合成｜輸送機構｜二次代謝産物

形態と生理機能

ほぼすべての高等植物は、根、茎、葉からなる互いによく似た機構を持ち、光合成、栄養と水分の吸収、繁殖を担う器官を備えている。
植物にとって不可欠な生命活動とは、
光合成、成長、環境適応、維管束による輸送だ。
植物の生命活動によって生じる、多様な二次代謝産物は長く人に利用されてきた。

■ 花は、中におしべとめしべがあり、その周りを花弁が囲んでいるものが多い。花弁は生殖器官を保護し、受粉を媒介する生物を引き付ける。

花：植物の生殖器官。

茎：植物の構造を支える。内部には、水分と栄養を運ぶ維管束がある。

葉：光合成を行い、エネルギーを供給する。無駄な酸素や水蒸気を排出する。

根：土中から水と無機性栄養素を吸収し、植物を地面に固定する。

■ 植物は形態によって、どのグループに属す何という種なのか分類できる。

花と実

花は、葉が特殊な形状をとったものだ。がくは通常、緑色で、葉によく似ており、開花前の花を保護する役目を果たす。色とりどりの花弁は、蜜を探す昆虫や、花粉を食べる動物を引き付ける。花弁が形づくる輪の中心には、植物の生殖器官（おしべ、めしべ）がある。めしべは、花柱、柱頭、子房からなる。花柱は柱頭と子房とをつなぐ部分で、子房の中にはやがて種子となる胚珠が入っている。おしべは糸状の花糸と、花粉の入った葯とからなる。受粉すると、胚珠が熟して種子となり、子房は果実を形成する。果実の役目は種子の保護と散布だ。

■ 果実は種子と幾層かの果皮からなる。

光合成

植物は、日光をエネルギーに変えて自ら必要な物質をつくり出す。この能力を持つことで、植物は多くの生物たちにとって重要な栄養の基盤となっている。

気孔

気孔は、葉、茎、花弁の表皮に見られる小さな穴で、マメのような形をした2つの孔辺細胞でできている。無数の気孔が、植物の内部と外気とをつなぎ、光合成に必要な二酸化炭素を取り込み、不要な酸素を排出している。開いている間は水蒸気を放出し、植物組織（木部）全体の水循環を促す。

■孔辺細胞は、気孔の周囲を取り囲んでいる。光や湿度など、周りのさまざまな状況に応じて開閉する。

動物は他の生物を食物とするが、植物は自ら栄養をつくり出す。大半の種は、これを光合成によって行う。光合成は、太陽のエネルギーを化学エネルギーに変えて貯蔵する仕組みだ。

光合成

緑色植物は、年間1800億トンの二酸化炭素を大気中から吸い取って、糖などの栄養分をつくり出し、同時に大量の酸素を老廃物として排出する。

光合成のプロセスは、2つの段階に分かれる。波長400〜700nmの可視光線が必要な明反応と、光が不必要な暗反応だ。

光合成は、葉の細胞内にある葉緑体で行われる。植物が緑色をしているのは、葉緑体があるためだ。1つの植物細胞には、このレンズ型をした細胞内小器官が数百個含まれている。

葉緑体の中には、緑色の葉緑素が詰まった、扁平な円盤状の構造物が多数、層をなして入っている。葉緑素は、光合成の動力源であり、光を吸収してそのエネルギーを元に新たな分子をつくることができる。つくられるのは、エネルギー輸送を担う分子である、アデノシン三リン酸（ATP）とニコチンアミドアデニンジヌクレオチドリン酸（NADPH）だ。

エネルギー輸送を担うATPとNADPH

光合成に必要な光を得るため、葉は通常、太陽に向かって伸びる。この性質を光屈性という。光合成に必要な二酸化炭素は、気孔とよばれる微少な穴を通じて空気中から取り込まれる。水分は根から吸い上げられて運ばれる。余分な水分と、老廃物である酸素は、気孔から排出される。

光合成の仕組みが完全に解明されたのは、1960年代になってからのことだ。1961年にノーベル化学賞を受賞したメルビン・カルビンは、光合成が2つのプロセスを踏んで行われていると考えた。

第1段階の明反応では、太陽の光エネルギーを葉緑体が取り込み、水分子を分離して、エネルギー輸送分子であるATPとNADPHをつくり出す。

第2段階の暗反応では、輸送分子が二酸化炭素を使って糖分子をつくり出す。糖はデンプンとして貯蔵され、エネルギーが必要となった細胞へと運ばれる。この過程で生じた酸素は老廃物となる。

■日光を吸収、輸送する光吸収色素は、葉を中心に配置されている。

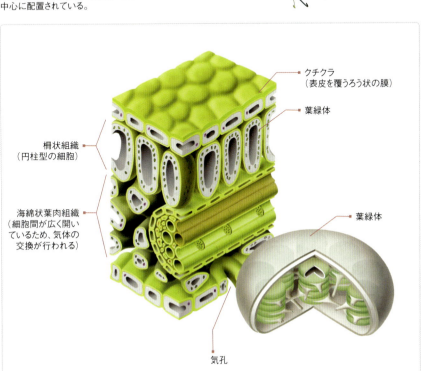

■葉の断面の拡大図を見ると、光合成に必要な葉緑体は、表皮を除く葉の全細胞にあることがわかる。

▶ p.149（植物細胞と動物細胞の違い）参照

■ 水分と栄養の輸送

植物は動物とは異なり、1つの場所に固定されて生きている。大きく成長し、子孫を増やすためには、その場で得られる光、温度、水分、土などの条件に適応しなければならない。

植物は、緑色の葉で光合成を行って有機栄養物をつくり出し（p.181）、根から土中の水分と無機物を吸い上げる。これらすべての物質は、植物全体に行き渡らせる必要がある。物質を効率的に配分するため、植物の中を貫いて走っている輸送管が、維管束だ。

> **basics**
> **土壌菌類との共生** 植物の多くは、土壌菌類と共生関係を築いている。土壌菌類は、水分と無機物を吸い上げる植物の力を高め、一方で植物から栄養を受け取る。
> **木部の形成** 樹木や木本（もくほん）植物の木部は、植物の2次成長過程で形成される木質組織からなる。樹木のいわゆる木の部分は、これが蓄積していったものだ。

や強化の役割を担っている。植物の輸送機構は、受動的でエネルギー効率のよいつくりになっている。

木部

植物の代謝と成長には、水分のほかに、カリウム、カルシウム、リン酸塩、マグネシウム、窒素化合物といった無機物が欠かせない。高等植物の場合、こうした無機物は根毛から吸い上げられ、体内の物質分配を行う組織によって運ばれる。これが木部だ。

木部には、輸送時の通路となる細長い管（道管）がある。道管を形成する細胞では、原形質が消失している。木部にはこのほか、繊維細胞や貯蔵組織があり、植物体の支持る。これらの物質は、葉などで生成された後、植物の体のほかの部分へと運ばれることになる。この長距離輸送を担うのが、師部とよばれる組織だ。

特に高濃度の糖は、師管とよばれる管の中に見られる。葉からは、糖分が続々と師部へと送られ、糖を必要としている部位まで運ばれる。

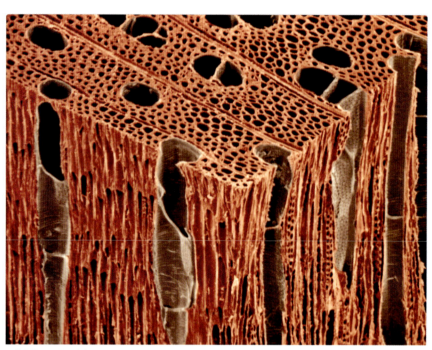

■落葉樹の場合、木部の道管が肉眼で確認できるほど太くなっていることが多い。写真はカエデの断面図。木部には道管のほか、繊維強化や貯蔵のための組織がある。

葉と師部

葉では、気孔（p.181）を通して水分の蒸散が起こっている。湿気の少ない空気中へと水分が蒸発するのだ。こうして葉の水分が減ることで吸引力が生じ、植物の細胞壁（p.149）から水分を引きよせる。この働きと道管との組み合わせによって毛細管組織が形成され、根から水分と無機物とを休むことなく吸い上げることができる。

植物は木部のほかにも輸送機構を持ち、糖質やアミノ酸といった有機物を運んでい

> **practice**
> **師部の研究**
> アブラムシは、鋭い口器を師管に差し入れて、師部内に満ちている濃い糖液を飲む。これを利用して、師部の内容物の研究が進められている。アブラムシの口器をレーザーで切り取って液体を収集するほか、アブラムシが排せつする甘露の分析も行った。その結果、師部を通って運ばれている物質は、情報伝達物質、ホルモン、ウイルス、核酸であることが判明した。
>
>
> ■アブラムシが師部から吸い取った液体は、大半が甘露として排出される。

■植物の2つの輸送系統。木部は水分と無機物を、師部は有機栄養物を運ぶ。

▶ p.278-279（物質の循環）参照

形態と生理機能

■ 植物の二次代謝産物

植物の二次代謝産物は、さまざまな化学的性質を備えた一連の物質群で、植物の基本的な代謝機能にとっては、必ずしも不可欠な存在ではない。だがまだ知られていないことが多い。

二次代謝産物は、植物の代謝によって生じ、組織に蓄積される物質で、植物が生命を維持するうえで直接的に必要となるものではない。現在までに3万種類以上の二次代謝産物が発見されており、まだ見つかっていないものも多数あると考えられている。なぜなら、これまでに調査されたのは、全植物種のわずか15～20％に過ぎないためだ。また、二次代謝産物は通常、ごく微量しか存在しないことも、発見をさらに困難にしている。人間は、日々の生活において、こうしたたくさんの二次代謝産物の恩恵にあずかっている。

以前は、二次代謝産物は単なる老廃物であり、植物の代謝回路から排除されるべき存在だと考えられていたが、その後、これらの物質は植物にとって重要な役割を持つことがわかってきた。

例えば、苦い味や毒を持つことにより、草食動物から身を守っている植物は数多い。そのほかにも、受粉を媒介する生物を引き付けたり、太陽の強烈な紫外線をやわらげる、水分の蒸発を防ぐ、病原微生物と戦うといった役割を担っている。

典型的な二次代謝産物

アルカロイド類は、ナスやケシの仲間など、数多くの植物の体内でつくられる典型的な二次代謝産物だ。有毒なものも多いが、少量を治療目的で使う場合もある。代表的なアルカロイド類は、カフェイン、コカイン、ニコチン、ストリキニーネなどだ。

精油もまた、二次代謝産物のひとつだ。よい香りを放つ、揮発性の高い油性物質で、本来は受粉を媒介する昆虫を引き付ける役割の物質だが、医療の分野でも活用されている。例えばカミツレ（カモミール）の蒸し風呂は、呼吸器系統の病気の治療法として知られる。

布の染料として利用されるものもある。インディゴは、アイの仲間の種子から抽出される濃い青色の染料だが、現在は主に化学合成によって製造されている。

薬草

薬草療法には、二次代謝産物の特性を生かしたものが多い。数千年前から続くこうした療法は、現代医療の発達により一時はすたれたものの、不必要な副作用が少ないと言われ、近年になって再び支持者を増やしている。例えば、ジギタリスからとれる強心配糖体は、効果の高い薬剤として知られている。アスピリンの有効成分であるアセチルサリチル酸は、かつてはヤナギから採取していた。

■昔ながらの中国の薬局に並べられた自然薬。

■キドクニンジンの毒はあまりに強力なため、古代ギリシャでは死刑囚の処刑に使われていた。

有害な薬物

多くの二次代謝産物が、コカインや大麻といったドラッグに使われている。社会にとって深刻な問題をもたらしている。

■西アフリカ全域では、何世紀も昔から、インディゴで染められた衣服は富の象徴とされてきた。

■ 藻類

藻類は、通常、水中に生息して光合成を行う真核生物で、よく知られているものに褐藻類、紅藻類、緑藻類がある。これら3種とも、有性生殖と無性生殖の両方を行う。

藻類は、系統的なつながりで形成された生物群ではないが、身体構造や化学構造、そして体内でつくられる貯蔵物質や光合成色素などを基準に、分類できる。

褐藻類は多細胞で、ほとんどが海に生息する。ジャイアントケルプなどの非常に大きく成長する褐藻は、1日に50cmも伸び、全長は60mに達する。北米の太平洋沿岸などの、栄養が豊富で比較的冷たい海流がある場所では、ケルプが海中で形成する巨大な森林を見ることができる。ケルプの森は、多くの動物たちに貴重な住みかを提供している。

小型の褐藻類は、ほぼ世界中の海で見られ、付着器官で海底などに固着して成長する。褐藻類には2000ほどの種がある。色は褐色やオリーブグリーンのものが多いが、これはフコキサンチンという暗色の色素が、葉緑素の周りを覆っているためだ。

約4000〜4500種が存在する紅藻類もまた、大半が海産の種だ。紅藻類には、単細胞のものと多細胞のものとがある。特殊な色素のおかげで、深さ180mの水中でも生息することができる。紅藻は葉緑素のほかに、フィコシアニン、フィコエリトリンという色素を持っている。赤い色のもととなっているのが、フィコエリトリンだ。これらの色素の働きにより、深い海まで差し込んでくる波長の短い太陽光でも、光合成を行うことができる。

多様な種を含む緑藻類は、単細胞のものと糸状のものとに分けられる。糸状のものには、枝を伸ばす種と伸ばさない種がある。このほか、葉状の構造を持つものもある。一部の種では、コロニーを形成することが確認されている。緑藻は主に淡水産で、体内の色素は高等植物のものに似ている。ほとんどの種が葉緑素を含む葉緑体を持ち、緑色をしている。

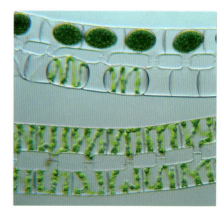
■アオミドロは糸状の緑藻で、栄養が豊富な淡水域で育つ。写真下部の細胞内に、らせん状の葉緑体が見える。

藻類｜コケ類｜マツバラン類｜ヒカゲノカズラ類｜トクサ類｜シダ類

種子を持たない植物

コケ類、シダ類、そして数多くの藻類は、花を咲かせず、種子もつくらない。種子の代わりに生殖を担うのが胞子だ。こうした植物の多くが、有性生殖と無性生殖とを世代ごとに繰り返す、世代交代とよばれる生殖方法を採用している。

藻類の活用

天然の藻類は、主としてヨウ素、臭素、ビタミン、無機質、タンパク質などの製造に使用される。そのほか、食品製造の過程でつなぎや増粘剤として、あるいは家畜の餌の栄養補助に使われることもある。イスラエル、日本、オーストラリアといった国々では、バイオ技術を駆使した施設で藻類が養殖され、食品や化粧品の材料となっている。

■日本では、コンブ、ワカメ、ノリなど多くの藻類が、出汁を取るのに使われたり、軽食用として食されている。

■温暖な海や極地付近の沿岸に広がるケルプの森は、無数の海洋生物が暮らす、地球上で最も豊かな生態系のひとつだ。

▶ p.148-149（細胞）参照

種子を持たない植物　185

コケ類

コケ類は地球上のほとんどの場所に生えている小さな植物だ。特に、湿気が多い日陰でよく見られる。

■このような特殊な生殖用の芽を伸ばして、栄養繁殖する苔類。

コケ類は、生体構造によって大きく2つのグループに分類される。苔類と蘚類だ。苔類の仲間は約1万種が知られており、さらに2種類に分けられる。

1つめは葉状体で、この種の植物体は、切れ込みのある形状をしている。もう1つは、茎葉体だ。こちらは短い茎を垂直あるいは水平に伸ばし、中心を走る主脈のない小さな葉を付ける。

蘚類にはおよそ1万5000種があり、植物体は例外なく小さな茎と葉に分かれる。葉の中央には主脈があることが多い。

栄養繁殖

多くのコケ類が、有性生殖だけでなく、無性生殖も行う（栄養繁殖）。ゼニゴケは、表面細胞が小さな杯状の器官を形成し、その中に無性芽が生じる。

生殖

コケ類の生殖サイクルは複雑で、胞子の形成が重要な役割を持つ。まずは胞子が発芽し、細胞が鎖状に連なった小さな原糸体を形成する。やがて原糸体は芽を出し、緑色の植物体（配偶体）へと成長する。配偶体は、細い糸状の仮根を伸ばして地面に固着する。仮根は本物の根ではなく、高等植物の根毛に相当するものだ。

配偶体は続いて、雌雄の生殖器官である造卵器と造精器を形成する。これらの器官は、別々の個体にできる場合と、同じ個体の別の枝にできる場合とがある。

造卵器はとっくり状の器官で、造精器でつくられた精子によって受精した卵が入るようになっている。受精は雨などの水分があってはじめて行われる。尾を付けた精子が、卵のところまで泳いでいくためだ。

受精した卵は、水と栄養があれば、配偶体の上部に茎を伸ばして胞子体を形成する。胞子体は、茎の先でカプセルのような形状へと成長し、その内部では胞子がつくられ、新たな生活環の始まりとなる。

このように、有性生殖（配偶体）と胞子形成（胞子体）の段階が交互に繰り返されることが、コケ類の生殖の特色だ。

また、コケ類は無性生殖も行う。

ミズゴケ

ミズゴケ類は、泥炭地の形成において重要な役割を担っている。栄養が乏しく水のよどんだ土地でも繁殖する。体内に水を大量に含むことができ、先端が常に成長を続ける一方で、体の下部が徐々に死んでいく。このため、死んだ植物体が徐々に厚く堆積していき、やがて泥炭となる。上層部は伸び続け、大量に水を含むことで、乾いた状態と比べて20倍もの重さになることもある。土壌が酸性で酸素が少ないため、死んだミズゴケが腐敗する速度は非常に遅く、長年の間には膨大な量の泥炭が蓄積される。

■泥炭の切り出し。数千年をかけて形成される泥炭地は、繊細で重要な生態系だ。

■一般的なコケ類は、高さが1〜10cmだが、それよりはるかに大型の種もある。

■コケ類は、約4億年前、潮間帯に生えた緑藻から進化した。湿った場所を好み、岩の小さな割れ目などで十分に育つことができる。

マツバラン類、ヒカゲノカズラ類、トクサ類

シダ植物門の仲間は胞子をつくる維管束植物で、いわゆるシダ類から、マツバラン類、ヒカゲノカズラ類、トクサ類までを含む。胞子で増殖し、世代交代を行う。

シダ類の場合、胞子体は独立した植物の形をとり、2種類の生殖段階を繰り返す世代交代とよばれる現象を顕著に見ることができる。

シダ、ヒカゲノカズラ、トクサ類の胞子体は、葉柄、葉、根からなるが、マツバラン類は根を持たない。

マツバラン類

マツバラン類は、熱帯・亜熱帯に生息するマツバラン目のみで構成され、その下に科が2つ属している。葉は小さなウロコ状のものしか生えず、光合成は主に中心枝で行われる。

短い茎の先端に胞子の入った丸い袋（胞子のう）を付ける。胞子のうは、分岐した枝の先端に形成されるため、目に付きやすい。

■マツバラン類は単純な維管束植物で、茎は枝分かれし、葉の代わりにウロコ状の小葉を付ける。

ヒカゲノカズラ類

ヒカゲノカズラ類は、約3億年前の石炭紀後期に繁栄を極めた植物で、1000以上の種が存在する。

葉は小さいか、あるいは非常に細長く（小葉）、通常、茎の周囲にらせん状に配置される。胞子のうは、茎の先端にぎっしりとまとまって付くことが多い。

ヒカゲノカズラは、ほぼ世界中で見ることができる。多くは土の上に生え、1mほどの茎を地表に這わせるが、ほかの植物に根を張る着生植物もある。

胞子は数年間発芽しないことが多く、完全に成長するまでに15年もかかるため、多くの種を希少種として保護の対象としている国もある。

トクサ類

トクサ類もまた、石炭紀に大いに繁栄した植物だ。当時は今より種の数が多く、高さ30mに達する木本性のトクサ類も存在したが、現在では、1つの属に少数の草本種を残すのみとなっている。

春には枝のない長い茎を伸ばし、先端に生殖のための穂を付ける。この穂は、胞子をつくると枯れてしまう。ツクシとして知られているのは、この穂を付けた胞子茎だ。一方、夏に成長する葉を付けた茎は生殖をせず、代謝とエネルギー貯蔵の役割のみを担う。

■トクサ類が最も多様性を極めたのは石炭紀だ。ただ1つの属だけが、現代まで生き残った。

in focus: フッカツソウ

これらの植物の仲間で特に風変わりなのが、テマリカタヒバといい、別名フッカツソウとよばれるヒカゲノカズラの一種だ。近縁種の大半は湿気の多い熱帯林で育つが、フッカツソウは、メキシコなどの非常に乾燥した地域で見られる。日照りが続くとボールのように丸くなり、休眠状態で何年も過ごす。雨が降ると、茎がすばやく空中の水分を吸収し、再び緑の芽を伸ばし始める。

■長い日照りを乗り切るための能力を発達させたヒカゲノカズラの一種。

種子を持たない植物

■ シダ類

シダ類は約1万2000種が存在し、胞子をつくる維管束植物としては最大のグループを形成している。世界中に分布し、熱帯地方には特に多様な種が見られる。

シダ類の多くは草本（木質でない）植物で、日陰の多い森林の土壌で育つ。他の植物に着生する種（in focus 参照）や水生種もあり、また木本性の種（タカワラビ科、ヘゴ科）は、好条件下では高さ11mに達する。

■ 胞子のう群は胞子のうの集まりで、シダの前葉体の裏側に、さまざまな模様や形を描いて並んでいる。

着生シダ

他の植物に根を張り着生するタイプのシダ類は、胞子を付ける葉のほかにも、栄養を集める機能を担う葉を生やす。この葉は泥除葉とよばれ、生殖機能を持たず、地面に平らに広がるか、じょうごのような形をして、落ちてくる水分や葉を集める。この落ち葉が枯れてシダの養分となる。泥除葉が朽ちてできる腐葉土は着生された植物にも役立つ。

■ 着生シダは、他の植物に根を張り、葉を使って水分と栄養を集める。

異形世代交代

シダ類はすべて異形世代交代を行う。つまり、それぞれ形態の異なる有性世代と無性世代とを順番に繰り返す。

こうしたサイクルのうち、いわゆるシダとして私たちの目に触れるのは、胞子を形成する胞子体だ。胞子は通常、茶色い胞子の袋（胞子のう）に入っている。胞子のうは小さな固まり（胞子のう群）を形成して、シダの葉の裏に付いているため、肉眼で確認できる。胞子のう群は、薄い保護膜（包膜）に覆われている場合もある。

胞子は、成熟すると葉から落ちて風に運ばれる。運ばれた先で発芽すると、前葉体とよばれる柔らかで短命な小構造体を形成する。この前葉体が、シダ植物の配偶体だ。

前葉体には造卵器と造精器が形成され、十分な湿気があれば、尾の付いた精子が造精器から出て造卵器に入り、卵子と出会って受精する。こうして再び、新たなシダ（胞子体世代）が育っていく。

葉

多くの種では、目に見える部分はほぼすべてが葉からなっている。多くの場合、葉は密生している。葉の若芽は通常、きつく巻いた渦巻き形をしている。

例えばワラビもそうしたシダ類の一種で、好条件下では高さ約2mほどに成長する。葉は最長で50mに達する地下茎から生えてくる。

水生シダの葉には、空気で満たされた空間があり、これが浮力を生み出している。葉の一部は、根のような構造に進化している。

basics — 石炭

その大半が石炭紀に生えていたシダ、ヒカゲノカズラ、マツバラン類の死骸から形成された。

■ 木本性のシダは、熱帯から亜熱帯気候の土地で繁茂し、温暖湿潤な環境の中で非常に大きく成長する。

裸子植物

裸子植物は、種子を付ける植物の仲間だ。
そのほとんどが木本性である。
現生のものは650種のみで、その大半が針葉樹に属す。

針葉樹の大半は常緑樹で（低木種も含まれる）、そのほとんどが針かウロコのような形状の葉を持つ（冬枯れを防ぐほか、さまざまな機能がある）。通常、雄性の花粉（小胞子）と雌性の胚珠（大胞子）とがそれぞれ、松かさ状の雄花と雌花の内部で育つ。

受粉は主に風によって行われる。子房が形成されないため、珠孔という小さな開口部に花粉が直接付着する。この孔から花粉管が侵入し、受精する。

針葉樹は温帯や亜寒帯に広く分布しており、一部の地域では優勢な植物種となっている。その例がタイガ（北方林）で、北半球の約1400万km²にわたって広がっている。

多様な種類

裸子植物の仲間には非常に背が高く、長く生きる種もある。その好例がセコイアデンドロンで、米国北西部には驚くほどの巨木が見られる。

特に大きな個体が「シャーマン将軍の木」で、樹齢はおよそ2500年と言われ、高さ83m以上、根元の直径約11m、総質量1361トンに達する。

しかし、樹木界の真の長老と言えるのは、米国カリフォルニア州東部の山中に生えているブリストルコーンマツだ。高さはわずか10mほどで、ひどくねじ曲がった幹は、皮がはげたように見える。枝にわずかに残る緑色の針葉が、この木がまだ生きていることを示している。専門家らは、これらのマツの中には、4600年以上前に生まれたものもあると考えている。人類がようやく定住農耕生活を始めたころだ。

裸子植物の仲間には別系統の進化を遂げたと見られるものもある。イチョウ類には、ごく最近の進化で現れた種であるイチョウのみが属している。ソテツ類は、ヤシに似た形状を持つ。グネツム類には、風変わりな植物ウェルウィッチアが含まれる。

裸子植物｜被子植物｜受粉｜多様な環境への適応

種子植物

種子を付ける植物の仲間には、根、茎、葉に分かれた構造を持つすべての植物が含まれる。
すべての植物のうち、最も多くを占める。
裸子植物は、胚珠が子房に包まれていないのに対し、被子植物は、胚珠が熟した子房、つまり果実の中におさまっている。

■セコイアデンドロンは、米国カリフォルニア州西部に生える世界最大の樹木だ。

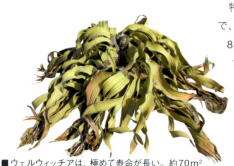
■ウェルウィッチアは、極めて寿命が長い。約70m²に広がり、2000年間生きていると言われる例もある。

■タイガとよばれる北方林は、世界最大の陸上の生物群系で、アラスカの内陸部、カナダ、スウェーデン、フィンランド、ノルウェー、ロシアにかけて広がっている。タイガ最大の特徴は針葉樹の森だ。凍土帯を除けば、地球上で最も寒冷な生物群系であり、その内部では多様で豊かな植物が育まれている。

▶p.168-169（生物の分類）参照

被子植物

被子植物門は、胚珠が子房に包まれている。主に2種類に分類される。発芽の際、2枚の子葉を持つ双子葉植物と、1枚だけの単子葉植物だ。

被子植物は、およそ25〜30万種が存在すると言われる。被子植物の胚珠は、裸子植物のようにむき出しではなく、周囲を子房に包まれている。子房を形成しているのは、互いに合着した複数の心皮だ。種子は熟した後に子房から放たれるが、このとき子房は肥大して果実を形成している。

被子植物を分類するための基準となる子葉は、すでに種子の中で待機していて、発芽の際は一番最初に顔を出し、新たな植物体を形成する。子葉は、後に生えてくるほかの葉とは形状が異なる。人間が栽培している有用植物は、針葉樹を除くと、大半が被子植物類に属する。最初の被子植物は、1億1000万年ほど前の白亜紀に登場した。

双子葉植物

双子葉植物綱には、既知の被子植物の4分の3が含まれる。子葉は通常2枚（まれにそれ以上）で、葉には明確に区別できる葉柄があり、中央を走る主脈からは側脈が伸びている。葉の付け根に小さな托葉があることも多く、また花の特徴としては、花弁やがくを5枚持つことが挙げられる。双子葉植物の仲間には、二次成長が見られる種も多い。例えば樹木は、二次成長によって厚みを増す。木や低木類の大半は、双子葉植物の仲間だ。樹木の維管束組織は、通常、リング状に並んでおり、例外なく形成層（細胞を増やして幹を太くする、活動の活発な層状組織）が存在する。

単子葉植物

単子葉植物綱は比較的小規模なグループで、およそ5万種が含まれ、そのほとんどが草本性だ。子葉は1枚しかなく、維管束組織が散在し、形成層を持たないといった特徴がある。葉は通常、葉柄を持たず、双子葉植物に比べて単純な構造になっている。托葉はなく、葉脈が互いに平行に走っているものが多い。シバ、ラン、ユリ、アヤメ、ヤシなどは単子葉植物の仲間だ。

食虫植物

植物の中には、補助的な窒素源として動物を捕食するものがある。こうした植物は、栄養の乏しい地や沼地などでよく見られる。食虫植物の体には、主に昆虫などの獲物を誘い、捕まえるためのさまざまな仕組みが装備されている。粘着式のわなや、アゴのような葉ではさみ込む仕掛け、落とし穴などだ。捕らえられた獲物の体は、特殊な酵素によって溶かされる。

■ハエトリグサは、食虫植物の中では珍しく、すばやい動きで獲物を捕らえることができる。

■ラン科は、花を咲かせる植物の中では最大級のグループで、毎年新たに800種ほどが仲間に加えられている。甘い香りを放つ花は、香水に利用される。

■巨大な葉を広げる、寄生植物ラフレシア属の花は、重量が最大10kgにもなり、腐敗した肉のような臭気を放つと言われる。

▶ p.278-279（物質の循環）参照

受粉、受精、果実、種子の散布

種子植物は、繁殖のために種子をつくる。種子を構成するのは、養分を蓄える組織と胚で、周囲を固い種皮が包んでいる。種子の形状は散布に適したさまざまな違いがある。

■ハナバチは、色を記憶できる。ハチが好むのは、蜜が豊富な黄色や青色の花だ。

受粉は、雄性配偶体である花粉が花粉のうから出て、めしべの柱頭に付着することによって起こる。トウヒなどの裸子植物（p.188）では通常、雌雄がそれぞれ別の花を咲かせるため、雄花と雌花とが存在する。雄花の花粉を雌花が受け取ることで、球果を形成する。花粉は風に乗って運ばれる。

被子植物の花は、基本的に両性花だ。花の中には、雌性生殖器や心皮のほか、雄性生殖器であるおしべも含まれている。受粉は、風や水といった確実性の低い媒介だけには頼らず、非常に高度な機構も含めた、さまざまな方法を駆使して行われる。

多く見られるのは、花粉を昆虫などの小動物に運んでもらう方法で、昆虫はその見返りとして、花から栄養豊富な花粉や甘い蜜をもらう。色や香りを駆使して、鳥やコウモリといった特定の動物を引き付ける植物も多い。花の構造は、受粉を媒介する生物にとって都合のよい形になっており、多数の花が集まって1つの花を形成するものもあれば、鐘型やじょうご型をした花もある。

■空中に種子を飛ばすタンポポ。

果実と種子

被子植物では、花粉がめしべの柱頭に着生して花粉管を伸ばす。次に、雄性配偶子（精細胞）が花粉管を通って子房の中の胚珠に入り、ここで胚のうの卵細胞と融合することにより、受精が起こる。受精から数週間のうちに、雌雄の核が合体し、果実が成長する。花は分解され、子房は大きく肉厚になる。胚乳核から種子が発達し始める。種子の内部では、幼植物体である胚が、次の世代として生まれるときを待つ。種子は成熟するまでの間、果実に包まれている。

果実の形状は、種子の散布に適したものになっている。ゴボウの実にはかぎ状の器官が付いており、このかぎで動物の体に付着して移動し、種子を散布する。カエデやタンポポの花には、羽根やパラシュートのような役割をする器官があり、風に運ばれやすい構造になっている。

basics

他家受粉
他家受粉は、遺伝的多様性を増加させ、環境に適応できる確率を高める。

自家受粉
大半の植物は、自家受粉を防ぐための構造的、生化学的な仕組みを持っている。

胚珠
裸子植物とは異なり、被子植物の胚珠は子房の内部に位置している。

■さまざまな方法で種子を広く届ける。クレマチスの種子には、羽根のような器官があり、風に乗ってはるか遠くまで運ばれる。

in focus

ほ乳動物による受粉

■昆虫ばかりでなく、バイソンも花粉を媒介する。

昆虫以外に、ほ乳動物も受粉を媒介することがある。オーストラリアの小型の有袋類フクロミツスイは、バンクシアの花の蜜と花粉のみを食べる。固くて大きなバンクシアの花にフクロミツスイがのぼると、その毛には花粉が大量に付着する。次に別の花にのぼると、花粉はそこでぬぐい取られる。熱帯の植物には、コウモリなどのほ乳類が花粉の媒介者となる例も多い。

真菌　193

■ 有用な真菌と有害な真菌

有用とみなされ、培養されて人類の役に立っている真菌は多いが、一方で、大量の作物を枯らしたり、病気の原因となるなど、有害とされる真菌も存在する。

植物が光合成によって生み出すバイオマス（有機物質の総量）は、年間数十億トンにのぼる。こうしたバイオマスは、ある程度の時間がたった後、再度分解される必要がある。

人の役に立つ真菌

人類は、古代からキノコを始めとする真菌を食物として口にし、一部の種に含まれる強い毒素のために、命を落とすことも少なくなかった。しかし、パン、ワイン、ビールなどの発酵食品は、菌類の助けなしではありえなかった。こうした食物の製造については、古代エジプトの墓の壁にも描かれている。

また現在では、菌類の力を利用して、大規模に生産されている有用物質も数多い。クエン酸やビタミンB_2、ペニシリンなどの抗生物質もその一種だ。

病気を引き起こす真菌

人類にとって危険な真菌も数多く存在する。例えばクリプトコッカス・ネオフォルマンスは、髄膜炎の原因となる。免疫力の低下した人にとっては特に危険な菌で、治療を怠れば多くの場合、命にかかわる。重大ではないが不快な症状をともなう病気としては、足白癬（水虫）などの皮膚感染症がある。

植物の病気を引き起こす真菌もある。そのひとつが裸黒穂病で、かつて北米の大規模な単一栽培農場で発生した際には、穀物の90％が失われた。さび病は、19世紀のスリランカで流行してコーヒー産業を壊滅させた。その結果、スリランカの農業は、紅茶栽培へと完全に移行することになった。

ペニシリンの発見

1928年、細菌学者のアレクサンダー・フレミングは、極めて重要な発見をした。真菌の混入した培養細菌を目にした彼は、真菌の周囲には細菌がいないことに着目したのだ。真菌が細菌の成長を妨げる物質を出しているという彼の仮説は、後に証明され、このとき発見された代謝物質ペニシリンによって、抗生物質の時代が幕を開けた。

■ フレミングの研究室で起こった偶然の発見が、医学の歴史を変えた。

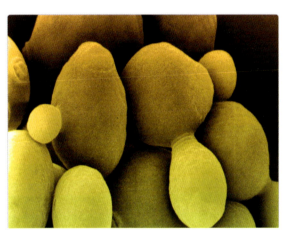

■ 酵母は単細胞の真菌で、大昔からパン、ワイン、ビールづくりに役立ってきた。

分解によって、物質内に閉じ込められた栄養分が、他の有機物が利用できる形に変化し、自然の循環に戻されるのだ。

この分解の過程なしには、地球上の生命はすぐに立ちゆかなくなってしまう。真菌はこうした循環、とりわけ木や植物の分解において、非常に重要な役割を担っている。

トリュフを求めて

人々に最も愛されている食用菌類にトリュフがある。トリュフは珍味とされ、ときに非常な高値で取引される。高値の主な理由は、トリュフが土の中で育ち、見つけるのが難しいためだ。しかし、敏感な鼻を持つ動物は、トリュフの強いにおいをかぎ分けることができる。トリュフ狩りをする人々は、ブタや特殊な訓練をしたイヌを使って、この貴重な珍味を探し出す。

■ 非常に敏感なブタの鼻を頼りに、土中のトリュフを探し出す。

■ 歴史上、人類の役に立ってきた菌類は多いが、中には人間に害をおよぼす危険な毒素を含むものもある。

▶ p.305（医薬品と化粧品）参照

生物学

進化	138
進化年表	140
生命の起源	146
細胞	148
化石	156
地質年代	158
進化の要因	166
生物の分類	168

微生物	170
細菌	172
ウイルス	174
原生生物	176

植物と真菌	178
形態と生理機能	180
種子を持たない植物	184
種子植物	188
真菌	192

動物	**194**
無脊椎動物	**196**
脊椎動物	**202**
ほ乳類	**206**

人類	218
人体の構造と機能	220
生殖と発生	226
解剖学的構造	230
代謝とホルモン	236
神経系	240
感覚器	242
免疫系	246

遺伝と遺伝形質	248
遺伝	250
遺伝子が引き起こす病気	254
遺伝子工学	256

動物行動学	258
動物行動学	260
行動パターン	262

生態学	268
個体における生態学	270
個体群	272
共生の種類	274
生態系	276
物質の循環	278
人間が環境に与える影響	280

動物

　動物は、自分で栄養をつくり出せる植物とは対照的に、栄養をつくり出すことができず、有機物という形で取り込まなければならない多細胞生物だ。体内に取り込んだ有機物は通常、特殊な器官群（消化系）の内部で分解され、その後に吸収される。
　動物は大きく2つに分類できる。無脊椎動物と脊椎動物だ。
　無脊椎動物とは、脊柱を持たない動物のことで、すべての動物種のかなりの割合を占めている。極めて多様な種を誇る昆虫類、サンゴやクラゲなどの刺胞動物、ミミズやカイチュウなど細長い体形のぜん虫類、ハマグリなどの二枚貝類、カタツムリやナメクジなどの腹足類などが含まれる。ほとんど動かないため、一見、植物のように見えるカイメンやサンゴも、無脊椎動物の仲間である。
　一方、脊椎動物は、脊柱を持ち、体の構造がより複雑な動物である。魚類、両生類、は虫類、鳥類に加え、人類をはじめとするほ乳類もこのグループの仲間だ。

海綿動物

海綿動物（海綿動物門に属する動物の総称）は、体の構造が極めて単純な多細胞生物で、内臓などの器官や筋肉、神経細胞などを持たない。成体になると海底などに固着して生活するが、幼生は自由に泳ぎ回る。

パン、低木の茂み、網、樽、キノコ……バラエティに富んだ形状をしている海綿動物はほとんど動かないため、一見、植物のように見えるかもしれない。

海綿動物｜刺胞動物｜ぜん虫類｜昆虫類｜甲殻類｜軟体動物

無脊椎動物

無脊椎動物とは、背骨を持たない多細胞生物のことで、現在知られている動物種の95％を占めている。無脊椎動物の体にはさまざまなタイプがあり、軟らかい組織が完全にむき出しになった種もあれば、硬い外骨格や殻に守られている種もある。また、海綿動物のような体の構造が単純な生物から、昆虫やクモのように複雑なものまで、実に多様な種が存在している。

海綿動物が無脊椎動物であることが確認されたのは、19世紀に入ってからのことで、現在までに約5000種が確認されている。大半は海に生息し、深さ6000mの深海でも生きることができるが、淡水域に暮らす種も120種ほど存在する。種類によって大きさはかなり異なり、直径が3cmに満たない小さなものから、2mを超える大型のものまでいる。

体の構造

海綿動物の基本的な体形や構造は種によってさまざまだが、大半の種は上皮細胞（扁平細胞）からなる外層と、鞭毛のついた細胞（襟細胞）からなる内層を持つ。2つの層の間に、アメーバのように流動性のある細胞と、炭酸カルシウムやケイ酸、海綿質などでできた、体を支えている骨格がある。

食物の摂取と繁殖

海綿動物の表面には小孔とよばれる小さな穴がいくつもあり、襟細胞に覆われた胃孔へとつながっている。穴の内側を覆う鞭毛が動いて水を絶えず体内に入れ、食物（有機堆積物、プランクトン、細菌）を、消化を担当する襟細胞やアメーバ状細胞へと送り届ける。

消化されなかった食物のかすは、体内中央の空洞部に流れ着き、海綿動物の上部に大きく開いた大孔から水とともに体外へ排出される。水はかなりの速さで押し出され、代わりに新鮮な水が吸い込まれるため、海綿動物の体内は常に新鮮な水で満たされている。体内を通過する水は、食物のほか、呼吸に使われる酸素も運ぶ。

海綿動物は、有性生殖と無性生殖の両方を行うことができる。無性生殖の場合、体細胞を分裂させるか、または体表から芽球

■キイロカイメンは、食物を取り込むため、中空の体に大量の水を吸い込んでは吐き出す。

とよばれる芽を出して繁殖する。

有性生殖では、受精卵が幼生になり、いくつかの過程を経て成長する。プランクトン状の段階で水中を浮遊し、やがて海底などに固着して新たな海綿として成長する。水温が低い場合は、芽球を形成して休眠状態になり、水温が上昇すると再び海綿に育つ。

風呂で使われたカイメン

古来、人間は体を洗うためにカイメンを利用してきた。カイメンは重量の10倍もの水を吸収でき、伸縮性に富む繊維のおかげで、絞るだけで簡単に水を排出できる。深海で採集されたカイメンは、中身を取り出した後、風呂で使うスポンジとして販売されていた。現在は、合成繊維でできたスポンジが使われることが多い。

■浴用に使われるカイメンは、主に地中海、カリブ海、紅海で採れる。

■フツウカイメンの一種で、紅海に生息する枝状の海綿動物は、雌雄同体で有性生殖を行い、幼生になるまで親の体内で育つ胎生種だ。

無脊椎動物　197

刺胞動物

サンゴやクラゲ、イソギンチャクは、刺胞動物の代表的な生物である。刺胞とよばれる器官で獲物を捕らえたり、敵を撃退する生物で、管状、またはつり鐘状の形状をしている。個体で暮らすものもいれば、群体で暮らすものもいる。

刺胞動物の基本的な体の構造は、細胞からできている外胚葉と内胚葉の2層と、その間を満たすゼリー状の中膠からなる。これらの内側にある胃水管腔で消化が行われる。胃水管腔から体外へと通じる口から、食物の摂取と排せつの両方を行う。刺胞動物には、ほぼ固着性のポリプ型と、浮遊性のクラゲ型がある。

どちらのタイプも、世代交代の際に形状を変化させる。例えば、典型的なつり鐘型のクラゲは、卵から幼生（プラヌラ）が発生する。幼生はしばらく集団で浮遊した後、岩などに付着してポリプを形成する。ある程度の大きさに成長すると、ポリプにくびれが生じて、薄い円盤のような形の幼体が切り離され、メデューサとよばれる浮遊性の形態へと成長する（この時期をクラゲ相という）。

刺胞動物の中には、有性生殖を行わず、出芽などによる無性生殖を行うものもいる。約9000種が存在し、大きさは3cmから2mまでさまざまだ。

サンゴ

サンゴは花虫綱に分類される生物である。幼生（プラヌラ）から樽型のポリプへと成長するが、両者の間にメデューサの形態を取るクラゲ相の時期はなく、幼生が海底の岩盤などに付着し、直接ポリプに育つ。サンゴは通常、地面にしっかりと付着するための基盤を持つ。有毒な刺胞の付いた触手が口の周囲に並び、これで獲物を捕らえたり、ほかの捕食者を攻撃したりする。

■サンゴは水中から食物をこし取って食べる。えさとなるのは、海流で運ばれてくるプランクトンなどの微生物だ。

クラゲ

クラゲの大型種は、ほとんどが鉢虫綱に属している。その1種であるエチゼンクラゲは、長い触手を除いた体長が約2mに達する巨大なクラゲで、重量は200kgに達するものもいる。

クラゲの傘の部分は、99%が水分で満たされている。伸縮性のある触手には刺胞があり、傘の縁から垂れ下がっている。体内にある色彩に富んだ生殖巣が透けて見えていることが多い。また、大きなクラゲであっても、ポリプの形態を取る時期は比較的体が小さい。

■クラゲは潮の流れに乗って浮遊するほか、傘を収縮させて生み出す推進力で泳ぐこともある。

■クラゲの毒には、神経系に作用して（神経毒）、獲物を麻痺させるものもある。人間に対して非常に強い毒を持つ種もいれば、皮膚に軽い炎症や傷を負わせる程度の種もいる。

issues to solve

サンゴ礁絶滅の危機

温室効果ガス排出量が増加し、海中に二酸化炭素が多く溶けて、水の酸性度が上がったため、サンゴは絶滅の危機にある。

in focus

小さな銛

刺胞生物は、捕食と防御に使う特殊な細胞である刺胞を持っている。最も単純な構造の刺胞は、2重になった袋の中に毒と刺糸が入っていて、ふたで覆われている。引き金の役割を果たす刺糸は袋の中で渦を巻いていて、先端が錐やトゲのようになっている。先端に獲物が触れると、トゲから毒液がすばやく射出される。

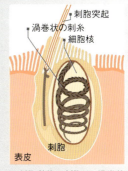
■刺胞動物の刺胞は、渦巻状の刺糸をすばやく伸ばすことができる。

（ラベル：刺胞突起／渦巻状の刺糸／細胞核／刺胞／表皮）

ぜん虫類

ミミズやゴカイ、ヒルといった細長い体形の動物をまとめて、ぜん虫類とよぶことがある。ぜん虫類には、扁形動物や線形動物、環形動物など、いくつかのグループが含まれている。

扁形動物の多くは体形が平らで、紙ほどの薄さしかないものもいる。体の構造は粗い結合組織からできていて、高度な呼吸器官や血管はなく、消化系は行き止まり構造

■吸虫類（扁形動物）は、口吸盤を使って宿主に固着し、寄生する。

■環形動物の仲間である多毛類は、海中に生息し、驚くほど多様な形状と食性を持っている。捕食者や死がいをあさるものもいれば、海水から食物をこし取るものもいる。

になっていて肛門がないため、摂食も排せつも同じ開口部で行う。神経系は体中に網目状に広がり、神経節とよばれる大きな中枢神経が1つある。

繁殖は、有性生殖を行うものと、無性生殖を行うものがいる。生殖器官は、種によっては非常に複雑で、体内の大半を占めている例も多い。単独で生活する種もあれば、ほかの生物に寄生する種もいる。代表的なものに、サナダムシ、プラナリア、ヒルなどがある（左下のin focus参照）。

線形動物

線形動物の大半は、円筒形で体節のない、ひも状の体形をしている。皮膚の下にある筋肉の層を使って、ヘビに似た動きをする。体腔は通常、体液で満たされている。代表的なものはセンチュウで、扁形動物と異なり、口と肛門の2つの開口部のある消化管を持っている。生殖器官は、扁形動物と比べて単純な構造である。水生種、陸生種、寄生種のいずれも一般的である。

カイチュウのように人間に寄生する種もある。カイチュウは、最大で全長40cmに達する。ほかにも、ペットを介して感染するセンモウチュウなど、人間に寄生する線形動物は少なくない。ジャガイモなど特定の植物に寄生するものも多く、農作物が深刻な被害を受ける場合もある。

環形動物

環形動物の体は体節に分かれているため、循環系は閉鎖血管系になっている。また、神経系もよく発達し、神経索が体全体を貫き、各神経節から枝状に分かれて伸びている。進化した目と感覚器官を持つ種が多い。代表的なものに、ミミズやゴカイの仲間などがある。

> **basics**
>
> **寄生性のセンチュ[ウ]**
> センチュウはクジ[ラ]の体内で最長9[m]まで成長する。
>
> **ミミズの密度**
> 庭には1m²当た[り]400匹のミミズが[い]る可能性がある。

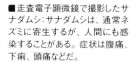

■走査電子顕微鏡で撮影したサナダムシ：サナダムシは、通常ネズミに寄生するが、人間にも感染することがある。症状は腹痛、下痢、頭痛などだ。

住血吸虫症

住血吸虫症は、熱帯・亜熱帯地方に多い寄生虫症で、原因となるのは住血吸虫属の扁形動物である。幼生が皮膚から人体に入り込み、体内で成虫となる。雌の成虫が産んだ卵は、尿や排せつ物とともに体外へ排出される。感染したまま治療を受けなければ、肝臓や腸、ぼうこうに慢性の感染症が起こり、重篤な場合は死に至ることもある。世界中で2〜4億人がこの病気に感染していると推定されている。

■テオドール・ビルハルツがはじめて住血吸虫症の原因を明らかにしたのは、1851年だ。

無脊椎動物

■ 昆虫類

昆虫類は、動物の中でも群を抜いて多様な種を誇る生物である。今日までに発見されている種は100万以上にのぼるが、未発見の種もそれ以上にいると考えられ、実際には3000万種が存在するとも言われている。

昆虫類は全体的に比較的小型の生物で、最大の種でも全長30センチほどである。ほぼすべての陸地と淡水域に生息している。

胸部には3対の足があり、種によっては翅も付いている。腹部には、消化系、循環系、生殖器官の主要な部分が含まれる。

成虫となる。主な例に、カマキリやバッタなどがある。

昆虫は、無脊椎動物の中で唯一、力強く飛ぶことのできる生物で、そのおかげで多様な生息地に広く分布してきた。翅は極めて薄い膜状の組織で、翅全体に網目のように広がる翅脈によって、強度を保っている。

翅のある昆虫類は通常、2対の翅を持っている。寄生虫などには、かつて翅を持ちながら退化させたものもいる。トビムシなど、初めから翅を持たない種もある。

■甲虫類は2対の翅を持つ。1対の翅が、もう1対の翅を覆い、下半身を保護する。

■昆虫の変態はホルモンによってコントロールされている。幼虫は何度か脱皮を繰り返してから、さなぎになる。

社会性昆虫

アリやハチの仲間の一部など、大規模な群れをつくって幼虫の世話をする昆虫を、社会性昆虫とよぶ。群れの内部では、労働は社会的なルールによって厳しく統制されている。不妊の個体は、食物の採取、巣の防御、幼虫の世話といった、数々の仕事をこなす。繁殖を担うのは、女王のみである。

■ハナバチのコミュニケーション方法のひとつとして有名なのは、尻振りダンスである。

ハッピリムシの攻撃

ホソクビゴミムシの仲間は、攻撃されると極めて反応性の高い2種類の物質を体内で混ぜ、酸性の液を噴出する。

食性は、草食性、肉食性、雑食性とさまざまである。

節足動物である昆虫類の体には、体節がある。体表の硬い保護層は外骨格とよばれ、主にキチン質でできている。成体の体は、頭部、胸部、腹部という3つの体節に分かれている。

頭部には触覚とにおいを感じる1対の触角と目、口がある。口の形は種によって大きく異なり、かむ、突き刺して吸うといった、それぞれの食性に適した形状をしている。

昆虫は、幼虫の間に複数の成長段階を経て、生殖可能な成虫となる。チョウ類や甲虫類といった多くの種では、成虫になるまでの間に姿が完全に変化する（完全変態）。さなぎの段階になり、体が成長を止めた後、最終的な変態を遂げる。

若い個体が成虫とさほど変わらない形状をしている場合は、不完全変態（半変態性）とよばれる。こうした種では、幼虫の体が徐々に大きくなり、さなぎの段階を経ずに、

■トンボが空中で静止し、すばやく方向を変えることができるのは、2対の翅を個別に動かすことができるためだ。

甲殻類、クモ形類

甲殻類とクモ形類は節足動物の仲間で、古代から生息してきたサソリも同じグループに属している。昆虫類とは同じ節足動物で近い関係にあり、身体構造にも共通する特徴が多い。

カニやエビなどの甲殻類は、約3万8000種が存在し、大半が水中に生息している。その生息環境は多様で、種によって外見も非常に異なっている。2枚に分かれた殻を持つ全長5mmの小さなカイエビ類も、細長い体と巨大な鋏脚を持ち、最大1mにもなるアメリカンロブスターも、同じ甲殻類の仲間である。

多くの種が、2対の触角と先端が二股に分かれた足を持つ。また、第1肢の先端がはさみに進化している種も多い。甲殻類は呼吸器官としてえらを持ち、水中での生活に非常によく適応している。

■海中で交尾と産卵をするために大挙して海岸をめざす、クリスマス島のアカガニ（オカガニの一種）。移動中に道路を埋めつくし、途中でけがをしたり、死んでしまうものも多い。

■クモの網はくさり状につながったタンパク分子でできており、抗張（こうちょう）力と弾力性に富んでいる。

クモ形類

クモやダニはクモ形類の仲間である。その体は、大きく分けて2つの部分からなる。体の前方には、頭部と胸部を合わせた頭胸部が、後方には腹部がある。頭胸部には、脳と胃があり、8本の足と、あごのような器官である1対の鋏角、周りを感知して触覚のような役割を担う1対の触肢が付いていて、前方に目がある。腹部には、心臓、消化管の一部、出糸突起（糸いぼ）、生殖器官、呼吸器官などがある。

クモの多くは、獲物を捕らえるために網を張り、毒をつくって捕食や防御に用いる。クモ毒の大半は人間には無害である。

サソリもクモ形類の仲間である。クモに似た形状をとどめており、約2000種の存在が知られている。触肢の先についた大きなはさみと、柔軟に動く尾を持っている。尾は5つの腹節に分かれ、通常は先端に針の付いた太い毒腺を備えている。一部のサソリの種の毒は、人間の命を奪うほど強力である。夜行性で温暖な気候を好むため、主な生息地は熱帯や亜熱帯地方で、砂漠でも生きられる。肉食性で、はさみを駆使して昆虫を狩る。

病気を媒介するダニ

マダニの仲間は、クモやサソリと同じクモ形類に属し、さまざまな病気の媒介者となっている。そうした病気の一例がライム病で、ボレリアという細菌によって引き起こされる。ライム病にかかると関節炎や心疾患、神経障害などを発症する場合がある。マダニはまた、欧州でダニ媒介性脳炎という生命にかかわる感染症の原因ウイルスも媒介する。

■ダニは主に、背の高い草、低木、下生えの中といった場所で見つかる。

最強の毒グモ

シドニージョウゴグモは、人間を死にいたらしめる毒を持つ数少ないクモのひとつだ。繁殖期には家屋や庭に入り込む。

■サソリの子どもは生まれてすぐに、母親の背中に這い上がる。最初の脱皮を迎えるまで、安全な背中の上で暮らす。

軟体動物

軟体動物には、巻き貝などの腹足類、ハマグリなどの二枚貝類、イカやタコなどの頭足類など、多様な種が含まれている。生息域は海水域や淡水域、あるいは陸上である。

■コウイカは海底付近にいることが多い。短い2本の触手を持つ。

軟体動物はすべて、歯舌という特有の器官を持っている。歯舌は食物を削りとるために使う舌に似た器官だが、未発達であったり、縮小してしまっている種も多い。多くの種が、炭酸カルシウムでできた硬い外殻を持つ。殻は、軟らかい生体組織を保護したり、支えたりする役目を担う。

腹足類

巻き貝などの腹足類は、2本の触角のついた頭部と、這うのに適した平らな筋肉質の足を持つ。体腔内の体内器官は、殻を持つ腹足類の場合、らせん状に巻いた殻の中にある。危険が迫ると、殻の中にすっぽりと身を潜める。ナメクジ類など、殻が退化した腹足類の腸は足の中にある。腹足類は呼吸方法により、えらを持つ種と肺を持つ種の2つに分けられる。

頭足類

頭足類は、腹足類と同様、はっきりと区別できる頭部を持つ。頭部についた触手には、いくつもの吸盤がある。多くの種が、高度に発達した目とくちばし型のあごを持つ。明るい環境に生息する種は、危険が迫ると黒い物質を噴出し、それを隠れみのにして身を守る。体色を変えて背景に溶け込み、瞬時に姿を消すものもいる。代表的な種に、イカやタコ、真珠のような体色が美しいオウムガイなどがいる。

■絶滅危惧種であるオオシャコガイは、インド洋や太平洋で見られ、最大で140cmまで成長する。

▶p.133（損なわれる種の多様性）参照

フナクイムシ

全長20cmに成長するフナクイムシは、体形が細長く組織も軟らかいことから、一見ぜん虫類のように思えるが、実際には殻が退化した二枚貝の仲間だ。小さな殻はカミソリのように鋭く、木材に穴を開けることができる。ほとんどの船が木造だった時代には、害虫としてひどく嫌われていた。

■フナクイムシが食べて、穴を開けてしまった木材。木造の桟橋や護岸材は、今でもフナクイムシの標的となる。

二枚貝類

二枚貝類はすべて水生で、閉殻筋（貝柱）とよばれる強力な筋肉で開閉できる2枚の殻を持つ。1カ所に固着する種のほか、殻で推進力を生み出して、這ったり泳いだりする種もいる。食物はプランクトンや有機堆積物で、水と一緒に体内に吸い込み、こし取って食べる。海生種は、主に体外受精によって繁殖する。

「カタツムリの恋の矢」

マイマイ（カタツムリ）のなかには、実際の交尾に入る前、「恋矢」とよばれる小さな槍状構造を相手の足に突き刺す種がいる。恋矢からは粘液が分泌され、精子を受け入れやすい状態へと導く。恋矢をうまく相手に突き刺せると、作れる子どもの数は2倍になるという。

■腹足類は、1対あるいは2対の敏感な触角を持つ。目は1対の触角の先についている。

■ 魚類

魚類は、最も古くから地球上に生息する脊椎動物で、3万種以上と最も多様な種を誇っている。魚類の約60％は海水域に、そのほかは淡水域に生息している。

魚類はあらゆる水域に生息する変温動物で、えらを使って呼吸する。硬い骨からなる骨格を持つ硬骨魚類が最も多いが、サメやエイなど軟らかい骨格を持つ軟骨魚類もい

■ エイは平らな体についた大きな胸ビレを使って泳ぐ。海底に生息する種もあれば、自由に泳ぎ回る種もある。

魚類｜両生類｜は虫類｜鳥類

脊椎動物

脊椎動物には、人間になじみの深い生物が多数含まれている。しかし、動物全体の中で脊椎動物が占める割合は、ごくわずかにすぎない。すべての脊椎動物は脊柱を持つという点で一致している。脊柱は体の中心的な構成要素で、体内のあらゆる骨格を1つにつないでいる。魚類、両生類、は虫類、鳥類、ほ乳類は、すべて脊椎動物の仲間である。

る。主に海洋に生息するが、硬骨魚類は淡水の湖や川から、深さ4000mの深海までさまざまなところに生息する。淡水域と海水域の間を行き来するものもいる。

体の構造

すべての脊椎動物と同様、魚類の体も脊柱を中心に成り立っており、その周囲を肋骨と結合の緩い「小骨」が支えている。体形は極めて多様で、それぞれの生息環境に適応した姿をしている。ヒラメなどの海底を住みかとする種の中には平らな体をしているものもいる。一方、カワカマスなどの敏しょうな捕食魚は、魚雷のような体形だ。

魚は、体をくねらせつつ、尾ビレを動かして前進し、それぞれ1対ずつの胸ビレと腹ビレでかじをとる。背ビレ、尻ビレ、尾ビレには、体を安定させる働きがある。体の脇についた側線には、水流や、海底やほかの生物などの周辺にある物体を感知するための器官が並んでいる。大半の種では、薄い皮膚の上は保護の役割を持つウロコに覆われているが、硬骨魚類の中には、小さな骨質の板が重なりあって皮膚に埋め込まれているものもいる。

食性と繁殖

魚類は、植物、プランクトン、魚などを食べる。個々の種の食性は、口のついている位置でわかる。

繁殖は体外で行われることが多い。雌が水中で卵を産むと、そばにいる雄がすぐに精子を放出する。グッピーや一部のサメなど、成体と同じ姿をした幼魚を産む種もいる。まず、雄が交尾ビレとよばれる器官を使って、雌の体内で卵を受精させる。卵はそのまま孵化の準備が完了、あるいはほぼ完了するまで母親の体内にとどまる。こうした繁殖形態を卵胎生とよぶ。誕生後、幼魚は通常24時間以内に泳げるようになる。

■ 現在までに知られている魚類の4割は、川や湖沼といった淡水域に生息する。日本のニシキゴイもそのひとつ。

えら

水生動物は呼吸器官としてえらを持っている。水中では酸素の供給効率が悪いため、細胞の小さな突起（繊毛）を使って薄いえら組織に常に水を送り続ける。サメやエイは、水流を起こすポンプの役割をする器官を備えている。えらは呼吸のほかにも、塩分調節や老廃物の排せつ、一部の種では接食器官としての役割も持つ。

■ えらには、水中でふくらむ繊維状の組織がある。水から出ると、この組織は破壊される。

脊椎動物　203

両生類

両生類は、水中を出て陸に上がった最初の脊椎動物の子孫である。その生活には今も当時の名残が見られ、若い時期（幼生期）は水中で過ごし、成長すると陸上で生活するようになる。

両生類には、尾を持つ有尾目と、尾のない無尾目というグループがある。有尾目にはイモリやサンショウウオが含まれ、北半球とアメリカ大陸の熱帯地方に400種以上が生息する。4本の足と細長い体、長い尾を持ち、大きな目を持つものが多い。カエル類は無尾目に属し、極地を除くあらゆる場所に生息する。力強い後足を使って跳躍するものが多い。アマガエルの仲間は指先に吸盤が付いていて、上手に木に登る。

■両生類の多くは、水中で生まれた後、生涯の大半を水辺で過ごし、再び水中に戻って卵を産む。

■アカメアマガエルをはじめとするアマガエルの仲間は、木登りが得意だ。四肢と湿り気のある腹部を駆使して、木の表面にしっかりとしがみつく。指先の吸盤は毛管現象の働きにより、強い吸着力を持つ。

水中生活と陸上生活

両生類には、力強いヒレを使って陸に上がった最初の硬骨魚類との類似が見られ、幼生期にはえら呼吸し、ヒレを使って泳ぎまわる。ところが、成体は足が生えて空気呼吸するようになり、陸上生活に適応する。両生類は変温動物で、周囲の温度に大きな影響を受ける。冬には、地中の穴にこもるか、堆積した落ち葉の下で身を守る。皮膚は非常に敏感で乾燥に弱く、空気と水分を吸収して肺呼吸を補う。皮膚の腺から毒や嫌な味のする液体を分泌して、捕食者から身を守る種もいる。ミミズに似た足を持たないアシナシイモリの仲間も、無足目という両生類の仲間である。

カエルはなぜ鳴くのか

カエルは聴覚が鋭く、力強い声を持っている。雄は求愛のための鳴き声を発達させ、これによって雌を引き付ける。一方、サンショウウオは鳴き声を持たず、特殊なにおいと鮮やかな体色を利用して交尾相手を誘う。両生類の中には、非常に複雑な手順で繁殖を行うものもいる。アカガエルの仲間は、水中に産み落とされたひと固まりの卵に、雄が精子をかけて受精させる。クシイモリの雌は、精子の入った包みを拾い上げて、体内で卵を受精させる。種によって、1万個以上の卵を含む卵塊を作るものもあれば、1つしか卵を産まないものもいる。ごく一部には、卵から孵化した幼生を出産する種も存在する。陸上で繁殖する両生類は少ないが、こうした種は腐敗した落ち葉や木のうろに卵を産み付ける。

個体数の減少

除草剤や殺虫剤により、両生類の食料が奪われたり、皮膚を通して体内へ吸収されたりする。生息域を移動中に、道路上で命を落とすものもいる。

両生類の一生

春は両生類にとって交尾と産卵の季節だ。産卵は池の中で行われることが多い。卵から孵化すると、幼生は通常、数週間で姿を変えて成体となる。カエルは、オタマジャクシから成体へと劇的な変化を遂げる。尾とえらは消え、足が生える。オタマジャクシは基本的に草食だが、成体は昆虫などの動物を食べる。サンショウウオは昆虫の幼生をえさとし、生涯肉食である。

■雄のサンバガエルは、孵化の直前まで卵を背中に乗せて運ぶ。

■ブチイモリの派手な体色は、毒があることを捕食者に警告している。毒は皮膚の腺から出すことができる。

■ は虫類

は虫類には、ヘビやトカゲなどの鱗竜類、ワニなどの主竜類、カメ類に加え、絶滅した恐竜類なども含まれる。彼らが陸上への進出に成功したのは、いくつかの重要な適応を成し遂げたためだ。

■ クロコダイルは咀嚼（そしゃく）することができない。代わりに、彼らは獲物にかみついている最中に自分の体を回転させ、肉塊を引きちぎる。

■ カメ類の背甲（はいこう）と腹甲（ふっこう）は、皮膚と骨質板で覆われている。

は虫類は、陸上生活に非常によく適応している。皮膚はウロコによって乾燥から守られ、強くて効率のよい肺を持ち、卵は頑丈な殻に包まれている。は虫類は変温動物なので、日陰に入ったり、日光浴をしたりして、体温を調節する必要がある。少ない食料を効率よく利用し、砂漠などの栄養物の少ない場所でも生活できる。

は虫類の進化系統

3億年前から存在するは虫類は、3系統に分岐した。第1の系統はカメ類に、第2は恐竜類、トカゲ類、ヘビ類、ワニ類、鳥類に、第3はほ乳類に進化した。

トカゲ類

トカゲの仲間は、は虫類の中でも特に多種多様で、ごく小さな体を持つ種が大半を占める。卵は土に埋めるか、落ち葉などで覆い隠し、寒い時期には冬眠する。アシナシトカゲなどの足のない種以外は4本の足を持ち、なかには非常に印象的な姿をした種もある。

カメ類

カメ類は体が甲羅に守られ、1億5000万年前からほとんどその姿を変えていない。リクガメと淡水生のカメの大半は、頭部と足を甲羅の中に引き込むことができるが、ウミガメはできない。カメはすべて雑食性で、陸上で産卵する。人間による生息地への侵入や破壊行為のため、その大半が絶滅の危機に瀕している。

ワニ類

現生最大のは虫類はワニ類だ。世界の温暖な地域にのみ生息し、生涯の多くを水中や水辺で過ごす。水面の真下を泳ぎながら、水面に突き出した鼻孔から呼吸をする。獲物を見つけると、突進して相手を水中に引きずり込む。

ヘビ類

ヘビ類は、鋭い嗅覚と振動や温度を敏感に感知する能力を生かして、効率よく狩りを行う。毒ヘビは、中が空洞になった1対の牙を獲物に突き刺し、相手を麻痺させ、時として命を奪う神経毒を注入する。ボアの仲間は、あごの関節を外して大きな獲物を丸飲みすることができる。

■ ヘビの体は一生成長を続ける。脱皮の際には、一番外側を覆っている皮を脱ぎ捨てる。

■ カメレオンの体色の変化は、時として非常に劇的だ。大きく突き出た目で、周囲をほぼ360度見回すことができる。

▶ p.169（進化系統樹）参照

鳥類

空を飛ぶ能力を持つ鳥類は、ほかの脊椎動物とは一線を画す存在だ。鳥類は飛翔に大変適した体を持ち、空中で見事な能力を発揮する。飛翔速度は時速24〜80kmに達することも多い。

鳥類の最大の特徴は、脊椎動物の中で唯一、体に羽根が生えていることだ。また、空を飛ぶ能力を持つのはもちろんのこと、非常に優れた視力も備えている。なかでもワシやタカなどの猛禽類は特に視力が発達しているが、これは高い空の上から小動物を発見しなければならないためだ。

くちばしの形状は食性によってさまざまだ。猛禽類のくちばしは端が鋭く尖り、キツツキのくちばしは硬くて頑丈、ハチドリのくちばしは管状になっている。鳥類は恒温動物で、効率のよい心臓や肺、循環系を備えている。羽根はそれぞれの種の生活と習性をよく表している。寒冷地の鳥であれば、羽根と、断熱材の役目を果たす羽毛の層が厚い。多くの雄が、雌を引き付けるための色鮮やかな飾り羽根を持つが、一方で羽根の色がさえない鳥たちは、それをカムフラージュに利用する。

食料が減少する秋には、暖かい地域へと渡りを行う鳥も多くいる。なかには越冬地まで1万kmも旅する種もいる。現在までに知られている鳥類はおよそ8000種で、アフリカのダチョウやニュージーランドのキウイなど、飛翔能力を失ったものもいる。全鳥類の約60％はスズメ目で、スズメやツバメ、フィンチなどが属している。

交尾と繁殖

鳥類は陸生で、交尾や巣作りのための場所を確保する。スズメやヒバリなどの鳴禽類の仲間は特殊な鳴き声で異性を誘い、そのほかの種は、美しい飾り羽根などで相手の視覚に訴えて求愛する。猛禽類やフクロウ、ゴジュウカラやペンギンなどは生涯同じパートナーと過ごすが、大半の種は卵をかえす間だけ関係を結ぶ。同じ巣を何年も使い続け、非常に精巧な巣を作り上げる種がいる一方、南極で立ったまま卵を温めるコウテイペンギンなどのように、まったく巣作りしない種もいる。

鳥類はすべて卵生で、卵の数は1個から20個までさまざまだ。卵の色は大半が白だが、茶色やまだら模様、パステルカラーのものも珍しくない。抱卵期間（11日〜20週間）は、両親が交替で卵の上に座って温度を保つ。孵化したヒナは通常、飛び方を覚えるまで親からえさをもらう。カッコウのように、ほかの鳥の巣に卵を産み付ける種もある。巣の持ち主は気づかないうちにほかの鳥のヒナを育てることになる。

■猛禽類は、高度に発達した視力を生かして獲物を狩る。

■オオハシは熱帯・亜熱帯地方の森林に生息する鳥で、色鮮やかなくちばしが特徴だ。

■ハチドリは非常にすばやく羽ばたくため、果汁などの高エネルギーの食物が必要になる。

in focus | 飛翔

人類は鳥のように空を飛ぶための努力を重ねてきたが、未だに彼らの能力を再現できない。鳥は力強い胸の筋肉を使って翼を羽ばたかせることで揚力を得て、大きく広げた翼で気流に乗る。鳥の重量は体格の割にきわめて軽く、15kgに満たないものも多い。これは骨の中が空洞で、非常に軽いためだ。この空洞は呼吸器系とも直結している。

- 初列風切（しょれつかざきり）
- 初列大雨覆（おおあまおおい）
- 次列風切（じれつかざきり）
- 次列風切
- 三列風切（さんれつかざきり）
- 肩羽（かたばね）

■長い主翼羽の動きによって、翼が揚力を得て、鳥は飛ぶことができる。

■ダチョウなどの一部の鳥は、進化の過程で飛翔能力を退化させた。

▶ p.160（中生代）参照

ほ乳類：共通する特徴

ほ乳類は、地球上のあらゆる環境に生息域を広げて繁栄を謳歌し、砂漠や北極といった厳しい環境にも適応してきた。
ほ乳類の外見は実に多様だが、数々の共通する特徴も持っている。

ほ乳類は、最も高度な発達を遂げた脊椎動物である。恒温動物で、体温を一定に保てる体のおかげで、周囲の気温からあまり大きな影響を受けない。種にもよるが、ほ乳

特徴｜多様性｜単孔類｜有袋類｜有胎盤類

ほ乳類

ほ乳類は脊椎動物の仲間で、「ほ乳綱」と呼ばれるグループを形成している。現生ほ乳綱はさらに3つのグループに分けられる。オーストラリアに生息するコアラやカンガルー、南北アメリカ大陸に生息するオポッサムなどの有袋類、アヒルのようなくちばしを持つカモノハシやハリモグラを含む卵生の単孔類、そして、私たち人類を含み、ほ乳類の大部分を占める有胎盤類だ。

類の体温は36〜39℃である。高い体温を保つことができるのは、は虫類などと比べて食物摂取量が多く、代謝効率が高いためだ。加えて、厚い毛皮などの断熱効果を持つ組織によって、敏感な体内器官を保護している。クジラや人類などの場合、体毛は二次的に退化しているが、代わりにぶ厚い脂肪が体温を保つ役割を果たしている。

長い消化管、4種類の形状に分化した歯、力強い咀嚼筋により、多種多様な食物成分を有効に活用することができる。食性は、完全な草食、昆虫食、肉食から雑食まで、さまざまだ。

ほ乳類は一般的に肺呼吸を行う。肺と効率のよい循環系の働きによって、体細胞に酸素が効率よく供給される。心臓には2つの心房と2つの心室があり、各部屋の間は完全に隔てられ、酸素を豊富に含んだ血液と、酸素が欠乏した血液とが混ざり合わないようになっている。赤血球は核（p.148）がないため、形状を柔軟に変えることが可能で、非常に細い毛細血管も通り抜けることができる。

繁殖

単孔類は卵を産むが、そのほかのほ乳類はすべて子どもを産む。有胎盤類の場合、妊娠中、胎児は雌の循環系とつながっていて、胎盤と臍帯（へその緒）を通して栄養を受け取る。酸素と二酸化炭素の交換も、同じルートで行われる。

出産後、子どもは脂肪と栄養に富んだ母乳という特別な食物をもらって大きくなる。母乳は胸部にある特殊な腺（乳腺）から分泌され、子どもの迅速な成長をうながす。また、母乳を与えることによって母と子の強いきずなが形成され、ひいては社会構造の基盤作りにもつながっていく。

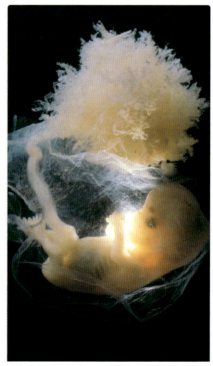
■胎盤は、雌の体内にいる胎児に臍帯を通じて栄養を届ける組織である。

危機に瀕する海生ほ乳類

クジラやイルカを危機的な状況に追いやっている原因は、商業捕鯨に限らない。毎年約6万頭のクジラ類が、漁業で通常使われる巨大な流し網にかかって命を落としている。魚の乱獲は大型海生ほ乳類のえさを減少させ、環境有害物質による海洋汚染の広がりも、彼らの住みかを狭める原因となっている。軍艦や商業船による騒音公害がクジラの方向感知能力を妨げ、聴力を奪っているという指摘もある。

■方向感覚を失って岸に打ち上げられ、悲惨な死を遂げるクジラが増えている。

■北極地域に生息するホッキョクグマは、氷に囲まれた環境で生活し、子どもを出産する。

▶p.133（損なわれる種の多様性）参照

ほ乳類：多様性

人間の指ほどの大きさしかないコビトジャコウネズミから、30mを超えるシロナガスクジラまで、ほ乳類の大きさは、種によって驚くほど異なっている。多種多様な生態は、体形や機能面においても豊かな多様性を生み出した。

ほ乳類が、それぞれの生活環境に見事に適応してきたことは、多種多様な四肢の形状によく表れている。海に生息するクジラはヒレを持ち、魚のような体形である。空を飛ぶコウモリは、長い指の間に皮状の皮膚を

■ 灰褐色のコビトジャコウネズミは世界最小のほ乳類のひとつ。絶滅危惧種である。

発達させた。土の中で暮らすモグラは、体は小さな円筒形に、前足は土を掘るのに適した短く力強い形状へと変化した。

体表を包む組織にも、ほ乳類の多様性を見ることができる。ホッキョクグマは厚い毛皮、ハリネズミやヤマアラシはトゲ、アルマジロはウロコ状の硬い板を備えている。皮膚と体毛の色は生息環境に適応している。冬に体毛が白くなるユキウサギはその好例だ。一方、スカンクは非常に対照的で目立つ毛皮を持っているが、これは外敵に対して警告を発しているためだ。クジラや海牛類の毛皮は、ほぼ完全に退化している。

食性は、完全な草食、肉食のほか、さまざまなものを食べる雑食に分かれる。肉食の種は消化管が短い。草食の種は、消化しにくい食物を消化吸収するために、長い消化管や、反芻動物のように複数の部屋に分かれた胃を持っている。

感覚の多様性

嗅覚は、食物を探し、なわばりを守り、同種の仲間を認識するうえで重要な役割を果たす感覚で、イヌやウマといった鼻を頼りに生活する動物では特によく発達している。こうした動物は、嗅膜が鼻孔の外にまで広がっていることが多い。

ネコや人類など、目をよく使う動物は、視覚が発達している。昼行性の動物には色を認識できるものが多く、夜行性の動物は目の中にある特殊な反射層の働きで、光が弱くても視覚を高めることができる。

ネコは極めて鋭敏なひげを使って周囲の状況を認識する。ハクジラやコウモリは高周波の音を出し、その反響によって周囲の位置関係を把握する。ゾウは鼻先に、機械的な刺激を感知するセンサーを備えている。

砂漠生活に適応したラクダ

ラクダのコブは、脂肪とエネルギーの貯蔵庫としての役割を持つ。ほんの数分間で、極めて大量の水を飲むことができるのは、赤血球が楕円形をしているおかげで、血球の破裂が起こらないためだ。ふんからは水分がほぼ完全に取り除かれ、尿は腎臓とぼうこうで濃縮され、体外へはほとんど排せつされない。鼻孔は開閉でき、鼻の中にある特殊な網状の細胞で、血液を冷却している。

■ ヒトコブラクダは、非常に暑い乾燥地域での生活に完全に適応している。

4種類に分化したほ乳類の歯

ほ乳類の歯は、切歯、犬歯、2種類の臼歯の4つに分かれている。大半の種では、最初に乳歯が生え、これが抜け落ちると、代わりに永久歯が生えてくる。

■ 危険が迫ると、アルマジロはウロコ状の硬い板を外側にして、すばやく体を丸める。

■ アルマジロは穴掘りの名人だ。鋭い爪で土を掘って甲虫の幼虫などの食料を見つけ出し、巣穴を掘る。

単孔類・有袋類

単孔類と有袋類には、ほかのほ乳類には見られない特徴がある。単孔類は卵を産む。有袋類は非常に未熟な状態の子どもを産む。子は母親の腹にある袋に入り、母乳を飲んで大きくなる。

単孔類と有袋類は、原始的なほ乳類の生き残りである。

単孔類

単孔類はとても風変わりな生物だ。雌は交尾後2〜4週間で、軟らかい殻に包まれ

■雄のカモノハシは、後足に毒のある蹴爪（けづめ）を持つ。この毒は、交尾相手の雌をめぐる争いの際に使われると考えられている。

た1〜2個の卵を、総排出腔から産み落とす。この総排出腔には、腸管と尿管もつながっていて、排せつもここから行う。卵は最長10日で孵化する。孵化した後はほかのほ乳類と同じく、子どもは母親の母乳を飲む。

カモノハシは、ケラチン質の板で強化された平らで幅の広いあごを持ち、そこからアヒルに似たくちばしが伸びている。ビーバーのような平たい尾と、水かきのついた前足を使って、水中の小動物を獲る。オーストラリアの川岸に、複雑な構造の巣穴を作る。

同じく単孔類であるハリモグラは、陸上でのみ生活する。頑丈な爪で昆虫の巣穴を壊し、粘着性のある長い舌と管状の口吻（こうふん）で昆虫を食べる。危険が迫ると体のトゲを逆立てる。単孔類はすべて単独で暮らし、夜間あるいは夜明け前に活動する。

有袋類

有袋類は、オーストラリア、パプアニューギニア、南北アメリカに約270種が暮らしている。北半球の有袋類は、有胎盤類とよく似たものが多いが、南半球の有袋類は大きく異なっている。

生まれたばかりの子どもは、産道から母親の腹にある袋まで、嗅覚と触覚だけを頼りに自力で這い上がる。袋に入ると、母親の乳腺のひとつにしっかりと吸い付き、袋の中で母乳を飲んで育つ。アカカンガルーの場合、授乳期間は235日間も続く。有袋類が1度の出産で産む子どもの数は最大12匹だが、種によって異なる。その数は、子どもが袋の中で受ける保護の程度と期間によって決まる。袋の中で過ごす期間が短かったり、きちんとした保護が受けられない場合は、子どもの死亡率が上がるため、たくさんの子どもが生まれて高い死亡率を補うようになっている。

■有袋類に共通する特徴は、母親の腹に子どもを入れるための袋があることだ。

■コアラは、ユーカリの葉以外はほとんど食べない。ユーカリの葉には毒があるが、コアラはこの毒にある程度の耐性を持っている。古い葉は毒の濃度が低い。

ネズミ類・ウサギ類

ネズミ（げっ歯）類とウサギ類は外見はよく似ているが、それぞれ独自の進化を遂げてきた生物である。上あごに生えた切歯の違いによって、簡単に識別することができる。

ネズミ類とウサギ類は、南極地方を除く世界中に生息している。ネズミ類は主に葉、種子、果実、根、塊茎を食べる。昆虫などの無脊椎動物を食べる種もいる。歯は強い咀嚼筋に支えられている。ネズミ類がぽっちゃりとした丸顔をしているのは、この筋肉が発達しているためだ。

マーモットやハツカネズミなど、多くのネズミ類は群れを作って社会的な生活を営む。常に活発に動き回り、水中から高い山の上までさまざまな場所に生息する。ハツカネズミなど、人間の近くで暮らす種は、人間の住環境に合わせた習性を持つようになった。ビーバーや南米に生息するカピバラは、湿地を住みかとし、上手に泳ぐことができる。アフリカに暮らすトビウサギは、カンガルーのような後足を持ち、驚くほどの跳躍力を見せる。リスの尾は、木に登る際に体のバランスを取るのに役立つ。

ウサギ類には、ノウサギやアナウサギなどの耳の長い種と、北米に生息するナキウサギなどの耳の短い種がある。大半のウサギ類は上唇が2つに裂け、皮膚の端が内側に巻き込んでいる。鼻孔を開閉する際には、顔をぴくぴくと引きつらせる。よく発達した触覚と聴覚は、鼻と耳の周囲に生えた触毛の働きに支えられている。毛に覆われた長い後足で、速く走ることができる。ノウサギは最高時速80kmで走ることができ、捕食者からすばやく逃げられる。

住みかとして好むのは、開けた野原や草地、高原や半砂漠地帯などである。草食性で、植物のセルロースを消化するために、小粒で軟らかいふんを排せつし、それを再度食べる姿がよく見られる。子どもは巣や巣穴の中で育つ。寿命が短いため、年に数回、9匹前後の子どもを産む。頻繁に出産することで、捕食動物や鳥に狙われやすい子どもの高い死亡率を埋め合わせている。野生のノウサギやその近縁種の体毛は多くの場合、周囲の景色に溶け込むため、赤茶色あるいは灰褐色だ。

■リスは木登りと跳躍の名人だ。尾でかじを取り、バランスを保つ。単独で行動し、通常、交尾のためにしか交流を持たない。

■ウサギ類はたくさんの子どもを頻繁に産むことで有名だ。1月から9月の繁殖期、雄のノウサギは雌をめぐって争う。

■ヤマアラシは長いトゲを持つ。これは体毛から変化したものだ。危険が迫ると、トゲを逆立てて身を守る。

ネズミとウサギの歯の違い

ネズミ類とウサギ類は、歯の違いで見分けられる。ネズミ類は、のみのような切歯が1対、上あごと下あごに生えている。切歯は一生伸び続け、すり減らされることによって、のみのような形状を保つ。切歯の後ろには大きくすき間が開き、あごの奥に臼歯がある。

ウサギ類はくいのような小さい歯が2対ずつ、上あごに生えた大きな切歯の後ろに並んでいる。この歯で、ウサギはものを上手にかじって食べる。

■ネズミ類には犬歯と小臼歯がなく、切歯と臼歯の間にすき間が開いている。

有蹄類

有蹄類とは、ひづめのあるほ乳類のことで、趾骨（足指の骨）が硬い組織に包まれている。ウマ、ウシ、ヒツジ、ヤギのほか、数多くの動物が含まれ、ほぼすべてが草食性だ。

■ヤギの主な生息地は、アジアや欧州、アフリカ北部の山岳地帯である。頑丈な四肢と幅の広い腰のおかげで、起伏の激しい土地でも容易に動き回ることができる。

有蹄類には、陸生ほ乳類のうち、最大級で、姿が印象的で身近な種が含まれている。特徴はひづめに覆われた足指の骨（趾骨）だ。雑食性のブタや昆虫を食べるアリクイを除き、すべて草食性だ。ウマ、ウシ、ヒツジ、ヤギ、ブタといった家畜も有蹄類に属している。野生の有蹄類には、ゾウ、サイ、キリンのほか、海生の海牛類（p.211）などがいる。有蹄類は元来、オーストラリアを除くすべての大陸に生息していた。

草食性であるにもかかわらず、有蹄類は自力で植物を消化できない。植物の炭水化物の一種であるセルロースを完全に消化するのに必要な酵素を持っていないためだ。そこで、自らの消化系に共生細菌や酵母、原生生物などを取り込み、分解を助けてもらっている。シカやウシ、ラクダなど、反芻を行う種も多い。反芻動物は4つの部屋に分かれた胃を持ち、未消化の食物を何度もかみ戻すことで、セルロースを分解する。

■サイは普段はおとなしいが、相手が接近してくると攻撃的になる。

特徴

有蹄類の大半は四肢が長く、本来の生息地である草原やサバンナで、捕食者から逃げるのに適した姿をしている。一部の種は、角（ウシなど）、枝角（シカ）、牙（ブタ）といった特殊な器官を持っている（主に雄だが、雌が持っている場合もある）。こうした器官は、積極的に攻撃に使うというよりも、敵を威嚇したり、相手の力を推し測るために用いられる。

有蹄類は大きく2つのグループに分けられる。偶蹄類と奇蹄類だ。ひづめの数が偶数の偶蹄類はキリン（2つ）やカバ（4つ）などで、有蹄類の約90％を占める。奇蹄類はウマ（1つ）やサイ（3つ）などで、ひづめの数は奇数だ。すべての有蹄類は、その出現から現在までに、徐々に趾骨の数を減らし、現生のウマは各足にひづめが1つずつしかない。

枝角

雄のシカは、ライバルと戦うために枝角を使う。毎年、額に2カ所ある角座から1対の角が生える。骨質の枝角は、伸びるにつれて角袋とよばれる産毛の生えた厚い皮膚に覆われる。この皮膚は、栄養補給の働きも担っている。発情期になると、太い枝に角をこすりつけて角袋を落とす。秋から冬にかけて、枝角と角座の間にある薄い骨層が分解され、枝角が抜ける。

■シカは雄だけが枝角を生やす。枝角は幅が2mに達することもある。

有蹄類の家畜化

初期人類が農業を営むようになったころ、有蹄類の家畜化が始まった。運動やけん引に使ったり、乳や毛、肉の手ごろな供給源として飼育されてきた。

■キリンの特徴はほっそりと伸びた足と長い首だ。水を飲む際には、前足を広げ、膝を曲げなければならない。

▶p.80-87（生態系）参照

ゾウ類・海牛類

ゾウとマナティーなどの海牛類は、外見はあまり似ていないが、系統的には互いに近い関係にある。ゾウ類は最大の陸生ほ乳類である。一方、海牛類（マナティーとジュゴン）は、水中だけで暮らす生活に適応した。

■今日、海牛類にとって最大の敵は捕食者でなく、環境汚染や、生息域への人間の侵入だ。モーターボートで大きなけがをすることもある。

あるが、外見的にはあまり共通点が見られない。ジュゴンのわずかに伸びた鼻にのみ、かろうじてゾウとのかかわりが見られる。

水中生活に完全に適応し、前足の代わりにヒレを持っている。後足は退化し、体の基部は先に行くにつれ細くなり、丸い水かきのような尾がついている。成体は全長約4m、体重は最大600kgになる。ゆっくりと泳いだり、漂ったりしながら、最長で20分間潜水することができる。

単独、あるいは少数の群れで暮らす。子どもは12～14カ月の妊娠期間を経て生まれ、母親が水中で乳を与える。マナティーは、河口や、熱帯の海岸沿いに広がる浅瀬や湾に生息する。

象牙の取引と密猟

ゾウは、象牙を目的とした密猟が後を絶たず、絶滅寸前だ。象牙の取引は1989年以降禁止されたが、状況はあまり改善していない。

ゾウの仲間は現在3種が存在する。アフリカゾウ、マルミミゾウ、アジアゾウだ。生息地は草原やサバンナ、山岳地帯、森林である。ゾウは長く伸びた鼻を持ち、鼻孔は鼻の先端から頭骨の上までずっと続いている。鼻の筋肉は非常に強力で、水飲み用の穴を掘る、木の皮を裂く、敵に対して威嚇や防御をする、といった際に使われる。

ゾウの皮膚はとても敏感で、胃の周辺や耳の後ろなど数カ所で非常に薄くなっているため、体を水や泥につけて皮膚を冷やし、保護している。汗腺はなく、余分な熱は大きな耳から放出される。

柱のような足の先端には、組織が詰まったひづめの名残がある。体が大きいにもかかわらず、歩くときの音は大変小さい。巨大な牙は上の切歯が変化したもので、最長で3.5mになる。ゾウは記憶力に優れると言われるが、これはある意味正しく、70歳になるゾウでも若いころに訪れた水場への道をきちんと覚えている。

海牛類（マナティーとジュゴン）は、草食である点がウシのようだとして名づけられた。海牛類とゾウは系統的には近い関係に

■雌のゾウは、自分の子どもたちを含む、大小さまざまな群れを作って暮らす。子ゾウは母親だけでなく、群れの仲間からも守られて育つ。

■ゾウの牙は、カバやセイウチの歯や牙を含めた象牙製品の主な原料だ。密猟者からゾウを守るため、あらかじめ牙を切り取ってしまう場合もある。

海生ほ乳類

地球上最大の生物といえば、クジラやイルカ、ネズミイルカなどのクジラ類の仲間である。クジラ類をはじめとする海生ほ乳類は、特殊な知覚能力を持ち、水中で自在に動くことができる。

クジラとイルカは、地球上のあらゆる海域に生息する。しかし、これほど広く分布しているにもかかわらず、クジラ類の仲間は現在、絶滅の危機に瀕している。

クジラ類は2つに分類できる。歯のあるハクジラ類と、歯のないヒゲクジラ類だ。シロのヒレに進化し、後足は完全に退化している。尾ビレの運動により推進力を得る。

クジラ類は、呼吸を意識的に行う。自動的に呼吸するのではなく、自らの意思でコントロールしているのだ。深海に潜り、そのまま長時間とどまることができる。息を止める

■ 雄のセイウチは、力強く立派な牙が特徴で、体重は最大で2000kgにもなる。社会的動物で、多くの時間を海氷の上で過ごし、主に軟体動物を食べる。

は毎日50kg、身長は4.5cmずつ増える。

イルカ

イルカは人類より大きな脳と第4脳室を持つおかげで、24時間動き続けることができる。脳の半分を眠らせ、短い休息を取る間、脳のもう半分は働いており、危険に対する備えや泳ぎ、呼吸の統制を担う。

アザラシやセイウチ

アザラシやセイウチは、ヒレ足を持つ鰭脚類の仲間だ。アザラシは時速35kmの速さで泳ぐことができるが、多くの時間を陸上で過ごすため、海岸沿いに暮らすのを好む。体毛がびっしりと生えた毛皮を狙う人間に、かつては大量捕獲された。出産や争いは陸上で行う。水中では、後ろのヒレと尾をかじのように使って泳ぐ。アザラシの主食は魚だが、ヒョウアザラシはペンギンも獲物にする。

■ 聴覚は、クジラ類にとって最も重要な感覚である。海生ほ乳類は、5〜28万ヘルツの音波を出して互いにコミュニケーションを取ると考えられている。

ナガスクジラ、ザトウクジラなどのヒゲクジラ類は、通常歯のある場所に、「くじらひげ」あるいは「ひげ板」とよばれるメッシュ状になったケラチン質の板が生えている。彼らはこのひげを使って、プランクトンやオキアミを水中からこし取る。ハクジラ類には、イルカやマッコウクジラ、シャチ、イッカクなどが含まれ、主に魚やイカを食べる。

クジラ類は、体毛のない恒温動物だ。皮膚の下に脂肪層があるため、水中でも体温を保つことができる。前足はかじをとるためのが得意で、90分以上止め続けることができる種もいる。生まれたばかりの子クジラは、すぐに周囲の環境に適応しなければならない。最初に呼吸をするのは、はじめて水面に上がったときだ。シロナガスクジラの子どもは、約7カ月間、水中で母乳を飲み、体重

■ ザトウクジラは、毎年、最長で2万5000kmを移動する。えさは夏の間しか取らず、体にため込んだ脂肪を消費して冬を越す。

クジラが歌う？ クジラ同士がコミュニケーションを取るために発する単音や連続音は、歌のようだ。時には数百kmの距離を超えて届く。

アザラシの目はなぜ大きい 水中は光が少ないため、アザラシの目には網膜上に光の感度が高い視細胞である杆体が多くあり、光を効率よくとらえられる。

食虫類

食虫類には、さまざまなグループに属する小型動物の約450種が含まれる。なじみの深い種としては、ハリネズミやトガリネズミ、モグラなどがいる。

食虫類には、地球上で最小級のほ乳類も含まれている。尾を除いた全長が35mm、体重わずか2gというコビトジャコウネズミもこの仲間だ。よく知られているハリネズミ科、トガリネズミ科、モグラ科のほかに、さらに2つの科がある。カリブ海のアンティル諸島に生息し、鼻が突き出ているソレノドン科と、主にマダガスカル島に生息するテンレック科だ。

ハリネズミとジムヌラ

ハリネズミ科のハリネズミとジムヌラは、欧州、アジア、アフリカにのみ生息する。ジムヌラの仲間はトゲを持たず、体毛の密生した厚い毛皮に覆われ、長い尾を持つものが多い。ハリネズミは、体毛が変化した鋭いトゲを持つのが特徴だ。トゲはすべて体の表面全体を覆う輪筋でつながっている。危険が迫ると、ハリネズミは輪筋を使って体を球状に丸める。主に昆虫類やぜん虫類を食べるが、果実や腐肉を食べるものも多い。夜行性で、日が暮れてから食物を探す。

トガリネズミ

トガリネズミ科に属している種は、外見こそネズミに似ているが、系統的にはネズミとはそれほど近い関係ではない。欧州、北米、中米、アジアと、アフリカのほぼ全域でよく見られる。最小級のほ乳類であるコビトジャコウネズミはこの科だ。

多くの種が日中活発に活動し、通常単独で暮らす。マーキングをしてなわばりを守り、主に昆虫類とその幼虫を食べる。ミズトガリネズミやミズベトガリネズミといった一部の種は水辺に生息し、泳ぎと潜水を得意としている。

モグラ

欧州、アジア、北米に生息するモグラの一部は、生涯の大半を地中で過ごす。また、アメリカヒミズのように陸上に生息するものもいれば、ロシアデスマンのように、水生あるいは半水生の生活に非常にうまく適応している種もある。地下にトンネルを掘って暮らす種は、円筒形の体に短い四肢を持ち、前足は掘削に適した形状になっている。

モグラ類の多くは視力が弱い。このような進化を遂げた理由は、地下での生活には視覚が必要とされなかったためだと考えられている。視力の代わりに、触覚と嗅覚は高度に発達している。

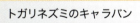

■ハリネズミの鋭いトゲは、捕食者の攻撃を防ぎ、身を守るために体毛が変化したもの。

ハリネズミの事故

ハリネズミは、危険が迫ると体を丸めて長く鋭いトゲを逆立てる。この体勢は、攻撃者から身を守る際には有効だが、道路の真ん中で起こる災難に対しては、まったく役に立たない。

トガリネズミのキャラバン

トガリネズミの母親は異変を感じると、子どもたちを新しい隠れ家へと連れていく。子どもが小さいうちは、口にくわえて移動させる。大きくなると、自分の後ろに子どもたちを1列に並ばせて移動する。子ネズミが、自分の前にいる子ネズミの尾をくわえる様子はキャラバンのようだ。迷子を予防する意味もある。

■トガリネズミは激しいなわばり争いを行う。狩りや防御に備えて、穴を掘るものもいる。

■モグラは主にミミズや小型の脊椎動物を食べる。唾液（だえき）には麻痺性の毒が含まれており、後で食べるために獲物を生きたまま貯蔵しておくことができる。

食肉類

食肉類は、ほかの動物を捕食するほ乳類で、ネコ類やイヌ類、クマ類などが含まれている。世界各地に生息しており、その生活様式は極めて多彩である。獲物を捕らえる方法もバラエティに富んでいる。

食肉類の生活様式は種ごとに多様だが、共通する最大の特徴は、獲物を捕らえて肉を引き裂く、短剣のような犬歯と裂肉歯だ。足の速い種は、狩猟の際、足の一部だけを地面に付けることで加速する。例えばテンは、走るときには足先の半分しか使わない。一方、クマなどは、足の裏全体を利用することで加速する。多くの種が、優れた嗅覚を使って獲物を探す。ネコは卓越した視力を持ち、薄暗がりでもものをよく見ることができる。

食肉類に含まれる種の社会組織は、狩りや食性に関連している。オオカミやライオンは、生活も狩りも群れで行う。一方、テンやヒョウ、ヒグマなどは、単独で狩りをする。

■ライオンの歯の特徴といえば長く伸びた犬歯だ。これを使って、ヌーやシマウマ、アンテロープといった獲物を殺し、むさぼり食う。

敵か味方か

岩や洞窟に残された壁画から、私たち人類と食肉類とが、はるか昔から複雑な関係で結ばれていたことがわかる。人類と食肉類は同じ動物を狩ることが多かった。また、人類は動物の皮を利用するため、野生のネコやクマといった食肉類を、常に狩りの対象としてきた。中欧では一時、保護活動によってオオカミ、クマ、オオヤマネコなどの生息数が増えたため、人間はかつて彼らに対して抱いていた恐怖心を、再び持つことになった。

現在、食肉類の生息数は減少しているが、彼らの生息域にまで農地が広がったために、人間と接触する機会は増加している。生態学的な見地からは、食肉類は重要な存在だ。彼らは、シカなどの草食動物が、食物の量に見合った頭数を超えて繁殖するのを防ぎ、群れの個体数を調整するのに役立っている。

狩りの習性

狩りの習性は生得の能力であると同時に、学習によってさらに磨きがかけられる。どの種も独特の狩猟法を持っている。オオカミとジャッカルは追跡型だ。群れで獲物を追いかけて相手を疲れさせ、ふらふらになった所を取り囲み、数頭で一気に襲いかかる。オオカミは、体の動き、耳の位置、鳴き声を利用して狩りの進行を調整する。群れ内部の階級により、食べ始める順番が決定される。

一方、ネコは忍び寄り型だ。小型の飼い猫も大型のライオンも、ネコ類の動物はみな足音を忍ばせて獲物に近づいて襲いかかり、かぎ爪で押さえ込んで、のどか首の後ろにかみつく。

■ネコは獲物を待ち伏せするか、忍び寄って捕らえる。

パンダは食肉類

ジャイアントパンダは、ほぼ竹しか食べないが、近年の遺伝学の研究により、食肉類であるクマの仲間だと判明した。

■産卵のために川を上るサケは、ヒグマにとって格好の獲物だ。

コウモリ類

コウモリ類はほ乳類に属し、約900種が含まれている。コウモリとオオコウモリの2つのグループに大別できる。夜空を飛び回る彼らは、活発に飛翔できる唯一のほ乳類である。

■ウサギコウモリの一種。ウサギコウモリは、コウモリのうち最大で、最もよく知られるヒメコウモリ科に属している。

コウモリ（小翼手亜目）は非常に寒冷な地域を除き、世界中に広く分布している。一方、オオコウモリ（大翼手亜目）は熱帯と亜熱帯にのみ生息する。

どちらのグループも、ほかのほ乳類とはまったく異なる特徴的な前足を持つ。5本ある指のうちの4本が著しく長くなり、指の間は体の側面から伸びる薄い皮膜でつながれ、飛翔に使われる。コウモリ類の大半は昆虫を食べるが、果実を主食にする種もある。大型種は、時にネズミや鳥、カエルといった小型脊椎動物を捕らえることもある。

コウモリ

大半のコウモリは、夜明け前あるいは夜間に活動し、日中は安全な場所に隠れていることが多い。一般的に視力が弱いが、目がまったく見えないというのは俗説に過ぎない。繁殖率は低く、多くの種が1年に1匹しか子どもを産まない。しかし、なかには最長で30年という長寿を誇る種もある。

温帯に生息する種には、冬眠するものが多い。冬が来る前に、洞窟や木のうろ、ビルの中などに安全なねぐらを探す。こうした場所では、同時に数千匹が冬眠をすることもある。コウモリは非常に社会的な動物で、冬以外の時期も集団で暮らす。ある種の雌などは、わざわざ集まって集団で出産する。チスイコウモリの仲間は、中南米の熱帯や亜熱帯に生息し、ほ乳類や鳥類の血液をえさにする。狂犬病ウイルスの媒介者となることも多い。

オオコウモリ

フルーツコウモリともよばれるオオコウモリの仲間は、約200種が存在する。英語名の「フライング・フォックス」は、頭部の形がキツネに似ていることに由来する。コウモリと異なり、優れた視力を持つ。一部のルーセットオオコウモリの仲間のみが、比較的原始的なエコーロケーション（反響定位）機能を持つ（in focus参照）。オオコウモリは、植物、なかでも果実や花の蜜、花粉を食物とする。花粉の媒介をすることも多い。冬眠する必要のない温暖な地域にのみ生息する。

■羽を休めるハイガシラオオコウモリ。オーストラリア・クインズランド州。

■シモフリアカコウモリの顔。シモフリアカコウモリは通常、単独で生活する。

basics

最小種と最大種

キティブタバナコウモリの全長はわずか3cm。一方、フィリピンオオコウモリは、翼幅が2mに達する。

in focus

エコーロケーション（反響定位）

大半のコウモリ、特に食虫性の種は、エコーロケーションというレーダーのような生体ソナー機能を利用して、夜間の飛行や狩りを行う。コウモリは、人間には聞くことができない周波数10～200ヘルツの超音波を出す。この超音波が獲物や物体にぶつかって跳ね返り、コウモリの極めて繊細な聴覚によってとらえられる。超音波は、コウモリの脳内で周囲の状況を示す画像に変換される。

■コウモリは、喉頭（こうとう）で超音波を起こして、鼻や口から外部へと放つ。

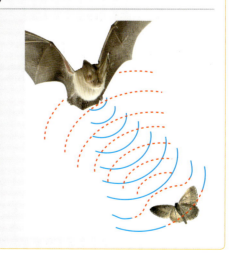

霊長類

類人猿やオナガザルなどを含む霊長類は、大半の動物に比べて大きな脳を持ち、なかでも大脳がとりわけ大きく発達している。このため、霊長類は学習能力に優れ、複雑な社会行動を取ることができる。

■霊長類の歯は、植物と肉の両方を食べられるように進化した。

人類を除く霊長類は、中南米、アフリカ、アジアの熱帯や亜熱帯の森林やサバンナに生息している。大半の種が草食性で、樹上を住みかとするが、地上での生活に適応している種もいる。脳は比較的大きく、学習や道具の使用、複雑な行動を行う能力を持つ。前方を向いた大きな目は、細かい部分まではっきりと立体的にものを見ることができ、色やコントラストも見分けられる。しなやかな手足は、触る、握る、つかむといった動作に適している。

コミュニケーションと社会生活

霊長類は、高度に発達した社会生活を営む。家族、あるいは雄1頭と9頭までの雌からなるハーレムを作って暮らし、音や身振り、顔の表情を使って、意思の疎通を図る。化学物質（フェロモン）を分泌して、危険に対する警告や、交尾の欲求などを伝えることもできる。ジェーン・グドールをはじめとする研究者たちは、チンパンジーの行動を調査し、彼らの問題解決能力や、記号やサイン言語による人間との意思疎通能力について研究を行った。

現代の分類法では、霊長類は曲鼻猿亜目と直鼻猿亜目に分けられる。曲鼻猿亜目は夜行性が多く、体は小さく、嗅覚が鋭い。曲鼻猿亜目は、キツネザル、ロリス、ガラゴなどが含まれる。キツネザルはコモロ諸島とマダガスカル島にのみ生息する。ロリスとガラゴは、ゆったりとした動作がナマケモノに似ている。アフリカと南アジアに生息し、力強い手で木の枝にしっかりとぶらさがる。

直鼻猿亜目は大半が昼行性だが、メガネザルなどの例外もある。生息域は、熱帯・亜熱帯の中南米（オマキザル、マーモセット）、アフリカ（ゴリラ、チンパンジー）、南アジア（メガネザル）、東南アジア（テナガザル、オランウータンなど）である。オマキザルなどの新世界ザルは中南米に、ニホンザルやマントヒヒなどの旧世界ザルはアフリカとアジアの一部に生息している。

■霊長類は、熱心に子どもの世話をする。子どもたちは、学習と遊びの時間をたっぷり持つことができる。

■毛づくろいは、霊長類の社会において、きずなを形成する役割があると言われている。家族のつながりを強め、階級制度を維持したり、逆に脅かしたり、争いの後の仲直りにも使われる。

霊長類の系譜

大半の現生霊長類の祖先が登場したのは、実に5500万年も前のことだ。19世紀、チャールズ・ダーウィンらによって、人類と霊長類が近い関係にあるという考えが発表された。思想的な理由で未だに異を唱える人々もいるが、数々の科学的な調査により、両者の間には、生物学的に極めて近い関係があることが明らかになっている。

■最初の霊長類は、樹上で昆虫を食べて暮らしていた。彼らは6500万年前に登場した。

▶ p.140-145（進化年表など）参照

人類

現生人類であるホモ・サピエンスは、いくつかの身体的特徴と、数千年にわたって積み上げてきた、知的および社会的な進歩によって、ほかの生物とは一線を画している。

人類は、外見や生活、行動が、ほかの生物とはまったく似ていない。人類の進化は、状況や必要の変化に応じて形を変えてきた骨格によって、支えられてきた。

今日、人類の骨盤は幅が広く、前に傾いている。背骨がS字型に湾曲しているおかげで、垂直方向の力をうまく吸収し、胴体上部の多彩な動きを可能にしている。つま先は幅が広くなっており、類人猿のように上手にものをつかむことはできない。しかし、つま先が足に対して平行についているおかげで、人類は直立の状態でバランスをとり、動き回ることができる。足部のアーチ状の骨は、直立歩行の衝撃を吸収する。手は、移動の補助をする必要がなくなったことで、劇的な変化を遂げた。親指がほかの指と向かい合わせにつき、前腕が回転運動できるようになったことで、人類の手は何かを探したり、握ったり、操作したりするのに最適な形状となった。

進化の過程で、人類の頭骨は大型化し、顔は平らになり、目の上の隆起は消え、鼻と頬はより大きく突出した。体毛は量的にも面的にも極めて少なくなり、歯は小型化して、多彩な食物をかむのに適した形状になった。可動性に優れた舌、弓なりに湾曲した口蓋（こうがい）、そして適切な場所に位置する喉頭（こうとう）は、話し言葉の発達にとって不可欠な要素であった。

■ホモ・サピエンスの頭骨は四方に大きくふくらみ、高くなった額の後ろに巨大化した脳をしまう空間が確保されている。

■有史以前の壁画：人類の手は繊細な動きをすることができ、多様な作業に適している。

知的・文化的発展

人類の身体の発達と知的な発達には、密接な関係がある。人類はチンパンジーに比べて長い子ども時代を過ごすが、その理由のひとつに、人類の子どもが未熟な状態で生まれてくることがある。そのため、脳の発達にとって重要な段階が、生まれた後に生じる。また、人類の脳にはたくさんのひだがあり、これが頭蓋（ずがい）内の空間の有効利用につながっている。大きな脳によって、高い知性や言語能力、学習能力や複雑な社会行動が生み出された。これらすべてが揃ってはじめて、人類の複雑な言語や文化の発達が実現した。

道具の使用

初期人類が使った道具のひとつに、150万年ほど前に登場した石斧（せきふ）がある。一端は握るために丸くなっていて、両脇は鋭い刃の形状に削られている。石斧は、切る、刻む、こするなどの作業に使われた。これを基に、後年より洗練された石器が作られた。

■紀元前3万5000〜前1万年ごろの後期旧石器時代に作られた石器。

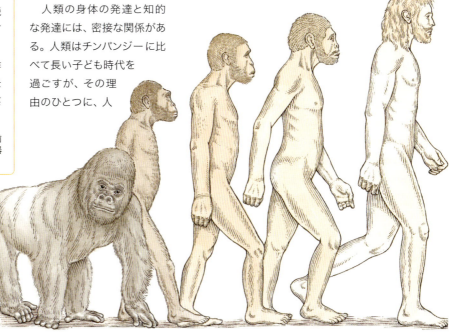
■人類の脊柱は弓形ではなく、直立歩行に適したS字型に進化した。

▶ p.165（ホモ・サピエンス）参照

生物学

進化 138
進化年表 140
生命の起源 146
細胞 148
化石 156
地質年代 158
進化の要因 166
生物の分類 168

微生物 170
細菌 172
ウイルス 174
原生生物 176

植物と真菌 178
形態と生理機能 180
種子を持たない植物 184
種子植物 188
真菌 192

動物 194
無脊椎動物 196
脊椎動物 202
ほ乳類 206

人間 218
人体の構造と機能 220
生殖と発生 226
解剖学的構造 230
代謝とホルモン 236
神経系 240
感覚器 242
免疫系 246

遺伝と遺伝形質 248
遺伝 250
遺伝子が引き起こす病気 254
遺伝子工学 256

動物行動学 258
動物行動学 260
行動パターン 262

生態学 268
個体における生態学 270
個体群 272
共生の種類 274
生態系 276
物質の循環 278
人間が環境に与える影響 280

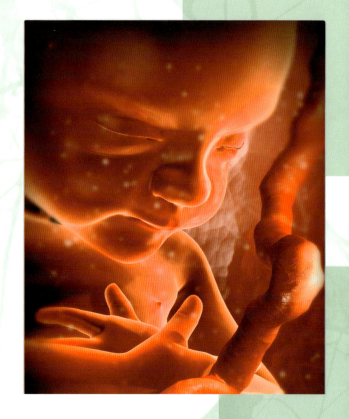

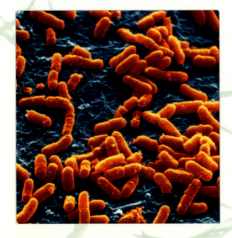

人間

　生物学的に見ると、私たち人間（ヒト）は脊椎動物に属するほ乳類の仲間であり、チンパンジーやボノボ、ゴリラなどの類人猿と近縁関係にある。

　人間の大きな特徴として挙げられるのは、高度に発達した脳を持つことであり、それによって特殊な地位を確立している。この脳の存在によって、人類は複雑な言語を発達させ、新たな知識を世代から世代へと受け継いできた。

　人間と他の生物との明らかな違いは、問題を解決する能力にも現れている。周囲の環境要因を分析するだけでなく、自ら働きかけることによって周囲の環境を改変し、希望する状態へと導くことができるのは、その一例だ。高度に発達した脳のほかにも、人体にはさまざまな特有の解剖学的構造が備わっている。例えば、のどの部分を構成する喉頭（こうとう）や咽頭（いんとう）の位置や構造は、話し言葉に用いられる多様な音声を発するのに役立っている。

頭頂葉（黄）
感覚をつかさどる

前頭葉（赤）
運動をつかさどる

側頭葉（緑）
聴覚をつかさどる

後頭葉（青）
視覚をつかさどる

■大脳皮質は大きく4つの部位に分けられる。各部位は葉（よう）と呼ばれ、それぞれが決まった役割を担う。図中の薄い紫は小脳、濃い紫は脳幹を示す。

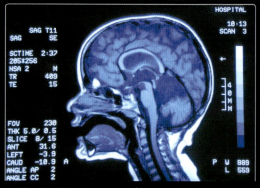

■脳をより深く理解するため、さまざまな断層撮影法が研究に活用されている。

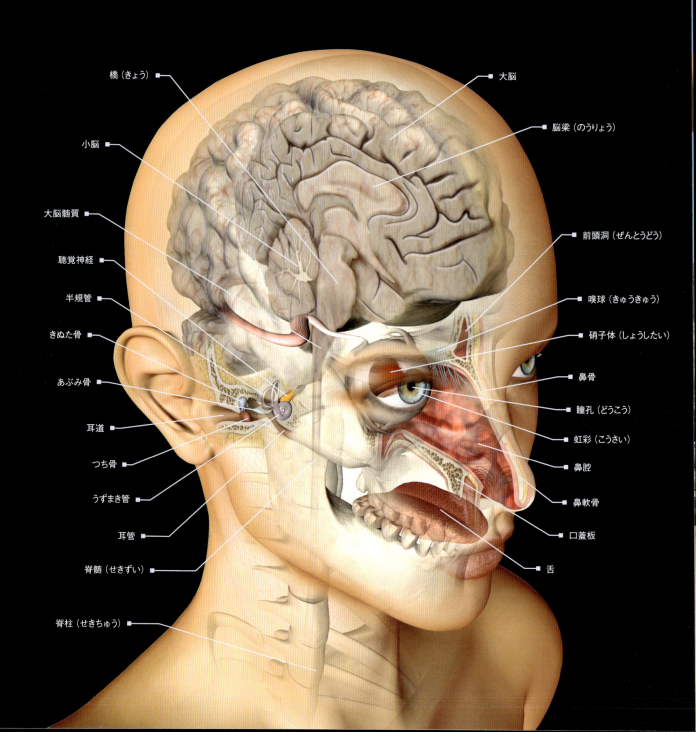

橋（きょう）
小脳
大脳髄質
聴覚神経
半規管
きぬた骨
あぶみ骨
耳道
つち骨
うずまき管
耳管
脊髄（せきずい）
脊柱（せきちゅう）

大脳
脳梁（のうりょう）
前頭洞（ぜんとうどう）
嗅球（きゅうきゅう）
硝子体（しょうしたい）
鼻骨
瞳孔（どうこう）
虹彩（こうさい）
鼻腔
鼻軟骨
口蓋板
舌

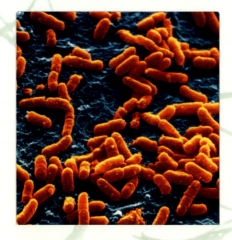

人間

　生物学的に見ると、私たち人間（ヒト）は脊椎動物に属するほ乳類の仲間であり、チンパンジーやボノボ、ゴリラなどの類人猿と近縁関係にある。

　人間の大きな特徴として挙げられるのは、高度に発達した脳を持つことであり、それによって特殊な地位を確立している。この脳の存在によって、人類は複雑な言語を発達させ、新たな知識を世代から世代へと受け継いできた。

　人間と他の生物との明らかな違いは、問題を解決する能力にも現れている。周囲の環境要因を分析するだけでなく、自ら働きかけることによって周囲の環境を改変し、希望する状態へと導くことができるのは、その一例だ。高度に発達した脳のほかにも、人体にはさまざまな特有の解剖学的構造が備わっている。例えば、のどの部分を構成する喉頭や咽頭の位置や構造は、話し言葉に用いられる多様な音声を発するのに役立っている。

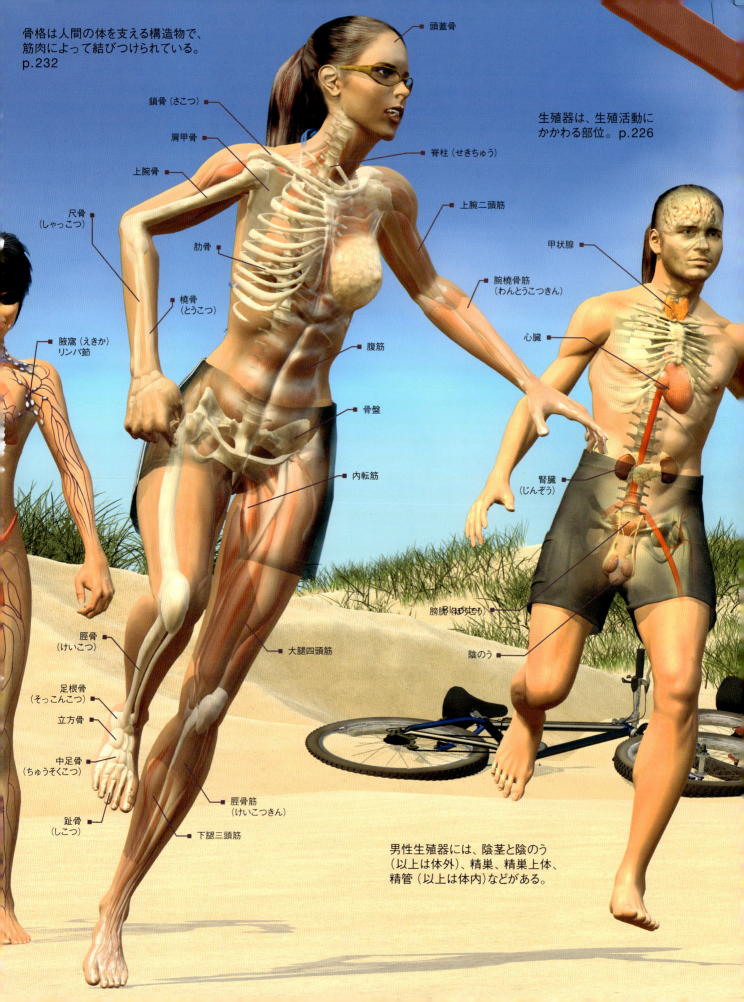

■大脳皮質は大きく4つの部位に分けられる。各部位は葉（よう）と呼ばれ、それぞれが決まった役割を担う。図中の薄い紫は小脳、濃い紫は脳幹を示す。

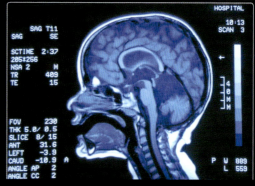

■脳をより深く理解するため、さまざまな断層撮影法が研究に活用されている。

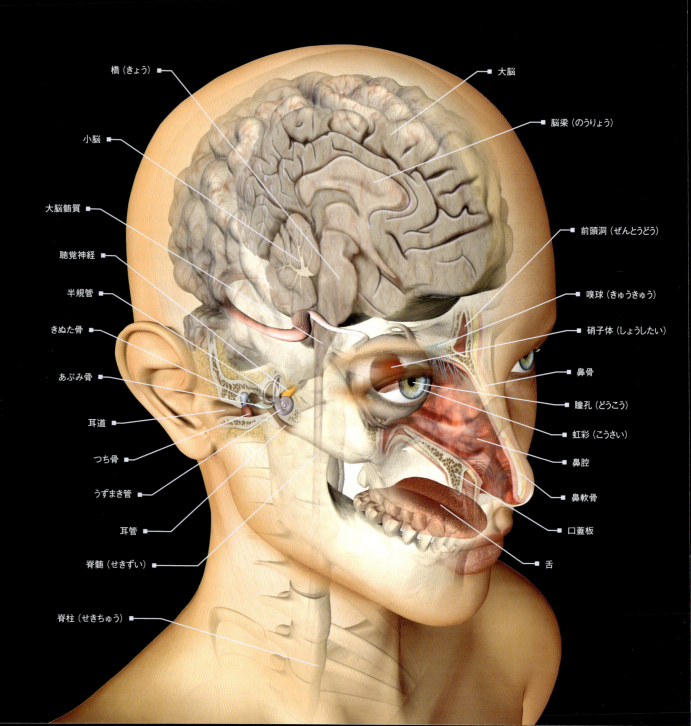

■ においをかぐことにより、特定の記憶や感情が呼び覚まされることがある。

■ 定期的な運動は、筋肉の大きさや量を増し、強さと耐久力を高める。

■ 人間が周囲の環境に働きかける際には、主に手を使用する。

人体の構造と機能

人間（ヒト）の体は、このうえなく複雑だ。臓器や組織は共に休むことなく働き続け、生命維持に必要な機能を提供する。人体の形状と機能は、長い進化の果てに生まれたもので、その進化は今もなお続いている。

感覚器を通じて、私たちは外界の情報を集め、周囲の状況を把握する。目、耳、鼻、皮膚、舌に届く刺激は、電気的な信号（神経インパルス）に変換されて脳へと送られる。

どんな人工知能システムも凌駕するほどの柔軟さとパワーを持つ人間の脳は、極めて多様な刺激を処理し、思考と行動をつかさどり、身体機能を調節するという複雑な役割を果たしている。今日では画像技術の進歩によって、夢を見る、激しい感情を抱く、痛みを感じるといった状態にある脳の活動を、部位ごとに観察できるようになった。

脳と脊髄から全身に張りめぐらされた神経の複雑なネットワークは、筋肉、関節、骨の働きを統合し、呼吸、顔の表情、スポーツ時の動作といった意識的・無意識的な体の動きを生み出している。筋骨格系は、安定した体形を形づくり、同時に繊細な内臓を守る役割も担っている。

神経系のほかにもさまざまな機能が、全身の各部位のバランスと調和を保つために働いている。ホルモンや神経伝達物質は、体内の各所に必要な情報を伝え、成長、生殖、日々の代謝における複雑な過程を調節する。これらすべての働きには、エネルギーが欠かせない。食物からエネルギーを得る過程をつかさどるのが、消化器系だ。栄養素は、小腸表面のひだから吸収されて血流に入る。血液は、食物由来のエネルギーを全身の細胞に供給している。また、血液は同時に、呼吸によって肺から取り込まれた酸素という、生命維持に不可欠なもう1つの物質の輸送も担っている。血管とリンパ管はこのほか、老廃物の排出にも関与している。肺、肝臓、腎臓、皮膚、腸などでの代謝を経て、二酸化炭素をはじめとする老廃物は、体外へ排出される。

生活環境の改善と医学の飛躍的な進歩により、先進工業国では人間の寿命が大幅な伸びを見せている。だが、それにともなう問題も生じている。老いと共に、人体の遺伝的、生化学的な修復システムの効率は低下し、組織や臓器の機能は衰えていく。不健康な食生活、肥満、運動不足、薬物の乱用といったいわゆる「文明病」も、人体の適切な機能を妨げる要因となっている。経済的に豊かな国々の高齢者の間では、糖尿病、関節炎、循環器障害、がんなどの病気が増加傾向にある。

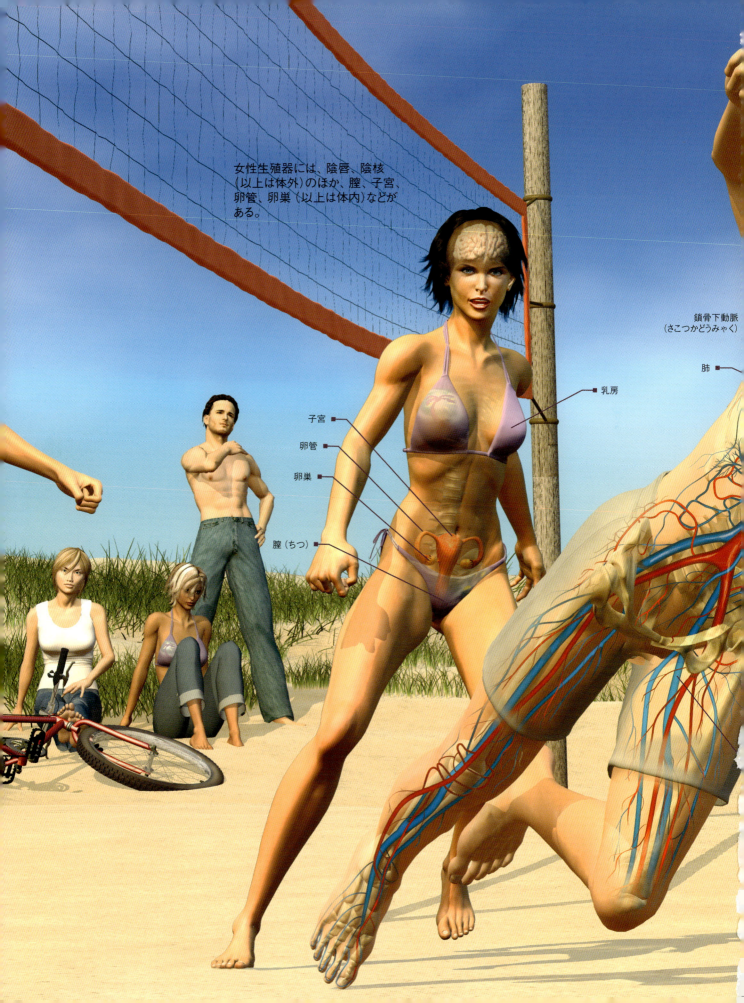

生殖器

人間の生殖は、ホルモンと呼ばれる化学物質の複雑な働きによってきめ細かく制御されている。ある種の行動や、男性、女性に固有の特徴などが性的興奮を促し、受精を導く。

生殖器｜生殖｜胚から胎児へ｜思春期｜老化

生殖と発生

人間（ヒト）の発生は、両親の卵子と精子（配偶子）が結びつき、受精卵（接合子）となったときから始まる。受精卵はたった1個の細胞から分裂し、およそ9カ月かけて胚から胎児へと成長し、新たな個体となる。思春期を過ぎると性的に成熟し、生殖が可能となる。年をとるにつれ、臓器の性能と働きは徐々に衰えていく。

人間の生殖は、性的欲求によって促される。性ホルモン、男女に見られる固有の性的特徴や行動などが、性欲を高める要因として作用する。

男性の生殖過程

成人男性の体内では通常、1日に数千万個から数億個の精子がつくられる。精子は遺伝物質を含み、卵子を受精させる能力を持つ。人間や多くのほ乳類では、精子をつくる精巣は陰のう内にあり、体外にぶら下がっている。人間の正常な体温である37℃は、精子をつくるには高すぎるが、陰のう内ではそれよりやや低い適温が保たれている。

精子は精巣上体と呼ばれる長い管の中で成熟する。射精が起こると、精子はまず輸精管、次に勃起した陰茎内の尿道を通って体外へ出る。精子は、性行為において膣内に放出される。

女性の生殖過程

女性の生殖器には、左右一対の卵巣と卵管、さらには子宮、膣、陰核、陰唇などが含まれる。女性は卵巣に多数の卵母細胞を持った状態で生まれ、思春期を迎えると、約40万個の卵母細胞が順次成熟し、月経周期ごとに数個の卵子が成長するようになる。個々の卵子は、栄養補給を担う卵胞細胞によって幾重にも包まれている。通常は卵子のうち1個だけが完全な大きさまで成長して、排卵の時期が来ると卵管に取り込まれる。このとき精子が卵管に入って卵子を受精させると、妊娠へのステップが始まる。受精卵は子宮へ向かい、残された卵胞は黄体に変化して、エストロゲンとプロゲステロンと呼ばれるホルモンを分泌する。これらのホルモンの作用が、子宮内膜を受精卵の着床に適した状態へ導く。着床が起こらなかった場合には月経が起こり、内膜がはがれ落ちる。

■精液は、成熟した精子と、生殖腺から分泌される液体で構成される。

月経周期

女性の月経周期は約28日。妊娠が起こらないと、最初の5日で子宮内膜がはがれ落ち、出血（月経）が起こる。5～14日目は卵胞期と呼ばれ、下垂体からのホルモンが、卵子を取り巻く卵胞の成熟を促す。14日目ごろ、卵胞がエストロゲンを産生すると黄体形成ホルモンが増加し、卵子の放出（排卵）を促す。卵子が子宮へと向かっている間は体温が高くなる。14～28日目、排卵後に残された卵胞は黄体となる。黄体がプロゲステロンを分泌し、子宮の内膜を受精卵の着床、あるいは月経に適した状態へと導く。

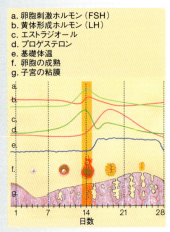

a. 卵胞刺激ホルモン (FSH)
b. 黄体形成ホルモン (LH)
c. エストラジオール
d. プロゲステロン
e. 基礎体温
f. 卵胞の成熟
g. 子宮の粘膜

■通常、妊娠中は月経が起こらない。

■子宮は強い筋肉質で、妊娠中には大きく膨張して胎児を保持する。

生殖

人間の生殖細胞には、女性の卵巣内にある卵子と、男性の精巣内にある精子の2種類がある。受精ではこの両者が出合い、融合する。受精卵からは、約9カ月間かけて新たな個体が成長する。

遺伝情報を持つ染色体は、人間の普通の細胞では2本ずつ対をなしていて、23種類の相同染色体が2組、計46本含まれている（2倍体）。生殖細胞では、融合に先だち、この染色体が減数分裂によって、細胞1個当たり1組に減少する（1倍体）。

受精の際には、母親由来の生殖細胞（卵子）と、父親由来の生殖細胞（精子）とが融合する。こうしてできた受精卵は、母親からの1組と父親からの1組を合わせた、2組46本の染色体を持つ。

精子の形成

男性の体内では日々、数千万個から数億個もの精子がつくられている。ストレスや病気、ニコチンなどの有害物質は、この過程を阻害する要因となる。

精子は精巣内の精細管で形成され、精巣上体へ運ばれて成熟し、貯蔵される。精子の大きさは約60μm。遺伝情報を持つ核が入った小さな頭部と、卵子をめざして泳ぐ推進力を生む、尾のような鞭毛を持つ。

精子は、精巣上体で粘性の白い液体の中に貯蔵され、約3カ月かけて完全に成長し、成熟する。成熟した精子は、オーガズムにともなう筋収縮によって放出を促され、射精が起こる。

性行為において射精された精子は、子宮を通って卵管へと向かう。その数は最初の数千万～数億個から、卵管に到達するまでに急激に減っていき、通常は1個の精子が卵子を受精させることになる。ただし、二卵性双生児の妊娠の場合には、この限りではない（in focus参照）。

卵子の形成

女性の卵巣内では、およそ4週間ごとに数個の卵子が成熟する。排卵期になると、通常はそのうちの1個が卵管へ送られ、残りの卵子は退化する。卵子には遺伝物質のほか、受精後の胚の成長に必要な栄養が含まれているため、精子よりもはるかに大きい。

卵子の周囲には化学誘引物質が存在し、卵子に近づくほど濃度が高くなっている。この物質が、活発に動く精子を引き寄せ、受精へと導く役割を果たしている。

受精した卵の周囲には、受精膜が形成されることにより、ほかの精子の侵入を防ぐ。その一方で、受精卵内では精子と卵子の核が融合する。こうして受精が完了すると、胚の形成が始まる。

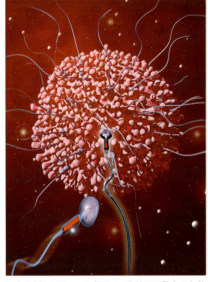

■ 大きさ約150μmの卵子は、人体では最大の細胞だ。卵子の周囲には化学誘引物質が存在し、この物質が精子を引き寄せる。

体外受精

自然妊娠が困難な場合に、体外受精が行われることもある。成熟した卵細胞を体外に取り出して受精させ、数日後、胚が分裂・成長を始めた段階で、女性の子宮に移植する。

■ヒトの卵細胞の体外受精。

双生児（ふたご）

卵巣から2個の卵子が放出され、それぞれが別の精子と受精すると、二卵性双生児が生まれる。別々の妊娠で生まれた兄弟と同様、二卵性双生児は各自が異なる遺伝情報を持つ。まれに受精卵が分裂し、生じた2つの胚が個別に成長することがある。この場合は、まったく同じ遺伝情報を持つ一卵性双生児となる。双生児が生まれるのは全出産の約85回に1回で、三つ子以上の出生確率はさらに低い。

■一卵性双生児は外見がよく似ているが、二卵性双生児は通常の兄弟と同程度の類似点、相違点を持つ。

▶ p.228（胚から胎児へ）参照

胚から胎児へ

受精卵は子宮へと向かう途中で分裂を始め、胚と呼ばれる状態になる。やがて子宮にたどり着いた胚は、胎児へと成長していく。胎児の体は、母親の胎内で過ごす約9カ月の間にめざましい成長を遂げる。

受精卵の細胞は、卵管から子宮にたどり着いた時点で、すでに数回の分裂を終えている。この段階の細胞は、見た目がクワの実に似ていることから、桑実胚と呼ばれる。

続いて、胚に養分を与える栄養組織として働く外層の細胞と、胚として成長していく内部の細胞塊に分化する。胚はその後もさらに分裂と成長を続けて中空となり、内部が液体で満たされて胞胚と呼ばれる状態になった後に、子宮の内壁（子宮内膜）に定着する（着床）。

同時に胎盤も形成され、生命維持のための母子間の連絡が確立される。

胚と胎児

着床から数日以内に、胞胚内部の細胞塊から二重になった細胞層が形成され、後にこれらが外胚葉、内胚葉、中胚葉へと成長していく。

人体を構成する臓器系は、これら3種類の胚葉からそれぞれ生じる。例えば外胚葉からは、神経系、皮膚、乳腺、汗腺などが形成される。また、内胚葉からは、甲状腺、肝臓、すい臓などが形成される。

4週目ごろから背骨（脊柱）、心臓、目ができ始め、胚から胎児期へと移行する8週目前後から、体の形がはっきりしてくる。

母親の胎内で、胎盤を通じて酸素や栄養の供給を受けながら、胎児の体はめざましいスピードで成長していく。

妊娠5カ月の初めには胎児の体重は約700gに増え、羊膜のうの中で活発に動くのがわかる。このころにはすでに、指やつま先、口を動かすこともできる。

胎児が子宮を出ても生きられるようになるのは、通常は第28週以降だが、呼吸器系や神経系の発達程度による個体差が影響する。受精から平均38週間（266日）後に、新生児が誕生する。出生時の体重は平均3500g、身長は50cmほどだ。

> **basics**
>
> **出産予定日**
>
> 受胎から38週後または最終月経日から40週後とされるが、実際は%が予定日の数前か後に生まれる

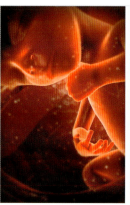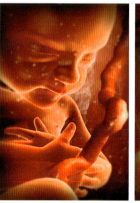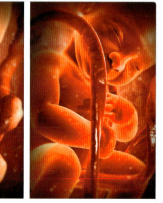

■人間の胚は9カ月間かけて成長する。この間、母親から胎児へは、へその緒を通じて酸素と必要な栄養が供給される。へその緒は出産時には、長さが約50cm、太さは2cmほどになっている。

---

practice

羊水穿刺

高齢出産の女性では、胎児の染色体異常の発生率がやや高くなるため、出生前検査のひとつである羊水穿刺の実施がしばしば推奨される。

この検査では、子宮から羊水のサンプルを採取し、壊死細胞を調べて、異常が発生する可能性を探る。局所麻酔下で腹壁を通して羊膜のうに針を刺し入れるが、胎児を傷つけないよう、事前に超音波で胎児の正確な位置を確認する。

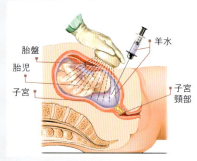

■現在では、羊水穿刺は一般的に行われる出生前検査となっている。

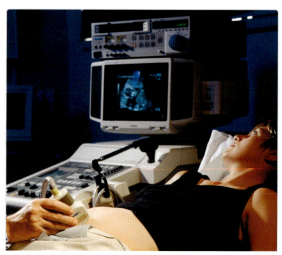

■超音波検査装置を使えば、胎児の大きさや位置、問題のありそうな部分を確かめることができる。

思春期と老化

思春期と老化は、どちらも人体に大きな変化が訪れる時期だ。思春期には、体が性的に成熟し、生殖に向けて準備が整う。老化が進むと、生命機能は徐々に衰える。

高齢化社会 先進諸国は、平均寿命の伸びと高齢化にともなう問題に直面している。例えば、認知症の人は世界で推定2500万人いるが、高齢化が進めば認知症になる人も増える。社会における高齢者の疎外や孤立も問題となっている。

思春期

思春期と、それにともなう心身や感情面のさまざまな変化は、女子では通常10〜11歳ごろ、男子ではそれより1年ほど後に訪れる。

思春期には生殖器が成熟し、精子と卵子の形成が始まる。第二次性徴（胸のふくらみ、陰毛、わき毛、ひげ、変声）が現れ、女子は初めての月経（初潮）を経験する。下垂体から分泌されるホルモンが一連の体の変化を促すとともに、体内におけるその他の性ホルモンの産生を促す。

変化は感情面にも現れる。思春期の若者の多くが、家庭の外での社会的なつながりを新たに求めるようになる。気分にむらが出たり、自分は周囲から理解されていないと感じたり、気持ちが不安定に揺れ動いたりするのは、性的な順応が行われ、性的欲求が生じてくるこの時期に、どれも一般によく見られる反応だ。

■ 思春期の子どもは、両親とよく口論をする。10代の青少年は大人扱いを望み、より多くの責任を担いたいと考える。一方で、両親は子どもたちをまだ保護下においておきたいと考える。

老化

老化は、誕生の瞬間から死に至るまで、徐々に進行する生体内作用だ。老化が起こるメカニズムは完全には解明されておらず、さまざまな研究が行われている。

科学者たちは、細胞は死ぬまでに決まった回数しか分裂できないことを発見した。この事実に基づけば、細胞の死も老化も、遺伝的に前もって決定されていることになる。また別の理論では、細胞が損傷を受けると正常な増殖や複製ができなくなると言われている。フリーラジカルをはじめとする、活性化した酸素化合物が、細胞の損傷を引き起こす。人体には活性酸素を無害化する防御機能が備わっているが、防御や修復を担うシステムにも遺伝的に限界が定まっていると考えられている。

老化という複雑な現象にはこのほか、各種の生化学的・生理的作用、心理的要因、個人のライフスタイルなどが大きなかかわりをもっている。老化は人間社会と切り離せない問題であるため、文化や社会的慣習からも影響を受ける。

■ 年と共に肌はたるみ、しわが増える。

命の延び くの先進国では去150年で寿命2倍以上に延び、均寿命は米国で7歳、日本で80歳超えている。

閉経と「中年の危機」

多くの女性は45〜55歳ごろに閉経（更年期）と呼ばれる変化を経験する。閉経は女性の生殖年齢の終わりを意味し、ほてりや睡眠障害などの不快な症状を覚える人も多い。中高年の男性も不調を経験することがあり、別名「中年の危機」とも呼ばれる。

■ 中年の危機の徴候として、パートナーとの衝突、仕事に対する意欲減退、気分にむらが出てうち沈むといったことが挙げられる。

骨と骨格系

人体は、丈夫な骨格に支えられ、可動性のある関節を備えている。いくつかの重要な適応を通じて、人間の体は強度と柔軟性を手に入れ、直立二足歩行の能力を獲得した。

成人の骨格はおよそ206個の骨からなり、重要な機能を担っている。体をしっかりと支え、傷つきやすい内臓を保護するのも骨格の役割だ。例えば、頭蓋骨は脳を包み込んで衝撃や外傷から守り、胸郭は心臓と肺を保護している。

関節があるおかげで、個々の骨や軟骨につながった筋肉が収縮したり、弛緩したりすることによって、体を動かすことができる。

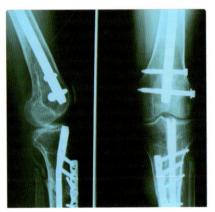
■骨折治療後のX線写真。埋め込まれた金属のプレートとボルトが写っている。

体の中心を通る軸骨格は、頭蓋骨と背骨（脊柱）からなる。脊柱からは腕と脚の骨（四肢骨）が出ているほか、肩の骨と腰の骨（骨盤）が脊柱を囲むようについている。人間の脊柱は、S字型のカーブを描いている。このため突然の強い衝撃もうまく吸収して、直立の姿勢を保つことができる。

脊柱

人間の背骨（脊柱）は33個の椎骨からなり、椎骨の間には椎間板がはさまれている。

椎間板は軟骨からなり、中央部にあるゼラチン状の物質が、歩行、走行、跳躍といった運動時の衝撃を吸収するクッションの役割を果たしている。

神経系の主軸である脊髄は、脊柱内を走っていて、脳と各臓器との間の信号のやりとりを担っている。背骨の骨折や椎間板の損傷によって脊髄が傷ついてしまうと、一時的な、あるいは生涯続く麻痺が引き起こされることもある。

骨

人間をはじめとするほ乳類の骨は、主にリン酸カルシウムでできている。

骨の表面は骨膜と呼ばれる薄い結合組織に覆われ、その内側には緻密骨層、中央には骨の強度を生み出す海綿骨がある。

骨髄は、海綿骨内のすき間に詰まっていて、その周囲を縫うように血管が走っている。赤血球、白血球、血小板などの血球は、骨髄でつくられる。

太もも、すね、腕の長骨と、頭蓋骨や肋骨などの扁平骨とは構造が異なるが、どの種類の骨であっても、その内部では常に組織の再生が行われている。折れた骨が、時間がたつと自然に治癒するのは、このためだ。

■人間の骨格に含まれる骨は、長骨、短骨、扁平骨、不規則骨の4種類に大別される。

レントゲンによるX線の発見

W・C・レントゲンは、陰極線の実験中に未知の放射線を発見し、これをX線と名付けた。X線は、医学の診断法とその可能性に大きな変革をもたらした。現在では、X線は標準的な診断技術で、マンモグラフィーやコンピューター断層撮影（CT）にも応用されている。X線技術は科学の多様な分野にも利用され、考古学や美術史の研究では、標本の分析に活用されている。

■W・C・レントゲン（1845～1923年）はX線を発見した功績で1901年のノーベル物理学賞を受賞した。

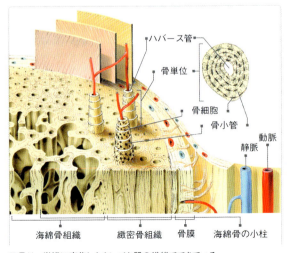
■骨は、縦横に密集したタンパク質の繊維でできている。これらの繊維は生きている限り、絶えず交換と再生を繰り返している。

生殖と発生 229

思春期と老化

思春期と老化は、どちらも人体に大きな変化が訪れる時期だ。思春期には、体が性的に成熟し、生殖に向けて準備が整う。老化が進むと、生命機能は徐々に衰える。

高齢化社会 先進諸国は、平均寿命の伸びと高齢化にともなう問題に直面している。例えば、認知症の人は世界で推定2500万人いるが、高齢化が進めば認知症になる人も増える。社会における高齢者の疎外や孤立も問題となっている。

■思春期の子どもは、両親とよく口論をする。10代の青少年は大人扱いを望み、より多くの責任を担いたいと考える。一方で、両親は子どもたちをまだ保護下においきたいと考える。

思春期

思春期と、それにともなう心身や感情面のさまざまな変化は、女子では通常10〜11歳ごろ、男子ではそれより1年ほど後に訪れる。

思春期には生殖器が成熟し、精子と卵子の形成が始まる。第二次性徴（胸のふくらみ、陰毛、わき毛、ひげ、変声）が現れ、女子は初めての月経（初潮）を経験する。下垂体から分泌されるホルモンが一連の体の変化を促すとともに、体内におけるその他の性ホルモンの産生を促す。

変化は感情面にも現れる。思春期の若者の多くが、家庭の外での社会的なつながりを新たに求めるようになる。気分にむらが出たり、自分は周囲から理解されていないと感じたり、気持ちが不安定に揺れ動いたりするのは、性的な順応が行われ、性的欲求が生じてくるこの時期に、どれも一般によく見られる反応だ。

老化

老化は、誕生の瞬間から死に至るまで、徐々に進行する生体内作用だ。老化が起こるメカニズムは完全には解明されておらず、さまざまな研究が行われている。

科学者たちは、細胞は死ぬまでに決まった回数しか分裂できないことを発見した。この事実に基づけば、細胞の死も老化も、遺伝的に前もって決定されていることになる。また別の理論では、細胞が損傷を受けると正常な増殖や複製ができなくなると言われている。フリーラジカルをはじめとする、活性化した酸素化合物が、細胞の損傷を引き起こす。人体には活性酸素を無害化する防御機能が備わっているが、防御や修復を担うシステムにも遺伝的に限界が定まっていると考えられている。

老化という複雑な現象にはこのほか、各種の生化学的・生理的作用、心理的要因、個人のライフスタイルなどが大きなかかわりをもっている。老化は人間社会と切り離せない問題であるため、文化や社会的慣習からも影響を受ける。

■年と共に肌はたるみ、しわが増える。

寿命の延び 多くの先進国では、過去150年で寿命は2倍以上に延び、平均寿命は米国で77歳、日本で80歳を超えている。

閉経と「中年の危機」

多くの女性は45〜55歳ごろに閉経（更年期）と呼ばれる変化を経験する。閉経は女性の生殖年齢の終わりを意味し、ほてりや睡眠障害などの不快な症状を覚える人も多い。中高年の男性も不調を経験することがあり、別名「中年の危機」とも呼ばれる。

■中年の危機の徴候として、パートナーとの衝突、仕事に対する意欲減退、気分にむらが出てうち沈むといったことが挙げられる。

■ 組織と臓器

人間の体には、分化してさまざまな特徴を備え、決まった場所にまとまって組織や臓器を構成する細胞が存在する。これらの細胞は常に新しいものと入れ替わっているが、その速度は加齢とともに遅くなる。

組織とは、人体の中で一定の構造と機能を持ち、繊維成分や外側を覆う細胞によってまとまっている細胞群のことだ。臓器は、上皮組織、結合組織、神経組織、筋組織という、4種類の基本的な細胞組織から成り立っている。

上皮組織、結合組織、神経組織

上皮組織は、感染性微生物の侵入阻止、外傷からの保護、体液の喪失防止といった役割を担う。複数の組織層が重なって、体表、臓器、体内の空洞部の内側を覆っている。肺や腸に見られる上皮細胞は1層のみだが、鼻の内部には複数の層があり、その上に鼻毛が生えている。皮膚の上皮細胞は増殖が速く、切り傷や外傷を修復する役割を担っている。

結合組織は、ほかの組織を支えたり、つないだりする役割を担い、液状の血液、ゼラチン質の腱、軟骨や骨など、さまざまな種類がある。

疎性結合組織は、人体の各所で皮膚や臓器を適切に配置する役目を果たし、柔軟で引き裂かれにくい性質を持つ。密性結合組織は、筋肉と骨をつなぐ靱帯（じんたい）や腱を構成する。

軟骨と骨は、体を支えるための特殊な結合組織だ。骨組織は内部にリン酸カルシウムを蓄えているため、硬いが砕けにくく、体を守る役割も担っている。

脳、脊髄（せきずい）、神経系に見られる神経組織は、電気的・化学的な信号を全身に送っている。神経組織は、神経細胞と、その周囲を取り巻くグリア細胞からなる。

筋組織

筋細胞は細長い形をしていて、電気的な信号（神経インパルス）に反応して収縮し、体を動かす。人体には約650もの筋肉があり、筋組織は各種組織の中で量的に最も多い。

筋組織には骨格筋、平滑筋、心筋の3種類がある。骨格筋は腱を介して骨とつながっているので、体を動かすことができる。消化管、内臓、血管などに見られる平滑筋は、不随意に収縮する筋肉で、骨格筋に比べて収縮の動きは遅いが、収縮をより長時間持続できる。心筋も不随意筋で、疲労しにくい性質を持つため、規則的な拍動を長く続ける心臓の働きに適している。

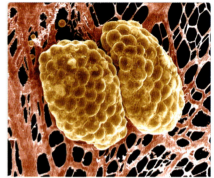

■ 脂肪組織は結合組織の一種で、体内のさまざまな部位で見られる。

組織｜臓器｜呼吸｜肺｜骨｜筋肉｜循環系

解剖学的構造

人にはそれぞれ個性があるが、細胞や組織や臓器、さらには体のさまざまな部位の形や構造、配置などはすべての人間にほぼ共通している。
背骨（脊柱）と骨が体を支え、筋肉と関節が動きをもたらす。全身をくまなくめぐる血液の循環が、生きていくために必要な物質を、あらゆる組織と臓器に供給する。

■ 結合組織は通常、細胞外基質の中に、細胞が比較的まばらに埋め込まれた構造をなしている。

▶ p.220-225（人体の構造と機能）参照

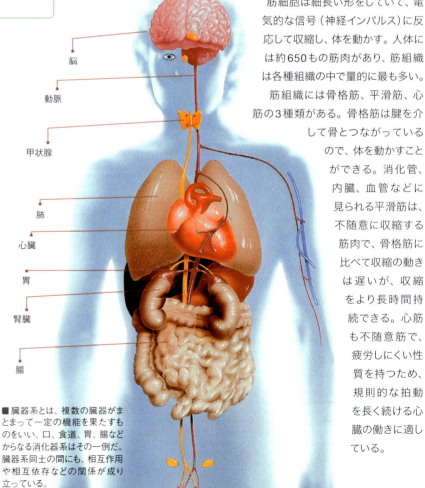

脳／動脈／甲状腺／肺／心臓／胃／腎臓／腸

■ 臓器系とは、複数の臓器がまとまって一定の機能を果たすものをいい、口、食道、胃、腸などからなる消化器系はその一例だ。臓器系同士の間にも、相互作用や相互依存などの関係が成り立っている。

解剖学的構造

■ 呼吸と肺

肺は、生命維持に欠かせない臓器で、ほぼすべての代謝活動に必要とされる酸素の供給を担っている。代謝の結果生じる老廃物、二酸化炭素（CO_2）を排出するのも肺の仕事だ。二酸化炭素は、排出しないと体に悪影響を及ぼす。

肺は、左右一対からなる。人体の中でも大きな臓器で、周囲を胸郭に守られ、すぐ下には横隔膜と腹腔がある。

右肺は3つ、左肺は2つの葉にそれぞれ分かれている。左肺は、右肺よりもわずかに小さい。左右の肺の間には心臓があり、太い気管支と血管が肺につながっている。

肺の外側は肋骨胸膜に包まれていて、その表面は常に、液体の層に薄く覆われている。

この液層がまさつや抵抗を最小限に抑えることで、肺は胸壁にごく近接した状態でも滑らかに動き、呼吸をスムーズに行うことができる。

■肺は人体の中でもとりわけ大きく、不可欠な臓器のひとつ。

ガス交換

呼吸で体内に取り込まれた空気は、気管を通って肺に達する。気管は柔軟性に富む管で、U字型の気管軟骨に支えられて常に開放状態を保っている。

気管は、胸の上部の気管支で左右に分かれ、肺の内部へと伸びていく。枝分かれを繰り返すにつれて次第に細くなっていく管が、肺のすみずみにまで空気を届けている。

細気管支の先端には、たくさんの小さな袋がブドウの房状に集まってできた肺胞がある。その総数は、数億個に及ぶと考えられている。

肺胞の周囲を覆う網目状の血管が、ガス交換の場となっている。体外から吸入された肺胞内の空気と血管内の血液とは、ガスの透過が可能な、極めて薄い壁によって隔てられている。肺胞内の酸素濃度は高く、血液中の酸素濃度は低いため、酸素は肺胞から毛細血管へと拡散する。

二酸化炭素の交換も同様に、血液中と肺胞内の二酸化炭素の濃度差によって行われ、二酸化炭素は血管から肺胞へと拡散する。人間の肺が、合計約100m^2もの表面積を持っていることも、この仕組みを支えている。

■くしゃみは、突然、強い力で不随意に空気の排出が起こる現象だ。鼻やのどにある粘膜への刺激によって引き起こされる。

basics

タバコ病

喫煙者に多い慢性閉塞性肺疾患の別名。タバコのタールが原因で、吸った空気と血液の間で正常なガス交換が行われないなどの障害が出る。

practice

呼吸と運動

運動を2分間続けると、体は筋肉に酸素を送り始める。酸素を十分に取り込み、二酸化炭素をためずに排出するために、運動の程度に従って、呼吸の速さや深さの調節が行われる。

安静時の成人の呼吸は1分間に16〜18回で、肺を通る空気の量はおよそ10ℓだ。一方、エネルギーの要求が高まれば酸素の必要量も増えるため、運動時にはこの値は著しく高まり、1分間に最大60ℓもの空気が肺を通る。

■水泳などの運動時に適切な呼吸を行えば、肺活量の向上が促される。

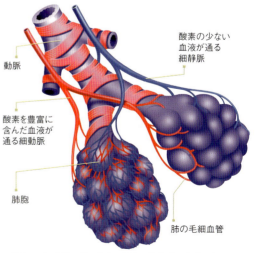

■肺胞は、ほ乳類の肺に特有の器官。気管支の先端に位置し、肺のガス交換を担う。

（動脈／酸素の少ない血液が通る細静脈／酸素を豊富に含んだ血液が通る細動脈／肺胞／肺の毛細血管）

■ 骨と骨格系

人体は、丈夫な骨格に支えられ、可動性のある関節を備えている。いくつかの重要な適応を通じて、人間の体は強度と柔軟性を手に入れ、直立二足歩行の能力を獲得した。

成人の骨格はおよそ206個の骨からなり、重要な機能を担っている。体をしっかりと支え、傷つきやすい内臓を保護するのも骨格の役割だ。例えば、頭蓋骨は脳を包み込んで衝撃や外傷から守り、胸郭は心臓と肺を保護している。

関節があるおかげで、個々の骨や軟骨につながった筋肉が収縮したり、弛緩したりすることによって、体を動かすことができる。

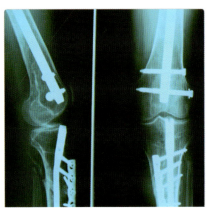
■骨折治療後のX線写真。埋め込まれた金属のプレートとボルトが写っている。

体の中心を通る軸骨格は、頭蓋骨と背骨（脊柱）からなる。脊柱からは腕と脚の骨（四肢骨）が出ているほか、肩の骨と腰の骨（骨盤）が脊柱を囲むようについている。人間の脊柱は、S字型のカーブを描いている。このため突然の強い衝撃もうまく吸収して、直立の姿勢を保つことができる。

脊柱

人間の背骨（脊柱）は33個の椎骨からなり、椎骨の間には椎間板がはさまれている。

椎間板は軟骨からなり、中央部にあるゼラチン状の物質が、歩行、走行、跳躍といった運動時の衝撃を吸収するクッションの役割を果たしている。

神経系の主軸である脊髄は、脊柱内を走っていて、脳と各臓器との間の信号のやりとりを担っている。背骨の骨折や椎間板の損傷によって脊髄が傷ついてしまうと、一時的な、あるいは生涯続く麻痺が引き起こされることもある。

骨

人間をはじめとするほ乳類の骨は、主にリン酸カルシウムでできている。

骨の表面は骨膜と呼ばれる薄い結合組織に覆われ、その内側には緻密骨層、中央には骨の強度を生み出す海綿骨がある。

骨髄は、海綿骨内のすき間に詰まっていて、その周囲を縫うように血管が走っている。赤血球、白血球、血小板などの血球は、骨髄でつくられる。

太もも、すね、腕の長骨と、頭蓋骨や肋骨などの扁平骨とは構造が異なるが、どの種類の骨であっても、その内部では常に組織の再生が行われている。折れた骨が、時間がたつと自然に治癒するのは、このためだ。

■人間の骨格に含まれる骨は、長骨、短骨、扁平骨、不規則骨の4種類に大別される。

レントゲンによるX線の発見

W・C・レントゲンは、陰極線の実験中に未知の放射線を発見し、これをX線と名付けた。X線は、医学の診断法とその可能性に大きな変革をもたらした。現在では、X線は標準的な診断技術で、マンモグラフィーやコンピューター断層撮影（CT）にも応用されている。X線技術は科学の多様な分野にも利用され、考古学や美術史の研究では、標本の分析に活用されている。

■W・C・レントゲン（1845〜1923年）はX線を発見した功績で1901年のノーベル物理学賞を受賞した。

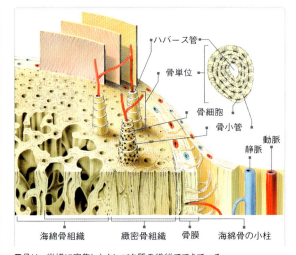

■骨は、縦横に密集したタンパク質の繊維でできている。これらの繊維は生きている限り、絶えず交換と再生を繰り返している。

関節、筋肉、腱

筋骨格系は、丈夫な骨と、動きの原動力をもたらす筋肉で主に構成される。柔軟な腱や、可動性を備えた関節が、骨や筋肉をつなぐことで、調和のとれた全身の動きが可能となっている。筋肉は、内臓機能にも重要な役割を持つ。

関節は骨と骨の接続部で、可動性を備えている。球状になった骨の先端が、もう一方の骨の椀型にへこんだ部分にぴたりと収まっているのが、一般的な関節によく見られる構造だ。接続部の表面は弾力のある軟骨に覆われ、衝撃を和らげている。

関節の周囲は、結合組織にくるまれている。この関節包は閉じた空間を形成し、中には潤滑剤として働く粘性の滑液が入っている。

関節は、それぞれの形状と運動の方向によって、いくつかの種類に分けられる。主なものとして、ひじの蝶番関節、腰の球関節、親指付け根の鞍関節などがある。

筋肉と腱

筋肉は、収縮することによって、体を動かす力を生む。また、動いているときだけでなく、座っているときや立っているときに、体を緊張させて直立姿勢を保つのも筋肉の役目だ。筋肉がなければ言葉も話せないし、にっこりとほほ笑むだけで、小さな筋肉が200以上も必要になる。

筋肉は、いくつもの筋繊維の束が、結合組織に組み込まれてできている。筋肉には大きく分けて、骨格筋や心筋などの横紋筋と、内臓や血管などを構成する平滑筋の2種類がある。横紋筋は、伸縮性繊維を多く含んでいるのが特徴で、平滑筋よりも速く、力強く伸縮する。平滑筋は、例えば小腸の運動や、血管の張りを保つといった役割を担っている筋肉だ。伸縮の速度が遅く、ほとんど疲れることがない。骨格筋は意思に従って動かせる筋肉（随意筋）だが、平滑筋は直接的な神経刺激ではなくホルモンによって制御されているため、自由に操ることはできない（不随意筋）。

腱は、固く引き締まった結合組織の束で、コラーゲンあるいはエラスチン繊維でできている。その役割としては骨と骨をつなぐ、伸縮性を持たせる、筋肉の力を骨に伝えるといったものが挙げられる。引っぱる力には耐性があるが、重力や圧力が長時間かかる状態には弱く、運動時に損傷を受けやすい部位でもある。筋肉を急に収縮させたり、過大な負荷をかけたりした場合には、腱が断裂することもある。

basics: 骨折の治療

骨が折れたら、迅速な治療が必要だ。まっすぐな状態に戻し、石膏や包帯で固定する。治るまでには数週間から、長ければ1年かかることもある。

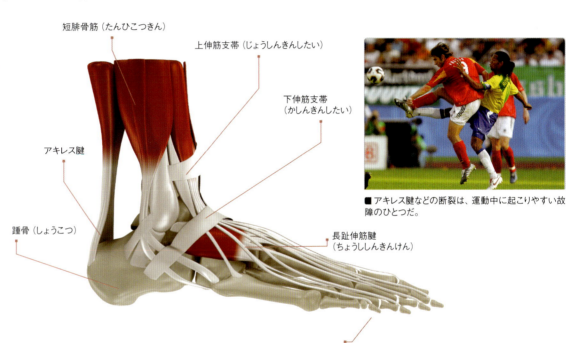

■アキレス腱などの断裂は、運動中に起こりやすい故障のひとつだ。

■足は、骨、関節、筋肉、腱が複雑に組み合わさってできている。

■腱の縦方向の断面図。張力に耐性のある繊維状の結合組織が確認できる。

practice: 人工装具

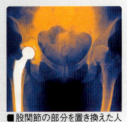

ときに人は大きな事故で四肢を失ったり、関節を酷使して、ひどく痛めてしまうことがある。こうした場合には、体の部位の代用品（人工装具）をつくり、人工関節のように体内に移植したり、義足や義手のように、体に装着したりする。現在では、マイクロプロセッサー制御の義肢が開発され、複雑な動きや、スポーツをすることさえ可能になっている。

■股関節の部分を置き換えた人工関節（写真）のように、体内に埋め込むタイプの人工装具は、外見からはわからない。

■ 心臓と循環系

心臓は、動脈、静脈、毛細血管などの血管を通じて、血液を全身に供給する臓器だ。

体内をめぐる血液循環の中心となる臓器が、心臓だ。健康な心臓は、血液や酸素とともに、さまざまな栄養分を全身の臓器や組織に送り届けている。

心臓はほとんどが筋肉でできていて、成人でもその重さは300gほどしかない。心臓は、中央の壁を隔てて左右に分かれ、それぞれがさらに上下に区切られていて、上が心房、下が心室と呼ばれる。

心臓独自の神経系として働く部位を洞結節といい、心臓の各部位が一定の速度で収縮と弛緩を続けるよう指令を出している。心臓の収縮によって、血液は血管へと押し出され、全身に運ばれていく。

血液の循環

体内の血液はすべて血管内にあることから、人間の循環系は「閉鎖循環系」と呼ばれている。

心臓の左側からは、酸素を豊富に含んだ血液が動脈を通って全身に送り出される。酸素は赤血球内の成分と結合し、この赤血球が体内組織を循環しながら酸素を放出し、同時に二酸化炭素を取り込んでいく。

静脈を通って心臓に戻ってきた血液は、心臓の右側から肺へと送られ、そこで再び酸素を取り込むと心臓の左側へ戻り、再び同じ循環を繰り返す。血管そのものには循環を促す働きはないが、血管を構成する筋肉層が、血管の太さを変えることによって、血流の量を調節している。

心臓や血管の病気

心臓発作や脳卒中といった心臓血管系の病気は、先進国に多い死因だ。どちらの病気も、血球やタンパク質の繊維が血管内で固まって、血管が狭くなったり、ふさがったりするために起こる。

もしも心臓発作を起こして血液が20分以上流れなければ、心臓は取り返しのつかない損傷を受ける可能性がある。また、脳の血管が遮断された場合、神経組織が死んでしまうこともある。

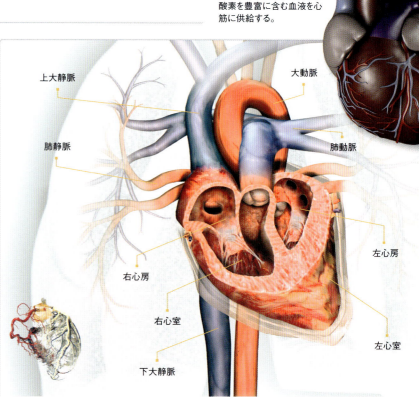

■ 心臓をとりまく冠動脈は、酸素を豊富に含む血液を心筋に供給する。

上大静脈 / 大動脈 / 肺静脈 / 肺動脈 / 右心房 / 左心房 / 右心室 / 左心室 / 下大静脈

■人間をはじめとする高等動物は、心臓なしでは生きられない。心臓は胚形成の過程で最初につくられる臓器のひとつだ。

心臓移植 (in focus)

1967年、クリスチャン・バーナード率いる医療チームは、南アフリカで世界初の心臓移植を成功させた。5時間に及ぶ手術の末、患者には臓器提供者の心臓が移植された。提供者の心臓が異物として拒絶されないように、免疫系の働きを抑制する処置が患者に施された。結果として、患者は手術の18日後に肺炎のため死亡した。

■心臓手術の分野におけるクリスチャン・バーナード(1922〜2001年)の功績は、延命治療に大きな進歩をもたらした。

ペースメーカー (practice)

不整脈とは脈拍が乱れる病気だが、薬だけでは治癒が難しい場合もある。ペースメーカーは電池で動く小さな機械で、心臓の拍動を安定させる機能を持っている。この機械を胸に埋め込み、電池からの電気的パルスを運ぶ電極を、静脈を通して心臓の内部へと挿入する。先進国では現在、何千という人々がペースメーカーを利用している。

■ペースメーカーの寿命は現在5〜12年、平均では8年程度だ。

▶ p.220-225(人体の構造と機能)参照

血液

血液は、心臓のポンプ機能によって全身の血管内を休みなく循環している赤色の体液だ。生命の維持に不可欠な酸素を運ぶほか、体温の調節、さまざまな信号の伝達、病気に対する防御といった重要な機能を果たしている。

人間の血液は、全体の45％が血球と呼ばれる細胞成分で占められ、残りの液体部分は血漿からなる。

血漿は、血液を液状に保っている水のような物質で、タンパク質を中心に、電解質、炭水化物、脂肪、ホルモンといったさまざまな物質が溶け込んでいる。

赤血球、白血球、血小板

血球には、赤血球、白血球、血小板の3種類がある。

赤血球は、中央がへこんだ円盤形をした細胞だ。変形が自在で、細い毛細血管も通り抜けられる。赤血球は、ヘモグロビンという赤色の色素成分を含む。これによって、酸素を肺から全身の組織へ運び、二酸化炭素を組織から肺へと輸送している。

白血球は、体内に侵入した有害な微生物を識別し、破壊する役割を担っている。白

■人間の体内の循環系を構成している主な要素は、心臓、血液、血管だ。

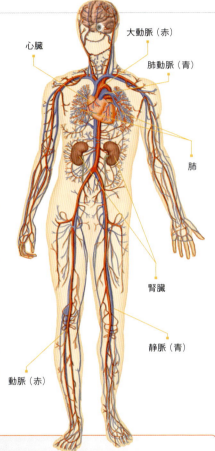

大動脈（赤）
心臓
肺動脈（青）
肺
腎臓
静脈（青）
動脈（赤）

basics

血液の量 成人の体内には、約4～6ℓの血液があり、これは体重の6～8％を占めている。男性の血液は一般的に女性より1ℓほど多い。

出血 体内の血液量の15～20％（およそ1ℓ程度）以上を失うと、命にかかわる場合がある。

血液型の比率 人口に占める各血液型（A型、B型、AB型、O型）の比率は、世界の各地で大きく異なっている。例えば、米国ではO型の人が多いが、アジアの一部地域ではB型のほうが一般的で、日本やヨーロッパの多くの地域ではA型が多い。

血球は、例えば組織の中に入り込んで細菌と戦い、感染を防止するなど、血流を離れて働くこともできる。

血小板は、血液の凝固（止血）という生体の重要な機能に深くかかわっている。血管に傷がつくと、ただちに血小板が集まって傷口をふさぎ、血液が失われるのを防ぐ。

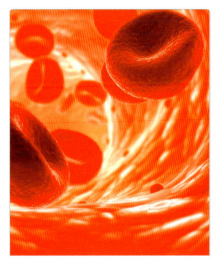

■赤血球は体内で、酸素と二酸化炭素を運ぶ役割を担っている。

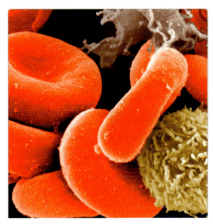

■血球は骨髄でつくられる。

practice

血液型

赤血球の表面には抗原と呼ばれる特異的な構造があり、そのタイプによって血液型が決まる。血液型の分類法にはさまざまなものがあり、最もよく知られたABO式では、A型、B型、AB型、O型の4つの血液型が存在する。

輸血には同じ血液型の人から採った血液しか使えないため、この型を調べることが重要となる（ただし、O型の血液はすべての型の人に輸血が可能）。血液型が異なると血球が凝集し、命にかかわる症状が引き起こされる場合がある。

■1901年、ウィーンの医学者カール・ラントシュタイナーが、さまざまな実験をもとにABO式血液型を発見した。

		供血者			
		O	A	B	AB
受血者	O	♡	✕	✕	✕
	A	♡	♡	✕	✕
	B	♡	✕	♡	✕
	AB	♡	♡	♡	♡

■ 栄養

光合成をする植物は、必要な栄養を自力でつくることができるが、人間にはそれができない。その代わりに私たち人間は、食べ物や飲み物から、体を維持するための栄養やエネルギーや水分を摂取する。

栄養 | 消化 | 水分 | ホルモン

代謝とホルモン

人間が生きていくために必要な栄養を得るには、食物などの形で、体外から摂取する必要がある。取り込んだ栄養分は、体内の各所に運ばれ、分解されて、さまざまな形で利用される。老廃物や異物の排出も含め、生体内で行われているこうした働きを、代謝という。ホルモンは、多くの代謝過程で重要な役割を担っている。

人間にとって食物とは、運動、思考、血液の循環、呼吸といった生命活動のためのエネルギー源であり、細胞や組織の成長と修復を支える原料でもある。体内では、食物エネルギーの代謝が行われる。代謝とは、生物が栄養を取り入れ、輸送し、化学的に変換する作用のことで、老廃物の排出もそうした働きのひとつだ。

■体内で行われる代謝には、炭水化物、脂質、タンパク質、ビタミン、無機物が不可欠だ。人間はこれらの物質を、体外から食物として摂取する必要がある。

食物の流れ

食物をかむことから始まる旅は、口を出発点として、食道、胃、小腸、大腸を通り、直腸と肛門で終わる。その過程で、消化系を構成する臓器は、それぞれが特定の機能を果たす。だ液腺、すい臓、胆のう、肝臓といった腺や臓器も、消化作用に貢献する。

口から胃、小腸へ

食物はまず、口の中で歯によってかみ砕かれ、だ液腺から分泌されるだ液と混ぜ合わされる。だ液の中の酵素が、炭水化物をより小さな糖分子へと分解する。のみ込んだ食物は食道へと送り込まれ、胃に達する。

胃に入った食物は、塩酸を含む消化液（胃液）とともにかき混ぜられ、粉砕される。タンパク質は酵素の働きによって、より小さな分子に分解される。食後2〜6時間で、食物は胃から小腸へと移動する。全長約5mの小腸は、消化作用の大部分を担う臓器だ。胆のうから分泌される胆汁が脂肪を分解し、すい臓でつくられる酵素が脂肪、タンパク質、炭水化物を消化する。

糖尿病

糖尿病は、体内の細胞が糖をうまく利用できなくなる病気で、血流からの糖の吸収が阻害されることによって起こる。この作用をつかさどるホルモンが、すい臓でつくられるインスリンだ。

糖尿病は、先天性の場合もあれば、栄養不良や老化にともなう代謝異常から発症することもある。

■消化管では食物や栄養物の分解が行われ、さまざまな酵素が消化作用を助けている。

in focus ― 食物をかむ

■食物は、上下左右に動く上あごと下あごの臼歯によって、細かくつぶされ、砕かれる。

口の中でかむことで、食物はだ液と混じり合い、だ液中の酵素による消化作用がスタートする。

歯は、歯冠、歯頸、歯根の各部で構成される。エナメル質で覆われた歯冠は、体内で最も硬く、耐久性のある部位だ。このエナメル質は、一度傷ついたり虫歯になったりすると、再生できない。歯の内部にある歯髄には血管や神経が密集し、痛みにとても敏感だ。

▶ p.220-225（人体の構造と機能）参照

代謝とホルモン 237

◾ 消化

食物からの栄養は主に小腸で吸収され、その後、必要に応じて全身の各所に分配される。体が要求するさまざまな栄養素を適切に供給するには、多様な食品をバランスよく摂取する必要がある。

口から摂取した食べ物が、食道、胃から小腸へ移動した後も、比較的大きな食物分子をさらに小さく分解する作業は、継続して行われる。デンプンなどの大きな糖分子、タンパク質、脂肪、核酸が、主に各種の酵素の働きで分解されていく。

分解された栄養素は、主に小腸から吸収されて血流に入る。そして全身の各所に運ばれ、生体のさまざまな機能を支えるエネルギー源として利用されたり、体をつくるために使われたりする。

小腸の壁は多数の絨毛（じゅうもう）に覆われ、その表面積は約200m²にも及ぶ。絨毛の中心にはリンパ管があり、周囲には網目状に毛細血管が張りめぐらされている。アミノ酸と小さな糖分子は絨毛内で血管に入り、門脈管を通って小腸から肝臓へと運ばれる。

脂質はグリセリンと脂肪酸に分解される。これらはいずれも周囲を特殊なタンパク質で包まれた小さな球状の分子となってリンパ管に入り、続いて血流に運ばれる。

大腸の機能

小腸を過ぎると、長さ1.3mの大腸にたどり着く。消化管を通過したにもかかわらず最後まで未消化のまま残された物質は、大腸を12〜24時間かけて通過する。

大腸を通る間に、さまざまな消化液の一部として消化管内に放出された水分が回収され、腸内の物質は固さを増していく。こうして、消化の過程で使われた水分の約99％は、小腸と大腸で再吸収される。残った固形物は、便として排せつされる。

必須栄養素

人間の体には、エネルギーに変換する「燃料」や、さまざまな生合成の「原料」となる、脂肪、炭水化物、タンパク質が必要だ。

また、これ以外にも、体内ではつくることができないために、完全な形で体外から摂取しなければならない重要な栄養素が数多く存在する。一部のアミノ酸やビタミン、微量元素（カリウム、リンなど）、リノレン酸をはじめとする脂肪酸などが、これにあたる。こうした栄養素が十分に供給されない場合、栄養失調となり、身体や精神に重大な影響を及ぼすことがある。

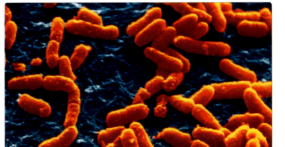
◾ 大腸菌は、人間や動物の腸管にすむ細菌だ。通常は無害だが、種類によっては毒性が強く、死亡の原因となることもある。

◾ 食物ガイドピラミッドは、健康的な食生活に適した食品を図示したもので、栄養摂取の目安として世界中で活用されている。

プロバイオティック食品

ヨーグルトをはじめとするプロバイオティック食品は、健康によいとされる成分を含む「機能性食品」の1つとして位置づけられる。プロバイオティックとは、人間が本来持っている腸内の細菌叢（さいきんそう）の働きを向上させ、免疫系を強くする作用を持つ微生物のことだ。ただし、これを医薬品と混同してはならない。

◾ 体によい働きをする細菌を含むヨーグルトは、よく知られた機能性食品だ。

糖尿病

患者数は世界中で1億8000万人。糖尿病になると、血液中の糖分を吸収する働きが損なわれる。この作用を担うのが、すい臓でつくられるインスリンだ。食事療法、経口薬、インスリンの自己注射などの治療法がある。

水分と腎臓

体内にある水分は、輸送や溶解の仲介物質として働き、また体温の調節にも役立っている。腎臓は、体内の水分平衡の調節と老廃物の排出作用で中心的な役割を果たす臓器だ。

人間の体は、全体の65〜75％が水分からなり、その割合は年齢や性別によって変化する。水分は、体外から取り込まれたり、は食物を通じて、体内に取り込まれる。水分のほとんどは腎臓経由で尿として、あるいは汗腺経由で汗として排出されるが、ごく一部は呼吸によっても失われる。

腎臓を通った後は、尿として体外に排出される。

左右一対の腎臓は、長さ約10cmのソラマメ形の臓器で、脊椎の両側、第12胸椎のあたりに位置している。

腎臓の外側は腎被膜に覆われ、内部には腎皮質と髄質がある。髄質の中にはピラミッド型をした腎錐体が16〜20個存在し、尿を排出するための穴がいくつも開いた先端を内側に向けて並んでいる。腎錐体のもう一方の端は、髄質の外側を覆う腎皮質に入り込んでおり、ここには尿の生成を担う腎単位（ネフロン）が100万個ほど含まれている。

各腎単位は、複数の腎小体からなる。腎小体の周囲は毛細血管に囲まれ、U字型に曲がった尿細管がつながっている。

腎小体は血液から老廃物を取り込み、原尿として尿細管へ送り込む。尿細管を通過する間に、有用な成分と、水分のほとんどが再び吸収され、濃縮された尿が尿管から排出される。

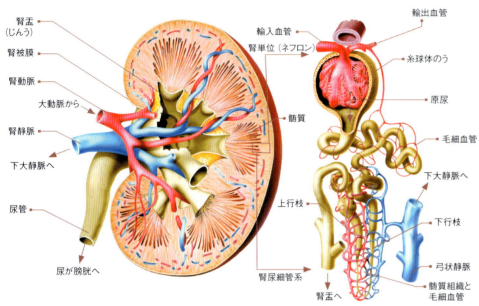

■人間の腎臓は、ネフロンと呼ばれる機能単位からなる。

腎不全の治療

腎不全の患者における腎臓移植の功率は比較的高い。最大の問題は、後の臓器提供を望む人の数が少ないことだ。

issues to solve

体内で生成したり、体から失われたりするが、体内に存在する水分の量は、常に一定に保たれている（水分平衡）。

水分は、主に飲むことによって、また一部

汗をたくさんかくなどして水分が大量に失われた場合、通常より多めの水分補給を心がけ、脱水症を防ぐ必要がある。脱水症は重症化すると失神、めまい、視力の喪失、極度の眠気、排尿量の減少といった症状が現れ、適切な治療を施さなければ死に至る。脱水症状は通常、体内水分量の2％が失われると始まり、15％を超えると命にかかわる。

腎臓

腎臓は体内の水循環を調節し、老廃物を排出する役割を担う重要な臓器だ。老廃物は通常、血流に乗って肝臓を通り、腎臓にたどり着く。

運動と水分補給

人間は、水分を十分に摂取して体内の水分量を保つ必要がある。発汗によって大量の水分が失われる運動中には、これは特に重要だ。すぐに水分を補充しなかった場合、血液が濃くなって粘度を増す。すると血液の流れが遅くなり、筋肉の細胞に十分な酸素や栄養素を届けることができなくなる。その結果、めまいや吐き気、筋肉のけいれんといった症状が引き起こされる。

■汗を大量にかいた後は、体の機能を保つためにすぐ水分補給をしなければならない。

practice

■体が1日に必要とする水分量は1.5ℓ。お茶を飲むことも水分補給の一助となる。

■ ホルモン

ホルモンは、体内の情報伝達を担っている。神経系は電気インパルスによって情報を迅速に伝えるが、ホルモンという化学的な伝達物質を介する内分泌系では、情報が伝わる速度は格段に遅い。

ホルモンとは信号伝達を行う分子であり、体内機能の調整、情報の伝達、臓器や組織への作用といった役割を担っている。この運ばれて必要な機能を遂行する。脳下垂体は特に重要な器官で、ここから分泌されるホルモンは、他の内分泌腺の働きを調節する機能を担っている。

ホルモンには、インスリンなどのペプチド・ホルモン、エストロゲンなどのステロイド・ホルモンのほか、アドレナリンをはじめとするアミノ酸からなるホルモンなど、いくつかの種類がある。

ホルモンと神経系のかかわり

ホルモンを分泌する内分泌系と神経系は、体内で情報の中継を行い、反応を促す機能を担っている。

神経系の情報伝達速度は、最高で秒速120mに及び、速い反応を主として受け持っている。ホルモンを介した情報伝達の速度は秒速数mmから数cm程度で、作用が現れるまでに時間がかかる。

神経細胞の中にもホルモンをつくるものがあり、神経分泌細胞と呼ばれる。こうした細胞は、ホルモンや神経機能の調節と統合を担う視床下部に存在する。

ホルモンの作用

ホルモン作用の仕組みは、血糖値の調節を例に考えるとわかりやすい。炭水化物を豊富に含む食事をとると血糖値が上がり、それに反応して、すい臓からインスリンが分泌される。分泌されたインスリンは、肝臓と筋肉がブドウ糖を取り込んでグリコーゲンとして貯蔵する作用を促し、その結果、血糖値を下げる。

一方、すい臓から分泌されるグルカゴンというホルモンは、インスリンと逆の作用を持っている。グルカゴンは、激しい運動時などに血糖値が低くなると分泌され、肝臓と筋肉の中にあるグリコーゲンからブドウ糖への分解を加速することによって血糖値を上昇させる。

ほか、気分、成長、生殖、代謝など、極めて多岐にわたる機能を調節するのも、ホルモンの仕事だ。

ホルモンの多くは、甲状腺、脳下垂体、すい臓といった内分泌腺から分泌される。また、胃の内壁など、一部の組織細胞もホルモンの産生を行う。通常、腺から放出されたホルモンは血流内に入り、体内の各所に

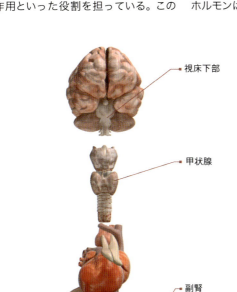

■ホルモンは、すい臓などの腺で産生、分泌される。視床下部は、ほぼすべての生体内作用にかかわりがある。

■身体活動、興奮、オーガズムの後に体内で産生、分泌される物質がエンドルフィンだ。天然の鎮痛剤とも呼ばれ、「ランナーズハイ」として知られる現象を起こす原因物質でもある。

ヒト成長ホルモン

スポーツ選手の能力増強にドーピング剤として使われることがある。ドーピングは心臓発作、糖尿病、がんのリスクを高めると言われ、死の危険をともなう。また、倫理的にも問題だ。

ホルモン剤による避妊

ホルモンを使った経口避妊薬（ピル）は、服用した女性が妊娠中であると、視床下部に勘違いを起こさせる作用を持つ。これはエストロゲンやプロゲステロンなどの多様なホルモンの連携で行われる。勘違いを起こした視床下部は、月経周期に合わせて排卵を促す黄体形成ホルモンの産生を抑える。排卵が起きなければ、妊娠することもない。

■経口避妊薬（ピル）は、妊娠中に体内に分泌されるホルモンの作用をまねるようにつくられている。

■ 神経細胞と情報伝達

外部から受けた刺激は、神経細胞によって脳へと送られる。この情報が脳で処理されると、必要に応じて、神経を経由して筋肉の収縮などの反応が促される。

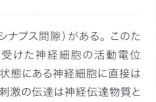

神経系の機能と構造を担う最小単位は神経細胞（ニューロン）だ。人間の体には、約1000億個以上のニューロンがある。

ニューロンの中心をなす細胞体からは、

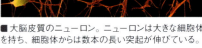
■ 大脳皮質のニューロン。ニューロンは大きな細胞体を持ち、細胞体からは数本の長い突起が伸びている。

神経細胞｜情報伝達｜脳｜脊髄

神経系

神経系は、体内の生命機能を統制するだけでなく、刺激を感じ取り、判断し、記憶することによって、人間と周囲の世界との仲立ちをつとめている。神経系には、脳と脊髄からなる中枢神経系と、全身にくまなく張りめぐらされた神経繊維からなる末梢神経系とがある。

短くて通常は非常に細い数本の樹状突起が、周囲に向かって伸びている。

軸索と呼ばれる細長い突起は、他の細胞に電気的な信号（神経インパルス）を伝達する役割を担い、周囲にさや（髄鞘）を持つものもある。髄鞘は絶縁体として働くほか、軸索に栄養を供給する。

ニューロンは、シナプスという結合部を介してつながっている。ただし、ニューロン同士は直接には触れあわず、2nmほどのわずかなすき間（シナプス間隙）がある。このために、刺激を受けた神経細胞の活動電位は、隣の静止状態にある神経細胞に直接は伝わらない。刺激の伝達は神経伝達物質と呼ばれる化学物質によって行われる。つまりここでは電気的な信号を、いったん化学的な信号へ変換して情報伝達を行っていることになる。

活動電位と静止電位

刺激の受け取りと伝達は、例えば神経細胞の内部と外部で荷電に差が生じるなどの、膜電位の変化をきっかけとして起こる。こうした作用に不可欠な要素が、細胞膜の選択的なイオン透過性と、細胞膜上に局在するイオンポンプと呼ばれるタンパク質だ。

イオンポンプは、カリウムイオン（K^+）、ナトリウムイオン（Na^+）、塩化物イオン（Cl^-）、有機陰イオン（A^-）などを輸送して、膜の内外のイオン濃度を不均等に保つ。神経細胞内のK^+とA^-の濃度は高くなり、細胞外ではNa^+とCl^-の濃度が高くなる。

細胞の内外でイオンの濃度勾配が生じていても、刺激を受けていない細胞中では、膜を通過できるカリウムイオンだけが細胞外へと拡散し、細胞外では正電荷が、細胞内では負電荷が増加する。

やがて電位は、細胞の内側がマイナスになった状態（-70～-90mV）で平衡に達する。この状態を静止電位と呼ぶ。神経細胞が刺激を受けると、細胞膜内に存在する細孔の構造が変化し、2ミリ秒間だけNa^+を通す。結果、一時的に細胞の内側が外側に比べてプラスの状態となる（脱分極）。続いてK^+が再び外へ流出し、Na^+の拡散によって生じた電気的勾配を補う。こうしてNa^+の流入とK^+の流出が起きている間に、膜電位が+30mVに達し、神経インパルスが生じる。この一瞬の膜電位の変化を、活動電位と呼ぶ。

■ 神経系は、人間の運動能力をつかさどる。神経系がひどく傷つけられると、麻痺が起こる場合もある。

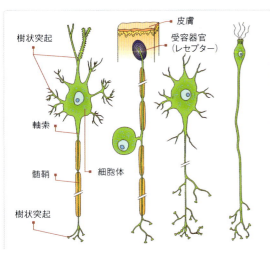
■ さまざまな神経細胞：（左から右へ）大脳皮質、脊髄神経節、自律神経系、嗅粘膜の感覚細胞。

▶ p.421（21世紀の数学）参照

ニューロン

長さ1μmから1m超まで、シナプス数は1本に最大万個。神経インパルス速度は、最高で秒速120mだ。

脳と脊髄

人間の脳は、驚異的なまでに複雑な器官で、体内に入ってくるすべての情報の統合を担っている。脊髄では、体と脳の間の情報のやりとりが行われる。

神経生物学者たちは長年にわたり、人間の脳を理解するためにさまざまな努力を続けてきた。脳という臓器は極めて高性能で、神経系を通じて届けられるあらゆる知覚情報の処理を担っている。脳の組織は、神経細胞とグリア細胞からなる。脳は、頭蓋骨やその内側を覆う膜、また髄液などによって守られている。

脳の構造

脳は左右対称の構造を持ち、左半球と右半球の間は神経繊維によって接続されている。脳の左半球は言語や分析的な思考をつかさどり、右半球は直感的・視覚的な情報を処理する。脳の外側を覆っているのが、手の小指ほどの厚さの大脳皮質で、ここにはニューロンが最も密に集まっている。大脳皮質に見られる多くのしわは、脳の表面積を増やし、その機能を向上させている。大脳皮質は、意識、知覚、思考、感情、行動をつかさどる大脳の一部だ。大脳はいくつかの葉に分かれ、それぞれが特定の機能を担っている。

間脳と呼ばれる部位は、感覚器官と大脳との仲立ちとして働き、不必要な情報をふるい落として脳の負担を軽減している。体内の水分量、体温、日周リズムなどの調節も、間脳の役割だ。間脳の一部では、重要な体内機能を担うホルモンがつくられている。間脳の下には中脳がある。中脳は脳の交換台とも呼ぶべき部位で、脳の各部位への情報転送を担っている。

頭の後部に位置する小脳は、体の動きを調節する役割を担い、内耳と共に体の平衡を保っている。小脳につながっているのが延髄だ。延髄はものを飲み込む、吐き出すといった反射にかかわる神経を統御し、また心臓の動き、呼吸、循環の調節に役立っている。

中枢神経系の一部をなす脊髄は、脳幹から出て脊柱を通り、腰まで続いている。脊髄からは、等しい間隔をおいて多数の神経繊維の束が伸び、脊柱内ではこれらが合流して脊髄神経を形成している。脊髄の神経細胞は、全身各所や中枢神経系から送られる信号の転送を担っている。

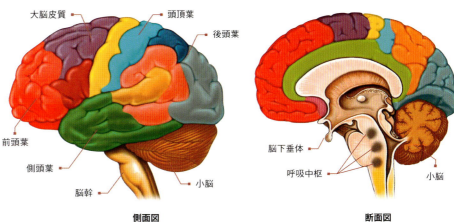

側面図 / 断面図

■ 大脳皮質を構成する灰白質には深いしわが刻まれ、機能別にまとまって配置されている。運動皮質は骨格筋を統御する。感覚皮質は見る、聞くといった感覚を処理する。大脳連合野は情報を統合する部位で、すべての情報を集めて高次の処理を行う。

痛み

痛みは体が発する警告シグナルだ。皮膚に多数存在する痛点などの神経系の受容システムは、刺激を受けるとその情報を脳と脊髄に伝達する。これにより、体を痛みから守るための反射が起こる。例えば、熱いコンロに触れた手をすばやく引っこめるといった行動だ。脊椎動物の多くは、生命維持に不可欠なこうした痛みの伝達システムを備えている。

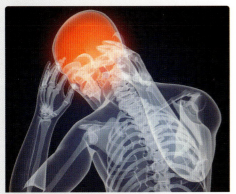

■ 痛みを感じた人は、体に受けるダメージを和らげようと、普段とは違った行動をとる場合がある。

basics

脳の性差 成人女性の脳は約1200gで、成人男性の脳は約1300gだ。ただし、脳のひだ（脳回）の数は女性の方が多い。

脳の重さ 人間の脳の重さは体重の2%ほどだが、使用する血液量は全体の20%にのぼる。

■ 脊髄は、灰白質と白質からできている。中央部の灰白質は神経細胞からなり、チョウのような形をしている。その周囲を神経繊維からなる白質が包んでいる。

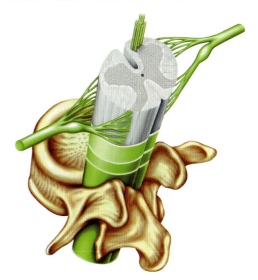

■ 目

目は人間にとって特に大きな意味を持つ器官で、光の情報をもとに周囲の重要な情報を私たちに伝えてくれる。目はものの形や色を把握し、動きを感知する。

目｜耳｜鼻｜舌｜皮膚

感覚器

感覚器は、私たちに外界の情報を供給してくれる。視覚、聴覚、嗅覚、味覚、触覚が主要な5つの感覚（五感）とされてきたが、近年ではこれに加え、生体や臓器の内部にみられるレセプター（固有受容器）も、感覚器官に含められるようになってきた。固有受容器は、体内で刺激の伝達を担う器官だ。

人間の目は全体が球形をしており、中は3つの部分に分かれている。眼球の外側は、強膜という丈夫な膜に覆われている。強膜の前方は、光を強力に屈折させる透明な角膜とつながっている。強膜の内側には、網膜と脈絡膜がある。目の前部には、液体で満たされて光を屈折させる前眼房があり、その後ろに虹彩と瞳孔が控えている。

虹彩は、物体が反射した光を網膜の感覚細胞の上に集める。網膜の上にはこの光が、実物と同じだが、より小さく、また上下がさかさまになった像を結ぶ。光は網膜に届く前に、硝子体液と呼ばれる液体に満たされた大きな硝子体腔を通り抜ける。硝子体液は強膜と共に、目の形状を保つ役割を担っている。網膜に届いた光は、感覚細胞によって電気的な信号（神経インパルス）に変換され、視神経を通って脳の視覚中枢へと届けられる。目の色は、虹彩に含まれる色素によって決まる。

焦点調節力と順応

目の焦点を合わせる際には、水晶体の屈折力の調節が行われる。遠くを見ると水晶体は平たくなり、近くをみると厚みと丸みを増す。こうした変形が可能なのは、水晶体に伸縮性があるためだ。物体までの距離がさまざまに変わってもピントを合わせるこの能力を、焦点調節力と呼ぶ。

さらに目は、明るさの違いにも対応できる。この作用を順応と呼ぶ。明るい場所では、虹彩の筋肉が収縮することにより、瞳孔が小さくなる。暗い場所では瞳孔が広がり、より多くの光を網膜に届ける。

空間把握には、左右の目と、脳の視覚野の働きがかかわっている。右目と左目それぞれがとらえた像には、両目が互いに離れていることが原因で微妙なずれが生じる。つまり、右目と左目には異なる像が映っていることになり、この像がどちらも視覚野に送られる。視覚野は、目の位置や調節力を計算に入れつつ、奥行きのある立体的な映像をつくり出す。

色覚

網膜には、かん体と錐体と呼ばれる2種類の光受容体（視細胞）がある。感度の高いかん体は明暗を、錐体は色を感知する。錐体には3種類あり、それぞれ緑、赤、青色の光を吸収する。その他の色はすべて、脳が計算に基づいて認識する。暗い場所では錐体は働かず、かん体だけで見るため、灰色の濃淡のみが認識される。人間の目は、380〜780nmの波長の光を見ることができる。

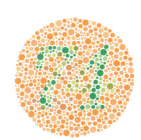

■色覚障害は、少なくとも1つの光受容体の機能不全によって起こる。

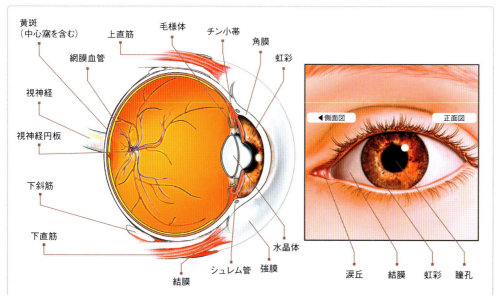

■視覚は通常、あらゆる感覚の中で最も支配的な力を持つ。私たちの認識のおよそ70〜80%は、目で見たものによって影響を受けている。

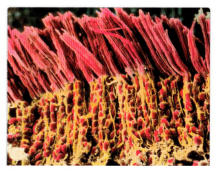

■かん体と錐体は網膜にある特殊な視細胞で、視覚色素を含んでいる。

耳

動物たちは鋭敏な聴覚を持ち、狩りや防御に生かしている。
人間の場合、聴覚は主に互いのコミュニケーションのために使われる。

人間の耳は、外耳、中耳、内耳という3つの部位に分かれている。

外界に接する部分である外耳は、耳殻、耳道、鼓膜からなる。鼓膜は、外耳と内耳とを隔てている。耳道には微細な毛が生えているほか、耳あかを分泌する腺があり、耳をちりやほこりから守っている。

中耳にある耳小骨は、人体では最小の骨とされる3つの骨、つち骨、きぬた骨、あぶみ骨からなる。それぞれの耳小骨は互いにつながっていて、鼓膜とも連絡している。

中耳とのどを結ぶ通路となっているのが耳管で、中耳の内圧と外の気圧とを等しく保つ働きを担う。

リンパ液に満たされた内耳には、半規管と、カタツムリに似た形をしたうずまき管（蝸牛（かぎゅう））がある。うずまき管は実際に音を感じとる器官で、ここには聴細胞（有毛細胞）が集まっている。半規管と前庭は、体の平衡を保つのに役立っている。

音（空気の振動）が耳に届くと、鼓膜がふるえる。この振動は耳小骨によって増幅され、中耳と内耳の間にある卵円窓という膜を介して、内耳のうずまき管内のリンパ液へと伝えられる。リンパ液の振動は、うずまき管の聴細胞に備わった微細な感覚毛を通して感知され、聴神経から脳へと伝えられる。

平衡感覚

体の傾きや回転を感じ、平衡覚をつかさどる器官は内耳にある。回転運動を感じる半規管と、体の傾き（重力の方向）を感じる前庭で、内部はともにリンパ液で満たされている。

前庭では、卵形のうと球形のうの感覚細胞が、体の傾きや重力の方向、直線運動を感じとる働きをしている。感覚細胞は、炭酸カルシウムの結晶（平衡石）を含んだゼリー状の膜に表面を覆われている。体の動きに応じて平衡石と膜が動くと、これに接した感覚毛が曲がり、感覚細胞を興奮させる。互いに直交した3つの半規管では同様に、感覚細胞が回転運動を感知する。こうして回転運動と姿勢を感じることで、平衡感覚が保たれている。

騒音による難聴

人間の耳は過剰な騒音に敏感だ。85デシベルの音でも恒常的なら難聴の原因となりうる。車の騒音は約80デシベル、削岩機の音は約110デシベルだ。音楽のコンサートでは、聴衆は最高120デシベルの音にさらされる。ひどい騒音の中にいれば、時間の長短によらず難聴になる危険がある。

■携帯用音楽プレイヤーの継続的な使用が原因で、回復不能な難聴になることもある。

絶対音感

音だけでその音程を聞き分ける能力のこと。統計によれば、絶対音感を持つ人は1万人に1人だ。

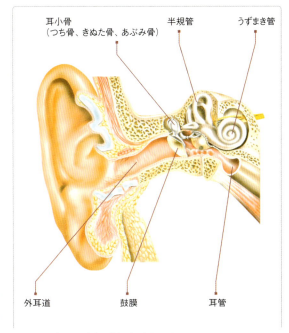

■聴覚は最初に発達する感覚だ。人間の耳は、20～2万ヘルツの音を聞くことができる。

■人が姿勢を保てるのは、平衡感覚のおかげだ。私たちはこの感覚によって、方向（上下）、傾斜の角度、頭部の回転を感知する。

鼻と舌

嗅覚と味覚は、互いに密接な関係を持っている。
このことは例えば、かぜをひいたときなどに実感できる。ほかの部分は健康でも、嗅覚の働きが鈍っていると、おいしい食事も味気なく感じてしまうのだ。

■人間は、蒸発した物質を空気と共に吸い込むことによってしかにおいを感知できない。つまり、対象となる物質は気体である必要がある。

鼻腔の奥の上方にある嗅上皮は、においを感知する機能を担う。嗅上皮を構成するのは、さく状の支持細胞と、その間にはさまれた糸状の嗅細胞だ。これらの細胞の基底部から細長く神経繊維が伸びている。

嗅細胞には繊毛が生えている。この繊毛がにおいの元であるガス状物質を受け取り、同時に電気的な信号（神経インパルス）を発生させる。神経インパルスは嗅球を通って脳の適切な部位へと送られる。

嗅上皮の外層は、薄い液体の膜に覆われている。液体は、支持細胞と嗅細胞の間に位置する粘液腺から分泌される。この粘液層があることで、常に空気の流れにさらされている細胞が、乾燥から守られている。嗅上皮は、呼吸によって出入りする空気の主要な通り道から少しずれたところにあるため、においの正体がはっきりわからないこともある。こうした場合、鼻からくんくんと息を吸うと、鼻の下部が閉じ気味になり、断続的な呼吸によってより多くの空気が鼻腔内にある嗅組織の付近まで運ばれる。

味覚

味覚の働きの中でも特に重要なのが、食べられるものと食べられないもの、あるいは毒のあるものを判断することだ。味を感じるのは、乳頭と呼ばれる小さな突起の上に位置する数多くの味蕾だ。味蕾の大半は舌を覆っている粘膜の上にあり、ごく一部は口の粘膜にもみられる。味蕾の中には、支持細胞に囲まれた味細胞が存在する。味細胞の下部には神経繊維がつながっていて、味の刺激を脳へと運ぶ。味蕾の中には基底細胞もあり、常に新たな味細胞を生み出している。味細胞の寿命は10日間ほどしかないため、こうした基底細胞の働きは不可欠だ。

味蕾は数千個存在するが、識別できるのは酸味、甘味、塩味、苦味といった基本的な4つの味である。

> **体臭** (basics)
> 汗、体液、分解されたタンパク質などから生じる体臭は、紋のように個人に特有で、その人が他のにおいに感じる好き嫌いの感情を左右することがある

> **苦い後味** (in focus)
> 薬などの苦味のある物質を摂取すると、舌にいやな後味が残ることがある。この現象は、味蕾のある乳頭表面にくぼみがあり、そこにたまった味が洗い流されるのに、時間がかかるために起こる。乳頭の基部にあるだ液腺が常にだ液を分泌し、味蕾から古い味を洗い流して新たな味の刺激に備えている。
>
>
> ■苦味だけでなく酸味もまた、刺激が強くていやな味に感じられることがある。

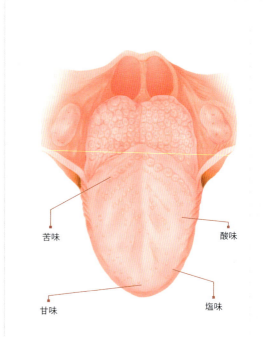
■人間の舌には4種類の味蕾（みらい）があり、それぞれが異なる味覚を感じとる。

■ 皮膚

皮膚感覚は、接触、圧力、温度、痛み、振動といった体が感じる刺激を認識する機能だ。皮膚はどこでもまんべんなく刺激を感じられるわけではなく、鋭敏なのは感覚受容器を含む特定の領域に限られている。

皮膚感覚には、接触や圧力を感じる触覚のほか、熱さや冷たさを感じる温度覚、痛みを感じる痛覚などがある。

■ゾウの皮膚は、ところによっては2cmを超す厚みがあるが、その割には鋭敏だ。

接触などの機械的な刺激を感じ取る受容器は、全身の皮膚にさまざまな密度で配置されている。例えば、指先や唇といった部位には多くの触覚受容器が分布するが、背中や腕、太ももにはごくわずかしかない。機械刺激に対する受容器には、多様な種類がある。メルケル触盤やマイスナー小体は、皮膚の形状が変化した際に刺激を受ける。パチニ小体は特に指先に多く分布し、圧力や振動に反応する。

熱や冷たさを感じる温度受容器は、温度に関する外界からの刺激を受け取って伝達するだけでなく、体温の調節においても重要な役割を果たしている。この受容器は顔に多く存在し、とりわけ口の周辺には、ほぼすき間なく分布している。

温度感覚には、熱を感じる受容細胞と冷たさを感じる受容細胞がかかわっている。前者は高い温度の刺激を受け取り、後者は低い温度の刺激を受け取る。このため、人はある温度の水に触れたときに、その水に触れる前に皮膚がさらされていた温度によって、温かいと感じたり冷たいと感じたりする。

痛覚

人間の体には、侵害受容器と呼ばれる、痛みを感じる器官がある。侵害受容器は先が枝状に分かれた神経細胞で、皮膚の内部に位置する先端部分から中枢神経へと、痛みの刺激を伝達する。

例えば、打ち身や切り傷、やけどなどで組織が傷つくと、刺激を受けた細胞が情報伝達物質を出し、これによって侵害受容器の反応が促される。

■皮膚は人体で最大の器官であり、体を守るバリアとしての役目を担う。乳幼児の皮膚は特に敏感だ。

> **basics**
> **痛みを感じない体** わずか1つの突然変異で、痛みに鈍感になってしまうことがある。パキスタン北部に住む6人の子どもたちに起きたのが、この変異だった。痛みを感じないと、体に重要な警告機能が損なわれることになり、何人かは骨折しても気づかずにいた。

> **in focus**
> ### 点字
> 触覚は人間で最も未発達な感覚だが、例えば視覚障害者が点字を覚える場合のように、訓練によって非常に高度な機能を果たせるようにもなる。点字は、幼いころから全盲であったルイ・ブライユ（1809～1852年）によって1825年に考案された。ブライユが発明したのは、6つの点で構成され、指先で触れることによって読める文字だ。
>
>
> ■ブライユ式点字は、中国語を含むさまざまな言語で採用されている。

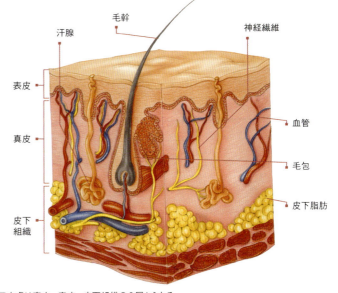
■皮膚は表皮、真皮、皮下組織の3層からなる。皮下組織には、特殊な細胞や構造が多数含まれる。

■ 細胞の種類とリンパ系

細胞レベルで免疫系を支える要素としては、数種類の白血球、体液性免疫にかかわる抗体など3つの血清タンパク質群、リンパ器官を含むリンパ系が挙げられる。

白血球は、病原体への攻撃で中心的な役割を果たす。骨髄の造血幹細胞から産生され、体内を自由に動き回れるこの細胞は、血管の壁を通り抜ける能力を持っている。

細胞の種類 | リンパ系 | 免疫反応

免疫系

免疫系は、外来の異物や病原体から人体を守る役割を担う。免疫系には2つのタイプがある。1つは先天性の非特異的免疫で、例えば体内に侵入した病原菌に対する強酸性の消化液（胃液）や血液中や組織内の白血球（マクロファージ）による防御がこれにあたる。もう1つは特異免疫と呼ばれるもので、特定の病原体に対して後天的に獲得される免疫だ。

白血球には主に2種類がある。1つめは顆粒球とマクロファージ（単球から生じる細胞）で、細菌などの異物を細胞内に取り込む食作用によって、非特異的免疫反応にかかわっている。2つめはリンパ球で、B細胞とT細胞がある。リンパ球の寿命はさまざまで、

■画像処理を施した幹細胞の顕微鏡写真。ほぼすべての多細胞生物は幹細胞を持っている。

T細胞の中には最大で500日間も生き、記憶細胞として機能するものもある。これらは一度退治した感染症の病原体を「覚えて」いることから、この名で呼ばれている。

3つの血清タンパク質群も、免疫系を支えている。これらはそれぞれ抗体（免疫グロブリン）、サイトカイン、補体タンパク質と呼ばれる。抗体はリンパ球のB細胞によって産生され、定常領域と可変領域から構成される。同じタイプの抗体同士はまったく同じ定常領域を持ち、抗体の機能特性は、この定常領域によって決まる。可変領域は、例えば細菌が持つ特定の表面構造などを手がかりに、抗原を認識する働きを担っている。

サイトカインは情報伝達物質で、免疫系の細胞からも、それ以外の細胞からも分泌される。その役割は、免疫反応の活性化と調節だ。

補体系も、細胞を破壊する機能を持った生体防御機構だ。補体系は複数の血漿タンパク質で構成されていて、30種類以上の成分とネットワークを形成している。

リンパ系

リンパ系はリンパ管、1次リンパ器官（骨髄、胸腺など）、2次リンパ器官（脾臓、リンパ節など）から構成される。

リンパ器官は、免疫細胞の産生と貯蔵、リンパ節によるリンパ管の調節、脾臓による

■リンパ系は、免疫系において主要かつ重要な役割を担っている。

血液循環の調節という役割を担う。リンパ管の密なネットワークは全身に広がり、リンパ液の回収を行っている。

扁桃腺の役割

扁桃腺は、痛みがあるときは別として、誰もが普段はその存在すら忘れている。だが、この地味な器官にも役割があり、免疫系に重要な機能を果たしている。口蓋扁桃、咽頭扁桃、舌扁桃はいずれも、口や鼻から入ってくる病原体を認識し、免疫系の反応を促す。数十年前には予防的な理由で扁桃腺を切除することは一般的な処置であったが、現在では、より慎重に行うべきだと考えられている。

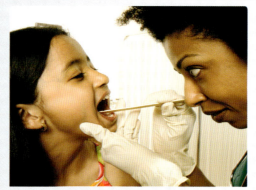
■扁桃腺が炎症を起こしてはれた場合、切除手術が必要になることもある。

■ 免疫反応と病気

有害な細菌やウイルスなどは常に私たちの身の回りに存在し、ときに健康を害したり、病気を引き起こしたりする。人間の体には、身を守るための免疫系が備わっている。

　免疫系の役割は、不要となった細胞や病原菌などの異物を認識し、特異的な防御機能と非特異的な防御機能を駆使してそれらと戦うことだ。

　最初の防衛線としては、人体に生まれつき備わった、各種の非特異的な防御機能（受動免疫）がある。例えば皮膚や、あるいは消化管・呼吸器・生殖器の表面を覆う粘膜は、たいていの細菌、ウイルス、寄生虫に対する化学的な防御機能を備えている。皮膚表面の死んだ細胞は、皮脂腺から分泌される皮脂と共に、種々の危険な微生物への有効なバリアを形成している。粘膜から分泌される酵素と抗菌性タンパク質も、細菌の侵入を阻止している。

　免疫系の特異的防御機能（能動免疫あるいは獲得免疫）は、いわばオーダーメイドの防御で、リンパ球のＢ細胞とＴ細胞が、侵入した外来細胞の表面にある抗原を異物であると認識したときに発動する。

　感染を起こすと、抗体がつくられ、特定の病原体に対する防御態勢が敷かれる。外来細胞は攻撃を受け、白血球の一種であるマクロファージによって消化される。感染にともなって起こる炎症や熱は、抗体の産生と体を守るマクロファージの放出を促進し、結果的に体の回復を早める。

■くしゃみは、ほこりなどの異物を鼻から排出しようとして起こる反射的な運動。

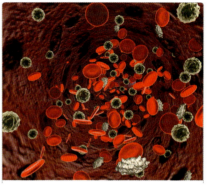
■体内の防御に携わる細胞は、血流やリンパ系を通って全身をめぐり、体内組織の中にも見られる。

エイズ

エイズ（AIDS＝後天性免疫不全症候群）は、ヒト免疫不全ウイルス（HIV）が原因で起こる病気だ。HIVは、血液、精液、膣分泌液、母乳などの体液中に入り込む。治療法の研究は進んでいるが、完治できる特効薬はまだない。性行為を安全に行うなど、感染予防がエイズに対する最大の防御だ。

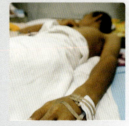
■エイズにかかると免疫系が攻撃されて体の防御機能が低下し、がんや感染症のリスクが増す。

in focus

初感染

　感染性微生物が初めて体内に入ると（初感染）、免疫細胞が病原体を取り込み、分解した断片を細胞表面に提示する。これによって、特異的な防御に携わる細胞の産生が促される。防御を行う細胞は、侵入者を食作用によって消化するか、活性酸素によって殺そうとする。

　病原体が放出する化学物質や、表面にあるタンパク質の目印（抗原）を手がかりに、病原体を見分けることを覚えた免疫系は、侵入者に結合する抗体をつくるようになる。初感染の後、抗体と記憶細胞は体内に残り、同じ病原体による感染が再び起こった場合に、免疫系がすみやかに病原体を認識し、効率的に戦うための手助けをする。

ワクチン

接種により、特定の病気の感染を防ぐ効果がある。能動免疫法では、弱らせた病原体を注射することで抗体の産生を促す。受動免疫法では、必要な抗体を含む血清を投与する。

basics

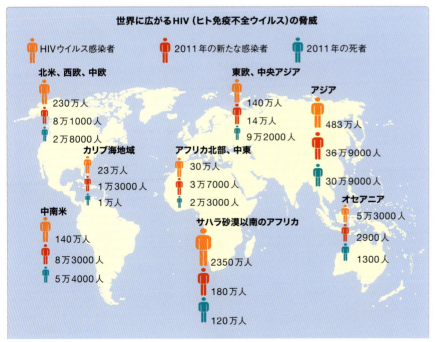
■HIV感染者の推計値。ウイルスの感染について広く理解されている国においても少なくない。

世界に広がるHIV（ヒト免疫不全ウイルス）の脅威

HIVウイルス感染者　2011年の新たな感染者　2011年の死者

北米、西欧、中欧
230万人
8万1000人
2万8000人

東欧、中央アジア
140万人
14万人
9万2000人

アジア
483万人
36万9000人
30万9000人

カリブ海地域
23万人
1万3000人
1万人

アフリカ北部、中東
30万人
3万7000人
2万3000人

中南米
140万人
8万3000人
5万4000人

サハラ砂漠以南のアフリカ
2350万人
180万人
120万人

オセアニア
5万3000人
2900人
1300人

生物学

進化	138
進化年表	140
生命の起源	146
細胞	148
化石	156
地質年代	158
進化の要因	166
生物の分類	168
微生物	170
細菌	172
ウイルス	174
原生生物	176
植物と真菌	178
形態と生理機能	180
種子を持たない植物	184
種子植物	188
真菌	192
動物	194
無脊椎動物	196
脊椎動物	202
ほ乳類	206
人間	218
人体の構造と機能	220
生殖と発生	226
解剖学的構造	230
代謝とホルモン	236
神経系	240
感覚器	242
免疫系	246
遺伝と遺伝形質	248
遺伝	250
遺伝子が引き起こす病気	254
遺伝子工学	256
動物行動学	258
動物行動学	260
行動パターン	262
生態学	268
個体における生態学	270
個体群	272
共生の種類	274
生態系	276
物質の循環	278
人間が環境に与える影響	280

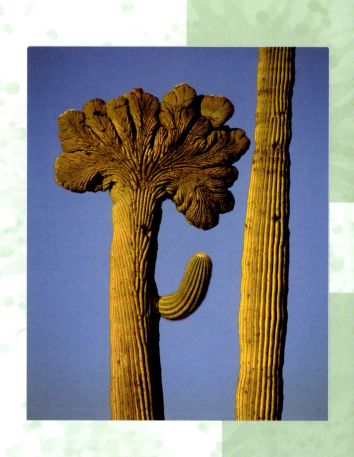

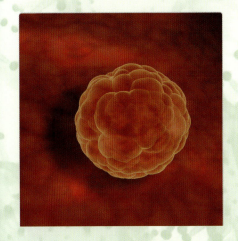

遺伝と遺伝形質

　今からおよそ150年前、オーストリアの神父グレゴール・メンデルが、遺伝のしかたに規則性があることを初めて発見した。この基礎的な発見以来、生物の遺伝子の機能と構造について、数多くの謎が解き明かされてきた。比較的短い年月の間に、人類は遺伝子の本体とその発現、突然変異、遺伝性疾患などのメカニズムの解明に取り組み、分子レベルでの作用原理について、多くの貴重な知見を蓄積してきた。

　現在では、細菌から人間まで多種多様な生物を対象に、特定の遺伝子に的を絞って操作することもできるようになった。こうした遺伝子工学の技術を応用することで、例えば、遺伝子を組み換えた微生物を使って、インスリンをはじめとする有用物質をつくらせるなど、新たな可能性も広がっている。

　一方で、遺伝子工学の成果が環境や生物にもたらす長期的な影響は不明のまま応用が進んでいるなど、危険な側面もある。私たちは、遺伝子操作の倫理性という根本的な問題に直面している。

遺伝子

遺伝情報を保持しているのは遺伝子だ。人間の遺伝子は、DNAとタンパク質でできた染色体上に存在する。遺伝情報は、DNAを構成するヌクレオチドの、塩基の並び方（塩基配列）によって表されている。

遺伝子とは、染色体に含まれるDNA（デオキシリボ核酸）（p.150参照）の機能的な単位で、個々の遺伝子は特定のタンパク質の合成に必要な情報を保持している。

真核生物では、遺伝情報の大半は核の中に存在する。また、細胞内でエネルギーを生産し「発電所」の働きをするミトコンドリアや、植物の葉緑体の内部にも、独自の小さな遺伝子がある。

原核生物の場合、DNAは通常、ひとつながりの環状分子として細胞質の中にある。細菌の多くは、プラスミド（非染色体性の小さなDNA分子）も持っている。プラスミド上の遺伝情報は通常、生存に必須ではないが、毒素の産生、炭水化物の分解、抗生物質への抵抗性などに関係する遺伝子を含む場合がある。このため、プラスミドを通じて遺伝的付加価値を獲得した細菌が、生存競争において優位に立つことも多い。

生物の遺伝子型（個体が持つ遺伝子の組成）は、遺伝子に含まれる、こうしたすべての遺伝情報によって構成されている。生物に実際に見られる形態や性質は、表現型と呼ばれる。これは遺伝子型と、内部環境や外部環境との相互作用で形成されるので、まったく同じ遺伝子型を持つ生物同士でも、常に同じ表現型を持つわけではない。

人間のように、2組の染色体を持つ生物（2倍体）は、同種の染色体をそれぞれ2本ずつ持っている（相同染色体）。したがって、同種の遺伝子も2つずつ存在する。対になった同種の遺伝子を対立遺伝子といい、人間の場合は各遺伝子について、それぞれ2つの対立遺伝子を持っていることになる。

ある個体の、対立遺伝子におけるヌクレオチドの塩基配列が同じである場合はホモ接合体と呼ばれ、異なる場合はヘテロ接合体と呼ばれる。対立遺伝子が3種類以上あるものは、複対立遺伝子という。ある遺伝子についてヘテロ接合体である個体の表現型には、通常は、2つの対立遺伝子のうち優性な遺伝子の形質が現れる。表現型に現れないほうは、劣性遺伝子と呼ばれる。ヘテロ接合体の表現型に両方の対立遺伝子の影響が部分的に、あるいは同等に現れる場合を中間遺伝といい、その形質は2つのホモ接合体の特徴が混じったものになる。

■遺伝子は次の世代へと伝えられ、家族は互いに似た外見を持つ。母と娘が似るのも、遺伝子の作用だ。

遺伝子 | 遺伝の法則 | 転写 | 翻訳

遺伝

生物の形態や性質（形質）が子孫に伝わる現象を遺伝といい、その仕組みの解明を目指すのが遺伝学だ。この分野は、遺伝という現象がどのように起きているか、その法則や様式を主に対象として扱う古典遺伝学と、親から子へ形質が受け継がれていく遺伝のプロセスで、分子レベルではどんなことが起きているかを研究する分子遺伝学とに分けられる。

■ヒトゲノムの研究室で、紫外線をあててDNA鎖の解析結果を読み取る様子。

▶ p.298（核酸：遺伝子の構成要素）参照

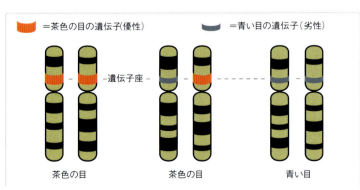
■茶色の目と青い目、両方の対立遺伝子を持つ人の場合（中央）、茶色の目の遺伝子が優性であるため、その人の表現型、つまり見た目には、茶色の目が現れる。

遺伝の法則

古典遺伝学では、生物が子孫に遺伝子を伝えていくときの法則や様式を研究する。世界で最初の遺伝学者メンデルは、19世紀に遺伝の法則をまとめ上げた。

メンデルが行ったのは、花の色や豆の形など数種の形質のみが異なる、ホモ接合体のエンドウを用いた実験だ。人工受粉によってさまざまな種類をかけ合わせ、その観察記録をもとに統計的な分析を試みた。

得られた分析結果には規則性が認められ、メンデルはそこから3つの法則を見いだした。これらは現在、メンデルの法則として知られている。

形質の遺伝

同種の生物のホモ接合体の間で、例えば花の色が白いものと赤いものといった形で、互いに形質が1つだけ異なっているとする。両者をかけ合わせると、第1世代（雑種第1代、F1）では、すべてに同じ形質が現れる（優性の法則）。従って、メンデルの実験ではすべてのエンドウが赤い花をつけた。親世代の性を逆にしてかけ合わせても結果は同じで、白い花のめしべと赤い花の花粉をかけ合わせても、またそれを逆にしても、結果は変わらなかった。2つ目の対立遺伝子（白い花）は、失われてしまったわけではなく、F1世代の遺伝子型に伝えられている。花の色という形質は、2つの対立遺伝子それぞれの中に存在し、そのうち優性の形質によって表現型が決まる。この事実を確かめるには、ヘテロ接合しているF1の個体同士を掛け合わせてみるとよい。次に生まれる第2世代（F2）では、それぞれの形質が3：1（優性・劣性交雑の場合）、あるいは1：2：1（中間交雑の場合）の割合で現れる。これは分離の法則によって生じる現象で、2つの対立遺伝子が、別々の配偶子に1つずつ分離して入ることを意味している。

複数の形質の遺伝

異なる形質（遺伝子）を複数持つ個体同士をかけ合わせる場合、それぞれの遺伝子は独立して伝えられる。このように、異なる種類の遺伝子が互いに影響しあうことなく、ランダムな組み合わせで配偶子に分離されることを、独立の法則と呼ぶ。ただし、独立の法則が成り立つためには、それぞれの遺伝子が異なる染色体上にあるか、同じ染色体上にあっても、自由に組み換えが起こる程度に遠く離れていなければならない。

生物の遺伝制御

キイロショウジョウバエは、遺伝子の研究にうってつけの生物だ。このハエは、遺伝子の変異が目の色や翅（はね）の形などに現れるため、外見から簡単に確認できる。また、ゲノムがわずか8本の染色体からなり、だ液腺にある染色体はとりわけ大きくて扱いやすいため、遺伝物質の解析がとても簡単にできる。

■ショウジョウバエは、最もよく研究されてきた生物のひとつ。最初に研究に使われたのは20世紀初頭のことだ。

遺伝の法則の発見

オーストリア（現在のチェコ）の神父ヨハン・グレゴール・メンデル（1822〜1884年）の研究は、生前には科学界から黙殺されていた。後年、他の研究者たちが同様の発見をすると、彼の研究はまったく新しい科学の一分野となった。メンデルが研究に費やしたのはわずか12年間で、後に修道院長に任じられると、院長職に専念した。

■ヨハン・グレゴール・メンデルは、エンドウを使った実験で遺伝の法則を発見した。

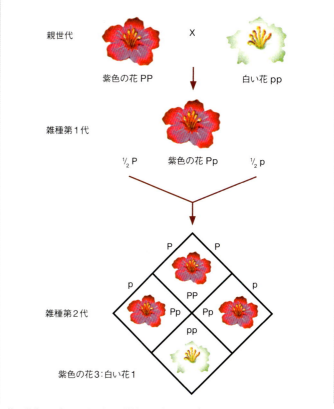

■第1世代では表面に現れない形質もあるが、その遺伝子は伝達されていて、次世代以降に低い割合で現れる。

遺伝子発現のメカニズム：転写

1遺伝子1ポリペプチド説に従えば、ある特定の遺伝子は、常に1種類のポリペプチドの生成に関与する。リボ核酸（RNA）は、遺伝情報をタンパク質に変換するうえで重要な役割を果たしている。

■赤毛や緑色の瞳は、比較的まれな遺伝子の組み合わせから生まれる。

RNAは、細胞内の細胞質や、細胞核の中に存在する。また、細胞にエネルギーを供給する「発電所」としての役割を担うミトコンドリアや、タンパク質をつくる「工場」にあたるリボソーム、植物の細胞小器官である葉緑体の中にも見られる。RNAの構造はDNAによく似ているが、（DNAのデオキシリボースとチミンの代わりに）糖のリボースと、塩基のウラシルを含んでいる。ウラシルはチミンと同様、アデニンと結合できる。

RNAは通常1本鎖だが、塩基対合によって鎖の中にループを持つことがある。RNAは、その所在や機能によって3種類に分けられる。タンパク質と共に、リボソームを構成するのがリボソームRNA（rRNA）だ。運搬RNA（tRNA）は、アミノ酸と結びつき、それらをリボソームへと運ぶ働きを担う。リボソームへと運ばれてきたアミノ酸は、伝令RNA（mRNA）の助けによってポリペプチド鎖に連結される。

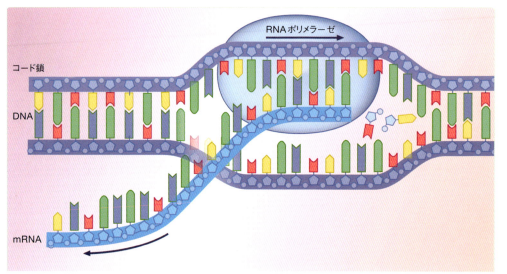
■RNAポリメラーゼという酵素が、1本になったDNA鎖の塩基配列に対応する塩基を持ったRNAヌクレオチドを順に1つずつつなげることで、mRNAの1本鎖を伸ばしていく。特定の場所までくるとmRNAはDNAから離れ、DNAは再び結合して2本鎖に戻る。

転写

mRNAは、DNAの情報を1塩基ずつ写し取ることによってつくられる。この過程を転写と呼ぶ。写し取った遺伝情報をmRNAがリボソームへ運ぶと、それをもとにタンパク質がつくられる（タンパク質の生合成）。

転写の際にはまず、これから読み取る遺伝子が存在するDNA領域の、相補的2本鎖間の水素結合が切れて、DNAが1本鎖になる（転写開始）。これにより、遺伝情報をmRNAへと写し取れるようになる。開始点（プロモーター）では、1本のDNA鎖に、相補的な塩基を持った遊離状態のRNAヌクレオチドが結合し、転写が始まる。その結合を促すのがRNAポリメラーゼだ。この酵素はDNA鎖にそって少しずつ移動しながら、相補的な塩基を持つヌクレオチドを1つずつ、リボヌクレオチド鎖につないでいく（伸長）。

DNAはこのとき、1本鎖のRNAを合成するための鋳型としての役割を担っている。やがて特定の塩基配列（ターミネーター）に到達すると、酵素は合成を中断する。完成したRNAは、再び2本鎖に戻ったDNAを離れ、タンパク質合成のために遺伝情報をリボソームへと運ぶ。

in focus

タンパク質

タンパク質は、生物の体内でさまざまな機能を担う。タンパク質の生合成では、DNAの塩基配列が特定のアミノ酸配列へと変換される。タンパク質は多数のアミノ酸からなる高分子で、アミノ酸がペプチド結合によって鎖状となっている。このポリペプチド鎖（1次構造）は、折りたたまれて独特の構造（2次構造、3次構造）をとる。

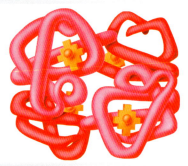
■血液色素のヘモグロビンなど、複数の鎖からできているタンパク質の構造は4次構造と呼ばれる。

basics

スプライシング

真核生物のDNAには、遺伝情報をもつ部分（エキソン）と持たない部分（イントロン）がある。転写直後のmRNAのエキソン部分だけが酵素でつなぎあわされて、活性型のmRNAとなる。

▶ p.298（核酸：遺伝子の構成要素）参照

遺伝子発現のメカニズム：翻訳

遺伝暗号はすべての生物に共通し、コドンという単位で表される。コドンの並び方によって、遺伝子がコードするタンパク質の生合成に使われるアミノ酸の配列が示されている。

DNA（p.150参照）は、4種類の窒素塩基を含む核酸から構成される。この核酸の連続した3つの塩基が1単位を形成し、1つのアミノ酸を指定している。このようにDNAの中で特定のアミノ酸をコードした塩基の3つ組（トリプレット）を、コドンと呼ぶ。コドンをまとめて示したのが遺伝暗号表で、各コドンは通常、mRNAの塩基配列として示される。暗号はほとんどの生物に共通しているが、ごく少数の生物では、違いも見られる。遺伝暗号では、3つ組の区切りを認識するための信号は存在しないが、読み取り位置がずれることはなく、それぞれのヌクレオチドのコドンとしての読まれ方は決まっている。4種類の塩基を3つずつ組み合わせるため、理論上、アミノ酸の指定に使える暗号は64種類存在する。タンパク質の生合成に使われる20種類のアミノ酸を指定しても余りが出る計算だ。このため、各アミノ酸には対応するコドンが複数存在する。

翻訳による形質発現

翻訳と呼ばれる段階では、mRNAに塩基配列の暗号として転写された遺伝情報に従ってアミノ酸が並べられ、ポリペプチド（タンパク質）がつくられる。これは、あらゆる細胞の中に存在する微粒子、リボソーム上で行われる。

タンパク質の生合成に使われるアミノ酸は、細胞内で特定のtRNA分子に結合している。tRNAとアミノ酸との結合は、アデノシン三リン酸（ATP）を用いて、また特定の酵素（アミノアシル合成酵素）の助けで行われる。

tRNA分子は、塩基同士の対合によりクローバーの葉のような形をしている。塩基の3つ組（アンチコドン）は、tRNAのループのひとつに存在する。このアンチコドンには、mRNA上の相補的なコドンと結びつく性質がある。まず、tRNA分子が自分に対応するアミノ酸を見つけて結合すると、それをリボソーム上のmRNAへと運ぶ。mRNAのコドンとtRNAのアンチコドンが対合し、アミノ酸同士がペプチド結合によって結びつく。mRNAの翻訳が終わると、新たに生成したタンパク質は、リボソームから離れていく。

1つのmRNAが複数のリボソームによって同時に読み取られることもよくある（この状態にあるリボソームを、ポリソームという）。この場合、mRNAの情報は幾度も繰り返し利用され、やがてRNA分解酵素であるリボヌクレアーゼによってポリソーム構造が分解される。

最初に読まれるコドンは、常にメチオニン（開始コドン）と決まっている。最後に現れる終止コドンには3種類あり（UAG、UAA、UGA）、これらには対応するtRNAが存在しない。

■運搬RNAは、平らに伸ばすとクローバーの葉の形をしているが、通常はL字型の立体構造をとる。

（CCA末端／アクセプターステム／Tアーム／Dアーム／アンチコドンアーム／アンチコドン）

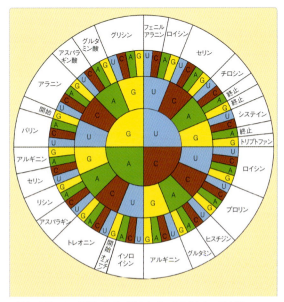

■遺伝暗号には4種類の塩基が使われる。そのうち3つが1組になった塩基配列をコドンといい、64通りの組み合わせが存在する。

リボソーム

生物の細胞中には通常、タンパク質生合成が行われる場、リボソームが存在する。リボソームは2つのサブユニットからなる丸みを帯びた粒子で、直径は約15nmあり、リボソームRNA（rRNA）とタンパク質からできている。小さなサブユニットはmRNAを認識し、大きなサブユニットは、アミノ酸同士が結合して長い鎖を形成する作用を助ける。2つのユニットはタンパク質生合成の開始時に合体し、終了時に再び離れる。

■タンパク質生合成はリボソームと呼ばれる細胞小器官の中で行われる。

酵素

生化学反応において重要な触媒分子で、反応時の活性化エネルギーを下げる。大半は、特定の基質と出合った場合に限り、特異的な働きをする。タンパク質からなるものが多いが、リボザイムという、触媒効果を持つリボ核酸もある。

■ 突然変異

突然変異には、遺伝子に変化が起こるもの（遺伝子突然変異）のほか、染色体が影響を受けるもの（染色体突然変異）、あるいはセットになった染色体の数に異常が発生するもの（ゲノム突然変異）などがある。

突然変異にはいくつかの種類がある。

遺伝子突然変異では、1つの遺伝子に変化が起こり、その結果新たな対立遺伝子が生じる。遺伝子突然変異の1種である点突然変異の場合は、DNAヌクレオチド鎖の1塩基のみが、別の塩基に置き換わるなどの影響を受ける。塩基の欠失あるいは付加が生じると、フレームシフト突然変異が引き起こされる。この場合、変化が起こった場所から後ろに続くすべてのヌクレオチドの3つ組が正確に読み取られなくなるため、元の情報がまるごと失われてしまう。

ところが、塩基が入れ替わっても情報に変化が起きないこともある。変化した3つ組がコードしているアミノ酸が、以前のものと偶然一致した場合などがそれにあたる。アミノ酸は、コドンの1番目か2番目にある塩基によって決定されることが多いため、3番目の塩基に点突然変異が起きたとしても、あまり大きな影響は出ないためだ。

染色体突然変異では、個々の染色体の構造に変化が起きる。

原因としては、分裂の際に染色体が壊れて一部が失われる「欠失」や、一部が余分にできてしまう「重複」がある。このほか、非相同染色体の間で断片の交換が起こる変異（転座）や、断片が逆向きに結合する変異（逆位）なども存在する。

ゲノム突然変異では、染色体の数に変化が生じる。体細胞分裂や減数分裂の際に染色体が分離せず、不分離という現象を起こすことがあり、その結果として異数性が生じる。

異数性とは、娘細胞の染色体数が減少あるいは増加した状態を指す。通常は2本ある相同染色体の1本が足りないものはモノソミーと呼ばれ、1本多いものはトリソミーと呼ばれる。

また、ひとそろいの染色体全体に数の変化が起きることを倍数性と呼ぶ。大半の生物は染色体を2組持ち、2倍体と呼ばれる。染色体が3組以上ある場合を多倍体という。

突然変異｜遺伝性疾患

遺伝子が引き起こす病気

突然変異とは、無作為で永続的な遺伝情報の変化を言う。
自然に発生することもあれば、紫外線などの要因によって引き起こされることもある。
多くの場合、突然変異によって生物の機能に支障が起きることはない。
しかし、ときには、がんや遺伝性疾患の原因となり、重大な障害や死を招くこともある。

■ 色素欠乏症（アルビノ）は、人間を含む動物の遺伝性疾患で、本来は皮膚、毛髪、目にあるはずのメラニン色素がまったくないか、ごく少量しか産生されない。

乳糖不耐症（牛乳を飲むとおなかを壊す症状）

遺伝学の研究から、初期の人類では、乳糖耐性が子どもの頃にしかなかったことが判明した。約9000年前、肌が白い人々の間で突然変異が起こり、生涯を通じて乳糖耐性を獲得した。その結果、彼らの子孫の多くは離乳後も乳製品を摂取できるが、アジアやアフリカの成人の中には、消化不良や不快な症状を覚える人たちがいる。

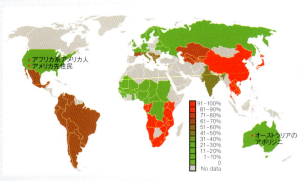

■ アジアとアフリカの一部では、人口のおよそ90％が乳糖不耐症である。西欧、オーストラリア、北米では、その割合はわずか5〜15％だ。

■ 遺伝子突然変異は、例えばサボテンの先端がとさか状になるなど、通常とは異なる形質を生むことがある。

▶ p.251（遺伝の法則）参照

遺伝性疾患

遺伝性疾患は、遺伝子の突然変異が生体に病気として現れるものだ。変異を起こした遺伝子は、生殖の過程で、メンデルの遺伝の法則に従って子孫へと伝えられる。

遺伝性疾患は遺伝子病とも呼ばれ、常染色体あるいは性染色体を通じて次の世代に遺伝する（性染色体とは性決定に関与するX染色体とY染色体で、常染色体はそれ以外のもの）。また、優性遺伝疾患と劣性遺伝疾患とに分類されることもある。

血友病

不治の病である血友病の患者は、傷口からの大量の出血を防ぐ止血プロセスに必要な、血液凝固因子をほとんど持たない。健康な人と比べて血液の凝固がなかなか始まらず、ほんの小さな切り傷も、大出血や命にかかわる症状を引き起こすことがある。血友病を発症するのは男性だけで、女性は血友病因子の保因者（キャリア）となるだけ。現在では、血液凝固因子製剤の投与など、血友病に特化した治療法も登場している。

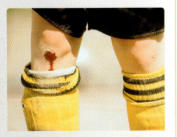

■血友病患者の体は傷の治りが遅く、出血が長時間持続する。

常染色体優性遺伝性疾患

常染色体優性遺伝性疾患とは、常染色体上の、ある遺伝子に発生した変異が原因となる病気のことで、対となったもう一方の対立遺伝子が正常であっても発症する。患者の子どもが同じ病気を持つ確率は50％で、両親がともに患者の場合は、その確率は75％になる。

対立遺伝子の双方に変異があると（遺伝子の組み合わせとしては可能）、通常その胚は出生前に死んでしまう。このため、優性遺伝疾患の保因者の多くは、変異した遺伝子と健康な遺伝子を1つずつ持っている（ヘテロ接合型）。

常染色体優性遺伝性疾患の典型的な例が、マルファン症候群だ。この病気では、対立遺伝子の欠陥によって正常な構造タンパク質が形成されない。そのために結合組織が弱くなり、心臓や血管、肺、目、骨や関節など、さまざまな器官に影響が現れる。

常染色体劣性遺伝性疾患

常染色体劣性遺伝性疾患は、ある特定の対立遺伝子の両方に変異がある場合に限り発症する。

もし対立遺伝子の一方だけに異常がある場合、もう一方の対立遺伝子がその欠陥を補う。従って、もし健康な両親からこの病気を持つ子どもが生まれたとすれば、両親が2人とも、変異した遺伝子と健康な遺伝子を1つずつ持っていたということになる。

常染色体劣性遺伝性疾患の例としては、色素欠乏症（アルビノ）や鎌状赤血球貧血が挙げられる。

X連鎖遺伝性疾患

X連鎖遺伝性疾患では、影響を受けるタンパク質の遺伝子は、性染色体であるX染色体上に存在する。

X連鎖劣性の遺伝性疾患は、両親とも健康だが、母親が変異した遺伝子を1つだけ持つ保因者（キャリア）である場合に、その息子が50％の確率で発症する。母親が正常な遺伝子を2つ持ち、父親が病気だと、娘は全員が変異した遺伝子を受け継ぐが、発病はせず保因者となる。

血友病や赤緑色覚異常は、性染色体に関連した遺伝障害で、劣性遺伝として受け継がれる。X染色体優性遺伝性疾患の例としては、遺伝性の夜盲症がある。

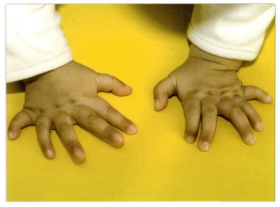

■手や足の指（趾）の数が多い多指症は、単独で発症する場合もあれば、両親から遺伝的に伝わる場合もある。

染色体異常 染色体の数が通常と異なる（数の異常）、構造が異なる（構造異常）といった状態も、遺伝性疾患の原因となる。数の異常で最も多いのは21番染色体が3本ある状態（トリソミー）で、その影響は体の奇形や知的障害として現れる（ダウン症候群）。

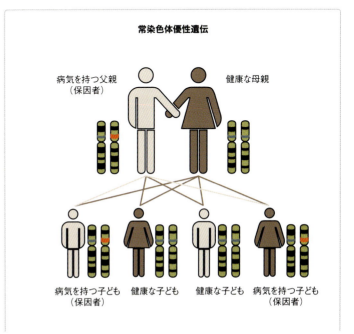

■片親のみが常染色体優性遺伝性疾患を持っている場合、その病気が子どもに遺伝する可能性は50％だ。

■ クローン技術

現代の遺伝子工学は1960年代、制限酵素の発見とともに幕を開けた。この発見により、DNA断片を選択的に増やす「クローニング」が可能になった。以来、さまざまな研究が重ねられ、遺伝子工学はさらなる発展を遂げてきた。

■米国西海岸の沿岸部に生息するホネナシサンゴの一種。これらはすべて、1つの共通した祖先から生まれたクローンだ。

遺伝子のクローニングを可能にしたのは、制限酵素（制限エンドヌクレアーゼ）の発見と解析であった。クローニングでは制限酵素を利用して、目的のDNA断片をプラスミドなどの運び手（ベクター）に組み込み、これを受け手の細胞に入れて増殖させる。

制限酵素は、特定の塩基配列の部分で核酸を切断する働きを持つ。制限酵素で処理したDNAの2本鎖の片方が、数塩基ずれた位置で切断された場合、断端部では一方の鎖が端から突き出した形となる（突出末端）。一方、2本鎖がまっすぐに切断された場合は平滑末端となる。DNAの断端は、リガーゼと呼ばれる酵素によってつなぐことができる。

遺伝子工学に必須の道具としては、このほか、バクテリオファージやプラスミドといったベクターがある。ベクターは、DNA断片を細胞に導入する際の運び手として働く。細胞への導入後は、目的のDNA断片が染色体外で増殖しているか、あるいは細胞側のゲノムに取り込まれているかを確かめる必要がある。

ポリメラーゼ連鎖反応

特定のDNA断片を増幅する、ポリメラーゼ連鎖反応（PCR法）もよく使われる手法だ。対象となるDNAは一連の反応サイクルごとに倍増するため、ごく少量の試料から、短時間で大量のDNA断片を得ることができる。これによって、染色やアガロースゲル電気泳動法を用いて、特定のDNA断片を対象とした解析や同定ができるようになった。

DNAの複製には、プライマーと呼ばれるオリゴヌクレオチドを使用する。プライマーは、試料に含まれるDNAの相補的な配列にだけ特異的に結合する。DNA依存性DNAポリメラーゼの働きによってプライマーのDNA鎖が伸びていくことで、複製がつくられる。2本鎖DNAの溶液の温度を上げると1本鎖に分かれ、冷却すると相補的な配列を持つ1本鎖同士、あるいは1本鎖とプライマーが結合する性質があり、これを利用して複製を繰り返すことができる。

クローン技術｜幹細胞研究

遺伝子工学

遺伝子工学の技術が進歩したことで、生物の遺伝情報やその生化学的な制御機構の特定部分に狙いを定め、人為的に操作することが可能になった。遺伝子やその調節遺伝子を選択的に取り出して改変し、目的とする遺伝子産物を大量に生産することも行われている。抗生物質、ヒトインスリン、モノクローナル抗体といった有用物質の生産に、こうした方法が活用されている。

---

basics

インスリンの製造

糖尿病の治療用のヒトインスリンは、かつては解体した家畜のすい臓から取された。今では遺伝子工学技術により、細菌を利用してつくられる。

■ヒツジのドリーは、1996年7月5日にスコットランドのロスリン研究所でクローンとして生まれた。体細胞からクローン化された最初のほ乳類であるドリーの登場は、遺伝学における画期的なできごとであった。ドリーは2003年、肺疾患によって6歳で死亡した。

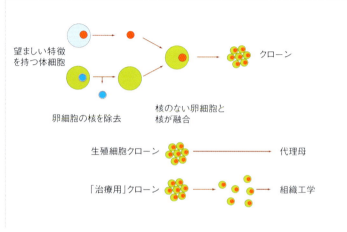

■体細胞核移植では、卵細胞の核を取り出し、望ましい遺伝情報を持った別の核を代わりに入れる。この作業によって、その後分裂で生じる細胞には目的のDNAが含まれることになり、生殖や治療に活用できる。

▶ p.344（遺伝子組み換え食品）参照

遺伝子工学　257

■ 幹細胞研究

幹細胞は未分化の細胞で、体内に存在するどの細胞の仲間にも属していない。幹細胞には大きく分けて、体性幹細胞（成熟幹細胞ともいい、成人や胎児から採取される）と、胚性幹細胞の2種類がある。

体内で行われている組織の新陳代謝や傷の修復には、新たな細胞が必要となる。これを供給しているのが体性幹細胞だ。

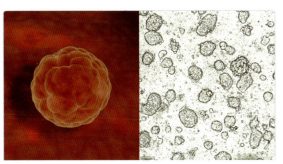

■人間の胚（左）を用いて、何百万もの幹細胞（右）を培養できる。幹細胞は、人体のどんな細胞にも分化する能力を持つ。

体性幹細胞と胚性幹細胞

例えば骨髄では常時、造血幹細胞が新たな血球を供給している。筋細胞や神経細胞を生み出す幹細胞もある。成人の体には、およそ20種類の幹細胞が存在する。

古い細胞を新たな細胞で置き換えるこの細胞の能力を、損傷した臓器の治療に活用できないかと研究が進められている。まず患者の幹細胞を採取し、それを必要な種類の細胞へと分化させて、再び患者の体内に移植するといった方法が考えられている。体性幹細胞は、胚性幹細胞に比べて分化・増殖の能力は劣るが、検査などの際に生体から直接採取できるため、倫理的な問題が生じることはない。この点で、皮膚などにみられる体性幹細胞に数種類の遺伝子を導入することで分化多能性を持たせた人工多能性幹細胞（iPS細胞）も期待を集めている。

胚性幹細胞は、発生初期段階の胚でつくられる。この種の細胞は、無限に分裂する能力を持っている。理論的には、人間の体内に存在するおよそ210種類の組織のどれにでも分化することが可能だ。この能力を多能性と呼ぶ。

試験管内でほぼ無限に増殖させることができる胚性幹細胞の産生技術は、とりわけ医療分野の開発研究に、新たな可能性の扉を開いた。

将来、心臓発作の治療はこんな風に行われるようになるかもしれない。まず患者の体細胞からDNAを取り出し、核を除去した卵細胞にそれを移植する。患者の遺伝情報を持ったこの胚盤胞は、試験管内で育てられる。そこから胚性幹細胞を取り出し、心筋組織を形成するための誘導を行う。そうしてできた組織は、損傷した組織の代わりに移植されても、体が拒絶反応を起こすことはない。

いつの日か、こうした治療用クローン技術が病気の治療に応用されるときが来るだろう。しかし、胚性幹細胞の研究に関しては、いまだにさまざまな議論が絶えない。

研究に対する規制 (basics)

ドイツやアイルランドでは、人間の胚を使って幹細胞を得るのは違法だ。人間の胚の使用を認めている他の国々も、多くの規制や条件を設けている。

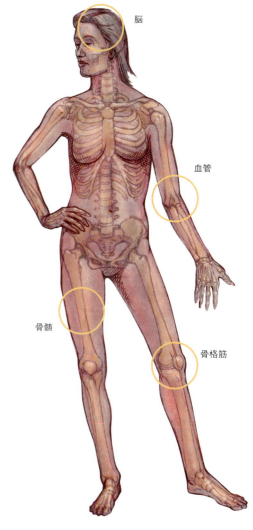

■幹細胞を再生医療に応用する研究が進めば、パーキンソン病、心臓病、糖尿病といった病気に新たな治療法が開発される可能性がある。

（脳／血管／骨髄／骨格筋）

倫理性に関する議論 (in focus)

胚性幹細胞の研究には、反対する人たちもいる。研究に用いられる胚は、人間の成長の中で極めて初期の段階（胚盤胞と呼ばれる細胞塊の状態）にあるものだが、幹細胞を得る際にそれが壊されてしまうのだ。このため、胚はどの段階で人間になり、その権利を守られるべきかが議論の的となっている。一方で研究者たちは、皮膚の細胞を操作して胚性幹細胞とほぼ同じ特性をもたせることに成功した（iPS細胞）。幹細胞研究と倫理の議論に道をひらく成果として、注目されている。

■賛否両論のある胚性幹細胞の研究について、記者会見で演説を行うジョージ・W・ブッシュ米大統領（当時）。

生物学

進化	138
進化年表	140
生命の起源	146
細胞	148
化石	156
地質年代	158
進化の要因	166
生物の分類	168
微生物	170
細菌	172
ウイルス	174
原生生物	176
植物と真菌	178
形態と生理機能	180
種子を持たない植物	184
種子植物	188
真菌	192
動物	194
無脊椎動物	196
脊椎動物	202
ほ乳類	206
人間	218
人体の構造と機能	220
生殖と発生	226
解剖学的構造	230
代謝とホルモン	236
神経系	240
感覚器	242
免疫系	246
遺伝と遺伝形質	248
遺伝	250
遺伝子が引き起こす病気	254
遺伝子工学	256
動物行動学	258
動物行動学	260
行動パターン	262
生態学	268
個体における生態学	270
個体群	272
共生の種類	274
生態系	276
物質の循環	278
人間が環境に与える影響	280

動物行動学

　動物行動学（エソロジー）とは、動物や人間の行動に関する研究だ。生物学の一分野として比較的最近になって登場した学問で、まずは客観的で再現可能な結果を得るための方法を構築することが課題となった。現代の動物行動学者たちが最も関心を寄せているのは、さまざまな行動のうち、生まれつき、つまり遺伝によって決定されるものは何で、逆に個人の経験によって獲得されるものは何かということだ。このほか、行動の理由、どのような内的および外的な要因によって特定の行動が引き出されるか、あるいはさまざまな種や社会集団において、どのような社会的交流が構築されてきたかといったことも研究の対象となっている。なお、ここで解説する行動学は、生物学的見地から行動の分析を行うもので、人の行動を心理学的に分析する学問とは異なる。

行動とは何か

古典的な動物行動学では、生き残るために不可欠な行動パターンは、その生物の遺伝子構造によって決定され、生まれつき体に備わっていると考えられている。目の表面を刺激した際に起きるまばたきのような無条件反射はその一例だ。

反射は、最も単純な生得行動だ。あらかじめ体に組み込まれており、外部からの刺激に対して無意識に実行される。例えば、風が吹いて目の表面を刺激すると、まぶたがさっと自動的に閉じる。また、ネコの瞳孔はまぶしい光を当てられるととたんに収縮する。そのほかにも鼻の粘膜をくすぐるとくしゃみが出るなど、生物が学ばずとも生まれつき持つこのような反射のことを、無条件反射という（逆に学習によって得た反射は条件反射という）。無条件反射は無意識の反応であり、意志によって抑制することはできない。この種の反射には、常にその行動を引き起こす外部からの刺激が存在する。無条件反射の多くは、生物の体を守ることを目的としており、例えば咳、吐き気、熱い物体に触ったときに体を引く行動などがこれにあたる。

解剖学的には、反射は刺激と反応の連続によって引き起こされる。この反射が起きる経路を反射弓という。反射弓は受容器から始まって中枢神経系を通り、そこから応答反応を実行する部位へとつながっている。よく知られる例に、人間のさまざまな腱反射がある。例えば、肘の内側を叩くと上腕が軽く屈曲する上腕二頭筋反射もそのひとつだ。最も広く知られているのは、膝蓋腱反射（しつがいけんはんしゃ）だろう。この反射は、膝頭の下にある膝蓋腱を軽く叩くことによって引き起こされる。膝蓋腱を叩くと大腿部の筋肉が伸び（刺激）、これが筋紡錘（受容体）を興奮させる。その興奮が求心路（中枢へインパルスを運ぶ経路）を通って脊髄（反射中枢）に届き、さらにシナプスと遠心性ニューロン（中枢から末梢へインパルスを送る神経細胞）を介して再び筋肉に伝わる。その結果、足の下部を瞬時に持ち上げる反応がうながされる。

膝蓋腱反射のようなシナプス接続個所を1つしか通らない反射のことを、単シナプス反射とよぶ。膝蓋腱反射は、脊髄およびその周辺神経の機能を検査する際によく利用される。この反射の本来の目的は、つまずいたときに体をけがから守ることだ。つまずいたとしても、足の下部がすぐに前方に出ることで転倒を防ぐことができる。

反応｜反射｜本能行動

動物行動学

動物行動学とは、生物の行動を研究する生物学の一分野だ。ここでいう行動とは、身振り、声の調子、体色の変化、においを出すフェロモンの分泌などを指す。複雑な行動パターンは一般的に、マクロなもの（生殖など）とミクロなもの（求愛行動など）とに分類できる。クジャクの雄はなぜ、美しい羽根を持つのか。渡り鳥はなぜ、毎年数千キロを超える旅を繰り返すのか。動物行動学はこうした「なぜ」を解き明かす。

カスパー・ハウザー実験

ある特定の行動が、生得的か習得的かを見極めるために行うもので、動物を社会的接触のない状態で育て、通常の行動の発達を抑制するといった方法で行う。カスパー・ハウザーとは、地下に閉じ込められ育ったという1828年に発見された孤児の名前だ。

■カスパー・ハウザーには、子ども時代の経験不足に起因すると考えられる成長の遅れがあった。

■把握反射は、6カ月以下の赤ん坊が見せる反射のひとつだ。手に何かが触れると、赤ん坊は指を閉じてそれをつかもうとする。

■網づくりは、クモが生来持っている複雑な行動パターンだ。網は1本の糸から始まって、比較的短時間で完成する。クモは、網に獲物がかかったことを振動によって感知する。

▶ p.165〈ホモ・サピエンス〉参照

動物行動学

■ 本能行動

本能的な行動、あるいは固定的な行動は、厳格で不可逆的であり、この点で反射とよく似ているが、より複雑で多様な行動を含んでいる。例えば、鳥の巣づくりやハムスターの餌の貯蔵などがこれにあたる。

固定的行動パターンは、3つの段階に分かれている。最初は欲求行動で、これは本能行動を引き起こす刺激をあてどなく求める行動だ。例えば、飢えているときに食物を探し回る行動などがこれにあたる。2つめは走性とよばれる方向性のある行動で、刺激の発生源を認め、それに近づいたり遠ざかったりする行動を指す。食物のにおいをかぐなどの行動が例として挙げられる。3つめの段階は、遺伝的に定められた固定行動パターンで、その種に特有の、一度行われれば元には戻せない行動のことを指す。やはり食物で例えるならば、食物の摂取がこれにあたる。

固定的行動パターンが起こる条件は、行動への意志（動機）、信号刺激、生得的誘発機構だ。これらの3要素はどれも、特定の行動を完遂するという目標に向かって作用するが、それらを促すきっかけとしては、さまざまなものが存在する。例えば飢餓やホルモンといった内的な因子の場合もあれば、日の長さなどの外的因子もある。固定的行動パターンが完遂されると、動機は減少する。

信号刺激とは、本能行動を誘引する刺激のことだ。また、信号刺激が同種の個体から出され、種に固有の行動様式を起こす場合、それはリリーサー（解発因）と呼ばれる。実験では、ダミーを使って、どういう刺激が信号刺激として作用するのかを確認する。多くの場合、反応を誘引するのは1つの刺激ではなく、複数の信号刺激、あるいは刺激の特殊な組み合わせだ。特徴をわざと強調したダミーをつくり、それを信号刺激として使用すると（超正常刺激）、自然の状態であり得る範疇を超えた反応が引き出されることがある。信号刺激を認識し、それを他の刺激と区別する中枢神経系の神経機構のことを、生得的触発機構という。この機構の働きによって、信号刺激に対する適切な行動が促される。

> **basics 転移行動**
> 相反する2種の動因がほぼ等しく働いている場合、どちらも実行されず、別の行動が行われること。

■ヨーロッパヒキガエルが獲物という刺激を受けた場合、一連の決まった反応が見られる。カエルはまず体の向きを変えて獲物に近づき、じっと見つめ、舌ですばやく相手を捕らえ、飲み込み、前肢で口をぬぐう。

in focus 行動連鎖

固定的行動パターンは、いくつものパターンが次々と発生する連鎖的な現象として現れることが多い。同種の生物の間で行われる一連の本能的行動を、行動連鎖と呼ぶ。イトヨの求愛行動では、雌の行動から交尾相手の次の行動が促される。

■イトヨの雌は、体を左右に振って踊るなど、互いに関連付けられたさまざまなリリーサーを使って求愛行動を行う。

■子ネコは、母親のお腹に前肢を押しつけて母乳の分泌を促す。また、爪を研いだり、獲物を追いかける行動に似た遊びも本能的に行う。

▶ p.274-275（共生の種類）参照

求愛、交尾、子育て

高等動物は、求愛、交尾、子育てをする際、特徴的な行動をとることがわかっている。こうした行動は、最適な交尾相手を見つけ、健康な子どもをつくるための助けとなる。求愛には、視覚や聴覚などによる刺激が使われることもある。

高等動物は2つの生殖細胞が合体して新しい個体を生む有性生殖という方法により子どもをつくるが、その前段階として求愛と交尾の儀式を行う。親は子どもたちに食物と保護を与え、生きるための技術や行動の仕方を教える。行動パターンは、家族などの複雑な社会構造の基盤を形成する。ときにそれは生涯続く強い基盤構造となる。

相手探し

すべての動物は、交尾相手を探し、引き付けるための独自の作戦を持っている。雄が雌の関心を引くための動作や声など（ディスプレイ行動）は、雌にとっては雄の能力、価値、交尾相手としての適性を判断するための材料となる。雌の多くは、子育てという大変な労力を要する仕事を受け持つため、それだけの投資に見合った子どもをつくれる交尾相手を選ぼうとする。求愛には、視覚的な刺激が使われることもある。オンドリのとさかやシカの枝角はこの役割を担う。このほか、鳥の鳴き声など聴覚に訴えるものや、フェロモンなど特殊なにおいを発する物質を使った方法もあり、後者は昆虫の間で多く見られる。

交尾と子育て

交尾は、雄の精子を雌の卵子に確実に輸送するために行われる行為だ。受精は体内あるいは体外で起こり、精子が卵子を受精させる。卵子から胚への成長は、大半のほ乳類の場合は母親の体内で、は虫類や鳥類の場合は母親が産んだ卵の中で進行する。

ほぼすべての無脊椎動物、両生類、は虫類にとって、子育てとは単に産卵のための場所づくり、あるいは場所の選択を意味する。産卵場所となるのは多くの場合、卵を捕食者や周囲の環境から保護してくれる穴や巣だ。多くの卵を生めば、その中からいくらかでも生き残る可能性が高くなる。それ以外の動物では、子どもたちは無力で両親に強く依存する。

求愛｜社会的行動｜敵対行動｜コミュニケーション｜生物時計｜学習行動

行動パターン

動物は、特定の刺激に対して決まった反応を示す傾向を持っている。こうした特殊な行動パターンには、同種および別種の個体間の関係を調整し、単純化する働きがある。行動パターンは、生殖、子育て、コミュニケーション、餌を与える行為、防御行動などに観察でき、体の動きや声を駆使して行われる。

■ 人間の求愛行動は複雑で、多種多様な社会的な交際や決まり事と関連している。

餌ねだり行動

餌ねだり行動は、主に無力な動物の子どもに見られる。目的は、両親または世話をやく役目を担う相手から餌や水をもらうことだ。スズメ目の鳥のヒナは、特徴的な餌ねだり行動を見せ、動きに反応して首を長く伸ばし、くちばしをできる限り大きく広げる。このときのヒナの口の形が親鳥の給餌行動を促す。

■ 餌をねだるヒナ鳥。親から餌をもらえなければ、ヒナはすぐに死んでしまう。

■ 昆虫や甲虫の交尾方法には、非常に型破りで困難なものも見られ、ときとして危険をともなうこともある。

p.267（学習行動）参照

給餌行動や社会的行動

動物の行動パターンは、集団内の交流を円滑にする役割を持っている。例えば、個体の地位、食事の順序、なわばりの境界、協調行動といった、集団生活をおくるうえでのさまざまな要素は、行動パターンによって調整される。は同時に捕食者の注意も引き付けることになる。群れでの狩猟の際には協調行動も見られ、この場合は共に戦ったすべての個体が利益を得ることができる。

同種の個体間では、互いの関係性を規定する特殊な行動パターンの存在が、社会的な交流を単純化するのに役立っている。例えば、地位と食事の順序に関する認識機構があることによって、食事のたびに激しい衝突をして貴重な時間とエネルギーを浪費するのを回避できる。

> **basics**
> **イヌ科の動物の群れ**
> 親とその子どもを中心に構成される。オオカミの雄は性的成熟すると、新たなわばりを求め群を離れる。

食事の順序

動物は、体の動きや鳴き声で自らの地位を示し、群れのメンバーもそれを認識する。地位の高い個体は、ライオンのように歯をむき出しシーと息を吐いたり、ニワトリのようにくちばしで激しくつつくなどの行動をとる。地位の低い個体は、頭を下げて目をそらすなど、服従の姿勢を示す。争いが起こるのは個体間の階級が大きく変化する場合に限られ、そのときでさえ、たいていは血を流さない象徴的な戦いになる。

集団での行動パターンは、高位の個体が、そのほか大勢の犠牲の元に利益を得るという形をとることが多い。例えば群れを支配する雄は、獲物の体のとくに栄養豊富な部位から、一番多くの肉を受け取る。また、こうした個体は通常、群れの中で生殖活動を行う唯一の雄で、数頭の雌との間に子どもをもうけて有利な遺伝子を次世代に引き継ぐ。このほか、1個体を犠牲にして群れを守るという行動パターンも存在する。マーモットは、捕食者が近づくと口笛を吹いて仲間に知らせるが、警告を発した個体

■獲物を分け合って食べるオオカミの群れ。オオカミの群れは、餌となる動物を食べ残すことはほとんどない。限られた量の食物を分けるためには、食事をとる順序が非常に重要だ。

社会的行動のうち本能的なものは一部だけで、ほとんどのものは両親や他の成体を観察し、まねることによって身につく。この事実は、孤立状態で育てられた動物を見るとよくわかる。社会的な行動パターンを学ぶ機会を持たないこうした動物には、通常と異なる混乱した行動が見られる。また、別々に育てられた双子は、遺伝子は同じであっても異なった行動をとるようになる。

■ペンギンのヒナは、生後数週間は両親への依存度がとくに高い。

> **in focus**
> ### 遊び
>
>
>
> 遊び行動は主に、ほ乳類の子どもの間で見られる。正常な行動の発達のために、遊びは極めて重要だ。動物や人間は遊びの中で、無作為な動きを試しつつ周囲がそれにどう反応するかを観察し、やがて無作為な動きとそうでない動きによる影響の違いを学んでいく。遊んでいるときの動物は、表情や体の動きによって、今が「遊びの時間」であることを示している。この信号が安全な環境をつくりだし、動物たちは、生存に必要な狩りや戦いの技術をも学ぶことができる。
>
> ■子どもたちは遊びを通じて、成体として必要な行動を身につける。

敵対行動

激しくぶつかり合う枝角。むき出しになった鋭い歯。
攻撃性を相手に見せつけるこうした行動は、動物界における重要な一要素だ。
攻撃と服従との複雑な相互作用が、動物社会の均衡を保っている。

動物行動学における敵対行動とは、戦いに関するあらゆる社会的行動のことだ。威嚇や服従など、他の生物から受ける負の影響により促される行動もここに含まれる。目的は、すみかやなわばり、食物、交尾相手といった生きるために必要不可欠な要素の確保だ。実際の攻撃のほか、ディスプレイ行動、威嚇などを含む攻撃行動と、敵をなだめる行動、服従、逃亡などに代表される防衛行動という2つの相反する要素が存在する。

■米ワイオミング州イエローストーン国有林にすむロッキー山脈ワピチの若い雄同士の戦い。ワピチの枝角と力強い前肢の蹴りは、防御手段として使われる。威嚇されると、低いうなり声と体の姿勢で対応する。

■雄のクジャクが豪華な尾羽の飾りを見せつけるのは求愛行動のひとつ。

種間および種内攻撃

攻撃性とは、外部からの要因をきっかけに生じる威嚇あるいは襲撃の意志のことを指す。種内攻撃性は同じ種の仲間（同種）を、種間攻撃性は別種の個体を対象とする。異種間で発生する攻撃性には、捕食や対補食者戦術などが含まれる。種内攻撃性は、食物などの必需品の確保を目的として生じる。

攻撃性の制御

通常、戦いの前にはディスプレイ行動や威嚇が行われる。一般的な威嚇戦術のひとつが、体を伸ばす、尾を持ち上げる、毛を逆立たせるといった行為によって体の輪郭を広げ、自分を大きく見せるというものだ。同時に、うなり声を上げるなどの音による威嚇をともなうこともある。衝突が避けられない状況に至った場合には、ストレスによる体の緊急反応に従い、攻撃あるいは逃亡が実行される。しかし、通常は威嚇行動だけで場がおさまることが多い。力の強い動物は、他の動物が服従の姿勢（尾を下げるなど）を示した場合、戦いを始めない傾向にある。なだめ行動にも強者の攻撃を抑止する働きがあると考えられ、このことは種全体にとっても重要な意味を持っている。真剣な戦いの場合は、大きなけがや死という事態も起こりえるが、儀式的な戦いにおいてはまず長々と威嚇ディスプレイが行われ、その後もけがは皆無かごく軽いものですむことが多い。きちんとしたルールがあり、目的は個体の社会的階級維持などが一般的だ。

> **なわばり行動**
> 同種の仲間から自分の領地を守るため攻撃行動。なわばりの境界は、目印や聴覚に訴える合図で定められる。

■コブラは、体を大きく見せ敵をおびえさせるため頚部の皮膚を大きく広げる。

> **階級制度**
>
> 脊椎動物の多くは、戦いを通じて形成される階級制度を持つ。この制度によって、群れは経験豊富な強い個体を長として、食料、交尾相手などをめぐる同種間の争いをほぼ完全に回避することができる。高位の個体は、低位の個体よりも繁殖を行える可能性が高い。順位付けは常に流動的で、地位をめぐる争いを通して再編成が行われる。
>
>
>
> ■ライオンの群れにおいては、最も経験豊富で強い雄がリーダーとなる。

コミュニケーション

動物間のコミュニケーションは、動物同士の社会的な交流において重要な役割を持っている。視覚や聴覚に訴える多様な合図によって、動物たちは意志を疎通し合う。固定的な行動パターンの一種には、「儀式」もある。

種内コミュニケーションの合図には、視覚に訴えるものが多い。身振り、顔の表情、体色、体のポーズなどはどれも、攻撃あるいは服従の意志を示すための指標として使われる。例えば、ミツバチは餌の発見をダンスによって仲間に知らせる。

この種のコミュニケーションの長所は迅速で直接的であることで、欠点は、使える場面が、互いの距離が近く、かつ特定の条件下（昼間など）に限られることだ。

聴覚に訴える合図としては、声やさまざまな種類の音を利用するものがある。音の合図は、なわばりの境界を守るために使われることが多い（キツツキが木を突く音など）。声を使った合図の典型的な例は、カモのヒナと親との間で交わされる鳴き声や、カエルの鳴き声などだ。化学物質を使った合図は、主になわばりの境界を定めるためのにおい付けに使われる。アリが通り道につける印や、交尾相手を見つける場合のフェロモンなどもこれにあたる（「in focus」参照）。体に触れて触覚に訴える合図は、主にほ乳類の間で見られる（霊長類が行う社会的毛づくろいなど）。

儀式

固定的な行動パターンの一種には「儀式」がある。これは、同種間でのコミュニケーションをより明確かつ効率的に行うための方法として、進化の過程で変化を遂げてきた。多くの鳥に見られる求愛ダンスもまた、こうしてでき上がった儀式のひとつ。その中には羽づくろいや巣づくりといった、別種の行動連鎖がところどころに組み込まれている。例えば求愛中のオンドリの場合は、ヒナを呼ぶメンドリに見られるような、肢で地面を強く叩く仕草を見せる。

コミュニケーションの合図に使われる体の部位は、儀式行動を強調するうえで効果的な、非常に目立つ形や色をしていることが多い。例えば雄のシオマネキは、左右で大きさの違うハサミを持っている。片方だけが極端に大きいこのハサミは、交尾の準備ができた雌を引き付けるために使われる。儀式的行動はまた、攻撃性の制御機構として働く場合も多い。

■唇を曲げるなどのささやかな仕草も、チンパンジーにとってはコミュニケーションのための強い信号となる。彼らのコミュニケーション行動には、人間の言語に似た点も多く見られる。

■キバナシマセゲラ：鳴き声や呼び声なども、鳥のコミュニケーションのひとつだ。

カイコガのフェロモン

化学物質による信号を種内コミュニケーションに活用する種は多い。この信号を受け取る側は、どんな人工機器にも勝るほどの、極めて繊細な器官が必要となる。その好例が、繭が絹の原料となることで知られたカイコの成虫であるカイコガの雄の触角だ。彼らの触角は、雌のカイコガが出すフェロモンを、それがごく少量であっても、遠く離れた場所から感知できる。

■カイコガの嗅覚は、他の昆虫の発するさまざまな化学物質にも反応する。

▶ p.274-275（共生の種類）参照

生物時計

多くの行動パターンにおいて、その発生のタイミングは特定の生物リズムによって決定されている。生物リズムをつくるのは、約1日の中の周期的なリズムである「概日リズム」や、あるいは外的要因の影響を受ける「タイマー型生物時計」だ。

すべての動物は、生物時計によって規定される日課に従って行動していると考えられている。生物時計は例えば、個体がいつ疲れを感じ、いつ目を覚ますかといったことを決定する。ほ乳類の目の奥には、視交叉上核（SCN）という長さ800μmの小さな構造があり、この場所で視神経が交差する。このSCNに、光を感じ取る目の感覚神経から周囲の情報が送られてくると、ホルモンが分泌されてさまざまな反応を促す。光は生活リズムにとって重要なタイマーの役割を果たすが、このほかにも気温などの要素が生物時計に影響を与え、変動させる力を持つ。また、体内サイクルとしては、概日リズムのほかにも、別名「体内カレンダー」ともよばれる概年リズムなどが存在する。概年リズムは、鳥の渡り行動や、さまざまな動物の生殖行動を調整している。

■長い距離を移動する渡り鳥の航行能力は、数多くの感覚に支えられている。鳥はまた、地球の磁場を感じ取って活用し、太陽をコンパス代わりに使い、頭に地図を描いて位置確認を行っている。

■昼間の光は、動物、植物、真菌類などの概日リズムに多大な影響を与える。

動物の移動

動物は、既定の場所をめざして長い距離を移動することがある。多種多様な動物たちが、定期的に移動を行っており、その理由もまたさまざまだ。ある種の魚は産卵のために移動する。例えば生涯の大半を欧州の川で過ごすヨーロッパウナギは、数千kmを移動して北米大陸の東にあるサルガッソー海で産卵する。卵からかえった幼魚は、3年のうちに淡水域へと戻ってくる。彼らは、両親が大人になるまでの期間を過ごしたのと同じ川を見つける能力を持っている。サケも同様の生活環を持つが、彼らは海で成長し、産卵のために川へと移動する。

アフリカにあるセレンゲティ国立公園の有蹄類は、毎年食物を求めて、1000kmもの大移動をする。何万頭というヌー、シマウマ、ガゼルなどのほ乳物が、木の生えていない大平原を移動して、食物のある緑の草地をめざす。鳥の渡りは、動物の移動形態としては最も有名で人目に付きやすいものだ。冬の初めにはさまざまな種類の鳥が、巣のある土地を離れて暖かな地域をめざす。数千kmを超えて移動する鳥も多く、旅には正確で複雑な航行技術が要求される。鳥だけでなく、蝶にも長距離の渡りをする種がある。

鳥インフルエンザ

渡り鳥はこの病気に感染しやすいため、鳥が地上に降りない場所であっても、〔鳥〕による感染の拡〔大〕が懸念されている。

---

in focus: ハムスターの生物時計

生物時計を調整する遺伝子は、24時間のリズムで活動と停止を繰り返す。冬眠はこの遺伝子にどう影響するのか。研究によって、ハムスターの場合、体内で24時間サイクルを保っている遺伝子は、冬眠の間は活動を停止することが判明した。従って、適切な時間に睡眠と目覚めをうながすホルモンは、この間まったく生成されない。通常の生活リズムは、春の訪れと共に戻る。

■体の小さなハムスターの生物サイクルは、冬眠をする冬が終わると更新される。

学習行動

学習とは、個別の体験を長期記憶として保存し、それを新たな状況に当てはめて活用できる能力のことを指す。学習能力によって、変化し続ける環境の中で個体が生き延びる可能性は格段に高められる。学習行動には、刷り込みや条件付けも含まれる。

刷り込みは、幼い時期の人間や動物の子どもにとって欠かすことのできない基本的な学習経験だ。刷り込みは一般的に不可逆的で、個体の発達においてただ1度、臨界期とよばれる学習に適したごく短い間にだけ起こる。鳥の場合は、孵化の直後が臨界期にあたる。刷り込みを受けた個体は、例えばガチョウのヒナが母親の後を追うといった、特定の反応を示すようになる。物体に対して刷り込みが起きる場合は、物や他の動物が刺激となって特定の反応が引き出される。また、行動に対する刷り込みでは、行動パターンが反応の引き金となる。

条件付け

ある種の行動を特定の刺激と結びつけるための学習の一形態を条件付けという。例えば、風が吹き抜けると、自然にまばたきの反射が促される。これは、生物が生まれながらに持つ反射反応（無条件反応）を風という無条件反応を起こす刺激（無条件刺激）が引き起こしたわけだ。音楽が演奏された場合には、まばたきは起こらない。この無条件反応を起こさない刺激は中性刺激とよばれる。しかし、この中性刺激が常に風の吹く直前に聞こえるようにすると、しばらく後にはその音楽だけでまばたきの反射が起こるようになる。こうした場合の刺激は条件刺激とよばれ、それに対する反応を条件反応という。条件反応を発達させるための学習を、古典的条件付けとよぶ。

ごく一般的な2つの個別要因を結びつける学習過程においては、条件性の関連付けが行われる。例えば多くの鳥は生活の中で、ある種の素材が巣づくりに特に適していることを学び、その素材を探すようになる。つまり、好ましい経験をすることにより、以前は中性刺激であったものが、関連付けられた反応を促すようになったわけだ。動物はまた、嫌な経験から学ぶこともある。もともと中性刺激であったものが、恐ろしいあるいは痛いできごとと結びつくと、動物はその刺激を避けるようになる。これを条件性嫌悪という。また、特定の行動と褒美を結び付けることを道具的（またはオペラント）条件付けとよぶ。

■ サーカスに動物を使うことには賛否両論がある。訓練方法が残虐行為にあたる可能性もあるためだ。

人とガン

オーストリアの動物学者コンラート・ローレンツ（1903〜89年）は、動物行動学の創始者のひとりとして知られる。彼は比較行動学の研究により、1973年のノーベル賞を受賞。孵化直後のガンのヒナは、そばにあって適当な音を出すものを、それが何であれ母親だと思いこむこと（刷り込み現象）を証明した。

■ ローレンツを親だと思いこんだハイイロガンのマルティナは、生涯、彼の後を追った。

模倣

霊長類は模倣を通し学習する。若いチンパンジーの場合、母親と同じ果物を食べようとする。

■ ハトは学習によって、都会の環境に非常によく適応してきた。彼らは大都市の観光地など、人間がパンくずを投げてくれる場所に集まることを覚えた。

▶ p.280-281（人間が環境に与える影響）参照

進化	138
進化年表	140
生命の起源	146
細胞	148
化石	156
地質年代	158
進化の要因	166
生物の分類	168
微生物	170
細菌	172
ウイルス	174
原生生物	176
植物と真菌	178
形態と生理機能	180
種子を持たない植物	184
種子植物	188
真菌	192
動物	194
無脊椎動物	196
脊椎動物	202
ほ乳類	206
人間	218
人体の構造と機能	220
生殖と発生	226
解剖学的構造	230
代謝とホルモン	236
神経系	240
感覚器	242
免疫系	246
遺伝と遺伝形質	248
遺伝	250
遺伝子が引き起こす病気	254
遺伝子工学	256
動物行動学	258
動物行動学	260
行動パターン	262
生態学	268
個体における生態学	270
個体群	272
共生の種類	274
生態系	276
物質の循環	278
人間が環境に与える影響	280

生物学

生態学

　生態学という言葉は、1866年にドイツの生物学者エルンスト・ヘッケルによってはじめて提唱された。しかし、生物同士の、あるいは生物と周囲の環境との関係を扱うこの学問が広く世間の注目を集めるようになったのは、深刻さを増す環境の劣化に、多くの人々が気づき始めてからのことだ。人々はこの学問に対し、新たに浮上してきた問題を解決するための一助となるような、新たな洞察を得たいとの期待を寄せる。生態学という学問は、研究対象となる生態システムの規模に応じてさらに細かく区分することができる。生態生理学、個体群生態学、生態系生態学などだ。生態生理学とは、環境に影響を受ける生物生理を研究するもので、個体群生態学は個体群と環境の関係を、生態系生態学は、栄養循環といった大きな枠組みから生態系を研究する。またさらにその下の分類として、人間と環境との複雑な相互作用に関する研究を行う人類生態学がある。

■ 無機的要因：光

生物と環境との相互関係においては、無生物環境からの影響（無機的要因）と、他の生物からの作用（生物的要因）を区別して考える必要がある。ここではまず、太陽の熱放射などの無機的要因から見ていく。

無機的要因とは、生命の生殖および生存能力に影響を与える、生命のない物質あるいは化学物質のことを指す。例えば温度、水分、光などがこれにあたる。一方、生物的要因は、同種あるいは異種の生物間の関係を指す。例えば、捕食者と被食者の関係、競争、共生、寄生などが含まれる。

個々の環境要因の種類によって、それが生物の存在に与える影響はさまざまだ。この影響を視覚的に表すために使われるのが、トレランス（耐性）曲線だ。この曲線では、ある生物に最も適した範囲は最適値として、生物が生存するための限界値（いき値）は、最小値と最大値で示される。また、生物が生存はできるが生殖はできない範囲（最悪条件）も示される。

最小値と最大値の間の範囲は、評価対象となっている各環境要因に対して、その生物の生存可能領域を表している。この範囲が狭い生物は狭域性であり、許容範囲が広い生物は広域性であるというわけだ。最適な生物のビオトープは、ある生物にとって重要な各種環境要因について、それぞれの許容範囲が互いに交わる場所だ。これは、生物の個体数は、好ましくない環境条件によって制限を受けることを意味する。例えば、砂漠の植物にとっては大抵の場合、水分が制限要因となる一方で、高温や栄養塩類は植物の生存を可能にする方向に働く。だが、多くの植物にとり砂漠は、逆に高温であることなどが制限要因となり、生息できない。

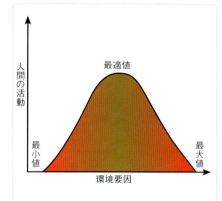

■トレランス（耐性）曲線は、温度、水分といった可変の環境要因が、生物の存在に与える影響を図示している。

無機的要因｜光｜気温｜水

個体における生態学

生態学とは生物学の一分野であり、生物同士の、あるいは生物とその周囲に存在する生物的（有生）および無機的（無生）環境との相互関係を扱っている。生態学の研究対象となるのは生態系だ。生態系は、生物の生息空間（ビオトープ）と、生物の生態学的なコミュニティ（生物群集）から構成される。

■ケニアのバリンゴ湖で日光浴をするクロコダイル。彼らにとって、太陽は重要な無機的要因だ。

環境要因としての光

太陽熱放射の強度と継続時間は、植物や動物に直接的な影響をおよぼす。植物にとって光は、光合成のためのエネルギー源だ。太陽光に適応した植物（陽性植物）は多くの光を必要とし、一方、日陰に生える植物（陰性植物）は、その場で得られるだけの光をうまく利用して育つ。光はまた、多くの動物にとって重要な存在で、例えば生殖のサイクルを開始させたり、鳥に渡りを促す刺激となるなどの役割を持つ。太陽の光は生物時計と密接な関係がある。

> **basics**
> **指標植物**
> 植物は、特定の環境条件の指標として使われることがある。イラクサは、窒素の豊富な土地についての指標植物だ。

■一般にはヒースとよばれるカルーナ・ブルガリスは多年生の低木だ。水はけのよい酸性土に育ち、日当たりのよい、あるいは少し日陰のある場所を好む。欧州の広い範囲で見られる。

▶ p.276（生物群集とビオトープ）参照

■ 無機的要因：気温と水

一年中高温が続く赤道地帯以外の場所では、植物や動物は、日々の気温やリズムの変化に適応しなければならない。また、解放水域の少ない地域にすむ動物には、水分の損失を抑える行動が見られる。

動物の中で、代謝的に体温を調整する機構を持つのは、恒温動物（温血動物）だけだ。恒温動物とは、体温をほぼ一定に保つことができる動物のことを指す。この能力のおかげで、恒温動物は進化の過程において、恒常的に寒冷なビオトープ（生息空間）にも進出してきた。昆虫、両生類、は虫類などの変温動物（冷血動物）では、体温は周辺の気温によって決定されるため、気温の安定が極めて重要な要素となる。気温が限界値を超えて低下すると、彼らは回復可能な休眠状態に入る。しかし、気温がさらに低下を続けた場合、寒さによって命を落とすこともある。逆に気温が限界値を超えて上昇すると、回復不能な熱硬直が起こり、タンパク質が凝固して死に至る。温度の可変域が広い生物は広温性動物、狭い生物は狭温性動物とよばれる。

気温と動物の外観との間には、適応の法則（気候による法則）が見られることがある。カール・ベルクマンが1847年に発表したベルクマンの法則によると、同種の恒温動物やその近縁種は、温暖な地域より、寒冷な地域にいるほうが体が大きくなる（大きな動物ほど体の大きさに対して表面積が小さくなるため、体温調節が容易）。一方、1877年にJ.A.アレンが発表したアレンの法則によれば、同種（および近縁種）の動物において、寒冷な気候帯にすむものは、温暖な地域にすむものより体温を保つために体の突出部（耳など）が小さくなる。

環境要因としての水

気温だけでなく、水も大きな環境要因になる。開放水域の少ない地域にすむ動物は一般的に、水分の損失をできる限り抑えようとする。その方法には、夜間に行動したり、地中に暮らしたりといったものがある。降水量の少ない地域の植物にも、水分の損失を減らすための特殊な適応が見られる。乾生植物の多くは、保護層をもち、また昼間は気孔を閉じることによって乾燥を防いでいる。

> **気温と生育の法則**
> 気温の生物への影響には、ある法則がある。この法則によれば、ある範囲においては、気温が10℃上昇すると、代謝の速度が上がり、生物の成長速度は約2倍になる。
>
> *basics*

■大きな耳が特徴的なフェネックは、北アフリカのサハラ砂漠に見られる小型のキツネ。この大きな耳は、ゾウの耳と同様、熱を逃がして体を冷やす役目を持っている。

> **冬眠**
> 多くの恒温動物にとって、寒い季節はより多くの熱量が必要となる時期だ。しかし、食料が少ないせいで、十分なエネルギーが得られない場合が多い。このため、例えば昆虫食のコウモリなどの動物は冬眠に入る。冬眠の間、体温は5℃以下にまで落ち込み、その結果、代謝、心拍数、呼吸の速度が著しく低下する。
>
>
> ■北米には、リス科の動物ウッドチャックが冬眠から目覚める日を祝う習慣がある。
>
> *in focus*

■丸みを帯びた体形、分厚い毛皮、小さな耳のおかげで、ホッキョクギツネは寒冷地でも生活できる。

■ 成長と調整

成長率（出生率と死亡率の差異）を決定する因子には、生物的および無機的要因、内的および外的要因、密度依存および密度独立要因が含まれる。密度独立要因には、種間競争にともなう状況などが含まれる。

ある個体群の成長にとって不可欠なあらゆる要素が十分に揃っている場合、初期段階を過ぎると、急激な個体数の増加が起こる。生まれた子が新たな子孫をつくる一方

成長｜調整｜競争

個体群

一定の範囲に分布する交配が可能な同種の個体の集団のことを、個体群という。それぞれの個体群は、統一の遺伝子プール（繁殖可能な個体群の持つ遺伝子の総体）を持つ。この遺伝子プールは、気候帯の違いによる影響から、他の地域にすむ同種の個体群のそれとは異なる場合もある。個体群の大きさは、常に変化する傾向にある。

で、死亡率は一定に保たれるためだ。

しかし、個体群の成長は通常、食料源の限界をはじめとするさまざまな環境因子からの影響を受ける。従って、急激な個体数増加が起こる繁殖期を過ぎると、その後は出生と死亡の数が釣り合った安定期に入り、やがては新たに生まれる数よりも死亡する数のほうが多くなる減少期が訪れる。

こうした一連の過程は、外部環境との境界が明確な培養液内での細菌培養において、容易に観察することができる。個体群密度が、個体群の成長の調整機構として働く場合も多い。個体群密度とは、ある種の生物の単位空間ごとの個体数のことを意味する。単位空間は、面積や体積だけでなく、1枚の葉や1本の木などを指す場合もある。

例えば、個体数が急激に増加すると、食料はすぐに食べ尽くされてしまい、結果として成長率の低下が起こる。このほかにも、さまざまな密度依存要因が個体群の成長に影響をおよぼしている。例えば、種内競争、敵（寄生生物、捕食者）、感染症、社会的ストレスなどだ。

捕食者と被食者の関係

また、種間競争や、緩やかな気候の変化とそれにともなって発生するさまざまな状況といった密度独立要因も、個体群密度に影響を与えることが多い。動物同士では、一方が優位種であれば、そこに捕食者と被食者の関係が形成される。この場合、優位種（捕食者）が劣位種（被食者）を食料として利用するため、そこには個体群密度における依存関係が成立している。被食者が減れば餌がなくなるため捕食者も減り、捕食者が減れば被食者が増えるからだ。もっとも、それぞれの種のビオトープに食料源が十分にある限り、被食者の個体数が全体として大きな影響を受けることはない。

> **basics**
>
> **繁殖の自己抑制**
> ある動物は、個体の過剰な増加を防ぐ調整機能を持つ。猛禽類は、最初のヒナにだけ餌をやり、残りは餓死させることがある。

■動物の個体数には周期的なサイクルがあり、捕食者と被食者の間では、この周期のずれによって定期的に個体数の変動が起こる。

■フラミンゴの個体数減少にはさまざまな原因がある。ヒナが他の捕食鳥類に食べられやすいこと（ヒナの約30％は1年以内に死亡する）、地元住民による卵の持ち去り、営巣地をまるごと破壊する洪水やハリケーン、観光客のモーターボートが引き起こす混乱などだ。

▶ p.263（給餌行動や社会的行動）参照

競争

種内および種間競争とは、食料やビオトープなどの限られた資源をめぐって行われる、生物間の争いのことだ。競争は重要な生物的環境要因であり、特定時点に特定空間にいる生物の量を示すバイオマス（生物量）に多大な影響をおよぼすことも少なくない。

種内競争においては、同種の個体同士が、生物および無機資源をめぐって直接的に争う。一方、種間競争には、互いに類似の要求をもつ2つ以上の種がかかわっている。そして、ある生物種にとって重要なすべての生物的および無機的環境要因のまとまりのことを、その種の生態的地位（ニッチ）とよぶ。この言葉は、一定の空間を意味しているのではなく、むしろ種間の相互関係を表している。

1つの生態系にはさまざまな生態的地位が存在し、それぞれをどの種が占拠するかについては、種間競争によって調整が行われる。2種間の生態的地位に類似点が多いほど、競争は激しくなる。過酷な競争をできる限り避けるため、環境に対して特殊な適応を発達させた種も多い。こうした適応の一例が、ある生態的地位の占有化だ。これは、種間競争を回避するうえで効果的な方法であり、結果として1つのビオトープに多くの種を共存させる効果を持つ。

生態的地位の占有化

生態的地位の占有化にはさまざまな形がある。例えば、主要な活動時間に多様性を持たせる（昼行性、夜行性など）、異なる大きさの食物を摂取する、別々の場所で食料を探す、最適な気温帯を分ける、繁殖や子育ての時期を明確にするなどだ。ときとして、種内競争率を下げるために、同種間でも生態的地位の占有化が行われることがある（種内競争はその種の生態的地位の幅を広げ、種間競争は競争の範囲を狭める方向に働く）。競争排除の法則により、まったく同じ生態的地位を有する2つの種が同じ生態系に存在することは起こりえない。

一方、別種の生物であっても同様の生態的地位についたとき、似通った形態、臓器、生態を発達させることがある。これを、収れん進化とよぶ。イルカなどの海洋性ほ乳類と魚とが似たような体型をもつことも、その一例として挙げられる。

物のバランス

物の間では、競争、体の加入と離脱、内での依存関係などによって調整がわれ、動的な生学的平衡が保たている。

■死骸をめぐって争うブチハイエナとコシジロハゲワシ。雨の降らない時期や乾期には食料の確保が難しくなり、動物たちは食事を得るためにより激しい戦いを繰り広げる。

■トウモロコシの茎に巻き付くヒルガオ：競争は動物だけでなく、植物の間でも行われている。

生態的地位の占有

生態的地位の占有のわかりやすい例が、カモ類の食料確保だ。ハイイロガンは、陸上で植物を食べる。コガモは水面に浮かぶ植物のかけらを探す。マガモ、オナガガモ、コブハクチョウは、水草、ぜん虫、小型の甲殻類を食べ、カワアイサは水中を泳ぐ生物を捕獲する。首の長さの違いによって、到達できる水深にも差が生まれる。

■カモやガチョウの仲間は、それぞれが別種の食料を食べるため、1つの池に生息できる。

p.264（敵対行動）参照

■ 相利共生

共生関係においては、互いに適応している別種の生物同士が一緒に生活する。
共生関係は、空間的な関係性の違い（内部あるいは外部共生）、
あるいは相互依存の程度によって分類される。

内部共生とは、一方の生物（共生生物）が他方の生物の体内にすむ共生関係のことを指す。こうした密接な関係性を形成する生物の一例が地衣類だ。地衣類は、カビや成を行う）パートナーから受け取る。そのおかげで、地衣類は通常は生息が難しい場所にまで進出することができる。地衣類のようにお互いが相手に完全に依存している関係のことを、相利共生とよぶ。

外部共生の場合は、共生生物が相手の体内にすみつくことはない。一例が、クマノミとイソギンチャクの関係だ。イソギンチャクは毒のある触手でクマノミを敵から守り、同時に、触手の中で捕食するクマノミから食べ残しをもらう。また、クマノミが、イソギンチャクを逆に捕食者から守ることも少なくない。

共生生物は、互いへの依存度に応じてさらに細かく分類される。そのひとつが片利共生で、これは共生によって片方の生物だけが利益を得る関係のことを指す。例えば、ある生物が共生相手から保護を受けつつ、その際、相手に対して害も利益ももたらさないといった状態がこれにあたる。大型の海生ぜん虫類や貝類の巣穴には、「招かれざる客」が入っていることがある。こうした生物の目的は、敵からの保護のほかに巣の主の食べ残しや老廃物をもらうことだ。

相助関係とは、2種類の生物において相互に利益があるものの、互いに単独でも生きられるためにその関係が必須ではない場合のことを指す。こうした関係は、前述したクマノミとイソギンチャクに見られる。

菌根

菌根は、高等植物の根と真菌との共生関係を担う重要な存在だ。菌糸が根の細胞に侵入するものを内生菌根といい、根の外側を菌糸ですっぽりと覆う。菌糸が根皮の細胞間隙（細胞の外）にのみ入り込むものを外生菌根という。

■高等植物の約95％は、他の生物と共生関係を持っている。

相利共生｜寄生

共生の種類

異種の生物同士が、双方に利益のある共同生活を営んでいる場合、それを共生という。
共生には、内部共生と外部共生があり、内部共生の代表例が地衣類だ。一方、外部共生では、クマノミとイソギンチャクの関係などがよく知られる。この共生とは対照的な関係が寄生だ。寄生においては、ある生物が他の生物の体内外に一時的あるいは永続的にすみつき、その生物から部分的あるいは全面的に栄養補給を受ける。

■クマノミとイソギンチャクの共生関係はよく知られる。彼らはほぼ完璧に近い、相利的な関係を築いている。

キノコに代表される真菌類と、緑藻やシアノバクテリアが共生した生物だ。地衣類の形状と構造は、真菌（共生菌体）によって形成される。緑藻やバクテリア（光合成生物）は通常、葉状体（葉や茎などに分かれていない植物体）である地衣類の上部に位置し、日光をたっぷりと浴びて光合成を行う。光合成生物にとって、共生の一番の利点とは、乾燥を避けられることだ。一方の共生菌体は、必要な栄養素の大部分を活発な（光合

■ウシツツキとカバとは、ウシツツキがカバの体についた寄生虫を食べるという共生関係にある。これによってウシツツキは食料を得、カバは病気の原因となるダニを退治することができる。

寄生

寄生生物とは、他の生物（宿主）から栄養素をもらう生物のことだ。寄生は、宿主に被害をおよぼす場合もあるが、少なくとも初期段階においては、宿主を殺すには至らない。寄生生物は、基本的に特定の宿主にのみ寄生する（宿主特異性）。

寄生生物は、その宿主と入り組んだ関係で結ばれた複雑な生物だ。植物に寄生するものもあれば（植物性寄生体）、動物を宿主とするものもある（動物性寄生体）。また、寄生動物は外部寄生生物と内部寄生生物とに分けられ、寄生植物は半寄生植物と全寄生植物とに分けられる。

■ ケオプスネズミノミはげっ歯類に寄生し、チフスを媒介することもある。

動物の内外に寄生する生物

外部寄生生物とは、宿主の体の外側に寄生して頻繁にその血を吸い取る生物のことだ。ノミ、シラミ、ダニなどがこれにあたる。一部の種（人間に寄生するアタマジラミなど）は宿主特異性を持つが、ダニは宿主を選ばない。こうした寄生生物は特殊な適応を遂げていることが多く、例えばシラミは翅を退化させただけでなく、扁平な体と血を吸うのに適した特殊な口器を持っている。カなどは一時的な寄生生物であり、永続的な攻撃は行わない。

一方、内部寄生生物とは、宿主の体内にすむあらゆる寄生生物のことを指す。こうした生物が最も多く見られるのは消化管と血液の中だが、ときとして筋組織にすむものもいる。内部寄生生物は生活様式が特殊なため、外部寄生生物よりもさらに極端な適応を遂げている。例えばサナダムシは、自らは消化管をもたず、宿主が消化した食物を体表面から直接吸収する。

半寄生植物と全寄生植物

寄生植物は、半寄生植物と全寄生植物とに分けられる。全寄生の種は、必要な栄養素のすべてを宿主からもらうため、光合成を行わない。例えばヤマウツボの仲間は、何本にも枝分かれした長い根を地下に伸ばし、そこにいくつもの吸器（吸根）を持っている。これらの吸器は、ハンノキやブナといった他の植物の根に挿入される。一方の半寄生植物は、光合成は行うが、水分と栄養塩類は宿主植物から受け取る。典型的な例が常緑のヤドリギだ。ヤドリギは樹木に寄生するが、通常は宿主に害をおよぼすことはない。

寄生植物の多くは、半寄生植物だ。全寄生植物は光合成を行う葉緑素を持たず、葉も退化しているが、半寄生植物は葉緑素を持つため、一見寄生植物に見えないこともある。

■ ヤドリギは半寄生植物。木や低木に寄生するが、宿主に被害を与えることはほとんどない。

巣寄生・托卵

巣寄生においては、ある生物が他の種の子育て行動を利用し、それによって自分の子に利益を、逆に宿主の子には不利益をもたらす。こうした寄生は、鳥類と昆虫類において観察できる。例えばヒメバチの幼虫は特定のイモムシの体に寄生する。最もよく知られる例はカッコウだろう。カッコウは他の鳥の巣に卵を生む。巣の持ち主は、カッコウのヒナを自分のヒナと一緒に育てる。カッコウのヒナは通常、孵化した直後に、宿主の生んだ卵やヒナを巣の外へ落としてしまう。

■ 多くの場合、カッコウのヒナは自分より格段に体の小さな宿主に育てられる。

■ 生物群集とビオトープ

ある生態系に存在する動物、植物、微生物といった生物をすべてまとめて表す場合、これを生物群集とよぶ。また、固有の環境条件を持ち、周囲から空間的に区分できる場所のことをビオトープという。

■アメリカクロクマの食生活は実に多彩で、彼らは魚、ハチミツ、ベリー類、木の実、昆虫、腐肉などを食べる。

生物群集 | ビオトープ | エネルギーの流れ | 食物連鎖

生態系

生態系は、無機的および生物的要素によって構成されたダイナミックな組織だ。生態系同士は、物質やエネルギーの循環によって互いにつながっている。無機的要因には空気、土、気候、食糧必要量などが含まれ、生物的要因とは植物、動物、真菌、細菌のことを指している。地球上の生態系をすべて合わせたものは生物圏とよばれる。

生物群集の特徴は、種の個体数、その豊富さ（一定の地域内に生息するそれぞれの種の個体数の平均値）、地域的な分布によって決まる。生物は種ごとに異なる生態的循環を基盤として、その上に動的均衡が保たれることだ。この形が崩されれば、生態系全体の特徴に変化が起き、部分的あるいは全体的な崩壊に至る可能性がある。さらに、生態系同士は互いにつながっているため、隣接した生態系の均衡にも影響がおよぶことも考えられる。生物群集を取り巻く一定の空間のことをビオトープとよぶが、空間内はほぼ統一的な状況あるいは条件を備えており、ビオトープ同士は互いに区別することができる。ビオトープに似た言葉としては生息地があるが、これは、単にその生物が生息する地域のことを指す。

エネルギーの流れ

生態系の中の生物は、それぞれが果たす機能によって生産者、消費者、分解者に分けられる。生産者とは、光合成をするすべての生物を指す。基本的には植物だが、そのほかに独立栄養性（無機物を栄養素として利用すること）の細菌も含まれる。生産者が無機物から有機化合物（バイオマス）を合成すると、それらは生態系内にいる従属栄養性の生物（有機化合物を栄養素として利用する生物）によって食べられる。消費者とは、生産者の光合成能力に直接的に依存するすべての植物食動物（1次消費者）、そして小型および大型の肉食動物（2次および3次消費者）を指す。分解者とは細菌や真菌で、死んだ有機物質を水分、二酸化炭素、無機物に分解。これらは、再び生物に栄養素として活用される。

遷移と極相

生態系が安定し最終段階に達した場合には、それを極相とよぶ。遷移は、極相に至るまでの、生態系の変化のことを指す。

■湖をはじめとする水界生態系にはさまざまな種類があり、それぞれが繊細なバランスの上に成り立っている。

地位を占めるため、種の多様性は、基本的にその生態系に存在する生態的地位の数に依存する。生態的地位の数が多いほど、他の種との競争を避けることができるためだ。生物群集内の在来種においては、その生息密度はほぼ恒常的に変わらない。生物群集の理想的な形態とは、安定した自然の物質

■生態系は生物群集とビオトープから成る。これら2つの間では、複雑で相互的な作用が起こっている。

▶ p.128-137（環境保護）参照

■ エネルギーの流れと食物連鎖

食物連鎖とは、1つの生態系における種間の捕食関係を表す言葉だ。食物連鎖には、消費と生産という観点から見た生物間の複雑な相互作用を見ることができる。複雑であるのは、さまざまな食物連鎖が交叉するためだ。

食物ピラミッド

食物連鎖において、消費者の重量は、摂取した食物の重量の1割ほどしか増加しない。これは、食物の大半が重量を増やすためでなく、エネルギーを生み出すために使われるからだ。バイオマスの一部は、熱や排泄物としても失われる。従って、食物連鎖に5つ以上のつなぎ目が存在することはほとんどない。

■ ネズミをむさぼる猛禽類。食物ピラミッドを一段階上ると、バイオマスの約90%が失われる。

生態系の中で、互いにバイオマスの生産と消費によって結ばれた生物同士は、複数の食物連鎖を形成している。これらの食物連鎖は一般的に、極めて複雑につながりあっている。あらゆる生態系における栄養（食物）関係を、ごく簡単に説明すると以下の通りになる。

エネルギーの源は常に太陽だ。太陽エネルギーは、植物やシアノバクテリア（1次生産者）などの独立栄養生物の体内で、光合成によって化学エネルギーへと変換される。この化学エネルギーは、植物の細胞内に高エネルギー物質として貯蔵される。続いて、植物食動物がこれらを餌として採り入れる。1次消費者である植物食動物は、摂取したエネルギーを別の形に変えて細胞内に貯蔵する。食物連鎖の輪は、次に肉食動物につながる。肉食動物は植物食動物を食べるので、2次消費者とよばれる。肉食動物の多くはまた、他の肉食動物に食べられる（3次消費者。以下同様に続く）。自然界に天敵が存在しない肉食動物が、食物連鎖の終点となる（頂点捕食者あるいは最高位捕食者）。最高位捕食者が死ぬと、分解者によって、この食物連鎖最後の輪の解体が行われる。分解者とは主に細菌や真菌のことで、こうした生物によって死骸は低分子物質へと変えられる。これらの物質が1次生産者によって利用されることにより、最高位捕食者の有機物質は、永遠に続く自然のサイクルへと戻される。

■ エネルギーは、栄養連鎖の低いほうから高いほうへと移動する。植物は植物食動物に食べられ、植物食動物は肉食動物に食べられ、その肉食動物は最高位の捕食者によって食べられる。

中に殺虫剤が入るなどの原因により物連鎖が断たれた場合、鎖の先につながる生物までも滅びてしまう。

単純ではない食物連鎖

以上のような独立した食物連鎖は、自然の条件下においても成り立つが、種の数が少ない空間に限られる。ほとんどの生態系においては、相関関係で結ばれた食物連鎖によって形成される「食物網」が存在する。食物網では一般的に、さまざまな生物の間におびただしい数の交叉や関係が見られる。こうした状態が生じるのは、動物が通常、1種の生物だけではなく、非常に多様で豊かな種類の生物を食べているためだ。

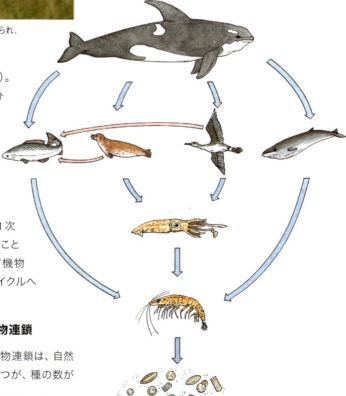

■ バイオマスは、食物ピラミッドの下部から上部へ向かって、一段階ずつ着実に減っていく。

▶ p.263（給餌行動や社会的行動）参照

生物学 | 生態学

■ 炭素循環と窒素循環

炭素は、基本的な生体内作用にかかわる物質として、生態系においてとくに重要な位置を占めている。窒素もまた、タンパク質や核酸の合成に使われる必要不可欠な物質だ。

窒素循環

一方、窒素は、タンパク質と核酸の合成に使われる、生物にとってなくてはならない物質だ。十分な量の窒素を確保できるのは、窒素がさまざまな形態をとりつつ、循環により補充されることによって継続的に供給が

あらゆる有機化合物には炭素が含まれる。炭素循環とは、すべての炭素原子の循環にかかわる一連の複雑な作用のことを指す。現在、私たちの体内にある炭素は、時と

気中の炭素を二酸化炭素の形で採り入れるところから始まる。光合成によって、二酸化炭素は炭水化物（糖）に変換され、植物食動物の口に入る。動物の体内では、炭素は呼吸や発酵によって再び酸化され、CO_2となる。このCO_2が空気中に戻されると循環が完結し、正常な平衡が保たれる。

ところが、ここ数十年の間に、大気中の二酸化炭素量は増加の一途をたどってきた。これは、

炭素循環｜窒素循環｜リン循環｜水循環

物質の循環

幾度も繰り返される物質の循環は、物質を食物連鎖の中へ戻す作用を持っている。つまり1つの生態系は、こうした循環から見れば、太陽放射のような（必須）エネルギー以外には、外部からの物質供給を受けずに成り立つことができる。重要な物質循環としては、炭素循環、窒素循環、リン循環、水素循環などが挙げられる。

いうものが刻まれ始めてからこれまでに、数え切れないほどの分子によって利用されてきたものだ。

炭素循環は、独立栄養性生物（無機物を栄養素として利用する植物などの生物）が空

化石燃料の使用量増加をはじめとする人間活動由来の（あるいは人間のつくり出した）二酸化炭素が主な原因だ。このため現在では、二酸化炭素濃度の上昇が懸念されるようになっている。

■ 窒素固定を担う微生物・根粒菌は、大豆のようなマメ科植物の根に根粒を形成することで、窒素を窒素化合物へと変換する。

行われているためだ。

窒素化合物は、動物の排泄物や動植物の死骸という形で土壌に戻ると、やがて分解される（タンパク質分解）。すると窒素はアンモニア（NH_3）として放出され、さらに細菌がアンモニアを酸化して（硝化作用）、硝酸塩（NO_3^-）をつくり出す。このようなプロセスを窒素固定という。こうして新たに生成された硝酸塩は、植物に吸収されて有機化合物（タンパク質と核酸）に組み込まれる。この作用を窒素同化とよぶ。

植物に含まれるタンパク質と核酸は、次に植物食動物の体内に入り、今度はその動物に

脱窒

窒素固定とは逆作用で、細菌が硝酸塩を取り込むことで起きる。脱窒により窒素は分子として放出される。

よってタンパク質合成に利用されることになる。こうした複雑な過程を経るのは、動物が、無機態の窒素を採り入れることができないからだ。植物と動物が死ぬと窒素化合物は土壌に戻され、再び窒素循環が開始される。

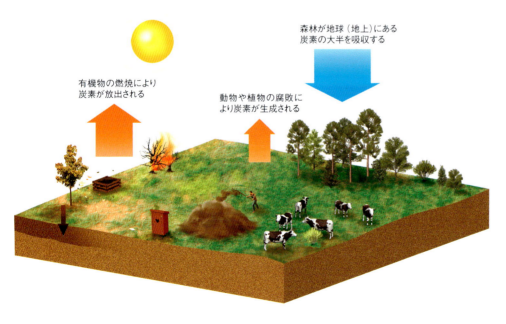

■ 地球上のほぼすべての生物は、生きるために炭素を必要とする。エネルギーとは違って地球上に一定量しか存在しない炭素は、常に循環し、再利用されている。従って、炭素循環は最も根本的な再利用の形であるともいえる。

▶ p.118-123（気候システム）参照

リン循環と水循環

リンは、体内のエネルギーの輸送や調整におけるさまざまな作用にかかわる物質で、すべての生物にとって重要な役割を果たしている。水もまた、生命活動のためになくてはならない成分だ。

リンは自然界において、もっぱら有機化合物あるいはリン酸塩の形で存在し、さまざまな代謝反応にかかわっている。また、核酸や酵素の構成要素、あるいは骨や歯の成分でもあり、生物にとって不可欠な存在といえる。

リン循環に入る際、リンは必ずリン酸イオン（PO_4^{3-}）の形をとる。リンは基本的に、リンを含む廃棄物などからや、土壌の風化、またはリンを含む岩石が崩れ落ちることで供給される。これらのリンの一部は植物によって吸収され、植物を中心とした食物連鎖（人間や動物に食べられる）過程を経た後、最終的には土壌に帰る。この時点で、リンは細菌の働きによって再びリン酸塩となり、リン循環の中に戻される。

植物によって使われなかったリンは、地下水や川によって流され、湖や海にたどり着く。大半はここで植物性プランクトンに吸収され、再び食物連鎖に取り込まれる。リン循環の最後の鎖である植物性プランクトンは、食物連鎖の結果、その多くが人間による漁業活動などを通じて陸地に戻され、リン循環はここでも再び開始される。

水循環

海、大気、陸地の間における総合的な状態の変化によって生み出される、水の絶え間ない動きのことを水循環とよぶ。

水循環は、地表の70％以上を占める海や湖、川などの水面や、土壌、植物の表面などから水が蒸発することで（植物の場合は蒸散という）、水蒸気が大気に入るところから始まる。水蒸気形成を促すのは、太陽エネルギーだ。水蒸気は気流によって流され、やがて凝縮されて雲を形成し、雨や雪として地球上に戻ってくる。降雨のおよそ80％は海に降り注ぐ。残る20％の一部は、陸地か

富栄養化

湖や池の中に、廃水などによって突然大量のリンが加えられると、繊細な生態系のバランスが崩壊する可能性がある。藻が急増することで（食物の急激な増加）、動物の繁殖が加速する。すると酸素の消費量が格段に増加し、極端な場合には、酸素不足によって生物がすめない水域となってしまう。

■藻が増えすぎた池：藻は、水中から余分な栄養や、老廃物をとるために使われることもある。

ら蒸発して直接大気中へと帰って行く。また、地面にしみ込んで地下水となるものもある。地下水はわき水などの形で地上へ戻るか、または地表に流出後、川に流れ込んで海へと戻っていく。こうして再び水循環が開始される。

しかし、現代においては、治水や上下水道の整備といった人為的な環境の改変により、本来の水循環が大きな影響を受けている。また、都市が拡大することで、地下へ水が浸透しない地域が広がったり、地下水を過剰にくみ上げたりすることなどからも、自然の循環が阻害されている。森林の伐採などは、水循環を変化させるだけでなく、災害にも結び付いていく。

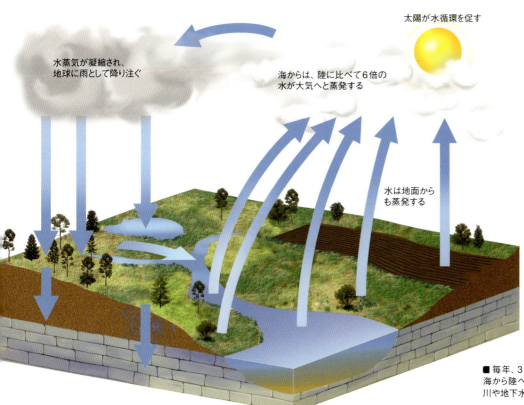

■毎年、3万9700km³の水が湿気として海から陸へと運ばれ、それと同量の水が、川や地下水路を通って海へ帰って行く。

農業生態系

農業生態系あるいは耕作生態系とは、人間が農業を行うためにつくり出した生態系のことを指す。農業の主な目的は、生物由来の原料や食物を得ることだ。こうした人工の生態系は、結果的に自然の生態系に取って代わる存在となる。

農業生態系においては、人が土地を耕作したり、作物の収穫を行ったりするため、結果としてその後も管理と観察を続ける必要がある。例えば、土壌中の栄養素は、定期的に肥料を足して補充しなければならない。作物が取り去られることにより、物質の循環が阻害されるためだ。肥料をやらなければ、農業生態系は短期間で崩壊し、やがて自然の作用に支配される環境へと戻ってしまうだろう。

農地を経済的に成立させるために、お金にならない種はすべて耕作地から排除しようと考える人も多い。その結果、1つの種のみをつくって売却する単一栽培が行われることになる。単一栽培は、自然環境とはかけ離れたもので、動植物の多様性を極限まで減少させ、食物連鎖を短くしてしまう。

農薬の影響

土着の動物や植物は、集中的な耕作はもちろんのこと、作物を保護するために使われる殺虫剤、殺菌剤、除草剤によっても失われていく。薬品のせいで、その他の生物の個体群、とりわけ雑草や害虫とよばれる種において、異常な増加が起こる例もよく見られる(「in focus」参照)。こうした生物が、他の土地から農地へ侵入してくる場合もある。集中的に農業が行われている土地に隣接する生態系にも、悪影響がおよぶことが多い。例えば、肥料や殺虫剤が農地から川へと流れ込むことも考えられる。以上のような過程を経て、食物連鎖に有毒物質が蓄積されていく。

これらの問題を解消するために、また、消費者の間でこうした懸念への認識が高まっていることを受けて、一部の農作物はより生態系に適した方法で生産されるようになっている。例えば、自然の物質循環を認識し、収穫量を減らしてでも化学肥料や殺虫剤の使用をできる限り控えるといった努力がはらわれている。

■ アフリカのある国立公園のそばで、焼いた土壌に穀物を植える人々。森林破壊の一因にもなっている。

農業生態系｜都市

人間が環境に与える影響

人間は、太古の昔から、自分たちの周囲の環境を必要に応じて変えてきた。自然の生態系を変化させた典型的な例が、食料生産のための森林の伐採だ。人間が農業を行うためにつくり出したこの人工的な生態系のほかにも、数多くの自然生態系が都市開発によって破壊されている。

■ リンゴの害虫は、果樹園に多大な被害をもたらす。リンゴ農家では、害虫と戦うための低コストで環境に優しい方法を模索している。そのひとつが、害虫の捕食者となる昆虫の導入だ。

増える害虫

農地利用の効率化を考え集中的に耕地化が行われた土地では、広大な範囲に穀物が1種類だけ植えられることが多い。しかし、こうした単一栽培は、害虫にとって理想的な環境だ。またたく間に農地全体に害虫が広がることもある。これらの害虫は、通常は殺虫剤、除草剤、殺菌剤などによって除去され、当然ながら短期的には姿を消す。しかし、こうした有毒物質は穀物の中に蓄積され、また害虫もほんの数世代のうちに殺虫剤に対する抵抗力を持つようになる。こうなると、害虫を駆除することは極めて困難になってしまう。

■ タイのチェンマイで、農地に殺虫剤を散布する農民。

▶ p.136(日常生活における環境への配慮)参照

都市

18世紀まで、人間はその大半が農地で暮らしていた。こうした状況は工業化の進行によって変化し、より多くの人々が都市という不自然な生態系に移り住むようになった。

都会の環境は、人間が自分たちの理念と必要に応じてつくり上げてきたものだ。都市環境は天候、水、光、熱といった無機的要因から影響は受けるが、自然の生態系とはほとんど共通点を持たない。都市部の大半は、ビル、道路、歩道によって埋め尽くされている。舗装が土を覆い隠し、雨が地中へ浸透するのを阻んでいる。その結果、大気と土壌の間で行われる自然物質の循環も阻害される。舗装されていない場所は、都市周辺に広がる土地に比べて、非常に乾燥している。これは、徹底した排水整備による影響が大きい。土壌はこのほかにも、凍結防止剤となる道路用塩や産業廃棄物といったさまざまな要因によって汚染されている。

都会の気候もまた、周辺地域のそれとは異なっている。建ち並ぶ建物は、日中に大量の熱を貯め込み、夜になるとそれを放出する。ヒーター、発電所、産業施設は、化石燃料を休むことなく燃やしている。高い建物が密集しているため、大気が循環せずよどんでしまう。植物が少ないことや舗装で、蒸発冷却が起きず大気が暖められることも、都市部を周辺部に比べ高温化させている。このことは、近年、ヒートアイランド現象とよばれ、大きな問題となっている。

また、車や工場などから空気中に吐き出された粒子や煙が化学反応を起こすことにより発生するスモッグは、高温で風が弱い日に起きやすいが、近年は、ヒートアイランド現象が発生を誘発しているといわれている。都会ではまた、厳しい寒さの日が少なく、湿度は10％ほど低い。さらに、都会は周辺の自然生態系に比べて生物の多様性が格段に乏しい。都会の生活環境は大半の植物や動物にとってあまり好ましくないためだ。

それでも、都会の住宅地には、生物の生息できるささやかな場所が数多く存在する。それらは主に、歩道の舗装の隙間や、街路樹の周囲にある土などだが、街では景観整備が行われるため、大きく成長することは難しい。大都会であっても、そこに侵入してくる生物は少なくない。例えば、ドバトやハヤブサ科の鳥チョウゲンボウなどだ。これらの鳥は元々、岩壁などに巣をつくる種で、都会の高いビルの中で巣づくりに適した場所を確保。年間を通してすみついている。

屋外の娯楽エリア

近年では、都会だけでなく、その周辺地域までが娯楽のため集中的に利用されており、人の手により本来の自然環境が変化したり、失われてしまった例が多く見られる。早急な生態系の保護対策が求められている。

issues to solve

生物学的な指標としての地衣類

一部の都市では、地衣類を空気の質をはかる生物学的な指標として活用する。地衣類は、汚染物質や気候の変化に対して非常に敏感だからだ。もし、都会で樹枝状地衣類が育てば、それは空気がきれいな証拠。一方、固着地衣類が多ければ、その街の空気が汚染されていることを示す。ほとんどが葉状地衣類ならば、汚染程度は軽い。また、地衣類がほとんど生息していなければ、空気の深刻な汚染を示している。

■岩肌や樹木に生える地衣類には、はげかけのペンキのような姿のものが多い。

in focus

■ダラスはテキサス州で3番目、米国で9番目に大きな都市。内陸に築かれた大都市圏は、米国内でも随一の大きさを誇る。

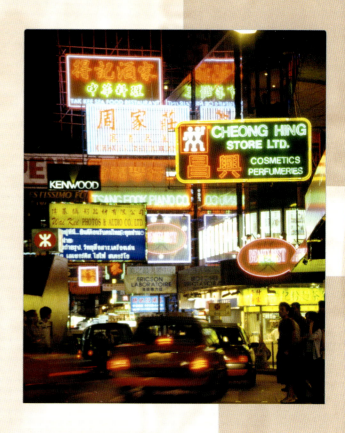

無機化学	282
物質	284
化学反応	288
化学者の仕事	290
有機化学と生化学	294
炭素化合物	296
バイオテクノロジー	302
日々の問題	304
経済と環境	308

化学

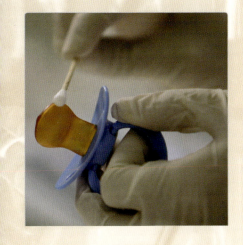

無機化学

　科学の一分野として、また日用品の原料を提供するため、化学は物質全般に取り組む。その対象は、単一の物質か混合物か、原子か複雑な分子か、安定な物質か反応性の化合物かを問わない。

　自然環境でも、企業の実験室でも、私たちの家庭でも、物質は反応により新たな組み合わせをつくる。化学が解明するのは、この物質の小宇宙だ。現代の化学者は、実験室だけでなくコンピューターを駆使した研究を進め、新しい組み合わせをシミュレーションし、仮説を実証し、可能性のある反応を試している。

　食品や人間の体液、そして自然環境における微量の有害物質の検査は、化学の重要な応用例だ。しかし、化学が活躍する舞台はそれだけではない。例えば化学者はナノテクノロジーを活用することで、原子や分子の領域で画期的な進歩をもたらし、まったく新しい「インテリジェント素材」開発の可能性を開いた。

　現代の生活で不可欠となっているのが半導体である。半導体の製造において、化学は重要な役割を果たしている。半導体材料の純粋な結晶をつくった後に、不純物を加えて望ましい性質を持つ結晶を得る。鉄などの合金も、元の金属にない性質が得られる。

■ 物質から元素へ

元素単体と化合物と混合物の違いは、どのような成分で構成されているかだ。
元素は単一の原子から成り、物理的方法や化学的方法で分解することはできない。
化合物は物理的には分解できないが、化学的に分解できる。

元素｜化合物｜周期表｜化学結合

物質

古代ギリシャの哲学者は、あらゆる物質は
火、水、空気、土の4大元素でできていると考えた。
アントワーヌ・ラボアジェなどの研究者が物質を構成する成分の
解明に成功したのは、近代に入ってからのことだ。
それにより、世の中のさまざまな物質の秩序を発見し、
物質の化学変化について説明できるようになった。

私たちの身の回りは、化学物質でできている。化学情報検索サービス機関のデータベースには、3000万以上の化学製品が登録されている。うち1200万は商品として流通しており、新しい製品も絶えず開発されている。世界中で毎年、40万もの新しい化学製品が生まれている。

元素

化学物質には、元素や化合物や混合物がある。元素は1種類の原子しか含まないため、粒子加速器でなら分解できるが、化学的方法や力学的方法で分解することはできない。元素の例は、水素、酸素、金や炭素である。炭素は極めて一般的な元素で、さまざまな形で身近にある。例えば、黒鉛とダイヤモンドの見かけは大違いだが、どちらも炭素でできている。よく知られた元素は、元素周期表に載っている。

化合物

化合物は、元素が結合して分子の形になった合成物だ。化合物は力学的方法で分解することはできないが、ほかの方法で分解することはできる。例えば水は、電流を使えば酸素と水素に分解できる。化合物は成分の違いによって、さまざまな形をとる。例えば一般的な食塩（NaCl）の分子は、ナトリウム（Na）原子1個と塩素（Cl）原子1個でできている。ナトリウムは単体だと、銀白色の軟らかい金属だ。塩素は、単体だとたいていの場合、薄緑色の気体で毒性が非常に強く親水性である。

混合物

混合物は多くの場合、外見は一様だが、力学的方法で分離することができる。海水は、化合物である水と食塩から成る混合物だ。しんちゅうと青銅は、特殊な性質を持つ金属の合金だ。

乳化液も混合物で、いろいろな種類がある。油と酢を使ったサラダドレッシングがその一例だ。混合物の成分を分離する方法はいくつかある。ろ過は、粒子の大きさが違う場合や、溶媒を使って分離できる場合に用いる。加熱という方法もある。

ワインは、加熱による蒸留という方法を使って成分を分けることができる混合物だ。ワインを蒸留してブランデーなどアルコール度の高い飲料をつくったり、劣化したものや余ったものをバイオエタノール（バイオ燃料）や工業用アルコールに転換したりする。

■ 金はとても軟らかい。宝飾品として使うときは、たいてい銀や銅との合金にする。

practice
ワインの蒸留

ワインは紀元前6000年からつくられている。ワインはエタノール、水、その他の成分の混合物だ。エタノールは、蒸留加熱することで抽出される。ワインを加熱すると、エタノールの沸点である約78℃で沸き始める。エタノールは気体となって立ち昇り、ほかの成分が液体に残る。気体は冷却容器に集められ、エタノールは凝集して液体になる。ワインをさらに熱し続けると、水の沸点である100℃に上昇する。

■ 蒸留器のレトルトやランビキは、西暦800年代から蒸留に使われ、今も使われ続けている。

■ 金の鉱山では、金を取り出すためにシアン化合物を使い、有毒な化合物をつくる。

▶ p.328（クォークと電子とその仲間たち）参照

原子：自然の構成要素

現代化学の発達の最初の一歩は、原子の存在を認識することだった。今日では、どの元素も特定の原子から成っていることが知られている。原子は原子核と複数の電子から成り、電子が化学的性質を左右する。

19世紀初頭、英マンチェスターの科学教師ジョン・ドルトンは、あらゆる物質は個別の原子で構成されているとする仮説を提唱した。どの元素の原子も質量と化学的性質が一致するからだ。それから数年後、科学者たちは原子が均一に物質の詰まった丸い弾力性のある物体だとする仮説を立てた。だが19世紀後半、物理学者J・J・トムソンが負に帯電した粒子、つまり電子が原子から分離できることを明らかにしたため、この仮説は誤りであることがはっきりする。さらに、アントワーヌ・アンリ・ベクレル（1852～1908年）は、自然の放射能を観測することに成功する。こうした発見を経て、物理学者たちは原子が分解できることに気づいた。

隙間だらけの空間

20世紀初頭、アーネスト・ラザフォードは薄い金箔に放射性元素から放出されるアルファ粒子を打ち込んだ。すると大部分の粒子は偏向せずに金箔を透過したが、ごく一部が偏向し、中にははね返るものもあった。「信じられなかった。1枚のティッシュペーパーに38センチ砲の砲弾を打ち込もうとしたら、それがはね返ってきて自分に当たったようなものなのだから」とラザフォードは後に回想している。

ラザフォードは、金箔の原子は大半が空っぽの空間でできており、入ってきた粒子を乱反射させる原子の中心に質量が集中して存在すると結論づけた。それによってラザフォードは、原子が正電荷の核と負電荷の殻でできていると考えた。この考えをさらに推し進めたのが、ニールス・ボーアほかの研究者だった。彼らによると、原子の殻は核の周りを回る電子から成り、核は陽子と中性子で構成される。電子は惑星と同じように、固定軌道を周回する。

ボーアの原子モデルは、大胆な仮説の上に成り立っている。古典物理学的な見地からすると、原子核の周りを回る電子は放射線の形でエネルギーを放出する。もしそれが真実なら、電子はたちまち原子核に落ち込んでいく。物理学者のニールス・ボーアは、実際には電子はそんな動き方をしていないという仮説を主張した。この仮説を皮切りに、ボーアは汎用性のある独自の原子モデルを考案した。このモデルを使えば、励起状態の水素原子が放射する光の波長について、矛盾なく説明することが可能だった。

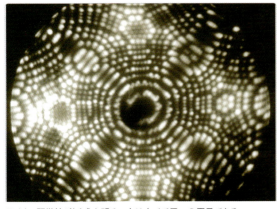
■イオン顕微鏡がとらえた明るい点はすべて個々の原子である。

■原子の構造を解明するために、粒子を原子に衝突させる。極微の大きさの原子は予想もしない性質を示した。

波動力学と軌道関数

ボーアからエルヴィン・S・シュレーディンガーまでの物理学者にとっての問題は、前半は古典的な物理法則を使い、後半は量子物理学の法則を使ったことだった。

今日、波動力学の教えによると、電子の位置と運動量を同時に正確に測定することはできない。波動力学の観点では、電子軌道というものは存在しない。電子の運動は、数学の関数（波動関数）を使って、説明したり測定したりすることができる。波動関数の計算から、ごく小さな領域に電子が存在する確率がわかる。原子の周りに見つかる電子の領域は、右のような特異的な形をしている。この領域が軌道と呼ばれる。

■今から見ると、ラザフォードの原子モデルは正確ではないが、広く知られている。

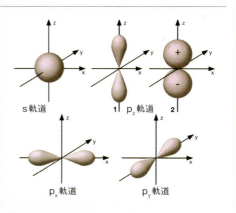
■電子の軌道関数をコンピューターで計算して画像にしたもの。

▶ p.349（原子力）参照

周期表

世界中のどこでも化学の授業で必ず周期表が使われている。周期表には存在が確認された元素が記載され、原子番号や性質に応じて、属性と周期律の順に並んでいる。

化学者は長い間、元素の秩序を発見しようと模索を重ねてきた。1829年、ドイツの化学者ヨハン・デーベライナーが、化学的性質の似た「三つ組元素」が数組あることを発見し、その中央の元素の原子量が残りの2つの元素の原子量の平均値とほぼ同じであることに気づいた。

19世紀の発見

多くの元素は19世紀半ばに発見された。1869年、ロシアの科学者ドミトリ・メンデレーエフとドイツの科学者ロタール・マイヤーがそれぞれ独自に周期表を考案する。メンデレーエフは元素を原子量順に並べ、性質の似た元素同士を縦に配置した。さらに、まだ発見されていないアルミニウムやケイ素の下に入るべき元素の欄を空白にした。およそ1世紀の後、ガリウムとゲルマニウムが発見され、メンデレーエフが予測した性質を備えていることがわかった。メンデレーエフの予測が的中した結果、周期表が科学的に広く受け入れられるようになった。

現在の周期表

周期表には、元素記号で示された元素が原子番号順に並んでいる。原子番号(または陽子数)は、元素の原子核が持つプラスの荷電粒子(陽子)の数だ。原子番号だけで、化学元素を特定できる。

電荷を持たない中性の原子の場合、原子番号は電子の数に等しい。水素原子(原子記号:H)は、1個の陽子しかないため、ごく単純な構造をしている。逆に、ウラン原子は92個の陽子を持ち、自然界で発見された最も大きな原子だ。

元素の化学的な性質は、最外殻の電子の数で決まる。似た性質を持つ元素は、縦に並んだ18の族に分かれる。例えば、18番目の族(希ガス族)のすべての元素は2つの電子を持つヘリウムを除き、外殻に8つの電子を持ち、ほかの元素と化合しない。横に並んだ列は第1から第7までの周期を示す。

統一原子量(炭素を基準として表した質量)で原子の質量を測定した場合、電子の重さは検出できないほど微量であるため、陽子と中性子を合計した質量で表す。同じ元素であっても、同位体の違いによって原子量に差がある。

新しい元素

現在の科学者は核融合により半減期が非常に短い元素をつくる。将来、もっと安定な人工元素がつくられるだろう。

issues to solve

■ 希ガスのネオンを使った電飾はよく目にする。周期表で同じ族に入る元素は、似た性質を持つ。希ガスとよばれる第18族の気体はすべて安定している。

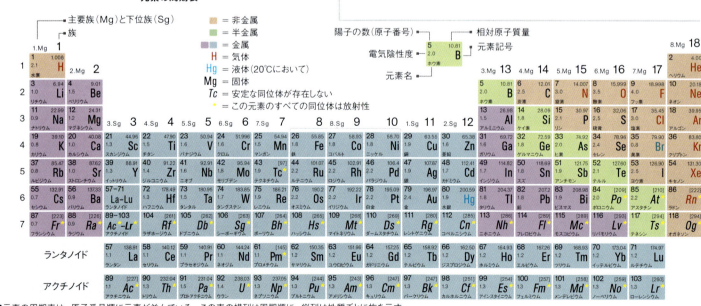

■元素の周期表は、原子番号順に元素が並んでいる。この表の横列は周期順に、縦列は性質ごとに族を示す。
主要な族の分類は、導電率など元素の性質に基づいている。同じ族の元素は、ほかの族の元素よりも共通点が多い。
原理的には、もっと族が存在する可能性もある。原子番号113、115、117、118の名称は、2016年6月に公表されたもの。

化学結合の力

原子間の化学結合は、原子と原子が近付いて互いに結び付き、それぞれの原子の電子殻が相互作用するときに起こる。化学結合には、電子の状態が異なる共有結合とイオン結合、金属結合がある。

　原子と原子が接近し、互いに触れると、とたんに結合する。遠く離れている2つの水素原子が互いに影響を及ぼすことはない。だがこの2原子がいったん接触すると、両者の状態が変化し、静電気の法則が働く。負電荷を帯びた原子は、正電荷を帯びたもう1つの原子を引き付ける。両者の電子殻は「融合」し、2つの原子核の周りに1つの負電荷の領域ができる。

誘引力と反発力

　この作用には限界がある。2つの原子がお互いに近付くほど、反発力が大きくなる。誘引力と反発力が同時に生じて釣り合った状態になり、原子と原子の間の距離が一定になる。

　塩化水素は、塩素と水素の共有結合によってできる。結合電子は水素よりも塩素に強く引き付けられる。こうした単純な結合は、単量体（モノマー）とよばれる。2つの単量体の化合物は二量体（ダイマー）になる。3つの単量体の化合物は三量体（トリマー）になる。塩化水素分子の電荷は一様ではなく、2つの極がある。こうした電荷の偏りがある分子を極性分子とよぶ。

　電気陰性度（EN度）は、分子内の原子が電子を引き付ける力を示す。この数値は、結合電子が完全に一方の原子に含まれるか、2つの原子に共有されるかを決める基準になる。原子のEN度が1.8以上の場合、イオン結合が起こる。EN度が極めて小さいときは、無極性の結合になる。ときには、一方の原子がもう片方の原子の電子を完全に吸収し、マイナスとプラスのイオンとなる。イオン間の誘引力は、電荷の極性が反対となるため非常に強く、安定したイオン結晶構造をつくる。

　イオン化合物と同様に、金属結合は強固な構造を持つ。電子は個々の原子とは結び付かずに、大量の負電荷の「海」をつくり出し、正電荷の原子核を結び付ける。

　ほとんどの共有結合体が共有するのはわずかな数の原子だ。ただし、炭素原子は例外である。1個の炭素原子はほかの4個の原子と結び付き、鎖状につながって複雑な分子になる。こうした炭素の化学的性質は、炭素化合物だけで有機化学という1つの研究分野を形成している。

■金属の最外殻の電子（価電子）は、原子核から簡単に分離する。金属結合は、電子が分離し自由に動き回る状態であるため、金属は延性や展性を持つ。電子結合を切り離さなくても、形を変えられるのだ。

■固体のイオン化合物は、陽イオンと陰イオンの間で誘引力と反発力が働くため、たいてい格子状の構造をとる。そのため、とても硬いが砕けやすい。

結合の種類による構造の違い

共有結合の場合、電子は結合した原子間で共有され、安定した分子を構成する。その結果としてできる分子は、原子の種類や数によって低～中分子、あるいは高分子の化合物になる。低分子化合物は一般に、塩化水素や香水、アロマオイルなどのような揮発性の気体で、融点と沸点が低い。また一般に伝導性が低い。高分子化合物は、ポリマーやタンパク質のように、立体あるいは鎖状の構造を持つ。

固体イオン化合物はたいてい塩のような粉末状で、小さな結晶（格子結晶構造）をしている。融点と沸点は非常に高い。これらは水に溶けやすく、その陽イオンと陰イオンの導電性は高い。

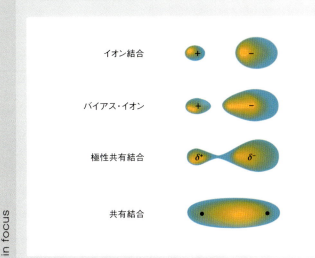

- イオン結合
- バイアス・イオン
- 極性共有結合
- 共有結合

■共有結合は1組の電子を共有して分子を形成する。電子が移動すると2つのイオンとなる。

■ 新たな物質の合成

望むと望まざるとを問わず、化学反応によって新たな物質が生じる。
各種の化合物が反応して、思いがけずに有用な化合物を生じることがある。
逆に、有用な化合物が分解されて損害をこうむることもある。

化学反応が起こると新たな物質がつくられる。こうした化学的な変換はすべて、エネルギーの増加や減少をともなう。例えば、乾いたフラスコ内で4gの亜鉛粉末と2gの硫黄を混ぜ、熱した鉄線で触れると、炎と白煙が上がる。温度が下がると、灰白色の混合物が残る。熱を放出するこうした反応を、発熱反応と呼ぶ。一方、吸熱反応の場合、周りの環境から熱エネルギーを奪い取る。反応を起こすのに必要なエネルギー量（この場合は熱した鉄線のエネルギー）を活性化エネルギーとよぶ。

亜鉛（Zn）と硫黄（S）の反応は、Zn+S ⇒ ZnSという化学式で表せる。矢印の左側は、出発物質や反応物質を示す。矢印の右側は、最終生成物を示す。亜鉛と硫黄が反応する際に、空気中の酸素（O_2）にも反応して酸化亜鉛がつくられる。これを表す化学反応式は$2Zn+O_2 \Rightarrow 2ZnO$となる。

なお、前の式の係数の2は亜鉛原子の数を示す。酸素Oの下付き数字の2は酸素分子が2つの酸素原子から成ることを示す。1つの酸化亜鉛は1つの酸素原子を含む。

こうした反応は「モル」という物質量の変化で計測することもできる。1モルは、6×10^{23}個の粒子を含む。前の化学式は、2モルの亜鉛原子が1モルの酸素原子と反応した結果、2モルの酸化亜鉛原子を生じることを示している。

化学反応

化学変化 | 反応 | 原子炉 | 触媒

化学反応は、至るところに存在する。エンジンはガソリンを燃やして排ガスに変える。鉄のチェーンはさびる。オーブンの中では、生肉がローストされる。私たちの体内では、食物が新しい物質に変わる。産業界では、化学反応を利用して大量の合成物質を製造している。反応を促進するのが触媒であり、排ガス浄化装置にも使われている。

■ プールの衛生状態を保つためには、消毒して細菌などの有機物を取り除く必要がある。たいてい漂白剤の次亜塩素酸カルシウム（$Ca(OCl)_2$）が使われる。これは水に溶けて次亜塩素酸（HClO）になり、有機物を強力に酸化させ、瞬く間に大半の細菌を死滅させる。

酸化還元反応

酸化という用語は、もともとは単に、物質が酸素と結合する反応を指すものだった。だが今日では、酸化の意味を広く解釈している。すなわち、どんな粒子でも、電子を反応相手に与えることを酸化と表現する。例えば、亜鉛は硫黄との反応の過程で酸化される。これに対して、どんな粒子でも電子を得ることを還元されると表現する。これを合わせて酸化還元反応という。

酸・塩基反応

酸は金属を分解し、酢のような酸っぱい味がするのに対し、塩基はぬるぬるして、苦い味がする。またリトマス試験紙は酸に対しては赤くなるのに対し、塩基に対しては青になる。酸はほかのイオンや分子に対して陽子（H^+）を放出するのに対し、塩基は逆に陽子を取り込む。

酸が塩基と反応した場合、陽子は塩基に取り込まれる。例えば、塩酸（HCl）とアンモニア（NH_3）の反応は、$HCl+NH_3 \Rightarrow Cl^- +NH_4^+$という化学式で表せる。上付き記号は、それぞれ塩素が1つの負電荷イオンになり、アンモニアが1つの正電荷イオンになることを示している。

さび止め

■ ボートや船は、常に塩水やきびしい気候にさらされているので、かなりさびやすく、さび止めの工夫が必要だ。

鉄とスチールが湿潤環境で酸素と結び付くと、化学反応を起こす。金属は酸化され、さびと呼ばれる酸化鉄化合物が発生する。金属にこの反応が起こるのを防止しなければならない。耐食性の高い貴金属や塗料を何層も塗布する受動防食や、非貴金属（亜鉛、アルミニウム、マグネシウムの合金）のメタリック・コーティングを施す能動防食がある。船の外装に広く用いられるのは能動防食である。

■ 試験管から原子炉へ

物質を大量生産するためには、まずその物質をつくり出す際の化学反応を知り、これを工業生産の規模まで増強できるのかどうかを知る必要がある。触媒を使用して反応の速度を上げるなどの手段が用いられる。

18世紀末に、フランス科学アカデミーは、食塩（塩化ナトリウム）から洗濯ソーダ（炭酸ナトリウム）を合成する方法の開発に賞金を出すと発表した。塩化ナトリウムは洗剤として、あるいはガラス製造のために大量に使用されていた。それから数年後にニコラ・ルブラン（1742～1806年）が開発した合成法が現代化学工業の幕を開け、洗濯ソーダの合成費用をそれまでのわずか9分の1にした。ところが、ルブラン法で出た廃棄物は人間の健康に悪く、環境への負荷になっていた。そのため、ルブラン法は新しい方法にとって代わられる。効率性とともに、環境問題も大きな理由となり、化学洗剤の新しい製造法が開発された。

本来、塩化ナトリウムは苛性ソーダ（水酸化ナトリウム）の製造にも使われていた。しかも未だに、世界各地で年6000万トンという大量の塩化ナトリウムが使われている。苛性ソーダは塩化ナトリウムを電気分解して取り出す。この方法では、塩化ナトリウムを水に溶かし、負電荷の塩素イオンと正電荷のナトリウムイオンにする。塩素イオンは電解槽の中で黒鉛の電極に引かれる。この黒鉛の電極は正電荷を帯び直流電源につながれている。塩素イオンが、この「陽極」と呼ばれる黒鉛電極に電子を渡すときに塩素が発生する。

電源は電子を陽極から、「陰極」と呼ばれる負電荷を帯びたスチール板に送り込む。電子（e⁻）は水分子（H₂O）へと移動し、これによって水素（H₂）と水酸化物イオン（OH⁻）ができる。化学式にすると、2H₂O+2e⁻ ⇒ 2OH⁻+H₂となる。水酸化イオンとナトリウムイオンから、苛性ソーダ（水中の水酸化ナトリウム）がつくられる。ただし実際には、望ましくない副反応を起こさないように、陰極で発生する水素と苛性ソーダを、陽極で発生する塩素から切り離さなければならないという技術的な問題もある。こうした塩素・アルカリ電気分解の方法は、長年の間に改良が進んでいる。

ところが、マイクロリアクターを用いると、巨大な電解槽での処理よりもはるかに良質な反応物を得られる。しかも、反応を陰極のみに絞れるので処理効率もよい。化学物質の生産率も向上するので、マイクロリアクターは今後ますます普及するだろう。

鉄の生産

化学反応の発見と、それを産業化するまでの困難な道のりの典型例が、鉄とスチールのケースだ。鉄は14世紀からずっと、鉄鉱石から抽出されてきた。熱源としては古代から木材が使われたが、高温を保つのが難しく、森林を破壊するという問題があった。

18世紀に入ると、ようやく熱源として、石炭を材料とするコークスが使われるようになり、鉄の重要性が増した。新しい製鉄手法は今も開発が続いており、できるだけ環境に配慮して鉄に含まれる炭素の排出量を抑えようとしている。

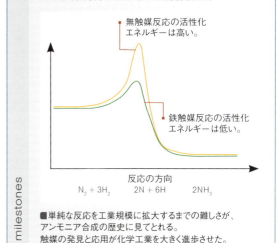

ハーバー法によるアンモニア合成

アンモニアは化学工業の原料として重要な物質で、それから化学肥料や爆薬などが合成される。当初は、窒素や水素からのアンモニアの合成はうまくいかなかったが、20世紀初頭にフリッツ・ハーバー（1868～1934年）が、触媒を加え、外から圧力をかけると回収率が上がることを発見した。

■ 単純な反応を工業規模に拡大するまでの難しさが、アンモニア合成の歴史に見てとれる。触媒の発見と応用が化学工業を大きく進歩させた。

■ 産業需要を満たすために、電気分解が大規模に使われている。

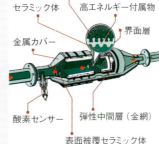

触媒

化学反応は、必要な活性化エネルギーに達すると始まる。触媒は、この処理に必要なエネルギーの水準を下げる。よく知られている触媒は自動車に使われ、有毒な排ガスを無害なガスに変える助けをしている。触媒は、反応に不可欠な要素ではないが、工業規模での処理速度を上げるために化学工業に広く使われ、コストとエネルギーを節約している。

■ 自動車の排ガス浄化装置は、触媒として白金のような貴金属を使う。

▶ p.303（現代のバイオテクノロジー）参照

■ 試験管とコンピューター

コンピューターがあらゆる化学研究で重要な研究手段になる一方で、今日でも実験室で試験管を片手に、日々新しい物質の合成に取り組む研究者たちがいる。化学者の仕事は、一般の人の想像よりもずっと幅広い。

■化学全般で使われる遠心分離機は、沈殿物から成分を分離する。

化学合成｜分析化学｜コンピューター｜半導体｜材料

化学者の仕事

化学の起源は中世欧州の錬金術だとされている。ごく微量の物質の化学構造を解明することも、化学の使命だ。ナノテクノロジーの研究室から大規模化学工場の現場まで、化学者たちはコンピューターと伝統的な実験装置の両方を使って、新たな物質の発見と効率的な生産方法を探求している。化学が大きな成功を収めた典型例がエレクトロニクスに不可欠な半導体材料の精製である。もう1つの例が、優れた性質を備えた鉄やチタンの合金だ。

化学者が働いている場面を絵にするとしたら、私たちの大半はおそらく、実験室で試験管やレトルト（蒸留用ガラス容器）の中の物質を混ぜている白衣を着た人物を想像するだろう。化学者の日常業務は、とくに工業化学者の場合、そうした想像とはかけ離れている。工場では、開発した製造手順を大規模な製造工程に移す必要がある。仕事を達成するために、工業化学者は実証プラントを使って製造手順を検証し、制御工学に取り組み、数え切れないほどの計算を重ねる。

化学者の職務には、研究と生産を結び付けるための作業がこれまで以上に含まれる。顧客の企業が効率的かつ安全に製品を市場に出す手助けをし、将来どのように生産を拡大すべきか助言し、市場での成功に向けた支援を行うこともある。

私たちが抱く古典的な化学者のイメージにかなり近いのが、大学や政府機関、私企業の研究部門で働く一部の化学者たちだ。そうした化学者は、幅広い方法や道具を駆使して新しい物質をつくり出す。こうした研究で最も一般的な手法は、原料や反応物を溶液に溶かすことだ。その溶液を沸騰させ、レトルトから出る蒸発物質を縦型冷却管で液化し、それによってレトルトに還流させる。化学者はこの手法をリバースフロー・インジェクション法とよんでいる。

分析化学（化合物の成分分析）は化学分野のまさに中核だが、生物の化学反応を研究する生化学をはじめとして数多くの分野がある。生化学者は、調合薬に使われる化合物を生成する重要な役割を担っている。理論化学者は、ナノテクノロジーや宇宙化学の分野に従事していることが多い。化学は多くの場合「科学の中心」と考えられ、科学のあらゆる分野と結び付いている。

コンピューター・モデリング

化学者にとって、コンピューターは実験器具に引けをとらないほど重要だ。理論化学者はコンピューターを使い、分子の構造や性質を推測する。例えば、存在しない薬剤の分子構造をシミュレーションし、その薬剤の性質を推測する。シミュレーションで新薬の実現可能性が明らかになってからでなければ、企業は成分を合成したり市場に出したりするのに必要な資金を投じない。

■コンピューターは、分子や化合物や反応をモデル化するための重要なツールだ。

■化学者は多くの場合、物質を原子レベルで解析し、分子や原子から新物質を構成する。

化学者の仕事

■ 手掛かりの探索

分析化学者は、目標を達成するために数多くの分析法を使うだけでなく、探偵のように推理を働かせることが多い。そうすることで、分子の内部構造をよりよく理解できる。その手法はドーピング検査にも使われている。

分析化学者は、芸術作品の年代推定から空気や食品に含まれる有害物質の検出、マイクロチップに使われる結晶の品質検査まで、さまざまな問題に取り組む。

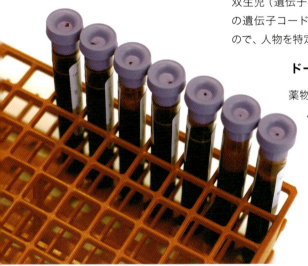

■運動選手から採取した血液と尿の検体は、運動能力強化薬が使われているか否かの検査に使われる。テストステロンが通常濃度より高いと、タンパク同化ステロイドを使った可能性がある。

DNAを分析し、DNAの断片を大きさによってゲルから切り出す。最終的にDNAの断片は、最近の商品についているコードとそっくりの、バーコードで表示される。一卵性の双生児（遺伝子構造が同一）を除くと、1人の遺伝子コードはただ1つしか存在しないので、人物を特定するのに用いられる。

ドーピングの分析

薬物を使用した痕跡は、血液中よりも尿中に長く残る。だが尿から薬物が検出されたからといって、必ずしもその運動選手が有罪だと断定できない。使用された薬物の量も見極めなければいけないからだ。例えば、大量のカフェインの摂取は禁止されており、検出できる。だがコーヒーや紅茶やコーラといった通常

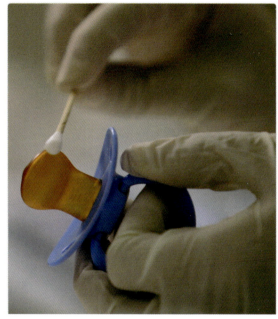

■DNA鑑定によって人物を特定できる。例えば犯罪を捜査し、血縁関係の有無を明らかにし、特定疾患にかかる可能性を調べる。

の飲み物で摂取される量のカフェインが検出された場合は、運動選手が禁止薬物を摂取したとみなすことはできない。

人間は体内で、さまざまな物質を合成する。医学検査は、何らかの病気により、特定の物質が異常に大量に存在していないかを確かめるために用いられている。

分析の重要性

19世紀のドイツの化学者カール・レミギウス・フレゼニウスは、「化学の長足の進歩はどれも、新たな、もしくは改良された分析手法に多かれ少なかれ直接関係している」と考えていた。化学反応を改善するには、まずその反応を解明する必要があるので、フレゼニウスの見解は今でも説得力がある。化学物質の厳密な構造や組成を理解できなければ、医薬や太陽電池、航空エンジンなどの製品の改良はできない。

実験室で犯罪を解明

今では化学分析による人物の特定が可能なため、犯罪捜査の場合、ごく少量の精液や皮膚の断片で有罪が宣告される。証拠は細胞にある。DNAのような遺伝物質はごく少量でも、ポリメラーゼ連鎖反応（PCR）とよばれる技術を使って増やせる。ついで

分析ツール

分析をするには通常、薬物をほかの物質から分離する。そのために、高速液体クロマトグラフィー（HPLC）を使うことが多い。ついで質量分析計を使って分離した薬物の分子を特定する。この装置は、1kgの物質の中の、10億分の1gの薬物でも検出できる。スイミングプールの中から角砂糖1個を検出するようなものだ。極めて高濃度の薬物を検出するには、核磁気共鳴（NMR）分光計を使う。

特定の分析方法は総合的な答えの一部しか出せないので、複数の検出法を組み合わせたうえで答えを導きだす。

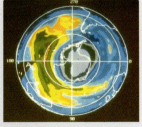 

■オゾン全量分光計（TOMS）がとらえた、南極上空から消失したオゾン層の画像（左）。光学機器産業で使われる分光計（右）。

■半導体

温度と物質の電気抵抗には一定の関係がある。
このことが19世紀に発見され、それから約半世紀後に
半導体の有用性が発見され、情報通信技術の重要な基礎になった。

コンピューター、携帯電話、デジタルカメラ、さらにはコンピューター断層撮影法（CT）や人工ペースメーカーといった医療技術は、半導体に依存している。種々の元素

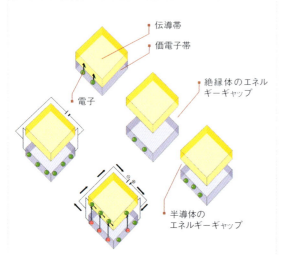
■半導体と絶縁体の電子のバンド構造

が半導体の性質を示すが、そのエネルギーバンド構造は元素によってさまざまだ。20℃では、半導体は金属ほどではないが絶縁体よりは電気をよく通す。半導体の導電率にとって、温度は重要な要素となる。大半の半導体は、温度が上がるほど導電率は高くなる。

「半導体」と聞くと、私たちはふつう、最も重要な半導体であるシリコン（ケイ素）を思い浮かべる。しかしながら、シリコンは600以上の無機半導体の1つにすぎない。ほかの重要な半導体素材としては、ガリウムヒ素のようなIII-V族とよばれる化合物もある。

完全結晶

大半の半導体は、完全結晶に近い。精製した半導体素材を加熱して少しずつ溶融し、ゆっくりと温度を下げると、原子は結晶構造になって落ち着く。薄い結晶膜をつくる場合は、半導体を加熱して気化させ、それを冷やした表面に吹き付けて凝固させ結晶にする。今日でも、半導体素材を結晶化する方法は非常に重要である。

望ましいドナー原子

注入と呼ばれる手法で半導体に不純物を加えることによって、その伝導率を変えることができる。ドナー原子のイオンビームを半導体結晶材料に打ち込むと、ドナー原子が結晶構造に取り込まれる。イオンを半導体に打ち込むエネルギーが高ければ高いほど、ドナー原子は結晶の奥深くまで浸透する。

半導体の応用

ナノテクノロジーやコンピューター、情報通信技術にとって、半導体は不可欠だ。半導体は光を電気エネルギーに変え、あるいは逆に電気エネルギーを光に変える。多くの電卓は、光を電気に変える太陽電池によって動作する。発光ダイオードは、数多くの電子ディスプレイに使われている。

自由原子内の電子はエネルギー準位を持つが、固体内の電子はエネルギーバンドを形成する。このバンド構造によって、半導体の性質を説明できる。異なるエネルギーのバンドとバンドの間にはギャップがある。半導体の場合、電子に占領された最高のエネルギー準位は価電子帯だが、電子に占領されていない最低のエネルギー準位は伝導帯だ。絶縁体の場合、電子はバンドギャップを越えられないか、もしくは越えたとしても、原子核の大きな誘引力によって再び原子核につかまるため、電流は流れない。不純物を加えた半導体の場合、電子は低い準位のバンドを付け加えるため、電子が伝導帯に到達しやすくなり、導電率が高くなる。

■砂漠に設置された太陽電池パネル。砂漠では、強力な太陽光を利用できる。

導電率の変化

化学元素の中には、電気を通す固体（導体）もあれば通さない固体（絶縁体）もある。ところが半導体の場合は、熱や光、そして電流のエネルギーによって導電率が変化するという性質がある。

コンピューター用マイクロチップの製造

マイクロチップをつくるには、半導体に不純物を注入し微小な回路を焼き付けなければならない。まず半導体の表面をフォトレジスト膜で覆う。ついで、紫外線あるいは電子線を使ってフォトレジストに回路のマスクを焼き付ける。ついで酸によるエッチング処理により、回路を形成する。この工程はクリーンルーム内で作業する必要がある。ちりが付くのを防ぐためだ。

■クリーンルームでは、紙や繊維を避けて、クリーン度を保つ。

▶p.379（コンピューター部品）参照

■未来の材料

明日の材料は、現在あるものよりも軽く、耐性が高く、より耐熱性があり、「利口な」ものになるだろう。微視的構造を備えた新しいナノ材料が出現すると、材料の選択肢が今以上に広がる。スチールやセラミックの改良も続いている。

スチールは、鉄とさまざまな元素の合金である。こうした合金をつくる元素によって、スチールの性質は変わる。例えば15％のマンガンと、3％のアルミニウムとケイ素を加えたスチールは、1100メガパスカル（約1万1000気圧）の圧力がかかっても砕けない。これは、切手大の面積に10頭の雄ゾウの体重がかかる圧力に匹敵する。標準的なスチールは、700メガパスカルにしか耐えられない。ほかの種類のスチールには、砕けることなく縦方向に約90％も伸びるものがある。この種のスチールを自動車に使うと、衝突時の耐衝撃性が大幅に向上する。さらに、こうした特殊なスチールは車体重量を約20％軽減し、燃費や性能を向上させる。この種のスチールはまだ製造が難しいが、将来、ほとんどの車がこうしたスチールの恩恵を受けることになるだろう。

■将来の形状記憶合金は、事故にあった車を簡単に元の形に戻してしまうかもしれない。

高性能セラミック

最近の高性能セラミックは、大昔の壊れやすい陶器とはまるで違う。セラミックに炭素繊維を加えると壊れにくくなる。スペースシャトルの機首部分の耐熱タイルに使われた強化セラミックは、大気圏に再突入するときのすさまじい高熱から機体を守る。同じようなセラミックは、摩耗や腐食に強いため、ディスクブレーキにも使われている。

■スペースシャトルは再突入時に高熱になるため、耐熱タイルを使用する。

記憶する材料

事故が起こり、自動車のフェンダーがへこんだとき、へこみが簡単に消えたらどんなにいいだろう。フェンダーを形状記憶材料でつくれば、それが可能かもしれない。こうした先端的な材料は元の形を「記憶」しており、熱を加えると元に戻る。そのため、事故のへこみは熱を加えるだけで修理できる。このくらいの作業であれば、自動車修理工場に車を持っていかなくても自宅でできる。

形状記憶合金

形状を記憶するプラスチックはすでにある。そして、同じ性質を持つ金属もある。特殊なニッケルチタン合金のおかげで、欧州の探査衛星エンビサット1号は2002年に軌道に到達した後に、折りたたまれたアンテナを開くことができた。形状記憶合金は、医薬分野にも使われている。例えば、ステントとよばれる金網は病気によって狭くなった冠動脈にはめ込まれる。温かい血液に触れると、ステントは広がって動脈を支え、それにより血流を改善させる。多くの医師や研究者が、病院に未来の材料を持ち込み、患者の生活を改善するため、有望な新素材や人工器官移植のテストを続けている。

■新しいボーイング機は、エンジンの騒音を減らすために形状記憶合金の使用量を増やした。

▶ p.375（生産工学）参照

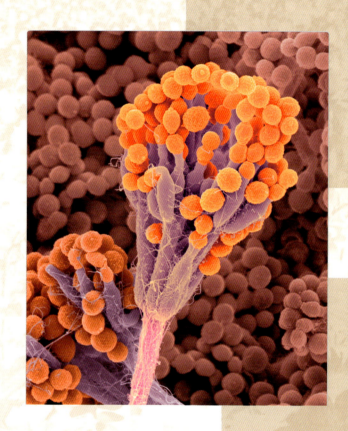

化学

無機化学	282
物質	284
化学反応	288
化学者の仕事	290
有機化学と生化学	294
炭素化合物	296
バイオテクノロジー	302
日々の問題	304
経済と環境	308

有機化学と生化学

　分子は、2つ以上の原子が結び付いた粒子だ。分子は単一の元素だけでできていることもあるし、複数元素の組み合わせのこともある。あらゆる生物の体は分子から成り、大半の分子は炭素原子を含む。炭素は組み合わせの可能性が多様なので、有機化学の主要構成要素となっている。

　生きるために、あらゆる生物はさまざまな物質を取り込んだり放出したりする必要がある。一般に、私たちの食物には生きるための必須栄養素がすべて含まれている。

　生体の生化学プロセスのバランスがくずれたときは、薬剤や栄養補助食品で損傷した部分を修復し、失われた栄養を補うことができる。そのため有機化学は、効果の優れた薬剤など自然界に存在しない物質の開発に注目している。

　化学や生化学の産物の多くは、現代社会の日々の生活の一部になっている。そうした産物は経済的に大きな役割を果たす一方で、人類や環境に予測できない影響をもたらす危険性がある。

　20世紀最大の発見に数えられるのが、生物の遺伝子を構成するDNAの解明だった。ロザリンド・フランクリンが撮った鮮明なX線写真が強力な支援となり、ジェームズ・ワトソンとフランシス・クリックがDNAの二重らせん構造を解明し、1962年のノーベル医学・生理学賞を受賞した。

化学 | 有機化学と生化学

■ 炭素:極めて用途が広い元素

200年以上前に、化学者は「有機化学」ということばをつくった。当時は、生物が無機物とは基本的に異なることを前提としていた。だが後に、それが誤りだったことが明らかになる。

19世紀半ばまで、天然の物質の成分は、当時知られていた元素ではないと広く考えられていた。これら既知の元素に関する知識は鉱業で得られたものだった。ところが、素という元素はそれ自体で数百万種類の化合物をつくるというユニークな特性を持っているので、今日でも有機と無機の分類は残っている。単純にいうと、有機化学は炭化水素と、それから合成した化合物の化学を指す。

炭化水素の大部分は原油と天然ガスを原料とし、主に石油化学によって精製されたものを用いる。炭化水素は、燃料(ガソリンなど)や溶媒、あるいはプラスチックなどの原料として重要な役割を果たしている。炭化水素のない生活は想像しにくい。炭化水素がなければ自動車は走らないし、繊維製品やプラスチックは存在しない。

純粋な炭化水素は、元素の炭素(C)と水素(H)から成る化合物だ。そのため、炭素の原子は、共有結合(電子対結合)によって結び付いており、線や枝分かれした鎖や環(環状炭化水素)の形をしている。

炭化水素を大分類すると、炭素の原子の単結合から成る飽和アルカン(パラフィン系)や、1つ以上の二重結合から成る不飽和化合物のアルケン(オレフィン系)や、1つ以上の三重結合から成るアルキン(アセチレン系)に分類される。例えば、環状炭化水素のみで構成されるのはベンゼン(ベンゾール)で、環状につながる6個の炭素と6個の水素原子が3つの二重結合を形成している。ベンゼンからつくられる化合物は、芳香族化合物になる。

有機化学 | 炭水化物 | 核酸 | 脂質 | アミノ酸

炭素化合物

炭素にはユニークな性質がある。単一の元素だけで単結合や多重結合をつくり、鎖や環の構造を形成するのだ。水素との化合物は、現代有機化学の基礎となっている。有機化学の本来の役割である生物との相互作用の研究は、最近、生化学にとって代わられた。生化学は炭水化物、核酸、脂質、アミノ酸の研究を進めている。こうした研究がバイオテクノロジーの基礎となる。生物が生命を維持し、さらに子孫を残していくため、炭素化合物が大きな役割を果たしている。

有機物の最初の合成

ドイツの化学者フリードリヒ・ヴェーラーは、アルミニウム、ベリリウム、ケイ素、ホウ素をそれぞれ分離した。1828年、ヴェーラーは有機物が無機物の元素を含むことをはじめて証明した。続いて、ヴェーラーと化学者のユストゥス・リービッヒは「基(ラディカル)」の理論を提唱した。

■ フリードリヒ・ヴェーラーは、当時極めて影響力のある科学者で、現代生化学の基礎を築いた。

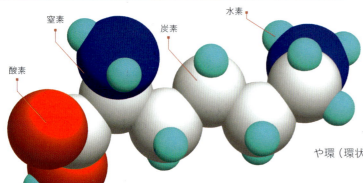

■ 分子構造の例。炭素は地球上で13番目に多い元素だ(重量順)。

ドイツの若き化学者フリードリヒ・ヴェーラー(1800〜82年)がその仮説に反証した。無機化合物のシアン酸アンモニウムから有機化合物の尿素(カルバミド)を合成したのだ。それによって、ヴェーラーは有機物がすでに発見されている元素で成り立っていることを明らかにした。その結果、有機化学と無機化学を分けることに意味がなくなった。だが、炭

炭素の存在場所

炭素の99%以上が鉱物の形態で存在し、有機化合物は0.03%しかない。さらにその約3分の2が化石燃料だ。

■ 石油や天然ガスなどの炭化水素は、世界中で大規模な発電用に使われている。

▶ p.302-303(バイオテクノロジー)参照

炭水化物：糖の世界

私たちの文化では、糖は不可欠な主要食料に位置付けられている。糖類は炭素と酸素と水素の化合物であり、甘い味の有機化合物からできている。ブドウ糖など単糖は、多糖などの構成要素となる。

糖は、炭素と水素の化合物であり、炭水化物ともよばれる。こうした水素化合物は、静電気力で水と結び付いている。糖はいくつかの水酸基を含むので、化学的には多価のアルコールに分類される。

最も単純な糖はグリコアルデヒドである。自然の炭水化物で最も重要なのは、ペントース（五炭糖）とヘキソース（六炭糖）だ。その中にはリボースやグルコース（ブドウ糖）、フルクトースが含まれる。こうした糖類は単一の糖分子でできているので、単糖類と呼ばれる。単糖類の英語名であるモノサッカライドは、グルコースとフルクトースの2つの糖分子から成るスクロース（ショ糖）の名前から名づけられた。実は、スクロースはラクトース（グルコースとガラクトースから成る乳糖）と同じ二糖類に分類される。

単糖類や二糖類とは別に、多数の糖分子から成る多糖類もある。いちばんよく知られているデンプンは、ジャガイモや、トウモロコシなどの植物でエネルギー貯蔵の役割を果たしている。植物は光合成でグルコースをつくり、多数のグルコース分子を枝状に結び付け、でんぷん粒の形で蓄える。植物の細胞壁の中にある化合物のセルロースも多糖類に含まれ、グルコースの結合体で構成されている。

糖の構造決定

ドイツの化学者エミール・ヘルマン・フィッシャー（1852〜1919年）は、糖の空間構造と炭水化物の化学的性質を研究した。糖類とプリン誘導体の研究を認められ、1902年にノーベル化学賞を受賞した。フィッシャーは、自分が発見した有毒なフェニルヒドラジンが原因と見られるガンにかかり、1919年に自らの命を絶った。

■エミール・ヘルマン・フィッシャーは、古典有機化学の祖とみなされている。

リボースはDNAの元

エネルギーの供給と貯蔵のほかに、多くの炭水化物は構造成分としての役割も果たしている。人間の体に最も高い頻度で存在するのは、リボースだ。酸素が1つ少ないデオキシリボースは、遺伝子のデオキシリボ核酸（DNA）に使われる。リボースを含むリボ核酸（RNA）は、リボソームと同様にタンパク質合成の役割を担っており、必要なアミノ酸を選択して結合させ、重要な遺伝情報の運び手（メッセンジャーRNA）として働く。人体のほぼすべての細胞は、細胞の表面に炭水化物やその化合物を含む。

■欧州では、もっぱらサトウダイコンからスクロース（ショ糖）を抽出する。

■サトウキビは、熱帯、亜熱帯気候の各地で商用に栽培されている。

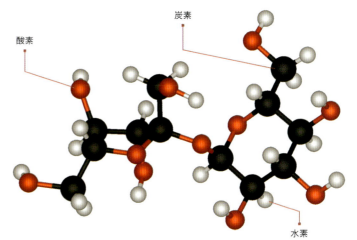
■スクロース分子の3次元模型。

▶ p.340-345（食品技術）参照

■ 核酸：遺伝子の構成要素

私たちの性別や目の色をはじめとするあらゆる特徴に関する情報は、遺伝子に保存されている。遺伝子のデオキシリボ核酸（DNA）は、アデニン、シトシン、グアニン、チミンの4種の塩基で構成され、遺伝子の働きを記述している。

約150年前まで、科学者は遺伝情報がタンパク質に蓄えられていると考えていた。1869年、スイスの生理学者フリードリヒ・ミーシャー（1844〜95年）は、白血球の核の中に白っぽい物質を発見する。その物体はタンパク質とは違っているので、ミーシャーはそれを核酸とよぶようになった。20年後、生化学者のアルブレヒト・コッセル（1853〜1927年）は次のように記している。「薄めた酸で核酸を加水分解しているとき、私はどこにでもある新しい基を発見した。私が『アデニン』とよぶよう提案したその基は、牛の膵腺でつくられていた」。この発見をした後、コッセルはさらに3つの分子を分離し、五炭糖のリボースに関連があることを突き止めた。そこから、コッセルの弟子のヘルマン・シュトイデルが、リン酸の分子に結び付いた炭水化物の分子を発見した。これにより、20世紀の変わり目に、遺伝因子の成分（ヌクレオチド）の構造が明らかになった。

それぞれのヌクレオチドは、糖にリン酸塩が結合した構造をしている。この糖は、五炭糖のリボースから酸素が欠けたデオキシリボースだ。アデニン、シトシン、グアニン、チミンの4つの塩基の1つが、デオキシリボースと結び付いている。カナダの細菌学者オズワルド・アベリー（1877〜1955年）の画期的な研究のおかげで、デオキシリボ核酸（DNA）が細菌細胞から遺伝形質を転移することが明らかになった。だが、ヌクレオチドの化合物同士の結び付きやDNAの形成法については謎が残った。

オーストリア系米国人の生化学者のアーウィン・シャルガフ（1905〜2002年）は、アデニンとチミンの量が等しいだけでなく、シトシンとグアニンの量も等しいことを1952年に発見した。英国の生化学者ロザリンド・フランクリン（1920〜58年）は、結晶化したDNAの画期的なX線写真を撮った。米国の生化学者ジェームズ・ワトソンと英国の共同研究者フランシス・クリックは、フランクリンのX線写真と、シャルガフとポーリングの発見から、DNAの空間構造を明らかにした。彼らはDNAの謎を解明し、遺伝子工学の基礎を築いた。

■ロザリンド・フランクリンは、DNAの構造をX線写真に撮ったことで有名である。それにより生物の重要な構成要素が明らかになった。

DNAの構造の発見

生化学者のジェームズ・デューイ・ワトソンとフランシス・ハリー・コンプトン・クリック、さらに生物物理学者のモーリス・ヒュー・フレデリック・ウィルキンスは、核酸の分子構造の発見によりノーベル賞を受賞した。ロザリンド・エルシー・フランクリンはガンにより4年前に他界していた。

■ジェームズ・ワトソンとフランシス・クリック。遺伝学が大きな関心を集めた時代にDNAの解明に貢献した。

DNAの情報

人間のDNAはその人にしかない特徴を持つ。こうした特徴を証拠に、多くの犯罪が立証されている。

■DNAの二重らせんは、あらゆる生物が成長し発達するために必要な遺伝情報を備えている。

▶ p.250-253（遺伝）参照

炭素化合物

■ 脂質と脂肪酸

脂質と脂肪酸は、あらゆる生物の健康維持と栄養補給のために欠かせない要素だ。バターやマーガリン、ろうそくやオリーブオイルは、その大半がこうした非水溶性の物質でできている。脂肪酸は脂質の構成要素である。

植物と動物は、水に溶けない性質の物質をつくり出す。これらは細胞膜やエネルギー貯蔵の成分として、あるいはメッセンジャー（伝達）物質として働く。脂質は、脂肪酸、トリアシルグリセリド（油脂）、ろう、リン脂質、スフィンゴ脂質、リポ多糖体、イソプレノイド（ステロイドやカロテノイドほか）など、さまざまに分類される。

脂肪酸は、カルボキシル基を持つ非分岐の炭化水素だ。最も単純な脂肪酸であるブタン酸（酪酸）は、鎖状の4つの炭素原子を含むモノカルボン酸だ。炭素原子は単結合もしくは多重結合している。単結合のみの脂肪酸を飽和脂肪酸、二重結合や三重結合を持つ脂肪酸を不飽和脂肪酸とよぶ。

バターなどの脂肪はトリアシルグリセリドを含むが、これは食物脂肪の中で最大のグループに属す。トリアシルグリセリドは、糖アルコールのグリセリンと3分子の脂肪酸から成る。動物の細胞膜は主にリン脂質から成る。リン脂質は、グリセリンの分子が2つの長い脂肪酸のみでエステル化されている点でトリアシルグリセリドと区別される。

グリセリンの3番目の炭素原子にリン酸分子がつながってリン脂質をつくる。このリン酸分子が親水性の極性頭部を形成する。一方、脂肪酸は疎水性の無極性尾部を形成する。

細胞膜に含まれるコレステロール

コレステロールなどのステロイドはまた構造が異なる。ステロイドなどの脂質は、4つの環と1つの炭化水素の鎖を持つ。コレステロールは細胞膜にあり、細胞膜の融点を上げて、膜を強固にする。しかし、魚にはコレステロールが少ない。そうでないと、魚の細胞膜が固くなり、不都合だからだ。こうした単純な脂質のほかに、自然界には複雑な脂質もある。複雑な脂質は、複数の成分からできている。例えばリポタンパクは複数の脂質と1つのタンパク質から成り、コレステロールを細胞間でやりとりさせる。

脂質の働き
エネルギー供給
エネルギー貯蔵
細胞膜を構成する重要な成分
シグナル分子
ホルモン
脂溶性ビタミン
色素

■オリーブオイルは主に、健康によい効果があるオレイン酸とリノール酸で構成されている。

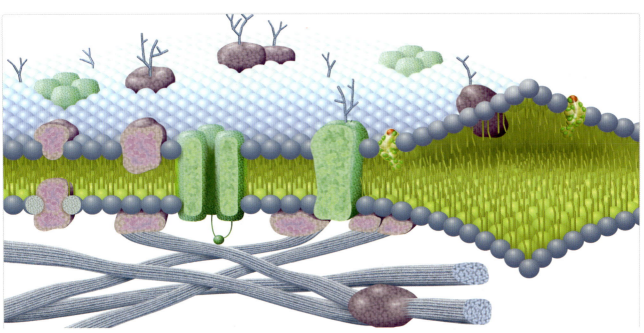
■動物の細胞膜は、二重の脂質層から成る。脂質の親水性の「頭」が外に向かうように並んでいる。

▶ p.236-239（代謝とホルモン）参照

アミノ酸

髪の毛や爪は、タンパク質が体外に現れて目に見える構造の例だ。赤血球に含まれるヘモグロビンなど、タンパク質は、人体で起こるほぼすべての生物学的プロセスで重要な役割を果たしている。

1836年ころに、スウェーデンの化学者イェンス・ヤコブ・ベルセリウス（1779～1848年）がタンパク質（プロテイン）ということばをつくったとされている。プロテインは、「第1」を意味するギリシャ語「プロテイオス」から派生した語である。タンパク質は、生体の細胞で最も重要な成分で、長い鎖状に並ぶアミノ酸から成る。一方、アミノ酸はアミノ基とカルボキシル基の両方を持つ炭化水素である。さらに、第1の炭素原子には各アミノ酸に固有の側鎖がある。側鎖には、鎖式炭化水素、環式炭化水素、分岐式炭化水素がある。

人体は20種類のアミノ酸を必要とするが、体自体は必須アミノ酸の一部しか生成できない。それ以外は、食物から摂取するよりない。したがって、バランスのとれた食事をすることが重要となるのだ。

アミノ酸からのタンパク質合成（タンパク質生合成）は、リボソーム内で起こる。アミノ酸の配列は、DNA配列で決まる。タンパク質の生合成では、アミノ酸がペプチド結合によってつながっていく。

構造の特徴

こうした大きなタンパク質は、真珠のネックレス状のようにつながった多数のアミノ酸で構成されている。このような長い鎖は立体的な構造を持つ。一次構造は、アミノ酸配列と呼ばれる。側鎖は不規則な構造のこともあれば、規則的なパターンで並ぶこともある。これらの配列は二次構造と呼ばれる。二次構造の1つはらせん構造で、α-ヘリックスと呼ばれ、もう1つはほぼ平行な配列で、β-シート（もしくはβ-プリーツシート）と呼ばれる。β-シートは鎖状の配列が平行に並んでいる。

一部のタンパク質は毛糸玉のようにくるくると巻き取られていく。このような構造の場合、鎖の1番目のアミノ酸が、800番目にあるアミノ酸の近くに来るということがあり得る。タンパク質のこのような3次元構造における、アミノ酸の空間的な関係を三次構造と呼ぶ。

ヘモグロビンは赤血球中のタンパク質で、酸素を運ぶ。ヘモグロビンのタンパク質は、サブユニットと呼ばれる4つのタンパク質から成る。こうしたサブユニットの空間的な配置関係を四次構造と呼ぶ。一部のサブユニットには、2つの硫黄原子を介してタンパク質が共有結合をしているものがあり、いわゆるジスルフィド・ブリッジを形成している。

タンパク質は人体でさまざまな役割を担っている。酸素やそのほかの物質を運び（ヘモグロビン）、筋肉を動かし（ミオシン）、力学的な強度を保ち（コラーゲン）、異物を攻撃する（抗体）。ホルモンのタンパク質は、信号を伝達する。ホルモンを受けとめるもの（受容体）や、反応を促進する役割を果たすタンパク質（酵素）もある。

人体とアミノ酸

人体は、不可欠なアミノ酸の一部しか生成できない。食物から摂取するしかないアミノ酸は、「必須（生存に不可欠な）」アミノ酸と呼ばれる。「条件的必須」アミノ酸は、ときどき必要なアミノ酸だ。例えば、人が特殊な病気にかかったりした場合に必要になる。

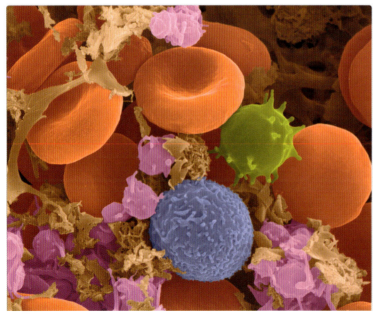

■ヘモグロビンは赤血球中にあるタンパク質で、鉄を含む。これは、全身に酸素を運ぶ役割を担っている。

■コラーゲンは、動物の結合組織の構造タンパク質だ。3本のポリペプチドらせんが3重らせん構造になっている。

酵素：活性触媒

生物の代謝において、酵素は最も重要な役割を果たしている。
酵素は、体内で常に進行している、おびただしい量の代謝反応を促す。

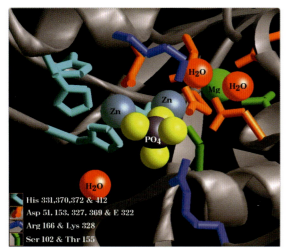
■基質分子と結び付いた酵素の活性中心を描いた図。

1878年、ドイツの生理学者ウィルヘルム・キューネ（1837～1900年）は「エンザイム（酵素）」という用語を取り入れた。当時、使われていたのは「ファーメント（酵素、発酵）」という用語だった。アルコール発酵は数百年前から知られていた。だが、酵素が生きた細胞の外でも効力があることを、1897年にドイツの化学者エドゥアルト・ブフナー（1860～1917年）が発見する。ほとんどの酵素はタンパク質だが、一部はリボ核酸でできている。また多くの酵素は2つの構成要素に分かれる。1つはタンパク質の基本構造（アポ酵素）であり、もう1つは非タンパク化合物（補酵素）である。この2つから成る酵素をホロ酵素という。補酵素は、基質に対して一定の分子や原子を運搬したり、取り除いたりする機能がある。

酵素は活性化エネルギーを下げる

酵素は触媒として働き、活性化エネルギーを下げることによって代謝反応を促す。触媒作用を意味する英語のカタリシスは、「分解と溶解」を意味するギリシャ語が語源である。酵素は、基質を補酵素が存在する活性中心に結び付ける。活性中心は、特定の酵素と基質の組み合わせのみを結び付ける。酵素は特定の基質としか結び付かないが、細胞は例えば解糖のように、一連の酵素反応を進める必要がある。

細胞には、酵素の活動を調整する仕組みがいくつかある。そうした調整の仕組みは、短期間に特定の反応だけが必要な場合に、特に重要な意味がある。第1段階の触媒として働く酵素は、反応を繰り返すうちに、最終的な生成物に抑制されることが多い。このような抑制のフィードバックによって、細胞が最終生成物を過剰に生成するのを防ぐことができる。この抑制には、主に2つの方法がある。競合が起こると、1つの分子（阻害剤）が活性中心に結び付くので、基質はもうその部分には結び付かない。一方、非競合阻害の場合、阻害剤は活性中心以外に結び付く部分を持つが、空間的、構造的な違いによって基質は活性中心に結び付かなくなる。

あらゆる酵素は、異なる反応によってさまざまなグループに分かれている。例えば、消化酵素のトリプシンは小腸に吸収されたタンパク質を分解する。こうしたタンパク質は、プロテアーゼとよばれる。一方、ヌクレアーゼはDNAやRNAを分解し、リパーゼはトリアシルグリセリドを脂肪酸やグリセリンに変え、グリコシダーゼは二糖類や多糖類を分解して単糖類を遊離する。

はじめて酵素を分離した人物

米国の生化学者ジェームズ・バチェラー・サムナー（1887～1955年）は、大豆から抽出した酵素ウレアーゼの研究をしていた。ウレアーゼは、尿をアンモニアと二酸化炭素に分解する触媒となる。サムナーは1926年にはじめてこの酵素を分離した。

1946年、酵素とウイルスタンパクの分離と結晶化を証明した功績で、サムナーはノーベル化学賞を受賞した。このときの同時受賞者は、ジョン・ハワード・ノースロップ（1891～1987年）とウェンデル・メレディス・スタンリー（1904～71年）の2人だった。

■酵素の分離法を発見した1人、ジェームズ・サムナー。

■チーズの製造プロセスには、レンネットを使う。これは子牛の胃から採取され、牛乳を凝固させる働きのあるレニン酵素を含んでいる。牛をはじめとする反すう動物の胃では、自然にこの反応が起きている。

化学 | 有機化学と生化学

■ 起源と発展

1992年、国連は生物の多様性に関する条約（CBD）を定め、その条文で、バイオテクノロジーは抗生物質や食品などを製造する目的で生物系、生物あるいは生物の派生物を利用するものだと定義した。

長い間、人の目的に沿って植物と動物の遺伝物質を制御するために、微生物の作用が利用されてきた。だがこうした作用は、明白な科学的な裏付けがないまま、主として

■ 英国の生物学者アレクサンダー・フレミングが発見したペニシリンは、世界初の抗生物質だ。

起源 | 発達 | 現代

バイオテクノロジー

バイオテクノロジーは生物に工学を応用する新しい分野だが、一部の手法は、学問として成立する以前から使われてきた。紀元前5000年～同4000年にはすでに、古代メソポタミア人が微生物の力を借りて穀物からビールを醸造していた。また古代エジプト人も、紀元前3900年にはすでに数種類のワインについて、その製造法を知っていた。

経験や勘に頼って使われていた。新石器時代に入ると、人は人為選択と異種交配によって人に役に立つ植物を栽培するようになる。5000年以上前にビールやワインを醸造し、それからほどなくして、野生酵母を使ったサワー種パンを焼くようになる。

アルコール発酵だけでなく、牛乳を保存するために酢酸菌や乳酸菌を培養する方法も太古の時代から知られていた。現代バイオテクノロジーとは対照的に、こうした「古い」バイオテクノロジーは実験室の外で伝統的に実践されていた。

20世紀に入ると、現代バイオテクノロジーはいくつも画期的な発明をする。1928年のアレクサンダー・フレミングによるペニシリン発見、1953年のワトソンとクリックによるDNAの分子構造の解明（p.150）、1973年以降の遺伝子工学的な手法の導入、最近では2001年のヒト遺伝子の解析など飛躍的な進歩を遂げている。

一方、バイオテクノロジーは21世紀の主要な工学の1つとなっている。英国のコンサルティング会社の推定によると、2004年時点の欧州にはバイオテクノロジーを応用した製品や手法の開発を専門にしている企業が2000以上あった（従業員は約6万人）という。

インスリンの合成

バイオテクノロジーは主に、遺伝子工学や生化学の手法を用いる。こうした研究の過程で、微生物の性質を変え、インスリンなどの有用な物質をつくる能力のあるものが得られた。微生物のほかに、バイオテクノロジーは酵素を改良し、さらには植物を改良して、収穫量の多い品種や病気に強い品種をつくり出している。

■ 古代エジプト人はすでに、ワインづくりに微生物を利用する方法を知っていた。

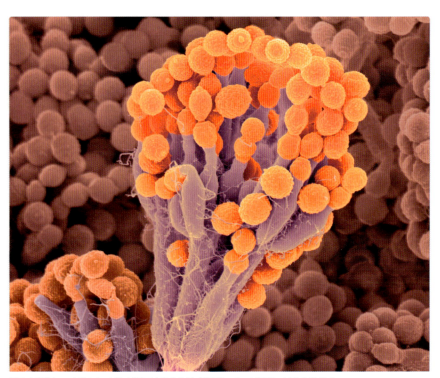

■ アオカビ（ペニシリウム・クリソゲナム）の分生子（胞子）。チーズあるいは抗生物質のペニシリンを製造するのに、このごくありふれたカビが使われる。

▶ p.256-257（遺伝子工学）参照

現代のバイオテクノロジー

現代のバイオテクノロジーには幅広い応用分野があるが、大きく数種類に分けられる。こうした分野は明確な線引きはできないものの、区別しやすいように、分野別の色分けが欧州で提案されている。

以下のような色分けによる識別法は、まだ公式に認められているわけではないが、応用分野を区別しやすくなる。

緑色のバイオテクノロジーは、農業用のバイオ技術である。穀物やトウモロコシなどの遺伝子を組み換え、収穫量を増やし、有害生物への抵抗力を持たせる。この分野には、新たな付加機能を持つ新しい食品の開発が含まれる。例えば、人間が特定の病気に対する「免疫力」を獲得するように、病気の運び手と同じ表面分子を持つジャガイモが開発されている。

医薬品分野

赤色のバイオテクノロジーは、病気の治療、診断と新薬の製造に関する分野だ。この分野は、新薬（例えばヒト・インスリン）の開発だけでなく、やけどの患者に対する皮膚の移植に応用できる。患者から採取した小さな皮膚組織を、実験室で培養してもっと大きな皮膚組織に育てる。患者の体細胞から育てた皮膚（自家移植片）の移植であれば、拒絶反応が起きない。組織の培養（再生医療）は、皮膚だけに限らない。ほかの組織や器官でも試みられている。赤いバイオテクノロジーのもう一つの応用は、薬物送達システムなどに働きかけ、病変組織に対して選択的に活性成分や薬を届けることだ。そのために、リポタンパクやウイルスなどの輸送体（トランスポーター）が特定の細胞に活性成分を運び、その部位で放出するように工夫する。

工業製品分野

白色のバイオテクノロジーは、工業製品の製造過程を最適化する。デンプンや石油やセルロースなどの植物性原料は、高機能の繊維や化学製品やプラスチックを製造するために改良される。自動車の代替燃料としてのバイオアルコール（エタノール）の植物からの抽出は、この分野の主な目的のひとつでもある。白いバイオテクノロジーの典型的な応用例は、合成洗剤に使われる酵素の最適化だ。タンパク質分解酵素（プロテアーゼ）を使う合成洗剤は、血液や乳製品などの物質を分解除去するが、20～65℃の範囲でしか反応しない。反応最適温度が60℃前後だとすると、30℃ではあまり反応せず、95℃ではまったく反応しない。そのため、こうした酵素の最適温度を改良し、もっと低い温度での洗濯でも酵素が活性を保てるように改良されている。

100年以上にわたり、都市や地方からの

■DNA解析は、まず血液などの体液や、組織のサンプルの細胞からDNAを抽出する。

排水は機械的にろ過されるだけでなく、生物学的にも浄化されている。灰色のバイオテクノロジーは、こうした浄水化技術の改良に取り組んでいる。さらに、化学工場や廃棄物によって汚染された土壌の汚染除去にも取り組んでいる。

海洋微生物分野

青色のバイオテクノロジーが取り組むのは、世界の海洋の微生物の研究だ。例えば、熱水噴出孔（ブラックスモーカー）で暮らす深海の細菌は、超高温でも活動できる特殊な細菌であるため、その性質の解明と応用の可能性が研究されている。

以上の分野と部分的に重なるなど、分類があまりはっきりしていないが、ほかにリサイクルや土壌汚染の浄化など、環境技術に注目する茶色のバイオテクノロジーがある。また環境に配慮した食品や原料を扱う黄色のバイオテクノロジーがある。

■バイオテクノロジーは、トウモロコシなどの穀物生産の効率化に用いられている。エタノール精製工場で穀物を発酵させ、バイオ燃料用エタノールを精製する。

▶ p.290〈化学者の仕事〉参照

化学と農業

爆発的に増加する世界中の人口を養うため、合成肥料と農薬に頼って農作物の増産が図られてきた。食料を無駄にしないため、その流通機構を改善し、防腐剤を効果的に使う必要がある。

人工肥料の使用は、1850年に始まった。その効果は大きく、今日では、19世紀半ばに比べると単位面積当たり5倍のトウモロコシを収穫できるようになった。こうした大変革のきっかけとなったのは、植物は土壌から栄養素を吸い上げるので、その後に植えた植物が栄養素を吸収できなくなることをドイツの化学者ユストゥス・フォン・リービッヒが発見したことだった。

トウモロコシや各種の野菜、草花類の農業生産高を維持するためには、植物に吸収された栄養素（とりわけ窒素、リン、カリウム）を土壌に戻さなくてはいけない。それを助けるのが肥料の役割だ。

今日、化学合成された肥料は、それぞれの植物が必要とする栄養素に応じて作物ごとに配合されている。例えば、トウモロコシ用の肥料は小麦や大豆用の肥料とは異なる。現代の肥料は、カルシウムやマグネシウム、硫黄を含み、ときにはある種の植物にとって重要な微量元素を含むこともある。

害虫駆除

肥料によって、農産物の生産量を増やすことだけが化学の応用ではない。害虫や病害の予防も重要な役割だ。19世紀後半に入ると、農作物を脅かす生物を抑えるために化合物の使用が始まった。例えば、ビクトリア時代には菌病を防ぐために、硫酸銅液に生石灰を混ぜたボルドー液が予防薬として広く使われていた。

1940年代に入ると、塩素化炭化水素と有機リン化合物の殺虫効果が発見される。除草剤は雑草を抑制し、農作物が日光や水や栄養素を吸収するのを助ける。非選択的除草剤はすべての植物を枯らす。

現在も、新しい農薬が開発されている。これは、病害虫や菌が古い農薬への抵抗力を備えるようになり、効果がなくなるためだ。

現在普及している化学農薬は、以前よりも効果が強くなっている。数年前には1エーカー（4046m²）当たり5kgの農薬を使っていたが、現在は従来の2%にしか相当しない100gの農薬で同等の害虫駆除ができる。

■満開のヒマワリに使われる化学農薬は、ムクドリの害を減らしてくれる。鳥の被害は、種子形成から収穫まで長期にわたる問題だ。

防腐剤

昔は、カビや腐敗によって貴重な食物がだめになることが多く、飢饉は頻繁に起こった。今日では防菌・防腐剤や防虫剤が使われるようになり、食品を長く保存できるようになった。

一般に使われる防腐剤は、病原菌の繁殖を抑えるソルビン酸、亜硝酸塩、ビタミンC、ビタミンEだ。だが、そうした添加剤が引き起こす恐れのある悪影響について心配する人たちが増えている。

栄養｜薬｜化粧品｜プラスチック｜ナノテクノロジー

日々の問題

数千年前から、人類は単純な真実に支配されてきた。食品は腐り、害虫にむしばまれ、人々は病気に苦しみ、病死する。人類は技術を使って自然の力をコントロールしようと努力してきた。それは人類の生活の自然な一部になっている。そのために、作物を守る農薬や、病気を治療し、症状をいやす効果のある薬剤を開発してきた。私たちが生活の質の向上に取り組むうえで、こうした技術が役立っている。耐性菌の問題もあり、開発は永遠に続く。

農薬の効果

化学的もしくは生物学的な製剤である農薬は、農業や林業で有害とみなされる生物を抑えるために、単独もしくは混合して用いられる。作物を守る薬剤から害虫の駆除剤までさまざまなものがある。よく知られているのは、昆虫に対する殺虫剤や、雑草を抑える除草剤、カビや菌病を防ぐ殺菌剤だ。多くの農薬は人間にとっても有毒だ。そのため、大規模に農薬を散布するときはたいてい防護服を着る。とりわけ食品に残留する化学農薬は、人間の健康を損なう恐れがある。そのため、人間と動物が口にする食品の許容残留量が定められており、規定量を超えてはならない。

■大量発生したイナゴは、畑や庭の作物を跡形もなく食い尽くす。

■米や麦、大麦、雑穀、ライ麦などの穀物の一般的な保存法は、乾燥させることだ。

▶ p.345（食品保存技術）参照

医薬品と化粧品

今日も、ますます進歩している医薬品は、病気の予防と治療に大きな役割を果たしている。現在、製薬産業が製造している薬の80%以上が、化学的に合成されたものだ。残りは植物などからつくった自然の薬品だ。

医薬品を使ったからといって、永遠の健康が保証されるわけではないが、現実の私たちの生活は医薬品に大きく頼っている。過去にもポリオワクチンが世界のほとんどの地域からポリオ（急性灰白髄炎、小児まひ）を駆逐し、HIV患者は医薬品を使ってエイズの発症を遅らせている。

医師の処方に従って薬の助けを借りれば、多くの場合、胃腸の潰瘍は外科手術をしなくても1週間で治る。またスタチンの総称でよばれる薬には、心臓血管の病気のある患者やその恐れのある患者のコレステロール値を下げる効果が期待できる。

製薬企業の研究者たちは、これまでの成果に自信を深め、最も進行した段階のガンでさえ、薬で治せる時代がいずれくると予想するほどである。彼らがそれをめざして研究を続けていくのは間違いない。

有効成分の研究

医薬品の効能は、有効成分によって異なる。植物エキスを有効成分とする生薬は、それが天然であろうと遺伝子組み換えであろうと、体内で化学作用を起こすことで効果をもたらす。

多くの場合、ウイルスの侵入や体細胞の誤反応によって病気になる。そこで、新薬を開発するにはまず、標的となるウイルスや体細胞の特定に取り組む。標的に薬剤を投与しながら、標的のどの分子が薬剤と結び付くかを探す。自動化により、数万種の分子を対象にテストし、標的分子と結び付く物質を探索する。ついで、結び付き方や効果を再現するために、コンピューターを使って標的分子のシミュレーションを行う。対象となる物質を見つけると、同じような生体分子には影響せずに、標的分子だけに結び付くかどうかのテストに移る。その結果、さまざまな予期せぬ副作用が発見される。

広範な検査

有望と判断された薬剤は、その効果を確かめるために、培養した細胞や動物を使って実験し、臓器内での変化、有効成分やその分解物の分散のしかた、毒性のレベル、内臓の遺伝子構造へ与える損傷などを分析する。

この検査により、4つの薬

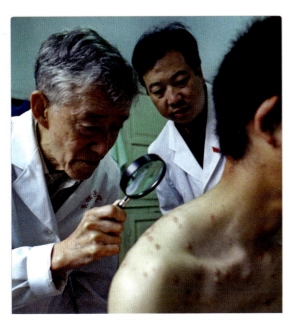
■中国では、現代医療および伝統医療の研究者と製薬会社がエイズ治療薬の開発にしのぎを削っている。

■新たな薬剤は、人間に使う前に徹底的な臨床試験を重ねる必要がある。

剤候補のうち3つは却下される。この過程で効果が認められた薬剤は、最終検査段階である人体での臨床試験に移る。

全検査を通過して市場まで到達する薬剤は、最初の5000種のうちわずか1種にすぎない。毎年、世界中で認可される新薬は25種前後だ。過去には認可された薬が薬害を起こしたこともあり、慎重な検査が必要だ。新薬の開発には、平均12年の期間と約800万ドルの費用がかかる。

シャンプーの効用

シャンプーの主な役目は、髪を清潔にすることにある。そのため、シャンプーには表面活性物質、いわゆる界面活性剤が含まれており、髪に付着した不溶性のほこりや脂に付着する。それにより、水といっしょに洗い流される。だが、髪の油分は落としすぎてはいけない。髪の脂には髪を保護する役目があるからだ。そのため、一般的な石けんは洗髪に適さない。そのほかにもシャンプーには、ふけ防止や脂の代替剤、香料などが含まれることもある。

■ラウリル硫酸ナトリウムがシャンプーの泡を立てる。

■リン脂質は、シャンプーなどに使われる。

予防接種の問題

予防接種に対する反対論は主に、有効性への疑念、副作用の恐れ、予防接種する年齢を問題にしている。

■ プラスチック

プラスチックは、安価で加工しやすい。身の回りを見渡すと、奇抜な形のいす、カラー塗料、ペンキ、DVD、家庭用品の包装材、車のエアバッグなど、プラスチックが使われている製品は枚挙にいとまがない。

■第二次世界大戦後、パラシュートの素材は絹からナイロンになった。

低価格のため、プラスチックは使い捨て製品に使われることが多い。だが、多くのプラスチックは自然に分解されないため、ごみの山を増やし各地でゴミ問題を起こしている。将来の環境を悪化させないように、もっとプラスチックをリサイクルし、生分解性プラスチックを利用する必要がある。

これまで使われてきたガラス瓶やワインのコルク、さらには1950年代のタッパーウェアパーティーで女権拡大の役割を果たしたベークライトを置き換えることによって、プラスチックは現代社会の構造そのものに、さまざまな影響を及ぼしている。

組成

プラスチックは、原子の小さな集合が無数に集まって結合し、大きな分子になったものだ。こうした結合体は、ポリマーと呼ばれる。ギリシャ語のポリ（重合）とメロス（部分）から派生した用語だ。熱可塑性プラスチックは、温めると軟らかくなり成形できるが、熱硬化性のプラスチックは温めても軟らかくならず、色が変わったり、多くの場合は分解したりする。最も重要な熱硬化性プラスチックは、塗料に使われる合成樹脂だ。エラストマーは室温で圧力や張力が加わると変形するが、圧力や張力がなくなると元の形に戻る。発泡材料やポリエステルはエラストマーだ。

光と成形

プラスチックは、木材や金属などの物質に比べて、大きな強みがある。重量が軽く、雨風や化学薬品に対しても強い。熱や電流に対しても高い絶縁性がある。さらに、簡単に成形できる。広く使われている成形技術は射出成形だ。この過程で、熱可塑性樹脂の粒が溶け、中空状態に成形される。鋳型の形状によって形と表面が決まる。多くのペットボトルは射出成形でつくられる。

プラスチック製品の寿命は短いため、その廃棄が大問題となっている。プラスチックの耐久性が高いことがむしろ短所となっている。プラスチックは、最終的に、ゴミの山で徐々に分解するにまかせるか、道路に敷き詰めるくらいしかない。このようにプラスチックの再利用の問題が重要性を増しつつある。

プラスチックの将来

新しい導電性高分子、例えばPPV（ポリパラフェニレンビニレン）を用いた超薄型光源は高い将来性を約束されている。柔軟で薄いプラスチックでつくられた「電子ペーパー」は電流によって発光量を変える。いずれ紙とインクを置き換えるかもしれない。

■プラスチックはたいてい破砕され、道路の敷石や建築資材として再利用される。

PVC（ポリ塩化ビニル）

issues to solve

ポリ塩化ビニルの用途は多い。だが、利用には極めて高い費用がかかる。多くの国がきめ細かいリサイクル・システムをつくって処理している。

耐熱性

basics

大半のプラスチックは、熱すると溶ける。鎖状分子の分子力が弱いためだ。ゴムのような非塑性素材は、高い温度でも溶けない。

ポリカーボネート

in focus

ポリカーボネート製のCDやCD-ROM、DVDは今日、想像できないほどの量が使われている。2001年に製造された350億枚のディスクを、積み上げると3万kmの高さになる。ボトルやMP3プレーヤー、サングラスも、この便利な熱可塑性物質でできている。ポリカーボネートは透明で本質的に安定であり、物理的に丈夫だ。

■日常生活でなじみ深いペットボトルは、射出成形でつくられる。

■ ナノテクノロジー

ナノ素材でできた製品は、すでに世界中で製造されている。
あらゆる形や種類のナノ製品が今後数年のうちに、
私たちの身の回りに増えていくだろう。カーボン・ナノチューブが有望だ。

1nm（ナノメートル）と1mの比率は、木の直径と地球の直径との比率に相当する。ナノテクノロジーの世界で100nm未満の構造を扱う際、従来の物理化学の法則は必ずしも通用しない。現在、とくに注目されているのは、ナノ構造の表面や、ナノ粒子、プラスチックなどの物質とナノ粒子の混合物だ。

ナノ粒子の生成

ナノ粒子は、構造やオブジェクトを縮小することによってつくられる。これは、半導体産業がマイクロチップを微細化する際に使っている方法だ。またナノ粒子は、原子や分子を操作してつくることもできる。科学者は走査トンネル顕微鏡の先端を使って原子を動かし、必要な場合は大きなまとまりに集約する。この手法は時間とコストがかかるので、研究者は原子と分子が自動的に配列する方法を模索している。

日焼け防止からコンピューターへ

ナノ粒子はすでに数多くの日用品に使われている。例えば、紫外線を偏向させて日焼け止めクリームの効果を強化している。また、熱や光を反射するフロントガラス、車の塗装やプラスチック眼鏡の傷を防ぎ鏡の曇り止めとなる水性ナノコーティング剤などがそうだ。ナノ構造の物質には、バスタブや屋根瓦に自己洗浄機能を付加して、汚れがたまるのを防ぐものもある。

ナノテクノロジーに関する数多くの発見は、私たちの生活に取り入れられるだろう。ナノ粒子の表面を生体物質で覆うことによって、微小なナノコンテナがガン細胞の近くまで接近するのが容易になる。ガン細胞に接近したナノコンテナは、そこでガン細胞を攻撃する物質を放出する。またナノ構造の応用で、血液を腫瘍に運ぶ血管の発達を抑制することができるかもしれない。

原子の薄さのグラファイトシートをつなぎ目のない管状に丸めたのがカーボン・ナノチューブである。これはトランジスター素子や単純な論理回路への応用が見込まれており、近い将来に小型化の限界に直面すると思われるシリコン・トランジスターにとって代わるだろう。研究者は現在、高性能電池や燃料電池、エネルギー変換器や偽造防止文書などへの応用を研究している。

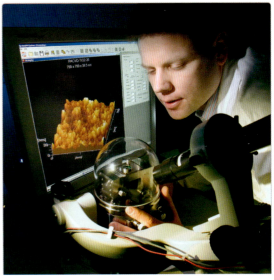
■ナノスケールで見ると、物質はまるで違うふるまいを見せる。だが非常に小さいため、ナノ素材の研究は難しい。

ナノ素材の特性

ナノスケールに縮小する際、物質の性質が変化することが多い。鮮明な黄金色で化学反応性が非常に低い金はナノスケールで赤く変わり、触媒として働き、ほかの物質同士の反応を促す。これは体積当たりの表面積が大きくなるためで、これがナノテクノロジーの基本原理だ。表面積が大きくなるほど、化学変化を起こしやすい。

カーボン・ナノチューブ

ナノチューブは、直径わずか数nmで長さが1mmしかない微細なチューブだ。これに比較すると、人間の髪は5万倍の太さがある。カーボン・ナノチューブの研究が進む一方で、ほかの物質でできているナノチューブもある。カーボン・ナノチューブは、円筒形をした、単層か多層のグラファイト層でできている。単層か多層かは製造条件で変わり、束状や糸状のナノチューブが生じることがある。ナノチューブは熱を非常によく伝え、その構造によって一定の温度で高性能の半導体や超伝導体になる。さらに、裂けることがなく、化学薬品や熱にも強い。

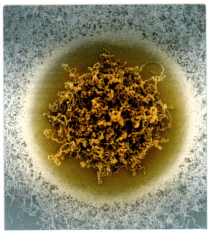
■カーボン・ナノチューブ構造の応用分野は無限に近い。身近な応用例が見られるようになるだろう。

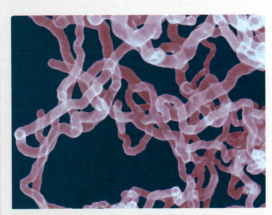
■現在の半導体技術では物理的な限界を突破できない。ナノチューブの応用による能力向上が期待されている。

▶ p.293（未来の材料）参照

経済

化学工業と数多くの化学製品は、自動車組立ラインや建築の関連分野まで、あらゆる工業分野にかかわり、世界中で数百万人が従事している。世界的な企業はドイツ、米国、英国、日本に本社を置くものが多い。

化学工業は常にあらゆる種類の新素材を開発し、新製品や改良品を消費者や市場に提供している。新素材は、靴や衣服、スポーツ用品などの耐久性を向上させる。そうした素材は、最終製品だけでなく、工業用ロボットや重機、電機部品などの資本財の寿命も延ばすという効果をもたらす。

画期的な新しい合成物質の出現により製品の軽量化が進み、乗り心地がよく、燃費のすぐれた自動車をつくり出す。また住宅の床や家具を無溶媒の接着剤で組み立てることが可能になり、有害なガスが発生するおそれがなくなった。

新しい光学特性を備えた新素材により、光ファイバー・ケーブルを使って高速で大容量のデータを交換することも可能になった。近距離の伝送には安価で柔軟なプラスチックのファイバーが使われ、遠距離の伝送には高価ではあるが損失が少なく特性の良いガラス・ファイバーが使われる。

高性能の化学製品は、製造工程のコストも削減できる。実際の化学製品の商業的価値は、最終製品の総合的な価値に比べると比較的小さい。だが、もし高性能の化学製品がなければ、工業国の経済はいずれもこれほど発展しなかっただろう。

世界市場における化学

化学工業を大きく分類すると、製品の種類により、有機化学工業と無機化学工業に分かれる。有機化学工業の原料は主に石油、天然ガス、石炭であり、エチレンプラントが代表例である。無機化学工業の原料には、水酸化ナトリウム、塩素、アンモニア、硫酸などが主に使われている。

米国は、世界のほかのどの国よりも多くの化学製品をつくっている。2005年、米国の化学企業は5930億ドル相当の化学製品を生産し、88万人を雇用している。さらに、化学産業に直接かかわっている関連産業と化学製品の個人消費が新たな仕事を創出している。米国は化学製品の世界市場を支配しているが、ドイツやオランダ、英国や日本も大きな役割を果たしている。

ベンゼンの生産チェーン

原材料から最終製品までの流れを見ると、化学工業はそれ自体がその最大の消費者だ。化学製品は、ほかの化学製品を生産するために必要な数多くの段階を経て生産される。主な生産チェーンは塩素アルカリ電解で始まり、ほかの生産チェーンはアンモニアの生産で始まる（p.289）。もう1つ重要な生産チェーンの始まりは石油だ。

例えば、ベンゼンはまずクメンに変える。これは塗料やプラスチックの原料となる。この初期段階では、ベンゼンがエチルベンゼン、シクロヘキサン、アニリン、クロロベンゼンに転換されることもある。

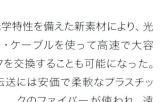
■これまでにない強い接着力を持ち、環境負荷の小さい接着剤が、毎年のように開発されている。

化学｜生産チェーン｜事故｜汚染

経済と環境

もし化学工業製品を使わなければ、経済のどの分野も成り立たない。化学工業は、数十億ドルの利益を上げている。化学工業と化学製品なしで運営可能な工業国はどこにもない。だが、化学製品や化学装置の危険性を軽視してはならない。化学工場や化学製品が環境を汚染する可能性があるだけでなく、工場の事故は思いもよらぬ大惨事を招くことがあるのだ。

硫酸

硫酸（H_2SO_4）は最も重要な無機酸の1つで、化学工業で大量生産されている。だが、硫酸のまま使われることはほとんどない。大半の硫酸は2次製品の基本成分として使われる。硫酸は化学肥料（硫酸アンモニウムなど）をはじめとする無機酸、塗料、化粧品では、とくに重要だ。各国の硫酸製品の量は、化学工業の重要度をはかる尺度として使われる。生産量は、中国、米国、ロシア、日本の順に多い。

■硫酸は腐食性の高い薬品なので、その保管には注意が必要だ。

■化学工場や精製工場は、工業国の風景の一部となっている。

▶ p.289〔試験管から原子炉へ〕参照

事故と汚染

多くの化学製品には、暗い側面がある。スモッグや水質汚染はどちらも、化学製品の負の側面だ。厳しい環境規制のない国では、化学製品の廃棄や化学工場の事故が重大な被害を招いている。

応用化学の可能性を信じる者でも、化学工場の現場では、その安全性が完全には保証されていないことを認めざるを得ない。

史上で最も深刻な事故は、1984年に起きた。40トンのイソシアン酸メチルが、インドの都市ボパールでガスタンクから漏れ出したのだ。その結果、広がった有毒ガスで少なくとも2000人が死亡し、10万人以上が被害を受け、50万人以上が有毒ガスにさらされた。

■ボパール化学工場事故で、デモ隊は工場が責任をとらず補償もしないことに抗議した。

■化学製品の火事は二次被害をもたらし、多くの場合、炎や煙による被害を上回る。不治の変性疾患や先天性異常をもたらしている実態は、ほとんど明らかになっていない。

副次的な影響

化学製品は、長期にわたる健康被害をもたらすことがある。アジアと南米の多くの発展途上国は欧州や北米、日本などよりも、廃ガスの脱硫などに関する規制が未整備のまま放置されている。

気象条件が悪いと工業生産や車の排気による廃ガスが高層に上昇し、スモッグが発生する。光化学スモッグは、揮発性化合物の溶剤からの放出物でできる。太陽放射の影響で、そうした化合物は車の排ガスに反応して一酸化窒素に変わり、さらにオゾンなどの汚染物質を生じ、多くの人に呼吸障害や粘膜の炎症、循環器障害を引き起こすとされている。

長期におよぶ影響

環境汚染の発見が遅れると、その影響はすでに被害が出てから何年もしてから明るみに出ることになり、予防策ではなく対策を講じなければならない。

CFC（クロロフルオロカーボン）によるオゾンホール、酸性雨による森林破壊、DDT（ジクロロ・ジフェニル・トリクロロエタン）による世界的な環境汚染なども、そうした環境問題の一部だ。

有毒なダイオキシン

ダイオキシンは、燃焼温度の低いごみ焼却場や製紙工場、森林火災やディーゼル・エンジンなどで発生する。ダイオキシンは環境に急速に広がるため、食品や人体から微量のダイオキシンが発見されることがある。ダイオキシンは極めて毒性が強いので、ガンの原因になる可能性がある。

1976年、イタリアの都市セヴェソ近郊の化学工場から発生した有毒ガスで、多数の動物が死に、約200人が塩素挫創を起こしたことがある。ダイオキシンは、このときのガスと同じような化学構造を持ち、毒性の異なる210前後の成分からなる化合物だ。

DDT（ジクロロ・ジフェニル・トリクロロエタン）

■環境保護団体のグリーンピースは、いまだに一部の開発途上国で使われているDDTの使用に強く反対している。

この殺虫剤は、蚊やマラリア蚊に対して有効で、これらの有害昆虫は20世紀半ばに大幅に減った。しかし、大量に散布したDDTは、食物連鎖により高濃度で残留することが判明した。それにより、ガンやぜんそく、小児の発達障害など、さまざまな健康問題が生じた。その結果、DDTはすべての先進工業国で使用禁止となっている。

物理学と技術

物理学	310
エネルギー	312
力学	314
振動と波動	316
音響学	318
熱力学	320
電磁気学	322
光学	324
量子力学	326
素粒子	328
相対性理論	330
宇宙生成の謎に挑む万物の理論	332
カオスの理論と実際への応用例	334
物理学の新たな課題	336
技術	338
食品技術	340
エネルギー技術	346
輸送技術	354
建設技術	368
製造技術	374
コンピューター技術	378
知的機械とネットワーク	384
情報通信技術	392

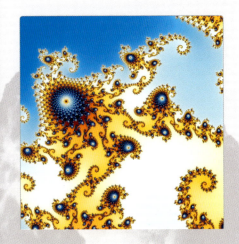

物理学

　物理学は、自然界の力や物質の特性、そして物理法則の相互関係などを研究する。その対象範囲は、極微の素粒子から宇宙全体までと、想像を超える幅広さだ。

　多様な自然現象を完全に説明することなど、とてもできそうもないように見えるかもしれない。それでも自然現象は、距離、時間、速度、加速度、質量、電荷といった共通の要素によって表すことができることがわかる。

　よく見る物理現象のほとんどは、とても複雑な過程から成り立っているが、狙いを絞って実験すれば、その現象を支配する法則を突きとめられることが多い。見つかった法則は最後に数学という共通の言語で一般化される。

　自然現象に関する物理学的な知識がこうして蓄積され、他の自然科学分野や工学分野に応用される。すなわち、物理学は自然科学全体や工学の基礎だとも言える。

■ エネルギーと物質

自然界で起きる変化はすべて、エネルギーの交換かエネルギー形態の変換と見なすことができる。質量とエネルギーは等価である。質量は物質が備える特性の1つであり、エネルギーが見せる形態の1つであることから、そう結論される。

形態｜量｜力｜相互作用

エネルギー

人間は、自然界をつくっているものは何なのかという疑問を古代から抱いていた。中世までは、火、水、土、空気の4大元素が自然の元であるという説が広く受け入れられていた。現代の物理学も、新たな視点から、さまざまな新しい手法を用いて、自然界とその主要構成物質の問題に挑んでいる。物理学の基本として存在するのが、エネルギー保存則だ。

力とエネルギーと運動の間にはどんな関係があるのだろうか。物理学者たちは何世紀もこの問いに取り組んできた。その答えが出たのは、19世紀にエネルギーという概念に行きついたときだった。ギリシャ語のエルゴンにちなんだこの概念は、機械がどのようにして力学的な仕事、つまり力をかけて物体を動かすという動作を遂行しているかを調べた末に生まれたものだ。

今では、エネルギーは機械、生命体、あるいは「系」と呼べるものが仕事をなし遂げる能力だと定義されている。例えば、車は燃料をエネルギーとし、人や物を運ぶことができる。水が山から海まで自然に流れるのは地球の重力エネルギーの働きだ。

エネルギーの形態は、重力エネルギーのほかにも運動エネルギー、熱エネルギー、(生)化学エネルギー、放射エネルギー、原子力エネルギー、電磁エネルギーなどさまざまだ。惑星、岩石、分子、生命体など宇宙に存在するあらゆるものには何らかのエネルギーが作用しており、同時に複数のエネルギーが作用することも多い。宇宙のすべての現象に、エネルギーのやりとりあるいはエネルギー形態の変換が伴う。

物理量

物理学では物理量が定義され、単位によってその特性が表される。エネルギーの単位はジュール(J)だ。ジェームス・ジュール(1818〜89年)にちなんでいる。質量はキログラム(kg)、時間は秒(s)、空間はメートル(m)だ。したがって速度はメートル/秒(m/s)となる。力(p.313)の単位は、アイザック・ニュートン(1643〜1727年)にちなんだニュートン(N)だ。$1N=1kg×m/s^2$、$1J=1N×m$で計算される。電気の単位は電圧がボルト(V)、電流がアンペア(A)、抵抗がオーム(Ω)だ。

アルバート・アインシュタインは物理学に革命をもたらした。彼は、質量とエネルギーが等価なものであることを$E=mc^2$(E:エネルギー、m:質量、c:光速)という簡明な方程式によって示した。

エネルギー保存則

エネルギーの概念は、最も重要な物理法則を構成している。その法則とは、エネルギー保存則、すなわち、全宇宙のあらゆる形態のエネルギーの総和は不変だというものだ。同じことが閉じた系、つまり周囲とエネルギーや物質のやりとりをしない系ならば、機械、動物、原子などすべてについていえる。

■ 運動エネルギーは熱エネルギーに変換されるが、エネルギーの総量は保存される。形を変えるだけで決して失われない。

■ 気象現象では自然のエネルギーが一瞬にして解放される。

■ 地球上のあらゆる生命の源となるのは、太陽の内部から放出される核エネルギーだ。

▶ p.23(ダークマターとダークエネルギー)参照

■ 力と場と相互作用

エネルギーは理論物理学で役に立つ概念であるが、目には見えない。その点では、物理学だけでなく日常生活の中でも使われる「力」という古い用語のほうがもっと役に立つかもしれない。

物理学では、速度に変化をもたらすものすべてを力と考える。

フィギュアスケートの選手が氷上から飛び上がるには筋肉の力を使う。着氷するのは重力が引っ張るからだ。その優雅なすべりは、重力と、氷盤とスケート靴の間に働く力をたくみにバランスさせて生まれる。

こうした力の相互作用は、広い宇宙での太陽と惑星の間から、極微の世界の電子と原子核の間にまで働いている。

■ 滑車装置を使えば物体を引っ張る力は小さくて済むが、必要なエネルギーは同じだ。

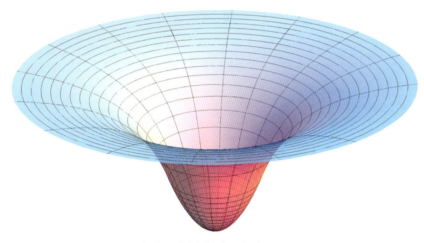

■ 重力ポテンシャル。大きな質量の付近では「重力井戸」のようになる。

力には筋力、爆発力、摩擦力、浮力、磁力などがあるが、すべては4つの基本的な力から生まれたものだ。それは重力、電磁力（p.322）、そして2種類の核力（p.329）だ。

核力は原子の大きさの距離でしか働かない。4つのうち宇宙のあらゆる物体に影響を及ぼすのは重力だけだ。時空の構造（p.330-331）そのものが重力の原因だからだ。これに対し電磁力は電荷を帯びた粒子（電子など）や物体（磁石など）だけに作用する。

場の概念

熱、仕事、あるいは津波といったトピックを論じるには、エネルギー、力と並んで自然現象の記述に必要なもう1つの概念である「場」について知る必要がある。場には電場、磁場、重力場があり、空間を満たしている。簡単に言えば、ある位置にいる粒子にどんな力を及ぼすか、というのが場である。

エネルギー、力、場の3者の関係を説明する最もよい例として、電荷eを持つ電子が長さ10cmの電線の中を電池の陽極に向かって高速で移動するときを考えよう。この間、電子は電場（E）から$F=e \times E$の力を受け続ける。この力によって電子は加速される。

このとき電子の運動エネルギーに変換された電気エネルギー量は、加えられた力の大きさと、その力が作用した距離の積、すなわち$F \times 10cm$で得られる。

■ ミクロの世界では、4つの力のうちで重力が最も弱いが、日常生活では重力の影響が最も大きい。

摩擦

摩擦力は物理学であまり耳にしない力だ。基本的な概念というよりは、使えるはずのエネルギーが熱に変わったり、なんらか消費されたりする過程を表す総称だ。

もし摩擦力がなくなると、車のエンジンは一度始動しさえすれば動き続けるし、電気は永久に蓄電でき、宇宙船の大気圏再突入時に生じる熱の遮蔽が不要になる。

■ もし車のタイヤと路面の摩擦が小さすぎると、危険な横滑りが起きる。

静止と運動

ヨハネス・ケプラー、ガリレオ・ガリレイ、アイザック・ニュートンといった著名な科学者は、科学の革命とその発展を担った人々だ。その科学は経験と考察を積み重ねた末に誕生し、運動とその原因を解き明かした。

力学における最も重要な事実の1つは、物体には重心があるということだ。この場合の物体は、惑星でも人間でも、あるいは結晶であってもかまわない。

静止｜運動｜重力｜速度｜運動量｜質量

力学

力学は物理学の草分けとされる分野だ。石器時代、初期人類はすでに、てこや簡単な道具を用いて相当の仕事を成し遂げていた。古代ギリシャ人は機械の開発をメカニケ・テクネと呼び、技術の域にまで高めた。これがローマ人のマシナという語になり、さらに現代の科学者たちが使う「メカニクス（力学）」と「テクノロジー（技術）」という先端の学問を表す言葉につながっていった。

空間内の物体の運動は、その質量がすべて重心に集中しているとして記述することができる（空気抵抗が無視できるとした場合）。このような抽象的思考を生かすことにより、人類の知識は大いに進んだ。それによって、科学者たちは運動そのものを研究し、その知見を応用できるものすべてに適用することが可能になった。

速度と加速度

運動している物体の研究は運動学（キネマティクス）と呼ばれ、力学の一分野を成している。ギリシャ語の「動く」（キネイン）が語源だ。運動学で最も重要な法則の1つは、速度（V）が移動距離（s）を移動時間（t）で除したもの$V=s/t$であるということだ。単位はm/sだ。

加速度（a）は速度の変化を移動時間で割った$a=v/t$となる。考えている時間内に運動の量と方向が変化すると計算はもっと複雑になり、微積分という数学の助けが必要になる。微積分は英国のニュートンと、ドイツのゴットフリート・ウィルヘルム・ライプニッツによって創始された分野で、天文学、技術計算、経済学などあらゆる分野で不可欠な道具となっている。

衝突と運動量

数学によって惑星の軌道が説明できたことは大いなる成功であり、力学は科学としての信用を勝ち得た。しかし、運動の原因を説明したのは物理学者だった。力（p.313）の概念が生み出されたのだ。物体に力が働くと、物体は加速される。同じ大きさの力が働く場合、物体の質量が小さいほど、大きく加速される。

質量と速度の積を考えよう。これが運動量だ。物体同士が衝突すると、作用する力の度合いに正確に比例して、運動量を変化させる。エネルギー（p.312）と同じように運動量にも保存則があって、系全体の運動量は保存される。

数式を少し変換すれば、回転体に特有の保存量として角運動量が導かれる。運動量や角運動量の保存則は、運動の細部を考えることなく、素粒子の衝突やスケート選手のスピンなどの物理現象を定式化し、解くことができる重要な法則だ。

■スペースシャトルは発射から8分で、地球周回速度である秒速7.8キロまで加速する。

■ニュートンのゆりかご。運動量保存の原理を実証する実験装置である。

■フィギュアスケート選手の角運動量は、スピンをしている最中に変化しない。

リンゴと惑星

先史時代の人々は、すでに物体に何らかの重さがあると気づいていた。現代では、例えばミルクの重さとは、ミルクと地球が互いに引っ張りあっている力のことだと考える。

質量は、単にニュートンの運動の法則を構成する重要な要素であるだけでなく、重力F_Gを決定する量でもある。

重力は引力ともいい、2つの物体の間に働く引力は両者の質量m_1、m_2の積と距離rのみに依存する。$F_G = G \times m_1 \times m_2 / r^2$だ。重力定数$G$は自然界の不思議な定数であり、昔から今まで、宇宙のどこで測っても同じ値を示す。それは、電子の電荷が変わらないのと同じだ。なぜ重力定数が一定なのか、その謎は今日でも解けていない。

液体の力学

アルキメデスが浮力を発見したときのエピソードは、ニュートンのリンゴの逸話（下のmilestonesを参照）に劣らず印象的である。王冠が純金であるかどうかを調べるように王様から命令されたアルキメデスは、入浴中にも考えていたが、水中で王冠が軽くなることにふと気づいた。

この発見にたいそう興奮した彼は「ユーレカ（わかった）」と叫びながら裸のまま町を走ったという。それ以来、液体と気体の流体力学は科学の重要な分野になった。

飛行機の空気抵抗はcW値で示され、流体力学分野の研究対象だ。そのほか、パイプライン内部を流れる液体の挙動から、広くは海洋、大気の挙動も対象になる。流体力学は基礎科学ではないが、数学的にも大変挑戦しがいがある分野である。

2002年、気象に関する流体力学計算への応用を主な目的として、当時世界最高速のスーパーコンピューター「地球シミュレータ」が日本で開発された。このコンピューターは、2008年に性能が2倍以上の「地球シミュレータ2」に更新されている。

力学は時代遅れか

ガリレオやニュートンが古典力学の体系をつくり上げたが、それ以後は研究分野としての新鮮味に欠けると思われてきた。

力学では新しい発見がなさそうなことに加え、その理論の基本の一部分がアインシュタインの相対論（p.330）やそれに続く量子力学（p.326）によって否定されたからだ。現代の力学領域ですら新登場のカオス理論（p.334）で疑問が生じている。

多くの問題が解くことができないか、解が「カオス的」なのだ。となると、力学は今や意味のない分野なのだろうか。いや、そんなことはない。間違いなく力学は今でも意味がある学問分野なのだ。

相対論が意味を持つのは、物体が極端に高速な運動をする場合であって、それ以外は必要にならない。また量子力学は、極微の素粒子（p.328）を対象とするときのみ古典論と異なってくるのであって、そうでない場合は古典力学で十分である。だから高層ビルを建てたり、人工衛星を打ち上げたり、風力で発電したりする場合には、古典的な力学法則（流体も含め）が適用できる。

今日の文明が頼っている種々の技術は、力学の先端知識と工学的応用知識に基づいているものが多い。過去から現在まで、力学は新しい発明の土台となっている。

■飛行船が飛行できるのは浮力のおかげだ。

ニュートンのリンゴ

伝説では、アイザック・ニュートンは木の下で休んでいるときに、リンゴが枝から落ちるのを見た。このとき彼に革命的な考えがひらめいた。太陽が重力で惑星を引っ張るように、リンゴは地球に引かれているというものだ。こうして重力の理論が誕生した。ニュートンは、物体の質量（彼は「重さ」と呼んだ）が重力の原因だと認識した。

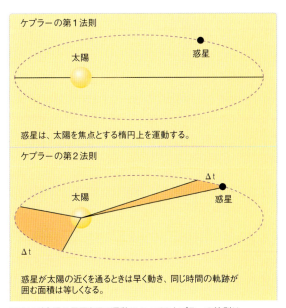

■ニュートンが重力の一般理論に到達した場面の再現。

ケプラーの第1法則

惑星は、太陽を焦点とする楕円上を運動する。

ケプラーの第2法則

惑星が太陽の近くを通るときは早く動き、同じ時間の軌跡が囲む面積は等しくなる。

■惑星が太陽の周囲を回る運動についてのケプラーの法則は、重力の理論から導かれる。

■ 振動系

ビーチボーイズの1966年のヒット曲「グッドバイブレーション」のように、気分としてはもちろんのこと、振動は物理的にも波として伝わっていく。振動は心地よい和音として聞こえることもあれば、大災害をもたらすこともある。

物理の振動は、振り子の揺れやブランコに乗った子どもの運動だけが対象ではない。例えばCO_2（二酸化炭素）分子を構成する原子は互いに励起振動を続けている。地球内部で起こる振動は、地球の構造を教えてくれる一方で地震災害の原因ともなる。人間や動植物がもつ体内時計は化学反応の周期的繰り返しだ。株価や政治家の支持率の上下もおなじみの例だ。

自然界や社会に見られる振動系がいかに多様であっても、どれに対しても同じ数理的方法を適用できる。

共鳴｜振動｜回折｜干渉

振動と波動

多くの物理分野、たとえば力学や電磁気学、熱力学などが扱う問題は対象が明確に決まっている。ところが振動の研究はそうではない。実際、どんな振動も強くなったり弱くなったりするという性質がある。それがこの分野の面白さだ。振動は波として伝わっていく。そして振動と波は、量子力学など自然科学のあらゆる分野にかかわっている。さらに地震や津波などの自然現象に深いつながりがあり、私たちの日常生活に大きな影響を及ぼしている。

共鳴：音から破壊まで

私たちはリズミカルな音を聞くと、それに合わせて自然に体が動いてしまうことがよくある。それは人間に限ったことではなく、調律に使う音叉や草の葉にも起こる、共鳴という現象だ。共鳴（レゾナンス）という言葉の語源はラテン語のレゾナレである。

音なら何でも共鳴を起こすわけではない。もしソプラノ歌手が声でガラスを割ろうとするならば、一定の音程をぴったり出さなければならない。子どものブランコを大きく揺らすには正確なリズムで何度も押してやらなければならない。それはガラスやブランコの固有振動のせいなのだ。

固有振動とは、どんな系にも備わっている特定のリズム（学術用語では周波数という）のことを指している。この振動数と一致する揺れがその物体に作用すると、揺れはどんどん大きくなる。共鳴の効果が極端になると、最悪の場合には物体の破壊を招いてしまう。

台北101

通称「台北101」と呼ばれている超高層ビル「台北金融センター」が台湾の首都、台北に建っている。

この超高層ビルがある台北は、地震や台風のリスクが高いことでも知られている。そのため、設計者たちは地震や台風による揺れのリスクを減らそうと、ビルの最上層部に数トンの重さの巨大な球を設置した。

地震や台風で建物が揺れると、この球が動いてエネルギーを吸収し、ビルの揺れを抑える仕組みである。

■ ハリケーン並みの風で強い共振運動を起こし、激しく揺れる米タコマ橋。

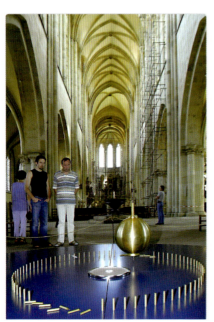

■ フーコー振り子の振動方向は実は変化していない。動いているのは足元の地球の方だ。

▶ p.68-71（地震）参照

正弦関数

振動学は数学、物理学、力学と関連が深い。一定の周波数と振幅を持つ単純な振動は、数学でおなじみの正弦（サイン）関数だ。図で描くと緩やかな波のような曲線になる。ラテン語のサイナス（湾）という語はこの形からきている。

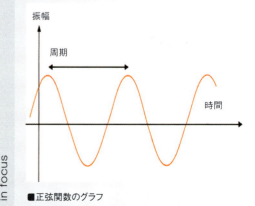

■ 正弦関数のグラフ

波だらけの世界

波は日常生活でも身近な現象だが、概念としては振動より理解が難しい。振動があるところには波が生じる。音や水の波が伝わるには気体や液体という媒体が必要だ。空気や水の分子の振動が伝わっていく。一方、光や電波などの電磁波は媒体がなくても伝わる点が大きな違いである。

幼い子どもにとって風呂場は波の実験室であり、少し大きくなると海岸で波と親しむ。また人間の最も重要な感覚である聴覚理学（p.326）の創始者たちは、電子や原子などの粒子、そしてあらゆる物質が波の性質を備えていることを示した。

■静水に生じた波を観察すると、水自体は動かずに振動しているのがわかる。

（p.318）と視覚（p.324）も波の性質を利用している。つまり音波と光波の刺激を耳と目で感じるのだ。

電波、赤外線、エックス線、光は別のように思われるかもしれないが、実はすべて電磁波であり、周波数が違うだけだ。量子物

波の発生と拡散

波動の発生源は振動だ。例えば、バイオリンの弦を弾くとその振動がごく周囲の空気を震わせる。次にその空気がさらに周りを振動させていく。こうして振動という運動が空気という振動の受け皿によってあらゆる方向に広がっていく。

弦の振動が持続すると、部屋のすみずみまで時間的に変化する特有の波が満たされていく。しかし、振動源が短時間しか続かない場合、例えば石が池に落ちたときは波形が短く、次第に散逸して摩擦によって消滅する。

波の回折と干渉

数ある波動現象の中でとりわけ興味深いものが回折と干渉だ。どちらもホイヘンスの

津波

2004年12月26日、津波がインド洋で大被害をもたらした。津波は普通の波と何が違うのだろうか。

普通の波は海の表面だけが運動するが、津波は表面だけでなく海中の水全体が持ち上がり落下する。その水柱の高さは数キロに達することもある。このスケールになると、そのパワーはすさまじい。

津波が沿岸を襲うと、その全エネルギーが平面に集中する。そのため外海での挙動と異なり、その強大な破壊力は一瞬に遠くまで達する。

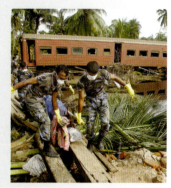

■2004年12月26日のインド洋津波による災害。突然襲った津波のため、数10万人の死者を出した。

原理に基づく現象として説明することができる。ドイツの科学者クリスチャン・ホイヘンス（1629〜95年）が提唱したこの原理は、ある波面のすべての点からそれと全く同じ振動数と波長の円形波もしくは球面波が発生し、伝わっていくという考え方である。

壁に沿って伝わっている波が角に来ると、あたかも解放されたかのように、ここから球面波として広がる。これが回折現象で、波の性質を如実に物語っており、ホイヘンスの原理によって説明することができる。

建設的干渉とは2つの波が、山は山同士、谷は谷同士で常に重なるものをいう。その結果、波が強められて非常に強い振動になる。これに対し相殺的干渉は一方の山が常に他方の谷と重なる。両者の振幅が同じならば干渉によって打ち消し合い、その結果として元の振動よりも弱められる。

■超音速で飛行中のジェット機は、機体の前と後に圧力波を生じる。衝撃波は高度に圧縮された前進波が後から来る波に追いつかれ圧力が急に上がったときに起こる。

■ 空気中の波動

自然界に起こるさまざまな波動のうち、とりわけ親しみ深いのは音波だ。私たちには耳という感覚器官があり、音波から驚くほど多くの情報を無意識に聞き分けて、取り出すことができる。

進行する振動（p.316）が波動だ。では音波が伝わるとき一体何が振動しているのだろうか。それは音が伝播していく媒体である、気体や液体などの原子や分子だ。これ

波動｜雑音｜超音波｜ソナー

音響学

音響学は空気、液体あるいは固体を伝播する音波について研究する。人間が聴覚に頼る割合は大きく、話し言葉は人間社会を発展させる土台になった。したがって、音響学は芸術、科学、そして社会に大いに貢献してきたと言っていいかもしれない。

らは自分の位置を中心に振動することで隣の原子や分子を振動させる。

こうした原子や分子の振動、つまり音波はたいがいのものを伝わる。ピアノの弦、容器内の気体、海、それに銀河系の希薄なガスさえも伝わっていく。

空気中を伝わる音波には特色がある。空気分子は波の進行方向にしか振動しないのだ。こうした波を縦波という。これに対し、固体、例えば地球内部を伝わっていく地震などの波は、縦方向に加え、それと直交方向にも振動している。それが横波だ。

音・音楽・雑音

波動論の概念と音響学との対応は次のようになる。音波の振動数は音の高さとして感じられる。振動数が大きいほど高く聞こえる。あまりに高い音は聞こえない。音波のエネルギーは音の強さつまり音量だ。

音波はいろんな周波数の正弦波で構成される。音波がどのような正弦波を含んでいるかによって、その音は音楽あるいは話し声や雑音として聞こえる。「音色」とは、この聞こえ方の違いを表す用語だ。

含まれる波の周波数が1:2、2:3、3:5のように、単純な整数比になる場合は和音として心地よく聞こえる。一方、4:17とか97:111とかの場合は耳障りな音として聞こえる。多くの周波数の波が、ほぼ同等のエ

楽器の出す音色

バイオリン、ギター、ピアノ、ハープ、ウクレレなどの弦楽器は、個別の弦が振動して音を出す。弦楽器の場合、音の周波数つまり音程は弦の長さによって決定される。

一方、トランペット、ホルンなどの金管楽器や、フルート、クラリネットなどの木管楽器では、管の共鳴現象を利用している。演奏者が息を吹き込むと、管内の空気が共鳴して振動し、音を出す。楽器の弁をいくつか押し、空気の通り道の長さを変えることによって音程を変える。

■ バイオリンは弓で弦をこすることによって、弦を振動させる。つまり、弓と弦の間の摩擦を使って音を出している。

ネルギーで含まれる音は雑音と呼ばれる。

音速は、音が伝播する物質によって異なるが、空気中では時速1000キロ以上になる。これは光速より、はるかに遅い。そのことは、身近な経験として、稲光よりずっと後に雷鳴が聞こえることからも明らかだ。

■ 大太鼓のような打楽器は変化に富む独特の音を出す。

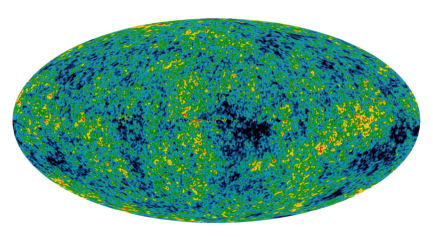

■ 宇宙マイクロ波背景放射はビッグバン理論の証拠だ。ビッグバン直後には音波も宇宙を伝わり、現在の銀河群のクラスター構造の形成に影響を与えた。

超音波

胎児の診断など、医学における超音波診断はもう珍しくなくなった。それだけでなく、機械の非破壊検査や、海洋探査における海深の測定など、各種の工学的な応用でも、超音波は幅広く活躍している。

空気中の音波の振動数は、毎秒1回（1ヘルツ、Hz）以下の場合もあるし、1000回（1kHz）あるいはそれ以上の振動数の音波も存在する。

音符で表せる最も低い振動数、つまり最もピッチの低い周波数の音は約20Hzだ。

一方、耳で聞こえる最も高い音は15〜20kHz程度になる（高齢になると可聴周波数は低下する）。これを超える、人間に聞こえない振動数の音を超音波という。

自然界の超音波

人間には聞こえない超音波を聞くことができる動物がいる。犬は特殊な犬笛の出す40〜50kHzの音でも聞こえるし、コウモリやイルカはもっと高い100kHz以上でも聞こえていることが確認されている。

動物が超音波を聞くことができるのは、実用的な理由がある。超音波は光と同じく直進するので、彼らは船のソナーと同じく超音波を出して方向探知に使うのだ。そしてその反射波を受けると、彼らの聴覚系は獲物（あるいは敵）の位置、速度、それに形さえも決定できる。似たようなことは象にもある。象は20Hz以下の超低周波を出すことができ、超低周波は遠くまで全方向に広がる。そのため、あたかも「象の携帯電話ネットワーク」のように、象同士の通信手段ととして使われているようだ。

超音波による治療と洗浄

人間の役に立つのはソナーばかりではない。産科医をはじめとして多くの専門医が患者の体を傷つけない診断法として超音波を使っている。

超音波洗浄器は、超音波の発するエネルギーで汚れの粒子を分散させる。この原理は、医療分野でも胆石や腎臓結石を破砕する治療法に使われている。

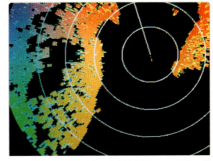
■ソナーは水中での音の伝播を利用して、通信、航行、他の船舶の探知に役立てる。

■イルカは超音波の信号を発し、そのエコーによって自分の位置を確認する。イルカの歯は入射音を受け取るアンテナの役をするように並んでおり、下あごから中耳に音波を伝える。

basics

可聴下音 20Hz以下の音。0.1Hz以下の圧力波は、もはや音とはみなされない。

可聴音 健康な若い人が聞くことのできる帯域は20〜20000Hzだ。

超音波 人間の耳に聞こえる上限（20kHz）以上の周波数。イルカのように、数百kHzまでの音を知覚できる動物がいる。

極超音波 1GHz（10億Hz）以上の音。さらに周波数が高い極超音波は量子力学の法則が適用されて、波とはみなされず、準粒子とよばれる。

practice: 超音波画像がつくられるまで

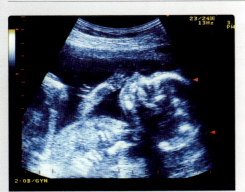

使用する周波数あるいは検診対象の人体組織によって、超音波が反射する深さが変わる。そのため超音波の反射画像は複雑になるが、人体構造の情報が詰まっている。経験をつんだ医者ならば、この画像から患者の健康についていろいろな診断を引き出せる。しかし超音波は空中から直接体内に放射できない。このため特殊な超音波プローブとゼリーを使って超音波を体内に入射している。

■骨、筋肉、臓器などが異なる反射信号をつくり出す。この信号から画像を生成する。この例は子宮内の赤ちゃんを撮ったスナップ写真だ。

▶ p.212（海生ほ乳類）参照

■ 熱と温度

2つの物体を結合すると、その質量は両者の質量を足したものになる。しかし、10℃の水と30℃の同量の水を混ぜると、40℃の水にはならずに、20℃の水となる。つまり温度は足したものにはならない。

そうなる理由は、温度や熱が「多粒子系」、つまり非常に大量の粒子から成る集合体が起こす現象だからだ。

温度や熱は、物質中のすべての原子ある

温度｜運動｜放射｜エントロピー

熱力学

私たちは暖かさと冷たさを直接感じることができる。この現象の基礎となる物理法則はなかなか明らかにならなかった。今でも理解が難しい。しかし熱力学の基本法則によって熱エネルギーと統計学、無秩序の間の興味深い関係が明らかになる。熱力学の第2法則はエントロピーの増大に言及している。

いは分子が起こすランダムな運動の結果、観察されるものなのだ。粒子のこうした振動、回転、移動の運動を、発見者の植物学者ロバート・ブラウンにちなんでブラウン運動と呼ぶ。

確率過程の法則と確率論（p.417）を使えばブラウン運動をモデル化できる。例えば気体の温度は、その粒子のランダムな運動エネルギーの平均値になる。高温ならば粒子は高速で飛び回っており、反対に低温ならばゆっくりした運動になる。

このように、粒子の運動エネルギーの平均値が熱として感じられるので、温度は「熱エネルギー」と言い換えることができる。一方、ただ「熱」とだけいうと、ある物質から他へ移動するエネルギーのことになる。例えば、じゅうたんの床はタイルの床より暖かく感じる。これは温度が同じでも、足から奪われる熱エネルギーがじゅうたんのほうが少ないからだ。

永久運動は可能か

人々が熱というものを理解する以前から、物理学者たちはいわゆる熱力学の第1法則について知っていた。つまり、ある系に加えられた力学的仕事と供給された（あるいは失われた）熱の和が、系の内部エネルギー変化量に等しいというものだ。これはエネルギー保存則を表している。

このエネルギー保存則を疑い、永久機関の発明に挑戦する人が相次いだ。永久機関とは、外からエネルギーを加えなくても動き続ける装置のことだ。もし永久機関が可能ならば、燃料ゼロで走る自動車などが実現する。こうした挑戦はエネルギー保存則の原理上、必ず失敗する運命にあるが、それでも人々を駆りたてて止まない。

温度の単位はケルビン（K）だ。ケルビン度とはいわない。絶対零度は0K、氷点は273.15K、沸点は373.15Kだ。日常用いられているセ氏温度では、氷点を0℃とするので名目上マイナス温度が存在する。

■ 水車を用いた永久機関のアイデア例。水が落ちて水車を回す。その水車が、水を元の高さに戻す。

宇宙の最低温度

天文学者は宇宙に広がる3Kという低温を測定している。しかし特殊な冷却装置、たとえば原子の運動を抑えるレーザーなどを使えばもっと低温を実現できる。実験では10億分の1K以下を達成した。これが宇宙の最低温度かもしれない。

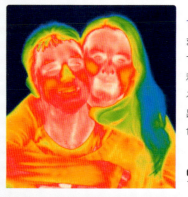

■ 宇宙最低温：物質のボーズ-アインシュタイン凝縮という特異な状態を利用して10億分の1K以下まで冷却されたルビジウムの原子。

熱放射

どんな物体も常に電磁波（p.322）を出している。周波数と波長はその物体の温度で決まる。室温ではこの熱放射は赤外線領域なので眼には見えない。蛇は赤外線を感知する。私たちも赤外線カメラや暗視装置を使えば見ることができる。ところで、5500Kの物体の出す熱放射は目に見える。太陽表面の輝く黄色がそれだ。

■ 抱き合う2人の姿を赤外線サーモグラフィーカメラで撮った映像。

秩序と無秩序

コーヒーにミルクを垂らすと混ざってやがて全体が薄茶色になる。逆にそれがコーヒーとミルクに自然に分かれるところを目にしたことは決してないだろう。その理論的な可能性はゼロではないが。

生命は秩序をもたらす

生物は非常に複雑な、組織化された構造体だ。その複雑さは進化とともに増してきた。宇宙全体から見ると、私たちの地球は秩序の楽園ともいえる。地球は何十億年も太陽に暖め続けられているが、熱的平衡には程遠い。生命という自己組織系には、エントロピー増大の必然性から免れ、熱的死を避ける時間がまだたっぷりある。

■クモの巣の複雑で規則的な構造は、生命のもたらす秩序を表している。

■液体を混ぜる。100万年間、1秒ごとにこの作業を続けると、自然にインクが分離するところを目撃できるかもしれない。

混合された液体が自然に元の成分に分離するという変化は、熱力学の法則から、可能ではあるが、実際にはまったく起こりそうもないことだといえる。

熱力学の概念の中にエントロピーという状態または量があり、しばしば「無秩序」と結び付けられている。当初は化学の分野で認められ、ある種の化学反応でエネルギーの平衡状態を表すのに使われていた。

エントロピーは、気体のほうが液体より大きく、暖かい物体のほうが冷たい物体より大きい。またいくつかの成分が混ざり合ったもののほうが、成分が分離した「秩序だった」ものよりもエントロピーが大きい。

エントロピーを理解する鍵はルードヴィッヒ・ボルツマン(1844〜1906年)が発見した。エントロピーとは、系が特定の状態をとる確率を表すものだという解釈だ。

机の上の書類を大きさと内容で整頓するならば、その状態はたった1つしかないが、いい加減に積んで散らかしておくならば、無数の方法があるだろう。同様にミルクとコーヒーの分子も、完全に混ざっているほうが、きちんと分離した状態よりはるかに多くの状態をとれるのだ。

このように、通常は無秩序な状態のほうが、秩序のある状態よりも起こりやすい。事実、コーヒーカップの中の分子数はとてつもなく多いので、自然に分離する確率は10^{-20}よりも小さい。

熱力学第2法則

熱力学第2法則ではエントロピーは次のように表現される。閉じた系のエントロピー(あるいは「無秩序」)は決して減少しない、というものだ。したがって宇宙全体を1つの系と考えればそのエントロピーは常に増大し続ける。これは遠い将来、いつかは銀河も太陽系もあるいは染色体も、すべての構造はばらばらになってしまうということだ。

熱力学的に安定な宇宙の最終状態を予想すると、それは雑多な粒子が一様に混じった雲のようなものが均一な温度で全体を覆っている状態だ。この「熱的死」という状態に達するまでには、現在の宇宙の年齢の何倍もの時間が必要だ。最終状態では、ほとんど絶対零度の世界となるだろう。

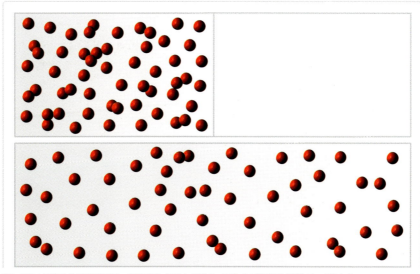
■システム理論と複雑系理論は、無秩序化の流れに逆らって生命が複雑性を増していく能力を研究しているが、その謎はまだ解けていない(p.335)。

■ 電気

今日、私たちは当然のように電気を動力として使っているが、その物理的な原理まで知っている人は少ない。電気を理解するには、まず電気の単位である電荷の概念を知る必要がある。

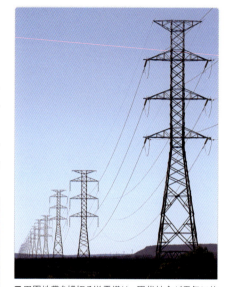

■ 田園地帯を横切る送電塔は、現代社会が電気に依存していることを思い起こさせる。

重力の「源泉」となるのは1種類の質量だけだが、電気は正と負の2種類の電荷の組み合わせによって生じる。

正負の符号が反対の電荷同士は引き合い、同種の電荷は反発する。もし同量の正と負の電荷が結合すると、その外部からは、電気がない中性のように見える。

日常生活で電気を意識することが少ないのは、地球でも宇宙でも、電荷があるところには必ず反対の電荷も存在して、それぞれの影響を打ち消し合っているからだ。

電気の流れ

負の電荷をもつ電子（p.328）は、電池の陽極に向かう強い引力を受けて加速される。こうした電荷の流れを電流という。金属など電流が流れやすい物質を導体と呼ぶ。

電流の単位はアンペア（A）だ。1アンペアの電流とは、毎秒1クーロン（C）の電荷が移動することを意味している。1クーロンは、6.24×10^{18}個の電子の電荷をすべて合わせた量である。電気の発見にまつわる過去の経緯から、1クーロン相当の電子の個数が半端な値になっている。

ワットとボルト

電線中の電子を配水管中の水にたとえると、電気現象の理解が容易になる。配水管の落差が電位差または起電力に対応する。電位差の単位はボルト（V）で、電圧と呼ばれる。加えられる電圧が高いほど、流れる電子は大きな電気エネルギーを得る。

電灯やモーターの電力とは、これらの機器が消費するエネルギーを時間で割ったもので、消費電力ともいう。単位はワット（W）である。

消費エネルギーは、電流の強さに電圧をかけたものとなる。エネルギーと仕事量は等しい。水車がする仕事量が、水の落差と毎秒流れる水量によって決まるのと同じだ。

電流 ｜ ワット ｜ ボルト ｜ 電磁誘導 ｜ 電磁場

電磁気学

物体がみな自分の質量に比例した力で互いに引き合う重力については、誰でも知っている。無重力の生活などとても想像できない。だが電気や磁気は違う。19世紀の前半になっても自然界の磁性鉱物のような現象はほとんど知られず、ましてその原理については、理解されていなかった。

---

basics

けた違いの力

陽子つまり水素の原子核同士は、同じ電荷同士なので反発する。電気力はこれら原子核の間に働く重力の10^{38}倍も強力だ。このように圧倒的な差があるため、原子や電子が関係する過程、したがってすべての化学反応で電磁気の力が決定的な影響を持つ。

琥珀

琥珀（こはく）は古い木の樹脂が固まって化石になったものだ。電気抵抗が強いため絶縁体として重宝されているが、それは電子が原子に拘束されているからだ。しかし、こすると電子が琥珀の表面に出て来て電気を帯びる。昔からこの静電気についてはよく知られており、電子（エレクトロン）という言葉も、ギリシャ語の琥珀（エレクトロン）に由来する。

■ 琥珀は紀元前4世紀にはすでに知られていた。

■この例では、水栓の閉じた樽は初めは満水で高い位置エネルギー（電圧に相当）を持つ。栓が開いて水が流れると位置エネルギーは減少し、時間当たりの流量も減っていく。こうして電圧は下がるが仕事量は変わらない。

▶ pp.346-353（エネルギー技術）参照

電磁気学

■ 磁気の不思議

中国では紀元前5世紀に磁気羅針盤が使われていたようだ。古代ギリシャ人はマグネシア地方でとれる石が鉄片を引きつけることを知っていた。しかしこうした現象がなぜ起こるのかを説明できたのは、その後さらに何世紀も後になってからだ。

電気と同じく磁気も2種類ある。それがN極（北極）とS極（南極）だ。

磁気の場合も、同じ極同士は反発し、異なる極が引き合う点では電気と同じだ。磁気が違うのは、棒磁石を2つに分割するとどちらにもN極とS極が現れることである。

磁石をさらに分割しても、やはり同じことが起きてN極とS極が現れる。これは要素磁石の理論で説明できる。磁石は極微な磁性粒子が大量に集まったもので、それらがすべて同じ方向を向いているため、磁気の効果が全体として重ね合わせられるのだ。

自然界の極小の磁石が要素磁石であり、その正体は磁化した原子であることが、20世紀になって突き止められた。

電磁気学

一見して電気と磁気の現象が似ていることは明らかである。そこで19世紀初頭の物理学者たちは両者の共通点を見つけようと努力していた。電流と磁場が互いに影響しあう、つまり電流によって磁場が生じ、磁場の変化により電流が生じるという発見もこの動きを後押しした。

こうした努力は1860年代、英国の物理学者ジェームズ・C・マクスウェルによる電磁気理論として結実した。

マクスウェルの電磁気理論を簡単にいうと、以下のように説明される。

第1に、あらゆる電荷の周りに電場が生じ、この電場はほかの電荷に影響を与える。

第2に、移動する電荷、すなわち電流は磁場を生じる。これは原子核を旋回する電子についても、導体のコイル内の電流についてもいえることである。

最後に、電場でも磁場でもその変化は波動として光速（真空中の秒速約30万キロ）で広がる。ガラス、水、真空など光が伝わる媒体によって光速は異なり、媒体の電磁気的特性から正確に計算できる。

最後の原理はとりわけ重要であり、光も電磁波であることをはっきりと示している。

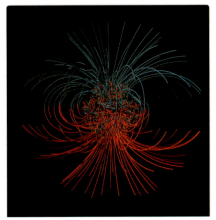

■ 地球の磁場は過去から現在まで同じではない。地質を調べると、磁極が移動したり、両極が反転したことを示す証拠がある。

■ 電磁石は何トンもの鉄くずや、車両、貨物コンテナなどを持ち上げることができる。

電磁誘導とモーター

磁場が変化すると電流が生じる。この発見が電磁気理論への大きな一歩だった。この性質は発電機、電気モーター、電圧を変える変圧器などに広く応用されている。電磁誘導ループは車両を数えたり、信号機の自動切り換えなどに使われるほか、マイクロフォンにも応用されている。

最近では、電磁誘導による電気エネルギーの移送がとりわけ重要視されている。心臓ペースメーカーの充電を手術なしでできるからだ。

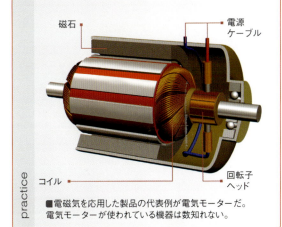

■ 電磁気を応用した製品の代表例が電気モーターだ。電気モーターが使われている機器は数知れない。

磁気単極子の探索

素粒子論によると、単極しか持たない仮想の粒子、すなわち磁気単極子が存在するはずだ。しかし現実にはあらゆる磁性体と粒子はNとSの両極を持つ。4つの基本力を統一しようとする仮説では磁気単極子がビッグバン直後には存在し、今でもわずかではあるが残っている可能性がある。その存在を示そうと手の込んだ実験が試みられているが、今のところまだ成功していない。

光

もしこの世に光がなければ、生物が地球上で生き延びることはできないだろう。地球上に存在する光の大部分は、太陽から降り注ぐ自然の光だ。しかし物理学では私たちの目に見える光だけでなく、見えない電磁波も対象とする。

地球上の生物は太陽エネルギーを利用して生きている。私たちにとって光に満ちた環境は不可欠だ。太陽光と二酸化炭素と水から有機物をつくる力が植物にあるおかげで、

光｜プリズム｜精密光学｜レーザー

光学

数年前まで、光学はまったく新鮮味に乏しい物理分野だとされてきた。望遠鏡は無論のこと、レーザーが知られてからすでに長い時間がたっている。しかし光通信の登場で事情は一変した。2005年のノーベル賞はこの分野からだったし、来るべきコンピューター革命を担う分野としても、今後の発展が大いに期待されている。

■プリズムは白色光線を虹色のスペクトルに分解する。

私たちは栄養をとることができる。

私たち自身も、ビタミンDをつくるためには太陽光が必要だ。ビタミンDが欠乏すると肝臓や腎臓、骨などに障害を生じる。精神衛生上も光は不可欠な存在だ。日照が乏しくなる冬に気が滅入る人は多い。

光の波動説と粒子説

光の性質については、長い間2つの説が正当性を競い合ってきた。アイザック・ニュートン（1643～1727年）の考えによれば光は粒子であり、光源からまっすぐに空間を進む。一方、クリスチャン・ホイヘンス（1629～95年）は、光は波であるとした。

19世紀には光の波動説が優勢だった。トーマス・ヤング（1773～1829年）は1803年に光を重ね合わせて干渉が起こることを示した。これは波動（p.317）にだけ見られる現象だ。さらにジェームズ・C・マクスウェル（1831～79年）の発見した電磁方程式から、電磁波と光の性質が一致すること、つまり光は波であることが導かれた。

しかし20世紀に入って転機が訪れた。原子物理の実験で、光が常に光子という粒子として個々に発せられることが証明された。光子が電子に遭遇すると、エネルギーと速度を有する粒子としてふるまうことが確認されたのだ。

結局、光の波動説と粒子説のどちらのモデルも正しいことがわかった。量子力学（p.326）によると、光も物質も、波動と粒子の両方の性質を持つとされる。多くの場合は、どちらかの性質が優勢だが、両方の性質を考慮しなければならないこともある。この結果をもとに、フランスの物理学者、ルイ・ド・ブロイ（1892～1987年）は、波動力学という全く新しい学術分野を開き、光と物質の研究を結びつけた。

色について論じたゲーテ

詩人ヨハン・ウォルフガング・ゲーテ（1749～1832年）は、歴史や自然科学にも関心が深かった。

1792年に彼は『光学論』、1810年には『色彩論』を発表した。これらには間違いも含まれているが、今でもゲーテは色の認知論に関する先駆者だと考えられている。

■『色彩論』でゲーテは光の屈折を図解している。

■レーザーは、半導体製品の検査など、多くの生産工程で広く使われている。

電磁波の可視光スペクトル

← 紫外線　400 nm｜450 nm｜500 nm｜550 nm｜600 nm｜650 nm｜700 nm｜750 nm　赤外線 →

■電磁波のスペクトルは波長の長いほうから電波、マイクロ波、赤外線、可視光線、紫外線、さらにエックス線、ガンマ線と続く。波長が短くなるほど、波が伝搬するエネルギーは大きくなり、粒子としての性質が強くなる。人間の眼が知覚できるのは電磁波のごく狭い範囲、400nm（青紫色）から700nm（赤色）の間にすぎない。

▶ p.330-331（相対性理論）参照

顕微鏡から光電子工学へ

中世の終わりころ、すでに宝石を磨いた眼鏡がつくられていた。
しかし、精密光学は顕微鏡と望遠鏡の発明で始まった。
可視光だけでなく、エックス線や紫外線も利用されている。

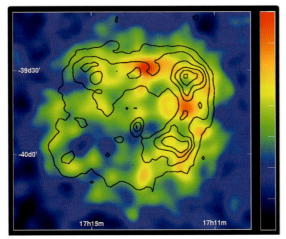

■紫外線光学が宇宙望遠鏡で活躍している。
太陽や近隣の銀河から来る大量の紫外線を検出する。

■研究用の顕微鏡は高精度の光学装置だ。人間の目では見えない、極めて小さなものの観察に使う。

私たちに身近な望遠鏡と顕微鏡は、光の進路がガラスのレンズによって曲げられることを利用したものだ。例えば集光レンズは平行光線を1点に集める。この点がレンズの焦点だ。

レンズ2枚を、対象物と観測者を結ぶ直線上の適切な距離に置くと、観測者の網膜上に対象物の拡大像が結ばれる。望遠鏡と顕微鏡ではそれぞれのレンズを対物レンズ、接眼レンズとよぶ。

可視光以外も利用

今日では、建設や土木における距離の測定、生物・医学における研究、天文学などで光学機器は幅広い役割を果たしている。

電波望遠鏡、赤外線望遠鏡、紫外線検出器、エックス線顕微鏡というように、電磁波のほとんどすべてのスペクトル領域が利用され研究されている。

粒子線を当てて観察する電子顕微鏡や中性子顕微鏡も開発されている。

光で計算する

コンピューターはよく電子頭脳とよばれる。情報が電子の形で伝達され、操作され、蓄積されるからだ。しかし、コンピューターの回路が小さくなるほど、電気抵抗の発生熱が、高密度に集積された回路の動作を妨げる。そのため最新の機器ほど強力な冷却装置が必要となる。

また電子の電荷相互の影響も無視できなくなる。結局今のコンピューターの半導体チップをこれ以上小さくするのはもう限度があるのだ。

この厄介な問題を解消するのが、電子の代わりに光子を使うことだ。電子と異なり、無数の光子が同じ場所を占めることができ、しかも光速で伝わる。光ファイバーで同時に多量のデータを高速で送れるのはこのためだ。

光回路素子への期待

非線形結晶を使った純粋な光回路素子の飛躍的な進歩が期待されている。今のスーパーコンピューターが時代遅れに見えるほどの速度で動作するコンピューター「光子頭脳」の登場は、それほど先ではない。

レーザー

■工業レーザーが設計図通り、正確に鋼板を切断する。

太陽などの普通光には、進行方向、エネルギーなどが異なる数多くの光波が混じっている。だがレーザー光はそうではない。パルス増幅回路によって、波形が揃った光が次々と大量に発生される。こうして完全に波形を揃えた光ビームがレーザー光だ。

身の回りでは、CDやDVD、スーパーのレジなどに、直接目には触れないが欠かせない部品として多数のレーザーが使われている。

▷ p.415（積分法）参照

新しい物理学

1890年ころ、物理学の謎はほとんど解かれてしまったかのように見えた。後にノーベル賞受賞者となるマックス・プランクですら、もう新しい発見はなさそうだという理由で、物理を専攻しないよう先輩から勧められたほどだ。

物理学の問題はほぼ解決されたように思われていたが、高温の物体が発する熱放射エネルギーの周波数分布に関しては未解決の問題が残っていた。電磁波（p.323）の性質については、ジェームズ・C・マクスウェルが電磁波の方程式として定式化していたが、その方程式では実際の熱放射の挙動を説明できなかった。

1900年、プランクは、光と熱の放射は連続の量ではなく、飛び飛びの量で発せられるという仮定を置いて、この問題を解明した。彼はこの単位の塊を「量子」と呼んだが、やがてこの言葉が物理学に革命を起こす名称になるとは想像しなかった。

1905年アインシュタインはプランクの光量子の考えを使って「光電効果」を説明し、1921年のノーベル賞を受賞した。それからまもなく、原子はその中の電子が量子軌道を回っているときだけ安定であることがわかった。プランクの量子仮説によって、それまで不可能にみえた光、電子、原子、分子のふるまいを予言することが可能になった。

■ブリュッセルの原子博物館は、鉄原子の結晶モデルを展示している。

量子波｜ニュートリノ｜原子時計｜超伝導

量子力学

量子力学は、原子とその内部の物質の法則を研究する学問だ。マックス・プランク（1858〜1947年）を創始者とするこの分野の土台は、20世紀前半にはほとんど完成され、古典物理学を書き換えた。量子力学は、現代物理学を支える最も重要な分野の1つだ。その前提となるのは、エネルギーをはじめとする物理量は、飛び飛びの値をとることである。電子や光子（電磁波）も例外ではない。

確率波

量子仮説からは思いがけない結果が導かれた。粒子のエネルギーと位置を同時に正確に決定することは不可能だというのだ。それらは確率的にしか表せず、波動関数として与えられる。

波動関数という新しい概念により、光の波動・粒子論争に終止符が打たれた。光量子は粒子だが、それが存在する位置の確率を表すには波動の性質を考えなくてはならない。

量子真空

量子力学はさらに量子場理論、量子電磁力学へと発展し、その結果として、完全な真空は存在しないことが明らかにされた。

量子論によれば、真空中で粒子や光子が絶えず無から生まれては、ごく短い時間で消滅している。そのうちの「幽霊粒子」ともよばれるニュートリノは、質量はごくわずかしかないが無視できない影響を及ぼすため、将来のマイクロチップの開発に問題を及ぼすかもしれない。

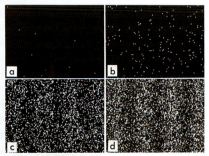

> #### 2重スリットの実験
>
>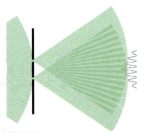
>
> この実験は浴槽で簡単にできる。水面上で木片を規則的に、ゆっくりと出し入れすると、水面に次々と波紋が広がっていく。波の先に2つのスリットを空けた板を置くと、スリット板の反対側に干渉縞が現れる（p.317）。
>
> 1961年、これと同様の実験方法によって電子の確率波が発見された。2002年、物理学者たちはこの干渉縞の実験を、最も美しい物理実験に選んだ。
>
> ■2重スリットをもつ板に電子を通すと、その背後に干渉縞が形成される。

■原子時計は、原子の共鳴振動を測定して、高精度の時報を送り出す。

▶ p.284-285（物質）参照

量子力学

■ 日常の身近な量子効果

量子効果は、現代の技術にとって、欠かせない役割を果たしている。
特に、レーザー、電子顕微鏡、原子時計、超伝導などで、その役割は大きい。
これからも、新しいわくわくするような商品が出てくるだろう。

■別の磁石の磁場に置かれた超伝導体が、自己の電流がつくる磁場で浮き上がる。

電波時計の時刻は常に正確なため、身近に広がってきた。どうやって正確な時間が得られるのだろうか。

電波時計を運用しているのは多くの大学や研究機関で、これらの場所から正確な時刻合わせ信号が電波で送られる。

電波時計用の信号は原子時計からつくられ、量子論の法則に基づくため正確だ。原子時計は、電子が決められた軌道（量子状態という）しかとれないという、基本的な性質を利用している。

電子のとる2つの状態のエネルギー差によって、電子が発する電磁波の周波数が決まり、宇宙のどんな原子でも変わらない。このエネルギー差が周波数に対応し、周波数は時間の逆数として計算される。したがって電磁波の周波数を正確に測定できれば、正確な時間が得られる。最も正確な原子時計の誤差は、10^{15}分の1以下だ。

超伝導

電流が電線を流れるときに電線は発熱する。その原因は、導体（この場合電線）に抵抗があるからだ。どんなに高品質の銅線を使ったとしても、抵抗はゼロにはならない。

本当にそうだろうか。従来の理論ではそうだ。だがここで量子物理学の適用によって異なる結論が導かれる。

量子物理学によれば、極めて低い温度では、1対の電子は半導体内の原子や不純物からの干渉を受けにくくなる。つまり電線の原子とのエネルギー交換が少なくなる。このため物質は抵抗をほとんど示さなくなる。多くの金属が数K（絶対零度より数度上）の温度で抵抗がなくなり、こうした超伝導性を示す。

超伝導セラミック

超伝導現象は1911年、オランダの物理学者ハイケ・カマリン・オンネス（1853～1926年）によって発見されていたが、一般の興味を引いたのは、1987年にセラミック導体が発見されてからだ。この導体は、液体窒素で冷却できる100Kで超伝導性を示したのだ。このように、数Kよりもずっと高い温度（それでもマイナス100℃以下であるが）で超伝導性を示す物質を「高温超伝導体」とよぶ。

最近の高温超伝導体はもっと簡単に冷却できるので、効率のよい送電線、変圧器、モーターなどへの応用が見込まれる。

> **超伝導の応用**
> 高温超伝導セラミックの商品化が滞っているのは、金属と違って、もろく、電線に加工しにくいからだ。それでも試験用として、120mの電線が米デトロイトの送電網に組み込まれている。
>
> issues to solve

■発光ダイオード（LED）の動作は量子力学によって説明される。

▶p.292（半導体）参照

■原子内で電子が存在する領域は原子軌道とよばれ、量子力学の基本方程式である、シュレディンガーの波動方程式から計算で求められる。

■ クォークと電子とその仲間たち

現在知られている素粒子は原子の何十億分の1という小さな粒子だ。
それらは、その質量、電荷、相互作用によって分類されている。
物質をつくっているのは6種類のクォークである。

物質の構造を人体で考えてみよう。人体は心臓、肝臓、骨などの器官からできている。器官をつくっているのは無数の細胞だ。その細胞は分子から成り、分子はさらに原子でできている。

原子は小さくて重い原子核と軽い電子の殻からできている。現在の知識では、電子は素粒子そのものだが、原子核は正電荷を持つ陽子と電荷のない中性子によって構成されている。

ほぼ同じ質量の陽子と中性子は、さらに内部構造としてそれぞれ3個のクォークから成る。これらの素粒子は想像を絶する小さい領域に押し込まれているので、量子論と相対論（p.326、p.330）によらなければ、その性質を説明できない。

陽子や中性子内の粒子は互いの引力の強力なエネルギーによって、絶えず真空から生まれては消滅する。

■ 元素レントゲニウムは、1994年にドイツの研究チームが常温核融合の実験で発見した。

クォーク｜電子｜ニュートリノ｜基本的な力｜相互作用

素粒子

すでに古代ギリシャの哲学者は、世界がそれ以上分割できない原子からできていると考えていた。19世紀から20世紀の初頭には原子論の発展と、あらかたの化学元素の発見によってこの問いに答えが得られたように見えた。今では、原子核内の粒子もさらに内部構造があることがわかっている。量子物理学は、現在知られている最も基本的な粒子の性質をさらに追求している。物質をつくるクォークなどの素粒子と、力を伝える光子などの素粒子がある。

光子の受け渡しが電磁力を生む

量子物理学の基本原理は、すべての物体が波動と粒子の性質を兼ね備えているというものだ。そして電気力や核力も力の粒子の受け渡しによって生じると考えられている。その粒子の1つがすでにおなじみの光子（p.324）だ。電磁放射の量子（エネルギーの最小単位）である光子は、すべての電気力と磁気力の担い手だ。

電子にはもっと重い親戚がいる。ミューオン（μ）とタウ（τ）粒子だ。陽子と中性子の中のいわゆるアップクォークとダウンクォークにもそれぞれもっと大きな親戚がある。また電子の親戚のμとτにはそれぞれμニュートリノ、τニュートリノというパートナーがいる。ニュートリノには電荷がなく、質量もゼロではないがほとんどない。

現在、宇宙で既知の物質はすべてこれらの素粒子、すなわちクォーク、電子、ニュートリノからできていると考えられている。

ダークマターとダークエネルギー

1990年代の終わりになって、新たな謎が生まれた。宇宙の全物質とエネルギーのうち、観測できるもの（クォーク、電子、力の粒子）はたった4％なのだ。銀河が及ぼす重力から、残りの23％は未知の質量（ダークマター）と推定される。残りのおよそ3/4のエネルギー、いわゆるダークエネルギーについて何もわかっていない。

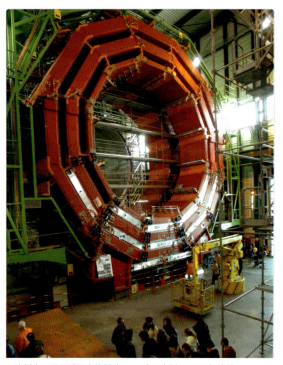

■欧州合同原子核研究機関（CERN）の大型ハドロン加速器。

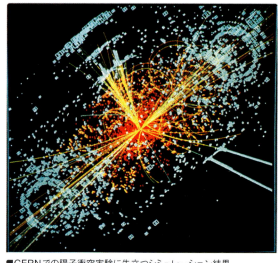

■CERNでの陽子衝突実験に先立つシミュレーション結果。

▶ p.284-285（物質）参照

■ 基本的な力

19世紀、マクスウェルは電磁気学と光学の理論を統一した。今日、量子場理論の標準モデルでは、4つの基本的な力のうち、重力以外の3つの力が統一されている。

重力と電磁力は原理的にどれほど遠くても作用し、その力は距離の2乗に反比例する。しかし両者に共通するのはそれだけだ。

現在、重力を説明できるのは一般相対性理論（アインシュタイン、1915年）だけだが、この理論は素粒子の世界では破綻をきたす。一方、量子電気力学（QED）は量子場理論を使った電磁気学で、原子や分子はもちろん、原子の電子殻内の相互作用をすべて正確に説明できる。

強い力と弱い力

アントワーヌ・アンリ・ベクレルと、ピエール、マリーのキュリー夫妻による放射能の発見から、自然界に2つの注目すべき力が加わった。1つは電磁力より強力な「強い力」（強い相互作用）と呼ばれるもの、もう1つは電磁力よりも弱い「弱い力」（弱い相互作用）と呼ばれるものだ。

「強い力」を伝える粒子はグルーオンという。強い力はカラー荷を持つ粒子にしか作用しない。だから強い力の影響を受けるのは、グルーオン自身を除きカラー荷を持つクォークのみだ。カラー荷は3原色のアナロジーで3種類あり、異なるカラー荷のクォークが3つ集まると、色的に中性の陽子あるいは中性子になる。強い力の影響は極めてよく遮蔽されており、わずか10^{-15}m以下の距離にしか及ばない。

「弱い力」はベータ崩壊などの放射能に関与する力だ。この力は電磁力の1兆分の1だが、それでも重力の10^{25}倍だ。あらゆる既知の素粒子はこの力の影響を受ける。クォークから電子とニュートリノへの崩壊、あるいはその逆の方向の反応も、この力の影響だ。この力が及ぶ範囲も極めて小さい。

強い力も弱い力も、力を及ぼすと同時に放射能の原因にもなる。放射能は原子核がいろいろな放射を伴って崩壊することによって生まれる。重い元素の原子核から、陽子2個と中性子2個の組（アルファ粒子という）が一緒に飛び出す核分裂を特にアルファ崩壊という。ベータ崩壊では電子がベータ線として放出される。ガンマ崩壊は超高エネルギーの電磁波（ガンマ線）の放射だ。

原子量の大きい、重い原子核が2個以上の原子核にこわれる核分裂、あるいは逆に、水素などの軽い原子核がまとまって1個の重い原子核になる核融合の過程で、エネルギーが放出される。

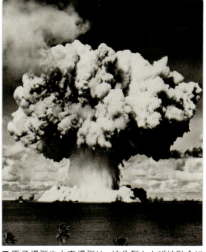
■ 原子爆弾や水素爆弾は、核分裂および核融合によって、膨大な破壊力のエネルギーを放出する。

■ EUが保有する、核融合実験用トカマク型臨界プラズマ実験装置（JET）の内部。

キュリー家はノーベル賞一家

マリー・キュリー（1867～1934年）はノーベル賞を2回受賞した。1回目は、彼女が大きな役割を果たした原子核内の力の発見に対してアントワーヌ・アンリ・ベクレルと夫のピエールと共に物理学賞を、2回目は化学賞を受賞した。

娘イレーヌ・ジョリオと義理の息子フレデリックもノーベル賞を受けており、まさにノーベル賞一家だ。

■ マリー・キュリー

▶ p.330-331（相対性理論）参照

すべては相対的である

今日でも、多くの人は時間と空間は絶対で不動のものだと考えている。しかし、1905年にアインシュタインが特殊相対性理論を発表して以来、それが真実ではないことを私たちは知っている。

アインシュタイン（1879〜1955年）はドイツ生まれの理論物理学者でノーベル賞受賞者だ。彼は革新的な特殊相対性理論を提唱し、当時信じられていたエーテル理論を否定した結果、次の結論に到達した。光速は光源の運動にかかわらず一定である。そして、物体の運動に応じて変化するのは空間と時間のほうであるという結論だ。

例えば、加速するロケットを地球から見るとしよう。ロケット内の時間はゆっくり流れ、機体の長さは縮む。反対にロケットから見ると地球の時間は早く進み、形はより卵型を呈するようになる（ロケットの進行方向に地球の半径が縮む）。どちらが正しいのだろうか。相対性理論によればどちらも正しい。物体の運動次第で空間と時間は相対的に変わるのだ。

光の速度

光速は常にどこでも不変なばかりでなく、これを超える速度は存在しない。温度が絶対零度（p.320）を限界とするのと同じだ。

すでに光速に近い運動をしている電子をさらに加速しようとすると何が起きるだろうか。光速に近づくと電子の質量が増大し、ニュートン力学でいう慣性が増えて、力に対する抵抗が今まで以上に強まって加速を妨げるのだ。

極限まで加速すると、質量は無限大になってしまう。だから光速に到達できるのは光子（p.324）のように質量のない粒子だけだ。逆に、質量のない粒子は静止できない。真空中では光速は不変なのだ。

質量とエネルギー

このあたりで質量について明確に定義しておく必要があるだろう。第1に、質量は慣性の尺度である。第2に、物体の運動エネルギーが増せば質量は常に増える。つまり質量とはエネルギーの1つの形態だということを示している。

1905年にアインシュタインは質量 m の全エネルギー E を計算し、$E=mc^2$ という画期的な式に到達した。ここで c は光速だ。この質量とエネルギーの等価式は、物理学で最も有名な式であり、相対論の歴史上最も重要な知見を短い式で簡潔に表している。

時間 | 空間 | 光 | 質量 | 重力

相対性理論

相対論的な物理学の誕生は、ある実験の失敗が契機となった。19世紀の終わり、光の波動はエーテルという媒質の運動だと信じられていた。しかし、エーテルの存在は証明できず、アルバート・アインシュタインの画期的な理論がエーテルの存在を否定した。時間と空間が相対的であることは、日常感覚からかけ離れているが、素粒子や宇宙の観測で実証されている。

双子のパラドックス

双子の姉が宇宙旅行をし、妹は地球に残ったとする。光速に近い速さで飛ぶ姉の時間は地球上よりゆっくり進むため、戻ると妹よりも若い。

このパラドックスは、実験的にも素粒子で確認されている。自然の摂理と矛盾するように見えるのは、時間が絶対で、どんな系でも同じように進むと考えるからだ。しかし、時間の進み方は絶対的ではない。

■宇宙旅行から戻った姉と年老いた妹。

現代物理学の父
アルバート・アインシュタイン

アルバート・アインシュタイン（1879〜1955年）は、時間と空間の概念を一変させた、最も著名な物理学者の1人だ。

彼の業績としては、相対性理論と質量エネルギー等価式がよく知られているが、確率論や量子論などさまざまな分野で業績を残している。1921年に受けたノーベル物理学賞は、光電効果の発見についてだった。

■アインシュタインが世界に残した科学上の業績は永遠に残るだろう。

■世界で最も有名な質量エネルギー等価式は、数え切れないほどの本や雑誌はもちろんのこと、博物館の飾りやTシャツのパターンとしても目にすることができる。

相対性理論

空間・時間・質量

質量の性質はもう1つある。重力の原因となる量だ。アインシュタインは、この重力質量と慣性質量の関係を一般相対性理論（1919年）で明らかにした。特殊相対性理論から14年後のことだ。

アインシュタインが発見した画期的な結論とは、重力質量と慣性質量は同一だというものだった。

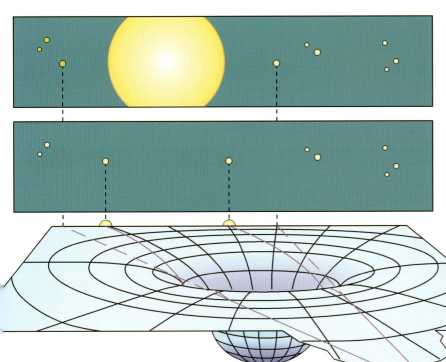

■湾曲した時空：光源からの光は、天体の作る重力井戸によって曲げられる。

慣性質量は時空の性質の変化とは切り離せない関係にある（空間が縮むと慣性が増す）。したがって、重力質量についても同じことが言えるはずだ。ならば質量間の引力である重力も直接時空に関係付けられる。

結局、一般相対性理論の言わんとするところは次のようになる。重力は時空のゆがみである。質量が大きい物体ほど時空を強くゆがませ、それによって近くの物体は加速される。

アインシュタインの勝利

数学的には一般相対性理論は特殊相対性理論よりもはるかに難解だ。それでも、その正しさは見事に確かめられた。皆既日食のときは太陽近傍の星を見ることができるが、その位置が本来の位置からわずかに変わって見えたのだ。太陽の重力がその星の光線を曲げることが確かめられた。その変化量は一般相対論の予言に一致した。

こうしてアインシュタインは一夜にして名声を得た。$E=mc^2$という方程式と「すべては相対的」という言葉を除くと、彼の理論を理解している人はほとんどいなかったが、その印象的な個性とあいまって、人々は彼を有名人にした。彼はユダヤ人の科学者で平和主義者ということからナチスの迫害の対象になり、1932年12月に米国に移住し、1952年になるまで故国ドイツには足を踏み入れなかった。

GPSへの応用

特殊相対性理論も一般相対性理論も、自動車や飛行機ぐらいの速度では全く必要ない。粒子加速器で加速された原子核は、かろうじて相対論的な速度に達するが、それでも直接影響する実験はそう多くはない。しかし、現代生活の定番で相対論を必要とする技術が1つある。それは米国が開発したGPS（全地球測位システム）、ロシアのGLONASSや欧州のGalileoなど、衛星による航法システムだ。マイクロ波の信号が衛星に送られその経過時間で衛星との距離が計算され、その装置自身の位置がわかるというシステムだ。

地球によるわずかな空間のゆがみがなければ、GPSはありふれた3辺測量技術にすぎない。しかし、このゆがみによる時間の変化は重大で、一般相対論による修正なしには最新の正確なGPS装置は実現しなかっただろう。

重力井戸を探して

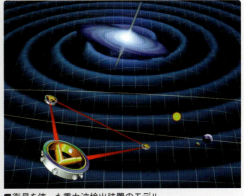

■衛星を使った重力波検出装置のモデル。

アインシュタインの重力方程式は、マクスウェルの電磁方程式（p.323）をもっと複雑にしたような数式だ。一般相対性理論によれば、時空のゆらぎが重力波として伝わっていくはずだ。この波はきわめて小さく、10億分の1のまた1兆分の1メートル（10^{-21}m）程度の振幅だ。重力井戸は、大きな天体がつくる時空のゆがみである。

大統一理論

20世紀初頭、量子力学（p.326）と相対性理論（p.330）は古典物理学の限界を明らかにした。しかし、そればかりでなく、基本的な疑問を新たに呼び起こした。

かつて自然界の基本構成要素は原子だとされていたが、今ではその代わりに多様な素粒子がその地位を占めるようになった。電子は今でも素粒子だとされるが、陽子、中性子と中間子はそうではない。素粒子の種類は今でも増え続けている。

残念なことに、現代物理の世界観を支える2本柱である量子力学と相対性理論は基本的に相容れない。湾曲する時空は量子力学の世界に統合できないのだ。現代物理学が挑んでいる最大の難問は、4種類の基本的な力を統一する理論の構築である。この挑戦が目指すのは「万物の理論」または「超大統一理論」として知られる。

有望な発見

20世紀の前半は発見と実験が続いた。後半になってそれまでの有効な理論をまとめようとする動きが始まった。まずクォークの理論によって、多様な「粒子の動物園」が整理された。

電子とニュートリノを除き、陽子と中性子を含むほとんどの素粒子が、2〜3個のクォークが結合したものだということがわかった。次に、理論や実験による検討で、エネルギーを上げていくと電磁力、弱い力、強い力の違いが消えていくことが示された。3つの力の区別がなくなる温度も特定されたが、あまりに高すぎて実験室では実現できない。

それに続く成功は、量子力学と特殊相対性理論、電磁気学が量子電気力学（あるいは量子電磁力学：QED）として統一されたことだ。数学的にはこの理論は、強い力すなわちカラー力の力学である量子色力学（QCD）の理論と関係が深い。

物理学の謎解きが急速に進む現代であるが、思わぬところから新たな謎が現れた。

パイオニア号が発見した謎

1970年代にパイオニア計画、ボイジャー計画で、木星や土星に向けて宇宙探査機が次々に打ち上げられた。それらはすでに太陽系を離れているが追跡はまだ続いている。ところが最近、その軌道が従来の天体力学あるいは相対性理論の予測からずれていることがはっきりしてきたのだ。この新たな謎は、さらに新しい理論の展開を予想させる。

■量子力学の創始者ウェルナー・カール・ハイゼンベルクは1950年、自分が万物の理論を発見したと信じていた。しかしその理論は実験によって否定された。

理論｜粒子｜超対称性｜ダークマター｜ブラックホール

宇宙生成の謎に挑む万物の理論

中世の哲学者であるオッカムのウィリアムは、自然現象を記述しようとするならば理論の仮定はできるだけ少なくすべきだと主張した。自然界の4つの力を1つに統一するのが物理学者の夢だ。

電弱力

1933年生まれのスティーブン・ワインバーグがビッグバン直後のことを書いた『宇宙創成　はじめの三分間』は世界的ベストセラーになった。

ワインバーグによる物理学への特筆すべき貢献は、電磁力と弱い力を「電弱力」として統一したことだ。ビッグバン直後、一時的に存在した電弱力から電磁力と弱い力が分かれたという。

■スティーブン・ワインバーグは1979年ノーベル賞を受賞。

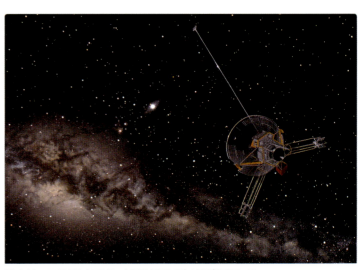

■パイオニア10号と11号は、太陽系を超えて今も飛び続けている。

■ 超対称性

「電弱力」統一の成功に勢いづき、次のステップとして電弱力と強い力、すなわちカラー力の統一が物理学の目標になった。しかし、こちらはもっと手ごわいものだった。

万物の理論として最も有望なのが、超対称性とスーパーパートナーの概念だ。対称性とは、前と後、右と左、電気と磁気、QEDとQCDの対称性など、常に物理学者をとりこにしてきた概念だ。ところが現在、素粒子の最も有力な標準モデルには非対称性が現れる。

電子、ニュートリノ、クォークの量子スピンの大きさは1/2である（スピンは粒子の自転を表す角運動量）。一方、光子やグルーオンなどのエネルギー粒子ではスピンが1だ。1973年にはこれらの素粒子にはスピン数の異なるスーパーパートナーが存在するはずだという仮説が立てられていた。

そのように拡張すると何かいいことがあるのだろうか。まず数学的な問題が解決される。スーパーパートナーが存在すると、いろいろな方程式で無限大への発散が避けられる。そうすると方程式を「微調整」しなくて済む。次に、スーパーパートナー間の相互作用は時空の性質と関連が深く、これが一般相対性理論とのつながりに有望な点だ。最後に、1975年に、この超対称性以外に宇宙にかかわる未発見の対称性は存在しないことが明らかにされている。

脚光をあびるダークマター

超対称性はダークマターの謎を解く鍵かもしれない。スーパーパートナーは、対になるスーパーパートナーにしか変わらないということが確かなようだ。でなければ、とうの昔にそれらの崩壊生成物が検出されている可能性が高いと思われる。

すると極めて安定な最小の超対称粒子が少なくとも1つは存在するはずだ。これがダークマターの理想的な候補だ。ダークマターはまだ観測されていない質量の大きな粒子で、宇宙の至るところに存在すると考えられる。

ブラックホール

スティーブン・ホーキングは量子理論と重力理論の面白い関係を見つけた。彼は、量子真空（p.326）のゆらぎから生まれる仮想粒子がブラックホールの近傍でどうふるまうかを研究した。

ブラックホールの重力は極めて強いので、仮想粒子として生まれた粒子と反粒子の対は引き裂かれてしまう。一方はブラックホールに飲み込まれてしまうが、もう一方は逃れて素粒子になるというのだ。こうしてブラックホールは「ホーキング放射」とよばれる弱い粒子流を放出する。

ホーキング放射

イギリスの理論物理学者スティーブン・ホーキング（1942年～）は、ニュートンも務めたケンブリッジ大のルーカス教授職に就いている。

1974年、彼はホーキング放射の理論的根拠を示した。この風変わりな放射が実在するか否かを確かめる多くの実験が行われている。

■ スティーブン・ホーキングは英国の有名な理論物理学者で、ベストセラー『ホーキング、宇宙を語る』を書いた。

■ マクロからミクロへと素粒子の対称性を追求していった結果、科学者たちは超対称性の存在に行き着いた。

理論モデルの微調整

物理学にとって理論モデルの微調整は悩ましい問題だ。理論モデルの結果が観測結果と合わないとき、方程式の係数などを微調整する。このことは方程式の間違いを意味しない。むしろ結果には未解明の効果が加わっているのだ。これは、観測に理論を合わすべきだという「人間原理」で説明される。

ひも理論

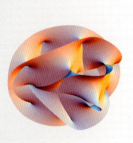

ひも理論によると、素粒子はきわめて小さなひもの振動状態とされる。この概念から超対称性が導かれ、時空（したがって重力）に適用できる。

この理論では少なくとも10次元の空間次元を持たなければならない。そうすれば重力の性質は自然に導かれる。

■ ひも理論が万物の理論の基礎になると期待している物理学者は多い。

▶ p.23（ダークマターとダークエネルギー）参照

■ 無秩序のなかの秩序

「決定論的カオス」という考え方は、物理学におけるカオス理論の一分野だが、それがどういうものかを説明するには、以下に示す気象学者のエドワード・N・ローレンツ（1917～2008年）のたとえがぴったりだろう。

台所で実験するカオス

家庭でパイをつくる作業はいわばカオスの簡単な実験をしているようなものだ。単純な計算で、生地を伸ばしてたたむ作業を25回ほど繰り返すと、1層分の厚さは大体原子と同じになるはずだ。生地のどの粒子がどの位置に来るかは予測ができない。

ローレンツはアマゾンの熱帯雨林ではばたく1匹の蝶を思い描く。そのはばたきはわずかに空気を動かす。この動きは少し大きな空気の塊に作用し、さらにそれはもっと大きな空気に作用する。理論的にはこの小さな蝶のはばたきがニューヨークや中国でハリケーンを引き起こすこともあり得るのだ。小さなことが大きな結果の引き金になるというこの概念をバタフライ効果とよぶ。

過去10年間、初期状態のほんの少しの違いが時間とともに増大し、全く異なる結果をもたらすという例が見つかった。気象、ビリヤード、なだれ、心拍、連結振り子などの現象で確認されたのだ。物理学者と数学者がこれらの系に興味を持つのは、カオス的な数学の法則にのっとって、ふるまっているように見えるからだ。

多体問題への応用

ケプラーの惑星の法則はニュートンの力学法則の基礎になったが、どちらの法則にもちょっとした弱点がある。太陽と惑星の1組、あるいは惑星と月の1組、というように、いちどに1つの系にしか適用できないのだ。一般に3体問題は解を持たない。

さらに付け加えると、適当な時間がたつと大部分の軌道は不安定になり明らかにカオス的になる。しかし幸い太陽の質量が大きく、軌道を回る天体も十分離れているため、カオスになる時間は太陽系では10億年単位と見積もられる。だから近い将来衝突の心配はない。しかし、初期の太陽系の軌道はどれも不安定で、木星など外側の惑星はある点で軌道が入れ替わったらしいし、月の誕生は火星ほどの原始惑星が地球に衝突したのが原因らしい。

■ パイは家庭でつくれるカオス系だ。

カオスと人口

カオス理論の応用例に、個体数の予測がある。資源や空間に制約があるような場所では個体数の推移は通常カオス的になる。自然な状態での種の個体数の増減予測は人間社会にも適用できる。

■ 古典物理学は決定論的であるが、風にはためく旗の動きを正しくモデル化し予測できるだけの強力なコンピューターはまだ存在しない。

決定論 | 確率 | フラクタル | 応用

カオスの理論と実際への応用例

古代ギリシャ語のカオスは、この世が形づくられる前の原始的な混沌状態を表す言葉だった。
しかし、物理学で用いられているカオスは、この意味とは大いに異なり、実際にも応用される概念だ。

乱流

「乱流」は日常でも、たとえとして、よく使われる言葉だが、物理学では特別な意味がある。

■ タバコの煙は乱流となって渦を巻く。

不規則に渦巻いて流れる液体にインクを垂らすと、インクは液体に混ざってすぐに追跡できなくなる。次に垂らしたインクもどこに流れていくのか予測ができない。このようなところにカオス理論の研究が使われる。

■ 気象は非常に複雑な非線形系だ。そのため天気予報は大変難しい。

自然界のフラクタルと技術

常識的に考えると、カオス系のふるまいには規則性がないように見える。
しかし、抽象化して扱えば決定論的な規則で説明できる。
実はカオス系には本来備わった規則性があるのだ。

物理学者は好んで図を使って考察する。たとえば力学では、距離と時間の関係を図示した位相空間のグラフから、粒子の位置と速度（ひいては運動量）を数学的に導き出すことができる。

これこそが決定論的カオス系が役立つところだ。位相空間は、運動過程の複雑な構造を表している。カオス的に挙動する粒子群の軌跡は、独立したいくつかの領域に分かれることがある。数学的にはこの領域は、従来の次元（直線、平面、立体）には属さない。例えば、小さな穴が無限に開いた円の面積は無限に小さくなる。全体としては散らかった線の重なりに見えるが、それ以上のものなのだ。フラクタルの複雑さを表す尺度をフラクタル次元という。こうした数学的対象のフラクタル次元は計算することができる。たとえば2.3、1、3/7などとなる。カオス系の特徴はその軌跡が複雑なフラクタル模様を呈することだ。

■株価に現れたフラクタル。株価の変動はフラクタル模様だ。期間を10年、1カ月、1時間と変えても、チャートの見分けはつかない。鋭い上がり下がりの形はどれも同じだ。

自然界のフラクタル

フラクタルは自然界にも見られる。シダの葉、カリフラワー、特にそのロマネスコ種などは、葉や茎に自分と相似形の小さな葉や茎が生じ、それらにもまた相似形の小さな葉や茎が生じるというと繰り返しがある。英国の海岸線もよい例だ。近寄ってもその複雑さは変わらない。つまり、拡大してもまたそれより細かいものが現れるだけなのだ。

ポーランド出身の数学者マンデルブロー（1924年～）はフラクタル幾何学の父とよばれるが、英国の西海岸のフラクタル次元を1.25と計算した。これに対し株価の動きは時間的なフラクタルの例だ。10年間の株価チャートは、1カ月、1時間、あるいは1分間のチャートと比べても見分けがつかない。どれを見ても同じような鋭い上昇と下降の繰り返しだ。

フラクタル

カオス系の軌跡は面白い図になるが、最も美しいのは数学的に生成されたフラクタル図だ。手軽に得られるフラクタル図は、ある関数をそれ自身に代入したものだ。初期値を変えるごとに新しい図形がコンピューター画面に現れる。この概念は応用範囲が広い。たとえば映画では木や物体のCGはこの手法で作られる。フラクタル度が大きければそれだけ本物らしく見える。

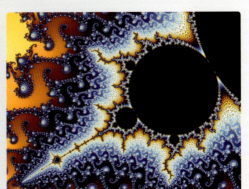
■マンデルブローが示したフラクタル集合の例。

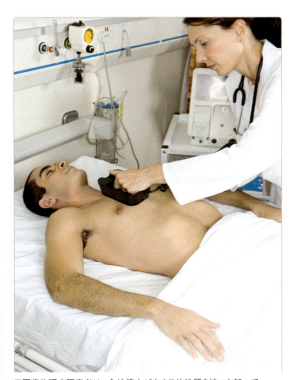
■医療物理の研究者は、心拍停止がカオス的性質を持つと知って、よりよい除細動器の開発研究を進めている。

モデルと流体力学

現代には流体研究の応用分野がたくさんある。
例えば、車や航空機を空気力学的に改善し、配管中の液体の運動をモデル化し、群集中の人々の行動を予測することなどに応用することができる。

意外に思われるかもしれないが、流体力学で配管や溶液中の液体の流れをモデル化する微分方程式は、天体物理学者が銀河の中での星の動きや、銀河団中での銀河の動きを表すときに使うのと同じものだ。

方程式を解くときは、移動する物体が水の分子か、星や銀河全体であるかは関係がない。だから配管中にも銀河団中にも同じような流れのパターンが生じるだろう。これが物理という抽象科学の強みだ。そのままでは複雑になる考えや自然現象を抽象してモデル化するので、さまざまな状況に応用できる。

力学｜交通｜医薬｜コンピューター

物理学の新たな課題

ロバート・B・ラフリンは1950年生まれ、ノーベル物理学賞の受賞者だ。
2005年の著書『物理学の未来』で彼は物理学の手法を逆転させたいと述べている。
物理学者は宇宙の基礎方程式や素粒子を追い求めるのをやめるべきだというのだ。
その代わり、自然界の複雑で学際的な現象に眼を向けるべきだとしている。
物理モデルはこうした現象にうまく適用できるだろうし、それによって
物理の領域はさらに豊かになり新境地を開拓するだろう。
交通のモデルや環境保全、医療技術など思いがけない応用分野で、
物理学の理論や経験が大いに役立つことが明らかになっている。

交通と流れのモデル

交通の物理を考えてみよう。これは1990年代に始まったまだ新しい分野で、流体力学を交通問題の解決に応用するものだ。ここでは車が気体分子に相当し、その動きのパターンが仮定される。例えば、交通レー

■自転車競技選手への気流の影響を風洞を使って調べる。

ンを変える頻度、車の速度、運転者の反応の速さなどだ。

流れの方程式はこれらの変数を使って修正され、交通の自然渋滞を起こす原因などの解明に使われる。また、速度制限の導入によって、交通の流れが改善され、事故件数も減ることが証明される。

歩行者モデルへの応用

交通のモデルは歩行者にも適用できる。新設のサッカー場では、交通シミュレーションの結果を用いて、避難路や非常口が最適に配置されている。

サウジアラビアのメッカからジャマラト橋へ向かう順路はドイツの交通物理学者ディルク・ヘルビンクらによって最適化された。この橋は悪魔の石柱への石投げ儀式が行われる聖地となっており、2004年と2006年の事故で大量の死者を出した。彼らの指導で再建されて以降は同じような事故は起きず、多くの命が救われている。

■サウジアラビアのメッカのモスク、マスジドハラームにあるカーバ神殿。
ハッジ（大巡礼）の群衆多数が圧死した事故の後、流体力学を用いて巡礼者の流れを改善した。

■ 環境と人間と脳

従来の専門分野から新たに生まれた学際的分野を3つ挙げよう。環境物理学、医療物理学、そしてニューラル・ネットワークの研究だ。いずれも物理学と関連がある、最先端の研究分野である。

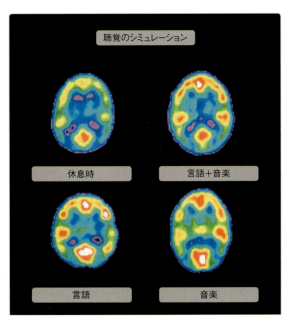

■ 現代の画像技術によって、被験者が数学の問題を解くとき、脳のどの部分が活動しているかを特定できる。

2007年に世界中で気候変動が議論の的となった。1970年代から、気象研究者たちはCO_2増加の影響やオゾン層の破壊が地球環境に及ぼす重大な影響について警告してきた。それを受け、環境物理学者たちは、物理学的手法を使って環境問題を研究してきた。一方、理論物理学者たちは物理モデルを使って気象学、地質学、海洋学、氷河学の問題を解いている。

かつて環境物理学者たちはクォークやブラックホールを研究する同僚たちから見下されてきたが、いまや研究界で確固たる地位を占めている。

医療物理

一見すると、人間の代謝、免疫系、感情といった課題には物理学を応用できそうにない。しかし、医療分野に関与する物理学者は、着実に増え続けている。彼らが医療機器の開発とメンテナンスのあらゆる技術面にその知識を持ち込むのはもちろんだが、さらに重要なのは、その専門性が放射線医学や医学画像の分野に生かされることだ。

強力な放射線は、生体に大きな損傷を与えるおそれがある。したがって、放射線医学には、放射性物質の使用あるいは防護に関する物理学者の知識が必要だ。

医学画像では彼らの領域はX線機器から超音波、核磁気共鳴画像撮影（MRI）、陽電子放出断層撮影（PET）まで及ぶ。どれも患者の体を内側から観察するもので、脳の内部まで見ることができる。

ニューラル・ネットワーク

コンピューター科学では、ニューラル・ネットワークとは人間の脳回路の動作に似た人工の神経細胞回路を指す。これを使って人間の思考のメカニズムを研究し、ゆくゆくはコンピューター内に人工知能（AI）を生み出すことが目的だ。今のところ、研究者は

> #### 物理学を仕事にする
>
> 物理学を仕事にして、宇宙の基本式を発見し、ノーベル賞をねらってみたらどうだろうか。
>
> 物理学の仕事は、大学の講師から、素粒子物理、量子物理の研究者など幅が広く、それぞれ私たちを取り巻く世界と宇宙の謎を解くという、やりがいのある仕事に打ち込んでいる。
>
>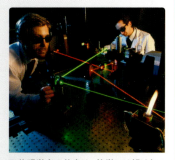
>
> ■ 物理学者の仕事は、簡単には解けない難問に取り組むことであり、数学と科学の広範な知識が必要だ。

マイクロプロセッサーと脳の圧倒的な違いの研究に全力を注いでいる。

マイクロプロセッサーは数百万のトランジスターをつないだ超高速の電子回路であり、脳は数十億の神経細胞をつないだ低速の生体回路だ。単に計算するだけならば人間の脳はコンピューターにはかなわない。しかし、顔や声の識別といった作業になると、単純な仕事でも、高度に結合させたニューラル・ネットワークでようやくできる程度だ。

SFの世界でない限り、本当の人工知能開発が開発されるのは極めて先のことでしかない。機械翻訳サービスは、最先端の人工知能研究成果が、部分的ではあるが、実を結んだものといえる。

■ 医療の科学的進歩により、新型の義手はほとんど本物の手とそっくりに動く。

▶ p.220（人間）参照

物理学と技術

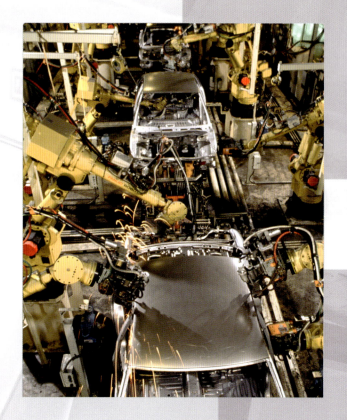

物理学	310
エネルギー	312
力学	314
振動と波動	316
音響学	318
熱力学	320
電磁気学	322
光学	324
量子力学	326
素粒子	328
相対性理論	330
宇宙生成の謎に挑む万物の理論	332
カオスの理論と実際への応用例	334
物理学の新たな課題	336

技術	**338**
食品技術	340
エネルギー技術	346
輸送技術	354
建設技術	368
製造技術	374
コンピューター技術	378
知的機械とネットワーク	384
情報通信技術	392

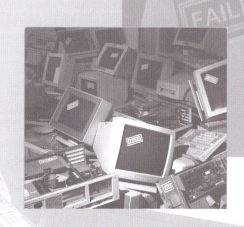

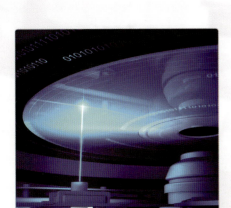

技術

　人間が自然界の力を研究するのは、新たな発見をすることだけが目的なのではなく、その発見を利用するためでもある。

　現在では、人間の肉体労働に頼ってきた仕事の大部分を機械が代行してくれるようになった。仕事によっては、そのすべてを機械がやってくれる。

　例えば、食品工場では機械が食品を製造し、発電所では発電機がエネルギーを変換する。また陸海空の交通手段が人や物を運ぶ。昔は不可能だった宇宙空間への輸送もOKだ。

　一方、企画や管理などの頭脳労働を効率化してくれるのも機械だ。例えば、事務、教育、研究分野は、コンピューターが人を支援し、一部の作業を代行している。さらにコンピューター・ネットワークの発展によって通信手段が統合され、人間と機械が高速のネットワークでグローバルにつながれている。

　最終的にはコンピューターが生命の知的なふるまいを模擬するようプログラムされ、この人工知能をロボットによって行動に移すことさえできると研究者は期待している。

農業

農業は、1万年前の始まりから21世紀の現在に至るまで、技術的に著しい発展を遂げてきた。現在の農場は、小さな独立農家が所有するものから、高度に機械化された大企業経営のものまで、その経営規模はいろいろだ。

■最近では農業経営の改革によって、極めて広い農地を運営する独立農家が増えている。

農業は人類の歴史を左右してきた。家畜の飼育と穀物の栽培が始まり、人類の定住が可能になった。それまで不安定な狩猟採集に頼っていた人々は農民になった。

計画的に家畜を育て、穀物を耕作すれば、農家自身が自給できるだけでなく、より多くの人に余った食料を供給できるようになる。すると農業以外の職業が生まれ、分業システムが成立していく。それが最初の文明の土台となった。

今日でも、多くの国々にとって食料の確保は非常に重要な課題であり、世界の労働人口のおよそ1/3が農業に従事している。

化学肥料

植物は土から栄養分を吸収して成長する。畑の養分をバランスよく調整するのが化学肥料だ。化学肥料が使われる以前は、畑を継続して使う場合、休閑期を設けて輪作する必要があった。欧州の農場ではこうした輪作が中世以来続けられてきた。

輪作の場合は、通常、畑を3年単位で計画的に耕作し、冬まき穀物、夏まき穀物、休耕の周期を繰り返す。輪作には、ある利点があった。この耕作法を採用すると、同一作物を作り続けた場合に起こりやすい、病原菌や害虫の発生が防げるのだ。

化学肥料が使われるようになると輪作の必要がなくなり、単作方式が広まった。つまり毎年同じ作物を生産できる。土地を休ませる必要がなくなり、土地活用度が改善された。しかしこの方式は環境にはよいものとはいえず、生物多様性を減少させた。

グリーン革命

1960年代初めから、雑草と害虫を処理する農薬と、化学肥料の使用が世界中で増えた。それによって、耕地面積当たりの収穫量が飛躍的に増大し、農業の効率が向上した。進んだ農業技術の利用によって、世界各国で急速に増加する人口を安定的に養うことができる。こうした食料供給の努力が特に人口増加率の高いアジア、アフリカ、ラテンアメリカ諸国で政策的に続けられた。この国際的な活動は「グリーン革命」として知られるようになった。

地球の生産力では、増える人口を養えなくなるという、かつての恐怖は消え去ったようにみえた。農業の機械化が進んだ米国では20世紀の終わりに、農業労働者1人当たり130人を養えるほど農業生産性が向上した。わずか1世紀前にはこれが2.5人だった。しかし、グリーン革命には使用殺虫剤の増加と生物多様性減少への影響という懸念材料があるため、批判する人も多い。

農業｜畜産｜漁業｜遺伝子組み換え食品｜保存

食品技術

人間がそのままで食べられる自然の食品はあまり多くないため、食品に関する技術は重要だ。ほとんどの農産物にこの技術が幅広く応用されている。食品の保存にもこの技術が重要な役割を果たしている。最近注目されているのが遺伝子組み換え技術の応用である。

■ミツバチは穀物の受粉も行うため、直接あるいは間接的に人間が食べる食品の1/3にかかわっている。巣箱などでの大量死が起こると食糧危機につながりかねない。

エコ農業

環境に配慮した農業では、殺虫剤、化学肥料、成長促進剤、遺伝子工学を使わない。環境に無害な方法で生産し、環境保護を重視する。多くの国では、有機栽培をうたう作物は厳格な基準を満たさなければならない。米国、欧州、日本では有機農法を採用する農場には免許と定期的検査が要求される。

■有機農場に設けられた即売店の様子。ここで育てられ、農薬や化学肥料、遺伝子工学を使っていない作物だけを売っている。

食品技術　341

■ 農業機械と技術

耕す、植える、収穫するといったほとんどすべての農作業に機械が使われている。自走式あるいは他走式を問わず、これらの機械によって、わずかの人手で広大な農地を耕作できるようになり、収穫量が大幅に増えた。

ここ数十年、農業の経営改革によって独立農家が耕作する農地の広さが増加した。改革に合わせて農業生産工程の自動化も着実に進んできた。より早く、より効率的な作業をめざして機械の使用がますます増えている。

農業機械を調達するには莫大な投資が必要となるが、中小農家にはその余裕がない。そこで小規模農家は協同組合をつくり、必要な機械を共有する。ときには外部の企業が特定の作業を請け負うこともある。農業機械にはトラクター、刈り取り機、すき車、砕土機、種まき機、肥料散布車、農薬散布機など重要なものがたくさんある。実際、世界各地で農業技術や機械の大規模な見本市が定期的に開かれている。

農業の自動化

農業における技術の重要性はますます増えているが、耕作だけに限らずそのほかの農業分野にも利用されている。例えば畜産（p.342）だ。畜舎ではコンピューター制御で飼料が分配され、酪農作業では搾乳を自動機械で行っている。

後工程

収穫された農作物にはその後いろいろな処理が施される。穀物は乾燥させ、家畜の飼料用のトウモロコシはひいて貯蔵庫で発酵させる。これらの工程は収穫された農場で行うよりも、流通的に「下流」に位置する企業で行われることが多い。

穀物は製粉所に運ばれそこで粉にひかれる。家畜は食肉処理場が買い取って精肉や加工品にする。農産物によっては、収穫後すぐに加工食品産業で製品の原料に使われたり、輸出に回されたりする。

環境への影響

肥料や農薬として化学製品を使うことが、環境に重大な影響を及ぼしてきた。肥料に含まれる硝酸塩やリン酸塩は湖や川への影響が大きく、自然の生態系のバランスを崩す。その結果、水系が「破壊」されることもある。DDTなどの殺虫剤は、野生動物への影響など、環境や食物連鎖に悪影響を与えるため、すでに使用が禁止されている。

■害虫駆除のため、空中散布をする農薬散布機。薬液の巨大なタンクと関連機器を積んでいる。農業への使用に限って許可されている飛行機だ。

■製粉機は、自然の農作物と食品技術の接点だ。ここで粉袋に詰められ以後の工程に回される。

■効率のよい工作機械、化学肥料、農薬を集中的に使用することによって、世界全体の穀物耕地面積は倍増した。農作業の多くが機械化され、通常はわずかの労働力しか必要ない。

▶ p.130-133（産業化の影響）参照

■ 畜産

畜産は家畜の動物たちを飼い、餌をやり、世話をすることだ。
一般的に言えば、畜産は必ずしも農業生産だけに限るわけではなく、ペットの世話や動物園の動物たちの飼育までが含まれる。

野生動物が家畜化されたのは約1万年前で、初期の農民がオーロックス（家畜牛の先祖）やイノシシを捕らえて飼いはじめた。

■肥育場経営では、生産コストをぎりぎりまで下げるため、ぎゅうぎゅうに詰め込んだ囲いの中で豚を飼う。

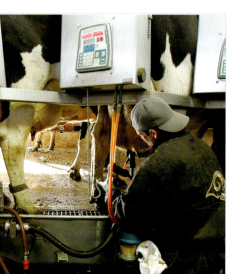
■今では搾乳はほとんど搾乳機で行われる。搾乳機には常設型（ミルクパーラーと呼ばれる）のものと、牛舎や牧場に持ち運ばれる移動型とがある。

■家畜には工場方式よりも、放し飼いのほうが適していると考える人は多い。囲いから放たれた家畜が自由に動き回れるからだ。

これらが改良されて家畜になった。

現在、農場で飼われる動物種の大半は人が家畜化して改良したものだ。しかし、鹿肉の生産のためや猟の獲物として、野生動物がそのまま放し飼いされている所もある。動物を飼う目的はまず経済的用途だ。肉や乳を食品に加工したり、その原料として売るのだ。それ以外に、馬やラクダなどを輸送手段として使用している国もある。

畜産場の実際

生産性を向上させ生産コストを削減するため、動物たちはたいていできるだけ狭い場所に詰め込まれる。例えばニワトリは養鶏棚にぎっしり詰められて飼われており、「産卵軍団」と呼ばれる。こうした工場式農場によって精肉や肉製品の価格は下がり、そのおかげで先進国の人々は欲しいときに好きなだけ口にすることができる。

精肉

食肉用に飼われている農場の動物は「肥育動物」といわれる。最も広く食用に供されるのは肉牛、豚、ニワトリだ。彼らの成長を早めるため、特別な混合餌とホルモン剤が投与されている。しかしホルモン剤の使用は、今では多くの国で禁止されている。

ミルクと卵

ミルクと卵の生産も畜産の分野だ。欧州や北米ではミルク用に乳牛を飼うのが普通だが、羊、ヤギ、水牛ももちろんこの目的で飼われている。乳牛は、牛をチェーンでつないで飼うタイストール式牛舎か、比較的自由に動きまわれる囲いの中で飼われる。

環境に配慮した農業と家畜本位の畜産法

動物を本来の自然な生活環境で育てる畜産法は家畜本位の畜産法として知られ、工場式畜産に対する反省から生まれた。

この方式では、動物の生来の行動パターンに従うようにしている。工場式農場のもとでは不可能なことだ。生活空間も適切な広さがあり、餌も自然のままか、自然に近い形で与える。

経済的にみればこうして生産された商品は手間がかかるので高価になる。卵の集荷は遅くなり、搾乳作業の時間がかかる。動物が動き回るので、体重の増加も遅くなる。しかし、動物は健康になり環境負荷もずっと小さい。このため、この畜産法は特に有機農業や環境に配慮した農業で使われることが多い。

■家畜本位の畜産法では、家畜は自然に近い環境で健康的に育てられる。

▶ p.136-137（日常生活における環境への配慮）参照

■漁業

水中に住む種々の生き物を捕り、人工養殖するのが漁業だ。
漁業の生産物は主に人間と動物の食料になる。
漁場は近海から遠洋まで広がり、資源の枯渇が心配されている。

■海洋と河川湖沼で、たくさんの食料がとれる。新鮮な食用魚は消費者に届くまで0～2℃で冷蔵される。

■水産技術のうち、養殖は最も急速に成長している食品生産部門だ。現在世界で食べられている魚の1/5が養殖魚である。

■海洋資源を利用する最も重要な手段の1つが漁業だ。しかし、魚の個体数が再生可能な範囲になければ漁業を持続することはできない。

漁業の対象となるのは魚だけではない。イカ、タコ、ウニなどの無脊椎動物、カキ、イガイ、ホタテガイなどの2枚貝、ロブスター、ザリガニ、エビ、カニなどの甲殻類なども含まれる。

魚やそのほかの海生動物が住む海は広いので、彼らが海中を移動するのを人間の思いのままに制限することは難しい。このため、昔から世界各地で、その地方に固有のさまざまな漁法が開発されてきた。

中石器時代、すでに人間は食料資源として水域に手を伸ばし始めていた。彼らが魚を捕るのに使ったのは釣り針、投げ網あるいは刺し網。現代では釣り糸から超音波レーダーなどのハイテク機器を装備した漁船まで、いろいろな技術が使われている。

漁法

伝統的な漁法として長年使われてきたのが刺し網と「やな」だ。刺し網の目は細かく、海底に接して鉛直に設置する。やなは、木の枝や網あるいは金網を樽状かじょうご状に編んだものだ。

巾着網は、海面付近にいるサバ、マグロ、サケ、ニシンなどの群れを捕らえる網だ。流し網はブイのついた網で、ときには数kmの長さがあり、魚に限らず手当たり次第に獲物を捕ってしまうので、資源保護のために、禁止されている海域も多い。

底引き網は袋状の網になっていて漁船に引っ張られて特定の魚を狙う。引っ張る深さはいろいろだが、もし海底を引きずるとそこにすむ生き物を根こそぎ滅ぼしてしまう。

はえ縄は総延長が100kmに達することもある。それに数千本の針が付いていること以外は、基本的に針と餌が付いた釣り糸と同じだ。

批判される漁業

魚を捕ろうとすると、目的の魚だけでなくほかの魚、鳥、哺乳類までも共に捕獲して結局は殺してしまうことがある。これを混獲という。混獲の大きさや範囲は漁法によって違ってくる。混獲による希少種や絶滅危惧種の捕獲を減らすため、選択漁法への要求が高まっている。また、魚の生息数も減少しているため、現在は漁獲量についての国際的な協定がある。漁業が制限される保護区域も定められている。

■毎年数百万トンのマグロが捕られている。イルカもその巻き添えになる。

新鮮な魚の見分けかた

料理人は最近捕られた魚がまだ新鮮かどうかを、次のようにして見分ける。目が濁っていない。エラは照りのある深い赤色をしている。いわゆる魚臭くない。軽く押すとまだ少し弾力がある。

遺伝子組み換え食品

動植物の遺伝子構造の人為的な変更は、昔から間接的に行われてきた。それが品種改良だ。しかし今日では、遺伝子工学によって生物の遺伝子を直接操作し、新たな性質を加えることができる。

■消費者の懸念が高まったため、トレーサビリティの表示基準や指針を制定する国がますます増えている。

遺伝子工学と食品の接点はさまざまだ。最も単純なのが、遺伝子操作された作物をそのまま口にすることだ。しかし遺伝子組み換え（GM）作物の多くは、収穫されてからさらに加工され食品の材料として使われる。例えば、GMトウモロコシからつくられたでんぷん、GM大豆からつくられた大豆油や大豆粉などだ。食品添加物の多くが、イースト菌、細菌など遺伝子操作された微生物を利用してつくられる。

このように、GM作物は回りまわって食品供給ルートへ入り込んでいる。遺伝子組み換え生物（GMO）と消費者の接触は、知らないうちに起こり得る。例えば、家畜がGM植物からつくられた飼料を食べていたとして、その肉製品にGM成分が含まれているかどうかは現在の技術では探知できない。

認証過程

GM作物は、今まで人間が食べたことがない、特殊なタンパク質や物質を含むかもしれない。こうした物質は人体に悪い影響を与える恐れがある。例えば毒やアレルゲンとして作用するかもしれない。そのため、GM関連の食品は、それが食品全体、食材、添加物のいずれであるかを問わず、厳しい試験と承認のプロセスが義務付けられている。承認はその食品が科学的基準に照らして安全であると示された場合のみ認められる。その判定は、対応する在来食品と比較して判断される。

GM作物と遺伝子操作に対する批判

GM作物が長期的に人体と環境にどんな影響を与えるかについては、まだよくわかっていない。農業への遺伝子技術の応用に対する反対の主な理由はそこにある。GM作物は野外の畑でつくられており、いまさら飛散を止めることはできない。他の植物との交配や在来種の駆逐が起きて、種の多様性などに思いがけない影響を生じるかもしれない。

人間の健康へのリスクを評価しようと試

> **遺伝子組み換え穀物の広がり**
> 遺伝子組み換え穀物の作付面積は、世界中で40万km²（日本全土の約1.1倍）を超えるまでに広がった。しかし、人体への長期的な影響は不明だ。

みるにしても、GM作物のあらゆる成分を試験することは不可能だ。しかも、法的規制やそれに対する監視システムがすべての国で制度化されているわけではないため、GM作物の実地試験や農業利用が野放しになる危険性がある。

GM作物の種と植物に所有権を認める特許に対しては、すでに異議申し立てが起こされている。もしGM作物の特許が認められれば食品業界で独占が起こり、コスト上昇が予想される。それは特に貧困国、途上国にとって打撃となる。

■1990年代から最も普及している遺伝子組み換え作物は大豆とトウモロコシだ。2005年には遺伝子組み換え作物の全耕作面積は約80万km²（日本全土の約2.2倍）に増加した。そのうち半分以上は米国だ。

遺伝子工学

■タバコ草は遺伝子が操作しやすく、低コストで栽培できる。

遺伝子は生物学的な遺伝情報を含み、その生命が受け継ぐ特徴を担っている。遺伝子工学により、これらの特性を直接他の生命に伝えることが可能となる。生きた細胞に新しい遺伝子を挿入すればいいのだ。

遺伝子操作された生命は、自然界にはなかった特徴を備えることができる。例えば、新しい物質を生成する細菌や、害虫や病気に強い植物が可能となる。遺伝子は別の種にも移植できる。これは従来の品種改良ではできなかった技術だ。

■ 食品保存技術

ほとんどの食品は、生産時あるいは収穫時には新鮮でも、すぐに腐敗する。このため人間は、歴史の始まりとともに、腐りやすい食品の保存法を探してきた。保存法には、加熱などの物理的方法に加えて、生物学的方法、化学的方法がある。

自然の産物が腐るとき、目に見える変化の原因となるのは、主として細菌、イースト菌、カビなどの微生物だ。

微生物による変化のほとんどは人間にとって好ましくなく、有害な場合もあるため、変化を止めるか少なくとも遅らせようと、人間は古代からいろいろな工夫を凝らしてきた。

食品中の微生物の活動を抑えるために、多くの保存方法が開発されてきた。それらは一般に物理的、生物学的、化学的方法に分類できる。殺菌のような方法は食品中のすべての細菌を殺してしまうだけに、保存効果は大きい。

ミルクの低温殺菌や冷凍のような方法は単に細菌の成長を遅らせるだけだが、ある一定期間は食品の品質を維持できる。細菌を全滅させる過激な方法は極めて効率がよいが、最適とはいえない。食品の味や栄養価や食感まで低下させるからだ。

低温殺菌

食物に付いた微生物のほとんどは、単に60～70℃に熱するだけで死滅することをルイ・パスツールが発見した。この方法は彼にちなんでパスツリゼーション（低温殺菌）として知られている。例えば、牛乳は72～75℃で15～40秒間加熱され、味の低下も少ない。しかし完全には殺菌されないので、新鮮な期間は限られる。

■ルイ・パスツール（1822～95年）はフランスの化学者。

細菌などの微生物は食品から栄養をとり繁殖する。その結果、食品は変質する。例えば形が崩れ、味が変わり、酸っぱくなり、臭うようになり、カビが生える。

■魚や肉の多くが干物にして保存される。薫製小屋を使って薫製にすれば香りも付けられ、深い味わいを生むことにより、商品価値を高めるという効果もある。火を通さずに乾かす熱と、煙からの芳香族炭化水素の添加によって食品が保存される。

物理的方法

最も古くからある保存法の一つは乾燥だ。干物は長期間安全に保存できる。水分がないため細菌が繁殖できないからだ。天日干しは一番古くて簡単な乾燥法だ。

瓶詰めや缶詰にされた食品は加熱して微生物をすべて殺してから保存する。保存効果は極めて大きい。しかし加熱時間が長いほど、また加熱温度が高いほど食品の味が落ちる。したがって低温殺菌のような緩やかな方法がとられるようになった。

冷蔵や冷凍をすると、細菌の増殖速度は急激に減る。冷凍した食品の多くは解凍しても品質は元の新鮮なままだ。したがって、野菜や、魚、肉の保存に適している。微生物を死滅させるためには放射線を当てる（照射殺菌）という方法も使われている。

■アルコール飲料はすべて、イースト菌によるエタノール発酵作用を利用している。ワインとブランデーは果物に含まれる糖分の発酵からつくられ、ビールとウィスキーは穀物からつくられる。発酵は容器中で進行するが、二酸化炭素を逃がし、しかも外気が侵入しないような容器でなければならない。

生物学的方法と化学的方法

微生物などによる自然の変化が好ましい食品もある。例えば、新鮮なミルクを放置すると、乳酸菌と呼ばれる細菌が糖分を栄養にして乳酸をつくり、他の望ましくない細菌の繁殖を抑える。これはミルクをヨーグルトに変える処理だ。アルコール発酵では、イースト菌が繁殖してアルコールを出すが、これにも保存効果がある。

化学的保存料も細菌の成長を抑えるために使われる。精肉の保存には硝酸塩が広く使われている。安息香酸、ソルビン酸もよく知られた保存料だ。そのほか、木材を不完全燃焼させた煙で薫製にしたり、塩漬けや漬物にしたり、砂糖を加えても食品を保存できる。

食品保存法

物理的方法
含有水分の除去（乾燥）、加熱、冷蔵、冷凍、照射殺菌。

生物学的方法
発酵（アルコール発酵など）。

化学的方法
化学保存料（硝酸塩、安息香酸、ソルビン酸）の添加。

その他の方法
薫製、塩漬け、砂糖の添加。

■缶詰は一種の低温殺菌だ。調理した果物や野菜を殺菌した缶や瓶に密封し、その容器を加熱して、まだ残っている細菌を殺すか弱くする。外気と接触しないため、長期保存が可能だ。

■ 水力と地熱のエネルギー

利用可能な化石燃料資源が枯渇しはじめ、環境に対する影響への懸念も増大するにつれ、代替エネルギーが脚光を浴びている。中でも水力と地熱の利用技術は重要だ。

エネルギーはさまざまな形で自然界に存在する。地中深くでは熱エネルギーとして。また海の波、川、風の運動エネルギーとして。これらを使える形に変換するため、いろいろなエネルギー変換プロセスを使って電気、熱、燃料を生産する。

コストが見合うプロセスはすでに実用に供されているが、そうでないものは試験的に実施されているか、机上プランにとどまっている。二酸化炭素の排出を削減し化石燃料から決別するため、再生可能エネルギーの探求に拍車がかかっている。

■ アイスランドの地熱発電所と、近くの温泉を楽しむ人々。この国全体の電気と暖房は、実質的にすべて水力と地熱でまかなっている。

水力エネルギー

水力発電所は、運動エネルギーを電気に変えるために発電機を使う。

低圧の水力発電所は河川用である。ダムに設置した高圧発電所は、貯水池に貯めた水の位置エネルギーを運動エネルギーに変えて発電する。

技術的にまだ新しい潮汐力発電所は、海水の潮流を使って空気流を起こし、それでプロペラを回して発電する。浸透圧装置はまだ実験段階だが、淡水と海水をいろいろ組み合わせて圧力をつくり出す。波力発電は波の運動を利用して電磁誘導で発電する。

地熱エネルギー

地熱の利用技術は、地下深部の高温部分を見つけ出して、その熱を利用するものだ。ボーリング孔を掘って熱水を汲み上げ、直接暖房に使うか、ヒートポンプに送って電気に変える。もう一本孔を掘ってそこから同量の冷水を戻してやる。これに少し手を加えたのが「高温岩体法」だ。その場所の熱を利用するもので、もともとの熱水は存在しない。だからそこでまず水をそこへポンプで注入し、熱せられた水を地表に戻す。

地熱は再生可能エネルギー源として最も高い可能性を秘めていると考えられている。ただし、技術的には初期段階だ。

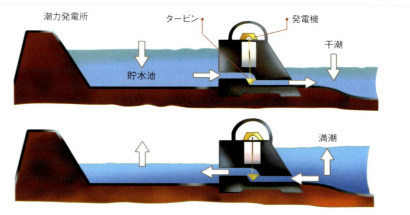

■ 潮流ダム施設。満ち潮では水門内のタービンで発電し、水門を閉じて潮が引いたら再びタービンを通して発電し貯水池を空にする。

発電所ネットワーク

20〜30カ所の発電所をまとめて運営すれば、風が吹かず潮流が周期的に止まっても、安定的に電気を供給できる。運営方法の工夫によって、再生可能エネルギーの障害が解決されるかもしれない。

海流タービン

イギリスの沖合で海流タービンの先行試験が2002年から始まっている。潮汐が起こす海流が巨大な回転翼を回し、このエネルギーを発電機に伝える。毎秒2.5mほどの流れがあれば350キロワットの電力を比較的安定して発電するのに十分だ。

この計画を推進している企業は、ローターを2基備えた容量1千キロワットの施設を構想している。これらの施設でイギリスの電力需要の40%までまかなえるという。

■ 海流タービンの回転翼は直径が10mもある。保守のため海上に引き上げられている状態を示している。

燃料電池とバイオマス

燃料電池は、水素あるいは炭化水素から電気エネルギーをつくり出す変換装置だ。一方、バイオマスは再生可能資源から得られる燃料、つまり再生エネルギー源である。

■フォルクスワーゲン社の工場で始動前の最終チェックを受ける低温燃料電池。電池の安全性と効率性を確かめる。

燃料電池は、家庭用アルカリ電池の兄弟のような、電気化学的なエネルギー変換器だ。乾電池や充電できるバッテリーとの主な違いは次の点。家庭用電池やバッテリーの電気エネルギーは充電によって蓄え、後でそれを放電する。一方、燃料電池は燃焼機関のように常に燃料が供給される。燃料には水素あるいは炭化水素を含んだメタンのような気体が使われる。

燃料電池の排出物は、燃料が水素の場合は水であり、メタンなどの場合は二酸化炭素である。燃焼機関に比べて熱の排出量は目立って少ないので、「冷たい燃焼」ともよばれている。

この技術の可能性は大きいが解決すべき点が多く、まだ何にでも応用できる段階には至っていない。しかし高い効率を達成する可能性を秘めている。適用できそうな分野は、家庭ごとに設置できるような分散型の小型発電所から、車の動力、ノートパソコン用の超小型電池、キャンプ用の調理器具の電源など多彩だ。

バイオマスの利用

木は人類最初のエネルギー源だ。木を燃やすことで火を使用したのが人類史の幕開けそのものといってもよいくらいだ。工業化が始まってから、石炭、石油、天然ガスなどの化石燃料が次第に木にとって代わった。しかし、生態系の観点からは木の方に明らかな利点がある。わらやいわゆるバイオマス燃料について一般的に言えることだが、木を燃やしたときに排出される二酸化炭素は、自らが成長期に大気から吸収した分だけなのだ。このことからバイオマスを燃やしても大気中の二酸化炭素は差し引き変化しない。

一方、原油価格の上昇から、エネルギー用の植物栽培が経済的な関心を呼んでいる。燃料に木材チップまたは木質ペレットを使う暖房と、石油暖房のコストはほぼ同じであり、数年のうちにこうした木材燃料のコストの方が低くなる可能性がある。

発展が期待されるバイオマスであるが、よいことばかりではない。バイオマスの燃焼には超微粒子成分の発生という問題がある。さらに燃料用の栽培と食料栽培との競合も懸念されており、両者のバランスを十分に考慮した農業政策によって解決していくしかない。

> **バイオマス**
> 植物と一部の細菌は光合成時に二酸化炭素(CO_2)と水(H_2O)をバイオマス(例えば炭化水素、$C_x(H_2O)_y$)と酸素(O_2)に変換する。ここでは太陽光がエネルギー源として働いている。燃焼(分解)時にはこのエネルギーが解放される。実質的には太陽エネルギーだ。

代替エネルギー生産技術

化石燃料が枯渇し高騰するほど、そして地球温暖化が進行するほど、代替エネルギー技術が使われていく。風力発電所や、太陽光発電所、高圧水力発電所、地熱発電所はもっと改良され、さらに大規模に設置されるだろう。

潮力発電は今のところ試行段階だ。太陽電池は比較的普及してきたが、水力や風力に比べるとまだ格段に遅れをとっている。

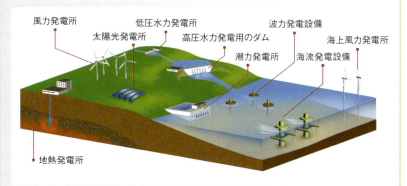

■潮力発電などの新しい代替エネルギー技術の研究はまだ開発途上だ。

■油ヤシの種はバイオマスとして利用できる。しかし大規模な栽培が進むと、熱帯雨林が脅かされる。

■自動車とエンジンと車体

自動車によって、だれでも楽に遠くまで移動できるようになった。自動車の発明が個人生活と社会生活に与えた影響は絶大なものがある。とくに中産階級に手が届くようになってからの影響は大きい。

エンジンは自動車の心臓部だ。その機能は、熱エネルギーあるいは電気エネルギーまたは化学エネルギーを運動エネルギーに変えて、駆動力にすることだ。

するハイブリッド・エンジンなどがある。

トランスミッションと車台

エンジンと車輪の間にあるのがトランスミッションだ。ここにはクラッチ、変速機、動力分配器、ドライブシャフト、デファレンシャルギア（差動歯車）がある。これらが運動エネルギーを伝達し、分配、制御する。

エンジンのエネルギーは車台に伝えられ、車台はそのエネルギーを道路に伝える役目を果たす。車台はそのタイヤ、サスペンション、ブレーキ、ハンドル機構などを通じて、動力の伝達と車輪の操舵を行う。

■2006年の自動車保有台数は全世界で7億5000万台と推定される。9人に1台の割合だ。

ボディの役割

車のボディ、すなわち外装は見た目も重要だが、それよりも乗員の安全を守る役目が大きい。ボディはモノコックという一体型の金属板でつくられたものが多い。最近改良されたものには中空断面のスケルトン構造を採用したものがある。これは強度と剛性を保ちながら軽量化が可能な構造だ。

自動車エレクトロニクス

自動車に使われる電子システムは、点火系、バッテリー、スターター、安全装置、防犯システムなどだ。エアコン、暖房座席、カーナビゲーション、デジタル・アクセサリーなど、便利なオプションが増えている。

自動車｜オートバイ｜自転車｜列車｜発動機船｜帆船｜飛行機｜ロケット

輸送技術

19世紀はじめ、蒸気エンジンが発明されて、めざましい成功を収めた。
鉄道は馬車の7倍も速く、旅を一変させてしまった。
スピード革命は今も続いているが、それ以外に新たな技術的挑戦が行われている。
車体の安全性向上、自動車の代替エネルギー利用、情報通信技術との融合などだ。
エネルギーの節約が進む一方、宇宙旅行をめざす技術も進んでいる。

石油価格が上昇し、排出ガス規制が厳しくなり、消費者の要求も厳しくなったことから、世界中の自動車メーカーはこぞって代替エネルギーの開発に打ち込んでいる。

代替エネルギーの候補には、トウモロコシや大豆副産物からつくるバイオディーゼル燃料、電気モーター、燃料と電気を併用

ガソリン自動車

ガソリン・エンジンの場合、燃料のガソリンを霧状にしてキャブレターに噴出させ、空気と混合する。この混合気はシリンダーに送り込まれピストンで圧縮される。スパークプラグが混合気に点火すると爆発が起きて、ピストンを押し戻す。4サイクル・エンジンでは、燃焼ガスを排気した後、燃料を吸入する。

■4サイクル・エンジンではピストンが1サイクル当たり2往復する。

■トヨタ自動車の組み立てライン。トヨタが1950年代に開発した生産システムは世界中のメーカーに影響を与えた。2008年のトヨタ自動車グループの販売台数は世界首位に立った。

▶ p.353（燃料電池とバイオマス）参照

■ 自動車の安全性

現代の自動車は快適性、スピードと、かっこいいデザインが売りだ。しかし、そのようなステータス・シンボルとしての要求にこたえる前に、厳しくなる道路安全基準を満たすことが必要だ。

このところ、自動車の通行量が増えている一方で、重傷ないし死亡事故の数は減っている。この減少は自動車の安全システムの改良によるところが大きい。安全システムには、パッシブ・セーフティ・システムとアクティブ・セーフティ・システムがある。

パッシブ・セーフティ・システム

パッシブ・セーフティ・システムは、事故時の運転者と同乗者の負傷をできるかぎり軽くするためのものだ。言うまでもなく、シートベルト、ヘッドレスト、エアバッグがそれだ。このほかに「クラッシュゾーン」もこのシステムの一種である。衝突部分（通常はバンパー）が柔らかく変形し、衝突のエネルギーを吸収することで乗客への影響を軽減するものだ。

割れても飛散しない風防ガラスや、車体構造に使われる炭素繊維など、革新的な材料の採用も事故時の負傷リスクを軽減する。

アクティブ・セーフティ・システム

補助ブレーキ、補助ステアリング、警告システムなどのアクティブ・セーフティ・システムも事故防止に役立つ。車両追跡システムなどの電子システムは、パッシブ・セーフティ・システムなどと組み合わせて、乗客の安全性を向上させている。

カーナビとGPS

車の運転を助けて楽にするシステムも、いろいろ開発されている。電子接近警告システムは、バックするときに物にぶつかりそうになると運転者に警告するものだ。後方の情景を映すカメラとモニターが付いている車も増えている。

クルーズ・コントロールは、車を一定の速度を保って走行させるもので、燃料節約の効果もある。さらに最近では全地球測位システム（GPS）を装備するのが普通になってきた。GPSは衛星を利用して車の現在位置を表示し、設定した目的地までの道筋を地図と音声で逐一知らせるものだ。

■事故の際、エアバッグは頭部を衝撃から守る。高級車になると側面にもエアバッグが付いている。

■子供たちの体に合った寸法のイスとシートベルトを使えば、事故の衝撃から助かる可能性が最大限に高められる。

> **basics**
>
> **シートベルト** 1970年代にシートベルトが義務化されてから、事故の死亡者と重傷者は格段に減った。
>
> **チャイルドシート** 子供の負傷を防ぐチャイルドシートは多くの国で義務化されている。ベビーキャリアはしっかり設置する必要があり、エアバッグのある席で使ってはいけない。

電子式安定制御

電子式安定制御（ESC）はアクティブ・セーフティ・システムだ。各車輪に付けられたセンサーが検出したデータをマイクロコンピューターが常時監視する。もし摩擦がなくなり、横滑りが起きると、ESCが制御する。それぞれの車輪にほかの車輪とは独立にブレーキをかけるため、路面との安定した接触を回復することができる。

- 横滑り防止調整ユニット〔1〕
- 機械式補助ブレーキ〔2〕
- 舵角センサー〔5〕
- 動力管理システム〔6〕
- 車輪速度センサー〔4〕
- ヨーレイト（横揺れ速度）センサー〔3〕

■ESCによって、ハンドル操作に油圧の力が加わり、ハンドルを軽く回すことができる。

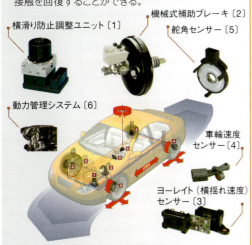
■クラッシュゾーンによってブレーキ距離が効果的に伸びる。このため衝突の衝撃が軽減される。

■ 燃焼エンジンに代わる方式

体積当たりで比較すると、ガソリンをはじめとする化学燃料のエネルギー容量は非常に大きい。しかし燃焼エンジンから大気中に排出されるガスは、地球温暖化の原因でもある。一方、石油埋蔵量の先細りから価格は上昇傾向だ。代替燃料の開発に残された時間はもう長くない。

■米国において、温室効果ガス排出源の首位を争うのが交通機関だ。

■交通量の増加が環境破壊の原因になっている。大気汚染を抑えるために、電気自動車やソーラーカーなどの低排ガス車や無排ガス車の改良が続けられている。

燃焼エンジンに代わる1つの選択肢は、電動モーターだ。世の中の一般的な理解とは逆に、このアイデアは実は新しくはない。

実際、電気自動車は1830年代に存在していた。ゴットリーブ・ダイムラーとカール・ベンツがガソリン車を発明する数十年も前だった。はじめて時速100kmを出した自動車も電気で走ったのだ。しかし、よく故障した電気自動車はフランスで「ラ・ジャメ・コンタンテ」（決して満足しない女性）とからかわれたほどだった。

残念ながら技術的な限界と高コストのために電気自動車の技術は顧みられなくなり、燃焼エンジンが支持された。しかし、電動モーターの原理的な長所は数多い。高効率でエネルギーの無駄が少なく、軽量であり、運転中の排ガスがない。そのうえ、どんな速度でも動力を効率的に駆動系に伝えられるし、ブレーキをかけたときの運動エネルギーを発電によって回収できる。

一方、電気自動車が持つ重大な欠点も考える必要がある。エネルギー供給に関していうと、バッテリーは重量当たり蓄えられるエネルギーが少ない。通常のバッテリーが非常に重いのはそれが理由だ。今日でも連続走行距離が限られることが、電気自動車の購入をためらわせる主な理由になっている。

ソーラーカー

厳密にいうと、電気自動車がまったく排ガスを出さないというのは正しくない。動力に使う電気は何らかの方法でつくり出されたものだ。その電気が石炭火力や天然ガス火力で発電されたものなら、単に汚染の出口が発電所に移動したに過ぎない。

ソーラーカーあるいは太陽光発電によって充電された電気自動車の場合は違う。これらはまさに排ガスがないのだ。ソーラーカーは原理的には電気をバッテリーに蓄えなくても動かせる。しかし、太陽電池は現在でも十分な電力を供給できず、数人を乗せて通常の速度で走ることはまだ無理だ。

■サンディエゴ市に設けられた米国初の代替燃料スタンドで充電するフォードの電気自動車シンクシティ。

ハイブリッド車

2つ以上のエネルギー源と、貯蔵システムを備えて、両方のエネルギーが持つ難点の多くを回避した車がハイブリッド車だ。このタイプの車は、従来のガソリン・エンジンまたはディーゼル・エンジン車の対応モデルに比べ、消費燃料が1/3ですむ。この燃費は、燃焼エンジンと電気モーターの両方を備えることで実現した。2つのシステムは補完しあってそれぞれ最適な機能を発揮する。ブレーキをかける際には、発電してエネルギーを回収する。

■ハイブリッド車は、電動モーターと燃焼エンジンの両方の長所を備える

輸送技術　357

■ 新たな展開

グローバル化の進展につれて自動車市場も急激な変化にさらされている。増える要求を満たすべく革新的なコンセプトを掲げて、中国やインドなど、新しい参入者が市場に登場してきた。一方、既存のメーカーもこうした挑戦を切り返そうと必死だ。

21世紀中に、自動車の新たな市場と製造拠点が成長するだろう。中国は長い間、自転車の国として知られてきた。はじめて国産車の工場ができたのは1953年になってからだ。1990年代までは生産の主役はトラックだったが、このころから乗用車が増え始めた。当初は西欧の会社との共同生産だった。

今日では中国の自動車産業は年15％もの成長で、経済ブームに沸く国全体の成長を上回る成長率だ。2020年までには年間生産台数は少なくとも2000万台になると予想されている。これは世界のトップメーカーの海外子会社まで含めた年間生産台数より多く、場合によってはその2倍にも達する勢いだ。

符が付けられている。

燃料電池を使った推進システムは、1990年代に原型車が出て以来、開発が続いている。しかしながら、燃料の問題などが未解決であり、一般への普及は先になりそうだ。

■ ロレモ。軽量なこの車は、これまで開発されたディーゼル車のなかで最も環境に優しい車の1つになるはずだ。

ロレモ、その他のプロジェクト

ロレモAGは多国籍企業ではなく、ドイツ生まれのベンチャー企業だ。名前の「ロレモ」は「低空気抵抗車（Low air Resistance Mobile）」を略したものだ。まるでスポーツカーのようなプロトタイプ車はディーゼル燃料で1ℓ当たり33kmも走れるという。電動モーター積載の改良車も計画中だ。連続生産が始まるのは2009年から2010年というが、展示用モデル1号車は自動車業界の大きな注目を集めている。

もっと目を引くのは「ワンキャット」のような車だ。これはフランスで計画され、圧搾空気を動力に利用している。ガス膨張モーターともいい、燃料としては圧縮された空気が必要なだけだ。ただ、最近の実験がうまくいっていないため、この車の将来には疑問

ロータリー・エンジン

フェリックス・バンケル（1902〜88年）が発明した推進システムは、従来のピストンとシリンダーによるものとはまったく異なる。燃料が燃やされる燃焼室の中には、3角形をした卵型のローターがはまっており、回転するようになっている。この回転はそのまま駆動系に伝えられる。

しかし、現実にはこの素晴らしいアイデアも、市場を席巻するには至らなかった。燃費が悪く、技術的な問題もあった。今でもニッチな市場だけで受け入れられている。

■ バンケルが発明したロータリー・エンジンは、シリンダーとピストンに代わり、回転燃焼室がある。1サイクルは燃料の吸入、燃焼、排出だ。

タタモータース

世界で2番目に人口10億人を超えたインドには自動車産業もあり、世界市場で急成長している。よく知られているのがタタモータースだ。同社は、手広く活動するインド、タタサンズ社の子会社である。

2008年初頭に、世界のニュースの見出しをタタモータースの文字が飾った。同社が世界最安値の車を生産すると発表したのだ。「ナノ」というこの車は4ドア車で10万ルピー（約28万円）だ。

■ 2008年1月、ニューデリー自動車ショーで公開されたナノ。インドのタタモータース社製の4ドア車である。後部に2気筒エンジンを搭載している。同社はナノを2009年3月から発売すると発表した。

▶ p.353（燃料電池とバイオマス）参照

自転車とオートバイ

2輪車は、人力で動くものとエンジンで動くものがあるが、いずれも輸送用だけでなく、スポーツ、レジャー用としても身近に活躍している。その人気は以前にも増して高くなっている。

大排気量のオートバイは、原理的には時速300kmも出せる。オートバイは4輪自動車よりも構造が簡単なため、馬力当たりの重量が小さいからだ。

■ 標準的なオートバイの変速機。かみ合う歯車の組み合わせによって回転数を変える。

遠心力とのバランス

自転車やオートバイは乗りやすそうだが、2輪車には物理的な力が作用することに注意する必要がある。

物体が運動の方向を変えようとすると、必ず遠心力が回転方向と反対に働く。例えば、右に曲がるときは左方向に力を受ける。乗り手はこの作用とバランスをとるため、カーブの内側に車体を傾ける。

推進力を伝える

自転車とオートバイとでは推進力が違う。自転車は乗り手がペダルを踏んで前方のスプロケットを回転させる。するとチェーンが動いてこの回転運動を後輪のスプロケットと車軸に伝える。オートバイの場合は、2サイクルないし4サイクルの燃焼エンジンが回転運動を起こし、その動力をトランスミッションかギアボックスを介して後輪に伝える。

変速機の仕組み

変速機は、大小の歯車をさまざまに組み合わせ、エンジンの回転を制御して車輪に伝える。歯車の組み合わせを変えるときにクラッチを切る。クラッチは2枚の摩擦板からできている。クラッチを解放すると2枚の板は離れ、歯車を切り替えることができる。

2輪車の新しいアイデア

2輪車における新機軸といえば、骨組みの新しい素材、丈夫な車体材料、高性能のブレーキシステム、サスペンションの改良、コンピューター・システムの付加などがある。こうした革新でスタイル面ばかりでなく、乗り手の安全性や快適さも改善される。

ジャイロ作用

力学的にいうと、車輪はおもちゃのコマのような働きをする。車輪の回転速度が十分ならば、ジャイロ作用は回転軸を安定させる。回転速度が落ちると車輪はふらつき、もはや安定姿勢をとることができない。

ジャイロ作用が2輪車を安定させるとはいえ、その効果はハンドルに影響する遠心力ほどは強くない。

basics

ギアレス・ハブダイナモ 発電効率がよく（70％）、メンテナンスが簡単で、信頼性が高い。

油圧式リムブレーキ 効率がよく、制御しやすく、耐久性がよいなど利点が多い。メンテナンスの必要もない。

■ 各種の技術革新と、アルミニウムや炭素繊維の新素材によって車体が軽量化され、乗り手の姿勢の空気力学特性も改善された。

■ 鉄道

地下鉄も含め、世界中に存在する鉄道路線を合計した総延長は100万km以上になる。路面電車も乗客と荷物の移動に使われ、鉄道旅行の1つの形態となっている。

■米カリフォルニア州サンフランシスコの有名なケーブルカー。車両を引っ張るケーブルは地下に隠れている。

■「高速列車」を意味するフランスのTGVは2台の動力車による特別編成で時速575kmを達成した。

レールの上を走る鉄道車両は、道路を走る自動車よりも経済的に運べ、積載量も大きい。最大の欠点は鉄道が敷かれた所しか走れず、そのほかへは行けないことだ。

鉄道の敷設にはいろいろな方法があるが、基本はみな同じだ。鉄道の建設は、まず砕石かコンクリート製の緩衝材で、列車が高速で運行できるような断面を持つ道床をつくることから始まる。次に、その上に木製かプレストレスト・コンクリート（PC）の枕木を一定間隔に設置する。最後に鋼製のレールを枕木に結合する。車両は車輪のフランジ部分でレール上に収まっている。レールと車輪との間の安定性は、つながった左右の車輪がつくる対称な円錐台形の2つの面で確保される。

国際列車の運行は、レール間隔（ゲージ）の標準化が進められた結果、容易になった。国際列車の多い欧州でも、ポーランドとベラルーシの国境のようにまだ標準化されていない所では、乗客や物資は列車を乗り換えるか、列車全体の車台を切り換える必要がある。

列車の推進力

列車をレール上で引っ張ったり押したりするのは機関車だ。機関車の動力はいろいろだが、ディーゼル機関車、蒸気機関車、電気機関車などがある。ディーゼル機関車の駆動方法は3種類ある。ディーゼルのみ、ディーゼルと電気モーターの併用、ディーゼルと油圧駆動の併用だ。電気機関車は、線路に沿って設置した架線か電源板から電力を供給される。電車は各車輌に動力を分散する。

電流の供給

電車の電源には交流と直流がある。地下

> **basics**
> **世界最長の鉄道** ロシアのモスクワとウラジオストックを結ぶシベリア鉄道。9288km。
> **世界で最も高所を走る鉄道** 中国の青海省とチベットを結ぶ青蔵鉄道。最高海抜5072m。
> **世界で最も低い所を走る鉄道** ヨルダンの地下鉄。海抜マイナス250m。

鉄と路面電車は直流を使用する。大規模な鉄道では、大型の変圧器が必要になるにもかかわらず、ほとんど交流が使われる。このため、産業用の直流高電圧を低周波数の交流に変換して鉄道に供給する。

磁気浮上式鉄道

「マグレブ」すなわちマグネティック・レビテーション（磁気浮上）列車は、その名前が表すように、磁気で浮上して推進する鉄道である。交番する磁場の作用によって、車両を加減速する。従来の鉄道のようなレールと車輪の摩擦がなく、空気が緩衝材として働くので極めて高速を出すことが可能だ。斜面も楽に登ることができる。

しかし、問題はインフラ設備がほとんどないことだ。従来の鉄道に比べ、敷設に極めて高いコストがかかる。磁場をつくるために莫大なエネルギーを消費し、大規模な貨物輸送には向かない。旅客路線は中国の上海に短い区間が存在するだけだ。

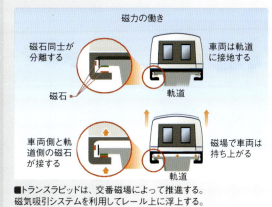

■トランスラピッドは、交番磁場によって推進する。磁気吸引システムを利用してレール上に浮上する。

■ 内燃機船

船による物資の輸送は、以前にも増して盛んになっている。航海の安全性と収益性を向上させるための技術革新が絶えず求められている。

グローバル化が進んだことで、大陸間を行き来する物資の量が格段に増えた。運送量の増加とともに個々の積荷の重量も増えたため、海運は今でも最も経済的な輸送手段である。すでに紀元前から盛んだった海運は、今日に至るまでその人気は変わらず、今でも毎年着実な成長を続けている。

> **basics**
> **ホバークラフト** 水陸両用に使われる。ファンで下向きの風を起こし、浮上（ホバー）して進むため、この名前でよばれる。
> **水流発電機** 汚染を起こさないため、内陸の海運での重要性が大きい。

造船技術

スピードが出せてしかも安全な貨物船や客船を望む海運会社の要望は強く、欧州、北米、アジアの造船所がこの要求にこたえようと努力している。現代の造船業が直面する問題は、基本的には2000年前の造船業者と同じだ。それは、船のスピードと安定性を支配する、喫水線下の船体形状の工夫である。

コンテナ船は、トラックほどの大きさのコンテナに乾物や工業製品を積んで運ぶ。その船幅は広く、比較的平らなため安定しているが速度は出ない。1気筒1万馬力のディーゼル・エンジンを12～14気筒備え、最高速度は時速45km程度だ。

ばら積み貨物船は、石炭や小麦など荷造りしない物資を運び、タンカーは石油や塩素などの液体を運ぶ。いずれもコンテナ船と同じような設計概念でつくられる。

高速船は積載能力よりもスピードを優先するので、貨物船とは異なる設計を用いている。その船体は、水をかく乱せずに突っ切っていくようにつくられる。高速になると事実上船体は水上に持ち上がる。モーターボートはモーターで進むが、モーターが船内にあるもの、船外にあるもの、両者の併用がある。

船舶のエンジン

どんな船でもその中心部にはエンジンがある。動力にはガスタービン、電気モーター、ディーゼルなどが使われている。エンジンの出力は駆動シャフトを通じて直接スクリューに伝えられる。ガスタービン・エンジンは高い出力／重量比を持つので、迅速な加速、ウォータージェット推進、長距離無給油航海が可能だ。

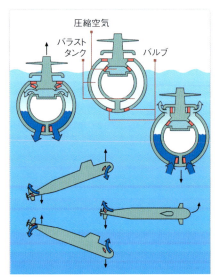

■潜水艦は、大きなタンクの海水を出し入れして、浮上・潜水する。潜水するときはタンクを開ける。すると底部からタンク内に海水が進入すると同時に空気が上部から出て行く。潜水艦の比重がちょうど周囲の海水と同じになると、浮力で平衡し、その深さに停止する。

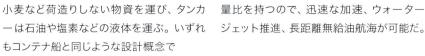

■クルーズ客船は、高速性、機動性、低喫水、大容量のいずれもが満たされれば言うことがない。細身の船体はこれらの要求にこたえる。

海運の安全

スーパータンカーや大型コンテナ船は危険物を積むことがあり、燃料は環境を汚染する場合がある。このため、最近の船は2重底になっている。熟練した乗組員が難しい作業やドック入れをこなす。

満載のコンテナ船は停止するまでの距離が非常に長く、旋回するにも回転半径が大きい。しかしコスト削減の動きが新たな問題を生んでいる。適切な安全対策を省く、便宜置籍船とする、労賃の安い国から非熟練の船員を雇う、といったことだ。

■世界最大級のコンテナ船、コロンボ・エクスプレス（9万3750総トン）は8750個のコンテナを積むことができる。

▶ p.352（水力と地熱のエネルギー）参照

帆船

エンジンを使わないヨット、ボート、レジャーボートは、自然の風力、水流のエネルギーあるいは人の力で推進し、航行する。

産業革命以後、帆船は蒸気船にとって代わられた。その方が天候に左右されず、乗組員は少なくてすむし、出航も迅速になるからだ。しかし、帆船はレクリエーション用として人気を保っている。

■サーフィンは古代ポリネシア人に知られていた文化だ。ウィンドサーフィンは20世紀後半になってスポーツとして始まった。

■ドイツ海軍の訓練船ゴルヒフォック号は1958年に建造された。1万1000人以上の海軍士官学校生がこの帆船で訓練を受けた。

帆走の物理

帆を使った乗り物は風のエネルギーによって動く。風は帆の後ろに直接当たったり、横から吹いたりするが、帆に当たると流れは二手に分かれて帆を回っていく。帆がふくらんだ側の空気の流れは反対側より速いため、ふくらんだ側に向かう圧力が発生する。この力が船を動かす。風の方向に対する帆の角度で進行方向が決まる。適切な角度がとれなければ帆はばたつき、船は動かない。タッキング（上手まわし）という方法をとると船は風に逆らって進むことができる。

ヒーリングと安定性

ヒーリング（船の傾き）は帆に横風が当たると起こる。船体は長軸周りに傾く。場合によっては転覆する。ヒーリングに抵抗できるかどうかは船の安定性能次第だ。

竜骨のある船では、自重によってヒーリングに対抗する。こうした船では船体下部の重さが全体の30〜50％を占める。傾きが大きくなると竜骨が反対方向へのモーメントを発生し船体をまっすぐに戻そうとする。小さなヨットは竜骨がない代わりにセンターボードを持ち、船体は幅広になっている。このような船は容易に直立位置に復元することができる。また乗員たち自身もボートを平衡させるように片側に移動して安定を保つ。

波と人力

ウィンドサーフィンとカイトサーフィンは、動力を使わずに風の力を利用する、人気の2大マリンスポーツだ。ボードと乗り手は、帆や凧に風を受けて進む。サーファーは自分の体重と筋力を使って進行方向を決め、波に乗り、空中に飛び上がり、回転する。

流体力学

水中を進むとき、船体は船首を上げ、波を起こす。船はこれらの波より早くは進めない。船が出せる最高速度を船体速度とよび、船体の形状で決まる。船体が長いと長い波が生じるが、この波は広がるのが速いため、船は速度を出すことができる。

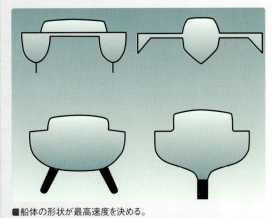

■船体の形状が最高速度を決める。平らな船体ほど大量の積載が可能だが、速度は出せない。

長くて平らで船尾の幅が広い船体は揚力を生じる。傾斜と船首の波が原因で力学的に生じる揚力によって、船は水面をかすめて滑るようになる。滑走と呼ばれる状態だ。滑走中の船は、船体速度よりも速い速度を出せる。波の摩擦で抵抗されることなく、摩擦がずっと小さい水面に乗っているからだ。

■ 飛行機の推進力

空を飛ぶという人類の夢は1903年、オービルとウィルバーのライト兄弟による初飛行によって実現された。それ以来、空の旅はますます重要になった。航空技術が進歩し、公共輸送手段としての信頼性が増すと共に、物資と旅客を短時間で世界中に運ぶ必要に迫られているためだ。

飛行機は空気より重いため、それを持ち上げて飛ばすためには、その重量よりも大きな力を機体に働かせなければならない。

離陸

飛行中の飛行機に働く力は4つある。重力と、揚力、推力、抗力だ。飛行機が離陸するときや、飛行しているときには、これらの力が互いに釣り合って作用し、最適な状態をつくり出す。機体にかかる重力に打ち勝つには、揚力を生み出す必要がある。

機体が滑走路を走行するときに生じる気流は、主翼によって上下に分かれる。翼の上側は曲線に沿って流れ、下側は平らな底部に沿って流れる。気流は翼の上側のほうが下側より速くなる。

ベルヌーイの原理によると、流体の速度が速い所では圧力が減少する。そのため翼の上側圧力は、下側より低くなる。こうして翼の上に向かう揚力が生じる。揚力の大きさは気流の速度と翼の形状によって決まる。

機体の飛ぶ方向に逆らう抵抗力を抗力という。抗力に打ち勝つため、エンジンなどによって推力（推進力）を飛行機に加える。一定速度で飛行を続けるには、抗力につりあう推力が必要になる。

操縦

車の運転操作と同じように、飛行機では方向舵（ラダー）、昇降舵（エレベーター）、補助翼（エルロン）を操作して飛行機の姿勢を制御する。操縦士はこれらの装置を操縦桿、操舵輪、サイド桿、ラダーペダルを使って操作する。

機体の長軸周りの回転運動（左右方向の傾き）はローリングといい、補助翼で調整する。補助翼は主翼の一番遠い所にあるフラップで、左右独立に上下に動き、主翼に働く揚力を変える。機体は補助翼を上げた方に傾く。補助翼を操作するのは操縦桿だ。

左右に機体が振れる運動は、方向舵で制御する。ボートの構造と同じように、方向舵は尾翼にあり、機体に垂直についている。方向舵を操作するのは、離着陸時の滑走中に好ましくないヨーイングを抑えるときだ。ヨーイングは左右の首振りで、補助翼の作用によって起こる。

ラダーペダルは方向舵の角度を変えるペダルであるが、地上では前脚の車輪の向きも操作する。昇降舵は水平尾翼の一部をなし、機体を前後に回転させる。つまりピッチングを制御するものだ。操縦桿または操舵輪で操作する。

■ 空気流が翼に当たると、上下に分かれて流れる。上側は下側よりも長い経路を流れる。このため圧力に違いが生じ、機体は持ち上がる。

補助翼・方向舵・昇降舵
それぞれの角度を変えると、機体は3つの軸の周りに回転を起こす。

航空輸送
世界中の輸送量は、2015年までに3倍に成長すると推定されている。

航空管制
特定の空域を航行する飛行機の交通を管理する。

basics

ターボファン

ターボファンは反作用の原理で働く。ファンによって取り込まれた空気は、圧縮機で段階的に圧縮され、600℃程度まで熱くなる。この気流を燃焼室で燃料と混合し点火する。燃焼ガスはタービンを通り、このエネルギーが圧縮機を回転させる。燃焼ガスは後方に噴き出し、その反動で駆動される。

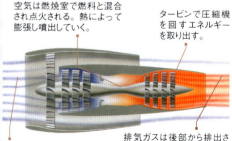

空気は燃焼室で燃料と混合され点火される。熱によって膨張し噴出していく。

タービンで圧縮機を回すエネルギーを取り出す。

取り込まれた空気は圧縮機で圧縮される

排気ガスは後部から排出され、これが飛行機の推進力になる。

■ ターボファンは、ターボジェットに似たジェット・エンジンの一種だ。ダクトにつけられたファンは、その後ろにあるより小さな径のターボジェット・エンジンで駆動される。

practice

▶ p.50（宇宙空間の人類）参照

飛行機の速度

軍用機は用途が軍事目的に限られており、極めて特殊な飛行機だ。新技術はまず軍用機に適用され、それから民間機に使われることが多い。軍用機で特に最近重視されるのが、最高速度とステルス性能だ。

軍用機の目的は、輸送、偵察、攻撃、迎撃などいろいろだ。海軍の航空母艦は、多数の軍用機を搭載し、世界の至る所に運ぶことができる。

現代の戦闘機は超音速で飛行する。つまり空気中の音波よりも速く飛ぶということだ。音速に比べて何倍速いかは、マッハを単位として表す。飛行機の速度を空気中の音速で割ったものがマッハ数だ。マッハ1は音速に等しく、およそ時速1200kmとなる。推力増強装置（アフターバーナー）や特殊な高性能ジェット・エンジンなどを使うことで、マッハ2程度は可能だ。なかにはマッハ3を出せるものもある。

basics
用垂直離着陸機
音速の空のタクシーをめざして、開発中である。

超音速の弊害

飛行機が空中を飛ぶとき、機体は前面の空気を押し、圧縮空気の面ができる。飛行機が音速を超えると、音波は機体が作る圧縮空気の面を追い越すことができない。こうして圧力が生じる。この圧力が機体の先端と後部に球面状の衝撃波をつくり、飛行路に沿ってらせん状に広がっていく。この波面そのものは音波ではないが、これが人間の耳に届くと、1回あるいは2回の爆音に聞こえる。これがソニックブームだ。温度変化や湿度、空気の汚染度、風の状態などによって、ソニックブームが地上でどのように聞こえるかは変わってくる。

敵の目をあざむく技術

最近の軍用機は、音響とレーダーによる探知から逃れる技術を採用している。ステルス機は、レーダー信号を反射せずに偏向させる表面形状や、レーダー波を吸収する材料などを採用している。吸収材料には、電磁エネルギーを熱に変えてしまう鉄の粒状塗料などがある。

アクティブ・カムフラージュすなわち光学迷彩は、まだ開発途上だ。光学迷彩はその物体を周囲と同じように見せるだけでなく、模倣によって事実上見えなくする。色や明度を変えられる被膜やパネル、有機LEDを使用した「隠れ蓑」などが考えられている。

milestones
コンコルド

第二次世界大戦以後の民間航空の伸びは著しかった。より大きく速いジェット機が多くの乗客を運び、コンコルドの出現で音速の壁が破られた。しかし、2000年7月25日の悲劇的な事故以後は、ぜいたくな旅に対する欲求も下り坂になり、コンコルドの運行は2003年に休止された。

■エールフランスと英国航空は、超音速旅客機コンコルドによる大西洋路線を1976年に開設した。

■F-16は、米ゼネラル・ダイナミクス社の多目的戦術戦闘機だ。推力／重量比が1を超え、垂直に上昇・加速できる。

in focus
スペースシップ・ワン

2004年夏、初の民間有人宇宙飛行が実現した。10億円のアンサリX賞の賞金目当てに、米スケールド・コンポジット社がハイブリッド・ロケット・エンジンを積んだ弾道飛行用宇宙艇をつくった。その開発費用は賞金の2.5倍かかった。

はじめに運搬用飛行機に取り付けられて地上15kmまで上昇し、そこから飛び出して高度100kmまで達した。乗員は3分半ほどの無重力状態を経験した。

■スペースシップ・ワンは引退まで3回の飛行をおこなった。現在は米ワシントンDCのNASAに展示されている。

▶ p.137〈環境に優しい消費〉参照

軽飛行機

エアバスのA380やボーイング747のような巨人機はむしろ例外である。それどころか、軽飛行機やグライダーには乗用車より小さいものもある。たいていは1人か2人乗りでエンジンがないものもある。

グライダーや、パラグライダー、ハンググライダーは動力源を搭載しないが、長時間飛行ができる。動力は使わず、気流を最大限利用できるように設計されている。グライダーは高度を得るのに熱上昇気流を利用する。熱上昇気流とは、自然に発生して上空まで立ち上る空気流だ。また山の風上側には斜面上昇風と呼ばれる上昇気流、風下側には山岳波という上昇気流が生じる。

ハンググライダーの場合は、崖の頂上などの高い場所から飛び出せばよいが、そのほかのグライダーでは、離陸・上昇のために外部の動力で引っ張る必要がある。よく使われる離陸用の動力源は、定速モーター付きのウィンチと動力付き飛行機だが、自らエンジンを備えたグライダーもある。

どんな種類のグライダーでも、失う高度とその間に飛べる距離との関係を最適にしようとする。グライダーの機体は、上昇気流に乗って上昇しやすいように軽いほうがよい。しかし、重いほうが速く飛べるので、軽すぎてもいけない。

設計上のもう1つの着眼点は回転能力だ。回転能力が高いほど、機体は上昇気流の中で長い間旋回を続けられるからだ。さらに、グライダーはしばしば飛行場以外に着陸することがある。これを「アウトランディング」というが、それを考慮して運びやすくする必要もある。グライダーの中には翼の中に付加重量用の水タンクを持つものがある。操縦士が機体の重心を調整するためだ。その場合、着陸時に機体の骨組にかかる力を軽減するため、着陸前に水を捨てる。

増加する超軽量飛行機

このほか、特別に小さい飛行機として超軽量飛行機がある。裕福な国ではこれらがいまや全民間航空機の20％を占める。米国では、こうした小型エンジン付きの1〜2人乗り飛行機は、免許無しで飛ぶことができる。ただし、十分に訓練をするのが賢明だ。これらは重量と速度が制限され、夜間の飛行や居住地上空の飛行はできない。日本では、飛行前に航空局の許可が必要である。

レクリエーションや空撮に使われるグライダーは軽量で、2人までしか乗れない。

ハンググライダー

ハンググライダーは必要な最小の部分だけからできている。翼のほかはパイロットがぶら下がる構造だけだ。最近では、何らかの航法機器、例えば昇降計あるいはGPS装置などが付いたものもある。パイロットは自分の体重を移動して操縦する。

■ ハンググライダーは息をのむような体験ができるが、極めて激しい運動であり、十分な訓練が必要だ。

■ 軽飛行機の多くは、飛行場以外での離着陸（アウトランディング）用の装備を備えている。

全翼機 主翼と尾翼が一体になった全翼機が航空工学に革命を起こした理由は、燃料を25〜35％節約できることと、長い飛行距離、積載量の増大にある。

軽飛行機の注意点 特にハンググライダーとパラグライダーでは経験不足が重大事故につながる。加えて全身の健康状態がよいことが必要だ。

p.112-113（大気）参照

ヘリコプター

他の飛行機と違ってヘリコプターは空中に静止し、垂直に離着陸し、低速で飛行し、後退することができる。こうした柔軟性のため、救難活動など幅広い用途がある。

ヘリコプターの多用途性は、機体に固定翼がないということによっている。このため、設計上は空気力学的な制約が飛行機よりも小さい。したがって、ヘリコプターの設計では積載容量、機体自重、安定性の最適化に焦点が当てられる。

空気力学特性

ヘリコプターの空気力学特性は、固定翼の飛行機とは異なる点が多い。離陸のために揚力と推力が必要なのは固定翼機と同じだが、その機構が異なる。多くのヘリコプターは、シャフトに固定された回転翼をタービン・エンジンで回して推進する。

翼はヘリコプターの機体上部で回転する。回転翼の上側は湾曲している。回転翼の上側の空気は下部の空気より早く流れるため、下側よりも圧力が下がり、揚力が発生する。テールローターは横向きに回転し、主回転翼による回転力の反動で胴体が逆方向へ回転するのを防ぐ役割がある。

タービン・エンジンとギアの間にあるフリーホイールは、回転翼からタービン・エンジンの間の動力伝達を調整する。機体上部に主回転翼を2重形式で備えた機体もあり、この場合は回転方向を反対にして回転力を釣り合わせるので、テールローターの必要がなくなる。

■ヘリコプターは垂直に離着陸でき、長時間空中に静止できるなど特殊な性能を有するため、救助活動によく使われる。

操縦方法

ヘリコプターは3軸上で方向を変える。ローリング（左右への傾斜）、ヨーイング（左右への回転）、ピッチング（前後への傾斜）だ。制御はコレクティブ・ピッチコントロール・レバー、サイクリック・ピッチコントロール・レバー、テールローター用のペダルでおこなう。

上昇と下降を制御するには、主回転翼の角度をコレクティブ・ピッチコントロール・レバーで変化させる。角度が急なほど揚力が大きい。ピッチの制御には回転中のある1点で主回転翼の角度を調整する。例えばサイクリック・ピッチコントロール・レバーを前に倒せば回転翼の後傾角が増えてヘリコプターは前進する。ローリングの制御は、主回転翼の左右方向の傾き角度を適切に変えることによって行う。

アンチトルクペダルは固定翼の飛行機のラダーペダルに相当するもので、テールローターを制御して、垂直軸周りのヨーイングを調整する。主回転翼を2つ備え、テールローターが無い場合は、ヨーイングの制御は両方の主回転翼の調整でできる。

■ヘリコプターには翼の代わりに2つの異なった回転翼がある。機体上部の回転翼は揚力を生み、テールローターは機体の平衡を保つ。

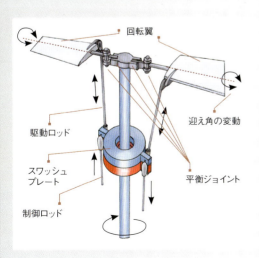

スワッシュプレート

ヘリコプター操縦の要となるのはスワッシュプレートだ。スワッシュプレートは、サイクリック・レバーおよびコレクティブ・レバーに接続され、主回転翼を制御することで操縦士の意思どおりに機体を飛行させる。2枚のスワッシュプレートが回転ヘッド下の回転シャフトにあり、それぞれ機能が異なる。

上側のスワッシュプレートは回転翼と一緒に回転し、下側のスワッシュプレートは前後左右に傾いて回転翼の角度を制御する。

■回転翼とスワッシュプレート

▷ p.351（風力エネルギー）参照

ロケット

ロケット・エンジンは、反作用の原理によって力を伝える。
これは飛行機のジェット・エンジンと同じだが、ジェット機よりも、
けた違いの推力が必要であり、真空の宇宙でも飛べなくてはならない。

ロケットは反作用の原理に従って飛ぶ。推進装置から燃焼ガスを後方に噴出させると、ロケットと噴出ガスの質量とが互いに反発することによってロケットを前方に進ませる。この力を推力といい、排出ガスの速度と単位時間当たりの燃焼ガス量が増えるほど、推力が増大する。

多段式ロケットの概念

衛星などの重量物を地球周回軌道に乗せる場合には、多段式ロケットが使われる。この方式では、各段が独自のエンジンと燃料タンクを備える。各段が燃料を使い果たすと切り離され、次の段が点火される。こうしてロケットの重量が減っていくことによって、各段の推進力から大きな加速度を得ることができる。各段を縦に重ねたり、固体燃料の補助ロケットを横に束ねたりする。

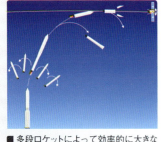

■ 多段ロケットによって効率的に大きな加速度を得ることができる。

飛行機との根本的な違いは、飛行機のエンジンが空気中の酸素を使って燃料を燃やすのに対し、ロケットは空気のない宇宙を飛ぶための酸素を自分で持つことだ。

推力を得るにはいくつか方法がある。化学推進エンジンの燃料は固体か液体だ。酸化剤には液体酸素か酸素を含んだ化合物などを使用する。液体燃料ロケットを始動するには燃料と酸化剤を燃焼室にポンプで送り込み点火する。生じた排出ガスは高速でノズルを通って出て行く。

ロケット燃料としては、数ある燃料のうち、液体水素、炭化水素あるいはヒドラジンが使われている。固体燃料ロケットでは、燃料と酸化剤を混合した固体燃料が燃焼室に蓄えられている。ハイブリッド推進剤は通常、固体燃料と液体酸化剤を組み合わせて使用する。

冷却方法

ロケット燃料が燃焼すると極めて高温になる。そのため燃焼室とノズルを冷却する必要がある。エンジンが大きい場合は、低温の液体燃料を燃焼室やノズルに沿った配管に通して、冷却材として働かせる。別の方法は、高温になる部分について、熱を通しにくい材料で被覆してそれが徐々にはがれていくようにする。固体燃料では燃料と酸化剤の混合比を調整し、燃焼室の外周部分だけは燃焼温度が低くなるようにする。

電気推進ロケット

電気ロケット・エンジンは、イオンガスあるいは蒸発しやすい金属を推進剤に使う。電荷を帯びた推進剤の気体分子を電気または磁気で加速して噴出させる。ただし、この方式では十分な推力が得られないので、地上からの打ち上げには使えない。しかし衛星の姿勢制御や宇宙探査機の推進としては十分な推力があるため、そうした用途では使われることがある。

■ イオン推進ロケットSMART1は、欧州宇宙機関（ESA）が打ち上げた探査機に使われた。

■ 発射台に運ばれるロシアのプロトンMロケット。ブースターを取り付けている。

■ 本体に付けられた固体燃料ロケットブースター。打ち上げ時に使われ、推進剤を使い切ると本体から切り離される。

輸送技術

■ 宇宙への出発と帰還

宇宙船を地球周回軌道に乗せるためには、莫大なエネルギーが必要だ。
地球に帰還するときには、宇宙船の運動エネルギーは
地球の大気との摩擦によって熱となり、降下速度が減少する。

人工衛星や宇宙飛行士は打ち上げロケットで宇宙に運ばれるが、宇宙船を軌道の高さまで打ち上げるだけでは十分ではない。そこから、軌道を回るのに必要な速度まで加速する必要がある。例えば、高度300kmほどの低軌道では、秒速8kmの速度となる。これは地表すれすれの場合だ。もっと高い軌道を回る衛星は、これよりも遅い。

■米NASAのスペースシャトルで使われるマニピュレータ「カナダーム」は、軌道上で重量物を操作するためのロボットアームだ。

> **basics**
> **打ち上げ場所** 赤道付近で打ち上げると、ロケットはすでに地球の回転速度で運動していることになる。そのため加速エネルギーが少なくて済む。
>
> **燃料の重量** 地球の重力と空気抵抗に打ち勝つためには大量の燃料が必要であり、ときにはロケットの打ち上げ時重量の90％に達する。

■打ち上げ直後の米NASAのスペースシャトル・コロンビア。コロンビアの飛行は数々の成功を収めてきたが、2003年の28回目の飛行で、大気圏再突入時に事故を起こして、完全に破壊された。

軌道上での操作

宇宙船が低軌道から高軌道に移動する場合、一定の時間、エンジンを噴射する必要がある。この噴射によって速度が増すと、軌道は楕円形に膨らむ。楕円軌道の一番遠い位置に来ると、再びエンジンを噴射する。この噴射で得られる推力によって、新しい軌道にぴったり合った速度まで、正確に加速する必要がある。

ランデブーの場合には、2つの宇宙船は、それぞれの軌道上で互いに相手に近付いていく。必要ならば、それからドッキングすることもできる。ランデブーの技術は、宇宙で衛星を点検するのに役立つし、機器や宇宙飛行士を国際宇宙ステーションに運んだりする際にも使われる。

こうしたランデブーでは、通常片方の宇宙船が待ち受けて、もう片方が近付いていく。近付いていくほうの宇宙船の飛行は、位置、速度、軸、角度が相手と同じになるように、厳密に制御しなければならない。この複雑な操作は、地上局および近付いていくほうの宇宙船がレーダーで追跡しながら行う。

大気圏再突入

宇宙船が地球に帰還するときには、まず軌道上でエンジンを点火して減速を開始する。宇宙船の速度は非常に大きいため、大気圏への突入操作は極めて細心の注意が必要である。地上に近付くと、濃くなっていく空気との摩擦によって、船体は火の玉になり速度が落ちる。

宇宙船のこの発熱量と減速量は、再突入時の速度と角度によって変わる。減速作用は有人宇宙船カプセルにとって過酷なものとなるが、わずかに浮力が生じるようなカプセル形状にすれば、緩和することができる。摩擦熱の一部は気流によって発散されるが、再突入で燃え尽きてしまわないためには熱遮蔽が不可欠だ。

カプセルの被覆材が熱せられて、溶融・蒸発する際に熱を奪う現象を用いるのが、いわゆる気化冷却である。それに適した材料で外壁を覆う。例えば、アポロ宇宙船に使われた炭素気化冷却材の場合、外部温度が2000℃を超えても、内部の温度は27℃に保たれた。ほかの方法として、スペースシャトルに使われてきた耐熱タイルがある。

最終的に宇宙カプセルはパラシュートで着陸する。カプセルによっては、着陸時の衝撃を緩和するため、内蔵する制動用ロケットを地上付近で噴射するものもある。スペースシャトルは、飛行機のように着陸できる点では優れている。ただ、そのために打ち上げ時の重量は大きくなり、技術的にも複雑になるのが欠点である。

■1998年、大気圏再突入実証機（ARD）を用いた実験により、再突入技術の詳細な検討が行われた。

▶ p.413（ベクトル）参照

建築構造

何世紀にもわたり、大工の棟梁たちや建築職人たちは、各地で固有の建築材料に関する知識や職人技を受け継いできた。それによって各地に多様な建築が残された。しかし次第に、工業製品の使用、ハイテクの導入、建築形式の標準化が進んでおり、伝統技術の継承が危ぶまれる。

建築の基礎に十分な強度を持たせることは、建築計画の重要な要条件だ。建物を支える主体構造は、基礎地盤の条件と建物の時代の粘土小屋と高床住居がそれぞれの代表例だといえる。現代の複雑な建築もこれらのどちらかに分類できる。

■コンクリート構造の場合は、ほぼどんな形状でもつくることができる。シドニーオペラハウスの屋根のような、鉄筋コンクリートの殻でできたシェル構造は、支柱無しに大きなスパンを覆うことができる。

建設 | 超高層ビル | 持続可能性 | 省エネルギー | 社会基盤

建設技術

構造力学の物理学的な基本は、いかにして力の釣り合いをとるかだ。建築構造はあらゆる形式、規模、形状の建築物にかかわる技術である。その対象範囲は、個人住宅の増改築からニュータウンの建設まで幅が広い。土木技術者が担当するのは、都市開発における地盤や地下の構造物であり、その大部分が道路、トンネル、運河、橋、空港などの社会基盤だ。

重量により、連続の基礎か、点状あるいは線状の基礎の上に設置される。基礎の最深部は、地中の不凍層に達する。

壁構造と骨組構造

構造力学的にみると、基本的な構造は壁構造と骨組構造の2つに大別できる。原始壁構造は、伝統的な粘土壁あるいはレンガ積みが典型だ。現在は、コンクリート・ブロック、現場打ちコンクリート、あるいはプレファブのコンクリート部材でつくる。

鉄筋コンクリート造はレンガ造よりも大きな力に耐えられる。鉄筋で補強されているからだ。さらに鉄筋コンクリート造は、スパンや構造形態の面で、より自由度が高い。

棒状の鋼材や鉄筋コンクリート部材、木材を格子状に組んだ構造が、骨組構造の特徴だ。柱と梁で囲まれた部分は壁や床スラブで埋められる。これらには骨組を強化する役割がある。構造自身の荷重で主体構造がゆがむのを防ぐのだ。

仕上げ工事

建物の主体構造ができ上がると、屋根と窓を取り付け、風雨の影響をさえぎる。冷暖房、水道設備、電気設備も設置される。並行して階段、間仕切り、床、ドア、内壁、つくりつけ家具などが仕上げられる。防犯、防火設備も考慮する必要がある。

建築の力学

どんな建物も、多数の異なる建築部材を使って、安定するように組み立てられている。部材同士はしっかり結合しなければならないが、同時に、外部から加わる力に対しては、十分に柔軟である必要がある。

すべての部材の寸法は、建物に加わる圧縮、引っ張り、曲げの力に変形することなく、全体で耐えるように決める。構造技術者は、建物に加わる荷重、建物の自重、風、水、雪、氷などの外力、そして車両の衝撃、地震、雪崩などの特殊荷重による応力も考慮する必要がある。

■構造物に作用する荷重は、すべて主体構造の部材を通して地盤に伝えられる。

■ドイツにある世界最大級の木造ローラーコースター「コロッソス」を支えるトラス構造。木は鋼よりも弾性に富むので、スリル満点の乗り心地を味わえる。

▶ p.281（都市）参照

超高層ビル

超高層ビルの人気が高いのは、建物の高さが人々を引き付けるだけでなく、経済的な設計が可能だからでもある。しかし、高いということは危険と隣り合わせでもあり、安全性への懸念が常に付きまとう。

■中国・武漢市の超高層ビル建設に従事する労働者。ここは中国中央部で最も人口の多い都市だ。

シカゴ派

耐火性の鉄骨骨組と電動エレベーター。構造工学におけるこの2つの革新によって1885年、シカゴで初の高層事務所ビルが建てられた。高さ42mのホーム・インシュアランス・ビルだ。シカゴ派は建築家と構造技術者がゆるく結びついたグループで、それまでになかった建築設計を駆使して、次々に超高層の商業ビルを展開していった。

■ルイス・H・サリバン（1856～1924年）は近代的な超高層ビルの生みの親といえる。

超高層ビルの鉄骨構造は、経済性を念頭に設計される。建物の外形と平面計画は使用可能な床面積を最大にし、建設費を最小にするように設計される。超々高層ビルになると、風によって水平方向に加わる力が難題となる。高くなるのにともなって、風の力は指数関数的に増加するからだ。建物の強度と安定性を十分確保するため、この力を正確に評価しなければならない。

鉄骨構造

超高層ビルは鋼材を用いた骨組構造とすることが多い。主体構造は、鉛直の柱と水平の桁からなる。一般的に鉄骨の骨組は、鉛直方向の柱と水平方向の桁で構成し、これにプレキャストの鉄筋コンクリート板や外壁パネルを取り付けて完成させる。

強固な構造

鉛直方向の支持形式はいくつかに分けられる。鉄骨フレーム、チューブ構造、コンクリートコア、メガストラクチャーなどだ。鉄骨フレームの超高層ビルでは、中央部の柱に取り付けた壁が建物の変形を抑える。チューブ構造ではビルの外周が一つの大きなパイプの断面のようにつくられる。これらの形式が地震や台風に強いため、超高層で最も安全な設計だと考えられている。

超高層ビルの安全性

超高層ビルは、自然災害や火災が起きた場合でも、安全を確保しなければならない。エレベーターと非常口は耐火性能のある鉄筋コンクリート壁で区画を囲うようにつくられる。延焼を防ぐため、途中のフロアに空間を設けることもある。地震国では地盤と一緒に揺れてしかも壊れない、免震基礎の上に超高層ビルを建てることもある。一方、先進的な制震技術を採用した場合は、コンピューターが建物の揺れを感知し、油圧ジャッキでそれを打ち消すように建物を制御する。

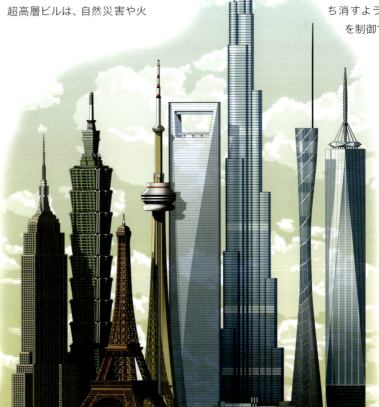

■世界一の高さをめぐる競争。（左から右へ）エンパイアステートビル、台北101、エッフェル塔、CNタワー、上海環球金融中心、ブルジェ・ドバイ、広州テレビ・観光タワー、フリーダムタワー。

環境に配慮した建築技術

ここ10年、化石燃料の資源枯渇を懸念する声が高まっている。建設工事においても、そのことを意識して設計・施工することが、公共事業はもちろん、民間の事業でも多くなった。

■ロンドンのベディントンにある英国最大の環境配慮型集合住宅。CO_2を出さない生活が可能だ。

地元で手に入る自然の建築材料を、持続可能な形で有効利用すること。それは、特に人口が多く資源が乏しい地域では必要に迫られてずっと昔からやってきたことだ。天然資源が枯渇せずに守られてきたのも、こうしたやり方のためだ。

■スイスの「エコ・ヴィラ」の屋上緑化は、優れた断熱効果がある。池には地元の動植物が住み着いている。

平坦で経済的な屋根を用い、自然を取り込むのがライトの建築哲学だった。彼は、滝の上に張り出すような形で知られた住宅建築「落水楼」（米ペンシルバニア州ピッツバーグ市近郊）を設計した。この有名な住宅が訴えたかったのは、環境に配慮した建築はその美しさでも人の心を打つということだった。まさに今日の動向を先取りした建築だったといえる。

する建設方法を模索することになる。それを実現するには、建設地自体の要因、例えば地元産の再生可能な建材を使用することはもちろん、原料採掘、製造、運搬の過程が環境に与える影響を小さくする必要がある。例えば、排出物、廃棄物、消費エネルギー、水の消費を最小にするということだ。総合的な見方が必要なのである。

大規模な建設事業に携わる人たちは、資産の所有者、デベロッパー、地方自治体、建設会社、建築家とエンジニアなどだが、こうした関係者全員と住民が協力して環境に配慮した手法を採用する必要がある。これは一般家庭でも重要である。問題の多くは民間住宅が占めているからだ。例えば米国では、排出されるCO_2の30％は環境負荷が大きい家庭用冷暖房、照明、給排水、ごみ処理器などに起因している。

新しい要求と新しい概念

環境に配慮した持続可能な建築とは何かというと、結局、現在だけでなく将来の人類と環境のニーズまで考慮した建築ということだ。したがって、自然の生態系を破壊せず、将来の世代の負担を軽減

basics
- **木材** 再生可能な資源。成長するときにCO_2を吸収して固定する。
- **粘土** 室内環境を快適に保つのに適し、建築材料として見直されてきている。
- **わら** 木造建築で断熱材に使える。わらぶき屋根は優れた防水機能がある。

産業革命が社会に大きな変化をもたらし、1930年代のような経済危機に直面すると、住居や建築物についても、米国の建築家フランク・ロイド・ライト（1867～1959年）が展開したような、新しい考え方が必要なことが明らかになってきた。

自然の風による冷却

今日でも使われているペルシャ建築の伝統に「ウィンドキャッチャー」がある。これは自然の空調システムであり、経済的でしかも自然への影響が少ない方式だ。この建築に付属する塔が煙突のような効果を発揮する。昼間に熱を蓄えた内部の壁を夜間の空気が冷やし、その温まった空気は塔の中を上って逃げていく。建物の壁も夜間に熱を放射する。空気の通路は個別に開け閉めすることができるため、適度な風が抜けるように操作できる。

■ウィンドキャッチャーは自然の上昇気流を利用し、換気をしながら効果的に冷却する。

p.137（環境に優しい消費）参照

■ 省エネルギー建築

1973〜74年の石油危機によって、増大するエネルギー需要と、地球の限られた資源との危ういバランスが明白になった。今日では、省エネルギー建築は建築技術の中でも不可欠な分野であり、しかも進歩が著しい。

地価は建設計画を決める主な要因だ。1平米当たりの単価が高いと、デベロッパーは利益を上げるために高層建築を建てることになる。そして平均を上回る原価と、企画、建設のコストを埋め合わせるように建物の運用コストを下げようとする。また、建物の利用者は、建物の内部環境全体がいつも快適であることを期待する。その結果、建物の中は常に人工的に制御された気候に保たれ、大量のエネルギーが消費される。したがって、省エネルギー建築の目標は、まずこれらのコストを低減することだ。

省エネルギー建築の実現方法は2つある。第1に、なるべく低コストのエネルギー源を使う。第2に、エネルギーを効率的に使うか、再利用する。このためには、エネルギー・コストを減らす手段を取り入れた設計をしなければならない。例えば代替エネルギーの使用などだ。エネルギーの損失を最小に抑える工夫もまた重要だ。例えば、最適な断熱をする、光を通すガラスを効果的に使う、空調制御、電気、給水システムは効率的なものを選んで設置するなどの工夫によって損失を抑える。

太陽エネルギーの利用

新しいビルのなかには、換気や日照を自動制御するシステムを備えたものがある。このシステムは集中制御され、建物内はどこも一様な気温に保たれる。分散制御システムを組み合わせると、さらにエネルギー効率を上げられる。

先進的な材料や技術を応用した建物も登場してきた。例えば、「ダブルスキン・ファサード」は、気温や気候の変化に自動的に反応する。同じく重要なのは、家庭での自然エネルギー利用だ。例えば太陽光温水器、太陽電池パネル、地熱ヒーター、水再利用システムなど。こうした方法は、新築時あるいは中古建築の改修時にも採用することができ、建物をより省エネにすることができる。

理想的なのは「エネルギープラス住宅」だ。これは非常にエネルギー効率のよい運用ができる。消費するより多くの電気を生産した場合、余った電気は地域の電力網に流すことができる。

しかし、長期的にはこれからも多くの問題を解決しなければ、家庭やビルに省エネシステムを普及させるのは難しい。こうした技術的に複雑なシステムの製造、運用、修繕にかかるコストを下げていく工夫が必要だ。

■自宅の屋根で電力を生産する家屋。屋根を覆っているのは太陽電池だ。

■構想中のエコ超高層アパート。各階の住戸は、ひまわりのように太陽を追うか、反対に日差しを避けるように動いて室温を最適に調整する。

ヒートポンプ

ヒートポンプを使うと、地表の比較的温度が低い所で熱エネルギーを取り出し、ポンプや圧縮機で力学的仕事を加え、それを高温の室内に移すことができる。この熱を建物の暖房などに使うことができる。熱を取り出す媒体には気体や液体が使われる。電気ヒーターで直接暖めるのと比べると、ヒートポンプの消費エネルギーは少ない。

■戸建住宅のヒートポンプ。制御装置、給湯器、中間貯蔵システムで構成される。

標準的な住宅の年間エネルギー（1平米当たり） 標準型家庭の場合は80〜300kWh（キロワット時）に達する。冷暖房に要するエネルギーが多くなっている。

エネルギー消費の少ない住宅 80 kWh以下。

パッシブ・エネルギー住宅 15kWh以下。太陽エネルギーなどの利用により、エネルギー消費を抑える。

エネルギープラス住宅 消費するエネルギー以上のエネルギーを生産する。余剰分は地域の電力会社に売却する。エネルギーを生むのは、ソーラーパネルや風力発電などの小型発電機である。

道路とトンネル

土木技術には道路、トンネル、運河、ダム、橋梁などの建設が含まれる。道路は、コンクリートあるいはアスファルトによって舗装する。これらの設計を左右する主な要因は、その地盤の安定性だ。

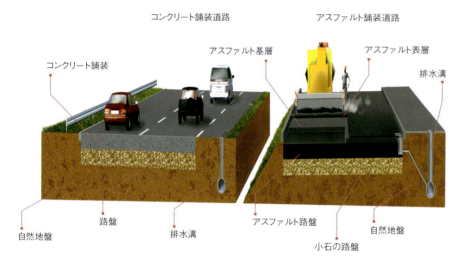

■絶え間ない車の往来に耐えるため、道路は強固でなければならない。道路は、気候による損傷から防護するための上部構造すなわち表層と、主に締め固められた盛土からなる下部構造でできている。

道路は何十年もの間、激しい交通量による荷重に耐えられるだけの強度が必要だ。車道は地形の圧縮力、せん断力を受けると同時に、通過する交通のランダムな荷重を受ける。このほかカーブ区間、高速区間、急ブレーキの多い区間では、衝撃力も加わる。交通の荷重に加え、極端な温度変化や水害のような自然の力も、車道の損傷を引き起こす原因となる。

道路の構造

道路は上部構造と下部構造とから成る。どちらも、その地域の地形と気候条件を考慮して設計される。上部構造は表面を覆って道路構造を守る表層と、荷重を分散して支える基層からなる。必要な場合は凍結防止層が設けられる。下部構造は20〜80cm厚の路盤と、締め固められた盛土などの路床からなる。その結果、下部構造は車道の下2mほどの厚さがある。

道路の傾斜

道路表面の排水のため、道路の幅方向に傾斜が付けられる。カーブでは、この傾斜は車の遠心力に対抗するようにきつくなる。道路進行方向の傾斜は、周囲の地形の構造で決まるが、車の速度に合わせて設計しなければならない。通行速度が速いほど、より平坦な道路にする必要がある。

トンネル

トンネルは起伏のある地形を短いルートでつなぐ。その建設に先立ち周辺一帯の入念な地質学的分析が必要だ。トンネル構造がいかに安全だとしても、交通事故は完全には防げない。ときには、単純な事故が大惨事を招くこともある。1999年のモンブラン・トンネルの事故がそうだったし、さらにタウエルン・トンネル、ゴッタルド・トンネルの事故例もある。いずれもアルプス山脈を貫くトンネルである。

トンネルの建設工事は、まずハンマー、ドリルあるいはダイナマイトを使って岩盤を削ることから始まる。

削った岩盤はトンネル掘削機で取り去る。現在のトンネル建設では、岩盤を取り去った空間に、コンクリート、鋼材アーチ、その他の支持構造物を設けてトンネルが崩壊しないようにする。さらに道路舗装を施すと共に、排ガスの換気と、排水、防火も考慮しなければならない。案内表示も必要だ。

basics

アスファルト
厳選された原油の蒸留過程でできる最終残留物を入念に精製したもの。アスファルトの主な用途は道路建設用で、砕石結合材や防水剤として使われる。

ウィスパー・アスファルト
ウィスパー・アスファルトの構造は、その20%が空隙であり、滑らかな乗り心地が得られる。

ゴッタルド・ベース・トンネル

スイスとイタリアを結ぶこの鉄道トンネルが2015年に開通すると、世界最長のトンネルになる。153kmにわたる路線はGPSとレーダーで測量された。構造計画にはさまざまな要因を考慮する必要があった。変化する岩盤の層や水圧に加え、アルプス山脈の移動と成長までも考慮された。

■直径9mのトンネル・シールド・マシン「シシィ」が回転しながら岩盤を掘り進む。

■信号機下の路面が最も強い力を受ける。車が頻繁に停止と発進を繰り返すためだ。

■ 橋とダム

大規模な構造物の中でも、形の美しい橋と堤防とダムは、とりわけ挑戦しがいのある対象だ。これらに作用する力は、潮の流れや、暴風、大雪、土砂崩れなど、極端に変わるものが多い。

橋は、川や谷や交差点をまたいでつくられる。どれも水平方向の支持スパンを持ち、鉛直方向にかかる圧力は、橋脚、アーチ、あるいはパイロンと呼ばれる塔門などによって支える。

橋の設計で考慮すべきことは、周囲の地形と、橋脚やパイロンを支持する岩盤もしくは地盤の深さと固さ、橋が耐えるべき交通荷重、気象条件、風や水流などの力だ。そのほか建設費、長期間にわたる維持保全費、全体の外観、地元の建設材料なども考慮する必要がある。

アーチ橋はその支持構造を鋼材でつくるが、重量が重い場合は圧縮に強いコンクリートのような材料を使う必要がある。アーチは非常に大きな圧力に耐える構造で、橋の構造体に採用した場合、圧力をアーチに沿って分散させることができる。鋼材のアーチでできたアーチ橋は、最大500mのスパンが可能だ。

吊り橋は長い橋に適した構造であり、800m以上のスパンに渡すことができる。2基の高い支柱間に2本の鋼製支持ケーブルを架けて、そこから吊りケーブルを鉛直に下げて、コンクリート製の車道を吊る。

橋全体の荷重は吊りケーブルによって支持ケーブルに伝えられ、支柱に働く鉛直方向の力で支えている。吊り橋は風によって起こる振動で損傷を受けやすい。

ダムと堤防と擁壁

運河やダムは、川の流れを調節したり止めたりする。貯水ダムは、飲料水や電力を供給したり、洪水を防いだりする。堤防や擁壁は主に洪水や地すべりを防ぐためのものだ。人造ダムで最も多いのが、土を締め固めた築堤ダムだ。このダムはダム自身の重さによって水の力を支える。土や岩をコンクリートで覆うこともある。

丘陵地につくられた擁壁（ようへき）は、水、土、岩、あるいは雪による災害を防ぐ。ペルーではインカ人が、ほかに使い道のない丘を段々畑にして利用した。運河や水路も引いてそこを灌漑（かんがい）し農業を営んだ。

大きなダムがつくられると、水の下に沈む所では何千もの人々がそこから住み替えなくてはならない。このため、ダム、運河、堤防などの建設は、しばしば周辺の環境に深刻な影響を及ぼすことがある。

可動橋

航路と道路が交差する場合、可動橋が最も機能的で経済的な解決法となる。特に大きな遠洋クルーズ船が寄港するような港町に適している。橋の設計にもよるが、道路を部分的かあるいは一体のまま、ある角度まで上げるか、一様に持ち上げるか、あるいは横に振るかする。可動橋では、自動車が船の通過を待つ。

■ ロンドンのタワーブリッジ。船が通過する場合、中央の車道橋が上方に持ち上げられる。

巨大ダムの影響

中国の三峡ダムやエジプトのアスワン・ハイ・ダムのような巨大ダムの場合、環境への影響が深刻になる。巨大なダムがつくられると、自然あるいは文化遺産が失われかねない。

■ 米アリゾナ州のグレン・キャニオン・ダム。コロラド川の水を貯めて、飲料水とエネルギーを供給し、洪水防止にも役立っている。

■ 米サンフランシスコ湾をまたぐ全長1.6kmの金門橋。これほど長いスパンを実現できるのは吊り橋だけだ。

▶ p.368（建築構造）参照

生産工程

現代の工場における生産は、省力化、自動化、コンピューターによる効率向上による負うところが大であるが、それでも高級品など手作業で小規模に行われている生産がいまだに多い。

生産工程の手順はどんな産業にも共通だ。労働者が道具や機械を使って個々の部品をつくり、完成品に仕上げる。その後完成品は品質検査を受け、合格したものが保管され、消費者の手に渡る。

工業製品の市場は国内、海外、あるいは両方だ。また、製品の製造と流通のサイクルの中の至る所で、寿命が来た製品や部品の廃棄物は、リサイクルかリユース（再使用）によって、それぞれの国の規制に適合するように処理されなければならない。

工程の最適化

生産工程を最適化するために考慮すべきことは多い。まず、労賃と原料に必要な運転資金の金額、生産する品物の量と質を決める必要がある。製造に当たっては、部品をつくるのと外部から購入するのとどちらが費用対効果がよいか、つまり内部でつくるか買うかを決めることが重要だ。

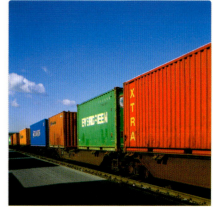
■製品輸送は鉄道が速くてエネルギー効率もよい。

買うならば、必要なときに供給されるようにして保管コストを節約する。これをジャストインタイム方式という。生産ラインの稼動方式では、同一品を大量生産するか、少量生産にするか、あるいは特注品の少量生産（注文生産）のどれがよいかを費用対効果によって決めることも重要だ。

配送の費用効率を考えると、道路、鉄道その他の輸送機関へのアクセスがよいことが必要だ。生産に用いる技術は適用範囲の広いものを選ぶべきだ。そうすれば消費者の要求にぴったりの製品を送り出すことができるからだ。生産工程のこうした多様な側面をうまく調整するのは生易しいものではない。他社が用いている方法と比較することを工程基準評価と呼ぶ。

生産 | 最適化 | エンジニアリング | 組み立てライン

製造技術

原材料、労働力、消費市場を考慮して生産に最適な国や地方が選ばれる。このグローバル化の時代には、1カ所だけですべて製造される製品はほとんどない。情報ネットワークで結ばれた国際的な生産システムができていて、世界各地でつくられた部品が別の場所で組み立てられて完成品になる。コンピューター、自動車、そして飛行機もこうしてつくられる。流通ネットワークが世界中を結んでおり、以前に比べると流通コストは下がっている。生産工程にとっては、物流、資源の確保、環境保護のいずれも極めて重要だ。

工場制手工業

■人の手でつくられた物は大量生産品よりも高価だが、高品質で価値が高い。

機械や組み立てラインを使ってつくられた製品でも、手作業を経ていれば、それは工場制手工業によるものだ。

高品質のものを短時間に大量につくるには、生産工程を分割し、それぞれに作業員が着いて別の機械を使って流れ作業をする。伝統産業の磁器人形や楽器など、より高級な類の品物は今でも完全に人の手でつくられる。

■品質検査では、製品が製造者と消費者双方の要求レベルに達しているかどうかを確認する。要求レベルに達してない場合は廃棄するか、修復して出荷する。

生産工学

生産工程の中核をなす部分が、実際に製品をつくる製造工程だ。原料を加工して部品をつくり、たくさんの部品から最終製品を組み立てる過程が製造工程であり、いかに効率よくつくるかが課題だ。

18世紀まで、原料の加工はすべて手作業もしくは手で操作する道具を使って行われていた。それが産業革命以後は、ほとんどすべての製造が機械による作業になった。1980年代以後はコンピューター制御やロボットが導入され、自動化は極限に達した。かつて製品を完成させるのに大勢の労働者が働いていた工場は、生産ラインが完全に自動化された今、技術者1人に少人数の作業員グループを配置する程度で操業している。

動力源

昔は大きな水車が製造の動力源だったが、産業革命以後これが蒸気機関に代わった。20世紀に入ると、工場では電気が動力に使われ始めた。今はほとんどの生産ラインがコンピューターにより自動化されて中央制御室とケーブルで結ばれている。

製造工程

製品を完成させるには多くの製造工程が必要だ。例えば形成工程をみると、鉄の溶融、注入、曲げ加工、プラスチックや合成材料の加熱や成型などの工程がある。形状や寸法の切り出しには、やすりやのこぎりに代わってレーザー光線が使われる。接合技術としては、リベット、溶接、接着剤などが使われ、部材をつないで組み立てる。化学工程は製品の表面コーティングに使われ、製品の外観をまるで変えてしまう。

組み立てライン

20世紀の初め、ヘンリー・フォードが自動車の製造に組み立てラインという生産方式を持ち込んで、生産工程に革命を起こした。この生産方式は、生産工程を作業ごとに細分割し、非熟練作業員でも従事できるようにしたものだ。こうした組み立てラインに加えて滑り台、クレーン、運搬車、ロボットアームなども生産工程に欠かせない。コンピューター制御のロボットが機械作業の大半を肩代わりするようになったため、人間が関与するのは計画段階、工程制御、定期的な維持管理に限られている。

■ 溶鉱炉は2000年以上にもわたって鉄の製造に使われ、そして今では鋼（スチール）の製造に使われている。鉄鋼の効率的な生産を支える工業基盤だ。

■ 工業ロボットが活躍する日産自動車の組み立てライン

CNC機械

コンピューター数値制御（CNC）機械は、コンピューター・プログラムによって制御され、ほとんど人手をかけずに特定の作業を実行する。フライス盤を例にとれば、余分な金属を切り落として正確に部材を加工するようにプログラミングされている。CNC機械を使えば、手作業より早く、しかも正確に製品をつくり出せる。自動的に品質検査もする。

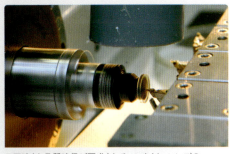
■ 正確さと品質確保が要求されるコンタクト・レンズの生産には、CNC旋盤が使われる。

環境保護と省資源に配慮した製造技術

資源が乏しくなり生態系の破壊が進む今、私たち自身と次世代のためにますます必要となっているのは、できる限り資源の消費を抑え、環境保全技術を向上させながら製造する方法だ。製造工程で生じる廃棄物を削減、除去する触媒などの技術が開発されている。

■綿花の栽培は大量の水を消費する。これが各国の内陸部で砂漠化の一因になった。

石油や金属など、原料の消費ペースが速まると、そう遠くない将来に原料の枯渇が起こるだろう。さらに廃棄物による環境の破壊も将来の世代に悪い影響を与える恐れがある。私たちの後の世代に資源枯渇と環境汚染の問題を先送りしないためには、原料を節約し、廃材を有効にリサイクルするような生産方式を採用しなければならない。

■一面の菜の花畑。欧州ではバイオディーゼルの原料に菜の花が人気だ。従来のディーゼル車にそのまま使えるからだ。バイオディーゼルを混ぜた燃料はディーゼルだけよりもずっと汚染が少ないので普及が進んでいる。

廃棄物管理と洗浄

製造工程で発生する、有害な物質の影響を軽減する環境防護策として使える技術は多い。排水管や排気管にフィルターを装着すれば、廃液や排ガスに含まれる有害物質を減らすことができる。化学反応や物理的作用で有毒物質を減らし、無害化するのだ。

触媒を使えば反応が早まり、排出物を削減することができる。一部の金属合金は車の触媒装置に使われ、排ガス中の有害物質を低減する。窒素酸化物、炭化水素、一酸化炭素を無害な二酸化炭素、窒素、水に変換するのだ。触媒は有毒物質の無毒化にも使える。

気体洗浄装置は、工場の排気に含まれる微粒子や危険なガスを除去する。石灰石を使って二酸化硫黄を石膏に変えて、乾式壁材料の原料としてリサイクルする技術もその一例だ。環境技術は適用できるからといって、いつも使えるわけではない。生産コストがかさむからだ。また、環境防護策は環境破壊をなくすわけではなく、低減し遅らせるだけのものだ。完全に環境を保持しようとしたら生産をやめるしかない。

な手法を総合的に用いる必要がある。

経済的な生産

経済的に生産するには、原料をあまり使わないで済むように製品や製造工程を設計する必要がある。リサイクルされた材料を取り入れるように工程を工夫すれば、原料の消費を低減できる。さらに、使い残した原料や、工程からの廃棄物や廃熱を有効利用することも、経済的な生産につながる。長期的な視点から、こうしたさまざま

林業

木材を適切に管理すれば再生可能な資源となる。持続可能な林業計画とは、一定の期間で回復できるだけの分量しか森林を伐採しないやり方をいう。根こそぎの伐採は、熱帯地方では森林の再生能力を絶やしてしまう。すると侵食によって荒地となり、果ては砂漠になってしまう。荒地になると、空気中から二酸化炭素を吸収する能力もなくなる。

■熱帯雨林をなぎ倒すブルドーザー

リサイクルと廃棄物処分

廃棄物や不要になった品物を処分しようとすると費用がかかる。しかし、廃棄物の増加、環境汚染の進行、原料の不足が深刻化し、その対策として、こうした廃棄物の管理とリサイクルの改善が進んだ。

工業国で排出される廃棄物は、以前にも増して多くなっている。製品は汚れたり傷ついたりしないようすべて包装されて売られる。生産コストを下げ環境負荷を低減するために、輸送時の容積と重量を減らすよう

■廃棄した電化製品が問題になっている。有毒性の部品や、生物に分解されない部品を含むことが原因だ。

な包装にはなっているものの、包装が廃棄物を増やしているのは間違いない。

もし製品自体が壊れるか時代遅れになれば、これもまた廃棄物となる。環境にとってさらに悪いことには、その部品がプラスチックや金属などの合成材料でできた製品が多く、これらは自然には分解しないか、分解しても有毒物質を放出する。

廃棄物の処分

有害廃棄物の環境への影響を抑える新しい方法が開発されている。地下水を汚染から守るため、投棄処分場は水を通さない人工の基礎の上につくられる。焼却処分は依然有毒ガスを出す恐れがあるにしても、廃棄物を環境に安全な形に縮減する一方で、エネルギーを生産できる。

最も適した処分法を決めるには廃棄物の種類、汚染の可能性、廃棄コストを考慮する必要がある。放射性廃棄物のような特定の廃棄物の場合、環境に影響をまったく与えずに処分するのは容易ではない。

リサイクルとダウンサイクル

廃棄物や廃材から、価値のある新たな製品をつくり出す工程をリサイクルという。使用済みのインクカートリッジを再充填して使うことは、かなり以前から行われている。ダウンサイクルとは、廃棄物を使って、元のものよりも価値の低い製品をつくる工程だ。例えばセメントだけを使わずに、刻んだプラスチック梱包材を混ぜてコンクリートをつくる方法などだ。

リサイクル工程には多大の労働力を要し、高い技術レベルも必要なため、効果的に環境保護を進めるには、社会のすべての層が本気で参加しなければならない。

ガラスのリサイクル

ガラスのリユースとリサイクルは古くから行われてきた。使用ずみあるいは割れたガラス瓶は溶かされ、新しいガラス原料に混ぜられるか、それだけで新しい製品に生まれ変わる。種類や色で分別すればリサイクルしやすくなる。欧州の多くの国では、ガラス瓶の半数以上がリサイクルされている。

■ガラスは繰り返し何度もリサイクルできる。

紙のリサイクル

ボール紙は何度もリサイクルされた低品質の紙からでもつくれるが、新聞紙、生理用品、包装紙には高品質のリサイクル紙が使われる。紙の繊維は再使用するたびに短くなり、かなり新しいパルプを混ぜないと印刷用紙には使えない。

■廃棄物の埋め立て処分は、もはや有効な選択肢ではない。環境を破壊するだけでなく、人口の多い国ではもはや捨て場がなくなってきたからだ。

■ユビキタス・コンピューター

1977年、米ディジタル・イクイップメント社（DEC）のケン・オルソン社長はこう言ったとされている。「自宅にコンピューターを所有したい人間がいるわけはない」。今になってみると、彼が間違っていたことは明らかだ。

1941年、ドイツ人技術者コンラート・ツーゼが、プログラムで動く最初の計算機、Z3をつくった。重さが1トンを超えるZ3は飛行機の設計計算用につくられ、スイッチスーパーコンピューター、超高性能マイクロチップ、超小型コンピューターなど、続々と新技術が開発されている。分散して配置されたコンピューターの処理能力を活用す

携帯用コンピューターの小型化

ノートパソコンは、できるだけ小さく軽いほうがいい。バッテリーを長持ちさせるため、ノートパソコンには、消費電力を最小に抑えた専用プロセッサーが使われている。拡張スロットとポートによって外部機器とも簡単に接続できる。

■小型部品を使うことによって、ノートパソコンは小さくつくられるが、そのためデスクトップよりは高価になる。

コンピューター｜部品｜入力｜出力｜記憶装置｜プログラム

コンピューター技術

1940年の登場以来、デジタル・コンピューターの利用はすっかり日常生活に溶け込んでいる。ノートパソコン、携帯情報端末（PDA）、携帯電話などの技術革新が進み、持ち運んで使えるようになった。コンピューターが中心的役割を果たす現代をさして「情報化時代」と言う言葉も登場した。今も処理速度や信頼性の向上と並んで、より小型で機能が多く、誰でも使いこなせるコンピューターをめざして研究開発が進められている。

にはリレーが使われた。その2年後、米国がENIAC（正式名称は「電子式数値積分・計算機」）の製作を開始した。このとき使われたコンピューターという言葉が今も使われている。ENIACは軍の弾道計算用だったが、スイッチに真空管が使われており、電子式としては、プログラム可能な最初のコンピューターとされている。

コンピューター技術は日常生活のほとんどあらゆる面に使われている。ありふれた台所用電化製品から、命にかかわる心臓ペースメーカーまで、今や毎日使うものになくてはならないものだ。自動車、携帯電話、時計、家庭用娯楽機器、防犯システム、病院などを見ても、コンピューターがいかにいろいろと応用されているかがわかる。

将来に向かって

コンピューター産業が世界経済に果たす役割は、ダイナミックで、しかも大きい。

る試みも始まっている。例えば米航空宇宙局（NASA）は、グリッド・コンピューティングを巧みに利用している。計算を実行するためのデータ・パケットを民間のユーザーに配り、彼らがコンピューターを使っていないときに、余った能力を計算に使う。1台のコンピューターで解くと膨大な時間がかかる問題を数千台に小さく分けて計算して、戻ってきた結果を合わせて答えを得る。

■米ユニバック社（現ユニシス社）のUNIVACは最初の商業用コンピューターだ。

■ドイツのユーリヒ研究センターに置かれたJUGENEは、米IBM社製のスーパーコンピューターで、演算速度は毎秒167兆回。

▶ p.385（人工知能）参照

コンピューター技術

■ コンピューター部品

コンピューターのハードウェアを構成するのは、主にプロセッサー、制御モジュール、バス、メモリー、入出力装置である。現在のコンピューターはプロセッサーと制御モジュールが中央処理装置（CPU）として一体になっている。

パーソナル・コンピューター（パソコン）は、事務処理用や個人用として使われている。その一方で、メインフレームなどの大型コンピューターは、会社や政府機関、大学、研究所などで使われている。これらは、多くのユーザーが同時にアクセスできる高性能コンピューターだ。どちらのコンピューターも、それを構成する主要部品は同じだ。

基本部品

コンピューターの中心的部品は、マザーボードと呼ばれる回路基板だ。この基板上の部品同士が信号のやりとりをする。BIOS（基本入出力システム）はマザーボード上の小さなチップに入ったプログラムだ。これはコンピューターの各ハードウェアへのアクセスをつかさどる。

プロセッサーチップとしてマザーボードに取り付けられているのがCPUだ。マザーボードはかなりの発熱をするので冷却するためにファンがある。プロセッサーはコンピューター処理のほとんどを実行し、処理速度を左右する。

プロセッサーは、主メモリーに読み込まれたデータをすばやく処理できる。主メモリーの容量が小さいと、大量のデータを速く処理する必要があるプログラム、例えばビデオやゲームのプログラムの進行が遅くなる。この問題は今では高性能グラフィック・カードを使うことで解決している。これに高性能の3次元画像処理チップを併用すれば、リアルタイムのゲームが可能だ。

コンピューター内部のデータ交換はバスという複数の信号線からなる伝送路を通じて行われる。システム内の伝送速度は、バスが単位時間当たり伝送する情報量に大きく左右される。USB（ユニバーサル・シリアル・バス）を使えば、多くの装置をコンピューターに接続でき、電力も供給される。コンピューターをインターネットやLAN（ローカル・エリア・ネットワーク）上の他のコンピューターとつなぐには、モデムやネットワーク・カードをバスに取り付ける。

■2004年の調査によると、1台のコンピューターを生産するのに240ℓ以上の石油が使われる勘定だ。

■PC拡張ボード。マイクロプロセッサーや、コンデンサー、USB接続ポートなどを搭載している。

アップル社のiMac

1970年代から1980年代にかけて、米国に生まれたアタリ、コモドール、シュナイダーなど多くのパソコン・メーカーがやがて市場から姿を消していった。だが、マイクロソフト社のWindows互換コンピューターとともに、スティーブ・ジョブスが設立したアップルコンピュータ社は生き残った。1998年に販売開始されたiMacはすべての部品をモニターと一体化し、インターネットへも簡単にアクセスできるはじめてのパソコンだ。

■iMacはパソコンの外観とともにアップル社の社運までも一変させた。

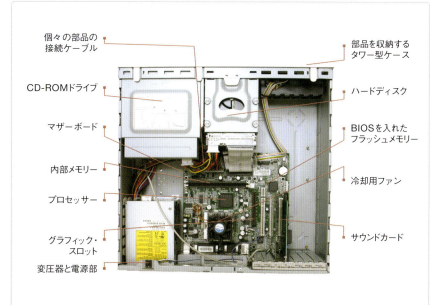

個々の部品の接続ケーブル／CD-ROMドライブ／マザーボード／内部メモリー／プロセッサー／グラフィック・スロット／変圧器と電源部／部品を収納するタワー型ケース／ハードディスク／BIOSを入れたフラッシュメモリー／冷却用ファン／サウンドカード

■部品にはそれぞれ特有の接続方式がある。モニターや外部ドライブなど外部機器にも専用の仕様がある。

■ 入出力装置

パソコンは、その登場以来、性能や機能を絶えず向上させてきた。本体と外部機器の改良によって、マルチメディアへの対応など、コンピューターがこなす守備範囲も新たに広がってきた。

初期のコンピューターは、数値や計算手順の入力用としてレバーとボタンしかなく、出力は制御ランプで示された。やがて、航空管制室で使われていた「モニター」が出力は専用のゲームパッドを入力装置に使う。スキャナーは光学情報を、マイクは音声情報を記録する。マイクは音声で命令できるコンピューターの操作にも使う。

マウス

機械的なマウスと違い、最新世代のマウスには光源が埋め込まれている。通常は発光ダイオード（LED）だ。これで下方の表面を照らし、光学センサーで反射を感知する。レーザーマウスはさらに進んだ技術だ。半導体レーザーを使うため、机の表面が滑らかでも濃淡を感知できる。

■光学マウスに使われるLED（右）と、機械式マウスに使われるボール（左）。

■今日では、ほとんどのオフィスがコンピューターとモニター、キーボード、その他の周辺機器に場所を占められている。

用として取り入れられた。キーボードのお手本になったのは、おそらくテレプリンターという端末装置だ。その後も、使う人の疲労の軽減や制御の最適化、操作の単純化をめざしてさらに改善が続き、今では大量のデータや命令をかなり速く、しかも簡単に入力できるようになった。

入出力装置

最も重要な入力装置はキーボードだ。その文字盤を打って、コンピューターのプログラムとデータを入力する。そのほかの入力装置としてマウスがある。タッチパッドとトラックボールはマウスと同じ働きだが、ノートパソコンや特定用途のコンピューター端末装置で使われる。駅の券売機やスマートフォン、タブレットではタッチスクリーンがキーボードの代わりになる。ゲーム機で

出力装置で最も重要なのはモニターだ。結果は図形的に表示される。文字や画像の編集は、モニターなしでは難しい。モニターは、以前はかさばるブラウン管だったが、薄い液晶パネルに置き換わっている。ほかにサウンド出力装置としてスピーカーがある。1990年代から標準装備になった。そして印刷用のプリンターだ。インターネットもいろいろな相手に接続ができるので、一種の出力装置と考えられる。

仮想世界

サイバー空間すなわち仮想現実が描く世界は、コンピューターがつくり出す、現実には存在しない仮想の世界だ。人々が現実の世界でやっている行動をデータとして入力すると、コンピューターが翻訳して、仮想世界で自分の分身に行動させる。入力も出力も可能な限り現実を模擬しようとする。

フライト・シミュレーター

普通にコンピューターを利用するときは、その前に座り、画面、マウス、キーボードでやり取りするので、五感のごく一部しか使わない。これに対しシミュレーターでは、コンピューターができるだけ現実に近いように再現した環境の中に仮想の状況をつくり出す。フライト・シミュレーターはパイロットの訓練用で、入出力装置に実際の操縦室の操作機器と表示装置を使う。こうすれば危険を伴わずに飛行経験ができる。

■フライト・シミュレーターは、飛行機の操縦士や宇宙飛行士の訓練に使われる。

▶ p.383（アプリケーション）参照

データ記憶装置

データを安全に記憶して保存することと、その実現方法は個人にとっても企業にとっても、ますます重要性を増している。技術革新によって記録媒体の改良も進み、選択肢が広がってきた。

データ記憶装置は、高度の技術基準を満たさなければならない。記憶装置には大量のデータを安全にかつ長期間保存することがますます要求されている。記録媒体は小型で持ち運びができ、アクセスが速く、多くのシステムに接続が可能で、かつ手ごろな価格でなければならない。

標準的な携帯型記録媒体

ひところ使われていたフロッピーディスクとZipディスクは、ほとんど書き込みが可能なコンパクトディスク（CD-R）に置き換えられた。1996年からは、もっと容量の大きいデジタル多用途ディスク（DVD）が使われ始めた。最新世代の光ディスクはブルーレイディスク（BD）で、今のところ50ギガバイトまで保存できる。

USB接続のフラッシュメモリーは半導体メモリーでアクセスが速く、特別な読み取り装置なしにほとんどすべてのコンピューターに接続できる。フラッシュメモリーは電子的に消去できて再プログラムできるものだ。USBフラッシュメモリーは数十ギガバイトの容量まであり、小型で扱いやすい。

特定用途の記録媒体

コンピューターのマザーボードにある主記憶装置つまり主メモリーは、データが処理される前に一時的に記録される高速のメモリーだ。グラフィック・カードやビデオ・カードもそれぞれ独自に主メモリーを持っている。BIOSは、メーカーが重要なシステムデータを保存している一種の永久メモリーだ。通常、このデータを利用者が書き換えることはできない。

主メモリーに使われているランダム・アクセス・メモリー（RAM）は、ハードディスクのような記憶装置に比べてデータの転送速度が速い。しかしほとんどの場合、コンピューターの電源を切ればデータは失われる。新しいタイプのRAMには、電源が落ちてもデータが消えないものが出てきた。

新しい技術

もっと効率的な素材や新しいデータ記録法が研究されているが、これらが実現するのはかなり先のことだろう。例えば、プラスチックに高密度記録する、光学記録媒体の開

■フラッシュドライブは書き込み可能な一種のRAMで、データはコンデンサーに電荷として保存する。

発が進んでいる。微細な構造の領域に記録することにより、DVDディスクと同じ大きさにその数倍も記憶できる。

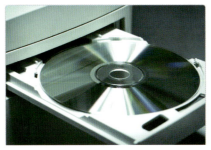
■最近のパソコンはいずれもデータ読み取り装置としてDVDドライブを備えている。

■携帯音楽プレーヤーはフラッシュメモリーを使っており、小型ながら何千曲も保存できる。

basics

ビット 記憶の最小単位で、0か1のどちらかをとる。電荷の場合は正と負で表す。

コード化 キーボードの1文字は、複数のビットから成るバイトにコード化される。通常は8ビットが1バイトだ。$2^8=256$なので、256通りの組み合わせが可能だ。

1メガバイト 百万バイトを意味するが、コンピューターの記憶装置は2のべき乗に基づくので、正確には1メガバイト=$2^{20}=1,048,576$バイトだ。

practice

データ記録の物理

2値データを保存するには、保存材料が0と1を表せるように2つの状態を取れる必要がある。ハードディスクは磁気の極性で0と1を表す。超小型のUSBメモリーは、半導体が電流を通すか遮断するかで表す。CD-ROMは金属膜の凹凸によって表し、レーザーで読み取る。光磁気ディスクは、磁気材料の極性を変化させる。

■容量650メガバイトの書き換え可能なCDは、1996年に販売開始された。対応する書き込み装置で、1000回以上も書き換えられる。

■ オペレーティング・システム（OS）

コンピューターを使えるようにするソフトウェアがオペレーティング・システムだ。コンピューターの動作すべて、すなわちプログラムの始動から終了までを管理し、接続機器を制御するのが、その役割である。

コンピューターは、プログラムされている機能しか実行しない。プログラムは、厳密な論理と決められた命令を用いた言語で書かれる。その多くは、一定の計算手順で記述された、各種の関数を基につくられている。共通の機能としては、一連の処理の逐次的な実行と出力、条件文、データ・オブジェクトの容量と格納場所の設定、ハードディスクやインターネットなど外部機器へのアクセスなどがある。

アセンブラーとコンパイラー

プロセッサーは、アセンブラー言語で書かれた命令を受け取り、演算とメモリー領域の割り当てを実行する。アセンブラー言語は、アセンブラー・ソフトによってコンピューター・コードに変換される。その欠点は、プロセッサーごとに、それぞれ特有のアセンブラー言語が存在することだ。しかし、どんなプロセッサーでも、共通の高級プログラム言語で書いたプログラムを実行させることができる。コンパイラー・ソフトがこれらのプログラムをアセンブラーに翻訳する。

高級プログラム言語

高級プログラム言語は、主にアプリケーション・プログラムに使われる。汎用プログラミング言語は多くのアプリケーションに使われる。特殊な言語は、特定のアプリケーションにのみ適している。宣言型言語では、プログラムが満たすべき条件が定義される。オブジェクト指向型言語では、仮想オブジェクトへの命令が実行される。テキストコマンドを使わない革新的な言語もある。コマンドの代わりに画面に表示されたシンボルをマウスでクリックして実行させるのだ。

言語の例

C^{++}はオブジェクト指向プログラミングや、データベース、バックエンド・アプリケーションによく使われている高級言語だ。

JavaScriptは、インターネットの可能性を広げる言語だ。動きのある表示や便利な機能を持つウェブページ（p.388）を実現する。JavaはJavaScriptとは別のもので、OSに依存しないソフトをつくるためのオブジェクト指向言語だ。HTML（ハイパー・テキスト・マークアップ言語）はプログラミング言語ではなく、ウェブページのフォーマットを記述する言語だ。

■2000年のプログラミング・オリンピックに参加した選手たち。

■ウイルスは、電子メールやダウンロード・ファイルから侵入し、コンピューターに感染し損害を与える。

---

issues to solve

トロイの木馬　一見無害かのように、おとなしく潜伏しているが、いったんプログラムが走りだすと、使用者のコンピューター・システムを乱して壊してしまう。

スパイウェア　不正に個人のデータ、パスワード、プログラムにアクセスするプログラム。

ダイアラー　利用者が知らないうちに、高価なダイヤルアップ回線につないでしまうプログラム。

---

in focus

オペレーティング・システム（OS）

■大手ソフトウェア・メーカーの市場戦略に、目立つロゴマークの採用で知名度を上げるという方法がある。左からWindows、Mac、Linuxのロゴマーク。

Linuxはオープンソースの OS だ。つまり利用者がプログラムのソースコードにアクセスできる。このため、利用者がコードを修正したり、プログラムを付け加えたりしてもかまわない。Linuxプログラムは無料で入手できる。

米マイクロソフト社のWindowsは、最も多く使われているOSだ。こちらは今でもソースコードを公開していない。

Mac OS X はUnixを基にしたOSで大変使いやすい。デザイナーなど創造的な仕事をする人に人気がある。

▶ p.387（インターネット）参照

コンピューター技術

■ アプリケーション

アプリケーションは、利用者が直接使うソフトウェア・プログラムだ。ワードプロセッサー、表計算プログラム、コンピューター支援設計（CAD）ソフト、メールソフトや娯楽用のゲームソフトなど多岐にわたる。

仕事に使うソフトにはワープロ、表計算、プレゼンテーション、データベースなどがある。ここでは米マイクロソフト社のOfficeがトップシェアを誇っている。オープンソース・プログラムのOpenOfficeは、無料でダウンロードして使え、自分のニーズに合わせて修正もできるので、人気上昇中だ。

マルチメディア

マルチメディア・ソフトを使えば、写真、ビデオ、音声ファイルの編集ができる。アニメーションツール、レイアウト・プログラム、ウェブサイト作成のアプリケーションも含まれている。シンプルで使いやすいフリーソフトや、GIMP（GNU画像操作プログラム）のようなオープンソースの画像編集ソフトから、熟練しないと使えない高価なプロ用のプログラムまでいろいろある。

■ プレイステーション、Wii、Xboxなどの据え置き型ゲーム機は、テレビを出力装置に用いている。

これらのソフトではファイル圧縮、色空間、解像度などの方式が違っている。プロ用のソフトは、大きなファイルを、高解像度かつ圧縮によるデータ損失なしに編集することを目的としている。これらは、可逆フォーマットを用いているので、元のデータを復元することができる。家庭向けのソフトでは、画質とファイルサイズのバランスを考えて、ある程度のデータ損失を許容している。これらは不可逆フォーマットを用いており、元のデータを復元できない。

■ 1980年代から1990年代に広まった携帯用ゲーム機は、ますます小型化が進んでいる。

コンピューターゲーム

コンピューターゲーム業界がコンピューターの発展に及ぼした影響は極めて大きい。ゲーム設計者は常に最新のハードウェア上で走らせるゲームを設計するので、ユーザーはそのたびに買い換えたくなってしまうのだ。その結果、1980年代には家族共有のコンピューターのキーボードをたたいてゲームをしていたゲーム愛好家たちは、今や自分用のコンピューターをLANやインターネットにつないで多人数参加型の3次元ゲームを楽しんでいる。これらはすべて高性能のプロセッサー、メモリー、グラフィック・カードが開発されて可能になったことだ。

> **ゲーム機の進化**
>
> ゲームを楽しむ場合、コンピューター、ゲームセンターのゲーム機、ゲーム専用機のどれでも遊べる。ゲームの映像や音楽のフォーマットはパソコンと同じものを使っており、互換性も高い。ソニーのプレイステーション・ポータブル（PSP）やニンテンドーDSなどのディスプレイは汎用化されており、動画を見ることも可能で、インターネットを通したゲームもできる。コンピューターより機能の豊富なゲーム機もある。
>
>
>
> ■ 最近のゲーム専用機はインターネットやLANにつなぐこともできる。

■ 卓球ゲームのポン（1972年）やパックマン（1980年）からコンピューターゲームの歴史が始まった。ゲームは強力な技術推進力となり、多くの技術革新をもたらした。

■ 知的機械

ロボットは人間の助手として、複雑な、単調な、あるいは危険な仕事が得意だ。
しかし、予想外の局面に対応できる、人間の知的な判断力や多才さには及ばない。

ロボットはコンピューターで制御される機械だ。特定の仕事を遂行するように設計されており、例えば工業用ロボットは溶接や組み立て作業をする。しかし、決まった動作環境のもとで、決まった仕事をこなすよ

自立して移動できるロボットはもっと独立性が高い。そして、歩き、運転し、泳ぎ、飛び、さらには突然の事態に対応することもできる。最近では建物の防犯、食事の世話、訪問客の展示案内、惑星の探査などの仕事

ロボット｜人工知能｜インターネット｜WWW｜生体認証

知的機械とネットワーク

電子的なネットワークを使って、人も機械も通信ができるようになった。
これからは、人間の思考をモデル化した人工知能を備えた機械や、
多様な仕事をこなすようにプログラムされた機械が増えていく。
同時に、一見単純な日常生活の中でも、コンピューターの利用が増えていくだろう。

ロボカップ

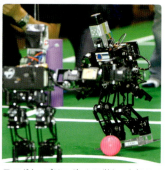

この国際競技は、学生や科学者の創造性を鼓舞し、遊び心に満ちた挑戦だ。その夢は、人間の姿をしたロボットでサッカー・チームをつくり、2050年までに人間のワールドカップ・チャンピオンを負かすことだ。

■ロボカップはロボット工学と、人気のスポーツ、サッカーを結びつけたものだ。

うにプログラムされているだけなので、もし仕事の手順に変更があればプログラムし直す必要がある。この変更はしばしば「ティーチイン」という方法で行われる。人間の操作員がロボットを手で動かして、一通り行わせ、それをロボットが記憶するものだ。

■でこぼこ道を進めるように設計されたロボットは、昆虫をモデルにすることが多い。神経系をプログラムで模擬し、状況に応じてどう動いたらよいかは、おのおのの脚自身が「決定」する。

の一部もこなせる。

ロボットは、自らに組み込まれたセンサーで周囲の環境や構成部品に関するデータを取りこむ。例えば、超音波を出して反射が戻ってくる時間を測り、障害物までの距離を決めることができる。またカメラを使えば、もっと詳細な環境のデータが得られる。ロボットのバッテリーの残量は電圧計からわかるし、内部分度器でロボットの握りアームの位置を設定できる。自分がどこに居るかはGPS装置か、周囲の目印になるものを利用して確認できる。

ロボットはアクチュエーターで動く。アクチュエーターは脚、車輪、握りアーム、あるいは特殊ツールとして組み込まれ、すべて電動モーターで動く。ロボットの装備が複雑になるほど、技能は向上する。しかし、その分プログラムも難しくなる。

ロボットのプログラミング

ロボットは、センサーが取り込んだデータから、周囲の状況や自分自身の動作機能を評価するようにプログラムされている。そのときデータ不良の可能性も考慮するようにしている。例えば、ロボットは自分の移動

距離を車輪の回転数から計算するが、車がすべるといった単純な誤動作により距離の誤差を生じる。このような場合は、問題が起きたことをロボットが識別し、センサーのデータを追加取得して補正する。

ロボットの仕事によって、どのアクチュエーターをどのように動かすかはプログラムが決める。高度なロボットは、異なる行動をうまく組み合わせることもできなければならない。例えば、障害物を避けながら目標に向かって進む、といったことだ。こうした複雑な行動をさせるには、人工知能（p.385）の技術を使ってプログラムする。

■工業用ロボットは、限られた特定の仕事だけをするようにプログラムされており、その実行は速く、正確で、疲れ知らずだ。

▶ p.420-421（新しい数学）参照

知的機械とネットワーク

■ 人工知能

人工知能（AI）は、コンピューター科学の一専門分野だ。研究者たちは、人間が持つ知的な能力をコンピューターで再現しようとしている。それは、知覚、学習、推論、言語処理などの能力だ。

神経細胞（ニューロン）のそれぞれをコンピューターで模擬し、層状にして相互接続すると、いわゆるニューラル・ネットワークができ上がる。入力層に入ったデータは、ネットワークでの処理を経て出力層まで伝達される。出力層では、データがどのようなニューロン経路を通ってきたかに応じて処理される。サンプルデータによって、ニューロン経路を調整するのが学習の段階だ。学習後は、手書き文字のように字体にばらつきがあっても認識できる。

コンピューター用の知識

コンピューターに知識を蓄えるのは複雑な処理になる。単に普通のデータを記憶するよりも、ずっと大仕事だ。例えば、イスの知識をとっても、単なる形状と置き場の情報をはるかに超えたものとなる。多くの文脈では座るものという本来の機能が重要だとしても、この機能以外にイスは物を置く場所にも、踏み台にもなる。

知識には事柄や行動に関するものもあるし、知識そのものについての知識、つまりその範囲、信頼性、出所などがある。こうした「知識データ」は組み合わせてステートメントにすることができる。このステートメントをいくつか使えば、論理規則によってさらにステートメントを引き出すことができる。この方法はエキスパート・システムに使われるものだ。例えば、故障した機械の原因は何かを見つけ出し、さらには修理計画まで立てるというように使える。

AIとロボット工学

ロボットは当初、「知覚する⇒計画する⇒行動する」という形でプログラムされた。この技法の弱点は演算時間が極めて長く、予期せぬ事態でのロボットの反応速度が遅いことだ。

その後、研究者が模擬したのは、生物が従う刺激・反応原理だ。私たちが熱いストーブを触ったとき、反射的に手を引っ込めるのはこの原理による。こうした一連の刺激・反応は複雑な動作だが、私たちが会話に夢中になりながら階段を上るときに使われている。今はこれら両方の方法が組み合わされ、複合的な仕事も可能になっている。

■コンピューターが人間を打ち負かす領域もある。2006年にはすでに、コンピューター「ディープフリッツ」がチェスの世界王者ウラジミール・クラムニクを破っている。

チューリング・テスト

1950年代に数学者のアラン・チューリングは、コンピューターが知的かどうかという疑問に答える試験法を考案した。この試験の仕組みは、人間の判定員がコンピューターと自然な会話を続けるというものだ。判定員は、彼らが相手にしているのが人間なのか、人間らしい応答をするようにプログラムされたコンピューターなのかを判定する。

■アラン・マチソン・チューリング（1912〜54年）は、コンピューター理論を追求した。

■福岡市のショッピング・モールで、話をするロボットを囲んで遊ぶ幼稚園児たち。

▶ p.421〈21世紀の数学〉参照

コンピューター・ネットワーク

現代の社会はコンピューターに大きく依存しており、世界中の人間がコンピューターを介して結びついている。データはネットワーク上を、機械から機械へと流れていく。それは、部屋の中の移動かもしれないし、世界的な規模かもしれない。

■LANパーティーでは、参加者同士がコンピューターを接続し、多人数参加型ゲームで競い合う。

小さなコンピューター・ネットワークは簡単につくることができる。このようなローカル・エリア・ネットワーク（LAN）は、次にはもっと広範囲なネットワークのノードとリンクとなり、ついには世界的なネットワーク構造ができ上がる。ネットワークにはプリンターやその他の機器も含まれ、多くの利用者がアクセスできる。こうしてコンピューター同士は情報を交換し、1台のプリンターが何台ものコンピューターに共有され、全員に関係するデータは共通のサーバーに保存される。サーバーとはネットワーク内にサービスを提供するコンピューターもしくはプログラムだ。例えば、メールサーバーは個人あてのメッセージ（電子メール）を受信者に配信する。

■無線アクセス・ポイントは、無線ネットワークと有線ネットワークとをつなぐ装置だ。

LAN

LAN上のコンピューターは通常、同じ建物内にあり、ネットワーク・カードを介してネットワークにつながっている。アプリケーション・ソフトはネットワーク・カードにデータを渡し、逆に外部から来たデータを受け取る。Windows、Mac OS、Linuxなどのオペレーティング・システムはこうしたデータ交換の交通整理をしている。

ネットワーク・カードは、データを細かく区切ったパケットの形でネットワーク上に送りこむ。データ・パケットは、プロトコルと呼ばれる技術的な規約に従って交換される。同様にコンピューター・ネットワークを構築するのにも特定の技術標準が使われる。イーサネットは有線ネットワークの構築に広く使われており、無線ネットワークではワイヤレスLAN（WLAN）が最も普及している。WLANと有線ネットワークの間のインターフェースは無線アクセス・ポイントという専用の装置が処理している。

分散コンピューティング

科学研究では大きな演算能力を必要とすることが多い。このとき、スーパーコンピューターを使わずに、たくさんの普通のコンピューターに処理を分散して同時に働かせる方法もある。例えば、SETI@homeプロジェクトでは、コンピューターを使用していないときにスクリーンセーバーソフトが動いて宇宙人からの信号と思われるデータを探す。

■データ解析の進行状況を表示するSETI@homeスクリーンセーバー。

■LAN内でのデータ交換は、イーサネットという有線ネットワーク規格で行われる。イーサネット技術を拡張し、遠隔地のLAN同士を光ファイバーや無線を介してつなぐこともできる。

■ インターネット

インターネットという言葉は「ネットワーク間の接続」を意味する。この先進技術によって、大小を問わず、世界中のどのネットワークにつながったコンピューターとも、データを交換することができる。

インターネットは、無数のコンピューター・ネットワークの相互接続を仲介する専用ネットワークだ。インターネットは、より下位の世界中のネットワーク、例えば企業や大学が運営しているローカル・ネットワークなどを1つにつなぐ。

インターネット時代の幕開け

インターネットの事実上の幕開けとなった研究は、米国で1950年代に始まった。それを実施したのは米国防総省の高等研究計画局（ARPA）だ。1969年に、4大学を接続した試験的なコンピューター・ネットワークARPAネットが稼動を始めた。次第にそれに加わるネットワークが増えていき、技術も強化され電子メールのようなサービスも導入された。技術の標準化が進み、国際的な関心も高まって、ついに現在のインターネットの姿となった。

■インターネット・カフェはサイバーカフェとも呼ばれ、ここで客は世界の情報に接することができる。

■サブネットワーク同士をつなぐ光ファイバー・ケーブルをインターネットの「バックボーン」という。

データ伝送プロトコル

コンピューター間のデータ送信は、インターネット・プロトコル（IP）によって標準化されている。可変長のデータは、分割されて固定長のパケットとして送信される。インターネット内のサブネットワークは、ルーターを介して接続される。

パケットの先頭には送信側と受信側のアドレスが書かれている。これらのIPアドレスは60.230.200.100というような、ピリオドで区分された数字の列だ。もし、データ・パケットの宛先がルーターと同じネットワーク上になければ、データはそこを通過して他のネットワークに送られる。

プロトコルは、IPのほかにもある。例えば、トランスミッション・コントロール・プロトコル（TCP）は、データが受信者のコンピューターのアプリケーション・プログラムに確実に届くようにする。

伝送システム

誤解されやすいが、インターネットはアプリケーションではない。アプリケーションの実行に必要なデータを伝送するシステムだ。

インターネット関連組織

インターネットの取り決めには多くの団体が従事している。インターネット・エンジニアリング・タスク・フォース（IETF）は、組織や技術の問題を取り扱う。ネットワーク・インフォメーション・センターは、インターネットのアドレスを割り当てる。ワールド・ワイド・ウェブ・コンソーシアム（W3C）は、ウェブのプログラムと伝送を担当している。

■バンクーバーで会合するIETFの作業グループ

■インターネットは世界中のローカル・ネットワークを接続したものだ。個人はインターネット・プロバイダーを経由してアクセスする。

ワールド・ワイド・ウェブ

ワールド・ワイド・ウェブ（WWW）のアイデアによって、インターネットはすべての人にとっての情報センターに一変した。既存メディアの新聞、ラジオ、テレビとは対照的に、誰でもどこでも、その内容と発展に寄与することができる。

ワールド・ワイド・ウェブ、あるいは単にウェブはインターネット（p.387）の価値を飛躍的に高めた機能だ。インターネットの利用者は、ウェブブラウザーの助けを借りて情報の海を泳ぎ回ることが可能になった。インターネット上のウェブサーバーに保存された文書をブラウザーが呼び出して、ウェブページとして表示する。ウェブページにはテキスト、写真、画像、音楽、ビデオが含まれる。

ハイパーリンク、あるいは単にリンクはウェブページの中の重要な要素だ。それらは他のウェブページへのリンクを示していて、利用者がそこをクリックすると、ブラウザーはリンク先のページへ飛んで行って表示するのだ。

ウェブページの構造

ウェブページをつくるための文書には、ページの内容とともに、それらをどのように構成して表示するかが記述されている。この記述はハイパー・テキスト・マークアップ言語（HTML）を使って書かれている。ブラウザーはこの言語を翻訳して内容を指示どおりに表示する。単純なページのデザインならば習得するのは難しくない。

ブラウザーはユニフォーム・リソース・ロケーター（URL）という住所を頼りにインターネット上で文書を見つける。例えば、http://www.example.com/examples/example1.htmlというURLは、example1というウェブページが/examples/というディレクトリの中にあることを示す。このページがあるウェブサーバーはwww.example.comというドメイン名を持つ。ブラウザーは特定のプロトコル（p.387）に従ってこのページを要求し、ウェブサーバーはハイパー・テキスト・トランスファー・プロトコル（HTTP）を使って送り出す。URLは文書にリンクとして埋め込んでもよい。

ウェブ上の情報検索

ウェブ上の情報を探す場合は、検索エンジンとウェブ・ディレクトリを使うことができる。利用者が検索語句を入力すると、検索エンジンがこれらの語句を含むページをリスト表示してくれる。このために検索エンジンは、ウェブクローラー、スパイダー、ロボットなど、専用のプログラムを使ってウェブページを調査して検索語句を特定し、データベースを構築しておく。

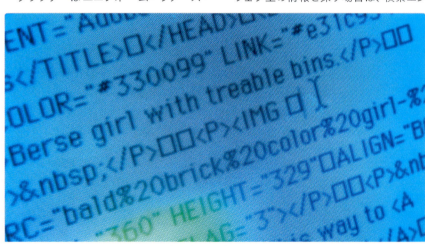
■HTML（ハイパー・テキスト・マークアップ言語）はウェブページの中身を制御するためのテキスト型言語だ。ウェブブラウザーと呼ばれる専用のプログラムがこれらの命令を解釈しウェブページとして表示する。

> **発展の歴史**
> 最初のインターネットは1969年、4台のコンピューターを接続した形で始まった。1991年には37万5,000台になり、今は4億台を超える。

> **最初のウェブページ**
> インターネットの革命は、ジュネーブの欧州合同原子核研究機関（CERN）で始まった。1989年、コンピューター科学者ティム・バーナーズ＝リーは、大量の文書を効率的に参照する新しい方法を思いついた。この使いやすい情報ネットワークをCERNで構築しようとした。システム技術者のロバート・カイリューがそのアイデアの実現に協力した。

■2002年アストゥリアス王子賞を受賞したロバート・カーンとティム・バーナーズ＝リー（右端）。

■ウェブブラウザーは、文字、写真、ハイパーリンクを画面に見やすく表示するプログラムである。ブラウザーはWWWの検索を可能にするユーザーインタフェースでもある。

▶ p.382（オペレーティング・システム）参照

ネットでつながる世界

インターネットとワールド・ワイド・ウェブによって、世界中のコンピューターと、人々、そしてアイデアが結ばれた。その結果、インターネットを舞台にしたビジネスがただちに生まれ、新しい形のコミュニティも出現した。

インターネット（p.387）は社会を変えた。情報を世界中に広め、簡単に入手できるようにするのに、これほど適した手段はない。組織化の有効な手段になる。このため、非民主主義国の政府は国民のインターネット利用を制限し、政治的、宗教的に都合の悪い情報へのアクセスを阻止している。

■インターネットの世界地図（2007年）。世界のルーターの分布を示す。北米と欧州、次いでアジアでの普及が進んでいる。

■オープンソースのOS、Linuxは世界中のソフト開発者によって、常に改良されている。

自分の意見や考えを個人のウェブページやブログ（オンライン日記）に発表できるし、この接続性を生かして新しいプロジェクトを始めることも可能になった。

ウィキペディアというオンライン百科事典は、世界中の利用者が共同で作成するので、日ごとに中身が膨れ上がっている。オープンソース・ソフトウェアも同様の方法で発展していく。政治や社会問題の分野で活動するグループにとって、インターネットは組織化の有効な手段になる。

仕事とビジネス

電子メールを使えば簡単に文書が送れるため、世界中に散らばる得意先や仲間といつでも連絡がとれる。また、世界中の専門家が居ながらにして共同作業できる。

企業や商社は品物やサービスをオンラインで宣伝し、ありとあらゆる種類の品が直接ウェブで購入できる。支払いにはクレジットカードやその他の方法が使える。口座情報やパスワードを暗号化することで、オンラインで銀行取引もできる。オンライン取引は絶対安全だとはいえないが、それは店頭でクレジットカードを使って支払うときや、銀行窓口で取引する場合も同じことだ。

ネットワーク犯罪

一方で、不正な利用者がインターネット経由で機密情報にアクセスしたり、データを書き換えたり破壊したりできる恐れもある。部外秘の情報が置かれたサーバーは、ファイアーウォールで保護されるが、コンピューターのプロは、セキュリティ・システムの欠陥をついたり、スパイウェアやウィルスをもぐりこませたりしてこれを破ってしまう。こうした手口を使うのは犯罪者やスパイだけに限らない。国によっては、警察が個人のコンピューターの探索に同じやり方を使おうとしている。

■インターネットは働き方も変えた。新しい勤務形態として、少なくとも週の何日かを自宅で勤務するテレワーカーが出現した。

モノのインターネット（IoT）

日用品に超小型コンピューターが組み込まれる日がいつか来るだろう。冷蔵庫が必要なときにミルクを注文し、住人が留守のときも玄関ドアが荷物を受け取る。多様な機器がインターネットを介して情報をやり取りする技術をモノのインターネット（Internet of Things、IoT）とも呼ぶ。

■階段から転落するなどの事故が起きると、腕時計が自動的に救急車を呼ぶ。

▶ p.387（インターネット）参照

■生体認証技術

生体認証技術は、パスワード、磁気カード、ICカード、鍵などの代わりに、個人の身体的特徴や行動パターンに注目するものだ。この技術を用いることによって迅速に、より確実な身元確認と機密保護ができる。

生体認証技術を使えば、パスワードを忘れたり、盗まれたり、鍵をなくしたりして困ることがなくなる。生体認証システムに使われる身体的特徴には指紋、顔の形、虹彩、手などがある。行動パターンによる確認には署名、声紋、キーの打ち方などがある。しかし、個人の特徴、とりわけ行動に関しては時間によって変化することがある。

ある人の個人データ、例えばスキャンした指紋や顔写真などは、まず登録という手順で生体認証システムに入力される。システムにもよるが、これらの生データを数学的に処理してテンプレートとなるデータセットがつくられる。このテンプレートが個人のIDカードやパスポート、あるいはデータベースに保存される。必要に応じてアクセスされる固有の情報も一緒に保存される。個人の認証は、入館チェックのときなどに行われる。そのときにもう一度身体的特徴が取り込まれ、保存されたものと一致すると、システムは当人であることを確認したと記録する。

確実な運用法

生体認証システムは年齢、病気、体や機器についた汚れなど、そのときの状況によって特徴が変化すると、大なり小なり間違って認識しがちだ。また、髪型を変えたり、コンタクト・レンズにしたり、指をスキャナーに置く位置が違ったりしてもエラーを起こす。これを防ぐには特徴が厳密に一致することは期待せず、適度に一致していればよいとすることだ。

生体認証の性格上、それぞれ最も適した使われ方がある。生体認証システムは、偽造した指紋や怪我をした指は受けつけないことに注意する必要がある。これを防ぐのに使える技術はあるが、コストの関係から高度なセキュリティが必要な場合のみ使われる。さらに、生体認証システムをいくつか併用するか、あるいは保安員が現場で監視するのがよい。

■顔の骨格や虹彩の形状は年月を経てもあまり変化しないので、生体認証に使われる。

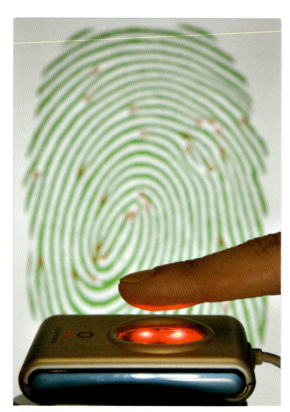

■携帯用指紋スキャナーは生体認証による個人確認を提供し、保安管理に役に立つ。

生体認証技術の使用

多くのコンピューター・システムは、許可された利用者の確認に指紋を使っている。あるビジネスでは、登録した顧客ならば指でタッチすれば支払いができる。犯罪容疑者の指紋は、現場に残された指紋とコンピューターで照合される。原子力発電所内などでは、保安員に加え、生体認証システムによって監視する。生体認証データを保存したRFID（p.391）をパスポートに埋め込んでいる国もある。

■生体認証の特徴を保存したパスポートは偽造や誤用を防ぐ。

▶ p.378-383（コンピューター技術）参照

■ RFID：無線で接続するICタグ認証

RFID技術は、いずれ消費財についているバーコードの代わりに使われると期待されている。各種ビジネス、製造、日常生活で応用すれば役に立つが、プライバシー侵害の懸念もある。

RFID、すなわち無線ICタグは物品や生物の特定に用いる技術で、無線を利用している。専用のRFIDトランスポンダー（応答器）は、小さなコンピューター・チップと極小アンテナを持つタグで、これが対象の物品に取り付けられる。チップにはタグのシリアル番号のほか、製品番号や建物への入館コードなどのデータが書き込まれる。

RFIDタグは、専用の読み取り装置から信号を受け取ると、それに対して必ずデータを送り返す。ほとんどのタグには電源はなく、読み取り装置の信号から必要な電力をもらって動作する。RFIDを用いたシステムを構成するにはデータベースを持つコンピューター・システムかネットワークが必須だ。データベースには製品コードとシリアル番号のほか、詳細な情報、例えば価格、有効期限、倉庫や店での置き場などを保存する。

RFIDリーダーの種類には、据え置き型と携帯型、また恒久式と可変式がある。一方、タグには接着タイプの「スマートラベル」型やカード式のトランスポンダー型などがある。カード式はポイントカード、交通パス、入場カードなどに使われる。もっと頑丈なタイプのトランスポンダーは、例えば製造工程で工業部品を追跡するのに使われる。バッテリー付きで受信範囲が広いトランスポンダーは輸送コンテナ向きだ。RFIDタグは保存できるデータ量が多いこともメリットだ。

もっと高価なタグになると、不正な利用者がデータを読んだり書き換えたりするのを防ぐ対策も備えている。センサー機能を持つトランスポンダーもあって、位置や温度によって応答信号を変えられる。このようなRFIDセンサーは冷凍食品の温度を監視したり、トラックのタイヤの空気圧を非接触で記録したりするのにも使える可能性がある。

RFIDタグは製品の偽造も難しくする。だからパスポートなどの文書（p.390）に埋め込めば、偽装を防止できる。IDカードや鍵にRFIDトランスポンダーを取り付ければ、建物や車への出入りも監視できる。また、労働者が職場に何時間いたかも同様にわかる。

■ 情報を電子式に保存するRFIDタグが従来のバーコードに代わって、製品の情報を示す手段になりつつある。

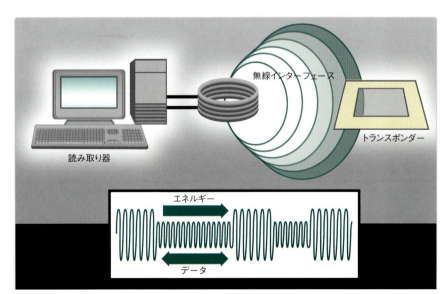
■ RFIDの無線通信に使われている技術で差はあるが、RFIDタグが読み取れる通信距離は、電磁誘導方式の場合で数cmから約1mだ。

RFIDとプライバシーの権利

RFIDタグは、こっそり取り付けて読み取れる。だから不正に利用されれば、気づかないうちに監視され、匿名性の権利を侵害される可能性が懸念される。そこでプライバシーの権利を守るために多くの要求がなされてきた。例えば、消費者は購入品にRFIDシステムが使われているならば必ず知らされるべきであり、購入後はそのタグを破壊する権利を有するべきだ。さらに不正なタグの読み取りを禁止し、本来の目的に限定する。

■ 市民団体やプライバシー活動家は、RFID技術が不正使用される危険性を懸念している。

■ 米粒ほどのガラス筒にはいったRFIDタグはペットや家畜、それに人間にも埋めこむことができる。

電話網｜移動電話｜ビデオ｜ラジオ｜テレビ｜映画技術｜印刷

情報通信技術

私たちの日常生活のあらゆる場面に、さまざまなメディアが満ちあふれ、影響を及ぼしている。私たちの社会で、情報や広告を広めるのも、世界的事件から個人のできごとまで記録するのも、さらには娯楽を提供するのも、メディアの機能だ。情報処理と通信の技術が進んで、メディアはますます便利になってきた。昔ながらの印刷技術に頼る新聞や雑誌が活躍する余地は次第に狭くなり、ラジオやテレビも徐々にインターネットにその地位を脅かされている。

■ 固定電話網

電話システム全体のデジタル化が進んだおかげで、ここ数年の間に、電話の利用は大変便利になった。利用可能な通話サービスの種類も、以前と比べると見違えるほど豊富になっている。

現在の固定電話システムは、異なる都市あるいは地区の電話局間を、ほぼすべて光ファイバーを用いたデジタル回線でつないでいる。しかし、個人の加入者と電話会社の電話局の間、俗に「最後の1マイル」と呼ばれる区間の接続は、いまだに昔からの銅線が使われていることが多い。利用者が受話器を取り上げると、地元の電話局と回線がつながる。電話番号をダイヤルすると、各数字ごとに周波数の異なる2つの音の組み合わせ（トーン信号）が電話局へ送信され、電話交換処理が始まる。

電話局から電話局へ

電話局は電話網の中の各ノードに相当する。加入者の電話接続を処理するのは、加入者の地元電話局だ。

利用者が電話をかけると、まず地元の電話局につながる。通話したい相手がその電話局と直接つながっている場合は、その電話局だけで接続が完了する。そうでない場合には、通話信号はさまざまな上位のセンター局を経由して相手の電話局に到着する。

センター局は、遠隔地の電話網同士を接続する。国内では、ある電話網の通話を他社の電話網につなぐこともある。国際電話の場合は、国際ゲートウェイを通して別の国へ接続することになる。

電話網にコンピューター技術を導入することによって、音声と信号データの回線を別にするようになった。信号網で送られるデータは、相手の電話番号とその人の地元電話局番号、それに音声チャンネルの接続と切断を指令する情報だ。

ISDN

ISDN（総合デジタル通信網）はデジタル通信網の国際的標準だ。従来のアナログ回線では、音声信号が地元電話局に行くまでデジタル化されないが、ISDNでは電話機などの発信装置のところからすべてデジタル化される。さらに1回線で同時に複数のチャンネルを使えることから、電話をかけながらインターネットを楽しんだり、ファックスを送ったりできる。

ISDNではほかにも、いろいろ便利な使い方ができる。発信人の通知、電話の転送、何人かと同時に通話することなどだ。より高速の規格も標準化されている。

> **basics**
>
> **無線電話**
> 無線電話システムは移動端末と基地局で構成され、移動端末は基地局と無線で接続され、そこから地区の電話網に接続される。
>
> **固定電話網**
> 昔の固定電話網は、すべての接続に銅線が使われ、速度も遅かった。

■ 携帯電話（p.395）の圧倒的な普及にともない、従来からの電話は固定電話あるいは地上回線とよばれるようになった。

音声信号のデジタル化

音声信号をデジタル化するには、その信号から1秒当たり数千個の標本値を取り出す。その値をコンピューター処理が容易な、1と0とから成る2値データ列に変換する。こうして、1本の回線に多くの電話信号と、付随するデータ信号を同時に乗せる。

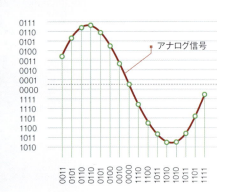

■ アナログの音声信号を標本化して、0と1の2値データ列に変換する一般的な方法を示している。

■ モスクワの電話局にデジタル電話回線を設置し、入念に交換機を点検する技術要員。固定電話のデジタル化に必要な投資額は大きい。

情報通信技術 393

■ インターネットへの接続

長年の間、電話網をインターネット接続に利用した場合、その接続速度がボトルネックとなって大量のデータを送信できなかった。しかし近年の伝送技術の発達によって、インターネットへの接続性が著しく改善された。

DSL＋ISDN（ルーター付き）

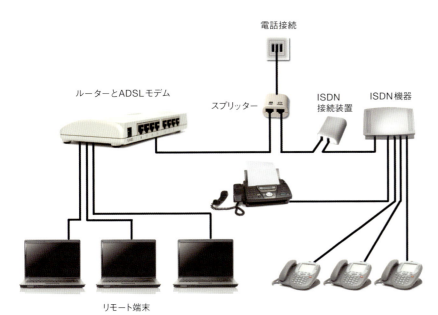

■電話接続のところでスプリッターが2種類の信号を分離し、音声信号は電話へ、データ信号はADSLモデムへ送る。モデムはデータを整えた後、接続するコンピューターのネットワーク・カードなどへ伝送する。

携帯電話網（p.395）や、固定電話網（p.392）、ケーブルテレビなど各種の通信網を使ってインターネットに接続することができる。送受信されるデータ・パケットは、ネットワークのゲートウェイで適切に再フォーマットされる。インターネットへのアクセス・ポイントはプロバイダーが提供している。ノートパソコンも携帯電話あるいは公衆無線LANを通してインターネットにアクセスできる。家庭のコンピューターや小さなネットワークでは、電話回線とコンピューターとの間はISDNカードかADSLモデムを使ってデータを伝送する。近年は光回線の普及も進んでいる。インターネット・アクセス・ポイントは地元の電話局（収容局）に設置する。

ADSL

固定電話システムの幹線部分は、光ファイバー技術のおかげで光速の伝送が可能になった。しかし、家庭の電話と接続する銅線は大量のデータ交換に耐えられるようには設計されていない。とはいえ、その能力を使い切っているわけではない。ADSL（非対称デジタル加入者回線）システムはこの接続回線の性能を著しく高めたものだ。信号伝送に使用する周波数領域を従来使われていたよりも広くとり、信号対雑音比を改善した。さらにデータを時系列信号に変換して、エラーを訂正できるようにした。

ADSLは特にインターネット・ブラウザー（p.388）を利用するアプリケーションに適している。インターネットの通常の使い方では送信データ量は少ない。せいぜいウェブサイトを呼び出すのに必要な命令程度だ。しかし受信データはテキスト、画像、ビデオ・ファイルなど大量だ。ところがADSLは非対称に働くので、同じ時間で送信のときより大量のデータを受信できるのだ。しかし、最大データ伝送速度は回線の長さに比例して低下するので、最寄りの電話局はたかだか数km以内になければ使えない。

日本では、ADSLより高速な光インターネット接続も普及している。光ファイバーによる伝送路を個人宅まで引き込むのでFTTH（Fiber To The Home）と呼ばれる。

> **ブロードバンド**
> ダイヤルアップモデムやISDNなど以前の接続方法と比べると、ブロードバンドのインターネット接続は著しく高速のデータ伝送が可能である。
>
> **ADSL**
> 多様なDSL技術の一例がADSLである。

■携帯電話など最新の携帯機器は無線機能を内蔵し、特に機能の高い機器の場合には、インターネットに直接接続することができる。

ホットスポット（公衆無線LAN）

ホットスポットとは、もともと個人によって非営利ベースで運営され、その無線アクセス・ポイント（p.386）を使って、誰でもインターネットへ自由に接続できる場所を指していた。その後、無線LANの商業利用が盛んになり、駅や空港、喫茶店、ファミリーレストラン、ホテルなどで、有償あるいは無償でインターネットに接続するサービスを提供する場所が急速に増えている。

■多くのカフェが、オープンな無線インターネット・アクセスを提供している。

■ インターネット電話

従来の電話専用網に代わる新しい電話網がここ数年の間に登場してきた。コンピューターとコンピューター・ネットワークを利用し、音声データをインターネットによって送るものだ。

■VoIPブロードバンド・コードレス電話機は、IP電話機能を内蔵している。

セキュリティ

他のインターネット接続と同様、IP電話でもデータ交換ができる。ということは、その通信に不正にアクセスすることも可能だということだ。例えば、通話を盗聴したり横取りすることが考えられる。防止のための暗号化も可能だが、音質が落ちる。

■VoIPプログラムは、インターネット・カフェで使われることが多い。このような場所では、パスワードの盗難に無防備だ。

コンピューター・ネットワーク（p.386）を通してインターネット（p.387）で送る電話はIP電話と呼ばれる。あるいはインターネット電話、VoIPともいう。ネットワーク上では、普通のデータだけではなくデジタル化した音声信号（p.392）も、接続用の経路情報と一緒に送れるのだ。IP電話をかけると、デジタル化された音声信号がデータ・パケットとしてネットワーク上に送られる。受信側ではそのパケットを再構成して音声に戻す。データの伝送はIPプロトコルにのっとって行われる。

電話をかけるには専用のIP電話機か、専用ソフトを入れたコンピューターを使う。従来の電話機でもアダプターを取り付ければ接続できる。コンピューター・ネットワークを使って電話をかければ電話料金がかなり節約できるし、VoIPゲートウェイを使えば従来の電話網にもかけられる。利用者が使用するコンピューターあるいはIP電話機は、IPアドレス（p.387）で特定されるが、ここに問題がある。通話に際し送信側のIPアドレスを知る必要があるが、それが頻繁に変わることだ。

この問題はVoIPシステムが専用サーバーに接続し、利用者のIPアドレスを照会することで解決する。システムは必要とする詳細なIPアドレスを送って接続が成立する。この方法によって利用者は特定のコンピューターや回線に限定されることなく、インターネット接続でどこへでも電話をかけられる。

通話の品質

受信側では、音声信号からつくられたデータ・パケットから音声データを取り出し、音声を元通りの順番で復元する。

しかし、受信装置へのデータ・パケットの到着が遅れると、並べても連続した音声にはならず、通話品質は明らかに落ちてしまう。音声信号のデータ・パケットによる伝送には、通常のコンピューターデータの伝送と全く異なる問題の解決が課題となる。すなわち、良好な品質を保つには十分速い伝送速度が必要になる。

IP電話の普及
経済的なIP電話を活用する組織や会社が増えてきた。

利用範囲
IP電話は、同じネットワーク内や地域内はもちろんのこと、インターネットのおかげで世界中で使うことができる。

■VoIP電話をノートパソコンにつないで利用する人。コンピューター、PCキーボードはもちろん、携帯電話でもあらかじめVoIP機能を内蔵したものがつくられている。

■ 移動電話網

移動電話網の普及によって、利用者が世界の主要都市のどこにいても、いつでも電話が届くようになった。最近の携帯機器は強力で、機能も豊富なため、まさに現代のビジネスと生活の必需品となった。

携帯電話は小さく持ち運びできて、無線で移動電話網に接続するものだ。移動電話網は、電話機との送受信を行う多数の固定設備で構成されている。これらはセル・サイトあるいは基地局と呼ばれる。各々は専門の地域を受け持っていて、合わせると全域をカバーするネットワークができる。

都市にある基地局はせいぜい数百m間隔

■スマートフォンはPDA（携帯情報端末）と携帯電話を組み合わせたようなものだ。

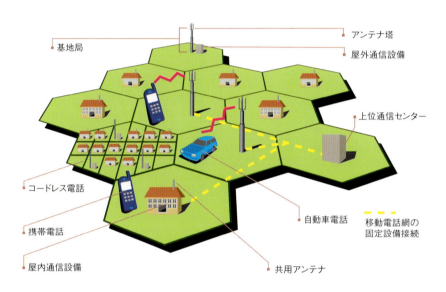

■各地区の基地局同士は互いに有線か双方向無線で接続され、さらに上位の局に接続される。

だが、地方では数km離れている。隣りあう局域では混信を避けるため異なる周波数を使う。それぞれの域内では多数の利用者が同時に電話をかけられる。ということはそれぞれの無線信号を識別する必要がある。そのため、利用者別に周波数をずらしたり、送受信の時間をずらしたりして調整するなどの工夫を取り入れている。

技術標準

GSM（グローバル・システム・フォー・モバイル・コミュニケーション）は、デジタル移動電話網の国際標準だ。これには音声電話とテキスト文の伝送が含まれる。GSM標準は、HSCSD、GPRS、EDGE、そのほかも含んで次第に拡張されてきている。これらの標準や技術によって、移動電話や携帯電話でも、データ伝送やインターネット・アクセスが可能になった。

スマートフォン

なお、GSMは日本では使われず、欧州でも、より高速なUMTS（ユニバーサル・モバイル・テレコミュニケーション・システム）にとって代わられた。日本ではさらに高速なLTE（ロング・ターム・エボリューション）の普及が進んでいる。

> **衛星移動通信**
> 地上施設の携帯電話網に加えて、衛星を使った移動電話サービスもある。主に使われているのは、ほかに通信手段のない場所や僻地などだ。高い料金にもかかわらず、船の乗組員、登山者、軍隊などが今も使っている。

最近の携帯電話は、持ち運べる小さなオフィスのようなもので、スマートフォンと呼ばれる。スケジュール管理から文書作成、電子メール、ウェブ閲覧（p.388）まで可能。デジタルカメラとしても機能する。GPSも搭載し、カーナビとして使うこともできる。ラジオやテレビを受信できる機種もある。

電子マネー機能を備えたスマートフォンで買い物のできる店もあるし、駐車料金の支払いや切符の購入も可能だ。

電磁スモッグ

この言葉は電磁場が引き起こす環境への影響を表すものだ。なかでも顕著な発生源は、送電線、電気器具、コンピューター、電波塔、移動電話基地局だ。電磁場は電子機器ばかりでなく、生物にも影響を与える。携帯電子機器から発生する、低レベルの電磁スモッグの影響度や潜在的な有害性については議論が絶えない。健康への悪影響を指摘する人は多い。しかし、医学的な結論は出ていない。

■街でよく目にする、通信用パラボラ・アンテナがひしめく通信塔。

■ 音響技術

音波を電気信号に変換することによって、音声や音楽などの音源の録音から、保存、処理、再生にわたるまで、さまざまな分野での応用が可能になった。デジタル化により、小型で高音質の携帯プレーヤーが普及している。

音波は気体、液体あるいは固体を伝播する振動だ。人間の耳に聞こえる音の周波数は、年齢、聴力、音量によっても異なるが、およそ16ヘルツから2万ヘルツ（ヘルツ＝サイクル／秒）の間だ。

■ 声、音楽、科学的分析など、それぞれの用途に合ったマイクロフォンを使う。

マイクロフォン

音を電気信号に変えるにはマイクロフォンを使う。マイクは主として音の忠実度、周波数帯域、そして使われる場所と用途によって分類されている。

音を電気信号に変換する方法はいろいろある。最も多いのは、音波で薄い弾性膜を振動させるものだ。よく使われているムービング・コイル型マイクでは、膜の振動を磁場の中に置かれたコイルへ伝える。すると音波の形状に応じて交流電流が発生する。このとき発生した電気信号を増幅すれば、録音やその後の処理が可能になる。

記録

現在、音声や音楽は通常、デジタル形式で録音されて保存される。そのためにマイクから送られた電気信号は毎秒数千回の頻度でサンプリングされる。それぞれのサンプル値はコード化されて記録されて、それからコンピューターで処理される。

音楽はMP3ファイルなどのデジタル形式で、コンピューターのハードディスクやその他のメディアに記録される。データ量が多いのでいろいろな方法で圧縮される。例えば、録音されたうちの人間が聞くことのできる成分だけを保存したりする。

コンパクトディスク（CD）は、磁気でなく光を利用したメディアだ。これは、アルミの層に透明なコーティングをしたプラスチック盤で、デジタル化された音声信号の列はアルミ層の小さな凹凸として渦巻状に記録される。再生する際には、半導体レーザービームを当てて、ディスク上のデータを読み取る。デジタル・データなので、元の音声信号どおりに再現され、これを増幅してスピーカーで元の音に戻す。

スピーカー

スピーカーは、電気信号から音波を生成する。よくあるのはダイナミック・スピーカーだ。円筒型をした永久磁石の中に浮かせたコイルを使うものだ。コイルは膜につながっている。ある波形の電気信号がコイルに流れるとその信号に応じて膜が振動し、音が出る。

スピーカーの膜が大きければ低い音がよく出るし、小さい膜は高音の再現に適している。したがって、高級スピーカーボックスの中にはいろいろな大きさのスピーカーが入っている。音の信号は、再生する周波数帯域に応じて分割された信号がそれぞれのスピーカーへ送られる。

■ 最新のデジタル音楽プレーヤーは、CDケースより小さく、CD並みの音質で数百枚分も保存できる。

■ マルチウェイ・スピーカーは、周波数帯域の異なる複数のスピーカーを1個の箱に収めたものだ。

basics：純音と雑音

正弦波は純音として聞こえる。秒当たりの振動数が増えると（高周波数）、音程は高くなる。いろいろな音程が重なると、音波の形状が不規則となり、雑音として聞こえる。

practice：録音スタジオ

声、音楽などの音源は録音スタジオで録音され、音声CD、ラジオ放送、映画のサウンドトラックに用いる。録音スタジオはブースとコントロールルームに分かれている。優れた音響環境を得るため、防音壁などの技術が使われる。マルチトラック録音装置というコンピューター・システムを使うと、異なった音源を別々に録音することができる。

■ ミキシング操作卓では、思いのままに録音をつないだり混ぜたりできる。

■ デジタルカメラ

従来使われていたフィルムカメラは、ほぼデジタルカメラに置き換えられた。デジタルカメラは、写真フィルムの代わりに、高解像度のイメージセンサーを備えている。初心者向きのコンパクトカメラから一眼レフまでそろっている。

カメラの基本構造は、前面を遮光した箱の後面に光検出装置を置いたものだ。以前はこの検出装置は1巻の感光フィルムだった。しかし今は、フィルムではなく、イメージセンサーが使われている。光は前面の光学レンズを通ってセンサーに到達する。

シャッターと絞り

デジタルカメラのシャッターは、センサーの露出時間を調整する。イメージセンサーが像をつくるのに必要な時間だけシャッターを開ける必要があるが、普通は一瞬の間だ。露出時間を短くすると、動いている被写体の像をはっきりと、とらえられる。露出時間を長くして、わざと動きによるブレを写し、芸術的な効果を出すこともできる。イメージセンサーに到達する光量を調整するのが絞りだ。レンズの中にある円形の開口で調節する。人間の虹彩に相当する装置だ。

シャッター速度と絞り値を組み合わせて、露出を調整する。露出時間を短くすれば絞りを開く必要があるし、あるいはその逆になる。絞り値は画像のシャープさにも関係する。いっぱいに絞ると画像は奥行きの深い範囲までピントが合い、開けばそれが浅くなる。最近のカメラは、シャッターと絞りを自動的に調整してくれる。

写真用レンズ

カメラのレンズは、イメージセンサーの位置で最もピントが合うようになっている。通常、カメラのレンズは、色や像のゆがみを補正するため、複数の光学レンズで構成している。

「標準レンズ」は、光景をほとんどそのまま、拡大も縮小もせずに写し取る。焦点距離が短い「広角レンズ」を使うと、センサーには風景の広い範囲が写しこまれる。「望遠レンズ」は焦点距離が長いため、画角が狭くなり、遠くの小さい物を画面いっぱいに写すことができる。

「ズームレンズ」は、ピントを合わせたままで焦点距離を変えることができる。自由に像の大きさや画角を調整できるのが便利で、よく使われている。

■デジタルカメラのプレビュー画面は見やすい。撮ったばかりの画像をすぐ見られるのは、従来のフィルムカメラにはない長所だ。

イメージセンサー

デジタルカメラのイメージセンサー（撮像素子）は、感光性の小さな半導体画素が市松模様に並んだものだ。カメラに入ってきた光がそれぞれの画素に当たると、画素は光の強さに応じた数の電子を放出し、その電荷量が計測される。それぞれの画素には赤、緑、青のフィルターがかかっていて色別に計測されるので、カラー写真になる。

■デジタルカメラに使われる電荷結合素子（CCD）は、アナログのシフトレジスターだ。

in focus

■プロ用の一眼レフカメラに使われる写真用レンズは高品質だ。

画素数

最近のデジタルカメラの画素数はもう十分すぎるくらいだ。本当に画質を左右するのは、画素数ではなく、むしろセンサーの大きさと種類、レンズの品質、それに写真家の腕だ。

basics

■画素の市松模様の例。ベイヤ型配列といい、現在デジタルカメラのほとんどがこの配列を採用している。

ビデオ技術

ビデオ技術は、動画を記録し、保存し、処理し、再生する手段を提供してくれる。コンピューターを使えば、プロもアマチュアも簡単にビデオ素材を好きなように料理できるのだ。

■テレビ局や世界のプロカメラマンが使う業務用ビデオカメラは、丈夫につくられている。

ビデオカメラは高速で連続撮影した画像を電気信号に変換するものだ。画像はビデオテープや光ディスクに保存してもよいし、コンピューターに読み込んで処理してもよい。録画したものをすぐにモニターで見ることもできる。録画した一連の画像を撮影時と同じ速度で連続再生することによって、動画として見える。

記録装置を内蔵したビデオカメラはカムコーダーとよばれる。音声を同時に記録するために、マイクが付いている。ハイエンドカメラでは、目的に合った専用のマイクを取り付けられる。音声信号は録音中にイヤフォンでモニターすることができる。

ビデオカメラで一番重要な部分はイメージセンサー（p.397）だ。最近のモデルの多くは、3原色の赤、緑、青それぞれのセンサーが付いている。手ブレを防ぐために、電子式の手ブレ防止装置も備えている。

記録と処理

最近のカムコーダーは画像をデジタル・データとして記録する。記録媒体には、長い間磁気カセットテープが使われてきたが、最近ではカムコーダー内蔵のハードディスクか、より小型の録画用DVDやメモリー・カードなどが使われるようになった。メモリー・カードを使うとカムコーダーを非常に小型化できる。録画したものに対する処理は、コンピューターのハードディスクに移してから行う。

ビデオ画面

ビデオは通常、テレビやコンピューターのモニターなどの画面に表示して見る。画面上では映像は小さな画素の集まりでできている。カラー画面の各画素で、3原色の赤、緑、青の点が光っている。元の画像の色に対応して3色の点の輝度を変える。

従来のテレビ画面では、電子流を個々の画素に当て、発光物質を刺激して光らせる。しかしこれには奥行きが長く、内部が真空のブラウン管が必要だったため、どうしても重くなった。今は薄くて軽いプラズマ・ディスプレイやTFT（薄膜トランジスター）液晶が主流になった。

プラズマ・ディスプレイ

プラズマ・ディスプレイ画面の各画素は、小さく3つに仕切られ、中に希ガスのネオンとキセノンの混合気体を閉じ込めている。この気体に電子を当てて活性化すると、紫外線を放射する。それが発光物質に当たり、仕切りごとに赤、緑、青に光らせる。

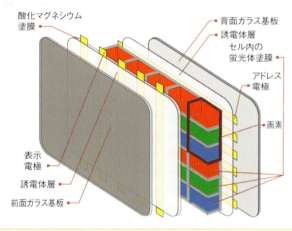

■プラズマ・ディスプレイの構造。最近の液晶あるいはプラズマの画面では、小さな画素が電子信号で励起されるため、画面を非常に薄くすることができる。

■放送局やニュース配信会社では、形も寸法もさまざまなスクリーンが1ヵ所にまとめられてニュース速報を流している。

光の3原色

発光素子の場合、カラー表示のため、光の3原色、すなわち赤、緑、青の「加色混合法」を使う。赤と緑の光を混合すると黄色に、緑と青の光ではシアンに、赤と青の光ではマゼンタになる。3原色をすべて同量に混ぜると白色光になる。

▶ p.324-325（光学）参照

情報通信技術

■ 無線通信技術

有線通信は、遠くの現場から放送局までニュース映像を送る場合などには便利とは限らない。その代わりに使われるのが電波による無線通信だ。こうして、世界中で大量の電波が飛び交っている。

通信に使われる電磁波は電磁場を変調したもので、通常アンテナと呼ばれる、さまざまな変換器を使って送受信される。電磁波の周波数は毎秒の振動数を表し、単位はヘルツ（Hz）だ。波長は電磁波のもう1つの特性であり、連続する2つの山の間隔を表す。周波数と波長は逆比例の関係にあり、周波数が高くなると、波長が短くなる。

いろいろな用途のうち、ラジオ放送には周波数が数百万ヘルツ（メガヘルツ、MHz）の領域が使われる。波長でいうと数mだ。これに対してマイクロ波は数十億ヘルツ（ギガヘルツ、GHz）の周波数で、波長は1cm以下と短く、光に近くなる。

アンテナの寸法と形状は、対象とする周波数によって決まる。典型的な無線放送の送受信には、金属の細い棒が使われる。一方、マイクロ波に対してはパラボラ・アンテナが使われる。電波はこのアンテナの「おわん」によって、その焦点に集められ、そこにある検知器で電気信号に変換されて受信装置に送られる。

放送形式

電磁波を使って信号を伝送するには、変調という原理を使う。信号は、何らかの方法で搬送波に「乗せられる」のだ。搬送波に使う波の種類は用途によって異なるが、例えばVHF（超短波）無線局では、搬送波にVHF域の波を使う。

変調方式も無線技術に対応していろいろな種類がある。最も単純なのは搬送波の強さを音声信号のパターンによって変えるものだ。これを振幅変調（AM）という。受信するには受信装置を搬送波の周波数に同調させなければならない。受信した波を増幅して復調器で変動部分を分離し、音声信号に再生する。周波数変調（FM）というもう1つの変調方式では、伝送信号のパターンに従って搬送波の周波数を変える。

デジタル化

電子工学や通信工学のほかの分野と同様に、無線通信の技術も急速にデジタル化の方向に向かっている。音声や映像信号はデジタル・データ（p.394）に変換され、コンピューターで処理できるようになる。こうしたデータ・ファイルは処理や管理が容易だ。例えば、電磁場の乱れでデータエラーが起きても修復できる。何度も変換され、長距離を伝送された後でも、クリアな信号に戻せるのだ。

デジタル化によって、いろいろな種類のデータと経路情報を同時に送ることができる。このためデジタル放送システムでは、音声信号に文字情報を追加して送ることができる。テレビは地上波のデジタル化が各国で進み、ラジオのデジタル化も英米で進んでいる。

■ パラボラ・アンテナは指向性が強く、強力な信号を特定の方向に送信することができる。

■ ハムとも呼ばれるアマチュア無線愛好家は、アマチュアと名前が付いているが、無線通信にかけてはかなりの経験者だ。緊急時には大いに活躍する。

basics | 周波数帯

電磁波のスペクトルは周波数の領域すなわち帯域で区切られ、それぞれが違った用途に使われる。航空機通信、双方向無線などに違う帯域が割り当てられている。

in focus | 無線の伝播

電磁波は宇宙空間を直進するが、地球上では波長によって進み方が変わる。波長が長い波は、地表波として、電気伝導性を持つ地表を伝って広がる。波長が短い波は、四方八方に広がるが、高空の電離層で反射されて地上に戻される。

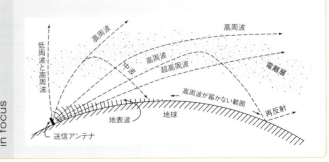

▶ p.316-317（振動と波動）参照

■ インターネット・ラジオとインターネット・テレビ

現在、おびただしい数の映画や、テレビ番組、ラジオ番組がインターネットなどのネットワーク経由で流されている。従来にはなかった、思いがけない応用、メディア、サービスが急速に広がっている。

ウェブラジオとも呼ばれるインターネット・ラジオは、従来のラジオ局がインターネット（p.387）を通じて流しているものだ。

■インターネット・テレビを見ることができるのは、パソコン、携帯電話、あるいは専用の受信機を内蔵するテレビだ。

多くの放送局がオンライン番組を提供しており、過去に放送された番組を聴くことができる。電波で放送が届かない地域にも、インターネットを通じて番組を届けることが可能だ。インターネット独自の番組を提供する放送局も登場している。

送受信技術

インターネットのラジオ番組は、途切れのないデータ流として伝送される。普通のダウンロードと違って、利用者は大きなファイルをダウンロードする必要はない。ダウンロードしながら次々と処理される。ということは、アクセスするとすぐにラジオ番組を聴き始められるということだ。実際、生放送の場合はこれしか方法はない。このタイプのデータ送信はストリーミングと呼ばれ、ストリーミング・ソフトを使って受信できる。無線接続の携帯機器でも受信が可能だ。

インターネット・テレビとIPTV

インターネットを通じた映画放送やテレビ番組はインターネット・テレビ、またはウェブテレビと呼ばれる。データ量が多いので、高画質で見るには高速のインターネット接続が必要だ。テレビ放送はIPTVというシステムでも提供される。インターネットを介した専門のネットワークを通して放送されることが多い。

インターネット・テレビは、ほとんど誰でもアクセスできる。無料の場合も多い。しかし、インターネットはオープンなネットワークであり、放送の質はさまざまだ。IPTVは

■データ通信端末とノートパソコンがあれば、好きな場所でインターネットが楽しめる。

プロバイダーが提供しており、高品質だ。

ポッドキャスティング

ポッドキャスティングは、用意された音声ファイルや、音楽ファイル、ビデオ・ファイルをインターネット経由でダウンロードするものだ。非常に豊富な内容がポッドキャスティング用に提供されている。

メディアの変化 インターネットの最近の進歩により、テレビ、ラジオ、雑誌など既存メディアとの境界があいまいになってきた。この変化から次の応用が生まれる。

VOD ビデオ・オン・デマンド（VOD）では、利用者がアーカイブから作品を選ぶことができる。作品はプロバイダーが管理する専用の高速サーバーから、インターネット接続か他のネットワークを介して送られる。

■ポッドキャストやインターネット・ラジオの多くは個人が制作している。誰でも自分の放送局を持つことができるのだ。ただ、放送素材の著作権には十分に気をつける必要がある。

映画技術

映画館やDVDプレーヤー用に、映画やドキュメンタリーを制作するのは、技術的にも事業的にもかなり複雑な仕事で、多数の人がかかわっている。映画が一般に公開されるまでには多くの制作過程が含まれる。

■昔の映画館。テレビの出現以前はこのようなぜいたくな雰囲気の映画館がつくられ、当時の大衆文化を支えた。

basics

臨場感
今の映画は、臨場感あふれるサラウンド音響システムを採用している。映画館では多数のスピーカーで迫力ある音響を再生する。

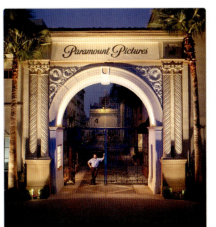
■映画会社は数々のヒット作を生み出し、世界中で数十億ドル産業の一翼を担った。

従来の映画撮影用カメラの場合、フィルムに毎秒24コマ撮影する。フィルムはリールから連続的に送り出され、レンズを通過した光でコマごとに瞬間的に露光され別のリールに巻き取られていく。

カメラの露出速度は、標準の速度である毎秒24コマより多くすることも、少なくすることもできる。そして再生するときに速度を変えないと、画面の動きは速くなる（コマ撮り写真）か、ゆっくり（スローモーション）になる。

撮影中のカメラを自在に操作しなければならないときはステディカムという専用の機材を使用する。この機材では、カメラをポールの上端に取り付け、反対側にはモニターやバッテリーを取り付けて、バランスをとっている。ポールの重心位置には自由回転するジョイントを組み込んであり、そのジョイントを弾性アームで支持して振動を吸収する。

デジタル・ビデオカメラ（p.398）が、従来のフィルムカメラに代わって使われるようになってきた。どちらもそれぞれ長所と欠点はあるが、デジタル映画のほうが従来のフィルムリールに比べて、明らかに複製、配給、保存が容易で便利だ。

映画のサウンドトラックは映像とは別に録音されることが多い。映像と音声を確実に合わせるためには電子的に同期させる。せりふ、音楽、背景音は外部録音ができるため、撮影現場の音響環境に左右されない音を使用できる。

特殊効果

映画のデジタル化に合わせて、特殊効果もいろいろ加えられる。ブルースクリーン技術を使うと、背景を別に撮影しておくことができる。俳優だけを後で青いスクリーンの前で撮影し、コンピューターを使って背景と合成する。青は容易に肌の色合いと区別できる色だからだ。背景、場面、登場キャラクターなどもコンピューターグラフィックス（CG）で作成できる。それらを映画に貼りこんだり、つないでCGだけの映画にすることもできる。

practice

映画編集
編集過程では、完成版に仕上げるために、映写効果を考えて個々の場面を調整する。デジタル編集では、撮影済みフィルムをスキャナーでデジタル化して保存する。それから場面の処理、映像の操作を経て、再び全体をつなぐ。撮影から上映までをフルデジタルで行うものもある。

■コンピューターにより、それまでできなかった、自由自在な編集が可能になった。いまや映画産業に欠かせない道具だ。

■高性能のデスクトップ・コンピューターは、特殊効果ばかりでなく、小道具の実物模型をつくるのにも使われる。

■ 印刷技術

ヨハネス・グーテンベルクは、中世末期の欧州で金属活字を発明したが、今日の印刷機の性能を知ったら仰天するに違いない。現代の技術によって、段違いの高速大量印刷が可能となった。

情報のデジタル化とインターネットの隆盛によって本の地位が脅かされているとはいうものの、紙の印刷物は今なお人気のある情報メディアだ。現在でも使われている部分は周囲の面より高く、そこにインクを付ける。グーテンベルクが初めて使った活字印刷と同じだ。

平版印刷（p.403）で最も重要なのは本

ヨハネス・グーテンベルク

グーテンベルクとして知られているヨハネス・ゲンスフライシュ（1400～68年）は、本の印刷術を発明したわけではない。本は11世紀にはすでに中国で作製されていたし、スタンプを使った印刷は古代から使われていた。彼が発明したのは、たやすく組み替えられ、ページごとに再利用できる活字の字型だ。こうして聖書、特にマルチン・ルター訳聖書が広まって、欧州のすみずみまで文化と社会の変化がいきわたった。

■15世紀半ば、ヨハネス・グーテンベルクは、組み換え可能な活字による本の印刷法を発明した。

■オフセット印刷機はリトグラフ印刷の原理に基づいたもので、水が油をはじく作用を利用する。本のような商業的な大量印刷でよく使われる。

古典的印刷法は、主に3種類に分類できる。凸版、平版、グラビアだ。

凸版印刷では、印刷される文字や画像の印刷に使われるもので、オフセット印刷という技術が多く用いられる。

グラビア印刷では、印刷される画像は、印刷機にかける刷版に凹みとして刻まれる。リトグラフやリノリウム版に使われる技術で、雑誌、新聞など分量の多いものに特によく適用される。グラビア印刷はカラー印刷の質に優れていて、ページ当たりのコストも安い。しかし刷版をつくる費用が高くなる。

オンデマンド出版

印刷版の製作に比較的手間がかかることから、従来の本の印刷では最小印刷部数として数千部が要求される。小さな出版社や無名の著者にとって、これはかなりのリスクとなる。1990年代に開発されたオンデマンド印刷技術の登場で、こうした出版者たちは大いに助けられた。

すべてをデジタル処理で行うオンデマンド印刷では、刷版を使う必要がないので、注

■部数の多い色刷り高級誌は、たいていグラビア印刷で印刷されている。

文があったときに印刷すればよい。こうしてブームとなったオンデマンド印刷だが、事前に質の選別や編集なしの粗製濫造になるという一面もある。個人や企業の小部数印刷にオンデマンド印刷が使われることもある。

大量市場での印刷

■近代技術によって、経済的な大量印刷が可能になった。

蒸気印刷機（1810年）、輪転機（1845年）など多くの技術革新を経て、現代の大量印刷が可能になった。今日、印刷機械の製造は機械工業の花形となっている。オフセット印刷機生産の世界一はドイツのハイデルベルク社で、40％のシェアを占める。個人向けコンピューター・プリンターの市場も盛況だが、これらは大量市場での印刷には向かない。

■ 新聞と雑誌

新聞や雑誌は、最新情報を多くの人に伝えるのが最大の使命で、できるだけ安価でなくてはならない。その代わり、長持ちしなくてもよい。そのため、その印刷と製本には、本に使われるものとは違う技術が使われている。

■新聞は、オフセット輪転機を使って、大きなロール紙に印刷される。

回転する巨大な輪転機を背景に、新聞の衝撃的な見出しが躍る。古い映画によく登場するシーンだ。ここに使われているのがオフセット印刷機だ。水と油の反発作用を利用したもので新聞によく使われる。

オフセット印刷機では、画像はまず刷版に転写されて親水性の部分と油性の部分をつくる。インクは油性部分だけに付く。この刷版がドラムに付けられ、刷版のインクがゴム版に転写される。そしてこのゴム版が紙に押し付けられて印刷が完了する。このように間接的に印刷するため、高価な刷版を長く使うことができる。本の印刷の場合、いわゆるページ折りは、表と裏を合わせて16〜32ページ分が1折りとして印刷される。しかし新聞では、巨大なロール紙を使った輪転機で全ページを連続印刷して自動裁断する。

ストック写真

新聞や雑誌に写真がなければ、読者は興味を示さないだろう。しかし、独自の写真家を擁して世界の生々しい現場に送りこむことができる新聞社はそう多くはない。逆に、プロの写真家でも、写真をうまく利用者に売りこめるとは限らない。

写真の利用者と写真家の間に存在するギャップを埋めるのがストック写真会社だ。こうした会社は、定額あるいは売り上げの一部を対価として、写真家から著作権を買い取る。出版社、新聞社、広告代理店は彼らの見本カタログを購読してその中からニュースや編集記事にぴったりの写真を探し出すのだ。

紙面づくり

今朝、目にした新聞は、前日の編集会議で編集長以下のスタッフが熱い議論の末に決めたものだ。国の政治などにかかわる重要な話題については、記事の内容に発行人やときには社主の意向が反映されることもある。

社内の記者は、取り上げた話題について事実を調べ、レポーターや特派員も担当記事を書く。通信社からでき上がった記事を買うこともよく行われる。突っ込んだ記事や連載物はもっと時間をかけて企画するか、フリーのジャーナリストに取材と執筆を依頼することもある。写真編集者は、記事の著者やストック写真会社から入手する写真を担当する。

記事、写真、広告など全体の割り付けは、レイアウト担当者が専用のソフトを使ってコンピューター上で行い、終わると校正係に回される。編集長が最終原稿にオーケーを出すと、記事は電子データのまま印刷機に送られる。多くの場合、記事の概要がインターネットでも配信される。

■世界的な影響力がある米ニューヨーク・タイムズ紙（1851年創業）は、そのまじめな紙面づくりから「老貴婦人」というあだ名がついている。

光で印刷 (basics)

複写機、レーザー・プリンター、LEDプリンターに使われている技術は共通だ。印刷される画像を光線によって回転ドラム上に転写する。その部分は電荷を帯び、トナーを引き付け、さらに紙にトナーを付着させる。

未来の新聞 (in focus)

最新のニュースを知るのに、コンピューターの画面をのぞく人が増えてきた。とはいえ、印刷メディアはまだまだ健在だし、今後も残っていくだろう。多くの新聞社が紙面のレイアウトのままで内容をインターネットに配信している。読者はページを印刷するか、原文を携帯機器にダウンロードしてデジタル記事として読むことができる。ここ数年、電子ペーパーのアイデアを実用化する研究も進められている。

■新聞社のほとんどが、自社のインターネット・ポータルサイトを持っている。

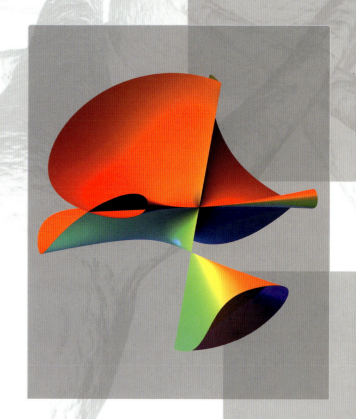
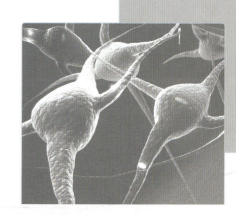

数学

数学	404
数学の歴史	406
古典数学	410
解析幾何学	412
微積分学	414
統計と確率	416
純粋数学と応用数学	418
新しい数学	420

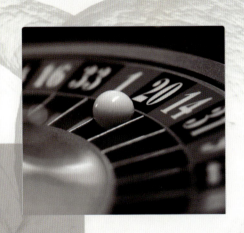

数学

　数学は、抽象的な体系を構築し、発展させる科学だ。ここでいう抽象的な体系とは、数、図形、構造などの概念から論理的思考を経てつくり出されるものである。こうして得られた知見は、他の科学に比べて、比類の無い確実性を備えている。

　自然科学の知見は、すべて実験で裏付けられなければならないが、数学の命題を証明するのは論理的思考だけだ。数学の定理は厳密に論理から導かれるので、それは決定的であり、完全な真実なのだ。それらは純粋に思考から得られたものでありながら、他の科学と技術に対して応用され、見事な成果を生んでいる。

　古典数学の中でも、とくに古くから知られているのがユークリッド幾何学である。解析幾何学は、点の集合を方程式あるいはグラフで表す。統計論と確率論は社会学や保険で役に立っている。

数学史 | 数体系 | 数学の対象 | 応用分野

数学の歴史

科学としての数学を確立したのは、
おそらく古代ギリシャのピタゴラスだったと思われる。
また彼とその師であるミレトスのターレスは、
共に哲学者の草分けでもあったとされている。
その当時、数学と哲学は一体の学問だったのだ。
今日でも、論理は数学と哲学の両分野において、
それぞれの土台として重要な位置を占めている。
中国の数学は13世紀までに高い水準に達した。

■ 最初の数学者

数学それ自体が学問として成立するずっと以前から、
古代オリエント、中国、インド、そして中南米大陸の文明で、
実用上の必要性から数学的な問題に対する取り組みが行われてきた。

数学的な取り組みは、すでに約5000年前（紀元前3000年）ころ、古代メソポタミアで始まっていたと考えられている。メソポタミアの地にはシュメール、バビロニア、アッシリアの各文化が花開いた。

数学について記した最も重要と思われる文書は、バビロニア時代（紀元前2000年ごろ）の遺跡から出土したものだ。これらには面積と体積の計算式、円周率πの近似値、2の平方根を6桁まで正しく求める方法、後にピタゴラスの定理の参考になる直角三角形の記述が記されている。

エジプトの中王国時代（紀元前2100年～同1790年ころ）の残存資料で最も重要なのは、2つのパピルス文書と1つの皮革紙に書かれたものだ。これらから古代エジプト人がすでに基本的な計算方法と、分数、幾何、πの値を知っていたことがわかる。こうした発展があったものの、どちらの文明も数学的証明をするまでの発展はなかった。

■土地の測量をするエジプト人農夫を描いた壁画。

初期数学の最盛期

数学の歴史で注目すべきなのは古代ギリシャである。ローマ人は圧倒的に、実用的な建築や法律に力を注いだ。ギリシャの哲学者、ミレトスのターレスは最初の数学者でもあったとみなされている。ターレスは、その定理の正しさを、論理の演繹によって示したからだ。彼が生まれたのは紀元前620年ごろだ。

ギリシャ人たちが伝えた、幾何学の公式や定理は今日でも正しいことが認められている。ギリシャ人たちは自分たちの公式ばかりでなく、バビロニアやエジプトの人たちが残した式も証明した。

バビロニア、エジプト、ギリシャの流れとは独立に、中国の数学の歴史は4000年ほど前までさかのぼる。『九章算術』は、中国の数学史で最も有名な書物だ。これは紀元100年ごろの漢の時代から書き始められたもので、問題形式で解答と計算方法が書かれている。その後計算方法の証明などが13世紀までに書かれた。この時期が中国の数学の最盛期だった。

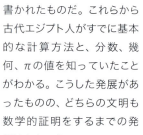
■古代建築の設計でも、計算と幾何学が重要な役割を果たした。

▶ p.368-369（建設技術）参照

ユークリッドの原論

ユークリッドの著作『原論』は、ギリシャ数学史で最も重要な書物に数えられる。幾何学と数論の基本をはじめて体系的にまとめた書だ。ユークリッドは、幾何学と自然数の性質を公理（証明を要しない基本命題）から導いた。彼はそのほか、幾何代数、比例調和、素数、数の整除性にも言及している。

■ アレキサンドリアで生まれたユークリッドは、紀元前365～同300年ごろのギリシャ数学者である。

数体系

人間が最初に考え付いた数の概念は、おそらく動物の群れの大きさのような量をできるだけ簡単に表して、順番に並べたいというような要求から生まれてきたと思われる。

数の体系が今の形になるまでには長い道のりが必要だった。そのように時間がかかったのは、抽象化のプロセスを踏むためだ

■シュメールのウンマで出土した紀元前2550年ごろの粘土板。楔形文字で土地面積の計算を記している。

て指の使い方が違ったためだ。片手の5本指、つまり両手で10本の指を使う文化と、足の指まで含めた20本を使う

ゼロの発明

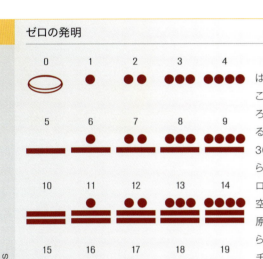

ゼロの発明は3回あった。それは、バビロニア人（紀元前500年ころ）、マヤ人（紀元前50年ころ）、インド人（500年ころ）による。ゼロは位取り法で重要だ。309、390、39の違いを示せるからだ。ゼロが発明される前、バビロニアではゼロに相当する位置を空白にしていたが、あいまいさの原因になった。欧州にゼロをもたらしたのはレオナルド・フィボナッチで、1200年ころのことだ。

■マヤの数字。ゼロはカタツムリの殻のようだ。

には、1時間が60分、1分が60秒という、この単位系が今も使われている。

併記法と位取り記数法

古代の数値表記法はいくつかあったが、併記法の場合は、数記号を単に寄せ集めたもので表す。数記号の位置は値には影響しない。この方法は特にローマで使われたが、数が大きくなると表しにくい。さらに乗算や分数には全く適応できず、数学の進歩を妨げる結果となった。

位取り法はこれとは違って、数字が表す値はその位置によって異なる。現在の10進法がそれだ。例えば、1243＝$1\times10^3+2\times10^2+4\times10^1+3$を意味する。この方法はインドで始まり、アラビア数学を経て欧州に伝わった。バビロニアの60進法も同じ仕組みだ。例えば、60進法の「243」は$2\times60^2+4\times60^1+3$を表す。

った。数は量に結びつくもので、対象に結びつくのではない。

3という数は、3杯のコップだけでなく、3本のさじにも、3個のりんごにも使われる。

2万年前の記録

イシャンゴの骨は、象を刻んだ骨だ。1950年中央アフリカで発見され、2万年前のものとされる。これが数体系を表した最古の記録ではないかとする説がある一方、太陽暦だとする説もある。

つまり「3」という数は抽象化を経て得られたものだ。こうした概念が確立するまでには、どの文明でも時間がかかった。今日でも、原始的な生活を送る人々の間では、まだ小さな数だけを目の前の対象に限って使っている。

手と足の指

人間は数を数えるのに指を使う。増分の単位が違う数体系があるのは、文化によっ

文化とがあった。古代エジプトでは10を単位としたし、マヤやアステカ文明では20を使った。フランス語で80をカトル-ヴァン（20の4倍）というのは、20を増分とした数体系の名残だ。デンマークでも同じ言い回しだ。バビロニアはまた異なっており、60を増分に使っていた。時間の目盛りと角度

欧州	0	1	2	3	4	5	6	7	8	9
ギリシャ		α	β	γ	δ	ε	ς	ζ	η	θ
中国	〇	一	二	三	四	五	六	七	八	九
ウルドゥ・ナクシェ		ز	ڗ	س	ش	ص	ض	ط	ظ	ع
デバナーガリ（ヒンドゥー）	०	१	२	३	४	५	६	७	८	९
ローマ	0	I	II	III	IV	V	VI	VII	VIII	IX

ローマ数字のXは10、Lは50、Cは100、Dは500を表し、計算には向かない

■0から9までの数字を使う10進法は世界中に定着している。ただし、数字の表記はさまざまだ。

数学の対象

数学が対象とするのは、数や図形だけではない。
論理で扱えるものは、構造、空間、量であり、変化も対象となる。
数学は、これらの概念を体系づける性質を研究するものだ。

数学は構成的な科学の一種であり、数学者たちが研究してつくり出すのは、新たな理論だ。理論とは、数学の対象に関する命題の体系である。

数学は対象同士を関係づけ、定理の体系を構築する。定理は、公理という無条件に真とされる基本命題から導かれるが、その証明にはさらに仮説を立てる必要がある。

定理の有効性、すなわち適用範囲が広いことが数学を重要なものにしている。与えられた設問を数学的に記述できるならば、その解も数学的に得られるのだ。

抽象化の過程

数学では抽象化によって、具体的な対象とはいったん縁が切れるが、日常のいろいろな場所に再び顔を出してくる。例えば、さいころの観察を続けると、さいころを6回振るごとに、ある目が平均何回出るかがわかるだろう。しかし数学を使えばさいころを実際に振らなくても、出る確率が1/6だとわかり、時間を節約できる。

下の表は、実際に2個のさいころを400回振ったときの、目の合計の頻度を記録した例である。この相対頻度は、回数を増やすと期待される確率に近付いていく。

応用分野

数学は多くの部門に分かれているが、境界があいまいなものもある。しかし大きく言えば、数学は純粋数学と応用数学の2つに分かれる。この分け方は研究の分野というよりも、目的がどこにあるかによる。純粋数学では数学を抽象的にとらえ、実用面への応用はほとんど考えない。応用数学は名前の通り、数学の知識を現実問題の解決に応用することを狙っている。

数学の主な部門には、数論、トポロジー(幾何学を拡張したもの)、数値解析、離散数学(有限の可算構造を扱う)などがある。残りは学校でならう代数と幾何などだ。数値解析と離散数学は20世紀になって発展した新しい研究分野で、科学、ビジネス、そのほかの領域での実用的な応用を念頭に置いたものだ。

basics

公理
証明を必要としない基本的な命題を公理という。

公理系
1つの数学理論における、無矛盾な定理の集合。

数学的事実
古典幾何学に見られるように、公理から導き出される一連の結果をいう。

milestones: フィボナッチ数

ピサのレオナルドはフィボナッチとして有名であるが、イタリアのピサ生まれで、中世最大の数学者とみなされている。彼は偉大な著作『算盤の書』でインドの算法とアラビア数字を欧州に伝え、それが現在も使われている。近代数学では彼はその名前を冠した数列で知られる。『算盤の書』にウサギの問題として載っている、有名な数列だ。数列は0と1で始まり、次の数はその前の2つの和で定義される。これらをフィボナッチ数という。驚くべきことにこの数列は他のいろいろな分野に現れる。例えば黄金比、パスカルの三角形、多くの植物の葉や種のらせん模様などだ。

■ピサのレオナルドはフィボナッチとして有名であり、1180年に生まれた。

目の和	起こり得る結果	絶対頻度	相対頻度	確率
2	(1|1)	15	0.0375	1/36 = 0.028
3	(1|2); (2|1)	14	0.035	2/36 = 0.056
4	(1|3); (2|2); (3|1)	30	0.075	3/36 = 0.083
5	(1|4); (2|3); (3|2); (4|1)	45	0.1125	4/36 = 0.111
6	(1|5); (2|4); (3|3); (4|2); (5|1)	54	0.135	5/36 = 0.139
7	(1|6); (2|5); (3|4); (4|3); (5|2); (6|1)	58	0.145	6/36 = 0.167
8	(2|6); (3|5); (4|4) (5|3); (6|2)	51	0.1275	5/36 = 0.139
9	(3|6); (4|5); (5|4); (6|3)	62	0.155	4/36 = 0.111
10	(4|6); (5|5); (6|4)	38	0.095	3/36 = 0.083
11	(5|6); (6|5)	25	0.0625	2/36 = 0.056
12	(6|6)	8	0.02	1/36 = 0.028

■2個のサイコロを振ったときに出る目の合計の出現確率$P(X)$を出す手順。上の例は400回の場合。

■テレビゲームで人気の仮想卓球ゲームでも、そのデータ処理と数値計算のためには、数学が欠かせない。

▶ p.416-417 (統計と確率) 参照

■ 応用分野

多くの科学分野で、応用数学の成果が利用されている。とりわけコンピューターのハードウェアとソフトウェアをはじめ、現代社会で達成された技術進歩は、数学の助けなしには不可能だった。

天文学、物理学、測地学、経済学などが取り組んできた実際的な問題は、どれも数学のさまざまな分野の発展に寄与してきた。逆に、数学はこれらの分野が発展するのを支えてきた。

例えばアイザック・ニュートンは、ゴットフリート・ライプニッツと並んで微積分学を創始すると同時に、力は運動量の変化に等しいという物理法則を数学的に表して、運動の解析を可能にした。

の分野でも、建設工学、材料力学、計画の実用性検討などの設計面に、物理学を通じて数学の原理が用いられている。

ハイテク分野への応用

数値制御技術とコンピューターの性能向上によって、社会の多くの面で、数学の応用とコンピューター化が進んでいる。ほとんどすべてのハイテク分野で、応用数学が直接使われている。半導体チップや、飛行機、

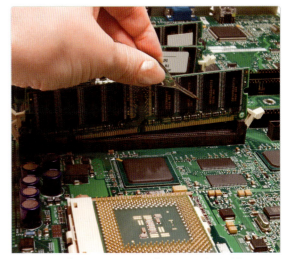

■半導体チップの配置。半導体チップの配置と配線の最適化に、複素数の演算が使われる。

■風洞試験。空気力学のシミュレーション・モデルでは複素数の演算が用いられる。

一方、固体の熱伝導を研究していたジャン・バプティスト・ジョゼフ・フーリエは、波動の伝播を表す波動方程式を定式化した。彼はこの方程式を導いただけでなく、それを解く方法も見出した。それがフーリエ級数といわれるもので、解析学なども含め、広い分野で応用されている。

デジタル時代のための理論

数学理論の中には、つくられてから後になって、ほかの分野に応用されたものもある。16世紀に発見された複素数を用いた理論は、今や電磁気学、量子力学などの物理分野に欠かせない基礎数学となった。別の例は、論理演算を四則演算化したブール代数だ。これはデジタル技術、機械工学、プラント制御工学から、あらゆるコンピューター言語まで広い分野の基礎になっている。建築

高速列車の設計、石油や天然ガス資源の探査、その他いろいろの応用分野がある。

> ### ブール代数
>
> ブール代数は英国の数学者ジョージ・ブール（1815～64年）にちなんだ名称で、論理演算の基礎になる理論だ。0と1の2値に四則演算（加減乗除）を適用する演算処理の基礎になるものだ。この方法では2つの入力値を1つの出力値に対応させるのに3つの関数を使う。AND、OR、NOTの3種類のゲートだ。
>
> 数学的には、ブール代数が対象とする集合はブール束を形成している。
>
>
>
> ■ブール代数を開発した数学者ジョージ・ブール。
>
> in focus

■大量の積荷を効率よく運ぶために、コンテナの数量と寸法から積み方を計算で求める。

幾何学

古典幾何学は、最も古い数学の分野に含まれ、幾何学的な構造の相互関係を記述するものだ。ユークリッドが体系化した公理系が古典幾何学の基礎になっている。

幾何学の始まりは、土地などの測量対象となる図形を計測して比較するという単純な作業だった。比較する基準量にはよく知られている角度、長さ、面積が使われ、それ

幾何学｜計算法｜数論

古典数学

古典数学の分野には、幾何学、計算法、数論がある。古典幾何学で最も有名なのがギリシャ人数学者、アレキサンドリアのユークリッドである。彼はその有名な著作『原論』で立体図形と平面図形について論じている。ユークリッドの幾何学は、現在でも初等数学として学校で教えられている。計算法（数論）は数の科学と定義され、古典数学のもう1つの分野だ。これには基本演算操作、数の整除性、その他の計算法が含まれる。数学の発展にともない、数は自然数から、有理数、実数、複素数へと拡張されてきた。

らによって図形を計測した。

ユークリッド幾何学

ユークリッド幾何学では点、線分、直線を明確に定義している。論理を展開する上で、線の長さなどの数値は必要ない。例え

ば、線や角の2等分のような基本操作は、寸法を測らなくても、コンパスと定規を使った手順だけで可能だ。したがって、目盛りのあるなしは関係がない。すべての基本操作は、次の3つの基本手順に還元される。それは、与えられた2点を直線で結ぶこと、与えられた点を中心として与えられた半径をもつ円を描くこと、そして与えられた長さを移すという単純な手順だ。

数を伴う幾何学

幾何図形を描くことは計算の基礎でもある。例えば、足し算は2つの長さをつなぐことに相当するし、長方形は2つの長さの掛け算に相当する。長方形の両辺の数字を掛け合わせると面積が得られるからだ。

ピタゴラスの定理は幾何学の基本だ。正方形の対角線の長さは、ピタゴラスの定理から得られる。ピタゴラスの定理は $c^2 = a^2 + b^2$ というもので、cは斜辺の長さだ。正方形の両辺の長さ（aとb）を1とすれば$c^2 = 2$となる。

角度から時間へ

円はいくつにでも分割できるが、バビロニアでは360度と定義した。360は分割すると常に整数になる。なぜなら、60という数は1から100の中で最も多くの約数があるからだ。60度を2回分割すると15度になる。360度を15度で割れば24になる。これが時間の単位になった。地球の自転は24時間に分けられる。1時間は60分、1分は60秒だ。

practice

■ 太陽光線の傾きは、日時計として、時間を測るのに使える。

ピタゴラスの定理

ピタゴラスは紀元前570年、ギリシャのサモス島に生まれた。彼の最も有名な業績は、ピタゴラスの定理だ。インド、バビロニア、エジプトの数学に基づいたもので、直角を含む幾何学的作図の理論的基礎となっている。その定理は、すべての直角三角形の斜辺（もっとも長い辺c）の平方は残りの2辺（aとb）の平方の和に等しい、というものだ。すなわち $a^2 + b^2 = c^2$。

milestones

■ サモスのピタゴラス（紀元前570～同510年）は数学の生みの親の1人だ。

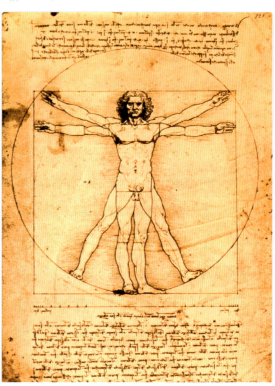

■ レオナルド・ダ・ビンチの「ウィトルウィウス的人体図」は、世界的に有名な描画であり、美学と幾何学をつなぐものだ。

▶ p.217（人類）参照

数論と数

一般的に言えば、数論は数を対象とする計算を取り扱う分野だが、次第に数の概念が広がると共に、それらの性質を検討し発展させるものへと範囲が広がってきた。

数論は、計算に関する基本法則を取り扱う。その法則は、日常生活の中での物の取り扱いから、直感的かつ常識的に得られたものだ。例えば、牛2頭と4頭を加えてから3頭を加えても、先に4頭と3頭を加えておいてから2頭を加えても、結果に違いはない。これを結合法則といい、$(a+b)+c = a+(b+c)$ という式で表される。この法則は自然数だけでなく、数体系のすべての数で成り立つ。

新しい数の必要性

自然数だけでは、除算（割り算）や減算（引き算）をすべて行うことはできない。例えば、りんご8個を3人で分けたり、りんご3個を5人に配ることは自然数だけではできない。しかし、分数やマイナスの整数という新しい種類の数を導入すれば、それが可能になるのだ。りんご8個を3人で分ければ1人分は8/3個になるし、3から5を引けばマイナス2だ。

数の世界

自然数の集合Nは、無条件で加算と乗算ができる。整数の集合Zは負の整数を含むので、減算が無条件でできる。分数の集合Q+は除算もすべて可能になる。N、Z、Q+を合わせて有理数の集合Qという。Qに対しては、ゼロによる除算を除き、すべての四則演算が可能となる。

実数の集合RはQに無理数を加えたもので、πや平方根のような無限小数（非循環小数）を表すことができる。

実数は、数学的には完備性を備えている点で重要である。完備性とは、ある集合に属する数列が収束する先の数が元の集合に属することを意味する。有理数は完備性を備えていない。

さらに純粋に思考上の産物として、複素数がある。複素数 c は、$c = a + bi$ と表される。i は虚数単位である。意味のない数のようだが、実際にはそうではない。物理学や工学では複素数を使うと、計算が極めて楽になるのだ。

■ そろばんは昔からある計算器だ。

ラマヌジャンのノート

シュリーニヴァーサ・ラマヌジャン（1887～1920年）はインド南部の小村の貧しい家で育った。数学の知識は2冊の本から独学で身に付けたが、それらには6000もの定理が載っていた。彼が導いた定理には、πに関する洞察、素数、分配関数などがある。彼は5年間ケンブリッジ大で過ごした後、健康を害してインドに戻り、それから1年で世を去った。彼のノートには、600もの公式が証明なしで書かれていた。

■ 特異な天才数学者シュリーニヴァーサ・ラマヌジャンは33歳で夭折した。

■ 音楽の構造と数学は密接な類似性があり、相互に参照し、利用することができる分野だ。

演算法則

交換法則：乗算の因数を交換しても結果は変わらない。同様に、加算の加数も交換できる。

結合法則：加算あるいは乗算はどこから始めてもよいが、カッコ内から先に始めなければならない。

分配法則：乗算と加算がある場合、カッコ内の加数すべてにカッコ外の因数が掛けられる。乗算は共通の因数をくくってから行ってよい。これが $(x+y)$ のべき乗を展開した二項定理の元となっている。

■ 演算法則は、どの小学校のカリキュラムにも必ず含まれる基本知識だ。

座標幾何学

座標幾何学では、座標軸を決めることによって座標系が決まる。座標面のすべての点は、座標軸からの距離で指定することができる。点の集合は、方程式あるいはグラフによって表される。

知らない町で、どこか行きたい場所を目指すとしよう。そのためには、起点を決めて、そこからどちらの方向へどれだけ行くのかが、わかればよい。同様に、座標系でのすべての点は、定められた起点、すなわち原点からの方向と距離を表す1対の数値によって指定される。直交2軸の交点を原点（0, 0）とすれば、座標（3, 4）は原点から右へ3単位、上方へ4単位進んだ点を示している。

値が決まり、このxとyで点が定義される。

幾何学と代数

幾何学と代数を組み合わせると、うまくいく場合がある。代数を使って幾何学の問題を記述し解くことができるし、幾何学は代数方程式の解を見つけるのに使える。

厳密に解けない問題や、解くのが非常に困難な問題には、しばしばグラフが使われる。幾何学でも代数でも、2組の点の集合の交点、つまり方程式の解がいくつあるかを求めることができる。座標幾何学は数学の中でも重要な分野で、特に物理学に欠かせない。例えば時間を独立変数にとれば、物体の運動をグラフで表現できる。座標上の点の軌跡として運動を表すのである。

■自動車などに使われるGPSシステムは、座標幾何学を実用化したものだといえる。

座標幾何学 | ベクトル

解析幾何学

幾何学の問題は、図形に対するさまざまな操作によって解くのが普通だ。しかし、幾何学に代数を適用すると、同じ問題が変数の計算によって解ける。ベクトルは長さと方向を持つ数学的対象であり、通常はベクトルの表記には、座標系に示した矢印、太字の英字、あるいは頭部に矢印をつけた英字のどれかが使われる。ベクトルは物理量を表すのに使われる。

basics

関数
xの値を決めるとyの値がただ1つ決まるものを関数という。

線形関数
(x, y)をグラフに描くと直線となるのが線形関数であり、比例関係を示す。

点の集合

直線には点が無限に含まれている。方程式は直線を表し、その直線に含まれる点の集合として定義される。方程式のxに値を代入するとyの

■地球上の地理的な座標は、緯度と経度によって場所を指定する。

in focus

デカルト座標系

直交座標系は、直交する2本の座標軸によって平面上の位置を表す。各軸に平行な線は座標線という。水平軸の値をx座標あるいは横座標、鉛直軸の値をy座標または縦座標という。

軸の交点の座標は（0, 0）で原点という。この座標系はフランスの哲学者、ルネ・デカルトが考案したのでデカルト座標系と呼ばれる。デカルトは、代数とユークリッド幾何学を共に研究した。この解析幾何学の考えはピエール・ド・フェルマーも同時期に考案したが、発表しなかった。現在、デカルト座標系は最も広く使われている座標系だ。スカラー積のような幾何学的概念を表すのに最も便利な座標系だからだ。

■点の集合は座標系を用いて方程式またはグラフで表現することができる。

■ ベクトル

ベクトルは平面や空間内の運動を記述するのに使われる。平面座標ではx、yの2方向、空間座標ではそれにz方向を加えた3方向の成分によって表わす。これを3次元空間という。

ベクトルは通常、空間内の点の移動を表す矢印として描かれる。矢印の長さ（大きさ）と方向がベクトル量になる。幾何学では3個の数で定義する。ベクトル空間は、ベクトルの集合と、それに対して定義された演算で構成される。ベクトル空間の要素は、現実の量からは独立なので、ベクトルの演算を解析幾何学、物理学、工学の各分野に適用することができる。

点および点の集合

いろいろな量がベクトルで表せる。速度ベクトルは、物体の運動方向と速度を定義する。また位置ベクトルは、点の座標原点に対する位置を表す。直線上の点の集合を表す線形方程式は$\vec{x} = \vec{a} + r\vec{b}$となる。

$\vec{x}$点に到達するには$\vec{a}$（位置ベクトル）点から出発して$\vec{b}$のr倍の距離を$\vec{b}$（速度ベクトル）で定まる方向に進むということだ。平面は$\vec{x} = \vec{a} + r\vec{b} + s\vec{c}$という式で表される。

2番目の速度ベクトルは、別の平面上の$\vec{c}$で決まる方向へ$\vec{c}$のs倍の距離を行くことを表している。

図を描かない幾何学

幾何学図形は、図を描かなくても計算によって表現できる。計算を使えば複数の図形の重なりや、図形間の距離を求めることができる。物理学やコンピューター・グラフィックスでは、ベクトルで表される複雑な問題を計算のみで解いている。長編アニメ映画では、コンピューターによる作画にベクトルを使う手法を用いている。

3次元空間の図形を描画する3次元コンピューター・グラフィックスの場合は、曲面を平面の集まりとして表すが、その場合もベクトルの表現が使われている。

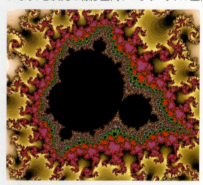

■ベクトルを図上で足し合わせれば、矢印の方向と長さが決められる。

方向と長さが同じ矢印は、すべて同じベクトルを表す。だからベクトルは座標系のどこに置いてもよいが、通常は矢印の始点を原点に置くことにして、成分を表す2個あるいは

複素数とベクトルの対応

複素数は、新しい値iを導入して実数の領域を拡張したものだ。iは-1の平方根として定義され、$i^2 = -1$なる数だ。こう定義すると正の数でも負の数でも平方根が求められる。

複素数は$a+bi$と表す。aとbは実数でiは虚数単位だ。複素数を表すには、複素平面（x座標が実数部分aを、y座標が虚数部分bを表す座標系）を用いると便利だ。この場合、x軸を実軸、y軸を虚軸という。こうすれば平面上の各点が唯一の複素数に対応することになり、2次元の線形空間、つまりベクトル空間と同等になる。

定義に従えば、複素数の加算はベクトルのそれと同等になる。しかし、乗算は異なる。複素数同士を掛け合わせた結果は、大きさも方向も違うベクトルとなる。

■マンデルブロー集合はカオス理論で重要な役割を果たす。それが定義する複素数列からは、美しい幾何学的図形が現れる。

物理学に現れるベクトル

ある量が大きさと方向の2つを持てば、それはベクトルだ。電磁場強度、速度、加速度、力などがその仲間だ。これに対し、質量やエネルギーのように、方向を持たない量をスカラー量という。地球を一定速度で周回する通信衛星は、本来なら慣性によってまっすぐ進もうとする。しかし重力によってその方向と垂直に加速度を生じるので直進できない。こうして速度ベクトルの大きさは一定で、方向だけが変化する。

■軌道を回る通信衛星は地球の重力の影響を受ける。

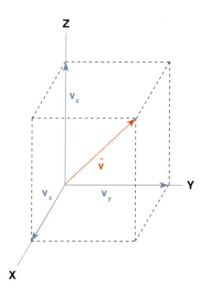

■3次元空間内の点V(x,y,z)は座標成分(x,y,z)をもつベクトル$\vec{v} = (x,y,z)$で定義できる。

▶ p.48-51（宇宙探査）参照

■ 微分法

微分法は関数の無限に小さい部分のふるまいを記述するものだ。その基本部分は17世紀末にアイザック・ニュートンとゴットフリート・ヴィルヘルム・ライプニッツが創始した。

登山の場合、海抜何mであるかという情報は、ハイカーの関心もあって手に入りやすいが、実際に最も重要なのは、山がどのくらい険しくて、どのくらい登るのが困難なのかということだろう。

微分法が焦点を当てるのは、この険しさに相当する量である。すなわち関数のグラフの各点における傾きだ。

勾配と割線と差分係数

勾配は直線の傾きを表す。したがって曲線の勾配は絶えず変化する。関数 $f(x)$ のグラフを2点（x_1 と x_2）で横切る直線を割線という。そして差分係数 $\{f(x_2) - f(x_1)\}/(x_2 - x_1)$ は、曲線のその部分における勾配の近似値として使われる。

境界値と接線と微分係数

曲線の特定点での勾配を正確に求めようとすれば、割線が曲線を横切る2点を無限に小さい間隔とすればよい。この無限小のときの直線を接線（タンジェント）といい（ラテン語のタンジェール＜接する＞が語源）、関数のグラフに接する形になる。接線の勾配 s は割線の勾配の極限（リミット：ラテン語のリムス＜境界＞が語源）であり、数学的には

$$\lim \Delta y/\Delta x = dy/dx = f'(x)$$

のように表現する。

この計算値は曲線のその点 x での勾配を与え、x における微分係数といい $f'(x)$ または df/dx と書くことが多い。

微分法は世の中の変動現象に応用されている。あるプロセスの変化の様子を微分係数で特定するのだ。例えば経営学では、生産量によって変化する総費用の微分係数から限界費用を算出する。企業は、こうやって求められた損益分岐点の限界費用から、どこまで製品コストを下げられるかを知り、経営判断に用いることができる。

微分法｜積分法

微積分学

単純に言えば、微積分学は無限小あるいは無限大を用いて計算することだ。実際には、変数が無限小あるいは無限大の極限値に近付いたとき、特定の数学的な関係がどう変化するかに注目する。これが解析の根幹部分だ。解析、つまりこうした関数の研究には、微分法と積分法とがある。ともに関数を無限小に分割して調べるものだ。

微積分学の発展

微積分学は17世紀末、ゴットフリート・ヴィルヘルム・ライプニッツとアイザック・ニュートンが独立に創始した。ライプニッツは数学的問題に幾何学の手順を使うことによって理論をつくった。彼は曲線が無限に小さい部分から出来ているとみなし、それぞれに接線が計算できるとした。同様に、曲線で囲まれた面積も無数の小さな長方形の寄せ集めと考えられるとした。微積分の考え方である。

ニュートンは物理的問題を解く方法に関心があった。加速している物体の瞬間速度を定める方法だ。彼は曲線を一定の加速度が作用した結果とみなし、点は線の無限に小さい部分と考えた。そうすれば、速度の増分が消滅するところまで、観測時間を小さくできる。こうして物体の瞬間速度は、加速度あるいは減速度を足し合わせて計算できる。

後にライプニッツは、ニュートンのアイデアを2人が交わした書簡から盗んだと非難され、ニュートンの影響下にあったロンドンの王立協会は、誤ってそう裁定した。しかし微積分学で現在使われているのはライプニッツの表記法だ。

■ニュートン（1643〜1727年）とライプニッツ（1646〜1716年）

▶p.419（応用数学）参照

■物体を投げると、物体は放された点で、それまでの軌道の接線方向に飛び出す。

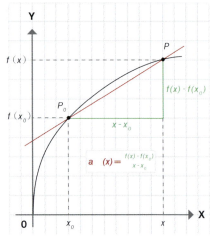

■割線は、関数のグラフを2点で横切り、その近傍での傾きを近似的に表す。

積分法

積分法は、種々の関数が表す曲線の下側部分が占める面積を計算しようとしたことから始まった。一般的に言えば、連続空間内で、関数の無限に小さい要素を無限個集めた総和を求める方法が積分だ。

積分を使うと、グラフの下側部分の面積が、無限に小さな面積を無限に大きな数だけ足し合わせたものとして求まる。

積分計算と体積

積分の実用的な応用として、関数 $f(x)$ を x または y 軸周りに回転させてできる立体図形の体積の計算がある。

例えば、円錐体は線形関数 $f(x)=ax$ （原点を通る直線）を回転させてできる。この体積を計算するには円錐体を非常に薄く輪切りにして足せば近付いていく。輪切りの厚さ（微分すなわち dx）が薄ければ薄いほど近似値はより正確になる。dx が極限値ゼロに近づけば和は正確に円錐体の体積になる。この無限個の輪切りの和が積分であり、与えられた積分範囲に数値あるいは関数を対応させる線形写像ともいえる。

■このコーンに詰められるアイスクリームの量は積分によって計算できる。

短冊形の寄せ集め

積分法を最初に発明したのは古代ギリシャのアルキメデスだ。後世のライプニッツとニュートンがそれを一般化した。曲線の下側の面積は、幅の等しい多数の長方形に分割される。それぞれの長方形の面積は単純に幅 Δx と高さ $f(x_1)$ の積から

$$A_1 = \Delta x \cdot f(x_1)$$

で計算できる。曲線の面積はこれらの長方形の面積を足して因数 Δx でくくり、

$$A = \Delta x \cdot (f(x_1) + f(x_2) + \cdots)$$

として得られる。長方形の幅を狭くしていけば（Δx を小さくすれば）この和が曲線下の実際の面積に近づく。

原始関数と定積分

ライプニッツとニュートンは、関数 f の積分 F の微分係数はもとの関数 f になることを示した。つまり

$$F'(x) = dF(x)/dx = f(x)$$

だ。F を関数 f の不定積分あるいは原始関数という。この公式が微分と積分の関係を表すものだ。関数 f の a から b までの定積分は次の式で表わされる。

$$\int_a^b f(x)\,dx = F(b) - F(a)$$

これは面積 $f(x)\,dx$ の $x=a$ から $x=b$ までの和（サンメーション）で、dx が無限に小さくなったときの極限として計算される。

応用

物理学では、物体に力が作用してある距離を移動させたときの仕事は、力に距離を乗じたものだ。力が変化するときは

$$W = \int_a^b F(s)\,ds$$

で計算しなければならない。

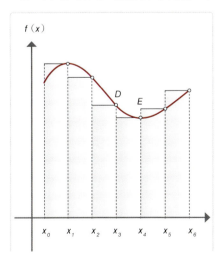

■曲線の下側の面積は、長方形の面積の和で近似される。

■積分値を求める方法はいろいろある。手計算もその一方法だ。

ガラス微小球のレンズ

直径が光の波長の数倍程度という微小な透明の球は、光を集めるレンズとして働く。この微小球は、物体の表面に単層をなして凝集する性質がある。このため層をつくった微小球は、単一レーザー光を集めて、せいぜい数十nmの大きさの何百万もの同じ構造体をつくり出すことができる。こうした材料加工に加えて、半導体技術、マイクロ工学、ナノ工学にも活躍の場がある。このレンズ特性を最大限生かすためには、微積分学の特別な概念を使う必要がある。それは光の波動性を考慮したベソイド（Bessoid）積分だ。

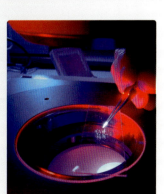

■微小球は非常に小さいので顕微鏡を使って分析される。

統計学

選挙の前の世論調査と選挙当日の投票率などから、投票締め切り直後に、調査会社は選挙結果をかなり正確に予想することができる。これは統計学の方法を使ってできることだ。

記述統計学とは、収集したデータの統計量を計算し、データの傾向を示すものだ。個別の事象に関するデータは大量になるため、特定の項目について集計し、グラフなどを使ってわかりやすく表示する。

の生じた実回数が数えられるが、意味があるのは相対頻度のほうだ。ある都市の住民3050人のうち47人が60歳だったすれば、この都市の年齢構成で60歳の相対頻度は $f=47/3050=0.01541$ あるいは 1.541% と

■ 投票終了後、いち早く開票速報を示す円グラフ。統計に基づいて推定している。

統計学｜確率論

統計と確率

数そのものは嘘をつかない。だがその数の見せ方や解釈の仕方を間違うと、誤解を招くもとになる。確率論と統計学は、できごとを数量で表現するときに役に立つ。ある事象が起こる確からしさを数値化して、予測や予報を出すことが可能になるのだ。数理統計学は、物理学の実験や医学の症例の整理など、すべての自然科学はもちろん、人間社会とその社会的関係を科学的に研究するのにも使われている。確率過程論は、株価のように十分に予測できない状況を記述する。

データが集まると、まず粗く集計することにより、全体の中での個別集団の特性を確認する。この作業は、求められている情報によって異なる。例えば、ある都市の年齢構成を決めるとしよう。人口規模が大きいときには代わりに標本値を用いてよい。この場合は個人の年齢を次々に調べ、頻度表をつくる。この頻度表は絶対度数、つまりその特性

なると推定することができる。

データの評価

統計学では、データの情報ができるだけ失われないように集約する。データの平均値は収集した情報の平均だが、統計学で重要な量だ。

個々の観測値と平均値の隔たりは統計的なバラつきをあらわし、標準偏差の計算に用いられる。例えば、ある電機会社が携帯電話用のバッテリーをきっかり70時間持つとは保証できないとしても、試験をして統計学を適用すれば、全バッテリーの99%は70時間プラスマイナス5時間持つと予想するようなことができる。

データの提示法

グラフを使ったデータの提示法は、統計学でも重要な要素だ。しかし、どうしても一定の意図が含まれる。図化するときの選択時に特定の重み付けをせざるを得ないので、完全に偏りのない提示は不可能に近い。例えば、x軸とy軸にどのような縮尺を用いるかで、失業率やGDPが緩やかに変化するように見えたり、急に変化するように見えたりする。軸の一部を省略すれば間違った印象を与えることさえできる。

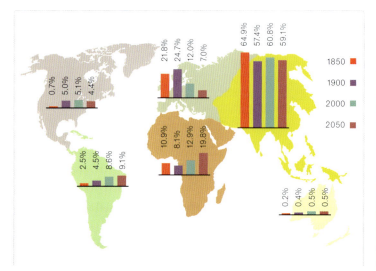

■ 世界人口に占める各大陸別の人口の割合。棒グラフの各列は年代による違いを表す。

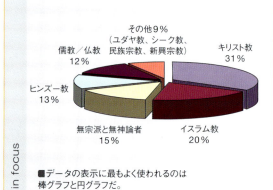

■ データの表示に最もよく使われるのは棒グラフと円グラフだ。

確率論

確率論は、これから起こるできごとの結果を推定する数学分野だ。現実の応用では、変動要因が多く、そのすべてはわからないような複雑な工程の費用予測や計画立案をするのに役立つ。

　将来の事象の結果を予測しなければならないときには、確率論を使うことで、納得づくの決断を下すことができる。例えば、損害保険会社は自社のリスクを低コストでカバーする必要がある。もしある事故が1年に5％の確率で起こると見積もられるならば、

■19世紀に流行したトランプは、その勝負が確率と経験に左右されることから人気を呼んだ。

年間保険料は少なくとも事故の平均費用の5％以上にする必要がある。

　確率論は、賭けに勝つ可能性を事前に知りたいという要求から始まった。ある結果が起こる回数を、起こり得るすべての結果の回数で割ることによって、その事象の確率が求められる。例えば一組のトランプから黒札を引く確率は0.50、つまり50％だ。というのは、全52枚中黒札は26枚だから。

　もしある結果が別の事象を伴うときは、事象同士が互いに独立かどうかを考えて、決めなければならない。例えば、一組のトランプから1枚ずつカードを引いていく場合、ハートのクイーンを引く確率は、トランプの枚数が減るにしたがって大きくなる（1/52、1/51、1/50……）。いくつかの独立な事象が同時に起こる確率を求めるには、それぞれの確率を掛け合わせる必要がある。例えば2個のさいころを振って両方とも3の目が出る確率はP（X=3）=1/（6×6）=1/36すなわち2.8％という結果を得る。

確率論の限界

　確率論はとりわけ経済的、社会的な状況で責任ある決断をするときに役に立つ。確率的に変わる値を確率変数と呼び、その起こりやすさを確率分布という。代表的な確率分布は、二項分布、ポワソン分布、正規分布、指数分布などだ。

　正確に計算ができない確率もある。例えばプレーンチョコかピーナッツチョコを選ぶ場合、プレーンチョコが選ばれる確率は0.5になりそうだが、ピーナッツアレルギーの要因が決定を左右するかもしれない。

確率過程論

確率過程論は、確率論と統計学の両方を含んだもので、十分には予測できない状況を対象とするときに使う。例えば経済発展、量子力学、医薬品の効果、機械設備の故障などを取り扱う。天気予報ももちろんだ。これらは調整可能なパラメーターを含めてモデル化しなければならないが、適切なパラメーターを選ぶのにこの確率過程論が役に立つ。

■ニューヨークの商品取引所NYMEX。市場動向の予測に確率過程論が役に立つ。

ガルトン箱

　19世紀にフランシス・ガルトン（1822～1911年）が開発したこの装置は、二者択一を次々に繰り返す実験をモデル化したものだ。

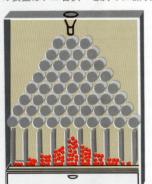

格子状にピンが打たれた鉛直の盤で、格子の中央に落とされた球は等確率でピンの右か左に落ちていく。ピンは8列なので$2^8=256$通りの経路があるが、最も多く通るのは中央の経路だ。各経路を通る確率は二項分布で計算できる。

■ガルトン箱は、ランダム試行の確率分布である二項分布を実例により可視化したものだ。

■運がものをいうゲームに関する観察から確率論が生まれた。通常の戦略では、確実に勝てそうなところに多く賭ける。

■純粋数学

純粋数学や抽象数学の目的は、実用面への応用とはまったく関係ない。
数学者たちは、数学上の問題を解決すること自体に価値を置いて、
数学問題への解を見出すことを究極の目標にしている。

純粋数学は理解が難しい。しかし、それこそが魅力なのだ。古代ギリシャの数学者たちは、純粋数学と応用数学を区別した。例えば軍隊の組織化のような具体的な問題を解く基礎的な計算法には、ロジスティクスという言葉を作った。こうしてロジスティクスが数学とは別の分野とみなされたのは、彼らの興味を引かなかったからだろう。彼らの興味を引いたのは、抽象的な原理の方だった。数学が哲学と密接に関連していたことがその理由であることは間違いない。さまざまな数学的手法を発展させたギリシャ人の基礎研究は、現代の数論の基になっている。ギリシャ人の研究の中には、最大公約数の計算法、素数が無数にあることの証明がある。ローマ帝国崩壊後の中世の数学には暦の発展などがみられるが、主に修道院が舞台であり、またギリシャ文化を継承したアラビア文化の影響もあった。

ヒルベルト・プログラム

20世紀まで、学問としての数学は、基礎研究と批判的分析に精力が注がれて発展してきた。その中心人物とされるのがドイツの数学者ダフィット・ヒルベルト（1862〜1943年）だ。彼の研究成果と用語の定義は、数学の範囲を明確にするのに重要な役割を果たした。彼が数理科学に残した影響は大きい。

1900年、ヒルベルトは数学における23の未解決問題を提出した。その中で無矛盾な公理系、宇宙を支配する究極の公理系すなわち万物理論の存在を予測し、ここから他の科学の知見が引き出されるはずだとした。その数年後、クルト・ゲーデル（1906〜78年）という数学者が、こうした系は不可能であることを証明した。ゲーデルの不完全性定理は、ある公理系を決めたとき、命題Gも、Gの否定も証明できないようなGが存在するというものだ。これが数学で理性の限界を研究する理由でもある。ヒルベルトが力を注いだもう一つの取り組みは、数学の構造的な関連付けだった。例えば代数と幾何の間のように、それぞれの知見が関係付けられるごとに、知識が格段に増えていくはずだからだ。

優れた成果を上げた若手数学者に4年ごとに与えられるフィールズ賞が1936年から続いている。2006年のフィールズ賞はテレンス・タオ（オーストラリア）ら4人が受賞したが、ポアンカレ予想を解決したグリゴリー・ペレルマンは表彰を辞退した。

純粋数学｜応用数学

純粋数学と応用数学

20世紀の間に、数学はますます抽象性を増して、具体的な応用分野における
数学的問題とのつながりがかなり薄くなった。こうした抽象化にもかかわらず、
ときとして生まれる新しい理論が、驚くほど実際的な応用に役立つことがある。
それは保険や債券など金融の世界での新製品の開発などに見られる。
ただし、高度な数学を用いて開発したとされる金融派生商品（デリバティブズ）は、
顧客が十分に理解しないまま購入し、大きな損失を被るという問題を生んでいる。

■代数方程式の解をグラフ化すると、想像もしなかった美しい曲面が現れることがある。

■ダフィット・ヒルベルト（1862〜1943年）は20世紀最高の数学者に数えられる。

in focus — フィールズ賞

フィールズ賞は数学者にとって望みうる最高の栄誉である。ノーベル賞には数学賞がないからだ。受賞者の年齢は40歳以下に限られ、4年ごとに国際数学連合（IMU）が2人から4人を国際数学者会議の席で表彰する。なお2003年に始まったアーベル賞には年齢制限がない。

■2006年の受賞者。左からテレンス・タオ、ウェンデリン・ウェルナー、アンドレイ・オコンコフ、グリゴリー・ペレルマン。ペレルマンは表彰を辞退したはじめての受賞者。

▶ p.406-407（数学の歴史）参照

応用数学

純粋数学と応用数学は、それほど明確に区別できるわけではないが、応用数学は物理学や経済学などの分野と協力して、一般の目につかない所で実際的な問題の解決や手法の応用で活躍している。

数学の解析力はさまざまな分野に適用できるので、各種の応用で道具として使われる。数学の理論や手法を基にした、新たな境界分野も登場してきた。

保険の数学

保険の原理とは、まれに起こる原因で不意にお金が必要になったときに、確実に支払える額をあらかじめ皆が出しあうことで、リスクを共同で引き受けようというものだ。出し合ったお金の合計が十分なことを確認にするには、損害の程度を統計的に分析して、それぞれが出す額を見積もればよい。ここで統計学と確率論が役に立つ。

ある会社がさいころを3回振るゲームに対して、次の金額を支払うとしよう。6が1回出れば3ドル、2回出れば6ドル、3回なら10ドルだ。掛け金は2ドルとする。この場合、ランダムなのは参加者の純益の平均で、問題は掛け金が支払いをカバーできるかということだ。

支払いの平均出現頻度と純益の期待値$E(G)$は確率論（p.408）を使って計算できる。純益は出た6の数によって-2、1、4、8ドルだから対応する確率をかけて期待値を求めると、$E(G) = -2 \times 125/216 + 1 \times 75/216 + 4 \times 15/216 + 8 \times 1/216 = -0.51$となる。結局、参加者は平均して0.51ドル損をすることがわかる。

保険会社はこのような計算で、生命保険の保険料などを決めているのだ。ただし、死亡や火災の確率計算は、多くの要因が絡むので実際はこれほど簡単ではない。

暗号学

これだけ世界が情報ネットワークで1つにつながれると、情報の保護がますます重要になってくる。個人、企業、軍事を問わず、情報へのアクセスは制限しなければならない。こうした制限に必要な技術を取り扱うのが暗号学だ。秘密情報のやり取りを敵から守るために発達した分野だ。古代エジプトでも、すでにある種の暗号が使われていたという。現代の暗号学の応用範囲はいろ

■第二次世界大戦中、ドイツ軍が使用した暗号器であるエニグマ。

いろだ。例えばデータの暗号化、コンピューター利用者の認証、オンラインバンキングなどだ。そこには代数学、計算理論、確率論などの数学理論が使われている。

コンピューターやネットワークで使われている暗号方式は大きく分けると、共通鍵暗号方式と公開鍵暗号方式に分かれる。共通鍵暗号方式は、送り手と受け手が同じ鍵を使用する。公開鍵暗号方式では秘密鍵と公開鍵を使用し、より安全性が高いとされる。

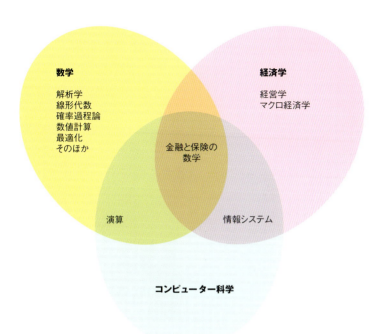
■さまざまな専門領域にまたがる保険と金融関連の数学。

数学者のノーベル賞受賞

米国のジョン・フォーブス・ナッシュ（1928年〜2015年）はノーベル賞を受賞した数少ない数学者の1人だ。ゲーム理論、微分法、偏微分方程式の研究で目覚しい業績を上げ、フィールズ賞の候補にもなった。1950年代末期、妄想型統合失調症をわずらい、それから30年間病と闘い、ようやく数学の世界に戻ることができた。1994年、彼を含む3人の数学者がゲーム理論の業績でノーベル経済学賞を受賞した。2001年に公開された映画『ビューティフル・マインド』は彼を描いたものだ。

■ジョン・F・ナッシュは米ウェストバージニア州生まれ。プリンストン大学に勤務した。

■ 証明

数学者は、考えうるすべての場合について命題が正しいと証明されない限り、満足しない。たとえ何百万回正しくてもだめだ。考えうるすべての状況の下で正しい結果を論理的に導き出すことを証明するという。

証明｜現代数学
新しい数学

数学を支えているのは、純粋な思考だけに基づいた論理的な証明だが、証明された命題は、一般にそのまま真実として受け入れられている。数学が科学のための道具なのか、それ自体完結すべきものなのかをめぐって論争が続く。数学の対象を、その基本特性である抽象性の獲得に絞ろうとする動きがある一方で、現代生活が数学に期待するものは増え続けている。コンピューターとネットワークが日常の生活に浸透するにつれ、数学が直接役に立つ場面がますます増えている。

天体物理学によると宇宙の全素粒子の数は「わずか」10^{78}個だというのに、なぜ人間はそれとは比較にならないほど数の多い無限の存在を証明しようとするのか。なぜ無限の数学的対象に対して命題を証明しようとするのだろうか。

実は、数学が自らを有限の世界に閉じ込めないことが、まさしく科学としての数学の本質なのだ。とはいえ、実用的な目的では、科学者も数学者も近似値で満足している。日常生活では、限られた範囲での結果でも、十分役に立てばそれでいいと割り切って考える。しかし人間には、生まれつきすべてを知りたいという衝動がある。その知識が実用的かどうかは問わない。

既知の、証明済みの、あるいは仮説の命題を使って、一歩一歩論理的な結論を導いていくことを証明という。自然数のもつ帰納的な性質を使って命題を証明する方法がある。すべての自然数nのあとには$n+1$が続くことを利用し、ドミノ倒しの原理に基づいて証明する方法であり、帰納法と呼ぶ。すべてのドミノは2つの条件を満足すれば倒れる。すなわち、最初のドミノが倒れることと、倒れたドミノが必ず次のドミノを倒すことだ。

無限の数学的対象を扱う場合でも、その対象に共通する性質を指定すれば、対象が限定される。紀元前6世紀のギリシャ哲学者ターレスが見出した定理は次のようにいう。円の直径を底辺とし、円周上に頂点を持つ三角形は、常に直角三角形である。

背理法

命題を証明するのに論理を逆転させる方法がある。命題が真であることを証明する代わりに逆が成り立たないことを証明するのだ。例えばギリシャの数学者ユークリッド（紀元前300年エジプトのアレキサンドリア生まれ）は、素数が無限にあることを証明したが、始めに「最大の」素数があると仮定し、次にそれより大きな素数が存在することを示して、最初の仮定が間違いであることを証明した。

■ピエール・ド・フェルマー（1608～65年）の最終定理「$x^n+y^n=z^n$」は、最終的に1995年になって英国の数学者アンドリュー・ワイルズによって証明された。

素数の世界

素数とは1と自分自身の2つでしか割りきれない自然数だ。2000年以上も前にユークリッドが素数は無限にあることを示しているにもかかわらず、素数にはまだ未解決の問題があり、現代でも多くの数学者を引きつけている。

1	2	3	4	5	6
7	8	9	10	11	12
13	14	15	16	17	18
19	20	21	22	23	24
25	26	27	28	29	30
31	32	33	34	35	36
37	38	39	40	41	42
43	44	45	46	47	48
49	50	51	52	53	54

■薄色の欄が素数。これらは、1または自分自身でしか割り切れない自然数だ。

直接証明法

直接証明法は、すでに証明された命題を組み合わせて推論していく方法だ。例えば、三角形の内角の和が180度であることの証明に、角度の平行線での性質が使われる。補助線としてある頂点を通って対辺に平行な直線を引く。こうすると3つの内角が隣り合って直線のつくる180度になる。

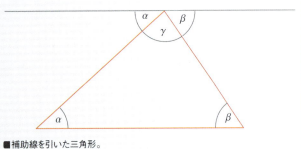

■補助線を引いた三角形。

▶ p.336-337（物理学の新しい課題）参照

21世紀の数学

21世紀になって、数学はさらに複雑な分野になってきた。ますます多くの分野との関連が深まり、数学の革新的な手法がそれぞれの分野で使われるようになったためだ。

自然現象を説明するときは、今でも適切な数学モデルをつくる必要がある。ただし、もし森羅万象を共通にモデル化できる基本式のようなものがあるとすれば、それは単一の式ではなく複数の数学的構造を持ったものになることは間違いない。その数学モデルは実験データを証明するばかりでなく、数学的な意味で整合性のとれたものでなくてはならない。

将来の展望

21世紀には人と物の往来はますます激しくなるだろう。通信技術の進歩により、通信やデータ交換の方法も目に見えて変わっている。こうした動きをできるだけ円滑に制御するためには、数学的に扱えるよう工夫する必要がある。大企業が多くの要因を考慮して戦略的な決定を下すのに も、応用数学が使われる。プロジェクト管理はコンピューターの助けを借りて計画、実施される。

数学が最新の技術開発と協力することで、思いがけない成果が得られる。例えばコンピューター技術と数学が結びついて、いままで人間だけで解くのが難しかった多くの問題が解けつつある。

地図の4色問題もその1つで、長年の難題をコンピューターで解決した先例になった。19世紀半ば、フランシス・ガスリーはどんな地図でも隣り合う地域を異なる色で塗り分けるには何色あればよいか、という問題を投げかけた。この証明はコンピューターの力を借りなければできなかったのだ。

その後、この結果は携帯電話の基地局の配置にも応用されている。

数学モデルは微生物学でも応用されて、要素数とリンク数が極めて多い系を表現するのに使われる。例えばデータ処理や統計学用の数学モデルがHIVウィルスについての洞察と治療法の見通しをもたらしてくれた。耐性菌の問題も人間の健康にとって脅威だが、ここでも数学モデルが効果的な薬の開発に役立っている。

Googleのアルゴリズム

ここ数年でインターネットの検索エンジンではGoogleが市場を制覇した。高速で使いやすいということは当然として、最大の理由は、ほかのエンジンに比べて検索の質がいいということだ。ページの引用人気度を評価するのにページランクという特別な手順を使っている。引用人気度とは、実際にその文書あるいはページに飛んできた回数を数えたものだが、ページランクがそれまでの引用度の概念と違うのは、飛んできた絶対数を使っているところだ。

■Googleの創設者セルゲイ・ブリンとラリー・ペイジは、ページランク・アルゴリズムで成功を収めた。

■地図上の区域を塗り分けるのには4色あれば十分であることが証明された。

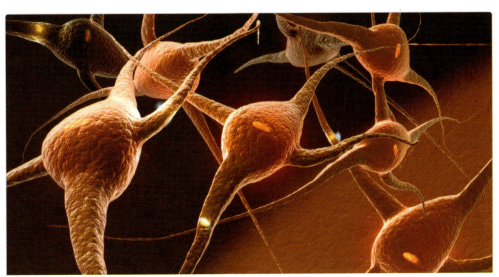

■神経系の発達と数学：脳の発達段階における神経構造の形成過程は、コンピューターの数学モデルを使って調べ、説明することができる。

▶p.387（インターネット）参照

索引

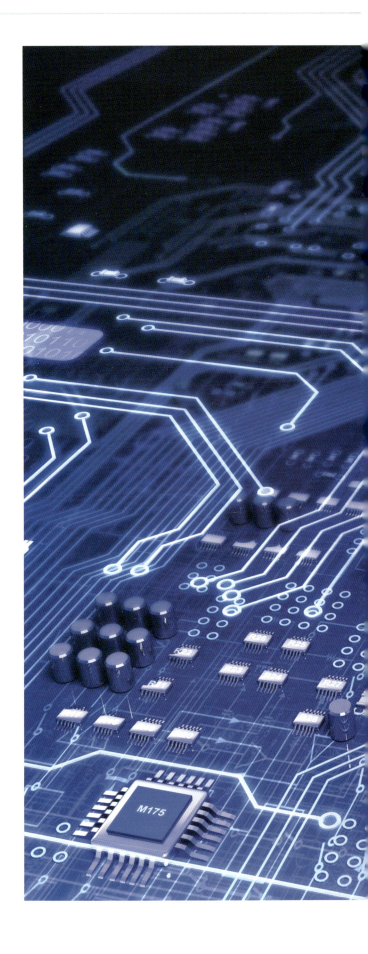

索引

1～9
10進法　407
2重スリットの実験　326
2値数　→ブール代数を見よ

A～Z
ATP　→アデノシン三リン酸を見よ
CERN　328, 388
CFC　309
CO_2排出　125, 337, 348
DDT　309, 341
DNA（デオキシリボ核酸）　148, 150-153, 155, 169
　2重らせん構造　150, 152, 252, 256
HIV　→エイズを見よ
IDカード　390, 391
LED　347, 363, 380, 403
NAD^+（ニコチンアミドアデニンジヌクレオチド）　154-155
PCR法（ポリメラーゼ連鎖反応）　256, 291
pH　75, 85
RFID（無線ICタグ）　389, 390, 391
　RFID技術　391
　RFIDタグ　391
　シリアル番号　391
　トランスポンダー　391
USB　379

ア
アームストロング、ニール　48
アインシュタイン、アルベルト　20, 38, 312, 315, 326, 329, 330, 331
アグリコラ、ゲオルギウス　157
アデニン　150, 154, 252, 298
アデノシン三リン酸（ATP）　154-155, 181
　ATP合成　155
　ADP　154-155
亜熱帯地域　118, 121, 200
アベリー、オズワルド　298
アラル海　107, 132
アルカン　296
アルキメデス　315
アルキン　296
アルケン　296
アルゴリズム　421
アルベド　113
アレニウス、スバンテ　127
暗号　データ　419
暗号化　389, 393, 394
　個人認証　390
　パスワード　390
暗視装置　320
アンチコドン　253

イ
イエローストーン国立公園　72, 75, 157
イオン　287

生き抜くための戦略　81
維管束　182
移植（臓器の）　234, 238
遺伝子型　166, 250-251
遺伝子工学　302, 340, 344
　遺伝子組み換え　340, 344
　遺伝子組み換え作物　344
遺伝子プール　166-167, 272
遺伝情報　147-148, 150, 152-153, 227, 257
遺伝暗号　253
遺伝子　250-251, 255, 263, 266
遺伝子指紋　150
ゲノム　174, 256
国際ヒトゲノム計画　150
自動シーケンサー　150
染色体外遺伝子（プラスミド）　150, 256
ヌクレオチド　150, 154, 252, 298
遺伝性疾患　254, 255
遺伝物質　176
印刷　402-403
　印刷機　402
　印刷法　402
　オフセット印刷　402-403
　オンデマンド印刷　402
　活字　402
　刷版　402, 403
インスリン　→血液を見よ
隕石　19, 41, 42, 62, 80, 146
　衝突　38, 39, 42, 119
インターネット　379, 382-383, 387, 389, 393, 394, 403
　IPアドレス　387, 394
　ウェブブラウザー　388, 393
　テレビ　400
　プロトコル　394
　ラジオ　400
　ワールド・ワイド・ウェブ　387, 388, 389
インフラ設備　359
インフルエンザ　175, 266

ウ
ヴァイツゼッカー、カール・フリードリッヒ・フォン　18
ウィルキンス、モーリス・ヒュー・フレデリック　298
ウイルス（生物学）　174-175, 247, 303, 305
　HIV　→エイズを見よ
　増殖　174
　バクテリオファージ　174, 256
　プロファージ　174
ウース、カール　169
ヴェーラー、フリードリヒ　296
ウェゲナー、アルフレッド　64
ウェブページ　382, 388
　HTML　382, 388
　HTTP　388
　URL　388
　検索エンジン　388
　ハイパーリンク　388
動きのパターン　336
宇宙　18, 19, 20-21, 22-51, 315, 321, 327-328, 330, 333, 336-337, 366
　膨張　22-23
宇宙原理　22
宇宙の気象　36
宇宙の基本式　337
宇宙背景放射　22, 23, 318
宇宙旅行　48, 50, 367
　NASA　38, 43, 46, 51, 367, 378
　宇宙ステーション　39, 48, 367
　月面着陸　39, 48
　スペースシャトル　50, 293, 314, 367
　宇宙飛行　48, 50, 363, 366
　国際宇宙ステーション　48
　無人探査機　38, 39, 41, 42, 43, 44, 46, 47, 49, 51
　有人宇宙飛行船　48, 50
　ロケット　19, 48, 330, 363, 366, 367
ウラシル　252
運動学　314
運動量　314, 335
　運動量保存の法則　314
　角運動量　314

エ
映画　401
永久機関　320
永久凍土　91, 123, 127
エイズ　175, 247, 305
衛星　37, 48, 49, 51, 124, 315, 366-367
　気象衛星　48, 49, 115
　測地衛星　49, 331
　通信衛星　48, 49
　偵察衛星　49
　パラボラ・アンテナ　49
エコーロケーション（反響定位）　215
エドモンド、ヒラリー　79
エネルギー　21, 22-23, 26, 28, 34, 35, 36, 154-155, 312, 313, 319, 321, 347-348, 352, 354, 362, 367, 373
　位置エネルギー　322, 346, 352
　運動エネルギー　312, 346, 352, 354
　エネルギー変換　312
　エネルギー放射　→放射を見よ
　エネルギー保存則　312, 314, 320
　化学エネルギー　312, 346, 348, 354
　原子力エネルギー　312, 349
　消費　347, 370, 371
　損失　346, 371
　電気エネルギー　292, 322-323, 347, 354
　熱エネルギー　312, 320, 346
エネルギー技術　346-353
エネルギー資源　346, 371
　コジェネレーション　348
　水力/水力発電　137, 352
　代替エネルギー/再生可能エネルギー　136, 354, 371
　太陽エネルギー　49, 136, 371
　地熱システム/地熱発電　137, 352, 371
　バイオマス　193
　風力/風の力/風力発電　137, 315, 351, 361
　エネルギーの生産　346, 348
　タービン　348, 349, 352, 360, 362, 365
　電磁誘導　323
　熱電対　346
　発電機　323, 346, 348, 349, 352
　変圧器　323, 327, 359
エネルギーの貯蔵　346, 351
　乾電池　346
　バッテリー　→バッテリーを見よ
エルニーニョ、ラニャーニャ　119
塩基　253
エンジン
　ガス膨張　357
　ガソリン　354
　蒸気エンジン　354, 359
　電気モーター　322-323, 346, 354, 357, 360, 369
　燃焼機関　348
　燃焼室　362, 366
　排ガス　309, 354, 366 376
　ハイブリッド・エンジン　356
　ロータリー　357
遠心力　32, 56, 358, 372
塩素化炭化水素　304
エントロピー　321
塩分濃度　81, 97

オ
汚水　173, 303
　汚水処理　173
　汚水廃棄　102
オゾン層　55, 130, 134, 145, 337
オゾン　309
オゾンホール　309
オッカム、ウィリアムの　332
音　316-319, 396
　音速/音が伝わる速さ　97
　音波　318-319, 363, 396
オペレーティング・システム　382, 383, 386
　Linux　382, 386, 389
　Mac OSX　382, 386
　Windows　382, 386
オルソン、ケン　378
オルドリン、バズ　48
音響学　318
温室　50, 113, 137
　温室効果ガス　73, 125-127, 135-137, 197
　温室効果　55, 113, 127, 348
オンネス、ハイケ・カマリン　327

カ
海溝　100, 103
海上風力発電所　351
回転速度　367
解糖　154-155
海面　65, 100-103, 119, 126-127
　海面の上昇　99
界面活性剤　305
　ラウリル硫酸ナトリウム　305
海洋　64, 96, 97-104, 266, 303, 315

縁海　96
海溝　65
海流　98, 101
波　99
カイリュー、ロバート　388
カオス理論　315, 334-335, 413
　カオス系（決定論的カオス系）　334, 335
　カオス的　334, 335
　バタフライ効果　334
　非線形系　334
　フラクタル　334-335
　フラクタル図　335
　乱流　334
ガガーリン、ユーリ　48
化学結合　287
　共有結合　287, 296
化学工業　289, 308, 309, 348
核（細胞の）　147, 172, 250
核酸　174, 237, 253, 298
　DNA　→DNAを見よ
　RNA　→リボヌクレオチドを見よ
核磁気共鳴（NMR）　291
学習行動　267
　学習の過程　267
　経験　267
　刺激　267
　条件付け　267
　刷り込み　267
　反応　267
　まねる（模倣）　267
核融合　18, 26, 34
確率論　320, 330, 419
　確率　321, 326, 419
　確率過程論　417
　ガルトン箱　417
火災　69, 119, 309, 369
火山　72-75
　火山活動　44, 45, 64, 72, 75
　火山弧／火山島　100, 101
　火山泥流／ラハール　73
　環太平洋火山帯　74
　脱ガス　73
　噴火　65, 73, 119, 124
　マグマ　55, 58, 64-65, 68, 72, 74, 101
　マントル対流　64
　溶岩　39, 41, 64, 65, 72-74, 100
数　411, 413, 420
　π（パイ）　406
　数論　→計算方法を見よ
ガス　51
　不活性ガス　112
数の体系　407
　数字　407
ガスリー、フランシス　421
風　117, 351, 369, 373
　雷　55, 114, 116
　サイクロン（熱帯低気圧）　44, 45, 114-115, 117
　砂漠　80
　台風　117
　竜巻　117
　熱帯低気圧　115, 117, 127
　ハリケーン　117, 334
　ビューフォート風力階級　117

風力　→エネルギー
風力タービン　351
モンスーン　119-121
化石　63, 119, 147, 156-157, 161, 162
化石化　156
河川　104-105
画像技術
　MRI（核磁気共鳴画像撮影）　337
　PET（陽電子放出断層撮影）　337
画像診断　232, 337
　CT（コンピューター断層撮影）　232
仮想世界　380
可聴下音　319
活動電位　240
カラハリ砂漠　80
ガリレイ、ガリレオ　18, 44, 314-315
ガルトン、フランシス　417
カルビン、メルビン　181
ガレ、ヨハン・ゴットフリート　45
感覚（生物学）
　嗅覚　204, 207-208, 213-214, 216, 244
　触覚　245
　平衡感覚　243
　味覚　244
環境　73, 80, 81, 125, 162, 163, 267, 306, 309, 344, 370
　汚染／公害　125, 126, 130-131, 309, 360, 363
　環境悪化　136, 376
　認識　134
環境条件　270
環境保護　134-136, 340, 374, 376
　アジェンダ　135
　気候変動に関する政府間パネル（IPCC）　126
　グリーンピース（団体）　134, 309
　持続可能な開発／製品／プロジェクト／農場　135-136, 370, 376
　世界気候会議　127
　ラムサール条約　85, 135
環境保全技術　376
間欠泉　75
幹細胞　257
　体性幹細胞　257
　多能性　257
　胚性幹細胞　257
　ヒト幹細胞研究　257
干渉　317
干渉縞　326
環礁　→礁も見よ　101
関数　412
　正弦関数　316
　線形　412
岩石
　火成岩　62
　堆積岩　63
　続成作用　63
　変成岩　62

キ

気圧　112, 114, 115, 117, 118
　アゾレス高気圧　118
　気流　205, 364
　高気圧／高気圧帯　80, 114, 119, 121
　低気圧／低気圧帯　114, 119
記憶　211, 267
幾何学　406, 410, 412-413, 418
飢饉　74, 304
気候　72, 88, 96, 98, 118-123, 315, 347, 348, 373
　海洋　119
　海洋性気候　122-123
　気候の分析　119
　気候変動／気候変化　102, 118, 119, 124-127, 133, 135, 136, 337, 376
　気候保護　→環境保護を見よ
　京都議定書　125, 135
　大陸性気候　122-123
　地球温暖化　82, 126, 130, 133
気候帯　118, 271
　亜熱帯　118, 121
　温帯　118, 122
　寒帯　118, 123
　熱帯　118, 120
　冷帯／亜寒帯　118, 122
儀式　262, 265
　儀式的戦い　264
技術革新　358, 360
気象　112, 114-117, 334
　降水　116
　前線　114
　対流　117
　天気予報　115, 334, 417
気象学　115, 337
寄生　174, 270, 275
　外部寄生　275
　植物性寄生体　275
　全寄生　275
　動物性寄生体　275
　内部寄生　275
　半寄生　275
軌道　367
逆浸透　191
求愛　261, 262, 264, 265
キュリー　329
　ピエール　329
　マリー　329
凝結
　凝結核／氷晶核　116
　霧　116, 118
　露点　116
峡谷　105
共振　316
共生　182, 192, 270, 274
　外部共生　274
　相関関係　274
　相利共生　274
　内部共生　274
　片利共生　274
競争　273
　競争排除の法則　273
　種間競争　272-273
　種内競争　272-273
漁業　343
　漁法　343
　底引き網　343
　養殖　343
　乱獲　133, 206

極地　88, 108, 109, 123
　オーロラ　112
　日照　113
キルヒホフ、グスタフ・ロベルト　18
銀河　20, 21, 23, 24-25, 28, 29, 321, 325, 336
　天の川　20, 24, 25, 29
　アンテナ銀河　24
　アンドロメダ銀河　24
　渦巻銀河　24, 25
　銀河群　20
　銀河団　20
　楕円銀河　24
　小さい銀河　24
　超銀河団　20
　ハッブルによる分類　24
　マゼラン雲　25
金属　306, 322, 327, 347, 350, 354, 366
　合金　284
菌根　274
筋肉　163, 233, 260

ク

グアニン　298
グアノ　279
空気抵抗　314, 315, 346, 367
空気力学　365
グーテンベルク、ヨハネス　402
グーテンベルク不連続面　58
クエン酸回路（クレブス回路）　154-155
グドール、ジェーン　216
雲　98, 116, 118, 120, 124
　10種雲形　116
グラム、ハンス・クリスチャン　172
クラムニク、ウラジミール　385
クリック、フランシス　150, 298, 302
グレートバリアリーフ　102, 135
クローニング　256
　ドリー（クローン羊）　256
　ベクター　256
グローバル化　360, 374

ケ

経口避妊薬　239
計算　314, 331, 337, 406-407, 413
計算法　410
形状記憶材料　293
ゲーテ、ヨハン・ウォルフガング　324
ゲーデル、クルト　418
ゲーム理論　419
血液
　ABO式血液型　235
　インスリン　236-237, 303
　血管　231, 234-235, 238 307
　血小板　235
　循環　198-199, 205-206, 234
　赤血球　235
　白血球　235
　ヘモグロビン　235
　輸血　235
結晶　62, 292, 314, 326
　結晶系　61
　結晶構造／格子構造　60-61, 292
　非線形結晶　325

索引

ケッペン、ウラジミール・ペーター 121
ケプラー、ヨハネス 18, 314-315, 334
原核生物 55, 147-148
嫌気性 155
言語 →情報通信、コンピューター・プログラム、ウェブページを見よ
健康 344
原子 22, 26, 34, 306-307, 320-323, 326-329, 332, 334, 349
　アイソトープ 54, 286
　陰性度 287
　数 286
　軌道 285, 327
　クォーク 328-329, 332-333
　原子核 26, 34, 35, 285, 323, 326, 328-329, 331-332, 347
　質量 286
　スピン 333
　力の粒子 328
　中性子 28, 34, 285, 325, 328-329, 349
　電子 26, 28, 34, 35, 154-155, 285, 288, 315, 317, 322-329, 332-333, 347, 350
　ニュートリノ 326, 328, 329, 332, 333
　陽子 28, 35, 322, 328, 329
原始スープ 55, 146
原子時計 326-327
原子力技術 349
　核分裂 329
　原子力 349
　原子力発電所 349
　最悪シナリオ 349
　燃料棒 349
　連鎖反応 349
原生生物 176
建設 368
元素周期表 284, 286
建築 368
顕微鏡 146, 148, 149, 151-152, 172, 174, 285, 302, 307, 325, 327

コ

ゴア、アル 127
航海術 18, 266
光学 325
航空 362-365
　軽飛行機 364
　航空管制 362
　ステルス機 363
　飛行機のエンジン 363, 365
　ヘリコプター 365
光合成 55, 82, 102-103, 145, 147, 162, 177, 181, 186, 191, 277-278
光子 324-325, 328-330, 333, 350
甲状腺 239
洪水 69, 102, 105, 132
　擁壁 373
恒星 18, 20, 21, 23, 25, 26-29, 32, 34

ガス層 21
原始星 26
主系列星 26
星座 29
星団 26, 27
赤色巨星 27, 28
セファイド型変光星 21
太陽 →太陽を見よ
中性子星 28
超新星 21, 23, 28, 54
白色矮星 21, 27, 28
星の動き 336
星の誕生 26
合成物質 308
　PVC（ポリ塩化ビニル） 306
　エラストマー 306
　電子ペーパー 306, 403
　ナイロン 306
　熱可塑性プラスチック 306
　熱硬化性プラスチック 306
　プラスチック 303, 306, 307-308
　プラスチックの再利用 306
　ポリパラフェニレンビニレン（PPV） 306
酵素 155, 253, 256, 301, 303
　活性化エネルギー 301
　酵素と基質 301
　触媒 289, 301, 376
　プロテアーゼ 303
　補酵素 301
高層ビル 71, 369, 371
高速液体クロマトグラフィー（HPLC） 291
降着／降着円盤 28, 54
交通のモデル 336
光度 21, 363
行動 260-267
　学習　→学習行動を見よ
　行動パターン 260-261, 262-263, 265, 266
　敵対行動 264
　転移行動 261
　動物行動学（エソロジー） 259, 260, 267
　なわばり 207, 213, 264
　本能　→本能行動を見よ
　渡り（動物の移動） 266
黄道光（こうどうこう） 32
鉱物 60-62, 75, 88, 119
　火成鉱物 60
　硬度 61
　生成 60
　堆積鉱物 60
　ダイヤモンド 61, 62, 284
　風化鉱物 60
　変成鉱物 60
　宝石 61
　マグマの晶出 60
　無機化 173
呼吸 231
国立公園 72, 75
国連環境計画（UNE） 135
コケ類 123, 162, 185
　ミズゴケ 185
古生物学 157
個体群

成長率 272
密度 272
群れの中の地位 263, 264
骨格系 232
骨髄 232, 235, 246
コッセル、アルブレヒト 298
コッホ、ロベルト 173
古典力学 314, 315
コドン 253
好気性 154-155
コペルニクス、ニコラウス 18
コミュニケーション（生物学） 165, 199, 212, 216, 262, 265
　体の動き 263
　言語 165, 217
　声 165, 265
　種間 264
　種内 264-265
　表情 263, 265
コリオリ、ガスパール・グスターブ 117
コレステロール 305
ゴンドワナ　→太古の大陸を見よ
コンピューター 51, 115, 315, 325, 334-335, 337, 341, 355, 358, 369, 374, 378-389, 409, 413
　コンピューター動画 401
　セキュリティ　→コンピューター・ウイルスを見よ
　ソフトウェア 382-383, 386, 389
　チューリング・テスト 385
　特殊効果 401
　ハードウェア 379, 382
　ブルースクリーン技術 401
　ロボット 51, 375, 384, 385, 388
コンピューター・ウイルス 382
　スパイウェア 382, 389
　ダイアラー 382
　トロイの木馬 382
コンピューター・ネットワーク 374, 383, 386, 387
　ISDN 392-393
　LAN（ローカル・エリア・ネットワーク） 379, 386
　WLAN 386, 393
　イーサネット 386
　デジタル通信網 393
　無線ネットワーク 386, 393
コンピューター・プログラム 379, 382-384
　BIOS 379
　アセンブラー言語 382
コンピューター科学 337
コンラッド不連続面 59

サ

細菌 103, 146-148, 150, 155, 159, 172-173, 196, 246, 303, 344-345
　グラム陰性菌 172
　グラム陽性菌 172
　ストロマトライト 147, 159
　ラン藻類／シアノバクテリア 147, 159
　内生胞子 172
細胞 146-155, 328

細胞壁 100, 172, 177, 192
細胞膜 148, 155, 299
　分裂　→細胞分裂を見よ
　リン脂質 155, 299
細胞呼吸 155, 196, 206, 231, 238
細胞質 148
細胞小器官 148, 172
　液胞 149
　核 150-153
　ゴルジ体 148-149
　色素体（プラスチド） 148-149
　小胞体 148-149
　ミトコンドリア 148-149, 154-155
　葉緑体 148-149, 177, 180-181, 184
　リボソーム 253
細胞内共生説 147
細胞分裂（核分裂） 152
　有糸分裂 152
　交叉 153
　複製過程 152
　減数分裂 151, 153, 227
殺菌　→食品産業を見よ
砂漠 200, 204, 206-207, 209
　オアシス 81
　砂漠化 81, 87, 132, 134
　サハラ砂漠 80, 90, 117, 121
さび　防食 288
サピア、エドワード 165
座標系 412, 413
サムナー、ジェームズ 301
サリバン、ルイス・H 369
酸 88, 308
サンアンドレアス断層 65-66, 70
産業革命 124-125, 346, 361, 370
サンゴのポリプ 102, 197
酸性雨 130, 309

シ

ジェット気流 114
ジオイド 56
磁気 57, 66, 322, 323, 333
　磁極 323
　磁石 323, 359
　磁性粒子 323
　単位磁石の理論 323
　羅針盤 323
四季／季節 56, 122
色素欠乏症 254-255
時空 22, 331, 333
　時空のゆがみ 22, 331
思考 165
仕事（物理） 312
脂質 299
思春期 226, 229
視床下部 239
地震　→津波も見よ 58, 65, 68-71, 369
　海底地震 71
　監視体勢 71
　震央 68
　震源 68, 69
　マグニチュード 68, 69
　予知 71
地震観測 66, 69
　観測地点 68, 69, 71

索引 427

地震計 69
地震波 58-59, 68-69
　前兆現象 71
自然
　遺産 373
　天然資源 96, 370
　実験室 290, 303, 332
湿地 84-85
　河口 105
　湿原 85
　礁湖 101
　デルタ/三角州 105
　干潟 84
質量 23, 312, 314-315, 320, 322, 328, 331, 333, 413
　慣性 330-331
　質量エネルギー等価式 312, 330
　重力質量 331
質量分析計 54
自動化 341, 374-375
自動車 303, 307, 308, 331, 336, 354, 355, 364, 374
　安全システム 355
　エアバッグ 306, 355
　触媒 376
　ソーラーカー 350
　電気自動車 356
　電子式安定制御（ESC） 355
　ナノ 357
　ハイブリッド車 356
シトシン 298
シナプス間隙 240
磁場 19, 36-37, 313, 323, 327
　磁極 35
　地球の磁場 35, 36, 57, 58, 323
指標植物 270, 281
師部 182
脂肪 155, 236-237, 305
　加水分解 155
　脂肪酸 155, 237, 299
　不飽和脂肪酸 299
　飽和脂肪酸 299
島 65, 96, 101, 102, 127
　人工島 101
霜 82, 121
　氷点下 80, 116
ジャイロ作用 358
社会 134, 306, 322, 346
　孤立状態 263
　社会構造 206, 262
　社会組織 214
　社会的行動 165, 199, 216, 263, 264
シャルガフ、アーウィン 298
周波数 215, 316-319, 320
周波数分布 326
重力 20, 23, 24, 26, 27, 32, 38, 50, 313, 315, 322, 329, 331, 333
　〜の法則 18, 38, 315
　引力 38, 315, 322, 331
　自転 99
　重力/重力エネルギー 24, 43, 55, 56, 312-313, 315, 367
　重力中心 47
　重力波 331
　重力場 313

ジュール、ジェームス 312
収れん 168, 273
種子（植物）→植物を見よ
受精 196, 201-203, 226-228, 262
　月経 226, 229
　精子 226-227
　排卵 226-227, 239
出産 203, 206, 208-209, 212, 215
種の絶滅 127, 133
　大量絶滅 124, 145, 159-160
種の分化 167
受粉 180, 188, 190
　花粉 180, 190
　自家受粉 190
　受粉を媒介する生物 180, 183
　他家受粉 190
　蜜 180
シュリーレン効果 29
シュレーディンガー、エルヴィン・S 285
準粒子 319
準惑星 32, 33, 42, 46
　小惑星 32, 42, 124
　彗星 32, 33, 43
　冥王星 32, 33, 44, 46
礁 101, 160
　裾礁 101, 102
　サンゴ礁 99, 102, 197
省エネルギー建築 371
　エネルギー消費の少ない住宅 371
　エネルギープラス住宅 371
　パッシブ・エネルギー住宅 371
常温核融合 328
消化 195, 197, 210, 236, 237
蒸散 182, 191, 279
焦点 325
蒸発 80, 82, 97, 106-108, 113, 121, 183, 279
情報伝達（生物学） 240
　神経伝達物質 240
小惑星帯 33, 42
　オールトの雲 33, 43
　カイパーベルト 33, 43, 46
植生 80-81, 89, 121
　気候分類法 121
食 198-199, 202, 205-207, 214
　雑食動物 83
　従属栄養 154, 162, 176, 276
　消費者 276-277
　食虫植物 189
　生産者 276
　草食動物 83, 86-87, 160, 183, 210-211
　独立栄養 162, 177, 276-278
　肉食動物 83, 86-87, 160
　分解者 276-277
　捕食 103, 197, 203, 214
触媒（技術）→自動車を見よ
触媒（生物学）→酵素を見よ
　活性化エネルギー 301
食品産業 341, 344
　殺菌 345
　自然食品 136
　照射殺菌 345
　食品技術 340, 341
　食料 303, 343

　添加物 344
　パスツリゼーション 345
　保存 340, 345
植物 145, 149, 162, 266, 344
　維管束植物 162, 186
　イチョウ 157, 160, 166, 188
　塩生植物 191
　気孔 180-181, 191, 271
　砂漠（多肉植物） 81, 191
　種子 81, 83, 162, 180, 189, 190
　種子植物 180, 188
　種子を持たない植物 184
　被子植物 160, 162, 189, 190
　胞子植物 162, 185-187
　藻 102, 107, 159, 162, 184
　裸子植物 162, 188, 190
食物網 277
食物ピラミッド 277
食物連鎖 177, 277, 279, 309
ジョブズ、スティーブ 379
ジョリオ=キュリー 329
　イレーヌ 329
　フレデリック 329
ジルコン 54
進化 55, 156-165, 217, 321
　隔離 167
　隔離メカニズム 167
　自然選択 166
深海 97, 103, 303
真核細胞 146-148, 150, 152, 172
進化系統樹 163, 169
真菌 173, 192-193, 266, 304
　菌糸体 192
　トリュフ 193
　胞子 192
真空 20, 323
神経系 197-198, 232, 234, 239, 241, 245, 384
　感情 229, 241, 337
　骨髄 232, 241
　シナプス 240, 260
　神経細胞（ニューロン） 240, 241, 337, 385
　中枢神経系 261
脳 200, 212, 215-217, 225, 232, 234, 241-242, 244, 337
人工知能（AI） 337, 384, 385
深層海流 98
人体 225, 301, 328
振動 243, 316, 317-319, 333, 369, 396
森林 82-83
　硬葉樹 82, 121
　熱帯雨林 82, 83, 120
　北方林帯（針葉樹林帯）/タイガ 82, 122, 188
森林伐採 125, 130, 132, 376
人類 314
　言語能力の発達 165, 217
　国際ヒトゲノム計画 150
　進化 →人類の進化を見よ
　知的能力 165, 217
　二足歩行 164
　ヒト科 164-165
　文化の発達 165, 217
人類の進化 164-165, 217

　アウストラロピテクス 140, 144-145, 164
　現生人類 140, 144-145, 164-165
　狩猟採集 340
　初期人類 314
　直立姿勢 217
　道具の使用 165, 217
　脳の容量 164-165
　ホモ・エレクトス 140, 144, 164
　ホモ・サピエンス 140, 144-145, 164-165
　ホモ・ネアンデルターレンシス 140, 164
　ホモ・ハビリス 164-165

ス

水温躍層（温度躍層）/サーモクライン 97, 106
彗星 32, 33, 39, 43
　ヘール・ボップ彗星 43
水力 346, 352
　水力発電所 352
　潮力発電所 352
数学 408-409, 411, 412, 418-421
　公理 406, 408
　証明 420
　定理 408, 411, 418
　用語 418
　理論 408, 409
数値表記法
　位取り法 407
　併記法 407
スタンリー、ウェンデル・メレディス 301
ステップ 86, 122
　塩性草原 86
　プレーリー 86
　リャノス 87
ステノ、ニコラウス 156, 158
スプライシング 252
スペクトル
　吸収線 21, 37, 47
　スペクトル線 18
　スペクトル分析 18
　光 47, 113, 119, 350
スミス、ウィリアム 158
スモッグ 130, 281, 309

セ

星雲 24, 26, 28
　発光 24
　反射 24
　惑星状星雲 27, 28
星間
　ガス 24, 25
　星間物質 25, 35
　星雲 26
星座 29
静止電位 240
生殖（繁殖） 167, 197-199, 202, 205, 225, 226, 239, 272
　接合 176
　無性生殖 176, 185, 196-197
　有性生殖 153, 163, 176, 196-197, 262
製造工程 290, 375

化学工業 308-309
　環境規制 309
　組立ライン 308, 374-375
　工程の最適化 374
　生産チェーン 308
　大量生産 374
　品質検査 374-375
　リサイクル →廃棄物を見よ
生態学 269-270
　生態的地位の占有 273
生態系 73, 80-87, 273, 276, 281, 340
　人工生態系 50, 281
　生態系のバランス 107, 273, 279, 341
　生態的地位 83, 159, 167, 276
　農業生態系 280
生体認証技術 390
生物群集 276
生物層序学 →層序学を見よ
生物多様性 133, 135, 281
　種の多様性 133, 344
　生物の多様性に関する条約（CBD） 133
生物的要因 270
生物時計 266
生物発光 103
生理活性物質 83
生理機能 180, 183
世界遺産 102, 134-135
世界観
　地動説 18
　天動説 18
赤外カメラ →暗視装置を見よ
積分 314, 414
赤方偏移 20, 21, 23
石油 308, 372
　採掘リグ 348
　精製 308, 348
　石油危機 371
　パイプライン 348
　油田 348
世代交代 186-187
絶縁体 292, 306, 322
石灰岩 88
　カルスト 88
　苦灰岩 88
　ゾルンホーフェン（ドイツ） 63
　洞窟 88
　石灰棚 75
絶対零度 320-321, 327, 330
説明モデル 18
　数理シミュレーション 19
　人間原理 333
　物理モデル 19, 337
　理論モデル 333
絶滅危惧種 133, 135
　条約 135
　レッドリスト 133
遷移 276
染色体 148, 150-153, 167, 227, 250-251, 321
　1倍体 151, 153
　2倍体 151, 153, 167, 250, 254
　異数性 254
　遺伝子の組み換え 153, 251

常染色体 151, 255
正倍数性 151
相同染色体 151, 153, 250
突然変異 254
倍数性 167, 254
先進国 134-136, 308-309, 342

ソ
臓器 225, 230, 239
　感覚器 198, 241-242
　肝臓 198, 238-239, 324
　消化系 195, 198-199, 207, 210, 225, 230, 236-237
　心臓 200, 205-206, 234
　腎臓 238, 319, 324
　心臓血管系（循環系） 234
　生殖器官 198-200, 226
　腸 198, 230, 236-237
　肺 163, 203-204, 225, 230, 234
　皮膚 163, 225, 241
造山運動 63, 76
　アルプス造山運動 76
　カレドニア造山運動 76
　バリスカン造山運動 76
層序学 157-158
相対性理論 20, 22-23, 38, 315, 328-333
ソーラー技術 350
　太陽光発電所 350
　太陽電池 49, 50, 51, 292, 350, 371
　太陽熱 350
速度 314
素数 420
ソナー 319
ソリフラクション 91
素粒子 22-23, 315, 328-329, 332-333

タ
ダーウィン、チャールズ 167
ダークマター／ダークエネルギー 23, 328, 333
ダイオキシン 309
体温調節 245
大気 19, 43, 107, 315
太古の海洋 67
　テチス海 67
　パンタラッサ 67
　ミロビア 67
太古の大陸 67
代謝 81, 103, 206 236, 239, 337
　細胞内代謝 154
対称性
　左右対称 163
　放射相称 163
代数 412, 418
堆積／堆積物 65, 90, 100
　化学岩 63
　砕屑岩 63
　生物岩 63
ダイムラー、ゴットリーブ 356
太陽 18-19, 20, 24, 25, 26, 27, 28, 29, 32, 33, 34-37, 47, 54, 315, 320-321, 324-325, 331, 334, 346, 371

オーロラ 34
　活動 36
　紅炎 35
　高温プラズマ 34, 35
　光球 34, 37
　黒点 35, 36
　黒点周期 36
　コロナ 34, 35
　彩層 34
　質量噴出 36-37
　磁場 34, 35, 36-37
　太陽系 18, 19, 25, 32-33, 34, 44, 45, 46, 47, 48, 50, 54, 332, 334
　太陽圏 35
　太陽の重力 331
　太陽の放射 36, 38, 39, 50, 118, 120, 124, 324, 350
　太陽風 34, 35, 37
　対流層 34
　中心核 34
　日食 18, 34, 37, 331
　放射層 34
　隆起 35
対立遺伝子 250-251, 255
タウ粒子 328
だ液腺 244
脱塩 97
田部井淳子 79
炭水化物 172, 236, 297
　セルロース 209, 303
　デンプン 149, 297, 303
　糖 102, 154, 181, 237, 299, 345
　糖類 297
　ブドウ糖 154-155, 239
メタン 41, 348
炭素 27, 28, 284, 296
炭素繊維 293, 355, 358
タンパク質 236-237, 301
　アミノ酸 172, 237, 300
　酵素 →酵素を見よ
　構造 300
　タンパク質生合成 252-253

チ
地衣類 123, 159, 281
地殻変動 →プレートテクトニクスを見よ
力 312, 313, 413
　推進力 362
　反発力 287
地球 18, 20, 32, 33, 34, 40, 315, 321-322, 324, 330, 334
　アセノスフェア 58-59, 64
　核 54, 57, 58
　軌道 48, 366
　磁気 →地磁気を見よ
　水圏 118, 119
　生物圏 118
　大気圏 112, 118
　地殻 54, 58, 59, 64, 70, 72
　地球圏 118
　地球の自転 99, 117
　土壌圏 118
　氷圏 118
　マントル 58, 59, 64-65, 69
　メソスフェア 58

リソスフェア／岩石圏 58-59, 64, 68-69, 118
地球の大気 19, 29, 36-37, 54, 112-113, 115, 117-118, 125-126, 367
　イオノスフェア 112
　外気圏 112
　気圧 33
　成層圏 112
　赤外線 113
　対流圏 112, 119
　中間圏 112
　ニュートロスフェア 112
　熱圏 112
　プロトノスフェア 112
　メソスフェア →地球を見よ
畜産 341, 342
　家畜 342
　家畜化 166, 210, 340, 342
　家畜本位の畜産法 342
　工場式農業 342
　産卵軍団 342
地形
　カルスト →石灰岩を見よ
　草地 →ステップを見よ
　高緯度の熱帯 120
　砂漠 80-81, 120-121, 127
　サバンナ 87, 120
　湿地 →湿地を見よ
　低緯度の地域 120
　半砂漠 80, 120
地磁気 57
地質学
　古生物学 157
　地質年代の決定 158
地質年代 158
　オルドビス紀 141, 157-158, 159
　カンブリア紀 67, 147, 157, 159, 163
　顕生代 158
　更新世 161
　古生代 67, 159
　ジュラ紀 143, 157-158, 160
　新生代 158, 161
　新第三紀 144, 158
　石炭紀 142, 158-159
　先カンブリア時代 67, 147
　中生代 67, 160-161
　デボン紀 142, 158-159
　トリアス紀（三畳紀） 67, 143, 158, 160
　白亜紀 89, 160-161
　完新世 161
　古第三紀 144, 158
　ペルム紀（二畳紀） 142, 158-159
窒素循環 278
　脱窒 278
　窒素固定 278
チミン 298
着生植物 186-187
中央海嶺 59, 70, 77
中間遺伝 250
チューリング、アラン・マチソン 385
超音速 313
　コンコルド 363
　衝撃波 363

索引　429

超音波（生物学、医学）　319, 337, 384
聴覚　243, 317
潮汐　99
　大きさ　99
　潮の流れ　373
超大陸　→太古の大陸を見よ
腸内細菌叢　237

ツ
ツィミック　87
　ベルンハルト　87
　ミハエル　87
通信技術　319, 354
ツーゼ、コンラート　378
月　18, 29, 32, 34, 39, 40, 54, 99, 334
　位相（満ち欠け）　40
　月食　18, 40
　大気　39, 40
　潮汐周期　40
津波　69, 71-72, 317
ツンドラ　123

テ
抵抗（電気）　312, 325, 327, 347
データ記憶装置　381
　CD　306, 325, 381, 396
　DVD　306, 325, 381
　MP3　396
　RAM　381
　USB　381
　ブルーレイディスク　381
データ転送　381
データベース　390
デーベライナー、ヨハン　286
デカルト、ルネ　412
適応の法則（気候による）
　アレンの法則　271
　ベルクマンの法則　271
デジタルカメラ　397
鉄道　359, 372, 374
　TGV　359
　磁気浮上式　359
電気　55, 322, 323, 333, 346, 347, 350-354, 358, 359, 371, 375
　アンペア　312
　斥力　34
　電位　322
　電荷　322, 323, 325
　電導体　→導体を見よ
　電導率　292
　電場　313, 323, 350, 397
　電流　35, 292, 306, 322, 323, 327, 347
　発電機　348, 351
　ボルト　312, 322
　ワット　322
電気分解　50, 289
　塩素・アルカリ　289, 308
天球　29
点字　245
電子　→原子を見よ
電磁気　322-323, 329, 332, 363
　電磁気理論　323
　電磁作用　329

電磁波　317, 324
電磁場　44, 359
電磁放射　320, 324, 326, 328
電子伝達系　154-155
電子メール　382, 386-387, 389, 395
転写　252
電弱力　332
電磁力　332
　電磁方程式　331
　量子色力学（QCD）　332, 333
　量子電気力学（QED）　329, 332, 333
伝送技術　387, 393
　ADSL　393
　DSL　393
　データ・パケット　386-387, 393, 394
　データ伝送　387, 393
　ブロードバンド　393
天体　18, 19, 32, 33, 44, 46, 331
天体観測
　アストロラーベ　18
　宇宙探査機　37, 38, 41, 42, 43, 46, 48, 51,
　宇宙旅行　→宇宙旅行を見よ
　衛星　→衛星を見よ
　スペクトル　19, 37
　望遠鏡　→望遠鏡を見よ
　レーダー技術　19, 51, 363, 367
電池　→バッテリーを見よ
天の極　29
天文学　18-19
天文観測　23
電離ガス　34, 366
電力　19
電話
　GSM　395
　UMTS　395
　インターネット電話　394
　基地局　395
　携帯電話　346, 378, 393, 395
　電話交換　392
　電話網　392

ト
統計学　320, 416-417, 419
　記述統計学　416
　相対頻度　416
　標準偏差　416
　標本値　416
　平均値　416
導体　322, 327, 346
　高温超伝導　327
　超伝導　307, 327
　超伝導セラミック　327
　半導体　292, 307, 324, 327, 347, 350
動物
　恐竜　157, 160
　昆虫　83, 159, 163, 196, 199, 213, 304, 384
　魚　102-103, 123, 159, 202, 266, 343, 345
　脊椎動物　145, 159, 163, 202-203, 205

　は虫類　145, 159-160, 163, 169, 204, 262
　反芻動物　207, 210
　ほ乳類　83, 86-87, 160, 163, 190, 206-207, 208-217, 262, 263, 266, 343
　無脊椎動物　102, 145, 159-160, 196, 199, 262, 343
　両生類　142, 145, 159, 163, 203, 262
　霊長類　216, 267
冬眠　204, 215, 266, 271
ドーピング　239, 291
毒素、毒物　193, 203, 208, 213, 238, 304, 307, 344
毒性　305, 309
土壌　303
　汚染　132
　形成　88
　浸食　80-81, 132
　土壌養分　72, 162, 182, 237, 274, 304, 340
突然変異
　遺伝子　254-255
　ゲノム突然変異　254
　色覚障害　242
　染色体突然変異　254
　点突然変異　254
トムソン、J・J　285
鳥　83, 87, 145, 160, 163, 205, 266, 267, 343
トリノ・スケール　42
ドルトン、ジョン　285
トレランス曲線（耐性曲線）　270
ドン、ウォルシュ　103

ナ
鳴き声　263, 265
雪崩　91, 334
ナッシュ、ジョン・フォーブス　419
ナノテクノロジー　307
　カーボン・ナノチューブ　307
　ナノ構造　307
　ナノコーティング　307
　ナノ材料　293, 307
　ナノ粒子　307
ナビ
　GLONASS　49, 331
　GPS　49, 331, 364, 372, 384, 395
　ガリレオ　49, 331
波　71, 99, 316, 317, 318, 324, 326, 330, 361
　P波　68
　S波　68
　回折　317
　紫外線　113
　地震波　68
　正弦波　318, 396
　電波　19, 25, 28, 317, 324
　波形　317
　波長　21, 27, 37, 113, 242, 320, 324
　マイクロ波　324
　力学　285, 324
　波と粒子　317, 328

ニ
二次代謝産物　183
　アルカロイド　183
　配糖体　183
乳糖不耐症　254
ニュートン、アイザック　18, 38, 312, 314-315, 324, 333-334, 409, 414
ニュートンのゆりかご　314
尿　238
妊娠　226-228, 319
　出生前診断　228
　体外受精　227
　胎盤　161, 206, 228
　羊水穿刺　228

ネ
熱水噴出孔　→ブラックスモーカーも見よ　55, 103
温泉　72, 75
熱帯地域　87, 118, 120, 200
熱帯無風帯/ドルドラム　117
熱力学　320-321
　安定な最終状態　321
　熱力学の法則　320, 321
　無秩序　320, 321
燃料　352, 354, 357, 362, 364, 366-367, 379
　液体水素　366
　液体窒素　327
　エタノール　284, 303
　化石燃料　125-126, 137, 281, 296, 346, 348, 352
　ガソリン　346, 348, 354
　石炭　126
　石炭の生成　63
　石油/原油　126, 131, 134, 371
　代替燃料　303
　天然ガス　126
　バイオディーゼル（バイオ燃料）　303, 354
年輪年代法　119

ノ
脳下垂体　239
農業　85-86, 132, 303-304, 340-342, 373
　エコ農業　340, 342
　害虫　83, 340-341, 344
　灌漑　131-132
　技術　341
　グリーン革命　340
　交雑育種　251, 302
　合成肥料　304, 340-341
　作物を枯らす　193
　除草剤　304
　人為選択　302
　単一耕作/モノカルチャー　132, 340
　畜産　340, 342
　農業生産性　340
　農薬、殺虫剤、殺菌剤　131-132, 203, 304, 309, 340-341
　有機農業　342
　輪作　340
ノースロップ、ジョン・ハワード　301
ノーベル賞　126, 127, 154, 158,

173, 181, 232, 267, 301, 324,
326, 329-330, 336-337, 419

ハ
歯　236
場（物理）　313
　磁場　→磁場を見よ
　重力場　→重力を見よ
　電場　→電気を見よ
バートン、オーティス　103
バーナーズ＝リー、ティム　388
バーナード、クリスチャン　234
ハーバー、フリッツ　289
ハーバー法　289
バイオテクノロジー　302-303
　色識別法　303
　環境技術　303
　再生医療　303
廃棄物　303, 370, 376-377
　ごみ焼却場　309
　処理　370, 377
　生分解性　306
　リサイクル　306, 374, 376, 377
配偶体　185, 187
背景放射　→宇宙背景放射を見よ
ハイゼンベルク、ウェルナー・カール　332
ハイテク　19, 343, 368, 409
胚の成長　228, 262
肺胞　231
ハウザー、カスパー　260
爆弾
　原子爆弾　329
　原子爆弾の地下実験　68
　水素爆弾　28, 329
パスツリゼーション　→食品産業を見よ
パスツール、ルイ　146, 345
発酵　155, 173, 303, 341, 345
　アルコール発酵　301-302, 345
　イースト菌　155, 344
　ビール　193, 345
　ヨーグルト　155, 345
　ワイン　193, 284, 345
バッテリー　346, 350, 354, 384
発電所　26, 347
発展途上国　309, 344
ハッブル　19, 21
　エドウィン・パウエル　21, 24
　定数　21
ハワード、ルーク　116
バンアレン帯　36, 57, 112
パンゲア　→太古の大陸を見よ
バンケル、フェリックス　357
反射　260, 267
　刺激　260, 261, 267
　刺激と反応の連鎖　260, 385
　膝蓋腱反射　260
　無条件反射　260
搬送波　399
反応　289
　化学反応　289, 321, 322
　吸熱反応　288
　酵素反応　154
　酸化還元系　154-155, 288
　発熱反応　288
　反応速度　385

ヒ
ビーブ、ウィリアム　103
ビオトープ　270-273 276
ピカール、ジャック　103
東アフリカ大地溝帯　64, 77, 106
光　266, 270, 317, 323, 324
　屈折　23
　光速　18, 323, 325, 330
　光年　20, 25, 26, 28, 29
　放射　326
光ファイバー　325
微生物　41, 83, 237, 303, 345
微積分　409, 414
　積分　314, 415
　微分　314, 414
ピタゴラス　406, 410
ピタゴラスの定理　406, 410
ビタミン　173, 236-237, 304, 324
ビッグバン　22, 318, 323, 332
　理論　20, 22, 23
ビデオカメラ　398, 401
微分　314, 414
　差分係数　414
　接線　414
　微分方程式　336
　無限小の直線　414
ひも理論　333
ビヤークネス、ビルヘルム　115
ビューフォート、フランシス　117
氷河　77, 89, 90, 100, 106, 108, 126-127
　大氷河時代　→氷河時代も見よ　109
　氷食作用　108-109, 161
　モレーン　90, 108
氷河時代　106, 108, 109, 124, 161
病気　303-305
　遺伝　→遺伝性疾患を見よ
　エイズ　→エイズを見よ
　炎症　247
　ガン（癌、腫瘍）　152, 305, 307, 309
　感染（感染症）　175, 198, 246-247
　心臓発作　234
　糖尿病　236-237
　病原体　172, 175, 177, 247, 304
　ペスト　173
　麻痺　232
　マラリア　83, 177, 309
表現型　166, 250-251
ビルハルツ、テオドール　198
ヒルベルト、ダフィット　418
微惑星　54, 55

フ
フィボナッチ、レオナルド　408
フィボナッチ数　408
フィヨルド　98, 99, 108
フィルヒョー、ルドルフ　148
風化　63, 79, 80, 88
　浸食　63, 76-77, 79, 80, 88, 89, 90-91
　生物学的風化　88
　デフレーション　89
　凍結破砕作用　88
　氷食　89
　物理的風化　88
富栄養化　107
フーリエ、ジャン・バプティスト・ジョゼフ　409
フーリエ級数　409
ブール、ジョージ　409
ブール代数　409
フェルマー、ピエール・ド　412, 420
フェロモン　262, 265
フォード、ヘンリー　375
複雑系　321
　エネルギー平衡　321
　自己組織系　321
腐食（地質学的、化学的）　88, 348
腐植土　89
双子　330
物理学　326
　環境物理学　337
　現代物理学　330, 332
　古典物理学　332
　抽象化　336
プトレマイオス、クラウディウス　18
プフナー、エドゥアルト　301
ブラーエ、ティコ　18
ブライユ、ルイ　245
ブラウン、ロバート　320
ブラウン運動　320
　運動エネルギー　320, 330
プラズマ・ディスプレイ　398
プラスミド　150, 256
ブラックスモーカー　→熱水噴出孔を見よ　75, 146-147, 303
ブラックホール　23, 25, 28, 333, 337
プランク、マックス　326
プランクトン　123, 177, 196, 201-202, 212
　植物プランクトン　103, 107, 279
フランクリン、ロザリンド　298
フランホーファー、ヨゼフ・フォン　18, 37
プリズム　37, 324
　スペクトル色　21, 324
浮力　315
　カプセル形状　367
プレートテクトニクス　58, 64-67
　海洋地殻　64-65, 100
　海洋プレート　64-65, 100, 101
　沈み込み　65, 70, 74, 76-77, 100-101
　沈み込み帯　74
　衝突　65, 77
　剪断力/横ずれ断層　65
　大陸　64
　大陸移動　64
　大陸棚　96, 100
　大陸地殻　64-65, 100
　大陸プレート　64-65, 67, 77, 96
　断層　70, 78
　地溝　→リフトバレーも見よ　78
　プレート境界　65, 71
　プレートの運動　68, 70, 74, 100,
119
　ホットスポット　65, 101
　割れ目　78
フレゼニウス、カール・レミギウス　291
フレミング、アレクサンダー　193, 302
ブロイ、ルイ・ド　324
文化の発達　→人類を見よ
分子　284, 287, 305, 307, 320-322, 326, 328-329, 336
噴気孔　75
ブンゼン、ロベルト・ヴィルヘルム　18
文明　18, 165, 315, 340
分類学（動植物の）　168-169

ヘ
ペースメーカー　234, 378
ベーテ、ハンス・アルブレヒト　18
ベクター（生物学）　→クローニングを見よ
ベクトル（数学）　413
　演算　413
　空間　413
　場　413
ベクレル、アンリ　54, 285, 329
ヘッケル、エルンスト　269
ベルセリウス、イェンス・ヤコブ　300
ベルヌーイの原理　362
ヘルビンク、ディルク　336
変異　151, 167, 169, 245, 254
　トリソミー　151, 254
　モノソミー　151, 254
変温　103
変換　348
変速機　358
ベンター、クレイグ　150
変態　199
ベンツ、カール　356

ホ
ホイヘンス、クリスチャン　317, 324
ホイヘンスの原理　317
望遠鏡　18, 19, 22, 37, 44, 48, 324, 325
芳香族　296
胞子
　植物　→植物を見よ
　真菌　→真菌を見よ
　内部共生　→細菌を見よ
胞子体　185-187
放射　19, 20, 22, 24, 28, 32, 43, 51, 113, 329, 349
　X線（エックス線）　19, 25, 37, 232, 317, 324, 337
　エネルギー　22, 312, 346, 350
　可視光　19, 320, 324
　ガンマ線　19, 34, 324, 329
　危険な放射線　112
　紫外線　19, 37, 55, 112-113, 130, 146, 307, 325
　スペクトル　→スペクトルを見よ
　赤外線　19, 25, 27, 47, 317, 320, 324
　電磁放射　→電磁気を見よ
　ベータ線　329
　ホーキング放射　23, 333
　粒子　19, 34, 36, 325

放射能　329
　アイソトープ発電機　51, 337
　半減期　54
　放射性廃棄物　131, 134, 349, 377
宝石　→鉱物を見よ
ボーア、ニールス　285
ホーキング、スティーブン　333
ボーズ・アインシュタイン凝縮　320
ボルツマン、ルートヴィッヒ　321
ホルモン　199, 225, 229, 239, 261, 266, 342
　アドレナリン　239
　エストロゲン　226, 239
　エンドルフィン　239
　グルカゴン　239
　ステロイド　239
　プロゲステロン　226, 239
本能行動（本能）　261
　固定的行動パターン　261
　生得的触発機構　261
　生得的誘発機構　261
　欲求行動　261
ポンペイ（イタリア）　74
翻訳（遺伝子の）　253

マ

マイクロチップ　292, 307, 326, 378-379
マイヤー、ロタール　286
マクスウェル、ジェームズ・C　323-324, 326, 329, 331
マグマの海（マグマオーシャン）　55
摩擦　313
　空気　314-315, 346
　摩擦力　313
真鍋淑郎　127
マングローブ　84
マンデルブロー、ブノワ　335

ミ

ミーシャー、フリードリヒ　298
水
　飲料水　97, 127, 373
　塩水/塩分を含んだ水　88, 201-202, 352
　汚染　131
　淡水　97, 106-108, 196, 201-202, 266, 352
　地下水　71, 75, 81, 85
　湖　106-107
　　塩湖　80, 107
　　環境　106-107
　　人造湖　81, 106
　　ドリーネ　106
耳　243
ミューオン　328
ミラー、スタンリー・ロイド　146
ミランコビッチ、ミルティン　124
ミレトスのターレス　406

ム

無機的要因　270-271
無機分子
　一酸化炭素　41, 46, 376
　ケイ素　28, 292
　酸素　28, 41, 47, 50, 55, 82, 85, 154-155, 159, 196, 235, 366
　水素　24, 26, 27-28, 33-34, 45, 55, 154-155
　窒素　38, 50, 304, 376
　二酸化炭素/CO_2　38, 41, 47, 50, 55, 73, 75, 82, 88, 113, 125-127, 130, 137, 147, 154-155, 181, 197, 235, 324, 345, 348, 352, 370
　硫酸　38, 308
　リン酸塩　341
無重力　50

メ

目　242, 266
　順応　242
　焦点調節力　242
　網膜　242, 325
命名法　168
メキシコ湾流　98, 122
メスナー、ラインホルト　79
メディア　392, 403
　ジャーナリスト　403
　ストック写真社　403
　通信社　403
　発行人　403
メルカリ、ジュゼッペ　69
免疫系　175, 234, 246-247, 337
　記憶細胞　246-247
　抗原　246-247
　抗体（免疫グロブリン）　246-247
　特異的防御機能　247
　白血球　246-247
　非特異的防御機能　246-247
　免疫細胞　246
　免疫反応　246
　免疫不全　247
　リンパ球（B細胞、T細胞）　247
　ワクチン　247, 305
メンデル、ヨハン・グレゴール　251
メンデレーエフ、ドミトリ　286

モ

モース硬度計　61
木部　181-182
モホロビチッチ、アンドリア　59
モホロビチッチ不連続面　58-59

ヤ

薬剤　183, 290, 305
　抗生物質　83, 173, 192-193, 302
　細胞分裂抑制剤　152
　副作用　183, 305
山
　一枚岩　79
　山脈　76, 78
　褶曲山脈　76, 78
　残丘/島山　79, 89
　山系　76-77
ヤング、トーマス　324

ユ

ユークリッド　410, 420
輸送　346, 354-367, 369, 374
　潜水艦　360
　内燃機船　360
　帆船　361
　飛行機　331, 336, 362-365, 374
　揺れ　69, 71, 373

ヨ

葉緑素　177, 181

ラ

ライト
　ウィルバー　362
　オービル　362
　フランク・ロイド　370
ライプニッツ、ゴットフリート・ヴィルヘルム　314, 414
ラザフォード、アーネスト　285
ラフリン、ロバート　336
卵胎生　202

リ

リービッヒ、ユストゥス　296, 304
リヒター、チャールズ・フランツ　69
リフトバレー
　グレートリフトバレー　70
　地溝帯　64, 77, 106
リボザイム　253
リボヌクレオチド（RNA）　174, 252
　運搬 RNA（tRNA）　252
　伝令 RNA（mRNA）　252
　リボソーム RNA（rRNA）　252
粒子加速器　284, 331
流体力学　315, 336, 361
　液体の流体力学　315
　気体の流体力学　315
　流れの方程式　336
量　312, 407
量子力学　285, 315, 317, 319, 324, 326-328, 332-333, 417
　光電効果　326, 330
　力の粒子　328
　量子　326
　量子効果　327
　量子真空　326, 333
　量子論　22, 326, 329-330
旅行
　宇宙　48
　エコツーリズム　136
リン脂質　305
リン脂質二重層　→細胞膜を見よ
リンネウス、カール　168
　自然の体系　168
リンパ系　246

ル

ルター、マルチン　402
ルブラン、ニコラ　289
ルベリエ、ユルバン・ジャン・ジョセフ　45

レ

レーウェンフック、アントニ・ファン　172
レーザー　320, 324-325, 372, 381, 403
　半導体レーザー　380
レセプター（受容器）　241, 245, 260
　温度　245
　感覚　242
　感覚細胞　244-245
　触覚　245
　光　242
レントゲン、ヴィルヘルム・コンラート　232

ロ

ローラシア　→太古の大陸を見よ
ローレンツ、エドワード　334
ローレンツ、コンラート　267
ロディニア　→太古の大陸を見よ
ロハス（健康と持続可能性を重視したライフスタイル）　136
ロレモ　357

ワ

ワールブルク、オットー・ハインリヒ　154
ワイルズ、アンドリュー　420
ワインバーグ、スティーブン　332
惑星　19, 28-29, 32-33, 314-315, 334
　海王星　32-33, 43-46
　ガス惑星　32, 33, 44
　火星　29, 33, 41, 334
　軌道　18, 32-33, 38, 45, 51, 314, 334
　原始惑星　32, 334
　周転円　18
　水星　33, 38
　大気　38, 41, 44-47
　太陽系外惑星　47
　地球　→地球を見よ
　地球型惑星　38-41, 54
　天王星　32, 33, 44-45
　土星　32, 33, 44, 332
　木星　29, 32, 33, 44, 332
　惑星系　33, 47
　惑星の運動法則　315, 334
渡り/季節の移動
　動物　81, 266
　渡り鳥　84, 85, 266
ワトソン、ジェームズ・デューイ　150, 298, 302

ナショナル ジオグラフィック協会は、米国ワシントンD.C.に本部を置く、世界有数の非営利の科学・教育団体です。

1888年に「地理知識の普及と振興」をめざして設立されて以来、1万件以上の研究調査・探検プロジェクトを支援し、「地球」の姿を世界の人々に紹介しています。

ナショナル ジオグラフィック協会は、これまでに世界41のローカル版が発行されてきた月刊誌「ナショナル ジオグラフィック」のほか、雑誌や書籍、テレビ番組、インターネット、地図、さらにさまざまな教育・研究調査・探検プロジェクトを通じて、世界の人々の相互理解や地球環境の保全に取り組んでいます。日本では、日経ナショナルジオグラフィック社を設立し、1995年4月に創刊した「ナショナル ジオグラフィック日本版」をはじめ、DVD、書籍などを発行しています。

ナショナル ジオグラフィック日本版のホームページ
nationalgeographic.jp

日経ナショナル ジオグラフィック社のホームページでは、音声、画像、映像など多彩なコンテンツによって、「地球の今」を皆様にお届けしています。

the sciencebook
ビジュアル 科学大事典 新装版

2016年12月16日　第1版1刷

著　者	マティアス・デルブリュック（物理学、技術）、グドラン・ホフマン（生物学）、ウーテ・クライネルメルン（地球、生物学）、マーチン・クリッシェ（化学）、ハンス・W・コーテ（生物学）、マーチン・クラウス（化学、技術）、ミハエル・ミューラー（宇宙、技術）、ウータ・フォン・ドゥブシッツ（建設）、ボリス・ザッハシュナイダー（建設）、ジャン・ミケル・トマソン（数学）
編　集	尾崎 憲和　田村 規雄
翻　訳	倉田 真木（宇宙、化学）、関 利枝子（地球、生物学） 北村 京子（生物学）、武田 正紀（物理学と技術、数学）
制　作	日経BPコンサルティング
発行者	中村 尚哉
発　行	日経ナショナル ジオグラフィック社 〒108-8646　東京都港区白金1-17-3
発　売	日経BPマーケティング

ISBN978-4-86313-369-3
Printed in Malaysia

© 2016 日経ナショナル ジオグラフィック社
本書の無断複写・複製（コピー等）は著作権法上の例外を除き、禁じられています。購入者以外の第三者による電子データ化及び電子書籍化は、私的使用を含め一切認められておりません。